Fixed Star
Fixed Star
Fixed Star
Pallas
Earth
Mercury
Saturn
Juno
Fixed Star
AR SYSTEM.
Herschel
Fixed Star
Fixed Star
Fixed Star

KB038217

멜리타에게

우주에는 무언가를 담는 그릇과 그 안에 담긴 내용물이라는 구분이 사라졌습니다. 단지 끊임없이 연결된 세밀한 얼룩들, 선과 긁힌 흔적들, 울퉁불퉁한 질감과 새겨진 자국들이 그물처럼 얽혀 존재하는 기호들이 뒤엉키면서 만들어진 총체적인 두께만이 우주 공간의 전체 부피를 채우고 있을 뿐이었습니다. 이제 우주는 모든 차원에 걸쳐 사방이 얼룩 투성이였습니다. 더 이상 하나의 기준점을 특정할 방법이 없었습니다. 은하는 계속 공전하고 있었지만, 나는 더 이상 그 회전수를 헤아릴 수 없었습니다. 어떠한 지점도 출발점이 될 수 있었으며, 다른 기호와 중첩된 그 어떤 기호라도 나의 상징이 될 수 있었습니다. 이러한 기호, 상징이 없이는 우주 공간도 존재하지 않는다는 것이 자명해졌으며, 어쩌면 아마도 우주는 지금껏 존재한 적이 없는지도 모릅니다.

– 이탈로 칼비노, 《코스미코미케Le Cosmicomiche》

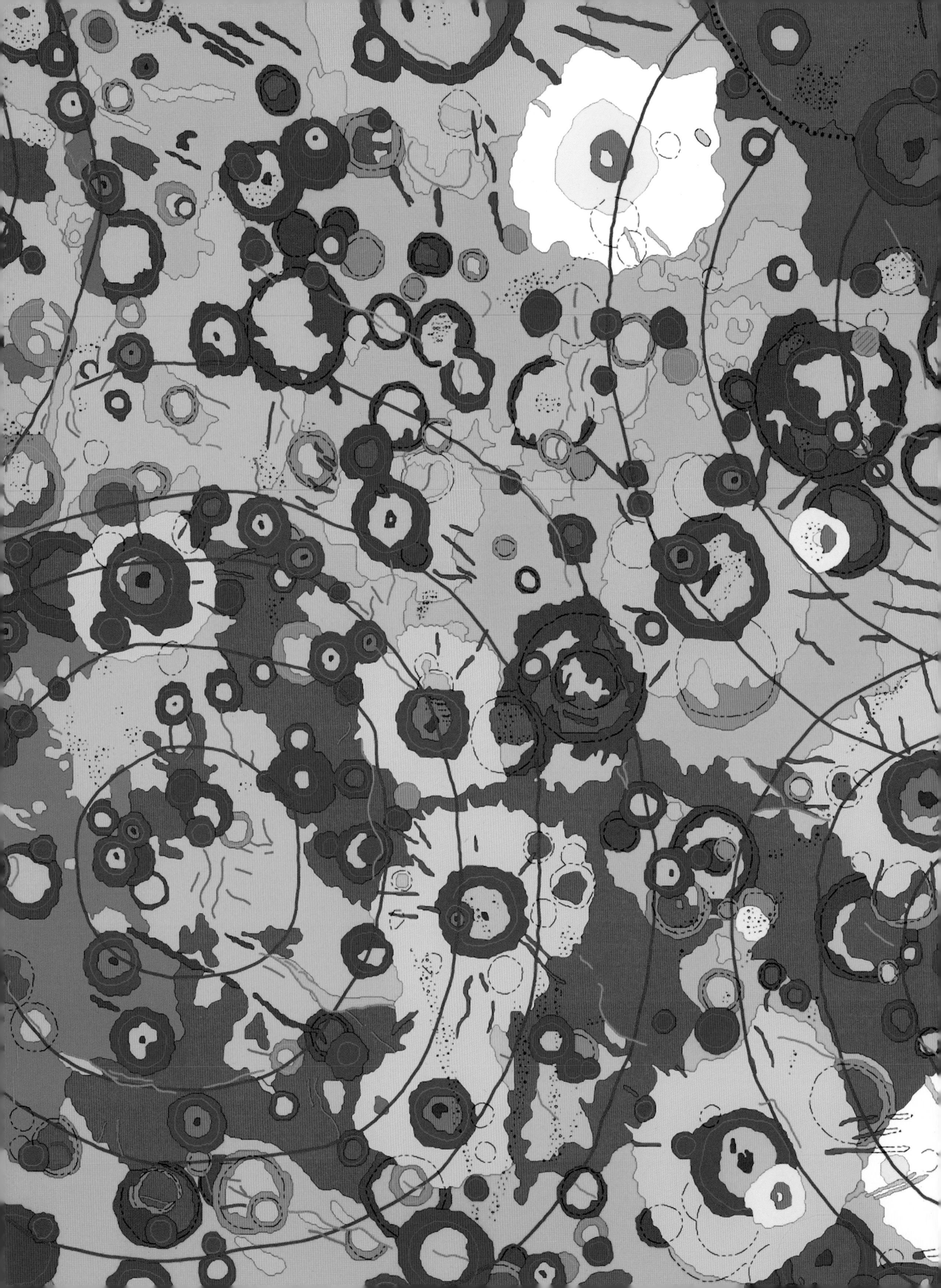

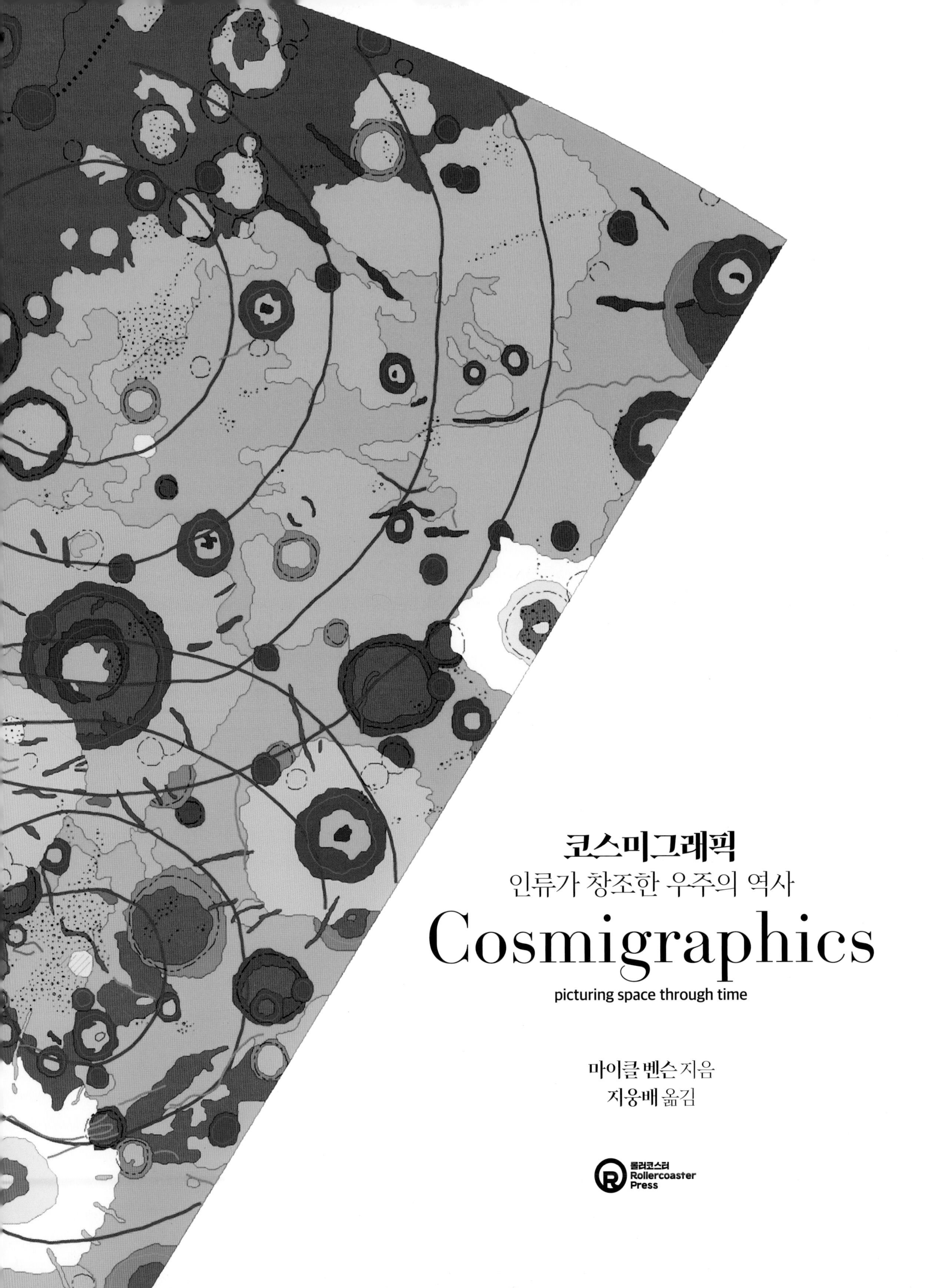

코스미그래픽

인류가 창조한 우주의 역사

Cosmigraphics

picturing space through time

마이클 벤슨 지음
지웅배 옮김

롤러코스터
Rollercoaster Press

수록된 그림들의 연대표

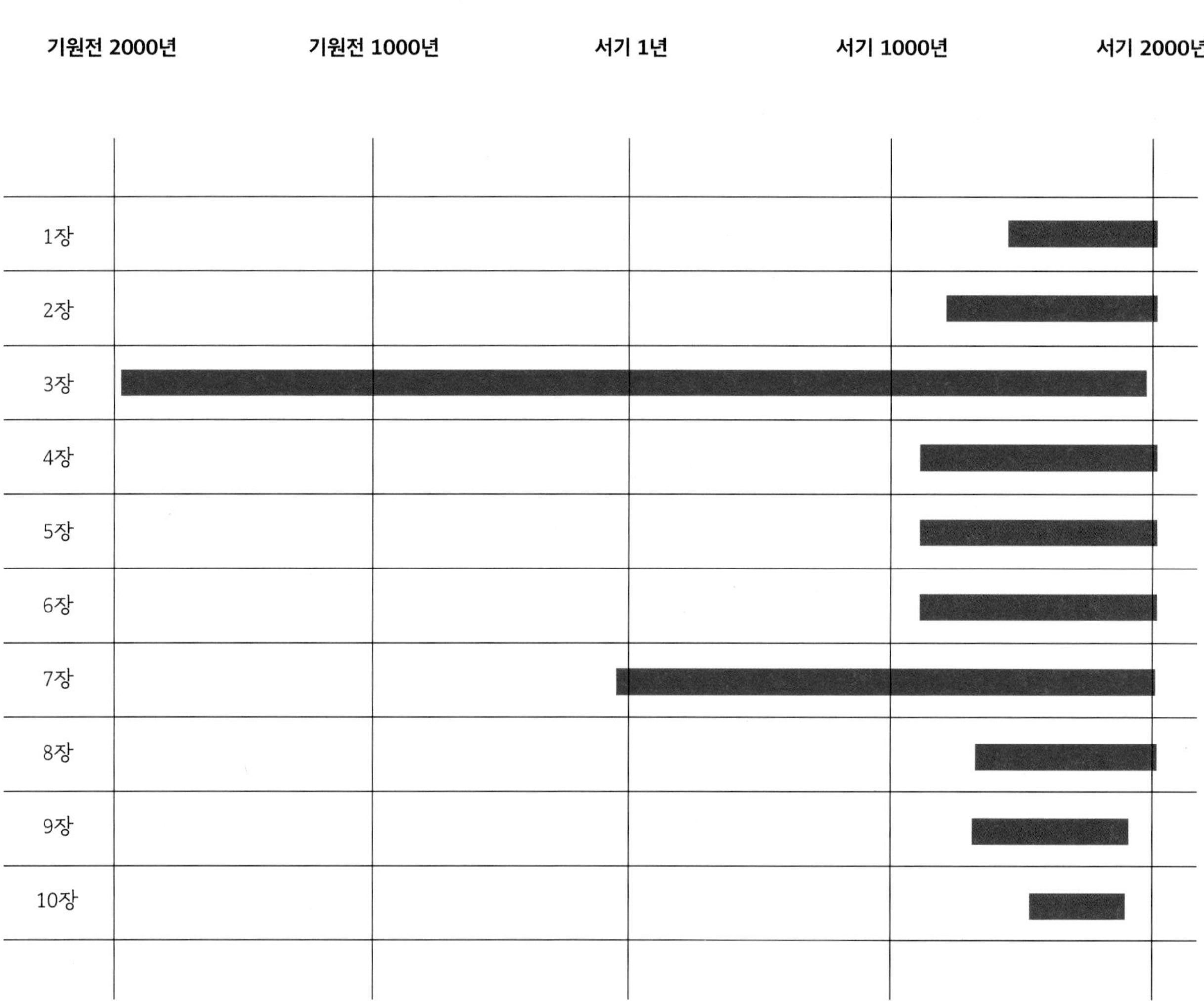
기원전 2000년
기원전 1000년
서기 1년
서기 1000년
서기 2000년
1장
2장
3장
4장
5장
6장
7장
8장
9장
10장

차례

I 여는 글

오언 깅거리치

보세요! 여러분의 손에는 지금 천국에서 벌어지고 있는 아름답고 신비로운 현상들과 그것을 바라본 인류의 반응을 시각적으로 옮긴 놀라운 작품들이 쥐여져 있습니다. 수천 년 동안 밤은 야생동물들이 배회하는 두려운 시간이었습니다. 하지만 하늘을 가로질러 끊임없이 움직이는 달과 별의 행렬을 바라보며 편안함을 느끼기도 했습니다. 밤 동안 하늘에서 벌어지는 이러한 리듬과 규칙 속에서 인류는 경이로움을 느꼈습니다. 〈시편〉에서 소리 높여 이야기하길, "주가 베풀어주신 별들을 제가 보니, 인생이 무엇이건대 주께서 저를 생각하시나이까?"

하늘에서 벌어지는 일정한 규칙과 리듬은 인류의 호기심도 자아냈습니다. 해마다 태양은 지평선을 따라 기분 좋게 움직이고, 그에 따라 계절이 변화합니다. 사람들은 태양의 움직임이 동식물의 생체 리듬과 연관되어 있다고 생각했습니다. 달은 태양보다는 좀 더 편한 짧은 주기로 움직이지만, 그 주기는 왜 이렇게 복잡할까요? 19년과 235개월은 몇 시간밖에 차이 나지 않지만 태양년의 체계 안에서 한 '달'이란 시간은 항상 깔끔하게 나누어 떨어지지 않았습니다. 게다가 불길한 일식을 불러오는 달의 움직임은 너무도 복잡했죠. 이러한 하늘에 대한 두려움 속에서 바로 천문학이 탄생했습니다.

종이가 등장하면서 천문학은 기록된 역사의 일부가 되었습니다. 파피루스, 양피지, 섬유로 만든 고급지 등 다양한 종이 위에 흑백뿐만 아니라 무지개처럼 알록달록한 색깔로 하늘이 기록되었습니다. 경이로움, 새로운 발견, 그리고 우주에 대한 이해를 다채로운 색채의 이미지로 담아내는 것. 바로 이것이 이 책 《코스미그래픽Cosmigraphics》의 역할입니다. 이 책은 단순한 천문학 역사서는 아니지만, 각 장에 있는 이미지들은 대부분 연대 순으로 정리되어 있습니다. 그리고 마이클 벤슨이 함께 쓴 각 장의 설명과 에세이들은 각 이미지에 담긴 우주에 대한 인류의 지식을 들려줍니다. 이 책은 중세시대 양피지에 꼼꼼하게 새겨진 아주 오래된 그림부터 최신 컴퓨터로 구현한 시뮬레이션 그래픽까지 천문학의 역사를 총망라합니다. 그리고 그 역사를 시각적인 아름다움으로 음미할 수 있습니다.

오늘날에는 1950년 이전까지 존재했던 모든 천문학자들의 수보다 더 많은 천문학자들이 있습니다. 이 책은 일부 예외를 제외하고 인류의 과학과 예술을 통해 인류에게 우주를 비춰준 모든 선구자들에게 경의를 표합니다. 안타깝게도 10세기 이전에 제작된 이미지들은 책에서 찾기 어렵습니다. 이렇게 오래된 그림과 원고들은 너무나 희귀하지요. 지난 1000년의 후반기 역사는 크게 1540년을 기준으로 나눌 수 있을 겁니다. 그리고 이 1000년의 절반 가까운 세월 동안 심지어 고등교육을 받은 사람들조차 대부분 우주의 중심에는 지구가 있다고 굳게 믿었습니다. 우주는 땅, 물, 공기, 불 이렇게 네 가지 기본 원소로만 이뤄져 있다고 생각했습니다. 1000년의 반이 지날 무렵 아메리카 대륙이 발견되었습니다. 아직 인쇄술이 세계 전역으로 퍼지지 않은 시점이었지요. 그때까지만 해도 심장을 통해 피가 돈다는 사실을 아무도 몰랐고 예방접종에 대한 개념도 없었습니다. 수많은 전염병으로 많은 이들이 고통을 받았습니다. 그래서 사람들은 삶을 유지하고 건강을 지키기 위해 하늘을 보고 점친 운세를 바탕으로 언제 피를 뽑아야 할지 그 주기를 정하기도 했습니다.

1540년이 되면서 금세기 가장 놀라운 책, 바로 페트루스 아피아누스의 《아스트로노미쿰 카에사레움Astronomicum Caesareum》('카이사르의 천문학'이라는 뜻)이 출간되었습니다. 책을 세운 높이는 46센티미터에 달하며, 114쪽의 페이지들은 아름답게 채색되어 있습니다. 책 안에는 복잡하게 작동하는 다양한 장치도 들어 있습니다. 신성로마제국 황제 카를 5세를 위한 헌정품다운 걸작입니다. 이 덕분에 아피아누스는 가문의 새로운 문장을 하사받았습니다. 그는 문학상의 수상자를 임명할 수 있는 특별한 권한을 부여받기도 했고, 혼외자로 태어났던 자식들을 정식 가족으로 인정할 수 있게 되었습니다. 아피아누스의 책에는 회전하면서 작동시킬 수 있는 볼벨volvelles 장치가 있습니다. 이것은 프톨레마이오스의 지구 중심 천문학 체계의 모든 것을 담고 있습니다. 종이와 바퀴로 연결되어 맞물려 돌아가는 볼벨 장치는 태양계 행성들의 위치를 1도 이내의 정확도로 표현합니다. 아피아누스의 《아스트로노미쿰 카에사레움》은 이 책에서 가장 많은 이미지를 가져온 참고 자료 중 하나이기도 합니다. 《아스트로노미쿰 카에사레움》에 등장하는 거대한 삽화 가운데서 6점을 뒤에서 만날 수 있습니다.

아피아누스의 호화로운 작품들은 지구를 중심으로 한 프톨레마이오스 체계의 정점을 보여줍니다. 아름답고, 심지어 눈이 부시기까지 한 그의 책은 인류의 우주관이 뒤집어지기 직전에 출간되었습니다. 이 책이 나오고 나서 겨우 3년이 지난 뒤, 니콜라우스 코페르니쿠스가 태양 중심의 우주 모델을 주창한 새로운 책이 세상에 공개되었습니다. 이것은 천문학 출판 역사상 가장 중요한 순간이었습니다(희귀 고서를 취급하는 시장에서 아피아누스와 코페르니쿠스는 아주 인기가 많은 라이벌입니다. 아피아누스의 《아스트로노미쿰 카에사레움》의 가치는 거의 100만 달러에 달하며, 코페르니쿠스의 《천구의 회전에 관하여》는 천문학 서적 가운데 200만 부라는 역사적인 판매고를 올리기도 했습니다). 여느 고서들과 달리 놀랍게도 코페르니쿠스의 《천구의 회전에 관하여De revolutionibus orbium coelestium》는 원본이 아직까지 남아 있습니다. 코페르니쿠스는 직접 수기로 작성한 원고들을 잘 보관해두었고 (비록 원고를 복사하는 과정에서 조금 훼손되기는 했지만) 뉘른베르크의 활자 식자공들이 책의 사본을 잘 남겨두었습니다. 이 책의 162쪽에는 태양을 중심으로 한 우주의 모습을 담은 아주 유명한 그림이 등장합니다. 이것은 과학 역사상 가장 위대한 대통합의 순간을 상징하는 전리품이라 할 수 있습니다.

하지만 코페르니쿠스의 혁신적인 새 우주 모델은 곧바로 패러다임 전쟁의 승자가 되지는 못했습니다. 당시만 해도 시속 1600킬로미터 이상의 빠른 속도로 회전하는 지구의 적도 위에 우리가 가만히 서 있을 수 있다는 것은 어처구니 없는 이야기로 들렸을 겁니다. 빠르게 도는 지구 위에서 사람들은 어떻게 우주 공간으로 튕겨 날아가지 않는 걸까요? 그리고 〈시편〉 104편에서 분명 하느님이 지구를 영원히 움직이지 않도록 기초 위에 고정해두었다고 선언하지 않았던가요? 이러한 의문들로 인해 코페르니쿠스가 주장했던 태양 중심 우주 모델은 150년 동안이나 행성의 위치를 계산하기 위한 보조적인 도구로 쓰였을 뿐, 실제 우주의 모습을 설명하는 진리로 받아들여지지 못했습니다. 그러나 케플러와 갈릴레오가 등장하면서 상황이 변하기 시작했습니다. 이 책을 통해 천천히 여러분의 속도에 맞춰 이 위대한 인물들이 남긴 족적을 훑어보기를 바랍니다. 그중에서도 특히 내 관심과 상상력을 사로잡았던 특별한 이미지 몇 개를 소개해 보려고 합니다.

지난 5세기에 걸쳐 망원경으로 바라본 달의 모습은 그 이전까지 디테일한 모습을 전혀 볼 수 없었던 시절의 달의 이미지와 비교하면 가히 도발적이라 할 수 있습니다. 갈릴레오는 단순히 달의 지도만 그린 것이 아닙니다. 그는 달의 높이와 깊이를 탐구하는 새로운 학문인 월면 지형학에 관심을 가졌습니다. 그가 그린 달의 이미지는 너무나 정확합니다(89쪽). 이 그림이 1609년 12월 18일에 그려졌다는 것을 분명히 알 수 있을 정도지요. 갈릴레오는 자신의 망원경을 위아래가 뒤집히지 않은 상이 맺히도록 제작했습니다. 그래서 그의 그림 속에서 북쪽은 위에 있습니다. 마찬가지로 토머스 해리엇이 그린 달의 지도 역시 북쪽이 위를 향합니다. 하지만 해리엇의 그림은 보름달일 때 그렸기 때문에 갈릴레오의 지도처럼 달의 산이나 그림자가 뚜렷하게 보이지는 않습니다. 해리엇은 갈릴레오보다 먼저 최초의 달 스케치를 그렸지만, 해리엇의 망원경으로는 갈릴레오만큼 뚜렷하게 달 표면의 크레이터를 볼 수 없었습니다. 갈릴레오의 새로운 달 지도가 출간된 이후에야 해리엇은 자신의 달 지도에 크레이터를 추가해 그렸지요. 해리엇이 그린 (당시에는 출간되지 않았던) 최초의 보름달 지도는 갈릴레오보다 앞선 것이었지만, 갈릴레오처럼 달의 지형과 산의 높이 등 지형학적 특징을 설명하지는 못했습니다.

갈릴레오의 선구적인 망원경 관측과 발견 이후 몇 년간 대부분의 천문학자들은 갈릴레오의 망원경이 아닌 케플러식 망원경을 선호했습니다. 케플러식 망원경은 더 넓은 시야를 제공했지만 하늘을 위아래가 뒤집힌 모습으로 보여주었습니다. 1693~98년에 마리아 클라라 아임마르트가 제작한 〈플레닐러넘Plenilunum〉에서 볼 수 있듯이 초반에 천문학자들은 달을 위아래가 뒤집히지 않은 모습으로 묘사했습니다. 아임마르트의 그림에서는 달의 남극에서 아래쪽으로 그리 멀지 않은 곳에 사방으로 수많은 줄무늬가 뻗어나가는 티코 크레이터를 볼 수 있습니다. 그런데 1878년 빌헬름 고트헬프 로르만이 그린 거대한 달 지도를 보면 북쪽이 아닌 남쪽이 맨 위를 향합니다. 달 남쪽의 거대한 메마른 바다(맑음의 바다 그리고 비의 바다)는 그림의 아래가 아닌 위쪽에 그려져 있습니다.

1875년 에티엔 트루블로는 달의 습기의 바다(108~109쪽)를 세심하고 꼼꼼하게 그렸습니다. 북쪽 가운데에 있는 거대한 가상디Gassendi 크레이터는 그림의 아래쪽 가장자리에 그려져 있습니다. 그다음 페이지 그림에는 습기의 바다와 가상디 크레이터 모두 보름달의 가장자리 근처 2시 방향에 그려져 있습니다. 하지만 오늘날 다시 그린 달의 지도를 보면(118쪽) 북쪽에 있는 습기의 바다와 가상디 크레이터는 위쪽 제자리로 돌아왔습니다. 우주인들은 안전을 위해 북쪽이 아래가 아닌 위를 향하는 제대로 된 달 지도가 필요할 겁니다!

태양에 관한 장에서는 갈릴레오가 태양 표면에 검은 흑점을 정교하게 표현한 그림이 제 눈을 사로잡습니다(133쪽). 갈릴레오가 최초로 태양을 망원경으로 관측한 사람은 아니었습니다. 하지만 1613년에 출간한 책에서 갈릴레오는 25일간 연속으로 관측한 태양의 그림을 보여줍니다. 이를 통해 독자들에게 태양이 실은 표면이 얼룩져 있고 천천히 회전하고 있다는 사실을 보여주고자 했지요. 이 그림은 어두운 흑점의 암부 주변에 좀 더 밝은 반암부가 일렁이는 모습을 표현합니다. 하지만 당시 다른 사람들은 그 모습을 똑같이 재현하는 데 어려움을 겪었고, 그들에게 태양의 모습은 갈릴레오의 그림만큼 완벽하게 나타나지 않았습니다. 그래서 처음에는 갈릴레오의 말을 믿지 않았지요. 갈릴레오의 책 속 그림이 그려진 다음 날인 7월 8일의 그림을 보면 글자 B로 표시된 태양 흑점이 태양 원반의 가장자리로 이동하면서 크기가 조금 줄어든 모습으로 표현되어 있습니다. 이것은 이 흑점이 실제 둥근 태양 표면 위에 있으며, 흑점이 태양과 지구 사이에서 시야를 가로막는 구름 같은 것 때문에 만들어진 현상이 아니라는 것을 보여줍니다. 이것이 비로소 태양에 관한 논쟁의 종지부를 찍게 해주었습니다.

책의 67쪽에는 여기저기서 흔하게 볼 수 있는 이미지가 하나 있습니다. 최근까지 이 그림을 인용한 대부분의 원고들을 보면 지구와 하늘이 만나는 지점에 다다른 한 여행자라는 캡션과 함께 중세시대 후기에 제작된 목판화라는 설명이 덧붙어 있습니다. 하지만 제프리 초서라면 평평한 지구와 둥근 하늘의 구체를 연결한 모습을 그리려고 하지 않았을 겁니다. 그리고 절대로 이 그림처럼 상상속 부품들이 돌아가는 우주의 모습도 상상하지 않았을 겁니다. 이 이미지의 원본과 출처가 무엇인지를 찾는 시도가 계속 이루어졌지만 결국 실패로 끝났습니다. 현재는 대중적으로 유명했던 프랑스 작가 카미유 플라마리옹이 쓴《대기권: 대중 기상학L'Atmosphère: Météorologie Populaire》(1888)에 실렸던 것으로 추정하고 있습니다.

'우주의 구조' 장에서 특히 나를 감동시킨 그림이 하나 있습니다(172~73쪽). 페이지 왼쪽에 아일랜드의 거대한 망원경을 통해 로즈 백작이 관측하고 그림으로 남겼던 나선형 구름 모습을 한 천체의 전형적인 모습을 볼 수 있습니다. 1845년 영국 과학진흥회는 로즈 백작의 스케치를 공개했습니다. 글래스고의 천문학 교수였던 J. P. 니콜은 대중 천문학 도서를 쓰기 위해 이 그림의 사용권을 요청했습니다. 이 책에서 볼 수 있는 이미지는 니콜의 책에 실려 있던 것을 다시 옮긴 것입니다. 이것은 나선은하의 이미지가 실린 최초의 책이었습니다. 하지만 1846년 당시에는 그 누구도 나선은하가 무엇인지 몰랐습니다. 그로부터 40년이 지난 뒤 빈센트 반 고흐는 〈별이 빛나는 밤〉(1889)을 그렸습니다. 이 작품은 소용돌이 성운을 암시하는 것으로 생각됩니다. 고흐가 당시 베스트셀러였던 플라마리옹의 책을 참고해서 이 그림을 그렸을 것이란 추측이 있지요. 로즈 백작의 그림 오른쪽에 반 고흐가 직접 리드 펜으로 그린 스케치가 실려 있습니다. 이 작품은 그의 유화 작품 다음에 완성되었습니다.

257쪽부터 시작하는 다양한 이미지들은 내 심장을 두근거리게 합니다. 1750년 토머스 라이트는 나선은하가 무엇인지 몰랐습니다. 하지만 첫 번째 그림은 놀랍게도 나선은하 안에서 우주를 바라본 풍경을 보여줍니다. 라이트가 그린 수직으로 길게 별들이 채워진 모습은 은하수의 단면입니다. 갈릴레오의 망원경은 너무 어두워서 맨눈으로 하나하나 구분해 볼 수 없는, 그저 우윳빛으로 뿌옇게 흐르는 은하수가 실은 셀 수 없이 많은 별들로 반짝이고 있다는 사실을 보여주었습니다. 하지만 갈릴레오도 은하수가 사실 원반 모양의 구조를 옆에서 바라본 모습이라는 추측은 내놓지 못했습니다.

264~65쪽에는 20세기에 제작된 가장 혁신적인 밤하늘 지도가 있습니다. 이 지도에는 마치 슬로바키아 호수처럼 커다란 푸른 얼룩이 하늘을 가로질러 채우고 있습니다. 이것은 우리은하의 모호한 경계를 보여줍니다. 성간 먼지로 시야가 가려진 어두운 영역은 보라색 영역으로 구멍이 뚫려 있습니다. 은하수의 오른쪽 위에 W 모양의 카시오페이아자리가 있습니다. 지도의 왼쪽 아래 가장자리 부근에는 플레이아데스 별들이 모여 있습니다. 별빛을 받아 빛나는 성운을 의미하는 작은 녹색 얼룩 안에 별들이 바글바글합니다. 눈에 띄는 가장 두드러진 빨간색 타원은 우리은하와 이웃한 주변 국부 은하군 내 또 다른 나선은하들입니다. 오른쪽에는 우리은하의 쌍둥이 안드로메다 나선은하가 있습니다. 왼쪽에는 더 작고 눈에 잘 띄지 않는, 삼각형자리 은하 '메시에33'이 있습니다. 우리은하 먼지 사이를 비집고 더 먼 거리의 작은 은하들이 우주를 가득 채우고 있지요.

나와 마이클 벤슨은 이 책이 담고 있는 광범위한 이미지들과 미처 책에 실리지 못한 아름답고 다양한 이미지들에 대해 논의했습니다. 나는 책의 가장 마지막을 가장 특별한 이미지로 장식하고 싶었습니다. 내가 가진 자료들을 뒤져서 마음에 들 만한 이미지를 하나 찾아냈습니다. 그렇게 선택한 이미지는 한 천사가 시간의 끝에서 하늘의 두루마리를 말아 올리는 모습이 그려진 프레스코화입니다. 이 그림이 그려진 곳이 이스탄불에 있는 한 교회라는 건 알지만 교회의 정확한 이름은 기억나지 않았습니다. 그런데 마이클 벤슨은 포기를 모르는 끈질긴 친구입니다. 내 간단한 설명 몇 마디만으로 그는 바로 다음 날 아침 이 그림이 14세기 초 코라 교회에 그려진 작품이라는 사실을 알아냈습니다. 그리고 이제는 우리 책의 피날레를 장식하며 시간 자체를 말아 올리고 있습니다.

케임브리지, 메사추세츠

II 서문

마이클 벤슨

이탈로 칼비노가 말했듯 우리는 이미지나 텍스트 등의 상징을 통해 세상을 이해합니다. 우리가 더 거대한 우주와 상호작용하는 방식은 우주와 인간을 잇는 하나의 거대한 중재 과정이라 할 수 있습니다. 우리는 언어의 세계와 그림의 우주를 창조합니다. 언어와 그림으로 그것을 표현할 수 없다면 그것이 존재한다고 이야기할 수 없을 겁니다.

나는 이 책《코스미그래픽》을 통해 우주를 시각화하고 그 안에서 인류가 제 위치를 표현하고자했던 다양한 노력의 산물과 그 유산을 제시하고자 했습니다. 거의 기원전 2000년 무렵의 이미지부터 현대에 이르기까지 우주를 묘사한 다양한 시대의 고해상도 이미지들을 책에 담았습니다. 구리 동판에 망치로 내리쳐서 새긴, 우주를 사실적으로 묘사한 역사상 가장 오래된 유물인 황금 〈네브라 스카이 디스크Nebra Sky Disc〉부터 슈퍼컴퓨터로 구현한 시뮬레이션 속 수억 개의 개별 은하들을 의미하는 작은 픽셀에 이르기까지 인류가 우주를 그린 이미지들을 총망라했지요. 송아지 가죽에 손으로 새겨 넣은 삽화, 목판 인쇄부터 구리 및 강판 에칭에 이르는 다양한 인쇄 기술, 오프셋 인쇄 또는 디지털 파일 형태로 제작된 달과 행성의 표면을 표현한 지질도에 이르기까지 모든 이미지 기술들도 담아냈습니다. 단순히 사진으로 찍은 이미지는 실제 손으로 제작한 무언가를 다시 사진으로 촬영한 경우이거나 지도 제작에 기반이 된 경우를 제외하고는 이 책에 수록하지 않았습니다.

이 책은 총 열 가지 주제를 다루는 장으로 구성했는데, 첫 번째 장을 제외하고 모두 시간 순서대로 이미지를 배치했습니다. 때로는 여러 장에서 같은 출처의 그림들이 여러 번 반복 등장하기도 하지만, 이렇게 시간 순서에 맞게 이미지를 분류하고 배치하는 것은 오랫동안 수집한 이미지를 체계적으로 구성하는 가장 좋은 방법입니다.

이 책은 온전히 주관적인 조사의 결과입니다. 단순한 천체 사진집에서는 볼 수 없는 다양한 이미지들까지 차등을 두지 않고 모두 제시하고자 했습니다. 이러한 이미지는 사실 과학적 연구와는 거리가 멀 수도 있고 또 가끔은 천문학적 발견에 대한 보수적인 반응을 반영하기도 합니다. 나는 오래전부터 이런 다양한 이미지들과 방대한 주제를 어떻게 하면 혁신적으로 보여줄 수 있을지 고민해왔습니다. 시각적인 솜씨가 다소 부족했던 과거의 이미지를 재가공한 결과물이더라도 눈에 띄고 독특한 작품이라면 이 책에 담고자 했습니다. 이 책은 객관적인 천문학의 역사를 보여주는 책이 아닙니다. 하지만 때로는 모든 것을 충실하게 포괄적으로 보여주는 방식보다 오히려 주관적인 시선이 가미된 접근 방식이 문화적·역사적 사실을 더욱 잘 드러낸다고 믿습니다.

우리가 오늘날 당연하게 받아들이고 있는 대부분의 정의들은 오랜 시간을 거치면서 계속 흔들리고 휘청거리며 현재까지 변화되어온 결과입니다. 이 책 속에서 굳이 가장 희한하고 독특한 이미지를 골라내지 않더라도, 책에 있는 이미지를 그린 거의 모든 인물들은 오늘날 우리가 흔히 생각하는 과학자 또는 예술가와는 거리가 있습니다. 오히려 이들은 학자, 즉 '자연 철학자'였고 심지어 신학자이기도 했습니다. 이 이미지를 그린 많은 인물들은 점성술사, 연금술사 또는 사제로 활동했습니다. 때로는 모든 역할을 한꺼번에 수행하기도 했지요. 그중 적어도 한 명은 오늘날 성인으로 추앙받고 있습니다.* 당시 이 인물들이 그림을 그렸던 이유는 오늘날 연구자들이 이미지를 제작하는 이유와는 많이 다릅니다. 지난 한 세기 동안 과학과 기술은 기하급수적으로 발전했습니다. 현재를 살아가는 우리는 불과 19세기까지만 하더라도 과학이 하나의 독립된 분야로 받아들여지지 않았고, 심지어 과학이라는 용어 자체도 굉장히 최근에야 정립된 개념이라는 것을 망각하기 쉽습니다. 천문학과 물리학은 인류 역사 대부분에 걸쳐 신학 및 점성술과 뗄 수 없는 사이였습니다.

고대 최고의 천문학자였던 클라우디오스 프톨레마이오스는 천문학 역사상 가장 훌륭하고 영향력 있는 작품이자, 동시에 점성술의 핵심 기반이 되었던 작품《알마게스트 Almagest》를 남겼습니다. 만유인력의 법칙을 수학적으로 완결 짓고 무한소 적분이라는 새로운 분야를 창시한 역사상 가장 위대한 물리학자 아이작 뉴턴도 귀중한 인생의 거의 절반 가까운 시간을 연금술을 연구하는 데 썼습니다. 금속의 불순물을 황금으로 바꿔보려고 갖은 시도를 하는 과정에서 뉴턴은 납 등의 유해 물질에 과다하게 노출되었고, 그로 인해 신경쇠약에 걸린 것으로 알려져 있습니다. 존 메이너드 케인스는 뉴턴이 "이성의 시대를 비춘 최초의 인물이 아니라, 마법 시대 최후의 연금술사"였다고 평가하기도 했습니다.

독일의 천문학자이자 점성술사였던 요하네스 케플러는 자신의 신학적 신념을 바탕으로 플라톤의 기본 원소가 행성들 사이의 거리를 결정한다는 복잡한 다면체 우주 모델을 고안했습니다. 그는 평생을 바쳐 천체의 조화로운 움직임을 관장하는 조물주의 기하학적 원리를 밝혀내고자 했고, 그 결과 그는 혁명적인 행성의 운동법칙을 발견했습니다. 18세기 천문학자 토머스 라이트는 헤아릴 수 없을 정도로 수많은 은하로 채워진 우주의 모습을 상상했습니다. 그는 은하수의 형태에 대해 아주 큰 깨달음을 얻었습니다. 그는 '천상의 대저택', 즉 은하의 중심에서 진리의 핵심에 한 발짝 더 다가갔습니다. 라이트에 대해서는 뒤에서 다시 자세하게 이야기해보겠습니다.

그동안 천문학자들만이 아니라 전문적인 예술가와 일러스트레이터들에 의해, 그리고 양쪽의 협업을 통해 우주를 이해하고 그것을 시각적으로 표현하고자 하는 다양한 노력이 이어졌습니다. 보통은 천문학자들이 먼저 상세한 밑그림을 제시하고, 이후에 인쇄 기술자들이 그림의 대량 생산을 위해 인쇄가 가능하도록 재가공하는 방식이었습니다. 망원경은 사진술이 도입되기 200년도 더 전에 발명되었습니다. 천체 사진 관측에 쓸 수 있을 만큼 감도가 좋은 감광유제가 등장한 것은 그로부터 1세기가 더 지난 뒤, 즉 갈릴레오 이후 무려 300년이나 더 지난 뒤였습니다. 사진술이 아직 존재하지 않았던 때, 망원경으로 바라본 우주를 그림으로 표현하는 기술은 천문학자들에게 상당히

* 힐데가르트 폰 빙엔, 46쪽을 참고하라.

중요한 자산이었습니다.

그렇다면 《코스미그래픽》은 예술서일까요, 과학서일까요? 둘 다 맞습니다. 이 책에서 다루는 역사 대부분에서 예술의 역할은 오늘날 우리가 생각하는 것과 거리가 멀었습니다. 17세기 이전까지 그리고 그 이후에도 예술과 과학은 본질적으로 하나였습니다. 위대한 르네상스 시대의 예술가들은 광학 분야의 과학을 발전시켰고, 자연을 보다 더 사실적으로 묘사하는 능력을 갈고 닦았습니다. 당시의 예술가들은 바로 이 점에서 훌륭한 평가를 받고 있지요. 사실 그들 중 많은 이들은 엄밀하게 보면 예술가라기보다 과학자나 엔지니어로 더 유명했습니다. 계몽주의 시대의 많은 자연철학자들은 자연 현상을 묘사하는 능력을 계속 키워갔습니다. 1833년 천문학자 존 허셜은 남아프리카로 여행을 떠나 남반구의 밤하늘과 별을 기록했습니다. 그리고 1835년 핼리 혜성이 다시 지구 근처로 찾아오는 순간을 관측하기 위해 6.5미터 크기의 거대한 망원경과 천문대를 세웠습니다. 한편 그의 아내 마거릿은 남아프리카 케이프타운의 식물들에 매료되었고, 현재까지 많은 식물학자들이 이용하는 132개의 아름다운 풀컬러 식물 일러스트를 남겼습니다(핼리 혜성 그림은 316쪽).

르네상스 시대 이전부터 낭만주의 시대까지 예술가들은 본질적으로 기술 장인으로 여겨졌습니다. 그들은 상대적으로 낮은 지위의 길드에 소속되어 교회 건축물, 고서 및 시민들을 위한 건물을 장식하는 예술에 전념했습니다. 대중적으로 가장 성공한 위대한 예술가라 하더라도 그들에게 이름을 남기는 건 전혀 중요한 문제가 아니었습니다. 예를 들면 시에나의 거장 조반니 디 파올로가 있습니다. 그는 오늘날 르네상스 시대의 가장 위대한 화가 중 한 명으로 평가받지만, 20세기 미술사 연구자들이 15세기 작품인 《신곡》 속 수많은 삽화를 그린 장본인이 바로 디 파올로였다는 사실을 발견하기까지는 수많은 연구와 시간이 필요했습니다. 이 책에는 그의 작품 9점이 실려 있습니다.

과학적인 노력은 결코 신학과 동떨어져 있지 않았습니다. 과거에는 과학도 조물주가 세상을 창조하고 설계한 원리를 이해할 수 있는 한 가지 방법으로 여겨졌습니다. 그 과정을 표현하는 형태가 바로 미술과 그림이었습니다. 이 책 1장의 인상적인 이미지 가운데 일부는 아리스토텔레스-프톨레마이오스가 주창한 지구를 중심으로 여러 개의 둥근 구체로 이루어진 다중 구체 우주의 모습, 구약성서에서 이야기하는 우주의 도상을 보여줍니다. 그중에는 미켈란젤로의 제자이자 포르투갈의 예술가 겸 철학자였던 프란시스쿠 드 홀란다가 제작한 매우 인상적인 회화 시리즈 〈천지창조와 에덴에서의 추방〉이 있습니다.

《코스미그래픽》에 담겨 있는 시각적 유산들은 인류가 스스로를 이해해나가는 과정이 어떻게 발전되어왔는지, 수천 년에 걸쳐 인류가 인식하는 우주와 그 속의 우리 위치가 어떻게 끊임없이 흔들리고 바뀌어왔는지를 잘 정리해서 보여줍니다. 이 책의 가장 중요한 주제를 하나만 꼽는다면, 그것은 '말로 형용할 수 없을 정도로 거대하고 비밀스러운 우주 속에서 우리가 어떻게 하나의 의식을 지닌 존재로서 등장할 수 있었는가'라는 미스터리일 것입니다. 물론 우주가 일부러 제 비밀을 숨기고 있진 않겠지요. 사실 우주는 곳곳에 다양한 증거, 힌트, 상징, 흔적을 뿌려두었지만 명확한 답안을 주지는 않습니다.

인류는 오랫동안 행성, 성운, 은하, 은하단 또는 거대한 우주의 시공간의 총체와 같은 극단적으로 거대하고 복잡한 존재들을 두 손 안에 펼쳐볼 수 있을 정도로 작은 그림으로 담기 위해 수많은 노력을 해왔습니다. 그 노력의 흔적 속에는 인간적 면모들도 녹아들어 있습니다. 그 노력이 그렇게까지 대담하지도, 필연적이지도 않았다면, 그리고 다른 대안이 있는 것처럼 보였다면 인류가 우주를 표현하고자 했던 노력들이 오만하게 느껴질지도 모릅니다. 낡아빠진 비행기를 만들고, 자연세계를 원자 수준까지 잘게 쪼개고, 탄도 미사일을 개조해 달을 향해 날아갈 수 있는 로켓으로 만드는 것은 인간 종에게 없어서는 안 될 중요한 능력입니다. 건축 이론가 달리보 베슬리는 《재현 분열 시대의 건축Architecture in the Age of Divided Representation》에서 이렇게 말했습니다. "우리의 능력은 한계가 있고 그로 인해 인류의 표현 방식은 제한되어 있다. 그것은 말로 다 표현할 수 없는 현실세계의 무궁무진한 풍요로움과 타협하기 위한 한 가지 방법이었다. (…) 표현의 가장 중요한 목적은 바로 중재이다. 인류는 표현을 통해 스스로 이 경이로운 현실 세계의 일부가 되고자 했다. 그러한 욕망으로 우리는 표현 능력을 계속 향상시켜왔다."

표현 능력을 발전시키면 디자인 능력도 향상됩니다. 이 책에 있는 이미지 가운데 일부는 단순한 그림이 아니라 화살촉, 바퀴, 우주망원경만큼이나 유용한 도구입니다(심지어 지금까지 그런 실용적인 역할을 하는 것들이 있습니다). 가끔은 이미지 뒤에 숨은 원리를 이해하는 것이 어려운 경우도 있지만, 이 이미지들은 인류가 스스로 우주와 연결되고 우주의 설계 원리 안에 스며드는 방편이었습니다. 도구를 발전시키기 위해서는 인류의 지능도 발전되어야 합니다. 이러한 진화된 지능의 필요성은 새로운 뉴런 연결망을 요구했고 '인간의 두뇌'는 계속해서 새로운 도구를 사용하는 방법을 깨달아갔습니다. 그리고 더 높은 단계의 진화에 다다랐습니다. 손으로 그린 원고, 목판 인쇄, 슈퍼컴퓨터로 구현한 은하단의 모습까지. 계속 발전되어온 이미지와 표현 방식은 다양한 개념적 존재들에 대한 묘사를 진화적·혁명적으로 발전시켰으며 앞으로도 계속 변화해갈 것입니다. 아직 그 어떤 묘사도 완벽하지 않으며, 어떤 이론도 완벽하게 통합에 이르지 못했습니다.

중재와 화합의 결과로 만들어진 이미지에 깊이 의존하게 되면 칼비노가 우려했던 실수를 범하게 될지도 모릅니다. 칼비노는 이렇게 경고했습니다. 사실은 이미지가 우리의 감상이 반영되어 만들어진 결과일 뿐이지만, "겹겹이 쌓인 보편적 상징의 두께"로 인해 그 이미지 자체가 실제 현실이라는 착각을 하게 될 수 있다고 말이죠. 마치 피그말리온이 자신이 만든 갈라테이아의 흰 석상을 보고 사랑을 느꼈던 것처럼 말입니다(우연히도 갈라테이아라는 이름은 우리은하를 지칭하는 비교적 새로운 용어인 '밀키 웨이'처럼 '우유'에 어원이 있는 표현입니다. '밀키 웨이'라는 표현은 라틴어 '비아 락테아Via Lactea'를 거쳐 그리스어로 '키클로스 Kyklos' 또는 '우유 원'으로 번역되었습니다. 은하수를 단순히 구불구불한 길이라고 인식하는 것이 보통이었던 오랜 옛날부터 은하수를 둥근 원으로 묘사했었다는 사실만 보아도 고대 그리스인들의 놀라운 천재성을 느낄 수 있습니다). 칼비노의 관점에 따르면 15세기 동안 인류가 계속 여러 개의 하늘로 둘러싸인 아리스토텔레스-프톨레마이오스의 지구 중심 우주 모델을 시각화했던 것 자체가 도리어 사고의 틀을 제한하고 실제 우주의 모습으로 나아가지 못하게 방해하는 원인이 되었을지도 모릅니다. 베슬리는 물리학자 베르너 하이젠베르크의 말을 인용해 이렇게 이야기합니다. "동시대의 사고는 과학이 그린 자연의 그림으로 인해 위험에 처할 수 있다. 이때 위험이란 바로 그 그림이 자연의 실체를 고스란히 담고 있다고 착각하는 것을 말한다. 과학은 스스로 그려낸 그림 속 세계를 연구할 뿐이지만, 우리는 그 사실을 망각한 채 과학이 실제 자연을 연구하고 있다고 착각할 수 있다."

그럼에도 이미지는 두 가지 측면을 갖고 있습니다. 이미지는 변증법적입니다. 만약 인류가 계속해서 지구 중심의 우주 모델을 그리지 않았다면, 코페르니쿠스는 애초에 이에 반박할 계기 자체가 없었을 것이고 그 어떤 대안 우주 모델도 떠올리지 못했을 겁니다. 오히려 확고하게 자리 잡은 모델 체계가 인류의 역사가 다른 방향으로 다시 흘러갈 수 있는 기틀을 마련해준 것이지요. 비록 매우 오랜 시간이 걸리긴 했지만, 하이젠베르크가 경고했던 위험이 무엇인지 정확하게 알았던 코페르니쿠스와 그의 추종자들은 지구가 우주의 중심에 있지 않은 새로운 그림이 필요하다는 것을, 적어도 최소한 수정과 보완이 필요하다는 것을 깨달을 수 있었습니다.

이처럼 패러다임의 진화는 어떤 면에서는 자연선택의 일종으로 볼 수 있습니다. 존 허셜은 천왕성을 발견했던 아버지, 대혜성 사냥꾼이었던 고모 캐롤라인과 함께 케이프타운에서 기존의 북쪽 밤하늘 별자리 지도 위에 새로운 남쪽 밤하늘의 별들을 추가하는 작업을 시작했습니다. 존 허셜은 "다른 이들에 의해 멸종되고 대체되어가는 무언가"에 대해 고민했습니다. 그리고 멸종과 대체 과정은 시간이 흐르면서 계속 진화해나가는 언어의 모습과 비슷하다고 이야기했습니다. 1836년 HMS 비글호가 케이프타운에 정박했고 당시 이곳에 방문했던 찰스 다윈은 존 허셜의 사상에서 큰 영향을 받았습니다. 이후 다윈은《종의 기원》을 출간했을 때 책의 서문에서 존 허셜을 "가장 위대한 철학자 중 한 사람"으로 언급했습니다.

《코스미그래픽》의 각 챕터에서 바로 이러한 진화적 발전 과정을 느낄 수 있도록 이미지의 순서와 방식을 정했습니다. 가끔은 그 진화가 매우 느리고 점진적이라고 느껴질 수도 있지만,

자세히 살펴보면 각 이미지 간에 큰 차이를 발견할 수 있습니다. 영국의 천문학자 토머스 디그스는 1576년 잉글랜드에서 코페르니쿠스의 우주 모델을 옹호하는 최초의 책을 출간한 것으로 알려져 있습니다. 태양 중심의 태양계를 묘사한 디그스의 목판 인쇄물은 1543년에 코페르니쿠스가 직접 그렸던 그림과 언뜻 별반 다르지 않은 것처럼 보일 겁니다. 하지만 잘 보면 디그스의 그림에서는 태양계 바깥 별들이 맨 바깥 원 둘레 위에 잘 정렬되어 있지 않습니다.

그의 그림 속에서 별들은 모든 방향에 고르게 퍼져 있습니다. 디그스는 맨 바깥 천구에 별들이 보석처럼 가만히 박혀 반짝이고 있다는 생각을 벗어던지고 무한한 우주 공간에 별들이 고르게 흩어져 있다는 새로운 관점을 보여주었습니다. 물론 이는 코페르니쿠스의 우주 모델에는 없는 개념이었지만, 디그스는 코페르니쿠스로부터 영향을 받았습니다. 어쩌면 이러한 묘사는 15세기 독일의 철학자이자 천문학자이자 사제였던 니콜라우스 쿠사누스의 주장에서 영감을 받은 것일 수 있습니다. 쿠사누스는 지구가 우주 전체에 분포하는 무수히 많은 별들 중 하나에 불과할 것이라는 급진적인 우주관의 소유자였습니다. 디그스는 조르다노 브루노와 동시대를 살았으나, 브루노는 1583년까지 잉글랜드에 방문한 적이 없었으므로 브루노가 자신과 같은 우주관을 가졌다는 사실은 몰랐을 가능성이 큽니다.

중세시대에도, 그리고 각 장에서 제일 첫 번째 순서로 등장하는 이미지 가운데서도 이미 혁신적이라고 느껴지는 작품들이 있을 겁니다. 1121년에 출간된 백과사전《꽃의 책Liber floridus》에서 등장하는 천체의 움직임을 묘사한 독특한 다이어그램이 대표적입니다(195쪽). 동물 가죽에 수작업으로 그린 이 그림은 눈금격자 위에 그려진 지그재그 선을 통해 시간이 흐르면서 행성들이 어떻게 움직이는지를 보여줍니다. 이것은 최초로 '데이터를 수학적으로 시각화'한 그래픽이라 할 수 있습니다. 이 훌륭한 최초의 인포그래픽은 구텐베르크보다 300년 이상 앞선 것입니다. 이 놀라운 작품이 무려 12세기 초에 등장했다는 사실은 마치 중세시대 마을 한복판에 갑자기 건축가 미스 반 데어 로에 스타일의 초고층 빌딩이 등장한 것에 버금가는 극히 이질적이고 현대적인 충격입니다. 베슬리는 미스 반 데어의 건축이 소위 현실을 '수식화'한 모습이라고 이야기하기도 했습니다.

또 다른 훌륭한 예시는 309~10쪽에서 볼 수 있습니다. 이것은 케플러가 1619년에 쓴《혜성에 관한 작은 책 삼부작De cometis libelli tres》에 등장하는 그림입니다. 곡선으로 이루어진 파형을 볼 수 있는 놀라운 인쇄 그림입니다. 케플러가 50여 년에 걸쳐 만든 또 다른 7권의 책 속에서 볼 수 있는 다른 많은 그림들은 그 시대 또는 바로크 시대의 그래픽을 담고 있습니다(예를 들면 166쪽 그림). 특히 케플러가 게리에스크Gehryesque 혜성을 묘사한 이 그림은 마치 20세기 또는 21세기의 기술, 건축, 디자인의 우주를 예견한 것처럼 느껴질 정도입니다. 이 그림은 혜성이 태양계 안쪽 행성들의 궤도를 통과하며 혜성의 꼬리 각도가 변하는 과정을 보여줍니다. 이것은 컴퓨터가 등장하기 몇 세기 전에 시도된 컴퓨터 그래픽의 시초입니다(또한 하이젠베르크가 경고했던 것처럼 이 이미지는 우주를 왜곡해 인식하게 만들기도 했습니다. 이 그림은 확신에 차서 혜성을 묘사하고 있지만, 실제론 케플러의 생각과 달리 혜성은 직선이 아닌 긴 곡선을 그리며 움직입니다).

케플러가 몇 세기가 더 지난 뒤에야 보편적으로 쓰이게 될 그래픽의 스타일과 방법을 예견했던 것은 결코 단순한 우연이 아닙니다. 케플러가 표현했던 혜성의 궤적은 분명 구체적인 수학적 분석을 통해 나온 결과였으며, 불필요한 요소를 최소화하고 단순화한 결과입니다. 그 그림은 불필요하게 거추장스러운 장식적 요소들을 제거한 지극히 실용적인 그림이었습니다. 자신이 확보한 데이터 그대로 묘사하고자 했던 케플러의 그림은 바로 베슬리가 이야기했던 '도구적' 관점을 드러냅니다. 기술적 사고를 미리 예견한 것이지요.

《코스미그래픽》에서는 이해와 표현이 어떻게 상생하는지 볼 수 있습니다. 그리고 대부분의 경우 이해 없이 표현이 선행되는 경우는 없습니다. 자연이 작동하는 모델을 그림으로 묘사하는 것 자체가 지식의 한 형태입니다. 이미지를 그리는 것이 자연을 이해하는 한 과정이라는 강력한 믿음 속에서 이 이미지들이 그려졌지요. 이 모델들 일부는 서로 부딪히기도 합니다.

16세기 중반부터 18세기 초까지 코페르니쿠스혁명이 이어졌습니다. 그동안 프톨레마이오스, 아라투스, 코페르니쿠스, 브라헤, 케플러, 리치올리, 뉴턴 그리고 많은 우주론이 서로 경쟁했습니다. 안드레아스 셀라리우스는 1660년에 쓴 천체 아틀라스 모음집 《대우주의 조화Harmonia Macrocosmica》에서 서로 상충하거나 상호 보완적인 이 다양한 우주론적 개념들을 자세하게 집대성하였습니다. 그 가운데 총 7점의 이미지가 이 책에 실려 있습니다.

'제시하고자 하는 과학적 이론과 얼마나 매끄럽게 연결되어 있는가'를 통해 이러한 그래픽의 중요성을 확인할 수 있습니다. 대부분의 경우 시각적으로 곁들여진 이미지와 그래픽은 과학적 가설과 동떨어진 중요하지 않은 요소가 아니라, 그 가설을 설명하기 위한 필수적인 요소였습니다. 이미지들은 미적으로도 정점에 도달했습니다. 아타나시우스 키르허의 땅 밑 지하의 지형과 용암의 흐름에 대한 아이디어는 아주 흥미진진한 두 쪽짜리 인쇄물에 반영되어 있지요(56~59쪽). 프랑스의 예술가이자 천문학자였던 에티엔 트루블로는 하버드 천문대에서 근무하고 있을 때 흑점, 혜성, 그리고 달 표면을 표현한 아주 훌륭한 다색 석판화 작품을 남겼습니다(이 책 곳곳에 그의 작품 총 11점이 실려 있습니다). 덴마크의 화가 하랄 몰트케는 덴마크 기상연구소의 지원을 받아 오로라를 연구하기 위해 총 두 차례에 걸쳐 북극 탐험을 떠났습니다. 그는 지구 자기장에서 거칠게 일렁이는 하늘의 풍경을 그림으로 담았고, 그것은 과학 연구에서 아주 중요한 역할을 수행했습니다(339~41쪽)

이론 설명과 관측 작업의 일환으로 그려진 이미지들은 심미적으로 아름다웠을 뿐만 아니라 오늘날 우리가 개념 미술이라고 부르는 것의 전신이 되었습니다.

베슬리는 이에 대해 다음과 같이 훌륭하고 자세하게 설명해 줍니다.

> 신발이나 도구 제작부터 산수와 기하학에 이르기까지 모든 종류의 제작 과정이 바로 예술의 전통적인 의미에 포함된다는 사실을 염두에 두어야 한다. 예술 분야는 육체적인 작업과 노동이 얼마나 포함되어 있는가에 따라 매우 다양하고 넓은 카테고리로 분류된다. 대부분 예술이란 단어 앞에 붙은 형용사 하나로 그 분야를 구분한다. 보통은 육체적 작업 비중이 높다는 이유로 예술 분야의 층위에서 가장 아래쪽에 놓이는 경우가 많은 기계적 예술artes mechanicae, 삼학(문법·수사학·논리학)과 사학(산술·음악·기하학·천문학)을 포함하는 인문 예술artes liberales, 그리고 마지막으로 신학·수학·물리학으로 구성된 이론적 예술scientiae이 있다. 예술이 경험과 기술만이 아니라 중요한 지식의 한 형태이기도 하다는 사실은 예술과 과학 사이의 경계가 모호하다는 사실을 반영한다.

《코스미그래픽》 전반에 걸쳐 볼 수 있는 둥근 원 형태의 다양한 그림들에는 자연을 모방하는 것 자체가 바로 자연의 섭리를 이해하는 것과 동일하다는 강력한 믿음이 반영되어 있습니다. 고대 그리스 천문학자들은 천체의 운동이 복잡한 주기로 반복될 뿐 아니라, 자연의 설계 원리에 녹아 있는 원형성을 그대로 보여준다고 생각했습니다. 이 책의 후반부에서 내가 이야기한 것처럼, 바로 이 원형 메커니즘을 이해하고자 했던 인류의 노력이 현재의 과학기술로 이어진 것입니다. 그 결과 이 책에서 볼 수 있는 다양한 이차원 이미지 외에도 기원전 1세기에 제작된 놀라운 아날로그 컴퓨터 '안티키테라 기계Antikythera Mechanism' 등의 기계 장치까지 만들 수 있었습니다. 이것은 모두 자연의 섭리를 이해하기 위한 노력의 결과였습니다.

닿을 수 없는 천체들의 움직임을 종이 위에 그대로 옮겨서 강제로 손으로 잡을 수 있는 존재로 바꾸는 과정은 일종의 성변화입니다. 빵과 와인이 몸과 피로 변하는 것이 아니라, 하늘의 닿을 수 없는 천체들이 지상의 만질 수 있는 존재로 변화하는 성변화인 것이지요. 이것은 적어도 천체의 움직임을 정확하게 예측할 수 있게 해주었습니다. 형이상학이 물리학이 된 순간이라고도 볼 수 있을 겁니다.**

독일의 수학자이자 지도 제작자였던 페트루스 아피아누스의 1540년 책 《아스트로노미쿰 카에사레움》에 등장하는 볼벨, 즉 종이로 돌아가는 다이얼 장치가 대표적인 예입니다. 첫 번째

** 베슬리가 《재현 분열 시대의 건축》에서 시사하는 바이기도 하다.

볼벨은 북쪽의 별, 바로 북극성을 중심으로 회전하는 둥근 북쪽 하늘의 별자리를 평면에 투영한 모습을 묘사합니다(247쪽). 이것은 프톨레마이오스가 이야기했던 세차 운동의 속도에 맞춰 3만 6000년에 한 바퀴를 회전할 수 있도록 설계되어 있습니다(세차 운동이란 중심축을 중심으로 회전하는 물체가 토크로 인해 또 다른 축에 대해 회전하는 움직임을 의미합니다. 일반적으로 지구의 극은 마치 기울어진 채 회전하는 팽이처럼 아주 긴 주기로 원뿔 모양으로 기울어진 채 회전합니다). 볼벨의 둥근 가장자리에 있는 각각의 인식표는 행성을 의미하며, 계속 증가하는 지구의 세차 움직임 효과를 보상하도록 설계되어 있습니다. 볼벨을 올바르게 세팅하고 나면, 책 전체에 연속적으로 등장하는 다른 볼벨도 그에 따라 위치를 확립하도록 되어 있습니다. 즉 제일 첫 번째로 등장하는 종이 다이얼이 책의 모든 것을 지배합니다.

이 글을 쓰는 시점에서 아피아누스의 474년이나 된 책에 담긴 기준 볼벨은 전체 한 바퀴 주기의 76분의 1을 돌았습니다.

영국의 천문학자이자 수학자였던 토머스 라이트는 1750년 저서《우주에 관한 독창적인 이론 또는 새로운 가설An Original Theory or New Hypothesis of the Universe》에서 우주적 물질의 거침없는 순환성과 구형성을 매우 분명하게 인식하고 있습니다. 라이트의 책은 이미지를 통한 과학적 추론의 놀라운 효과를 보여주는 가장 좋은 사례 가운데 하나입니다. 84쪽으로 구성된 이 책은 이미지 32장을 수록하고 있습니다. 라이트는 은하의 형태와 우주의 구조에 관한 일련의 도발적인 개념을 제시합니다. 그의 통찰은 대부분 사실로 입증되었지만 그는 여전히 잘 알려지지 않은 인물로 남아 있습니다. 그가 물리학자가 아니었다는 점이 이유 중 하나일 것입니다. 케플러나 뉴턴처럼 자신의 이론을 우아한 법칙으로 뒷받침할 수 없었기 때문이기도 할 텐데, 그가 주장한 바는 자신이 직접 천문 관측으로 발견한 것도 아니었습니다.

풍부한 내용이 담겼음에도 불구하고,《우주에 관한 독창적인 이론 또는 새로운 가설》은 별로 관심을 받지 못했습니다. 철학자 임마누엘 칸트가 독일 학술지에서 이 책에 대한 상세한 리뷰를 읽지 않았다면 라이트의 아이디어는 흔적도 없이 사라졌을지 모릅니다. 추측건대 칸트는 책을 구해 보려고 하지는 않았던 것 같지만, 그 책에 대한 자신의 생각을 담은 책을 썼습니다. 칸트의 작품은 1755년에 출판되었고, 라이트의 핵심적인 아이디어를 많이 담고 있었습니다. 칸트는 자신의 아이디어가 라이트의 아이디어를 바탕으로 하고 있다는 점을 명시했으나, 당시는 그가 막 이름을 알리기 시작한 때였으므로 칸트의 책도 곧바로 큰 관심을 받지는 못했습니다. 그의 출판사가 파산한 상태에서 책이 나온 탓도 있었을 것입니다. 하지만 이후 명성이 서서히 쌓이면서 칸트의 책은 더 많은 사람들에게 널리 읽혔습니다. 결과적으로 칸트는 라이트 대신 여러 개의 은하로 이루어진 우주 아이디어를 가장 최초로 고안한 사람으로 자주, 그리고 잘못 알려지고 있습니다.

돌이켜 생각해보면, 라이트의 우주론적 통찰은 코페르니쿠스의 태양 중심 우주 모델과 뉴턴의 만유인력 법칙으로부터 이어지는 연장선이었습니다. 하지만 우리는 라이트가 이 놀라운 주장을 했던 시기가 갈릴레오가 처음 망원경을 통해 은하수를 관측하며 너무 어두워서 맨눈으로는 볼 수 없는 수많은 별들로 은하수가 채워져 있다는 사실을 발견한 뒤 150년 밖에 안 된 시점이라는 것을 잊어서는 안 됩니다. 또한《우주에 관한 독창적인 이론 또는 새로운 가설》은 윌리엄 허셜이 이후에 그 가운데 많은 것들이 개별 은하였음이 밝혀졌던 별이 아닌 심우주 천체, 또는 성운을 체계적으로 분류하기 수십 년 전에 출간되었습니다. 라이트의 시대와 20세기 초반까지 우주는 우리은하가 전부였고, 그 모습은 완전한 미스터리였습니다.

라이트의 문체는 조금 모호하지만, 이미지와 결합하면서 그 의도를 분명하게 파악할 수 있습니다.《우주에 관한 독창적인 이론 또는 새로운 가설》은 지식의 한 형태로서 이미지를 사용한 아주 훌륭한 사례입니다. 라이트는 모든 별들이 움직이며, 태양도 다른 별들과 똑같은 별 중 하나라고 이야기했습니다. 그는 행성들이 더 거대한 태양 주변을 공전한다는 체계적인 원리를 바탕으로, 태양을 비롯한 다른 별들 역시 또 다른 질량중심의 주위를 공전하고 있다는 이론도 제시했습니다. 그는 이 가상의 질량중심을 중심으로 별들이 움직일 수 있는 방식에 대해 두 가지 대안적인 가설을 제시했지만 "둘 중 어느 것이 당신을 만족시킬지는 나도 감히 결정하기 어렵다"고 말했습니다.

최초로 은하의 실제 모델을 추론했던 라이트는 자신의 첫 번째 은하 모델에서 태양을 비롯한 나머지 모든 별들이 "모두 같은 방향으로 움직이며 마치 태양 주변에서 행성들이 공전하는 것처럼 별들도 한 평면에서 크게 벗어나지 않고 움직인다"고 주장했습니다. 그는 여러 장의 이미지와 그것을 묘사하는 텍스트로 개념을 설명했습니다. 하나는 지구에서 보는 것처럼 은하를 안에서 바라본 모습인 "완벽한 빛의 지대"를 표현했습니다(257쪽). 다른 두 그림에서는 은하를 바깥에서 바라본 장면을 보여주며, 은하 중심의 핵을 둘러싼 별들이 동심원을 그리며 배열되어 있습니다(169쪽). 라이트는 태양계의 평면 구조를 가져와서 우리은하의 실제 모습을 추론하고자 했습니다. 이는 인류 역사상 처음으로 벌어진 일이었지요.

완성된 책에서 라이트는 은하의 나선형 구조는 고안하지 않았습니다(그의 예비 원고 도면에서는 다소 모호하게 묘사되어 있습니다).*** 그는 은하 모양에 대한 자신의 가설을 토성과 그 주변 고리에 비교했습니다. 그리고 놀라운 통찰력으로 "나는 좋은 성능의 망원경으로 토성을 바라본다면, 토성의 고리가 사실은 수많은 아주 작은 행성들로 이루어져 있다는 것을 발견할 수밖에 없으리라고 생각한다"라고 썼습니다. 그의 생각은 완벽하게 옳았습니다. 토성의 고리는 무수하게 많은 작은 얼음과 암석 조각으로 이루어져 있지요.

라이트가 제시했던 또 다른 두 번째 은하의 모양은, 별들이 "마치 행성과 혜성들이 함께 태양 주변을 도는 것처럼, 모든 별들이 일종의 구 껍질 또는 오목한 구체 안에서 어떤 특정한 중심점을 중심으로 서로 다른 방향으로 움직이는" 형태였습니다(256쪽, 모든 행성은 동일한 하나의 평면에서 공전하지만 장주기 혜성은 다양한 모든 방향에서 태양으로 접근합니다. 태양계 끝자락에 혜성들이 둥글게 퍼져 있는 구조는 네덜란드의 천문학자 얀 오르트의 이름을 따서 '오르트 구름'이라고 부릅니다). 세부적으로는 다르지만 라이트가 제시한 두 번째 모양은 전반적으로 오늘날 우리가 타원은하라고 부르는 것과 유사합니다. 그가 첫 번째로 제시했던 개념과 마찬가지로, 그는 별들이 평평한 원반 안의 중심 핵 주변에서 동심원으로 움직이는 모습을 상상했고, 두 번째 은하 모형에서는 맨 바깥 층 안에 별들이 채워진 여러 개의 개별적 구껍질로 구성된 모습을 표현했습니다.

두 경우 모두 내부 구성 방식은 잘못됐습니다(평면 원반 형태의 은하는 사실 은하핵을 중심으로 주변에 동심원 형태가 아닌 나선팔을 가지고 있습니다. 구형 은하는 사실 동심 구로 이루어져 있지 않고 별들은 공통 중심을 중심으로 다양한 방향으로 움직입니다). 하지만 두 가지 은하 형태에 관한 라이트의 순수한 추론은 거의 두 세기가 더 지난 뒤에 1936년 천문학자 에드윈 허블의 '소리 굽쇠' 은하 형태 분류 차트를 통해 시각화되었습니다. 정말 숨이 멎을 정도로 놀라운 순간이었지요.

은하의 주요한 두 가지 형태를 설명한 이후 라이트는 18세기부터 망원경으로 그 존재가 조금씩 드러나던 수수께끼의 흐릿한 성운으로 관심을 돌렸습니다. 그중 많은 것들은 우리은하 안에 있는 성간 물질과 가스와 먼지로 이루어진 성운이었습니다. 하지만 그중 일부는 우리은하 원반을 크게 벗어난 곳에 위치했습니다. 이들은 오늘날 우리가 알고 있는 것처럼 우리은하 바깥의 먼 은하들입니다. 이들은 18세기 망원경으로도 깜깜한 우주 속 뿌연 회색빛 얼룩처럼 밝게 구분되었습니다(당시에는 아직 은하라는 용어가 널리 쓰이지 않았지만, 라이트는 사전에서 이 단어를 어떻게 정의하게 될지 그 초석을 다지고 있었습니다).**** 이 천문학자는 책을 마무리하며 이렇게 주장했습니다. "우리가 지각할 수 있는 많은 구름 조각들은 우리 별의 영역을 벗어나 먼 곳에 있다. 시각적으로 밝게 빛나는 공간이지만 그 안에서 어떠한 별도, 그 세계를 구성하는 그 어떠한 특정한 천체도 하나하나 구분할 수 없다. 그것들은 아마도 우리가 관측할 수 있는 한

*** 라이트의 21번째 판화에는 은하계 중앙을 중심으로 태양이 돌고 있고, 그 태양을 중심으로 지구가 도는 모습이 묘사되어 있다. 앞서 라이트가 이 그림을 그리기 위해 제작했던 밑그림을 보면 그림의 중심에 나선 모양을 함께 새겨넣기도 했다. 그 안에는 "온 우주의 중력의 중심"이라는 문장이 쓰여 있다. 문장의 글자들은 그림 한가운데 그려진 검은 별 모양으로부터 나선 모양으로 적혔다(오늘날 은하 중심에는 블랙홀이 존재한다고 알려져 있다). 이러한 라이트의 놀라운 선견지명은 실제 판본으로 제작되는 과정에서 누락되었다. 라이트의 메조틴트 판화 인쇄를 누가 맡았는지는 알 수 없지만, 맨 앞 제목 페이지에 따르면 "최고의 대가들"에 의해 제작되었다고 한다.

**** 이 표현은 1380년경 초서가 쓴 시에서 우리 은하수를 지칭하는 말로 처음 등장한다.

계를 넘어선 외부의 창조물일 것이다. 우리의 망원경으로는 다다를 수 없을 정도로 아주 먼 거리에 떨어져 있을 것이다." 라이트는 우리가 수많은 은하들로 채워진 우주에서 살고 있다고 이야기하며, 170쪽에 재현된 놀라운 그림과 함께 자신의 아이디어를 펼쳤습니다. 미국 독립혁명이 일어나기도 전에 쓰인 이 한 권의 책에서, 북잉글랜드 더럼 출신의 잘 알려지지 않은 한 천문학자는 놀랍게도 현재의 우주관과 거의 구별할 수 없을 정도로 유사한 우주의 모습을 일관되게 제시했던 것입니다.

라이트의 이 아찔한 통찰은 수십억 개의 은하가 자라나는 씨앗이 되었습니다. 2014년 봄, 은하단 천체물리학 전문가인 천문학자 R. 브렌트 툴리는 〈네이처〉 지에 게재한 논문에서 슈퍼컴퓨터로 구현한 넋이 나갈 정도로 놀라운 3만여 개의 은하들을 아우르는 시각화 결과를 제시했습니다. 이 은하들이 지름 5억 광년이 넘는 우주 시공간에서 어떻게 흘러가고 움직이는지를 보여준 것이지요(188~89쪽). 1987년에 물고기자리-고래자리 복합 초은하단 발견과 함께 선구적인《국부 은하 아틀라스Nearby Galaxies Atlas》를 발간했던 천문학자 툴리는 수십 년간 우주의 거대 구조를 이해하려는 노력의 선봉에 섰습니다(아틀라스 그림은 176~77쪽).

툴리는 새로운 논문을 통해, 우리은하를 포함하는 처녀자리 초은하단을 비롯해 여러 은하단들의 거대하고 복잡하게 얽힌 구조를 발견했다는 사실을 발표했습니다. 거대한 은하 군집이 함께 흘러가는 흐름을 하나하나 긴 선으로 연결해서 묘사한 그 시각 자료는 이미지가 아이디어가 되고 또 반대로 아이디어가 이미지가 될 수 있음을 보여주는 현대적 사례입니다. 툴리가 이러한 거대 은하 지도를 완성하고 논문 심사를 위해 제출하자, 새로운 발견과 시각화가 동시에 완성되는 역사가 시작되었습니다. 관측 데이터에서 우주 거대 구조를 인식하고 그다음에 지도로 옮기는 것이 아니라, 슈퍼컴퓨터를 통한 시각화 자체가 우주 거대 구조를 발견하게 해준 셈이지요. 지도를 그리는 일은 이제 새로운 발견을 위한 필수 요소가 되었습니다.

논문에서 툴리와 그의 공저자들은 마치 지구에서 물줄기가 모여드는 분수령처럼 거대한 중력 우물을 에워싼 채 움직이고 있는 광범위한 은하들의 흐름을 최초로 정의했습니다. 그들이 발견한 우주 거대 구조는 이러한 곡선으로 연결된 중력 웅덩이 두 개의 경계면 근처에 위치하고 있는 우리은하를 포함해 실제 은하들의 흐름을 보여줍니다. 툴리는 이렇게 말합니다. "이 영역의 이름은 하와이 말로 '천국'을 의미하는 '라니Lani'와 '거대하고 헤아릴 수 없는'을 의미하는 '아케이아akea'에서 빌려와서 이름을 지었다. 우리는 라니아케이아 초은하단에 살고 있다." 그는 논문에서 자신이 이름을 지은 이 영역이 "결코 작지 않다"고 결론 내렸습니다. "현재 우주의 지평선 안에 들어오는 공간에만 이런 거대한 구조물이 500만 개 포함될 수 있으며, 각 구조물에는 10만 개의 커다란 은하들이 있다."

2013년 11월, 천문학자들은 NASA의 케플러 우주망원경 데이터를 통해 우리은하 안에만 잠재적으로 생명체가 거주할 가능성이 있는 지구형 행성이 400억 개 이상 존재할 수 있다고 발표했습니다. 이 숫자에 4를 곱하면 현재 관측 가능한 우주에서 우리가 추정할 수 있는 은하의 총 개수와 근접해집니다. 각 은하는 대략 1000만에서 100조 개의 별을 품고 있습니다. 그리고 거의 모든 별 곁에는 하나 이상의 행성이 공전한다고 알려져 있습니다. 이러한 추정은 정말로 충격적입니다.

최초로 은하의 모양을 제시했던 챕터의 마지막 결론 부분에서, 토머스 라이트는 자신의 이론의 성공이 "금세기에는 거의 알려지지 않을 것이며, 아마도 진실이 발견되기까지 몇 세기에 걸친 관측이 필요할 것이다"라고 조심스럽게 이야기했습니다. 그가 32개의 메조틴트 판화에서 보여준 진실은 브렌트 툴리가 최근에야 보여준, 은하들의 필라멘트가 이어진 수많은 흐름의 모습을 비롯해《코스미그래픽》에 실린 많은 이미지 속에 담겨 있습니다. 그래서 이 서문의 마지막을 라이트의 말을 빌려 마무리하고자 합니다.

대체 어떤 불가사의한 광대함과 위대한 힘이 이러한 구조물을 펼쳐내는가! 우리의 약한 감각으로 느끼기에는 서로 끝없이 멀리 떨어진 무수한 태양이 태양들과 모여 있고, 우리 자신과 같은 수많은 별들의 저택들이 무한하고도 무한한 우주를 채우고 있으며, 모두 동일한 하나의 창조의 뜻에 따라 작동한다. 세상의 모든 존재들, 산, 호수, 바다, 풀, 동물, 강, 바위, 동굴, 나무…… 이제 과학 덕분에 우리 주변의 모든 방향에서 이러한 풍경이 펼쳐지기 시작한다. 사람들이 관측을 통해 실제로 그것이 가능하다는 것을 입증하기 전까지는 꿈도 꾸지 못했던 진실들이 인류가 이해하기에는 너무나 깊은 주제에 대한 우리의 감각 속으로 침투하며, 우리의 이성조차 무한한 경이로움에 빠져든다.

1 천지창조

하늘과 땅 이전에 혼돈으로 이루어진 무언가가 존재했다.
고요하고 공허하구나.
홀로 서 있으나 변함 없고
두루 펼쳐져 있으나 위태롭지 아니하다.
가히 천하의 어머니라 할 만하도다.
_《도덕경》

〈창세기〉는 조물주의 몇 마디 주문과 과묵한 몸짓만으로 끝없는 어둠 속에서 "보기 좋은 것"이 탄생하는 순간을 묘사한다. 이 과정은 단순히 세상에 없는 것을 새로 만드는 과정이었을 뿐 아니라 아름답게 **디자인**하는 과정이기도 했다. 오해라 할지 독기 넘치는 경고라 할지 모를 일 뒤에 인간은 에덴동산의 나무에 낮게 걸려 있던 과일을 따 먹었고 결국 낙원 바깥으로 매몰차게 내동댕이쳐졌다. 슬프게도 인간은 동산에서 쫓겨났지만 대신 이 우주에 발을 딛게 되었다. 그리고 이제 인류는 그들이 살아가는 우주의 모습이 어떤 모양인지 고민하기 시작했다. 우주는 둥근 모양일까? 네모난 모양일까? 아니면 둘 다 아닌 다른 모습일까? 우주는 넓은 바다 위에 떠 있는 납작한 원반을 둥근 하늘이 덮고 있는 모양일까? 7층 높이의 지구라트 모양일까? 그것도 아니라면 우리 우주는 거대한 거북이 등 위에 얹혀 있고 또 그 아래 수많은 거북이들이 포개져 떠받치고 있는 모습일까?

인류가 과일을 따 먹었던 나무로부터 그리 멀지 않은 곳에서 우주의 구조를 고민한 역사가 시작한다. 기원전 6세기경 에덴의 북서쪽 지역 소크라테스 이전 시대의 철학자들은 우주의 모습에 대한 매우 정교하고 다양한 아이디어를 제시했다. 고대 인류 역사의 파란만장했던 수천 년의 세월이 지나고 사회는 점차 안정되었다. 여전히 태양은 고요하게 바다를 비추었고 비로소 우주에 대해 진지하게 고민할 여유가 주어졌다. 드디어 고대 철학자들은 우주에 대한 신화적인 설명에서 벗어났다. 대신 이성, 심지어 실험과 경험을 통해 우주가 작동하는 모습을 이해하려 노력하기 시작했다. 기원전 5세기에서 4세기에 활동한 철학자 트라키아의 레우키포스와 아르데라의 데모크리토스는 우주가 더 이상 작게 쪼갤 수 없는 작은 입자로 이루어져 있다는 아이디어를 내놓았다. 이러한 생각은 그보다 앞선 잘 알려지지 않은 또 다른 고대 철학자 페니키아의 모쿠스에게서 영감을 받은 것으로 보인다. 그들은 이 작은 가상의 입자를 '원자'라고 불렀다. 한편 에페수스의 헤라클레이토스는 관찰을 통해 자연에 존재하는 모든 것들이 끊임없이 변화하는 상태에 놓여 있다고 보았다. 그 끊임없는 변화 속에서도 계속 반복되는 논리적 규칙도 있었다. 이것은 오늘날 카오스 이론의 시초가 되었다. 또 다른 철학자 사모스의 피타고라스도 새로운 자연의 섭리를 몇 가지 발견했다. 피타고라스라는 인물에 대해선 알려진 바가 거의 없고, 또 그가 주장했던 이론의 실제 출처가 무엇이었는지도 정확하지 않다. 하지만 그의 이름을 딴 '피타고라스의 정리'라는 수학적 증명은 여전히 그의 발견으로 여겨진다. 많은 점에서 이 정리는 고대 버전의 $E=mc^2$에 버금가는 발견이라 할 수 있다.

과거 그리스는 북쪽으로는 크림 반도까지 남쪽으로는 이집트 영토까지 길게 뻗어 있었다. 당시 그리스에 살던 뛰어난 시민들은 이 기다란 영토에서 위도에 따라 밤하늘이 조금씩 다르게 보인다는 사실을 알아챘다. 예를 들어 같은 날 똑같은 별자리가 나일강에서는 전부 뚜렷하게 보였지만 흑해에서는 그 일부만 보였다. 이 차이는 지구가 평평하지 않고 둥근 공 모양일지 모른다는 생각으로 이어졌다. 기원전 3세기 알렉산드리아 대도서관의 수석 사서였던 에라토스테네스는 이를 기반으로 지구의 둘레를 추정하는 방법을 고안했다. 그는 하짓날 태양이 가장 높이 떠 있는 정오가 되면 이집트 남부 도시 시에네(오늘날의 아스완)에 있는 깊은 우물 아래로 태양 빛이 수직으로 들어오며 우물 속 물을 직접 비춘다는 사실을 발견했다. 그리고 에라토스테네스는 파라오 시대 때부터 내려온 '스타디아'라는 단위로 거리를 측량하는 방법도 알았다. 그는 해시계의 원리, 약간의 기본적인 기하학, 그리고 스타디아 단위로 측정한 스웨네트에서 알렉산드리아까지의 거리를 활용해 지구의 둘레를 쟀다. 에라토스테네스는 태양이 가장 높이 뜬 하짓날 알렉산드리아에 비춰지는 태양 빛과 그림자의 각도를 쟀다. 그리고 계산 끝에 작은 목소리로 지구의 둘레가 25만2000스타디아일 것이라 중얼거렸다. 그가 당시 사용했던 스타디아 단위가 이집트 방식이었는지 아테네 방식이었는지에 따라 그 결과는 실제 지구 지름과 1.6퍼센트에서 16.3퍼센트까지 차이가 난다. 하지만 어느 쪽이든 까마득한 고대에 이렇게 꽤 정확한 값을 얻었다는 것은 정말 대단하다. 에라토스테네스는 절대로 과소평가할 수 없는 인물이다.

에라토스테네스보다 앞서 철학자 아리스토텔레스는 우주의 중심에 지구가 놓여 있고 태양, 달, 별, 그리고 "떠돌이 별(행성)"들이 모두 지구의 육지 주변 궤도를 맴돌고 있다는 우주 모델을 개량했다. 아테네에서 시작된 플라톤의 아카데미아에서 활동하던 아리스토텔레스는 플라톤의 영향을 받아 불, 물, 흙, 공기 등 고전적인 원소로 우주가 구성되어 있다고 생각했다. 그리고 지구를 감싼 작고 둥근 구체가 이 원소들로 채워져 있으며 그 구슬 너머에서 달이 궤도를 따라 돌고 있다고 기록했다. 아리스토텔레스의 주장에 따르면 달 궤도 너머의 세계는 당시 에테르라고 부르던 만고불변의 다섯 번째 원소로 채워져 있었다. 행성, 태양, 달, 별의 움직임은 모두 하늘을 둥글게 감싼 각 구체 안에 담겨 있는 에테르라는 물질이 회전하면서 만들어진 결과였다.

아리스토텔레스가 죽고 나서 얼마 지나지 않아, 에라토스테네스와 동시대를 살았던 또 다른 철학자 사모스의 아리스타르코스는 또 다른 가설을 내놓았다. 알렉산드리아 일대에서 활동했던 것으로 보이는 그는 놀랍게도 우주의 중심에 지구가 아닌 태양이 놓여 있다는 새로운 우주 모델을 제안했다. 그리고 기존에 알려졌던 것보다 우주가 훨씬 거대할 것이라고 주장했다. 당시 그의 주장 대부분은 받아들여지지 못했다. 특히 수도의 철학자들이 격렬하게 반박했다(풍문에 따르면 당시 스토아학파의 수장이었던 한 비평가는 지구는 우주의 중심에 놓인 채 절대로 움직여서는 안 된다는 당시의 신념과 질서를 아리스타르코스가 흔들려 한다며 신랄하게 비판했다. 심지어 이단의 죄를 물어 재판에 올려야 한다고 주장했지만 다행히 다른 냉정한 사람들의 만류로 재판은 열리지 않았다. 이후 1000년도 더 넘게 시간이 흐른 뒤 한 천문학자는 정말로 재판에 회부되고 전혀 다른 결말을 맞이한다). 아리스타르코스 이후 한 세기가 흐른 뒤, 굳게 닫힌 에덴동산의 관문에서 그리 멀지 않은 셀레우키아의 한 도시에 살던 천문학자 셀레우코스만이 이 사모스 출신의 천재 이야기에 주목했다.

셀레우코스가 새롭게 계산한 우주의 크기는 심지어 아리스타르코스의 결과를 훨씬 뛰어넘었다. 그는 밀물과 썰물이라는 바다의 작용이 달 때문에 이루어진다고 생각했다. 특히 그는 달이 태양 가까운 곳에서 함께 보일 때 조수간만의 차가 커진다는 사실을 발견했다(대단하게도, 이것은 매우 올바른 추론이었다). 티그리스 강에서 잠시 휴식을 즐기고 있던 셀레우코스는 눈을 가늘게 뜨고 오랫동안 주변 풍경을 응시했다. 그리고 문득 우주의 크기에 대한 새로운 추정치를 떠올렸다. 그는 우주가 무한하게 크다고 생각했다.

오늘날까지도 셀레우코스의 추정이 몇 퍼센트나 틀렸을지는 확인할 수 없다. 아마 그의 생각대로 우주는 정말로 무한할 것이다.

불행하게도 셀레우키아와 알렉산드리아의 철학자들이 제시한 아이디어는 더 활발하게 활동했던 아테네 출신 철학자들에게 밀려 큰 진전을 이루지 못했다. 이후 기원후 90~168년에 알렉산드리아에서 활동했던 역사상 가장 영향력 있는 천문학자 클라우디오스 프톨레마이오스가 등장했다. 안타깝게도 그는 천문학 역사의 새로운 배턴을 넘겨받았을 때 태양이 아닌 지구 중심의 아리스토텔레스 우주 모델을 그대로 답습했다. 로마제국의 속주 아이깁투스(오늘날의 이집트)에 살았던 프톨레마이오스는 로마 시민권도 함께 가진 그리스인이었다. 이중 국적이었던 프톨레마이오스는 고대인으로서 가장 국제적인 인물이었다고 할 수 있다. 그의 이름도 절반은 그리스, 절반은 로마식이다. 그는 에라토스테네스가 일했던 알렉산드리아의 대도서관에서 다양한 지식을 접했다. 분명 프톨레마이오스는 우주의 중심은 지구가 아니라고 주장했던 아리스타르코스와 셀레우코스의 글도 쉽게 찾아볼 수 있었을 것이다. 하지만 그는 여전히 지구 중심 우주 모델을 고집했다.

프톨레마이오스가 남긴 주요 저작은 대부분 현재까지 전해진다. 그 가운데서 현재까지 가장 중요한 것은《천문학 집대성》이라는 논문이다. 이 논문은 총 13파트로 구성되어 있다. 이후 이 논문은 다른 사람들에 의해《가장 위대한 책》이라는 새로운 이름으로 옮겨졌다. 그리고 이후 몇 세기 동안 이것을 다시 아랍어로 번역한《알마게스트Almagest》라는 이름의 책으로 세상에 알려졌다. 이 이름은 책의 제목을 아랍어로 그대로 옮긴 'Al-majisti'에서 기원한 것으로 추정된다. 프톨레마이오스는 태양 중심 우주 모델을 받아들이지 않았지만, 바빌로니아부터 헬레니즘 시대까지 수 세기의 방대한 세월에 걸쳐 축적된 천문학 데이터와 과학적 방법론을 활용해 자신의 모델을 완성했다. 그는 새롭게 관측한 결과와 기존의 이론을 종합하여 태양·달·행성·별들의 움직임을 묘사하는 상세한 수학적 모델을 제시했고, 그리하여 '알마게스트'라는 말 자체가 이후 1500년간 사실상 천문학과 동의어로 여겨질 정도였다. 프톨레마이오스의 영향력은 시간이 한참 흐른 뒤 코페르니쿠스가 등장해 고대의 우주관을 폐기하고 우주의 중심은 지구가 아닌 태양이라는 새로운 주장을 할 때까지 이어졌다.

《알마게스트》에서 프톨레마이오스는 기존의 지구 중심 우주 모델에서 태양, 달, 행성, 별의 움직임을 묘사할 때 발생하는 불규칙성을 발견했다. 그리고 이를 보완하기 위해 주전원이라고 알려진 또 다른 원형의 움직임을 추가했다. 오늘날에는 이 불규칙성이 지구가 아닌 태양을 중심에 두고 행성들이 그 주변을 돌기 때문에 자연스럽게 벌어지는 결과라는 것이 잘 알려져 있다.

천문학자 히파르코스부터 계승된 주전원이라는 개념을 도입하는 것 말고도, 프톨레마이오스는 지구 중심 우주 모델의 또 다른 문제점을 해결하기 위해 고심했다. 그리고 지구의 위치를 행성들의 궤도 정중앙이 아니라 중심에서 살짝 벗어난 곳으로 보정했다. 이를 이심원이라고 한다. 여기에 프톨레마이오스는 동시심이라 불렸던 세 번째 가상의 점을 함께 적용했다. 이렇게 완성된 프톨레마이오스의 체계는 태양계 천체들의 움직임을 매우 탁월하게 예측했다. 덕분에 이 기발한 체계는 약 1500년이나 인류의 우주관을 지배했다.

이처럼 천지창조의 원리를 우주 모델로 묘사하기 위해서는 천지창조 못지않은 뛰어난 창조성이 필요했다. 1장에 실린 작품들은 마지막 그림을 제외하고 대부분 유대교-기독교적인 창조 설화를 바탕으로 그 위에 아리스토텔레스와 프톨레마이오스적인 우주관이 접목되어 있다. 물론 각 작품들 사이의 인상적인 차이도 존재한다.

고대인들이 상상한 우주 모델에서 하늘 높이 안개를 뚫고 올라가면 우리는 아리스토텔레스가 상상했던 가장 바깥의 하늘 구체를 만나게 된다. 이곳은 움직이는 모든 것과 멈춰 있는 모든 것을 구분하는 경계다. 동시에 물질적인 것과 비물질적인 것을 가르는 경계이기도 하다. 이 마지막 경계를 벗어나면 그 위에는 가운데 왕을 중심으로 날개를 펄럭이며 날고 있는 천사들이 우주 전체를 감싸고 있다. 이 가장 높은 곳에 있는 마지막 하늘을 '제10천天primum mobile'이라고 부른다.

영국의 의사이자 우주론자였던 로버트 플러드는 아주 독특한 그림을 그렸다. 이 그림은 마치 300년 뒤에 등장할 러시아의 전위예술가 카지미르 말레비치의 가장 유명한 작품인 〈검은 사각형〉을 예견한 것처럼 느껴진다(25쪽을 보라). 1617년 플러드는 《거시 우주와 미시 우주, 두 세계에 관한 형이상학적·물리학적·기술적 역사Utriusque cosmi, maioris scilicet et minoris, metaphysica, physica, atque technica historia》라는 제목의 야심찬 책을 집필했다. 이 거창한 제목에서 눈치 챌 수 있듯이 그는 볼 수 있는 물질적인 우주뿐만 아니라 보이지 않는 비물질적인 우주까지 모든 것을 설명하고 통합하고자 시도했다. 플러드의 책은 혁명적인 검은 사각형 그림과 함께 천지창조에 대한 묘사로 시작한다.

인류는 오랫동안 진공이라는 개념을 이해하지 못했다. 우주의 모습을 묘사하기 위해 고민했던 과거의 많은 사람들은 진공에 대해선 깊게 생각하지 않았다. 우리는 이 사실을 유념할 필요가 있다. 아리스토텔레스는 자연이 진공을 두려워한다고 주장했다. 그는 자연이 빈 공간을 가만히 두지 않고 반드시 무언가로 채우려 한다고 생각했다. 이러한 그의 주장은 우주가 에테르라는 가상의 물질로 가득 채워져 있다는 에테르 가설로 이어졌다. 아리스토텔레스가 상상했던 에테르라는 다섯 번째 원소는 오랫동안 존재하는 것으로 여겨지다가, 19세기 후반이 되어서야 실험을 통해 반박되었다. 그런데 플러드의 그림을 보면, 본래 에테르로 채워져 있어야 할 공간을 모두 까맣게 지워버리면서 에테르가 존재하지 않는 우주를 묘사한다. 그는 진공의 존재를 강하게 고집했다.

플러드는 시간이 존재하기 이전, 바닥이 정의되지 않는 텅 빈 공간이라는 개념을 묘사하고자 했다. 우주에 대한 사실적 묘사를 완전히 벗어나 20세기가 되어서야 도래한 추상미술의 탄생을 예견한 것처럼 보인다. 그의 그림 속 까만 정사각형은 색이 없다(검은색은 숫자로 표현하면 0에 해당한다). 그 모양도 둥글지 않다(플러드는 러시아의 화가 말레비치와 마찬가지로 정사각형이야말로 절대적이고 근본적인 우주에서 가장 순수한 기하학적 형태라고 생각했다). 이 장 앞머리에서 인용한 《도덕경》의 문장을 빌리자면 플러드는 이 검은 사각형 그림을 통해 '하늘과 땅 이전'에 존재했던 그 무언가를 표현하고자 한 셈이다.

플러드는 우주에 존재하는 모든 것들의 정반대에 해당하는 무無라는 새로운 개념을 묘사하며 이야기를 시작했다. 그리고 우주에 존재하는 것들의 습성을 묘사하고, 알 수 없는 미지를 향해 이야기를 이어갔다. 플러드의 정신을 계승한 화가 말레비치는 뛰어난 예술가일 뿐 아니라 훌륭한 이론가였다. 1915년 말레비치는 첫 전시회에서 〈검은 사각형〉 그림을 처음 선보였다. 그는 당시 러시아정교회 문화권에서 전통적으로 가장 중요하고 의미 있는 물건을 비치하는 전시실 구석 자리에 〈검은 사각형〉을 걸었다. 이후 말레비치는 자신의 에세이에서 "신은 무이자, 형태가 없는 비구상으로 존재한다"라고 썼다. 한편 플러드는 〈시편〉 18편을 인용했다. "저가 흑암을 그의 숨는 곳으로 삼으사."

1935년 말레비치의 장례식이 열렸다. 이 자리에서 그의 추종자들은 관 위에 〈검은 사각형〉 그림을 얹었다. 그 모습은 마치 관 안에서 밖으로, 우주를 향해 뻗어가는 포탈 구멍처럼 보였다. 플러드의 검은 사각형 그림 가장자리 네 곳에는 '이제 무한을 향해 가자'라는 뜻의 라틴어 문장 "Et sic in infinitum"이 적혀 있다.

플러드의 검은 사각형 그림이 그 뒤로 쭉 이어질 우주 역사의 태초의 순간을 묘사한 것이라면, 이번 장 마지막에 실린 머나먼 은하들 너머 먼 배경 우주에서 빛나고 있는 우주 배경복사 그림은 우주의 모든 역사가 시작된 그 태초의 순간, 바로 빅뱅의 메아리를 표현한다고 할 수 있다. 당신이 무엇을 믿는지에 따라 이 그림은 두 가지 모습으로 느껴질 것이다. 어떤 이들에게는 이 그림이 고대의 두 비범한 천재, 사모스의 아리스타르코스와 셀레우키아의 셀레우코스가 상상했던 것처럼 믿을 수 없을 만큼 무한하고 거대한 우주의 스케일을 보여주는 확실한 증거로 느껴질 것이다. 또 누군가에게는 이 그림이 마치 구약성서에서 처음 등장하는 우레와 같은 조물주의 주문, "빛이 있으라"와 함께 퍼져나간 태초의 빛의 흔적이라고 느껴질 수 있다.

어쩌면 둘 다 떠오를지도 모른다. 이제 무한을 향해 가자.

• 1617년

영국의 의사이자 우주론자였던 로버트 플러드의 저서 《거시 우주와 미시 우주, 두 세계에 관한 형이상학적·물리학적·기술적 역사》에 담긴 그림으로, 천지를 창조한 태초의 빛이 탄생하기 이전 아무것도 존재하지 않았던 까만 공허 그 자체의 모습을 묘사한 혁명적인 그림이다. 러시아의 절대주의 화가 카지미르 말레비치의 유명한 작품 〈검은 사각형〉보다 300년이나 앞섰다. 플러드가 그린 불규칙한 사각형의 위아래 가장자리에는 라틴어로 '이제 무한을 향해 가자'라는 뜻의 라틴어 문장, "Et sic in infinitum"이 적혀 있다. 이 그림은 우주의 천지창조 과정을 묘사하는 그의 책 맨 앞에 등장하는 첫 번째 그림이다.

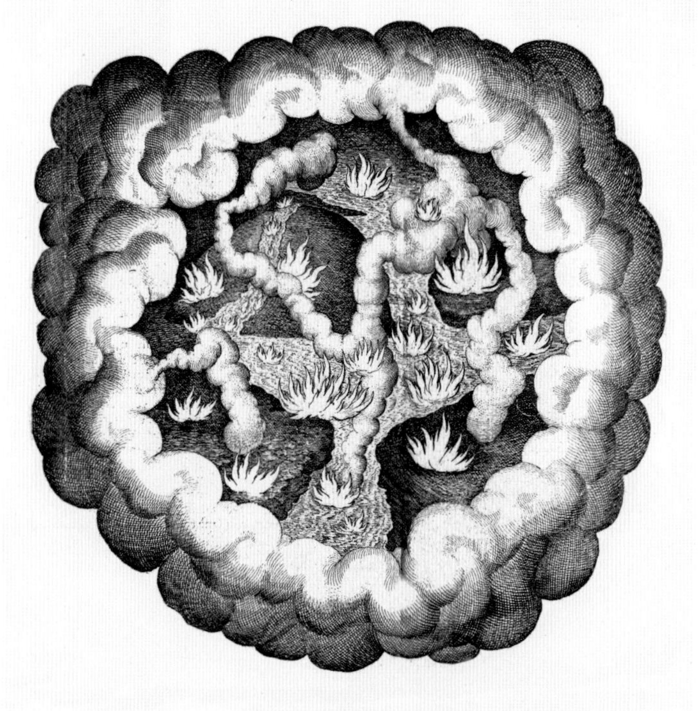

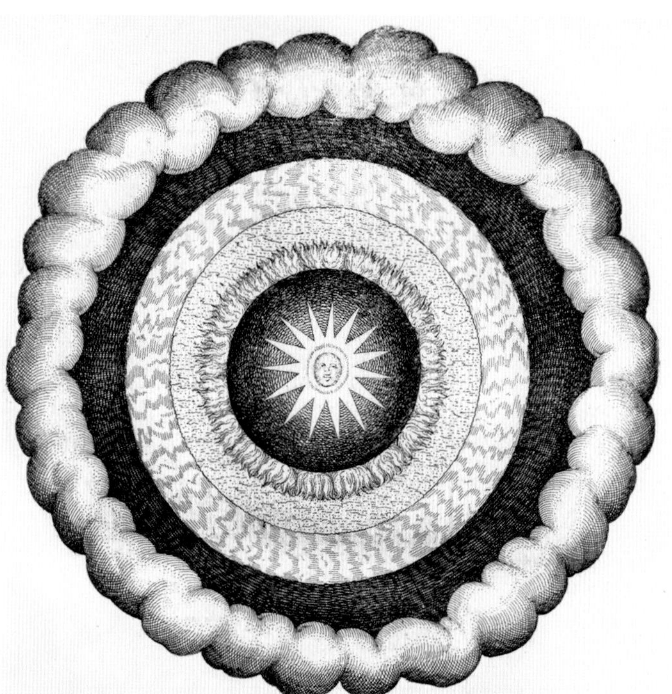

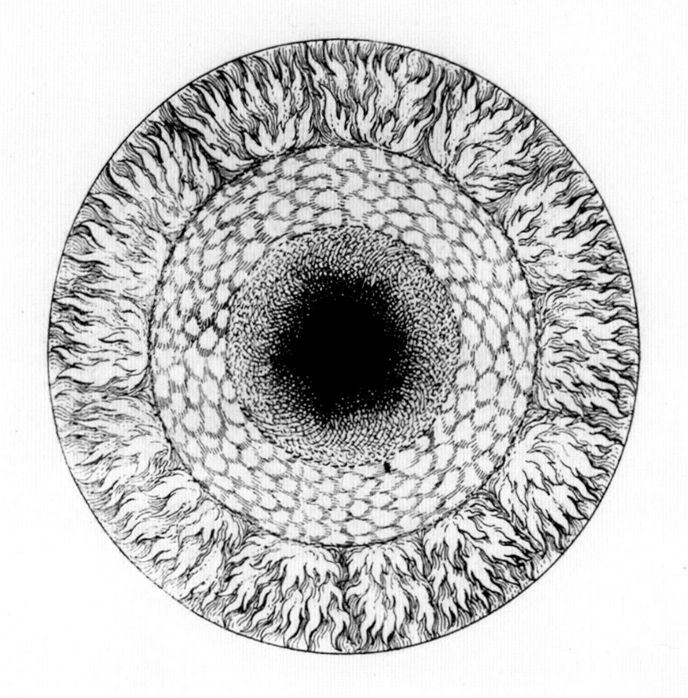

뒤이어 등장하는 플러드의 또 다른 그림들이다. 모두 천지창조의 과정을 순서대로 묘사한다. 복잡하게 뒤엉켜 타오르는 수많은 불씨들이 서서히 잦아든다. 짙은 연기와 불꽃의 잔해가 둥근 동심원의 형태로 퍼져 있다. 그리고 연기로 이루어진 둥근 고리 한가운데에서 별과 같은 형체가 드러나기 시작한다. 흥미롭게도 플러드는 비록 지구 중심 우주관을 믿었지만 그가 표현한 이 그림 속의 천지창조 과정은 오늘날 우리가 이해하는 태양계의 형성 과정과 굉장히 유사하다(이 책 38쪽의, 그가 완벽하게 표현한 천지창조의 모습을 참고하라). 오른쪽 그림에는 성경의 "빛이 있으라"를 의미하는 문장 'Fiat lux'의 첫 절반만 쓰여 있다. 밝게 빛나는 광명의 고리 속을 날고 있는 비둘기는 태초의 빛을 창조하는 주문을 외치는 성령을 상징한다. 플러드는 저명한 파라켈수스 학파의 의사였을 뿐 아니라, 점성가이자 수학자였다. 그의 작품은 인간과 신의 합일을 추구했던 고대 신지학의 관점을 관통한다. 그가 남긴 일관된 스타일의 작품을 통해 플러드가 우주의 기원과 존재의 이유에 대한 답을 찾고자 얼마나 노력했는지 짐작할 수 있다.

FIAT

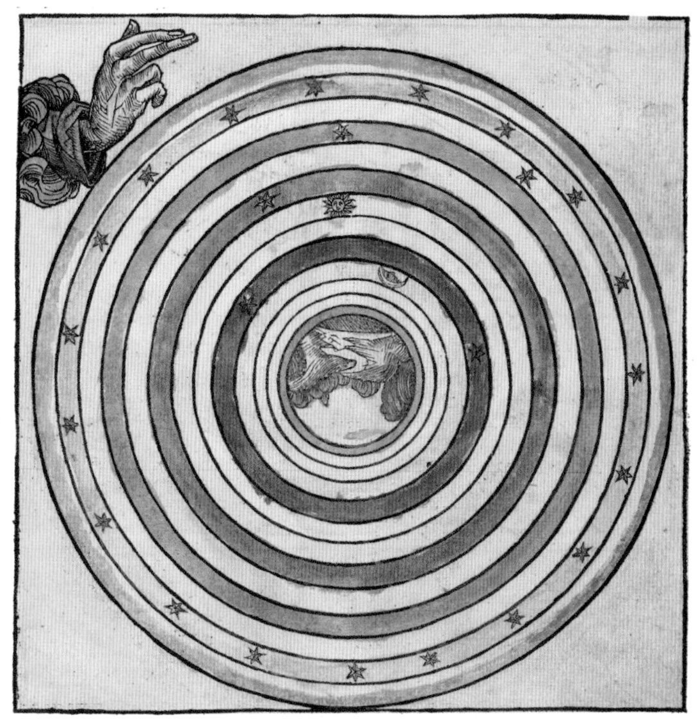

• 1617년

플러드보다 100년쯤 앞서서 독일의 의사이자 지도 제작자였던 하르트만 셰델은 《뉘른베르크 연대기Liber chronicarum》라는 작품을 남겼다. 이 작품은 천지창조의 첫 6일 동안의 이야기를 묘사하는 목판화 시리즈다. 위에 있는 네 그림은 그중 나흘간의 모습을 담고 있다.

왼쪽 위: 천지창조 두 번째 날.

오른쪽 위: 천지창조 네 번째 날. 이때 우주는 지구를 중심으로 아주 확실한 질서에 따라 여러 개의 하늘로 구분되어 있다. 프톨레마이오스의 우주 모델과 비슷하다. 다만 중심의 지구는 위아래가 뒤집혀 있다. 지구를 중심으로 사방을 둥근 하늘 구체가 둘러싸고 있다. 각각의 하늘은 당시 알려져 있던 7개의 행성들을 하나씩 품고 있다. 행성들의 하늘 바깥에는 별을 품은 하늘이 있다. 그리고 맨 바깥 하늘은 제10천이다. 이것은 '가장 처음으로 움직이는 구체'를 의미한다.

왼쪽 아래: 에덴동산이 창조되는 모습.

오른쪽 아래: 바로 직전까지 신은 몸의 형체 없이 손 하나로만 표현되었지만 이 그림에서는 몸이 모두 묘사되어 있다. 신은 한 손으로는 진흙 한 줌으로 아담을 창조하고, 동시에 다른 한 손으로는 아담에게 축복을 내린다. 그리고 바로 여기에서부터 인간의 죄가 시작되었다.

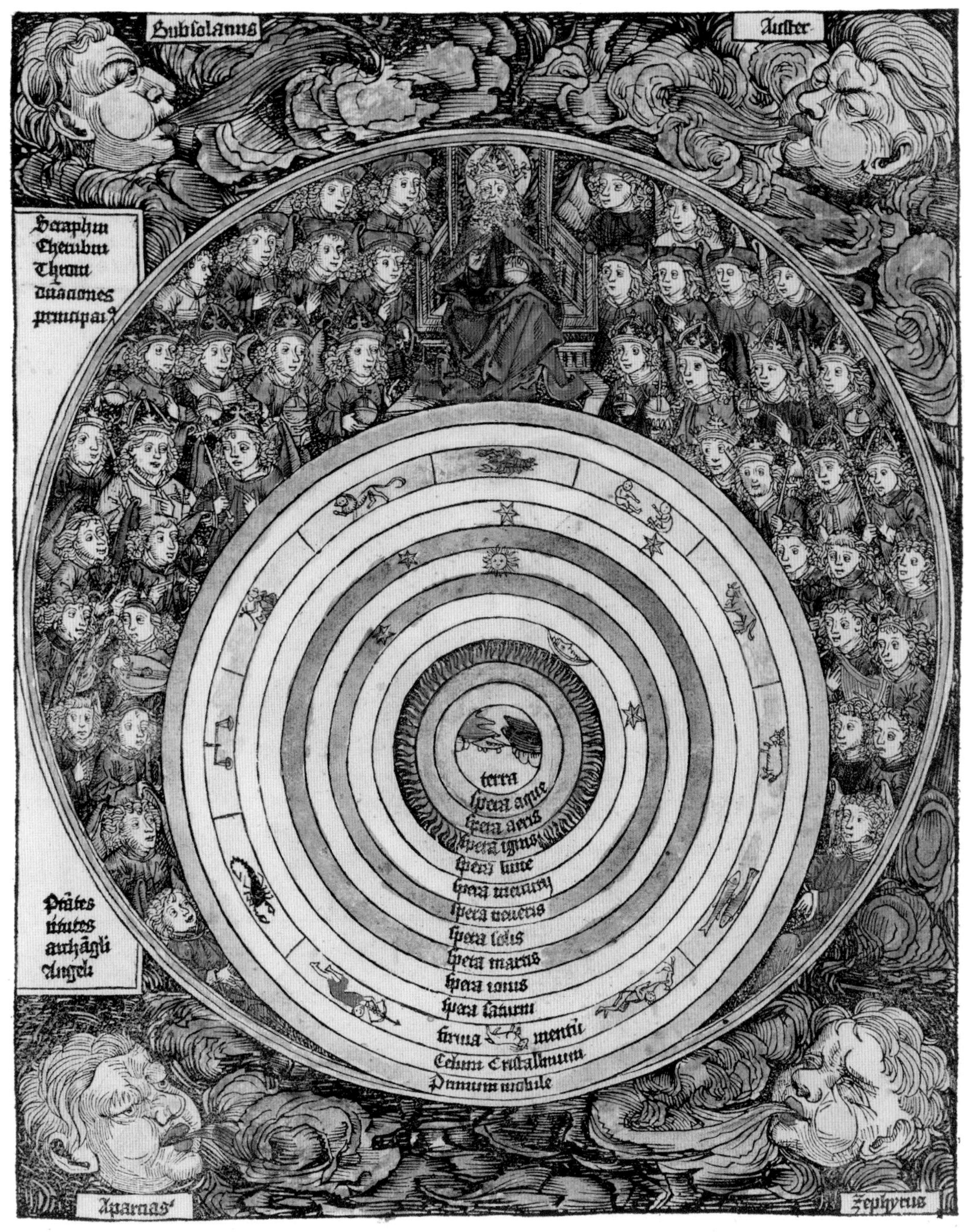

신이 휴식을 취했던 안식일, 바로 천지창조 일곱 번째 날에 대한 놀라운 묘사다(참고로 《뉘른베르크 연대기》에 등장하는 이 그림들과 다른 목판화 작품들은 당시 10대였던 알브레히트 뒤러가 제작했을 가능성이 높다. 뒤러는 당시 뉘른베르크에서 판화 제작자로 활동했던 미하엘 볼게무트의 문하생이었다. 뒤러는 볼게무트의 작업장에서 이런 그림들을 제작했다). 그림 속 신은 천국의 옥좌에 앉아 있다. 그 발끝에는 갓 창조된 우주가 질서정연하게 펼쳐져 있다. 우주는 마치 복잡한 시계 장치처럼 돈다. 정가운데 인간들이 사는 우주 중심에는 당시 고대인들이 이해하고 있던 우주의 기본 원소인 물, 공기, 불이 존재한다. 지구는 각각 열 가지 천체를 상징하는 둥근 하늘로 둘러싸여 있다. 이 각각의 하늘들은 달과 태양을 포함한 7개의 행성들, 그리고 황도 12궁으로 표현된 별들을 품고 있다. 이 하늘들 사이에는 '크리스털 천국'이라고도 불렸던 하늘들이 중간중간 끼어 있다. 그리고 맨 마지막, 가장 바깥에는 물질적인 세계와 비물질적인 세계를 가르는 마지막 경계인 제10천이 존재한다. 신이 앉은 천국의 옥좌 양 옆에는 천사들이 아홉 줄로 모여 우주 전체를 아우른다. 그림의 각 모서리 동서남북 방향에서 바람이 불고 있다. 그림에 표현된 모든 요소들에는 그것이 무엇인지 정확하게 이름이 적혀 있다. 하찮은 인간에게는 이 글자들이 위아래가 뒤집힌 것처럼 보일지 모르지만, 그림 속 신의 관점에서는 모두 똑바른 방향으로 쓰인 것이다.

• 1507년

오스트리아의 구약성서에 등장하는 그림이다. 아담의 갈비뼈로부터 이브가 탄생하는 순간을 묘사한다. 이 그림은 우리에게 익숙한 고대의 우주 모델을 바탕으로 한다. 맨 안쪽부터 순서대로 고대의 기본 원소 물·공기·불을 의미하는 고리가 알아보기 쉽게 표현되어 있다. 그리고 그 바깥은 각각 달·태양·별을 품은 둥근 하늘로 에워싸여 있다(실제로 이 그림만으로는 각각 무엇이 행성이고 무엇이 별을 표현한 것인지 구분할 수 없다. 하지만 분명한 건 이 중에 별뿐 아니라 행성도 포함되어 있으리라는 점이다). 천국의 맨 바깥 하늘은 아주 뚜렷하게 묘사된 천사들로 채워져 있다. 마지막으로 그 바깥에 표현된 바람은 마치 사람들의 관심을 그림 한가운데 대지가 아니라 다른 쪽으로 돌리려는 듯 보인다. 그림 속 얼굴은 어두운 공허를 향해 메아리를 외치듯 깊은 숨을 내쉬고 있다.

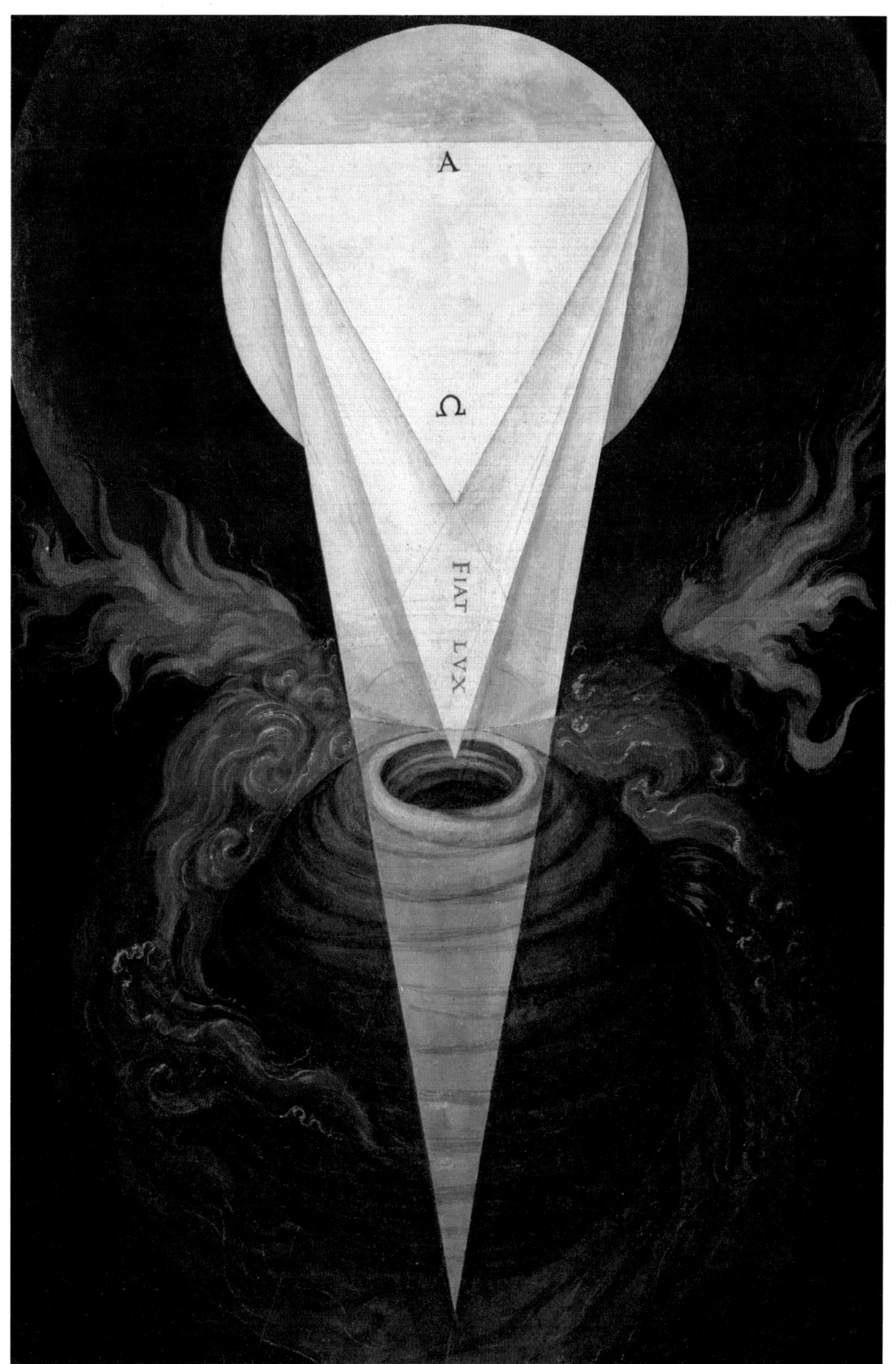

• 1573년

포르투갈 출신의 예술가이자 역사가이자 철학자였던 프란시스쿠 드 홀란다가 그린 그림이다. 미켈란젤로의 제자이기도 했던 그는 무척 신비스러운 스타일로 우주의 창조 순간을 묘사한다. 마치 윌리엄 블레이크의 작품을 200년 전에 미리 예견한 것처럼 느껴진다. 20세기 중반 스페인 국립도서관에서 홀란다가 집필한 《세상의 변화 단계에 관한 그림De Aetatibus Mundi Imagines》이라는 그림 성경이 우연히 발견되었다. 홀란드의 성경은 이 그림을 포함해 방대한 양의 그림과 삽화를 수록했다.

왼쪽: 피라미드 형태를 취한 복잡한 형체가 물질적인 세계를 상징하는 구와 비물질적인 세계를 상징하는 구를 연결한다. 각각의 구는 얼굴 없는 신을 의미한다. 삼각형 안에 그리스 문자 알파와 오메가가 적혀 있다. 그리고 "빛이 있으라"라는 뜻의 주문이 새겨져 있다. 그림의 아래쪽에는 텅 빈 공간에 불과 물이 퍼진 모습이 묘사되어 있다.

오른쪽: 전지전능한 창조주가 인간을 닮은 권능한 신의 모습으로 더 구체적으로 묘사되었다. 창조주는 이전 그림에 있던 삼각형의 형체를 계속 유지한다. 그는 허리에 별을 둘렀고 창공이 펼쳐지도록 주문을 외우고 있다. 창조주의 아래를 보면 이전 그림에선 마치 점토로 빚은 그릇처럼 보였던 둥근 형체가 이제 지구를 중심으로 한 프톨레마이오스의 우주 모델처럼 모습이 바뀌었다. 그 모습은 여러 겹의 크리스털 구체가 지구를 감싼 것처럼 보인다.

A
Ω
PIETAS
RATIO

6
FIANT LVMINARIA
IN FIRMAMENTO CELI

왼쪽: 창조주의 주문과 몸짓으로 탄생한 세계를 묘사한 프란시스쿠 드 홀란다의 그림이다. 세계는 둥글게 돌아가는 바퀴가 맞물린 기하학적인 모습으로 표현되어 있다. 천국 바깥에 있는 가장 거대한 둥근 형체는 태양으로 보인다. 태양은 지구에서 멀리 떨어진 훨씬 거대한 모습으로 표현되었다. 그림 속 태양은 격렬하게 빛나고 있다. 그리고 지구를 비추며, 지구 뒤에 그림자가 만들어졌다.

위: 메마른 땅과 물이 나타난다. 지구는 육지와 바다로 갈라진다. 이제 우주를 탄생시켰던 창조주의 모습은 사라졌다. 그리고 그의 권능을 상징하는 삼각형의 형체만 남았다. 삼각형 속에서 성스러운 삼위일체를 상징하는 새로운 형체가 흐릿하게 등장하는 것을 확인할 수 있다.

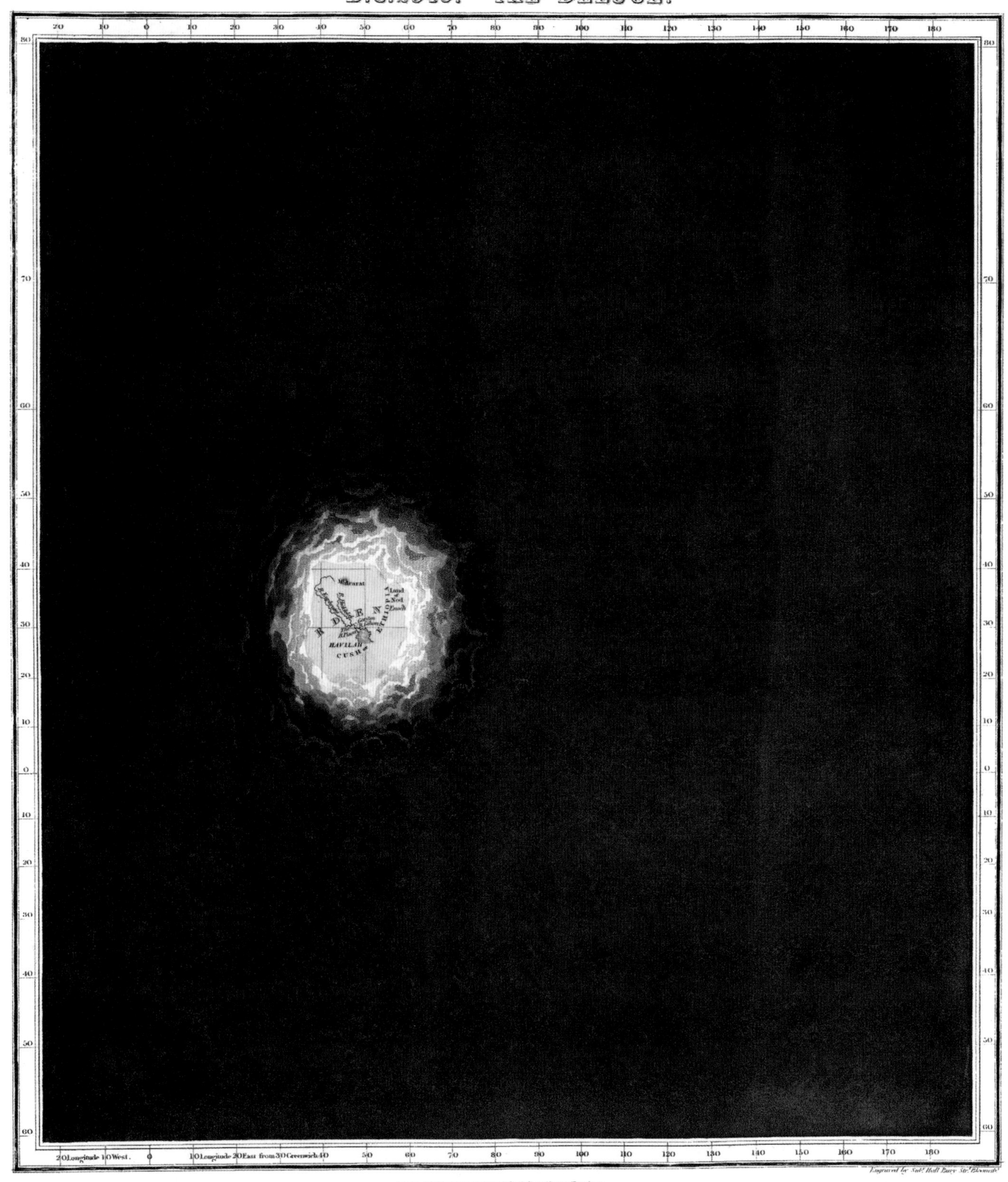

• 1830년

대홍수가 찾아오기 직전 지극히 어둡고 짙은 두꺼운 구름 속으로 지구가 멀어져가는 과정을 신의 눈으로 바라본 모습을 표현하고 있다. 아라라트산 아래 에덴동산의 동쪽에서 놋 땅을 볼 수 있다. 아마 이 그림 속 풍경 어딘가에서 최후의 고대 유목민 족장 노아가 자신의 방주를 열심히 조립하고 있을 것이다. 에드워드 퀸의 《역사 지도An Historical Atlas》에 실린 그림이다.

• 1735년

이 그림은 스위스 출신의 의사이자 자연 과학자였던 요한 자콥 쇼이체어가 쓴 아주 놀라운 책 《자연과학 칙령 Phsyca sacra》에 나오는 그림이다. 그는 문자로 기록된 모든 지식을 집대성하고자 했다. 총 700여 점의 동판화가 실려 있다. 이 그림은 신이 처음으로 인간을 창조하는 순간을 묘사한다. 그림의 왼쪽 아래에는 라틴어로 "먼지로부터 인간으로(Homo ex Humo)"라고 쓰여 있다. 찰스 다윈보다 100년도 더 앞서서 그려진 그림임에도 흥미롭게도 인간의 뼈대뿐 아니라 태아의 성장 과정이 마치 다윈의 진화론을 묘사하듯 표현되어 있다. 이 그림은 전반적으로 '호기심 상자'처럼 구성되어 있다.

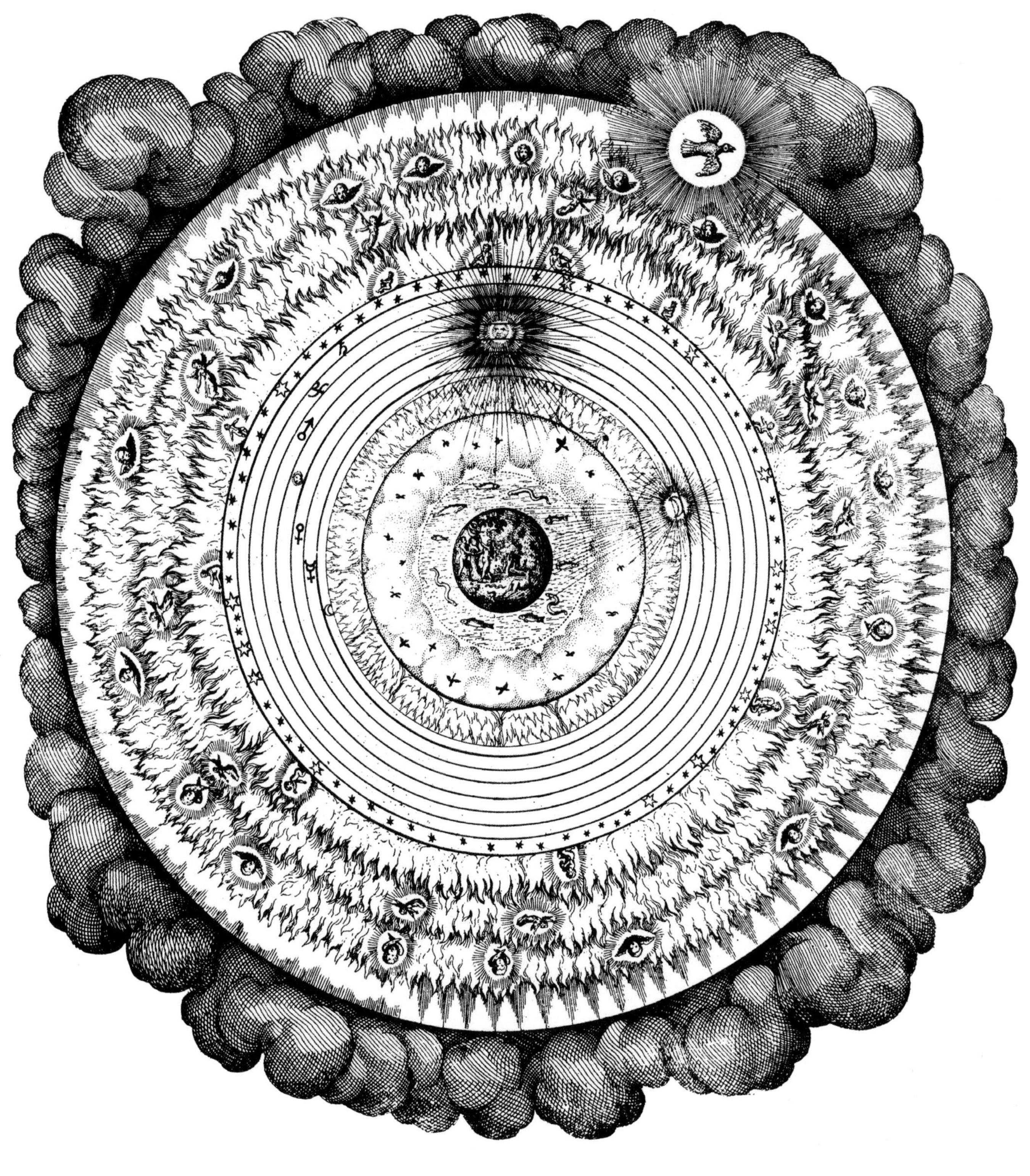

• 1617년

플러드의 《거시 우주와 미시 우주, 두 세계에 관한 형이상학적·물리학적·기술적 역사》에 등장하는 우주 전체를 묘사한 그림이다. 앞의 28쪽과 29쪽에 등장했던 하르트만 셰델의 그림처럼 이 그림도 11개의 둥근 하늘이 지구를 중심으로 함께 돌고 있다. 하지만 이 그림에서는 아담과 나무에 손을 뻗고 있는 이브가 새로 추가된 모습을 확인할 수 있다. 이브의 발밑에는 교활한 뱀도 함께 그려져 있다. 이 그림의 오른쪽 위를 보면 27쪽 그림처럼 비둘기의 형체가 그려져 있다. 이것은 인간에게 처음으로 자유의지가 발현되며 죄를 지었던 바로 그 순간 인간의 곁을 떠나는 성령의 모습을 상징한다.

• 1445년

시에나 화파의 거장 조반니 디 파올로가 그린 〈천지창조와 에덴에서의 추방〉은 1장에 등장하는 다른 그림들과 비슷하게 우주를 표현하지만 한 가지 차이가 있다. 그림 가운데 강줄기 네 개가 흐르는 모습의 지도로 에덴동산이 그려져 있는 것이다. 인간이 추방되었기 때문에 에덴은 텅 비어 있다. 에덴의 오른쪽에는 하나님 아버지의 명령을 받은 천사가 아담과 이브를 호위하며 에덴 바깥으로 데리고 나가고 있다. 디 파올로가 그린 또 다른 그림은 85, 128, 160, 196~97, 277쪽을 참고하라.

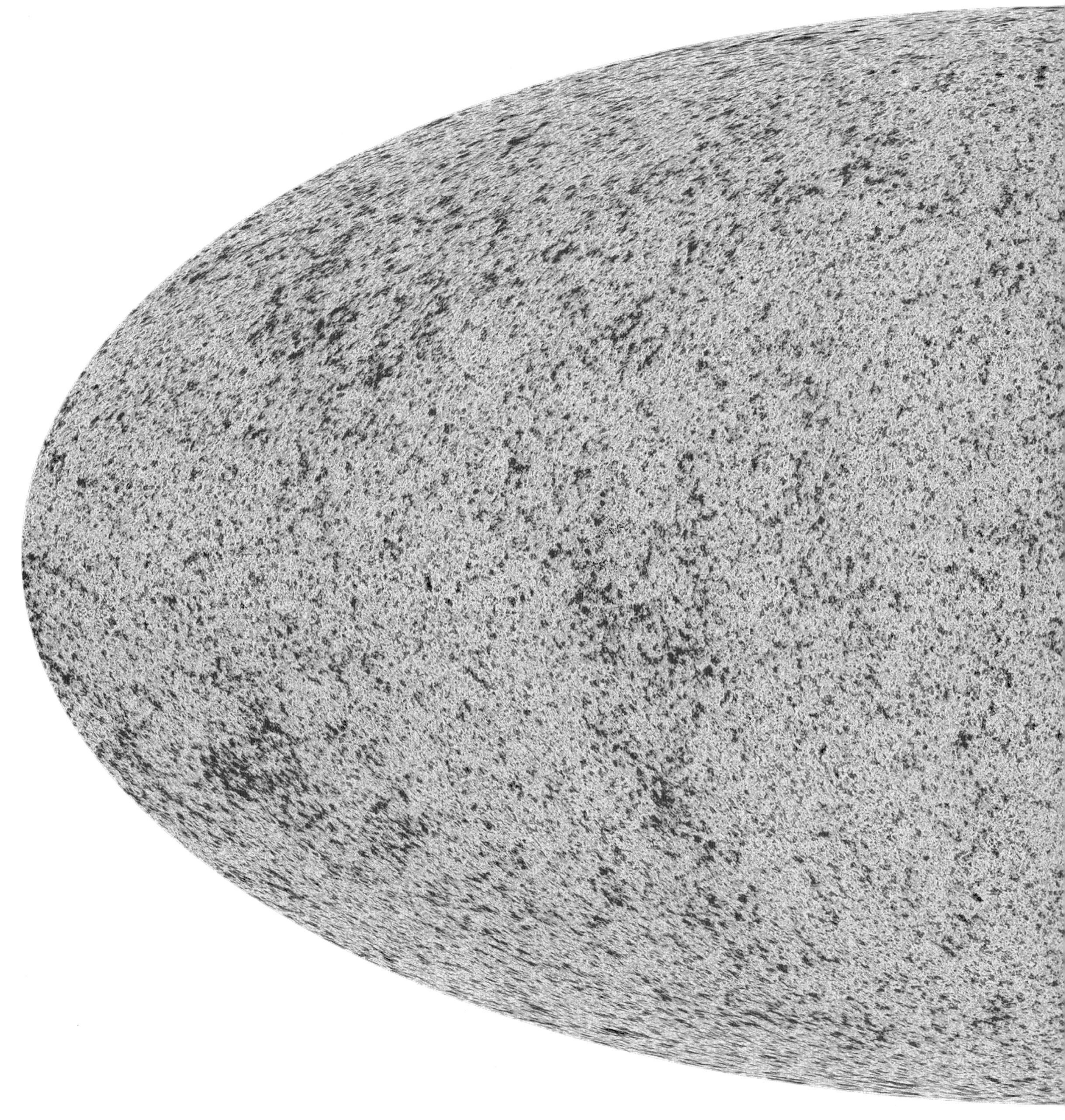

• 2013년

우주 전역에서 관측한 우주 배경복사의 모습이다. 이것은 우리가 관측할 수 있는 우주에서 가장 오래된 빛이며, 빅뱅이 남긴 빛의 메아리다. 유럽우주국의 플랑크 우주망원경으로 관측했다. 이 그림 속에 담긴 우주에서 관측할 수 있는 가장 오래된 빛의 모습을 잘 보면 미세하게 요동치는 작은 밀도 요동을 확인할 수 있다. 이것은 우주 초기의 빛에 존재했던 미세한 온도 차이를 나타낸다. 2013년 플랑크 연구팀은 모든 방향의 우주에서 관측할 수 있는 이 우주 배경복사를 활용해 빅뱅이 약 138.1억 년 전에 일어났다는 새로운 연구 결과를 발표

했다. 이것은 앞선 다른 추정치보다 조금 더 큰 수치다. 그들은 연구를 통해 오늘날 물리학자들이 '암흑 에너지'라고 부르는 미지의 에너지가 우주 대부분을 구성하고 있다는 사실을 확인했다. 이 그림 속에 담긴 우주 배경복사는 소위 '우주의 재이온화 시기'라 불리는 태초의 순간, 우주에서 빛과 물질이 처음 분리되면서 우주가 투명해졌던 시기의 빛을 보여준다. 우주 배경복사는 우주의 모든 방향에 걸쳐 균일하나 아직 설명할 수 없는 국지적인 차이도 존재한다. 빅뱅이 남긴 이 잔열은 시간이 흐르면서 꾸준히 식어왔고, 현재는 절대영도 기준으로 고작 2.725도밖에 안 된다.

2 지구

다른 곳은 어떤지 잘 모르겠어.
하지만 여기 지구에서는 모든 것이 꽤 풍요로워.
여기서 사람들은 의지와 슬픔을 만들지.
가위, 바이올린, 자상함, 트랜지스터, 댐, 농담, 찻잔까지
말이야.
_비스와바 쉼보르스카, 〈여기〉

과거에 '세계'라는 말은 곧 '우주'를 의미했다. 우주의 지도를 그린다는 것은 곧 세계의 지도를 그린다는 말과 다름없었다. 그 옛날 고대 그리스 로마시대부터 르네상스에 이르기까지, 당시 사람들이 인지하고 알 수 있는 현실의 우주란 지구에 존재하는 세계가 전부였다. 영국의 의사, 존 커닝엄은 1559년 《우주구조학적 렌즈Cosmographical Glasse》라는 저작에서 고대 그리스 천문학자 클레오메데스의 말을 인용하며 세계라는 단어에 관한 16세기 당시의 관점을 제시했다. "세상은 하늘과 땅, 그 안에 있는 것들로 만들어진 적절한 틀이다. 이것은 그 자체로 모든 것을 포함하며, 보이는 한계 외에는 아무 것도 없다."

고대인들은 지구를 우주 공간에 홀로 동떨어진 하나의 행성으로 인식하지 않았다. 대신 현재까지 남아 있는 가장 오래된 〈파르네세 아틀라스Farnese Atlas〉 조각상의 복제품에서 확인할 수 있듯이, 당시 사람들은 커다란 구체에 별자리들이 새겨진 모습으로 둥근 지구를 표현했다. 한쪽 무릎을 굽힌 채 육중한 천구의 무게를 떠받치고 있는 2미터 높이의 아틀라스 조각상은 지금은 사라진 그리스의 원본을 2세기경 로마에서 다시 그대로 베껴 만든 것이다. 아틀라스가 힘겹게 이고 있는 구체에 새겨진 별자리는 프톨레마이오스 시대 이전의 별자리들이지만 그 정확한 기원은 아직 밝혀지지 않았다. 이 조각상은 먼 옛날 지상과 천상계가 따로 구분되지 않는 하나의 세계로 인식되었음을 보여주는 증거다. 이런 관점이 반영된 또 다른 작품에서는 둥근 구 위의 별자리가 지구에서 보이는 모습을 거꾸로 뒤집은 모습으로 표현되어 있다. 〈파르네세 아틀라스〉를 감상할 때 우리는 중심의 고정된 지구를 둥글게 감싼 채 별들로 채워진 둥근 구체를 바깥에서 보게 된다. 즉 조각상에 표현된 둥근 구체는 단순히 밤하늘 자체를 표현한 것이 아니다. 그 안에 지구가 포함되어 있다는 아리스토텔레스 방식의 우주 모델을 우주 바깥에서

바라본 모습을 표현하고 있다.

지상과 천상계를 구분하지 않고 하나로 통합하는 표현 방식은 헬레니즘 이전 시대의 작품에서도 확인된다. 이런 작품들은 지상과 천상계의 관계를 일종의 신화적 관점으로 이해하고 설명하는 경향이 있다. 예를 들어 이집트 하늘의 여신 누트는 보통 땅 위에 손과 발을 붙인 채 지구를 보호하듯 둥글게 감싸고 있는 여성의 모습으로 묘사되었다. 누트의 몸은 나체를 별이 뒤덮은 모습이다.

그로부터 한참 시간이 흐른 뒤 이집트에서 활동했던 2세기 그리스-로마의 천문학자 프톨레마이오스는 천문학에 대한 논문《알마게스트》를 썼다. 여기서 그는 지구가 우주 전체의 일부에 불과하다고 보았다. 프톨레마이오스의 두 번째 작품《지오그라피아Geographia》는 당시 수집 가능한 정보를 총동원해 8권의 책 안에 지구 전체의 지도를 그려내고자 노력한 결과다. 《알마게스트》와 마찬가지로 그는 지구의 지도를 그릴 때 수학적 체계에 따라 각 요소를 표현했다. 지리학적인 특징을 수학적 좌표 위에 표현하는 새로운 격자 체계를 고안했다. 그는 적도를 기준으로 각 위치의 위도를 측정했다. 이러한 체계는 오늘날까지도 쓰이고 있다. 프톨레마이오스는 지구가 둥근 구체라는 것을 알았으며,《알마게스트》에서 지구가 둥글다고 가정하는 것이 지리학적 특성을 이해하는 데 얼마나 더 효과적인지 주장했다. 흔히들 중세 시대에 지구가 평평하다고 믿었으리라 생각하지만, 그렇지 않다. 그런 흔한 오해와 달리 실제로는 프톨레마이오스의 지식이 유럽 전역으로 전파되어, 이미 중세 성기盛期(11~13세기-옮긴이)에 제작된 다양한 서적들에서 지구가 둥근 구체로 표현된 유사한 그림들을 확인할 수 있다. 어떤 이들은 이 책의 46쪽에 재현된 그림처럼 인간이 둥근 지구 위에서 서로 다른 방향으로 수직으로 우뚝 선 모습을 그리기도 했다.

13세기 철학자이자 작곡가였던 힐데가르트 폰 빙엔이 쓴《하느님의 사역에 관한 책Liber divinorum operum》은 지구의 사계절을 표현한다. 지구의 남쪽에 있는 사람들은 북쪽에 있는 사람에 대해 위아래가 거꾸로 뒤집혀 있다. 그리고 양옆 동쪽과 서쪽 방향에서 작물을 수확하고 씨를 뿌리는 사람들이 표현되어 있다. 둥근 지구에 사람들이 거꾸로 서 있다니, 얼핏 보면 이런 모습은 불가능할 듯하다. 하지만 지구에서 나오는 주변을 끌어당기는 신비로운 힘 덕분에 상식을 뒤집는 듯한 이러한 모습이 가능하다. 그 신비로운 힘의 근원이 정확히 무엇인지는 여전히 알 수 없지만 이제 우리는 그 힘을 중력이라고 부른다.

중세와 르네상스 초기에 그려진 지구 지도 대부분은 흥미로운 공통점을 지녔다. 아리스토텔레스가 주장했던 규칙에 따라 순서대로 배치된 우주의 기본 원소들로 지구가 둥글게 둘러싸여 있다. 아리스토텔레스는 불은 위로 솟구치고, 흙과 물은 지구의 중심을 향해 아래로 떨어지며 공기는 그저 자유롭게 날아다닌다는 점에 주목했다. 그래서 흙과 물은 아래에 놓이고 불과 공기는 위에 놓인다고 생각했다. 이러한 아리스토텔레스의 관점을 반영해 제작된 지도가 수천 개 넘게 존재한다. 지도 가운데에 지구는 물로 채워진 아주 짙고 푸른색 둥근 고리, 그리고 공기로 채워진 더 밝은 푸른색 둥근 고리로 에워싸여 있다(가끔 공기의 고리가 세 개의 층으로 더 세분화되기도 한다). 더 바깥에는 불을 상징하는 주황색과 붉은색의 둥근 고리가 있다. 그 너머에는 달을 시작으로 행성과 별을 품은 거대한 크리스털 구체가 존재한다. 그리고 그 너머 맨 바깥에는 움직일 수는 있지만 녹슬거나 파괴되지 않고 영원불변한 것들로 채워져 있으리라 여겼던 마지막 세계가 존재한다.

이런 방식으로 표현된 지도는 보통 위에 아시아(동쪽을 의미)를 두고 왼쪽 아래에 유럽, 오른쪽에 아프리카를 두는 방식으로 그려졌다. 이 대륙들은 차례대로 지구의 거대한 바다로 둘러싸였다. 그리고 다양한 기후대로 구분되어 있다. 극지방은 가장 춥고, 가운데 적도는 가장 덥다. 그 가운데 중간 위도는 따뜻한 기후다. 이런 식의 지구 지도는 47쪽에 있는 12세기 백과사전《꽃의 책》에 담긴 지도에서도 확인할 수 있다. 지도에 그려진 선명한 붉은 대각선은 당시 그 존재가 추정되고 있었을 뿐 아직 확인되지는 않았던 남쪽 대륙과 아프리카를 수직으로 구분하는 바다를 가로지른다. 이 대각선에는 황도 위를 움직이는 한 행성, 달, 그리고 태양의 움직임을 표현하는 선도 지그재그로 그려져 있다. 하늘은 12구간으로 구분되어 있으며 그 위를 따라 태양이 움직인다. 지구의 하늘에서 본 태양의 이동 경로를 황도라고 부른다. 태양은 지구의 적도로부터 약간 기울어진 대각선으로 지나간다.《꽃의 책》에 표현된 이 비스듬한 붉은 대각선은 시간적으로도 공간적으로도 정확한 정보를 종합적으로 완벽하게 묘사하는 셈이다(《꽃의 책》저자가 이 붉은 대각선 안에서 움직이는 행성들의 움직임을 더 자세하게 묘사한 모습이 궁금하다면 195쪽을 참고하라).

지구를 표현하는 또 다른 인기 있는 방식은 3차원의 우주를 2차원 평면으로 표현하면서 지구를 둥근 고리 모양의 우주 정중앙에 있는 세계로 표현하는 혼천의 방식이다. 우주의 정중앙 지구를 중심으로 사방에 둥근 구체가 새장처럼 지구를 감싼다. 각 구체 위에는 지구 위에 그려지는 위도, 경도, 적도선, 그리고 게자리와 염소자리를 지나가는 회귀선과 가끔은 북극권의 한계선처럼 주요한 기준선이 그려진다. 이런 다양한 기준선들이 별들이 박혀 있는 우주의 구체 위에 투영된 모습으로 표현된다. 이런 구체 위의 기준선들은 보통 금속 고리로 제작된다. 각각은 황도, 경도선, 남극과 북극을 연결하는 대원 등 다양한 주요 기준선을 의미한다.

혼천의 방식으로 지구와 우주를 표현하는 일부 그림들은 실제 혼천의 기계 장치보다 더 정교하게 표현되기도 했다. 예를 들어 54~55쪽에 있는 안드레아스 셀라리우스의《대우주의 조화》에 등장하는 판화를 보면 당시 알려져 있던 모든 행성들, 달, 그리고 태양이 모두 한 그림에 들어가 있다. 만약 이것이 3차원의 기계 장치 실물이었다면 이 정도로 복잡한 수준으로 제작하기 위해서는 실제 크기의 태양계가 통째로 필요했을지 모른다. 시계보다 훨씬 복잡한 이런 기계 장치들을 실제로 제작하는 건 어려웠고, 18세기나 되어서야 가능해졌다. 하지만 그때가 되었을 때는 우주의 중심에 지구가 아닌 태양이 있었다.

르네상스 후기가 되면서 점차 사람들은 아리스토텔레스와 프톨레마이오스가 주장했던 우주를 구성하는 기본 원소들의 체계에 대해 의문을 품기 시작했다. 고대부터 이미 사람들은 결코 무너질 리 없을 듯했던 과거의 우주관이 새롭게 등장하는 증거들로 인해 반박당하고 무너지는 경험을 해왔다. 17세기 독일 예수회 소속 수도사였던 아타나시우스 키르허는 다양한 분야에 관심을 지닌 박식가였다. 그는 지질학과 지리학에도 관심을 가졌고, 40권이 넘는 많은 책을 남겼다. 그중 1664년에 남긴《지하 세계Mundus subterranneus》는 땅 밑에 불과 물로 채워진 세계가 존재한다는 추측을 기반으로 흥미로운 그림을 보여준다. 그는 거대한 두 개의 구조로 이루어진 지구의 단층을 묘사했다. 키르허가 그린 지하 세계 그림 꼭짓점 네 곳에서는 어린 큐피드의 얼굴이 장난스러운 표정으로 바람을 불어내고 있다. 그리고 아리스토텔레스가 주장했던 규칙에 따라 순서대로 정렬된 네 가지 기본 원소들이 미친 듯이 요동치고 있다. 키르허의 그림 속에서 물은 더 이상 더 바깥 원소 층으로 밀려나가지 않는다. 대신 지하 세계로 스며든다. 반면 불은 달 아래 멀찍이 떨어진 채 거리를 유지하며 머무르지 않는다. 대신 땅 밑으로 복잡하게 얽힌 용암 호수와 용암 통로를 뚫고 부글부글 바깥으로 끓고 있다.

지구를 묘사하는 동시대의 다른 그림들도 비슷하다. 모두 지구의 모습에 관한 다양하고 간절한 상상을 반영한 결과들이다. 어떤 그림은 지구를 바다가 모두 메말라버린 육지의 모습으로 표현한다. 바다 밑바닥까지 모두 드러난 지구의 앙상하고 울퉁불퉁한 모습은 마치 곳곳을 갉아 먹은 사과처럼 느껴진다. 미래에 등장한 지구의 판구조론에 대한 논쟁을 미리 예견한 듯 실제 해저 음파 탐사로 완성한 지구의 지도와 비슷하게 보인다. 또 다른 그림은 지구를 우주 공간에 홀로 떠 있는 둥근 행성처럼 묘사하기도 한다. 밤이 되면서 태양 빛이 들지 않는 쪽에 어두운 그림자가 드리워진 지구는 얇은 초승달 모양을 하고 있다. 1968년 최초로 달 곁을 비행했던 아폴로 우주인을 통해 비로소 인류가 볼 수 있었던 우주에서 바라본 지구의 모습을 300년도 더 전에 예견한 것처럼 느껴진다.

18세기에 지구를 표현한 아주 작고 흥미로운 그림이 하나 있다. 지구 위의 산 꼭대기에서 출발하는 일련의 다양한 발사 궤적을 표현한 도표다. 맨 마지막에 가장 멀리 날아가는 궤적은 지구 주변을 한 바퀴 맴돈다. 하지만 다른 궤적은 결국 지구로 떨어진다. 지구에서 날아가는 탄환의 다양한 궤적을 표현한 이 그림은 1687년이 되어서야 뒤늦게 출판되었던 물리학자 뉴턴의《자연철학의 수학적 원리Philosophae Naturalis Principia

Mathematica》에 등장한다. 이 책은 보통 줄여서 간단하게 《프린키피아》라고 부른다. 이 책 속 〈세계의 구조에 관한 논문A Treatise of the System of the World〉에서 뉴턴은 놀라울 정도로 이해하기 쉽게 지구, 달, 조석, 태양계에서 만유인력이 어떻게 작동하고 영향을 미치는지 설명한다. 《프린키피아》에서 뉴턴은 알아듣기 어려운 빽빽한 수식과 미적분학 대신 다른 방법으로 자신의 물리학 이론을 설명했다. 그런데 무슨 이유에서인지 뉴턴은 물리학의 문외한인 일반 독자들도 자신의 발견을 쉽게 이해할 수 있는 훌륭한 글을 완성해놓고도 오랫동안 꽁꽁 숨겨둔 채 세상에 내놓지 않았다. 끝내 세상에 공개되었을 때, 《프린키피아》는 그의 저작 가운데서 가장 인기 있는 베스트셀러가 되었다.

20세기가 되면서 인류는 그간 직접 가볼 수 없었던 지구의 다양한 지역에 접근할 수 있게 되었다. 이전까지는 상상과 추측만으로 표현될 수밖에 없었던 키르허의 지구 지도는 이제 새로운 탐사와 함께 실제로 확인한 정보로 완성된 새 지구 지도에 자리를 내주어야 했다. 새 관측 데이터의 쓰나미는 인류가 지구를 바라보는 관점을 바꿨다. 고대의 관점에서 우주는 지상 세계를 의미했고, 행성이라는 단어는 곧 지구 자체를 의미했다. 1950년대 초 컬럼비아대학교 라몬트-도허티 지구관측소의 해양학자 마리 사프는 여성들을 계산기 취급하며 독창적인 연구를 할 수 없게 만드는 남성 과학자들의 뿌리 깊은 편견과 맞서 싸웠다. 그녀는 지질학자 브루스 히젠이 제공한 음파 탐사 데이터를 바탕으로 역사상 처음으로 해저 밑바닥의 세밀한 지도를 완성하는 작업에 착수했다. 사프 이전까지 지도를 그린다는 것은 그저 거칠고 험난한 실제 탐사를 준비하기 위한 사전 작업 정도로만 여겨졌다. 사프는 지도 제작에 대한 기존의 패러다임을 완전 뒤집었다.

사프는 지구의 바닷속을 탐사한 음파 데이터를 수집하고 정리했다. 그리고 이를 통해 대서양 중심부에서 매우 특이한 모습을 발견했다. 이미 인류는 1870년대에 대서양을 횡단하는 전신 케이블을 설치해 대서양 해저 바닥 한가운데를 따라 길게 세로로 이어진 해저 산맥이 존재한다는 사실을 어렴풋하게 알고 있었다. 여기에 사프는 새로운 발견을 보탰다. 대서양 중앙 해저 산맥 위에는 조금씩 어긋난 불규칙한 균열이 사슬처럼 쭉 이어져 있었다. 마치 지구의 남쪽과 북쪽을 리본처럼 연결하는 기다란 해저 산맥 사이사이를 가르는 것처럼 보였다. 지그재그로 이어진 해저 산맥의 균열은 하나만이 아니었다. 남극에서 북극에 이르기까지 거의 대서양 전체를 따라 균열이 계속 등장했다.

사프는 바로 행성의 지각을 만들어내고 있는 이음매를 발견한 것이다. 이것은 지구의 대륙이 아주 거대한 암석권 층 위에 올라탄 채 느리게 움직이고 있을 것이라는 '판 구조론'의 강력한 증거였다. 하지만 이 증거가 등장하기 전까지 판 구조론은 널리 받아들여지지 못했다. 사프는 히젠의 음파 탐사 결과를 활용해 지구의 바다 밑바닥 전역에서 계속 새로운 해저 산맥의 균열을 발견했다. 이 해저 단층은 지구 내부에서 표면까지 꾸준히 새로운 물질이 밀려 나오면서 갈라진 틈 사이로 새 지각이 보충되는 현장이었다.

사프와 히젠은 지구 해저 바닥의 새 지도를 완성했다. 행성 표면의 무려 70퍼센트를 차지하는 바다는 미지의 영역이었다. 사프와 히젠 덕분에 이 미지의 세계가 밝혀진 것이다. 그들은 1957년 북대서양 해저의 모습을 세밀하게 담은 첫 번째 해저 지도를 발표했다. 바로 이해는 소련에서 최초의 인공위성 스푸트니크1호를 궤도에 올리는 데 성공하면서 아이작 뉴턴이 그림으로 표현했던 탄환의 궤적 사고 실험을 입증해주었던 해였다. 우주 시대가 새롭게 태동하는 시기에, 마리 사프는 지도 제작을 행성 탐사의 새로운 방법으로 활용했다.

• 1210~30년

중세시대 작가이자 작곡가 그리고 역사상 최초의 페미니스트였던 힐데가르트 폰 빙엔은 미래를 예측한 듯 시대를 앞선 많은 작품을 남겼다. 힐데가르트가 말년에 남긴 작품 중 하나에 사계절을 가진 둥근 공 모양의 지구가 표현되어 있다. 이 그림은 1179년 그녀가 사망한 이후 완성되었는데, 죽기 전 그녀가 직접 제작했던 원래의 디자인을 그대로 따른 것으로 추정된다. 지구가 둥근 공 모양이라는 생각은 기원전 6세기 그리스까지 거슬러 올라간다. 고대 수학자 피타고라스가 둥근 지구의 모습을 묘사한 최초의 인물 중 하나로 알려져 있다. 기원후 8세기 그리고 중세시대 초기에 이미 지구의 모양에 대한 개념이 잘 확립되어 있었다. 이 그림은 수녀 힐데가르트가 남긴 마지막 역작 《하느님의 사역에 관한 책》에 등장하는 작품으로, 둥근 지구의 모습을 가장 극적으로 묘사한 초기 작품 중 하나다.

• 1121년

이 그림은 중세시대 백과사전 《꽃의 책》에 등장한다. 가운데 둥근 지구를 중심으로 사방을 둥글게 움직이는 행성들의 궤도가 둘러싸고 있다. 가운데 지구를 가르며 비스듬하게 기울어진 붉은 대각선은 시간에 따라 변화하는 행성들의 움직임을 보여준다. 그림 아래쪽에 금성과 태양 그리고 달이 글자로 적혀 있다. 이들은 원래 각자의 둥근 궤도를 따라 움직이다가 지구를 가르는 대각선 그래프 속으로 이동한다. 1090~1120년경 프랑스 북부 생토메르의 사제 랑베르가 집필한 이 백과사전은 천문학, 성경, 지리학, 자연사 등 방대한 주제들을 아우른다. 아시아를 맨 위에 그렸던 당시 중세시대 관습에 따라 지구의 지도에서 인도가 가장 위에 표현되어 있다(아시아를 기준으로 지구 그림의 방향을 잡는 것을 '오리엔팅'이라고 한다). 《꽃의 책》은 중세시대 성기 최초의 백과사전으로 여겨진다. 이 그림은 실제 책의 원본에서 가져온 것이다. 이 백과사전에서 행성들의 움직임을 표현하고 있는 다른 그림을 보고 싶다면 195쪽을 참고하라. 《꽃의 책》에 수록된 또 다른 그림은 127쪽과 157쪽을 참고하라.

• 1450년경

지구가 둥글다는 사실은 고대 이후 이미 잘 알려져 있었다. 하지만 납작하고 평평한 원반 모양의 지구가 둥근 돔 모양의 창공 아래 놓여 있는 고대의 표현 방식은 한참 시간이 지난 중세나 르네상스의 다양한 예술 작품에도 가끔씩 등장했다. 피렌체의 거장 프란체스코 페셀리노가 그린 이 그림은 원래 어느 결혼식용 상자에 붙어 있던 작품이다. 시인 페트라르카가 지역 방언으로 승리에 관해 묘사했던 한 우화 시의 장면을 묘사하고 있다. 특히 시에 등장하는 "명성, 시간, 그리고 영원한 승리" 가운데 '영원' 파트를 묘사한다. 이 그림에서는 지구가 둥글고 납작한 원반으로 표현되어 있으며, 바다로 둘러싸인 가운데 대륙의 해안가는 세밀하게 표현되지 않았다. 대륙을 감싼 바다는 하늘과 만나는 경계까지 펼쳐져 있다. 그 위에는 둥근 천구가 겹겹이 쌓여 있고 물질적인 세계와 비물질적인 세계를 구분한다. 그 너머에 신과 천사들이 존재한다. 지상과 천상계 사이에는 황도 12궁에 해당하는 사자자리와 독수리자리가 표현되어 있다. 이들은 마치 도서관에서 열심히 책을 읽는 듯한 자세로 앉아 있다. 페트라르카가 노래한 승리의 시에서는 명성이 죽음을 이기고 승리를 쟁취한다. 하지만 결국 명성은 시간에 굴복하고, 최후에는 시간의 뒤를 이어 영원함이 마지막 승리를 쟁취한다. 페트라르카의 시는 우주의 최후에 대한 서사로 끝맺는다. "모든 변화가 멈추는 순간이 올 것이다. / 빠르게 회전하는 바퀴도 결국 멈추게 될 것이다. / 그날이 오면 여름도 달아오르지 않고 겨울도 얼어붙지 않게 될 것이다. / 최후에는 그 아무것도 오지 않을 것이며, 그 어떤 것도 지나가지 않을 것이다. / 그저 영원한 지금이 끝나지 않은 채 계속 이어질 것이다." 페트라르카가 노래한 승리에 관한 또 다른 묘사는 242~43쪽을 참고하라.

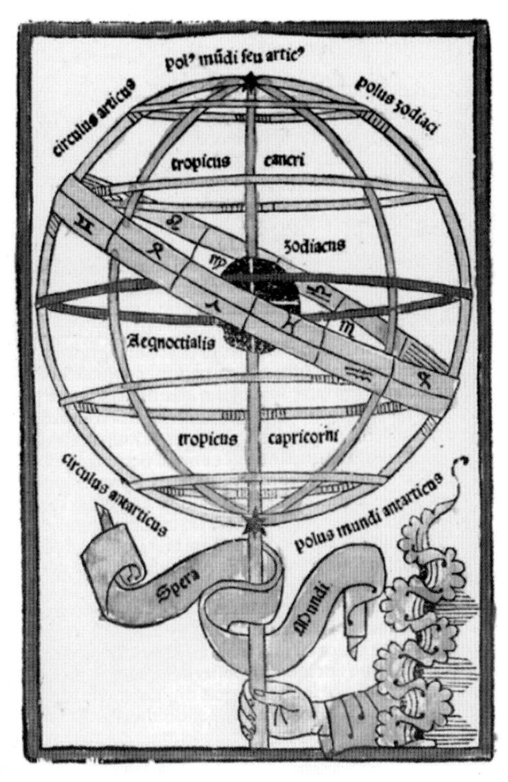

• 1499년

사제이자 천문학자였던 요하네스 데 사크로보스코가 대략 1220년 즈음에 집필한 《구체에 관한 논문》에 등장하는 그림이다. 몸 없이 손만 존재하는 신의 손에 쥐여진 혼천의 모양으로 둥근 지구의 구체가 묘사되어 있다. 게자리와 염소자리를 지나는 회귀선과 둥근 황도가 지구를 감싼다. 이런 혼천의 모양의 구체 장치는 보통 금속 재료로 제작되었다. 특히 이런 장치는 코페르니쿠스 체제가 주목받기 시작하면서 기존의 지구 중심의 프톨레마이오스식 우주 모델을 설명하고 지지하기 위한 목적으로 쓰였다. 1455년 유럽에서 새로운 인쇄술이 발명된 뒤, 손으로 베껴 쓴 필사본을 빠르게 대체했다. 인쇄술의 발전과 함께 사크로보스코의 《구체에 관한 논문》은 당시 유럽에서 코페르니쿠스 시대 이후 가장 많이 재출간되고 복사된 천문학 책이 되었다. 200년에 걸쳐 무려 100개가 넘는 판본이 제작되었다. 이 그림 속에서 사크로보스코는 우주를 "machina mundi", 즉 "세계의 기계"라고 묘사했다(당시 세계라는 단어는 우주 자체를 의미했다). 《구체에 관한 논문》은 프톨레마이오스의 우주관에 따라 복잡한 행성들의 움직임을 매우 일관성 있게 묘사했다.

• 1410~1500년

15세기에 지구를 표현한, 매우 이례적인 그림이다. 이 그림은 지구를 뾰족한 도시로 뒤덮인 채 우주 공간에 둥둥 뜬 무중력의 구체처럼 묘사한다. 마치 원시적인 공상과학 작품처럼 느껴진다. 잉글랜드의 바살러뮤가 1240년 집필한 백과사전 《사물의 특성에 관하여De proprietatibus rerum》의 프랑스어 번역본에 수록된 그림이다.

• 1540년

독일의 인쇄공이자 수학자, 우주론자였던 페트루스 아피아누스가 제작한 놀라운 책 《아스트로노미쿰 카에사레움》에 등장하는 볼벨이다. 이 책은 신성로마제국의 카를 5세와 그의 형제인 스페인의 페르디난드 왕에게 헌정되었다. 볼벨은 직접 돌리고 회전시키면서 작동할 수 있는 종이 장치를 의미한다. 이 책은 지금까지 출판된 과학책 중 가장 정교하고 아름다운 걸작으로 손꼽힌다. 볼벨을 통해 아피아누스는 책을 단순히 글만 전달하는 매체가 아니라 직접 움직이고 작동시킬 수 있는 과학 도구로 만들었다. 이 흥미로운 볼벨에 관한 더 자세한 내용은 87, 131, 198, 247, 284쪽을 참고하라. 아피아누스는 잉골슈타트의 바이에른 마을에 있던 자신의 인쇄기로 직접 《아스트로노미쿰 카에사레움》을 인쇄하고 손으로 색을 입혀 완성했다.

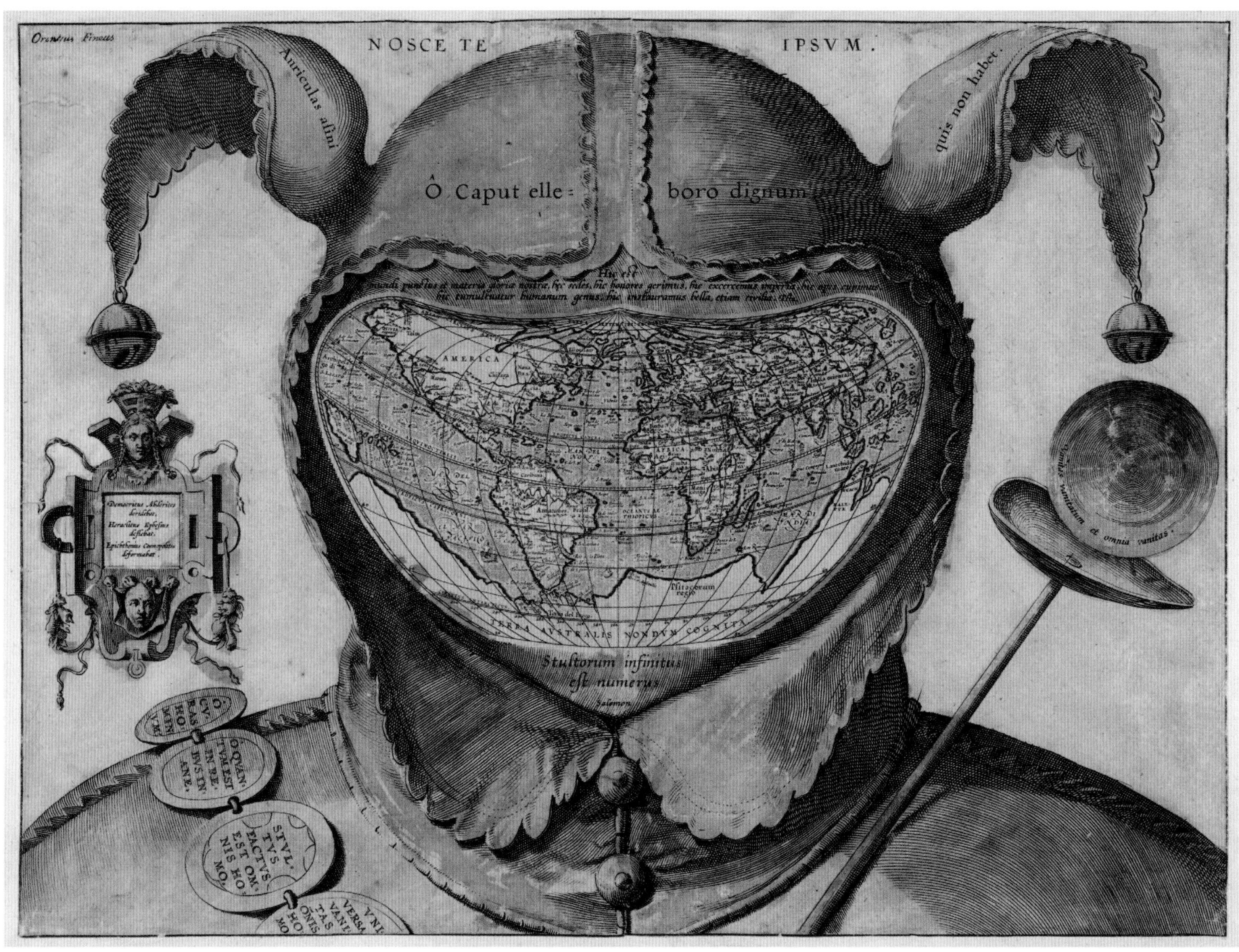

• 1580~90년

〈바보의 모자를 쓴 세계 지도Fool's Cap Map of the World〉는 프랑스의 수학자이자 지도 제작자였던 오롱스 피네의 심장 또는 하트 모양 지도를 바탕으로 제작한 미스터리하고 충격적인 작품이다. 피네의 지도를 변용하여 이 작품을 제작한 사람이 누구인지는 알 수 없지만 분명 매우 독특한 세계관을 갖고 있었을 것이다. 지구 위에 어릿광대 모자가 씌워져 있다. 모자에는 라틴어로 "바보들의 수는 무한하다"라는 문장이 새겨져 있다. 정체가 밝혀지지 않은 이 그림의 작가는 이 작품을 통해 전혀 다른 종류의 '코스미그래픽'을 선보였다. 모자의 큰 글씨 사이에는 "오, 머리야, 헬레보어는 한번 복용할 가치가 있어"라는 뜻의 라틴어 문장이 적혀 있다(헬레보어는 독성이 강한 약초다. 심정지와 사망을 자주 일으켰지만 고대 인류는 정신병을 치료할 목적으로 사용했다). 셰익스피어의 《리어왕》 같은 작품에서도 확실하게 알 수 있듯이 한때 바보(어릿광대)는 권력에 맞서 진실을 말하는 것이 허락된 몇 안 되는 이들 중 하나로 여겨졌다.

• 1593년

이 그림의 오른쪽 아래 작은 그림에 파트모스 섬에서 〈계시록〉을 집필 중인 요한이 있다. 지상계부터 다양한 신들이 사는 가장 높은 하늘에 이르는 다양한 천국의 단면도가 표현되어 있다. 30~35쪽에 등장했던 천지창조 과정을 묘사한 프란시스쿠 드 홀란다의 그림처럼 길고 뾰족한 삼각형 형체가 지상과 천상계를 연결한다. 이 그림에는 신약성서 마지막에 등장하는 〈요한계시록〉의 내용과 성스러운 삼위일체가 함께 표현되어 있다. 지구와 기본 원소들, 별자리, 그리고 가장 마지막에는 천국에 살고 있는 천사들까지, 프톨레마이오스의 우주관이 반영된 다양한 요소들이 순서대로 배열되어 있다. 인간들이 살아가는 지상계와 신들이 살아가는 가장 높은 천국의 제국 사이 경계에 "열 번째 천구, 움직임이 멈추는 곳"이라는 명문이 새겨져 있다. 벨기에 플람스 출신의 조각가 니콜라스 판 아엘스트를 위해서 알려지지 않은 한 판화 제작자가 이 멋진 대작을 만들었다. 그리고 이후 이 작품은 다시 바이에른의 대주교 페르디난트에게 헌정되었다.

CAELVM EMPYREVM IN QVO
SANCTA TRINITAS BEATA VIRGO
ANGELI ET SANCTI OMNES
VISIONES
APOCALYPSIS
CAELVM CHRYSTALLINVM
IN QVO AQVAE OMNES
QVAE SVPER CAELOS
DECIMA SPHERA QVA TERMINATVR MOTVS
NONA SPHERA IN QVA LVCIDI CHARACTERES VT ARABES AFFIRMANT
OCTAVA SPHERA IN QVA OMNES STELLAE FIXAE
SATVRNVS
IVPPITER
MARS
SOL
VENVS
MERCVRIVS
LVNA
IGNIS
AER
Sanctus Ioannes coelo aperto
intuetur visiones quae in Apo-
calypsi continentur et eas ab
Angelo scribere iubetur.
Ser.mo Principi Ferdinãdo
Vtriusq. Bauariae Du-
cis Guilielmi F.
picturae, et elegantioru
artium admiratori
max.o Dño ac Mecoena
ti Colen.mo
Comiti Palatino Rheni
Nicolaus van Aelst Bruxellens.
obseruantiae ergo Romae d.d. 1593.
GALLIAE PARS
ITALIA
GRECIA
HISPANIAE
PARS
AFRICAE PARS
FRETVM HERCVLEVM
OCEANVS
OCCIDENTALIS
MARE MEDITERRANEVM

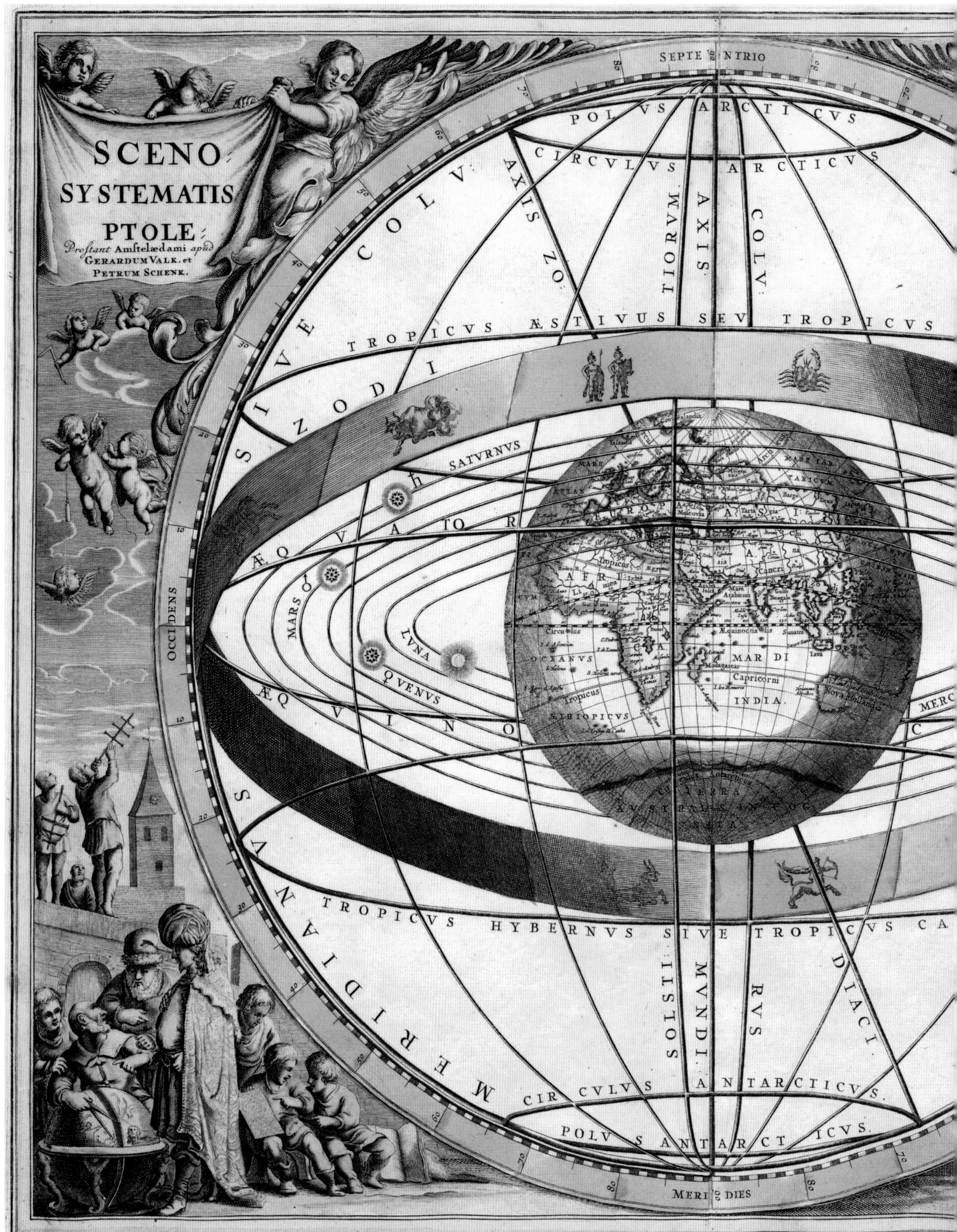
SCENO
SYSTEMATIS
PTOLE
Prostant Amstelædami apud
GERARDUM VALK. et
PETRUM SCHENK.
SEPTENTRIO
POLVS ARCTICVS
CIRCVLVS ARCTICVS
AXIS ZODIACI
TIORVM
AXIS COLV
TROPICVS ÆSTIVUS SEV TROPICVS
SIVE COLV
ZODIACVS
SATVRNVS
ÆQVATOR
MARS
LVNA
VENVS
ÆQVINOCTIALIS
OCCIDENS
MERIDIANVS
TROPICVS HYBERNVS SIVE TROPICVS
SOLSTITIORVM
MVNDI
RVS
DIACI
CIRCVLVS ANTARCTICVS
POLVS ANTARCTICVS
MERIDIES
EUROPA
ASIA
AFRICA
OCEANVS
ÆTHIOPICVS
MAR DI
INDIA
Nova Hollandia
Tropicus Capricorni
Circulus Æquinoctialis
Madagascar
Sumatra
Iava
TERRA AVSTRALIS INCOGNITA

• 1660년

안드레아스 셀라리우스가 집필한 《대우주의 조화》에 수록된 아주 호화스러운 바로크 스타일의 그림이다. 17세기 천구 지도 가운데서 정점을 찍었다 할 작품이다. 가운데의 거대한 지구를 중심으로 별 모양으로 표현된 행성들이 궤도를 돌고 있다. 궤도 위에는 각 행성을 상징하는 전통적인 기호가 함께 표현되어 있다. 지구의 하늘에서 봤을 때 태양은 밤하늘의 별자리 사이를 가로질러 천구 위를 길게 움직인다. 천구 위에서 태양이 움직이는 궤적을 기준으로 경도 30도 너비에 해당하는 긴 띠 모양의 영역을 황도대라고 부른다. 그리고 황도대는 12개의 별자리로 영역이 구분된다. 우주의 중심축은 지구의 남극과 북극을 연장하여 정의하는데, 지구의 적도를 지구 바깥 천구까지 확장해서 천구의 적도를 정의한다(이러한 개념을 정의한 더 이른 시기 작품은 49쪽을 참고하라). 그림의 오른쪽 아래 그려진 사람들 중 한 명이 프톨레마이오스다. 사람들 뒤 배경에는 마치 코페르니쿠스의 대발견과 함께 무너진 프톨레마이오스의 우주관을 상징하듯 다 무너진 알렉산드리아의 도시가 그려져 있다. 셀라리우스의 책에 수록된 다른 그림은 94, 134~35, 162~63, 200~201, 252~55쪽을 참고하라.

• 1664년

독일 예수회 소속 아타나시우스 키르허의 책 《지하 세계》에 등장하는 그림이다. 땅 속 녹은 용암이 복잡하게 얽혀 있는 구조를 묘사한다. 전해지는 바에 따르면 1638년 키르허는 직접 베수비오 화산의 분화구 밑으로 내려가 탐사를 했다고 한다. 그는 "자신의 전문 영역에서 모든 지식을 정당하게 주장할 수 있는 최후의 사상가 중 한 명"으로 일컬어진다. 키르허는 지구의 핵까지 물과 불의 통로가 복잡하게 얽힌 모습에 관한 이론을 발전시켰다. 지구의 땅 속 구조를 이해하고 그 속의 물질이 어떻게 행성 표면의 모습을 만들어내는지 이해하려 노력한 덕분에, 키르허는 지구를 하나의 거대한 자가 조절 체계로서 이해하는 현대의 가이아 이론이 등장하기 3세기 전에 지구를 의식이 있는 하나의 '행성'으로 인식하고 설명할 수 있었다. 태양에 관한 키르허의 묘사는 136~37쪽을 참고하라.

Tomus I. 180.
Systema Ideale
PYROPHYLACIORUM
Subterraneorum, quorum montes
Vulcanii, veluti spiracula
quædam existant.
A
B
C

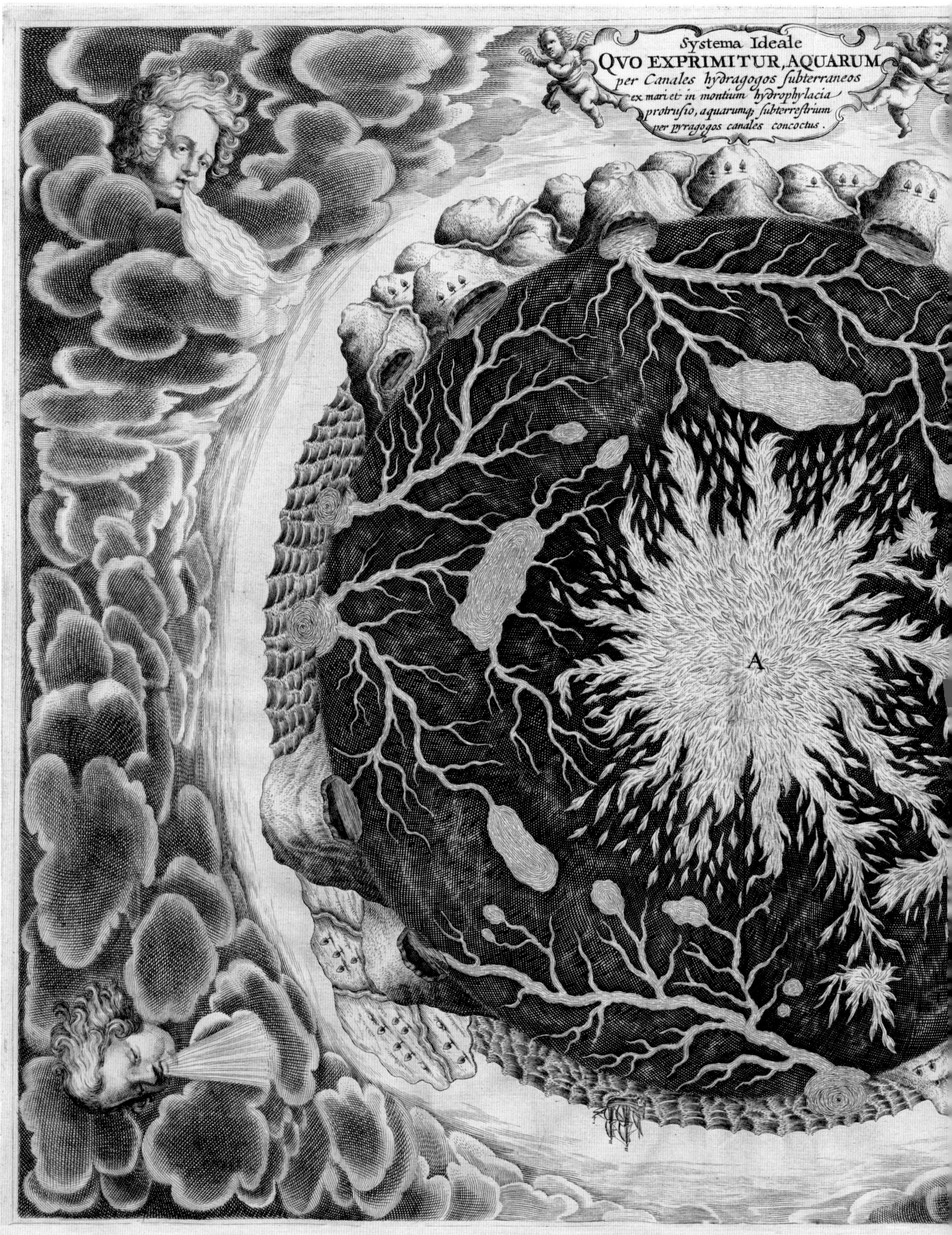
Systema Ideale
QVO EXPRIMITUR, AQUARUM
per Canales hydragogos ſubterraneos
ex mari et in montium hydrophylacia
protruſio, aquarumq; ſubterreſtrium
per pyragogos canales concoctus.
A

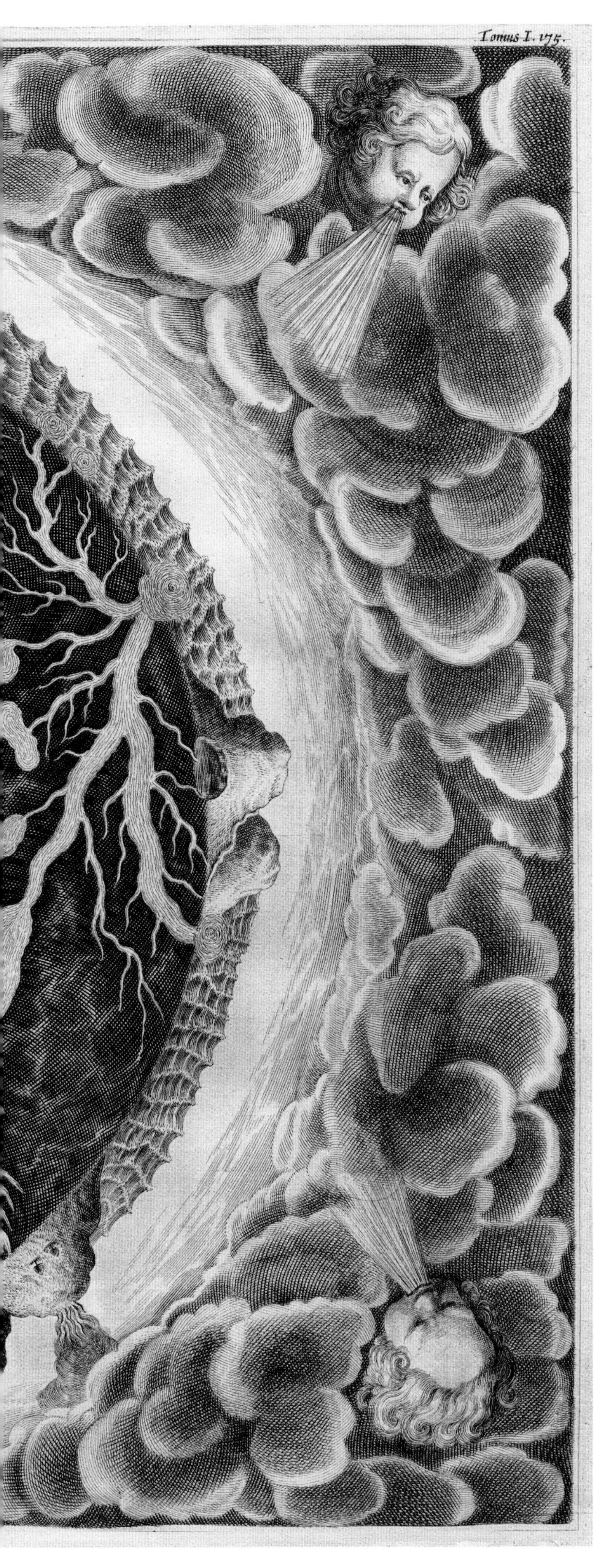

《지하 세계》에서 키르허가 땅 속 물길이 얽힌 구조를 묘사한 그림이다. 마치 땅 속에 물이 스며들며 침식되는 카르스트 지형처럼 묘사되어 있다(이 그림보다 150년 앞서 레오나르도 다빈치는 한 글에서 지하 세계에 관해 이렇게 묘사했다. “살아 있는 동물의 몸속에 혈액이 도는 것처럼 지구의 물도 작동한다.” 그리고 다빈치도 키르허와 비슷한 결론에 도달했다. 하지만 키르허는 이 글을 몰랐을 가능성이 높다). 오늘날 관점에서 보면 키르허의 예측은 대부분 빗나간 것처럼 보인다. 하지만 지하 세계에 관한 그의 묘사가 완전히 잘못된 것은 아니다. 지난 20년간의 연구에 따르면 지하에는 이전까지 추정되었던 것보다 지각 아래 더 깊은 곳까지 물이 침투해 분포하는 것으로 보인다. 이렇게 깊은 곳에 존재하는 물로 인해, 지구의 지하에는 극단적인 압력과 온도와 방사능을 견딜 수 있도록 단단하게 진화한 미생물들이 사는 생물권이 존재한다.

Erhardi Weigelij P.P. SPECULUM TERRÆ Cometam secundum reflectens A. 1665.
Septent
MAR
DEL
NORT
Tropicus
C.Verd
Æqua
Tropicus
reliquorum ab Anno 1652. hucusq. visorum vias Ostendens. I. B. Paravicin. f.

Den Aardkloot van water ontbloot, na twee zijden aante sien.

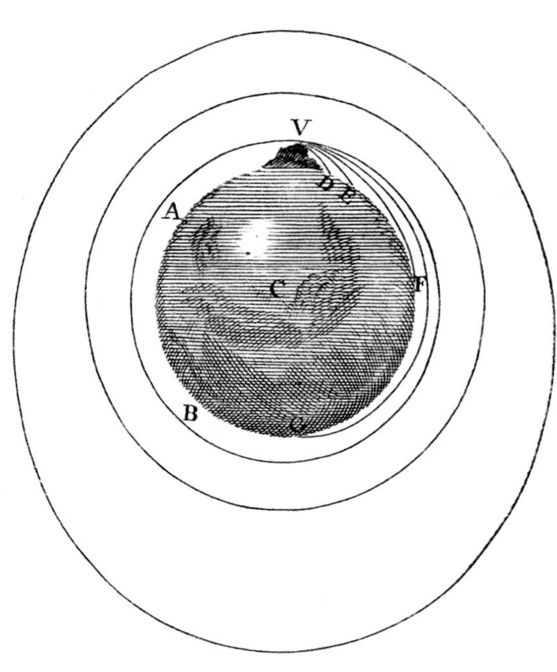

• 1665년

왼쪽: 에르하르트 바이겔이 집필한 《스펙큘럼 테라, 지구의 거울Speculum terrae, das ist, Erdspiegel》에 등장하는 지구 그림으로, 시대를 앞선 듯한 작품이다. 황도를 가로질러 날아가는 혜성이 함께 표현되어 있다. 1664년과 1665년 사이 지구의 하늘에 눈에 띄는 혜성 두 개가 등장했다. 이로 인해 유럽 전역에서는 큰 혼란이 일었다. 특히 이 두 개의 혜성이 월식으로 가려진 달 양 옆에 함께 등장했기 때문이다. 이렇게 연이어 안 좋은 징조가 나타난 건 전례 없던 일이었다. 실제로 뒤이어 당시 전체 인구의 15퍼센트를 죽음으로 몰고 간 페스트가 런던에 창궐했다. 그리고 1666년 9월에는 런던에서 대화재가 발생했다. 혜성과 월식·일식에 관한 더 자세한 내용은 8장과 9장을 참고하라.

• 1684년

왼쪽: 영국의 신학자이자 우주론자 토머스 버넷이 그린 지도를 네덜란드에서 베낀 사본 중 하나다. 물이 모두 사라진 메마른 땅 덩어리의 모습으로 지구가 표현되어 있다(그의 그림은 원래 1681년 라틴어로 출판되었다). 버넷은 자신이 집필한 《지구에 대한 성스러운 이론Telluris theoria sacra》에서 노아의 대홍수가 벌어지고 거대한 대양이 등장하기 전 바다가 존재하지 않았던 시절의 지구를 표현했다. 그는 지하 저수지 안에 오늘날의 바다를 채우는 물 대부분이 숨겨져 있었을 것으로 생각했다. 이 그림은 바다가 모두 사라지고 메마른 지구를 그렸지만 캘리포니아는 대륙과 분리된 섬의 모습으로 표현했다.

• 1728년

위: 아이작 뉴턴의 기념비적인 걸작 《프린키피아》가 출간되기 전 1685년에 제작되었던 초판에 수록된 그림이다. 지구 주변 궤도에 도달하는 데 필요한 다양한 탄환의 궤적이 묘사된 가장 오래된 그림이다. 뉴턴은 〈세계의 구조에 관한 논문〉이라는 제목으로 아주 쉽고 혁명적인 놀라운 논문을 완성했다. 그는 여기에서 만유인력의 원리가 지구, 달, 조석, 태양계에 어떻게 영향을 미치는지 묘사했다. 뉴턴은 복잡한 수식을 빼곡하게 채워서 설명하는 대신 독자가 쉽게 받아들일 수 있도록 더 쉬운 문제와 말로 설명하는 것이 더 좋겠다고 판단했다. 이렇게 그의 걸작이 완성되었다.

• 1695년

네덜란드의 지도 제작자 요안 블라우가 그린 세계지도다. 북극과 남극을 중심으로 둥근 지구를 평면에 투영한 모습이다. 캘리포니아는 아직 섬으로 알려져 있었고, 남극 대륙은 아직 존재도 알려져 있지 않았다. 호주 해안의 극히 일부만 표현되었다. 지도의 위쪽 모서리에는 구름 사이로 태양과 달이 그려져 있다. 그리고 한가운데 지구를 감싼 둥근 고리로 구성된 혼천의 모양이 우주 공간에 둥둥 떠 있다. 당시는 아직 해상 탐험 시대였다. 하지만 우주 공간의 허공 속에 복잡한 기계 장치가 홀로 둥둥 떠 있는 모습은 마치 250년 뒤에나 찾아온 우주비행 시대를 예견한 것처럼 느껴진다(혼천의를 표현한 더 이른 시기 작품은 49쪽을 참고하라).

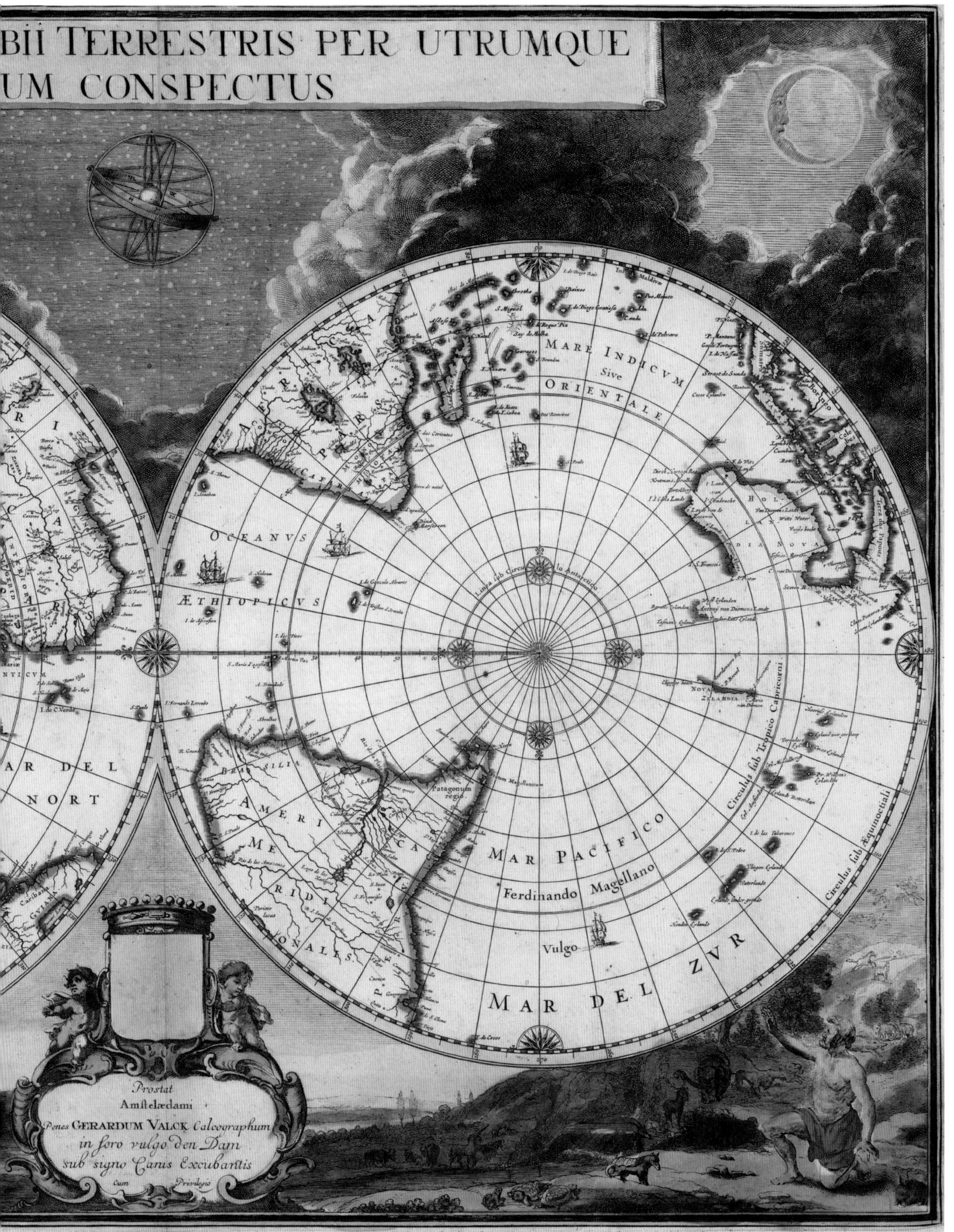
BII TERRESTRIS PER UTRUMQUE
UM CONSPECTUS
MARE INDICUM
Sive
ORIENTALE
OCEANUS
ÆTHIOPICUS
MAR PACIFICO
Ferdinando Magellano
Vulgo
MAR DEL ZUR
AR DEL
NORT
Circulus sub Tropico Capricorni
Circulus sub Æquinoctiali
Prostat
Amstelædami
Penes GERARDUM VALCK Calcographum
in foro vulgo den Dam
sub signo Canis Excubantis
Cum Privilegio

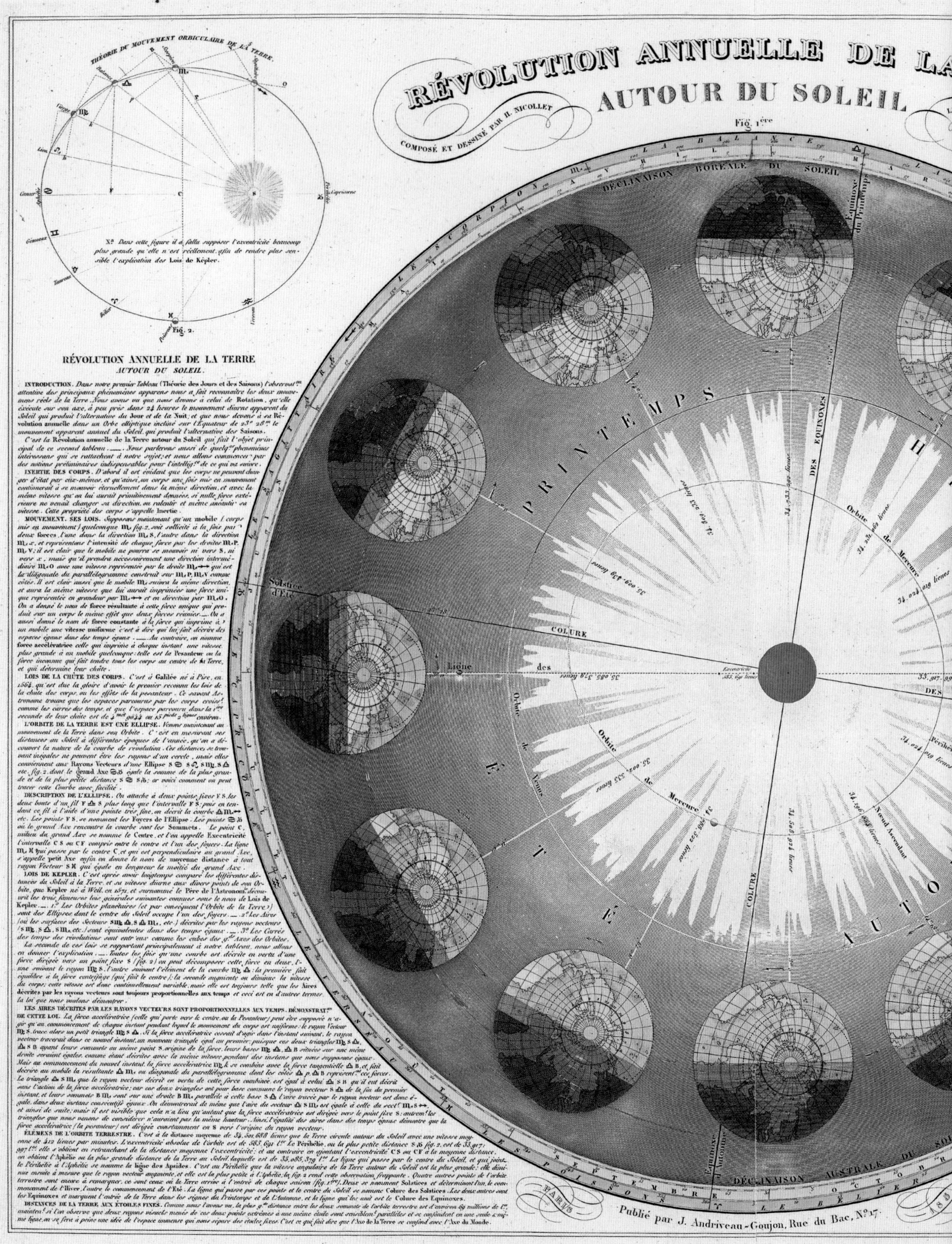

RÉVOLUTION ANNUELLE DE LA
AUTOUR DU SOLEIL
COMPOSÉ ET DESSINÉ PAR H. NICOLLET
Fig. 1ère
THÉORIE DU MOUVEMENT ORBICULAIRE DE LA TERRE
Fig. 2.
RÉVOLUTION ANNUELLE DE LA TERRE
AUTOUR DU SOLEIL
DÉCLINAISON BORÉALE DU SOLEIL
DÉCLINAISON AUSTRALE DU SOLEIL
PRINTEMPS
COLURE
DES EQUINOXES
Orbite de Mercure
Ligne des
Publié par J. Andriveau-Goujon, Rue du Bac, N°17.

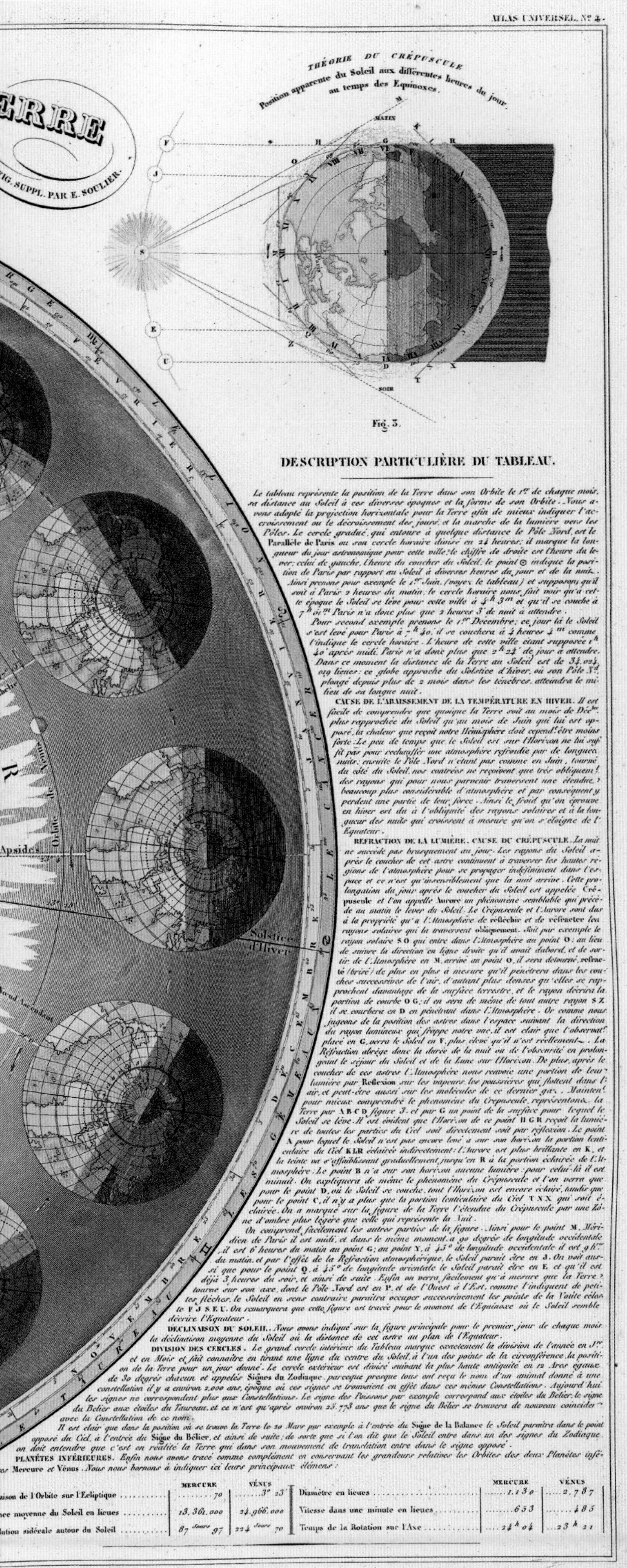

• 1850년

H. 니콜렛의 《고대 및 현대 지리학의 전통적이고 보편적인 지도Atlas classique et universel de geographie ancienne et moderne》에 등장하는 지도다. 태양을 중심으로 1년 동안 그 주위를 공전하는 지구가 표현되어 있다. 북반구는 여름에는 태양 빛이 들지만 겨울이 되면 그림자가 진 쪽으로 놓인다. 1년 동안 지구에서 벌어지는 계절 변화가 선명하게 표현되어 있다. 이 그림에서 이제 프톨레마이오스의 우주 모델은 지구가 태양 주위를 맴도는 코페르니쿠스의 우주 모델로 대체되었다. 이 역사적 대전환에 대한 자세한 내용은 5장을 참고하라.

• 1881년

프랑스의 천문학자이자 아주 많은 작품을 남긴 작가 카미유 플라마리옹이 쓴 《대중 천문학》에 수록된 그림이다. 그림 아래에는 "시간에 의해 떠내려가고 사라져가는 목표를 향해 뜀박질하며, 지구는 지체 없이 빠르게 우주를 가로질러 굴러간다"라는 문장이 쓰여 있다. 플라마리옹은 과학책뿐만 아니라 SF소설도 남겼다.

Un missionnaire du moyen âge raconte qu'il avait trouvé le point où le ciel et la Terre se touchent...

• 1888년

거대하고 복잡한 우주 기계장치 안에 선 사람의 모습을 시각화한 가장 유명한 작품 중 하나다. 그림 아래에는 이렇게 적혀 있다. "중세의 한 사제가 지상과 천상계가 만나는 지점을 발견했던 순간의 경이로움을 이야기한다." 이 판화는 카미유 플라마리옹이 집필한 《대기권: 대중 기상학》에 처음 등장했다. 플라마리옹은 10대 시절 견습 판화 제작자로 일했다. 그는 50권이 넘는 많은 작품을 남겼다. 그의 책 속에 등장하는 다양한 삽화는 그가 직접 그린 그림을 바탕으로 제작되었다. 옆 페이지에 있는 글귀는 이 그림이 이 책을 위해 특별하게 제작된 작품이라는 사실을 명확하게 보여준다. 이 작품은 중세인들이 지구를 평평한 원반이라고 생각했으리라 보았던 19세기 당시의 관점이 반영되어 있다. 하지만 그런 오해와 달리 중세에도 이미 지구가 원반이 아닌 둥근 구형이라는 사실이 잘 알려져 있었다.

MAP OF THE

SQUARE AND STATIONARY

BY PROF. ORLANDO FERGUSON,

HOT SPRINGS, SOUTH DAKOTA.

Four Hundred Passages in the Bible that Condemn the Globe Theory, or the Flying Earth, and None Susta
This Map is the Bible Map of the World.

COPYRIGHT BY ORLANDO FERGUSON, 1893.

Four Angels standing on the Four Corners of the Earth.—Rev. 7: 1.

PROF. ORLANDO FERGUSON,
HOT SPRINGS, S. DAKOTA.

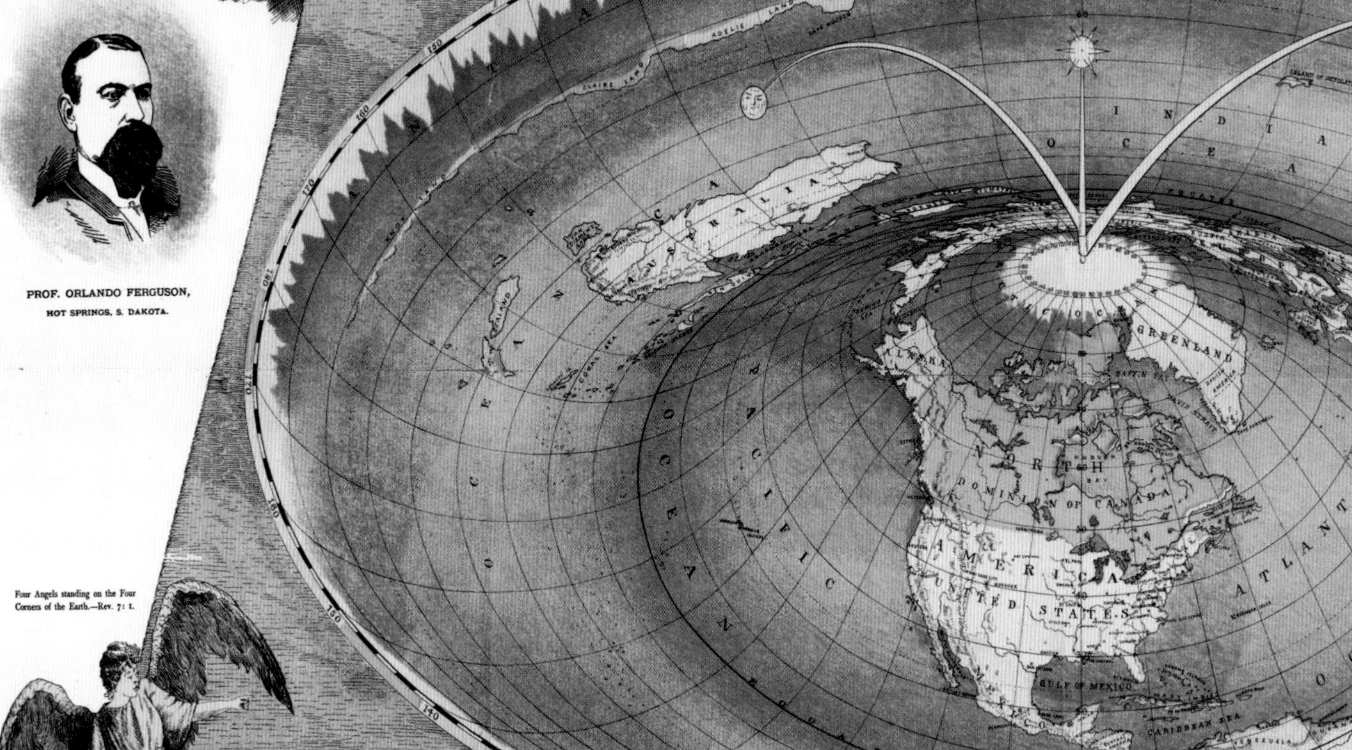

Four Angels standing on the Four Corners of the Earth.—Rev. 7: 1.

SCRIPTURE THAT CONDEMNS THE GLOBE THEORY.

And his hands were steady until the going down of the sun.—Ex. 17: 12. And the sun stood still, and the moon stayed.—Joshua 10: 12-13. The world also shall be stable that it be not moved.—Chron. 16: 30. To him that stretched out the earth, and made great lights (not worlds).—Ps. 136: 6-7. The sun shall be darkened in his going forth.—Isaiah 12: 10. The four corners of the earth.—Isaiah 11: 12. The whole earth is at rest.—Isaiah 14: 7. The prophecy concerning the globe theory.—Isaiah: 29th chapter. Woe to the rebellious children, sayeth the Lord, that take counsel, but not of me.—Isaiah 30: 1. So the sun returned ten degrees.—Isaiah 38: 8-9. It is he that sitteth upon the circle of the earth.—Isaiah 40: 22. He that spread forth the earth.—Isaiah 52: 5. That spreadeth abroad the earth by myself.—Isaiah 54: 24. My hand also hath laid the foundation of the earth.—Isaiah 58: 13. Thus sayeth the Lord, which giveth the sun for a light by day, and the moon and stars for a light by night (not worlds).—Jer. 31: 35-36. The sun shall be turned into darkness, and the moon into blood.—Acts 2: 20.

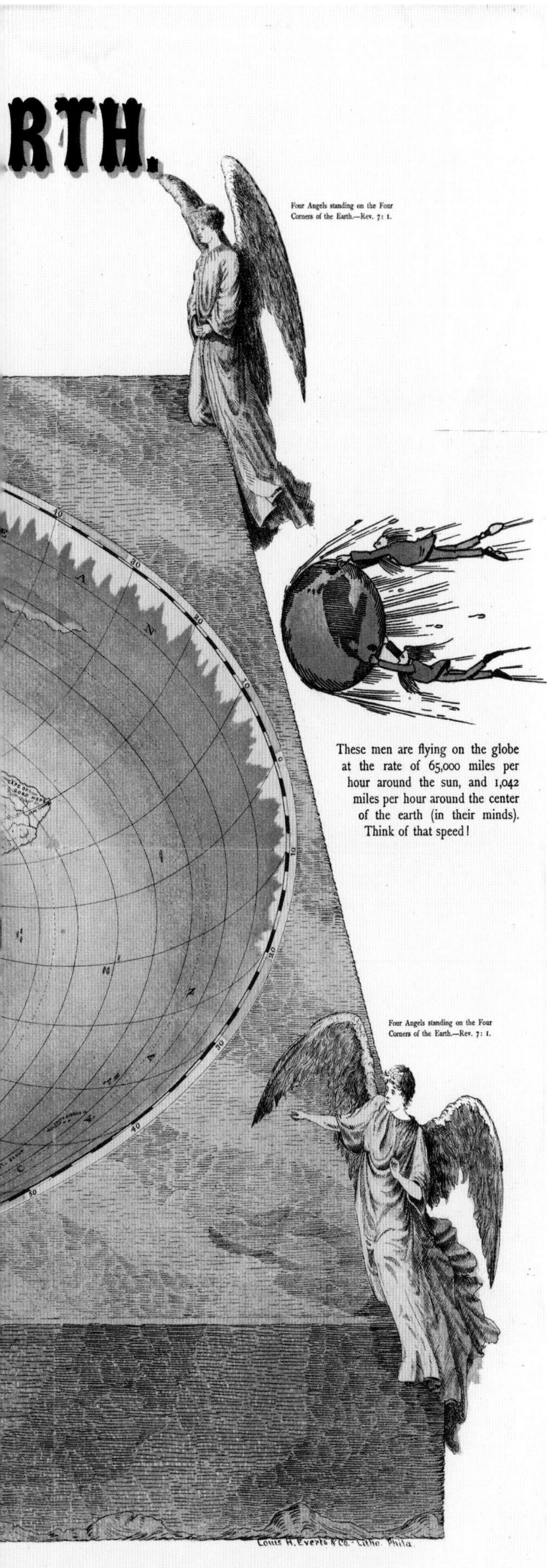
RTH.
Four Angels standing on the Four Corners of the Earth.—Rev. 7: 1.
These men are flying on the globe at the rate of 65,000 miles per hour around the sun, and 1,042 miles per hour around the center of the earth (in their minds). Think of that speed!
Four Angels standing on the Four Corners of the Earth.—Rev. 7: 1.

d 25 Cents to the Author, Prof. Orlando Ferguson, for a book explaining this Square and Stationary Earth. It Knocks the Globe Theory Clean Out. It will Teach You How to Foretell Eclipses. It is Worth Its Weight in Gold.

• 1893년

왼쪽: 올랜도 퍼거슨 교수는 사우스다코타의 핫스프링스 지역 신문을 통해 '둥근 지구 이론'을 반박했다. 그리고 사방의 모서리가 룰렛과 같은 형태의 벽으로 둘러싸인 지구의 모습을 제안했다. 태양, 달, 북극성 등이 모두 지구의 북극에서 삐져나온 기다란 막대기에 매달려 있다. 물론 퍼거슨의 이 황당한 우주론은 받아들여지지 않았다.

• 1944년

뒤: 지질도의 개념은 19세기 초 영국의 지질학자 윌리엄 스미스와 함께 현대적으로 변화했다. 지도는 이제 실제 공간의 정보를 누구든지 이해하고 소통할 수 있도록 하는 도표로서 기능하게 되었다. 지질학은 시간에 따라 천천히 변해가는 땅 위의 느린 역사와 과정을 이해하는 학문이다. 그래서 그는 지도 위에 시간 요소를 함께 표현하는 새로운 시도를 도입했다. 1940년대 초 루이지애나 주립대학교의 지질학자 해럴드 N. 피스크는 미시시피강 하류 지역의 충적토 평야에 대한 포괄적인 지질학 탐사를 진행하여 미 육군 공병대대를 위한 놀라운 지질도를 제작했다. 그는 시간이 흘러감에 따라 굽이치는 물길의 모습이 변해가는 과정을 여러 겹으로 겹쳐 표현했다. 이를 통해 아름다운 시간의 흔적을 지도 위에 남겼다. 달과 다른 행성, 태양계 여러 위성의 지질도는 3장과 6장을 참고하라.

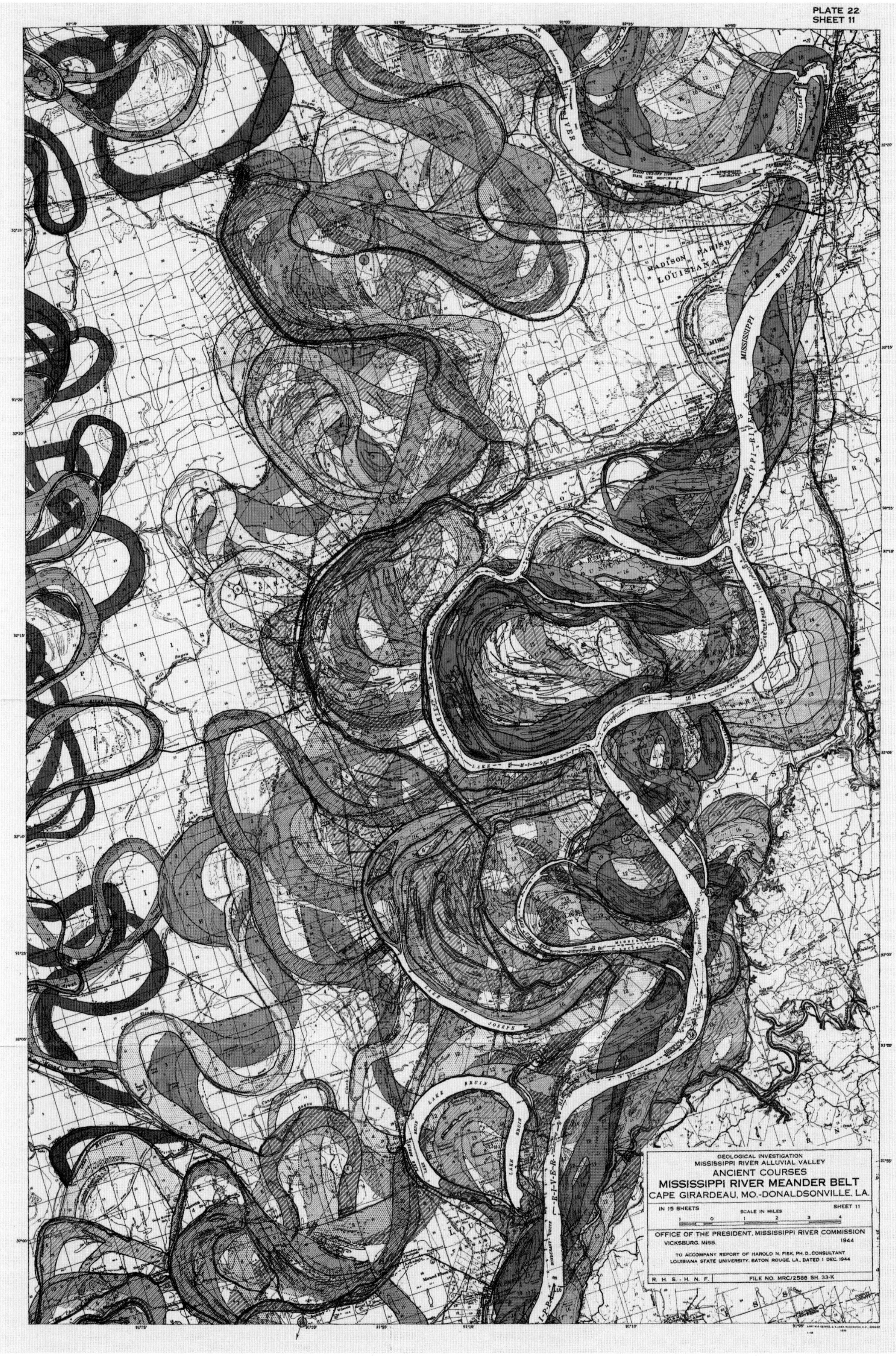

PLATE 22
SHEET 11
MADISON PARISH
LOUISIANA
MISSISSIPPI
RIVER
LAKE BRUIN
GEOLOGICAL INVESTIGATION
MISSISSIPPI RIVER ALLUVIAL VALLEY
ANCIENT COURSES
MISSISSIPPI RIVER MEANDER BELT
CAPE GIRARDEAU, MO.-DONALDSONVILLE, LA.
IN 15 SHEETS
SHEET 11
SCALE IN MILES
1 0 1 2 3 4
OFFICE OF THE PRESIDENT, MISSISSIPPI RIVER COMMISSION
VICKSBURG, MISS.
1944
TO ACCOMPANY REPORT OF HAROLD N. FISK, PH. D., CONSULTANT
LOUISIANA STATE UNIVERSITY, BATON ROUGE, LA., DATED 1 DEC. 1944
R. H. S. - H. N. F.
FILE NO. MRC/2588 SH. 33-K

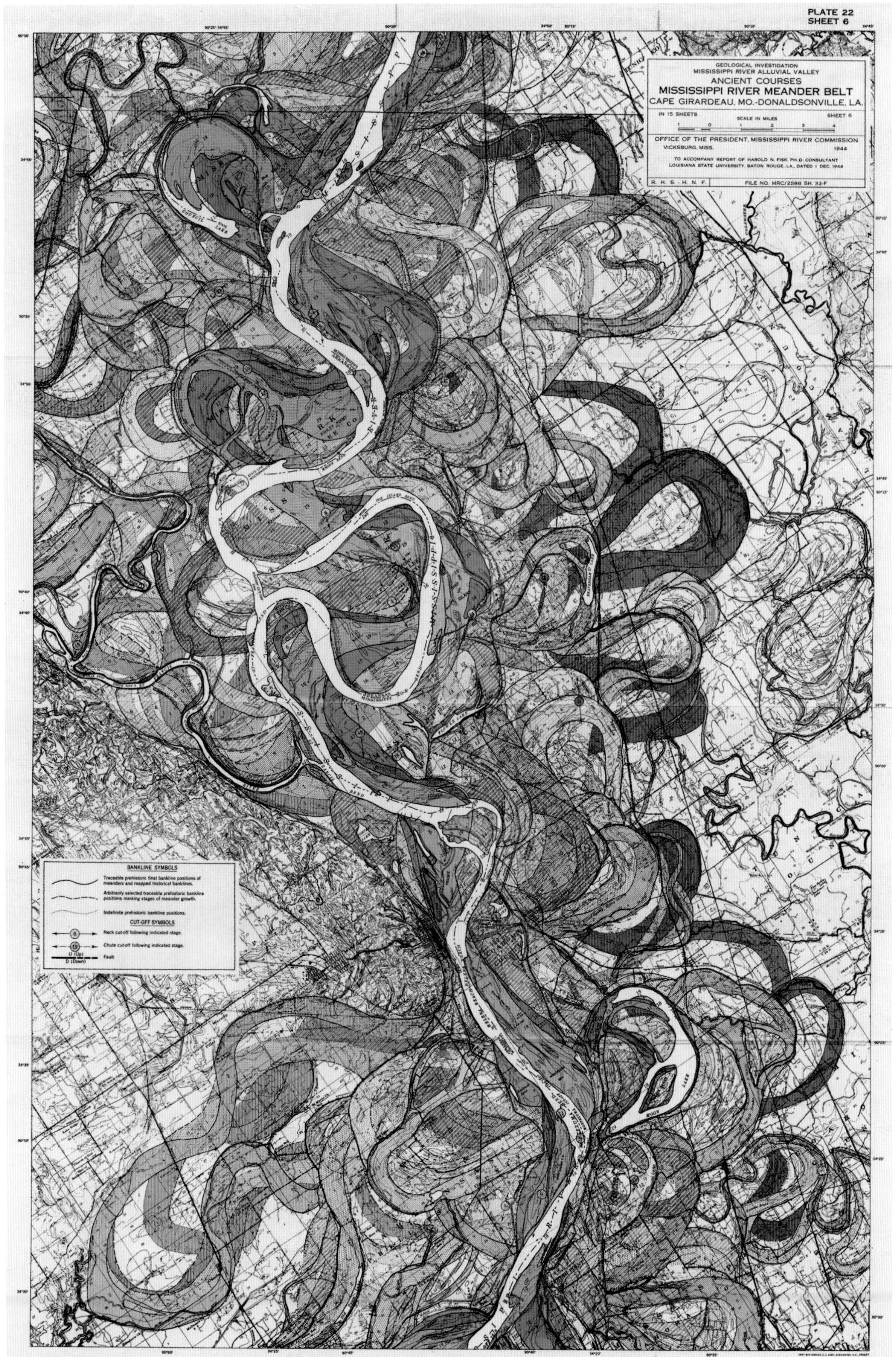
PLATE 22
SHEET 6
GEOLOGICAL INVESTIGATION
MISSISSIPPI RIVER ALLUVIAL VALLEY
ANCIENT COURSES
MISSISSIPPI RIVER MEANDER BELT
CAPE GIRARDEAU, MO.-DONALDSONVILLE, LA.
IN 15 SHEETS
SCALE IN MILES
SHEET 6
OFFICE OF THE PRESIDENT, MISSISSIPPI RIVER COMMISSION
VICKSBURG, MISS.
1944
TO ACCOMPANY REPORT OF HAROLD N. FISK, PH.D., CONSULTANT
LOUISIANA STATE UNIVERSITY, BATON ROUGE, LA., DATED 1 DEC. 1944
R. H. S. - H. N. F.
FILE NO. MRC/2588 SH. 33-F
BANKLINE SYMBOLS
Traceable prehistoric final bankline positions of meanders and mapped historical banklines.
Arbitrarily selected traceable prehistoric bankline positions marking stages of meander growth.
Indefinite prehistoric bankline positions.
CUT-OFF SYMBOLS
Neck cut-off following indicated stage.
Chute cut-off following indicated stage.
U (Up)
D (Down)
Fault

Painted by Tanguy de Rémur.

THE FLOOR

Base
Bruce C.
of the Lamon
Columbia Univ
SUPPORTED B
OFFICE

• 1976년

지구의 대양을 담은 지형도다. 20세기가 될 때까지 지구의 대륙에 관한 다양한 지도가 많이 제작되었으나 지구 표면의 70퍼센트를 차지하는 해저면에 대해서는 잘 알려져 있지 않았다. 1950년대 초 컬럼비아대학교 라몬트-도허티 지구관측소 소속 연구자였던 마리 사프는 선구적인 해양학자인 동시에 뛰어난 지도 제작자였다. 그녀는 지질학자 브루스 히젠과 함께 대대적인 대서양 수중 음파 탐사를 진행했다. 그리고 해저에 관한 최초의 과학적인 지도를 완성했다. 사프는 이 연구를 통해 대서양 한가운

American Geographical Society, Broadway at 156th Street, New York, N.Y. 10032.

© Éditions Pierre Charron, 51, rue Pierre-Charron, 75008 Paris. Draeger, Imp.

Mercator Projection 1 : 48,000 000 at the Equator.
Depth and Elevations in Meters.

THE OCEANS

tudies by
Marie Tharp
gical Observatory
New York, 10964
D STATES NAVY
RESEARCH

데를 따라 쭉 이어지는 지속적인 해저 균열의 존재를 입증했다. 이것은 당시까지만 해도 아직 널리 받아들여지지 않았던 대륙이동설이 사실이라는 아주 명백한 증거가 되었다. 사프와 히젠은 계속해서 지구 전체 해저 지도를 채워나갔다. 1976년 그들이 완성한 최고의 걸작이 바로 이 그림이다. 이 그림에는 전 세계 모든 바다의 해저 지도가 담겨 있다. 사프는 대서양 해저 바닥에서 발견했던 판과 판 사이를 구분하며 불규칙하게 쭉 이어진 이음매 같은 구조를 인도양과 태평양 해저 바닥에서도 발견했다. 이 지도를 통해 드디어 지구 전체 표면을 정밀하게 이해할 수 있게 되었다.

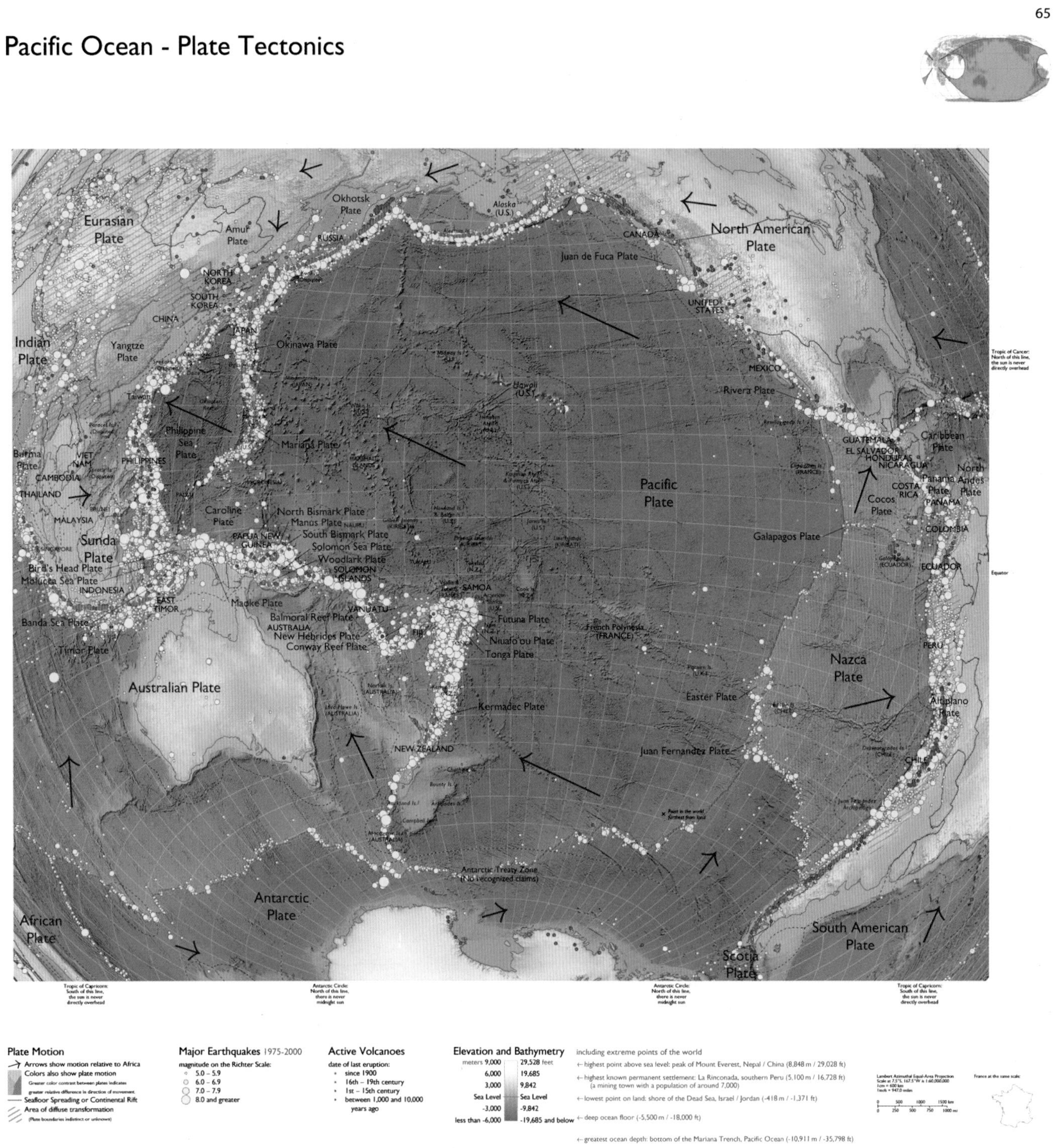

65

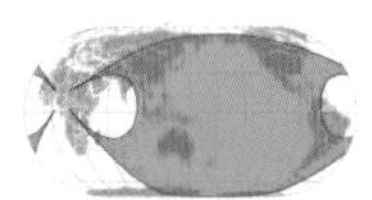

Pacific Ocean - Plate Tectonics

Plate Motion
Arrows show motion relative to Africa
Colors also show plate motion
Greater color contrast between plates indicates greater relative difference in direction of movement
Seafloor Spreading or Continental Rift
Area of diffuse transformation
(Plate boundaries indistinct or unknown)

Major Earthquakes 1975-2000
magnitude on the Richter Scale:
5.0 – 5.9
6.0 – 6.9
7.0 – 7.9
8.0 and greater

Active Volcanoes
date of last eruption:
since 1900
16th – 19th century
1st – 15th century
between 1,000 and 10,000 years ago

Elevation and Bathymetry including extreme points of the world
meters 9,000 / 29,528 feet ← highest point above sea level: peak of Mount Everest, Nepal / China (8,848 m / 29,028 ft)
6,000 / 19,685 ← highest known permanent settlement: La Rinconada, southern Peru (5,100 m / 16,728 ft) (a mining town with a population of around 7,000)
3,000 / 9,842
Sea Level / Sea Level ← lowest point on land: shore of the Dead Sea, Israel / Jordan (-418 m / -1,371 ft)
-3,000 / -9,842
less than -6,000 / -19,685 and below ← deep ocean floor (-5,500 m / -18,000 ft)
← greatest ocean depth: bottom of the Mariana Trench, Pacific Ocean (-10,911 m / -35,798 ft)

• 2006년

빌 랭킨이 완성한 태평양 지도다. 당시까지 집계된 지진 데이터가 노란 원으로 표현되어 있다. 판과 판이 만나는 경계에서 지진이 얼마나 자주 그리고 얼마나 강하게 발생하는지 명확한 상관관계를 보여준다. 화산은 보라색 점으로 찍혀 있다. 화산들도 판과 판 사이 경계를 따라 일렬로 쭉 이어져 있다. 그림 속 화살표는 각 판의 이동 방향을 나타낸다. 이처럼 여러 데이터를 한 그림 위에 중첩해서 정교한 지도를 그리는 방식은 다양한 데이터를 한눈에 알아볼 수 있도록 시각화하고 자연현상을 체계적으로 도식화하는 새로운 방법이다.

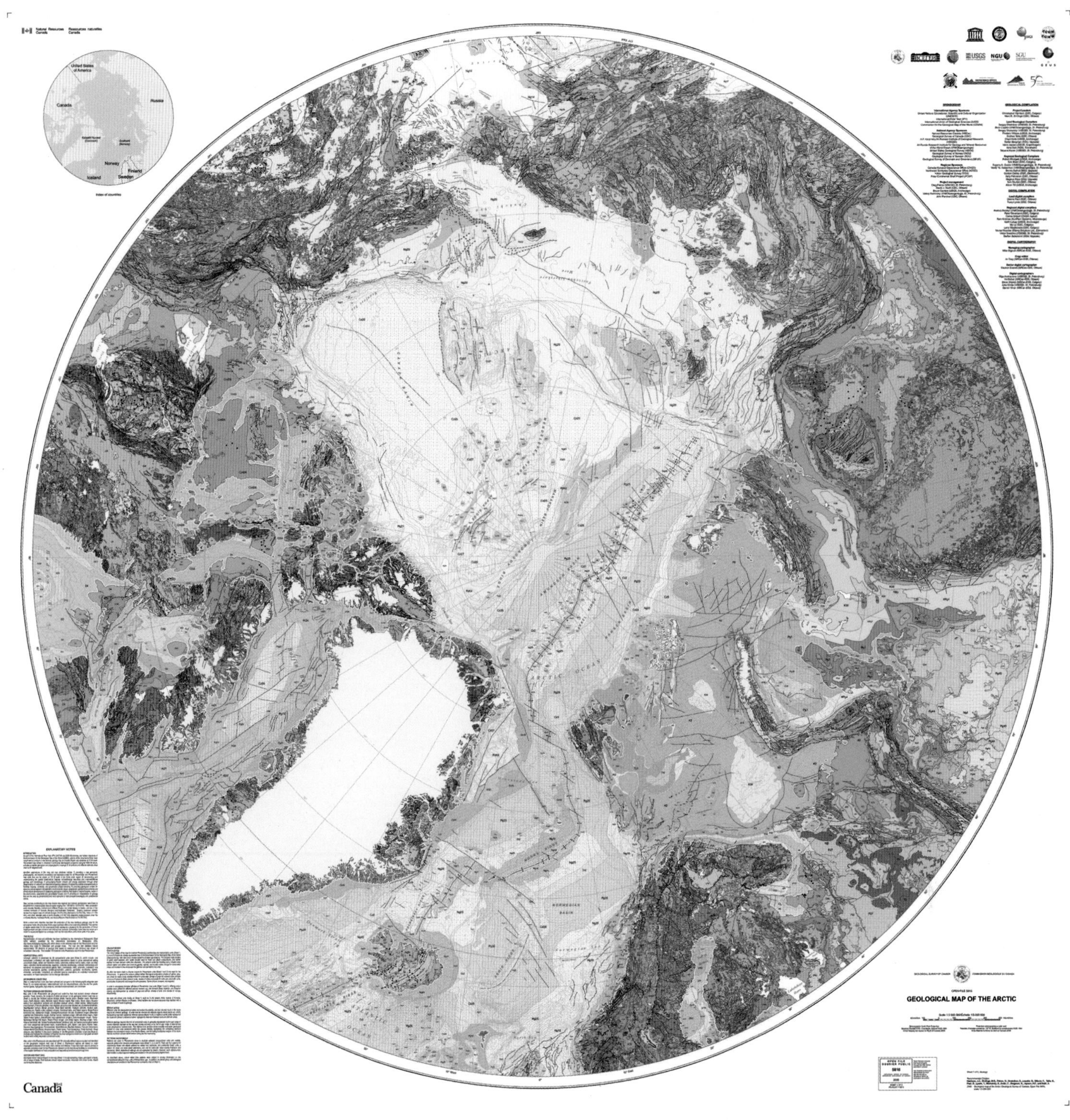

• 2008년

캐나다 지질 조사를 통해 완성한 북극의 지질도다. 북극에서부터 북위 60도까지 모든 해안과 연안 지하 암반에 대한 정보가 담겨 있다. 지도 위의 각 색깔은 암석의 종류를 나타낸다. 화산암은 녹색으로 표현되었다. 노란색·회색·갈색은 (기존에 있던 광물의 파편이 쌓여서 만들어진) 쇄설성 퇴적암을 나타낸다. 파란색은 (탄산염 이온을 포함하는) 탄산연암을 나타낸다. 이러한 지도 제작 방식은 먼 옛날 지구 전체를 그리기는커녕 아직 지구 전체를 탐사하지도 못했던 시절의 지도 제작 방식과는 완전히 다르다. 그사이 인류가 지구의 지도를 그리는 방식이 얼마나 크게 달라졌는지를 느낄 수 있다. 달과 태양계의 다른 행성과 위성의 지질도는 3장과 6장을 참고하라.

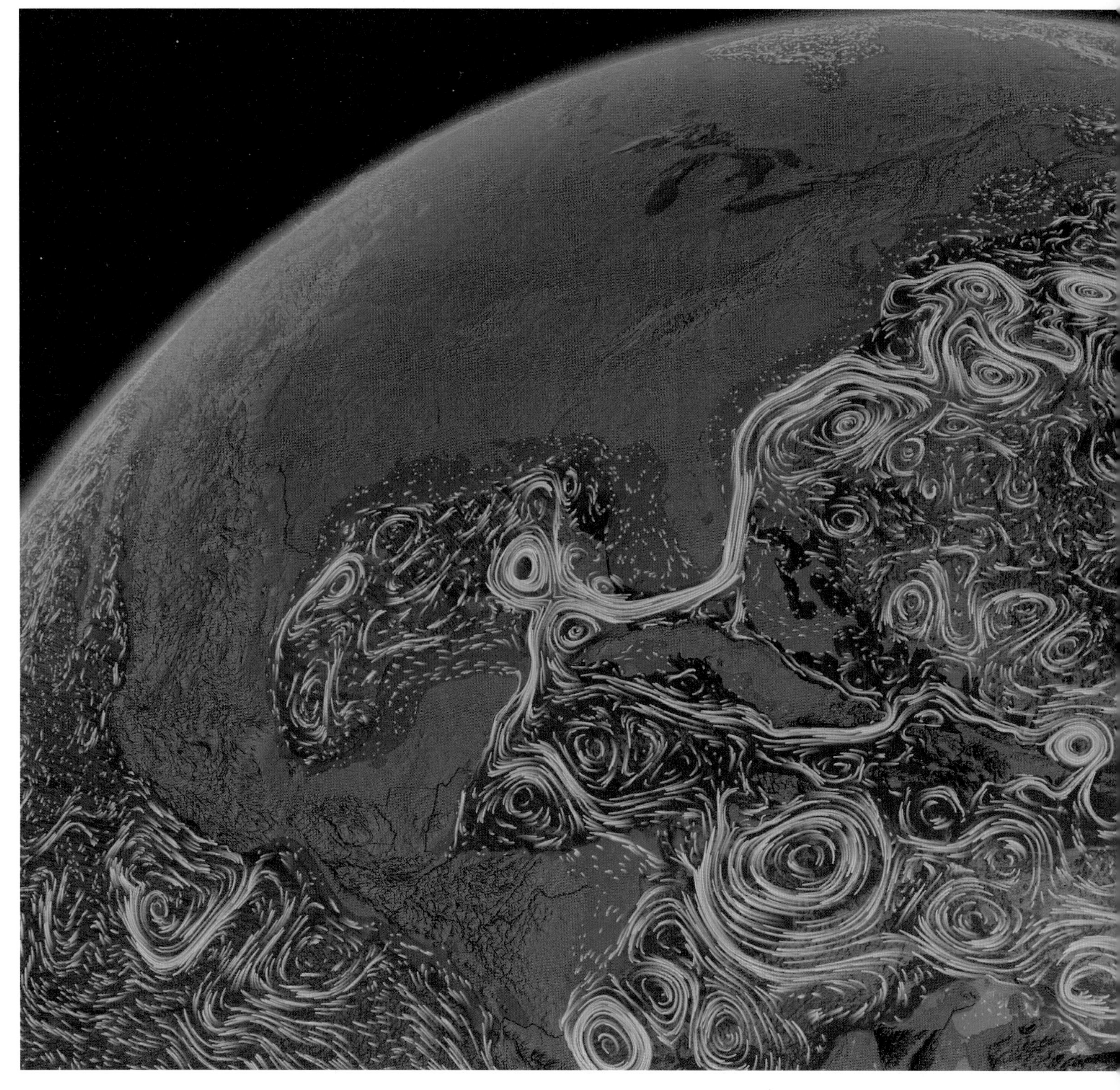

• 2011년

21세기 초 실시간 관측 데이터가 폭증하면서 바다의 해류, 바람의 풍향과 풍속 등 실시간으로 복잡하고 빠르게 변화하는 다양한 현상을 정교하게 시각화하려는 노력이 이어졌다. 그리고 슈퍼컴퓨터 덕분에 그것이 가능해졌다. 이 그림은 바다의 해류를 시각화한다. NASA 고다드 우주비행센터의 과학적 시각화 스튜디오에서 2005~07년 사이 수집한 지구 관측 데이터를 바탕으로 제작한 것이다.

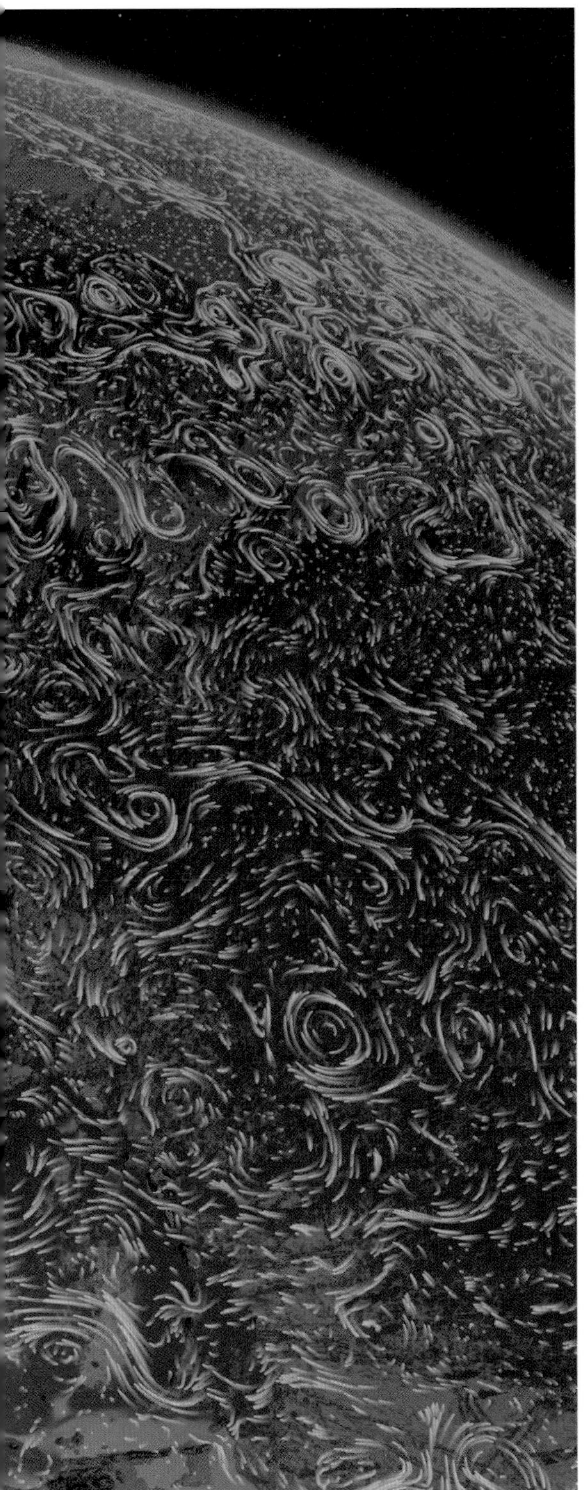

• 2013년

오른쪽 위와 아래: 인도양과 대서양에서 12월 말에 부는 바람의 흐름을 보여주는 그림이다. 2013년 웹 디자이너 캐머런 베카리오가 개발한 글로벌 인터랙티브 바람 지도 웹사이트 earth.nullschool.net에서 확인할 수 있다.

3 달

꿈을 꾸는 달나라 양이 자신에게 말한다.
"나는 우주의 어두운 공간이다."
달나라 양.

_크리스티안 모르겐슈테른, 〈달나라 양〉

달은 태양을 제외하고 하늘에 떠 있는 그 어떤 천체들보다 오래전부터 인류의 상상력에 가장 큰 영향을 미쳤다. 달은 인류를 매료시켰다. 그리고 인류는 달을 이해하고자 했다. 물론 태양이 지구상 거의 모든 생명체에게 가장 막강한 힘을 발휘한다는 사실에는 반박의 여지가 없다. 태양은 낮 동안 모든 생명체의 생체 리듬을 지배한다. 그래서 인류는 태양이 지닌 순수한 영향력에 대해서는 크게 의문을 갖지 않았다. 그래서 오히려 태양은 덜 연구되었고 달에 비해 감수성을 덜 자극했다. 태양이 하늘에서 가장 강력하고 탁월한 천체인 것은 분명하지만 너무나 압도적이고 맹목적인 지위 때문에 매력이 반감된다. 태양이 하늘에 떠오르면 밝은 태양 빛에 다른 천체들은 모두 잠식된다. 하지만 단 하나 달은 태양 빛 속에서도 사라지지 않는다.

지구의 거대한 자연 위성인 달은 모행성 대비 가장 큰 크기를 지닌 위성이다. 지구의 달은 얇은 초승달 모양이 되어도 낮에 선명하게 그 모습을 확인할 수 있다. 달의 위상 변화는 1년을 12개로 구분하는 절기의 메트로놈 역할을 한다. 하늘에 떠 있는 '달'이 1개월을 의미하는 '달'이라는 말의 어원이다. 달력에 녹아 있는 다양한 흔적들을 통해 역사 속에서 달이 인류 문명에 얼마나 많은 영향을 미쳤는지 알 수 있다. 달 얼굴 위에 태양 빛이 비치면서 만들어지는 기하학적인 변화와 달의 위상 변화는 우리가 가장 쉽게 한 달 주기를 인식할 수 있는 근거다. 태양의 변화는 켰다 꺼지는 0과 1의 이진법처럼 단순하다. 태양이 뜨고 지는 낮과 밤의 구분만 존재한다. 태양의 변화를 인식하기 위해 굳이 세밀한 관찰은 필요하지 않다. 하지만 달은 다르다. 달의 변화는 이분법적이지 않다. 서서히 달 얼굴의 명암과 농담이 변화한다. 물론 달의 위상 변화는 태양 빛에 의해 만들어지는 결과이지만 달의 위상 변화는 태양과 구분되는 또 다른 하늘의 시계 역할을 할 수 있었다. 달의 이런 변화들은 어떻게 이루어지는 걸까? 어떤 원리로 작동하고 있으며 인간들의 삶에 어떻게 유용하게 쓰일 수 있었을까?

1900년 그리스 안티키테라 섬에서 해면을 채취하는 잠수부들에 의해 흥미로운 유물이 발견되었다. 이 유물은 기어와 휠로 구성된 복잡한 장치의 일부였다. 이것은 달의 위상을 추적하고 하늘에서 움직이는 태양, 달, 행성의 움직임을 모니터링하며 일식과 월식까지 예측할 수 있는 고대 그리스의 컴퓨터와 같은 장치의 내부 부품 중 하나였다. 당시 발견된 유물은 이 훌륭하게 설계된 고대 기계 장치를 구성했던 부품 중 최초로 발견된 것이다. 이보다 앞선 다른 장치는 알려지지 않았다. 하지만 지금으로부터 무려 2100년이나 된 이 '안티키테라 기계'가 비슷한 복제품 하나 없이 단 하나만 존재했으리라고 생각하기는 어렵다. 현재까지 서른 개의 청동 기어 부품이 살아남았다. 극히 세련되고 복잡한 모습을 통해 이 유물에 앞서 얼마나 복잡한 기술의 발전이 이어져왔을지, 고대 인류의 엄청난 발전상을 엿볼 수 있다. 하지만 안타깝게도 이러한 기술은 어떤 이유에서인지 지금으로부터 약 20세기 전에 명맥이 끊겼다. 이 정도로 정교하고 복잡한 수준으로 제작된 기계 장치는 그 이후 한참 시간이 지나 초기 르네상스 시대 천문 시계가 나오기 전까지 다시는 등장하지 않았다. 이 정교한 안티키테라 기계는 고대 그리스의 수학자이자 천문학자였던 위대한 천재 아르키메데스가 만든 작품 중 하나일 수 있다는 정황적인 증거가 존재한다.

안티키테라 기계의 복잡함은 인류 문명이 오래전부터 궁극적으로 천체의 움직임을 추적하는 것을 가장 중요한 목적으로 삼고 발전해왔음을 보여주는 증거다. 특히 이런 기계 장치를 통해 달빛이 시간이 지나면서 어떻게 변화하는지, 태양과 달 사이에 지구가 끼어들어와 달 위에 비치던 태양 빛이 가려지는 월식이 언제 벌어지는지, 또 태양이 달에 가려지는 일식이 언제 벌어지는지를 파악해야 했다. 이러한 '식 현상'의 주기성을 예측하는 것이 고대 천문학자들에게 가장 중요한 도전 과제였다. 안티키테라 기계에 들어간 가장 커다란 톱니바퀴는 223개의 톱니를 갖고 있다. 각각의 톱니 하나는 18년에 해당하는 사로스 주기의 매 한 달에 해당한다. 고대 바빌로니아 천문학자들은 이를 통해 월식과 일식을 예측할 수 있다는 것을 발견했다. 이러한 시간 체계를 예측하고 운용할 수 있는 고도로 정교한 기계장치를 고안했다는 것은 고대 세계에서 충격적인 성취였다. 그리고 고대의 기술이 지금에 비해 형편없었으리라는 우리의 고정관념을 뒤집어야 한다는 사실을 보여준다. 이 기계가 품고 있는 정교함과 복잡성을 통해 천체들의 움직임을 시뮬레이션 할 수 있었고, 이것은 분명 이후 미래 세대의 기술 발전으로 이어지는 중요한 분수령이 되었을 것이다.

안티키테라 기계에 필적하는 고대의 또 다른 기계 장치는 알려지지 않았다. 하지만 고대 그리스 시대의 과학 논문을 후대를 위해 아랍어로 번역해 보존했던 것처럼, 고대 그리스의 톱니바퀴 기어 장치 기술이 유실되지 않도록 아랍 세계로 넘어와 계승되었다는 흔적이 존재한다. 이후 그 기술은 유럽 천문 시계를 만드는 기반이 되었다. 그것을 계승한 덕분에 오늘날의 모든 현대적인 시계들도 존재할 수 있는 것이다. 이제는 과거보다 작은 부피 안에 시간을 재고 기록하는 장치를 넣을 필요성이 생겼다. 그런 노력 끝에 개발된 새로운 기술은 현재 우리가 쓰는 노트북 컴퓨터, 핸드폰, GPS 장치를 비롯한 거의 모든 기술의 중요한 바탕이 되었다. 한마디로 요약하자면, 시간이 흐르면서 달이 우리의 삶에 미치는 영향은 단순한 밀물과 썰물 그 이상이 되었다.

하지만 안티키테라 기계도 모든 이야기를 들려주지는 않는다. 길고 긴 시간의 역사 일부만 거슬러 올라가게 해줄 뿐이다. 안티키테라 기계와 그것을 만든 고대 인류는 이후 스톤헨지와 같은 새로운 형태의 고정된 천문학적 기념비를 건설했다. 이는 거대한 규모로 건축할 수 있는 기술이 확보되면서 돌과 진흙으로 인공 구조물을 만들기 시작했던 선사시대를 훨씬 앞선다. 이렇게 지어진 스톤헨지와 같은 고대 천문대는 일종의 달력으로서 고정된 천문 시계 역할을 수행했다. 한 달 동안 벌어지는 달의 위상 변화, 월식과 일식을 예측할 수 있는 도구가 된 것은 물론이다. 이러한 신비로운 과정 속에서 달빛은 인류에게 더 많은 상상력을 촉발시켰다. 그리고 인류는 달을 더 제대로 이해하고 그 정체를 알고자 하는 욕망을 품었다.

스톤헨지는 석기시대의 가장 마지막 챕터에 해당하는

4000~5000년 전 시점으로 거슬러 올라간다. 농업과 함께 가축을 길들이기 시작했던 신석기혁명이 벌어진 때다. 하지만 달이 인류의 창의성에 영향을 끼쳤다는 가장 오래된 직접적인 증거는 이보다 더 과거로 가야 한다. 3만5000년 전 고대 인류는 무언가를 기록하기 위해 '탤리스틱'이라는 장치를 고안했다. 이것은 개코원숭이 종아리뼈나 레봄보 뼈 등 동물 뼈에 톱니 모양의 쐐기를 새겨서 문자를 기록한 흔적이다. 오늘날의 남아프리카와 스와질랜드 국경 근처 레봄보 산 서쪽에 위치한 보더 동굴에서 톱니가 새겨진 뼈 29개가 발견되었다. 약 29일에 해당하는 한 달 주기를 헤아린 흔적으로 추정된다. 1년, 즉 태양일로 365일을 평균내면 한 달은 약 30.4일이나 실제 달의 정확한 회합 주기는 평균 29.5일이다. 이는 가장 오래된 선사시대의 수학적 도구 중 하나다. 20만 년 전부터 보더 동굴에서 생활했던 인류는 이런 놀라운 증거들을 남겼다. 이 레봄보 뼈 역시 그보다 훨씬 앞선 과거부터 전해져 내려온 유사한 탤리스틱의 연장선일 것이다.

이번 장에는 아타나시우스 키르허의 그림(95쪽), 독일의 수학자이자 인쇄공이었던 페트루스 아피아누스가 집필한 《아스트로노미쿰 카에사레움》에 등장하는 볼벨(87쪽)을 포함해 다양한 그림이 실려 있다. 이 작품들은 단순한 그림이 아니라 직접 움직이면서 시간을 재고 달의 위상을 구분하는 측정 장치 역할도 했다. 우주를 표현하는 다양한 그림들 가운데 지구상 그 어느 곳에서도 볼 수 없는 가장 오래된 그림은 바로 83쪽의 전례 없는 작품, 바로 〈네브라 스카이 디스크〉다. 이 원반이 제작된 시기는 기원전 1600~2000년 무렵이다. 이것은 스톤헨지가 세워진 시기와 수백 년밖에 차이 나지 않는, 지금껏 알려진 역사상 가장 오래된 휴대용 천문 장치다. 그뿐만 아니라 밤하늘의 천체를 시각적으로 생생하게 묘사한 가장 오래된 그림으로 알려져 있다.

원래 〈네브라 스카이 디스크〉는 1999년 독일 색스니-안할트 지역에서 불법적으로 도굴되었다가, 경찰이 2002년 회수했다. 이 유물은 청동기 시대 중부 유럽 셀틱의 우니치제 문명과 연관되며, 안티키테라 기계와 마찬가지로 인류 역사를 통틀어 비슷한 것을 발견할 수 없는 독보적이고 유일한 유물이다. 지금까지 철저한 연구를 통해 진품으로 확인되었다. 〈네브라 스카이 디스크〉는 청록색 구리 원반에 반짝이는 금을 입혀 제작했다. 30센티미터 크기 원반에는 플레이아데스 성단 또는 일곱자매 별을 상징하는 것으로 보이는 일곱 개의 별이 그려져 있다. 오른쪽에는 초승달이, 가운데에는 보름달 (또는 태양일 수도 있다)을 상징하는 것으로 보이는 그림이 그려져 있다. 원반 가장자리에는 82도 각도로 둥근 띠가 둘러져 있다(한쪽은 아마도 사라진 것으로 보인다). '82도'는 당시 원반이 처음 발견된 장소 기준으로 하지와 동지에 태양이 저무는 두 지점의 각도 차이에 해당한다. 이러한 특징으로 보아 이 〈네브라 스카이 디스크〉는 일종의 달력으로 쓰였을 것이다.

연구자들은 이후의 추가 연구를 통해 이 가설을 더욱 뒷받침했다. 그리고 달력 외의 새로운 기능들도 추정해냈다. 3600년 전 3월경 밤하늘에서 플레이아데스 성단과 초승달이 나란히 보였다. 그리고 같은 시기 10월경 플레이아데스 성단 옆에 이번에는 보름달이 접근했다. 이 현상은 당시 고대 인류에게 농업에서 아주 중요한 절기를 구분하는 기준이 될 수 있었다. 천문학자 오언 깅거리치는 현재 하늘에선 플레이아데스 성단의 별을 여섯 개만 볼 수 있는데 〈네브라 스카이 디스크〉에는 별이 하나 더 찍혀 있다고 지적했다. 다양한 고대 문명 기록에 '사라진 플레이아데스 별'에 대한 증거가 등장한다. 이어지는 다른 농업 문명에서도 꾸준히 플레이아데스는 주요 절기를 구분하고 상징하는 역할을 했다. 이러한 사실을 바탕으로, 원반 가운데 표현된 그림이 플레이아데스 성단을 의미할 것이라는 가설이 더욱 힘을 받고 있다. 일부 천문학자들은 〈네브라 스카이 디스크〉가 제작된 이후 당시 하늘에서 볼 수 있었던 플레이아데스의 일곱 번째 별 하나가 서서히 어두워졌고 지금은 보기 어려워졌다는 증거라고 본다.

가운데 플레이아데스를 제외한 원반 위의 나머지 별들은 마치 원반을 만든 제작자가 규칙적인 패턴으로 점이 찍히지 않도록 최대한 신경 써서 일부러 교묘하게 이곳저곳에 아무렇게나 점을 찍은 듯 보인다. 하지만 독일 보훔루르대학교 연구진에 따르면, 정말로 무작위하게 별을 찍었다면 별들이 모여서 별자리처럼 어떤 그림을 이루는 듯한 모양이 지금보다 더 많아야 한다.

〈네브라 스카이 디스크〉는 말 그대로 전례 없는 물건이므로, 원반에 그려진 내용에 대해 다양한 해석이 나왔다. 독일의 한 연구진은 〈네브라 스카이 디스크〉에 그려진 3~5일차 정도의 초승달로 보이는 달 그림과 플레이아데스 성단의 관계가 정확히 어떤 역할일지 분석했다. 그리고 달과 플레이아데스 성단이라는 특정한 두 천체의 조합이 바로 우니치제 문명에서 음력과 태양력의 어긋날 날짜를 맞추기 위해 윤달을 끼워넣어야 할 때를 알려주는 신호 역할을 했으리라 추정했다. 하지만 정말로 당대인들이 음력과 태양력의 두 가지 달력 체계를 모두 사용했는지 여부는 확인할 수 없다(앞서 언급했듯이 음력의 한 달 주기, 즉 회합주기는 29.5일이며 음력으로 1년은 354일이다. 따라서 태양력과 음력은 실제로 일치하지 않는다. 만약 정말 두 가지 달력 체계를 모두 사용했다면 주기적으로 윤달을 끼워넣어서 이 차이를 보정할 필요가 있었을 것이다).

안타깝게도 〈네브라 스카이 디스크〉와 같은 시대에 기록된 확실한 증거들이 거의 없으므로, 〈네브라 스카이 디스크〉의 용도와 역할에 대한 이론을 뒷받침하는 일은 항상 벽에 부딪힌다. 독일의 한 연구진은 〈물아핀MulApin〉으로 알려진 고대 바빌로니아의 천문 기록을 뒤져서 기원전 7세기경의 흥미로운 기록을 발견했다. 당시 기록을 보면 새로운 위상 주기가 시작된 지 며칠밖에 안 된 초승달과 플레이아데스 성단 사이의 규칙을 찾을 수 있다. 당시 쐐기문자로 기록된 것을 보면 정확히 며칠 차밖에 안 된 초승달과 플레이아데스 성단이 가까이 접근하는 현상이 벌어질 때, 13번째 윤달을 추가해야 한다는 내용이 존재한다. 하지만 다른 천문학자들은 이러한 추론이 그저 추측에 불과하다며 의심한다. 〈물아핀〉을 가장 앞서 연구했던 선구자 가운데 한 명인 오스트리아의 아시리아 학자 헤르만 훈거는 〈네브라 스카이 디스크〉와 거의 같은 시대라고 볼 수 있는 기원전 14세기에 작성된 쐐기문자 기록에도 같은 내용이 존재한다고 주장했다. 하지만 그 쐐기문자 기록과 〈네브라 스카이 디스크〉가 정말 연관 있는지는 확실하지 않다.

〈네브라 스카이 디스크〉는 기록으로 남은 역사보다 더 앞선 시대의 유물이다. 따라서 그 정확한 용도에 관한 이론은 잠정적으로 가설로 남을 수밖에 없다. 캐나다의 중세 사학자 랜달 로젠펠드가 말했듯이 〈네브라 스카이 디스크〉는 어느 면에서는 오늘날 우리 지식의 한계를 여실히 드러낸다. 또 한편으로는 고대 인류의 천문학 수준에 대한 우리의 상상과 고정관념을 투영하는 거울이 된다.

달은 오랫동안 인류가 시간의 기준을 정의하고 시간을 재고 기계적으로 시간을 기록하도록 해주었다. 하지만 이러한 본연의 역할과 별개로 달은 또 다른 방식으로 인류에게 영감을 주었다. 인류는 달을 바라보며 우주에 대한 창조적인 새로운 상상력을 피워냈다. 앞서 이야기했듯 태양은 만질 수 없으리만큼 지나치게 뜨겁고 눈부시게 빛난다. 그러므로 태양은 혼자만으로도 충분히 의미를 부여할 수 있었다. 하지만 끊임없이 변화하는 달의 위상, 달 얼굴에서 볼 수 있는 이해할 수 없는 형체들, 밤하늘의 별과 별 사이로 끊임없이 움직이며 은빛 항해를 이어가는 달의 움직임은 달을 더 매력적인 존재로 만들었다. 망원경이 발명되고 달을 관측하기 전까지, 그리고 끝내 달에 직접 닿을 수 있게 되기 전까지, 달은 그저 신비롭고 닿을 수 없는 존재였다.

만약 달이 없었다면 인류는 태양계를 결코 직접 도달할 수 없는, 그저 하염없이 멀기만 한 추상적 개념으로만 여겼을지 모른다. 달은 그나마 거리가 가깝다. 그리하여 직접 가보고 싶다는 도전 의식을 불러일으킨다. 그에 비해 태양계 행성들은 도전 자체가 불가능하게 느껴질 만큼 너무 멀리 떨어져 있다. 달 없이 까마득히 먼 행성과 태양만 존재했다면 인류는 그럴듯한 우주여행의 잠재적인 목적지를 정할 수 없었을 것이다. 인류 역사에서 우주여행이 이루어지지 않았을지도 모른다. 하지만 달은 상대적으로 가까운 잠재적 우주여행의 기항지가 되었고 그나마 해볼 만한 도전처럼 느껴졌다. 그렇게 높이 다다를 수 있는 방법만 찾을 수 있다면 말이다.

• 기원전 2000~1600년

1999년 색스니-안할트에서 극히 독특한 스타일의 유물 〈네브라 스카이 디스크〉가 불법적으로 도굴되었다. 〈네브라 스카이 디스크〉는 지금껏 알려진 최초의 휴대용 천문 도구다. 천체를 시각적으로 생생하게 묘사하는 인류 역사상 가장 오래된 작품이다. 청록색 구리 원반 안에 반짝반짝 빛나는 금을 입혀 그림을 그렸다. 30센티미터 크기의 원반 가운데에는 플레이아데스 성단을 상징하는 것으로 보이는 일곱 개의 별이 그려져 있다. 왼쪽에는 보름달이나 태양을 상징하는 것으로 보이는 둥근 금박이, 오른쪽에는 초승달로 보이는 금박이 입혀져 있다. 원반 가장자리에는 황금색의 둥근 띠 두 개가 둘러져 있다(그중 하나는 사라졌다). 이 황금색 띠는 82도 각도로 펼쳐져 있다. 이것은 〈네브라 스카이 디스크〉가 발견된 지역에서 동지와 하지 때 태양이 저무는 지점의 각도 차이에 해당한다.

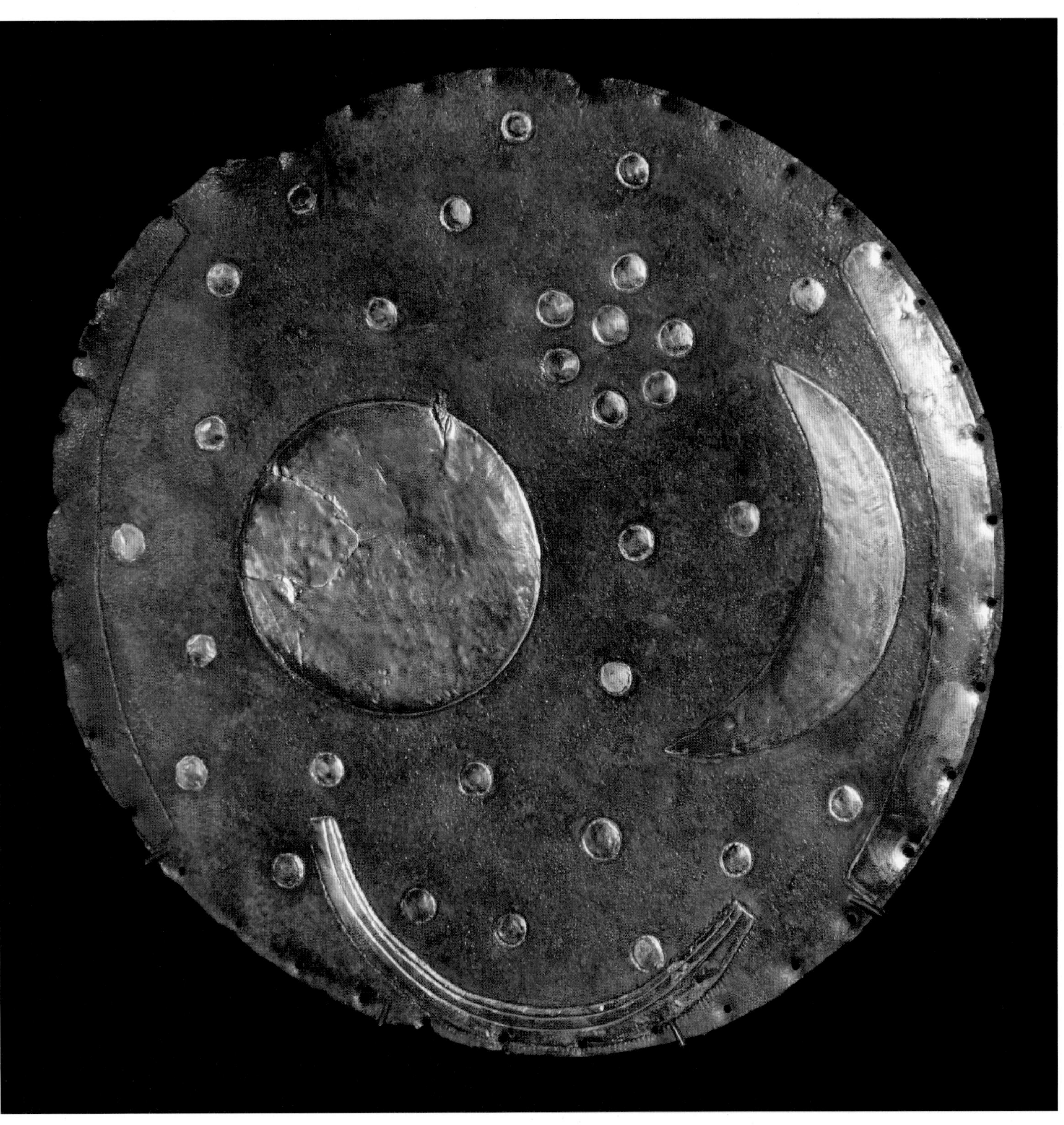

• 1277년 이후

프랑코-플랑드르 출신의 한 화가가 달의 위상 변화를 표현한 다이어그램이다. 제작자가 누구인지는 정확히 밝혀지지 않았다. 달과 태양의 상대적 위치에 따라 달의 위상이 어떻게 다르게 보이는지를 매우 잘 이해하고 있음을 알 수 있다.

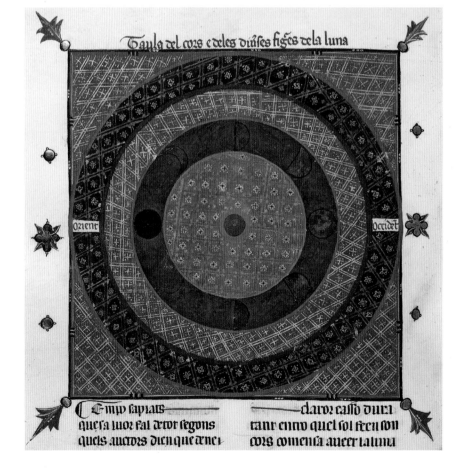

• 1375~1400년

달의 위상 변화를 표현한 또 다른 다이어그램으로, 스페인 동부에서 제작된 것을 나중에 다시 베껴 그린 사본이다. 이 그림은 베지에의 마트프레 에르망고가 쓴 《사랑의 정수Breviari d'Amor》에서 가지고 왔다.

• 1444~50년

단테의 우주 모델은 하늘에서 눈으로 볼 수 있는 태양계 행성 5개, 태양과 달, 여기에 더해 밤하늘 멀리 고정된 채 빛나는 별들을 포함하는 가장 마지막 하늘까지 총 9개의 천구로 구성된 중세의 우주관을 반영했다. 순수함을 상징하는 달이 '첫 번째 행성'이다. 인간 세계에서 시간이 지나면서 변화하는 기본 원소들, 불·물·흙·공기는 달 궤도 아래에만 존재했다. 이 그림은 시에나의 거장 조반니 디 파올로가 삽화를 그린 《신곡》에 등장한다. 흘러내리는 푸른 옷을 입은 단테와 그 옆의 아름다운 가이드 베아트리체가 함께 '달의 천국'을 방문하는 장면이다. 이 그림이 표현하는 장은 공중부양하듯 하늘을 날며 우주를 비행하는 단테의 기적적인 모습에 대한 묘사로 시작한다. "그리고 어느 한 순간, 빛의 속도로 달을 향해 비상하기 시작했다. 나는 달의 실체를 마주하고 경이로움에 빠져들었다. 그때 베아트리체가 사랑스럽게 말했다. '하느님께 감사하세요. 우린 하느님의 인도로 첫 번째 행성인 달의 천국에 무사히 도착했어요.'" 디 파올로가 그린 다른 작품은 39, 128, 160, 196~97, 277쪽을 보라.

• 1540년

이것은 독일의 인쇄공이자 우주구조론자였던 페트루스 아피아누스가 쓴《아스트로노미쿰 카에사레움》에 등장하는 볼벨이다. 일종의 아날로그 방식 컴퓨터라고 볼 수 있다. 이 장치는 달을 비롯한 천체의 움직임을 예측하고 계산하기 위한 간단한 과학적 도구로 쓰였다. 볼벨이라는 단어는 '돌아가다'를 뜻하는 라틴어에서 유래했다. 모든 볼벨은 아피아누스의 인쇄 공장에서 제작되었고, 채색은 모두 수작업으로 이루어졌다. 이 볼벨을 움직이면서 파란색 고리 위에 그려진 달의 위상 변화를 추적할 수 있다. 월식과 일식도 추적할 수 있다. 식 현상이 벌어지는 시기는 녹색 용이 그려진 고리를 돌려서 예측할 수 있는데, 이는 하늘의 용이 태양을 집어삼켜 일식이 벌어진다던 과거인들의 믿음이 반영된 것으로 보인다. 이 작품은 아피아누스의 책에 등장하는 가장 복잡한 볼벨 가운데 하나이다. 이것을 작동하기 위한 설명만 수 쪽에 달한다. 아피아누스의 더 많은 작품은 51, 131, 198, 247, 284쪽을 참고하라.

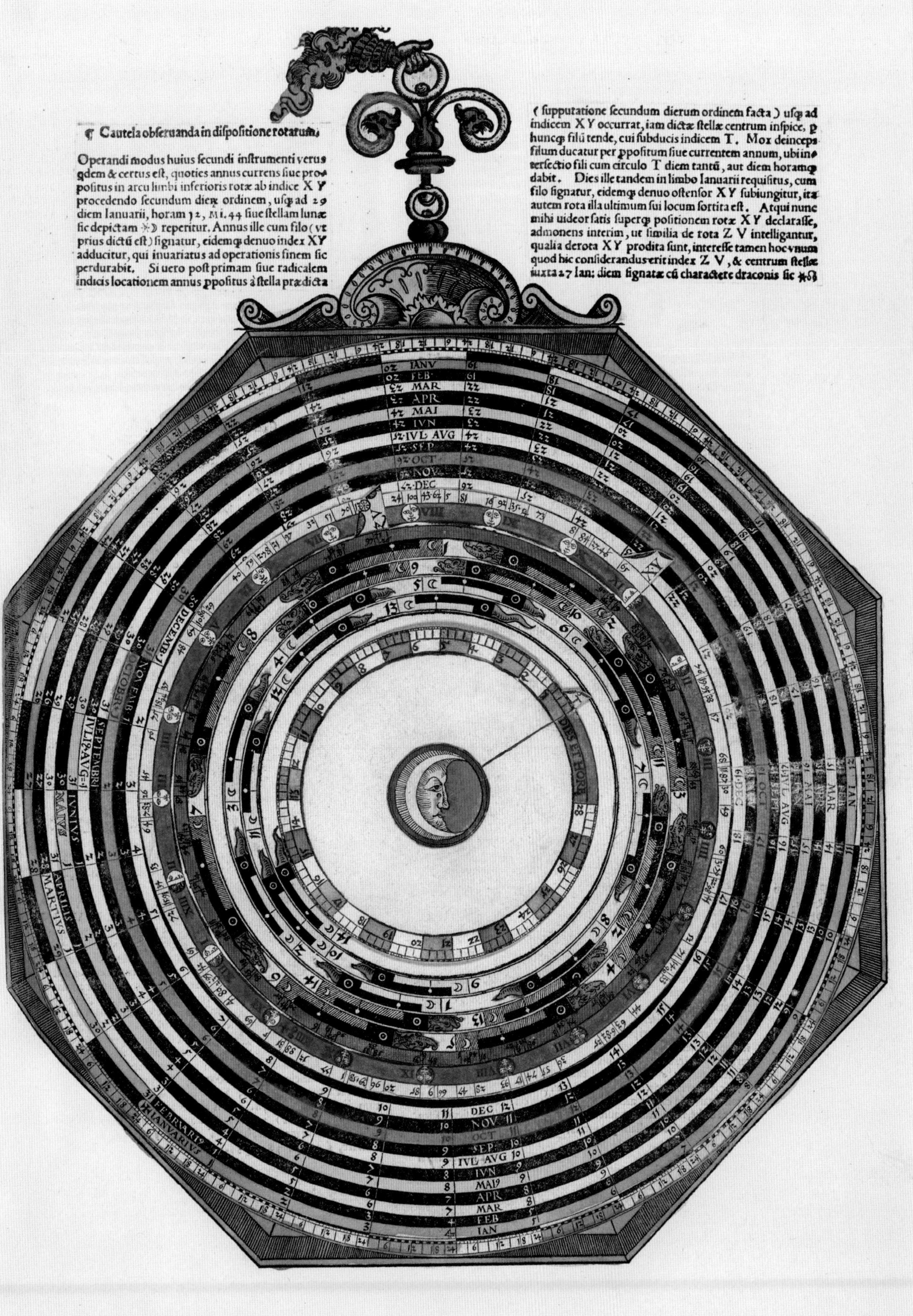

¶ Cautela obſeruanda in diſpoſitione rotarum.

Operandi modus huius ſecundi inſtrumenti verus quidem & certus eſt, quoties annus currens ſiue propoſitus in arcu limbi inferioris rotæ ab indice X Y procedendo ſecundum dierum ordinem, usq; ad 29 diem Ianuarii, horam 12, Mi. 44 ſiue ſtellam lunæ ſic depictam ✻☽ reperitur. Annus ille cum filo (vt prius dictũ eſt) ſignatur, eidemq; denuo index XY adducitur, qui inuariatus ad operationis finem ſic perdurabit. Si uero poſt primam ſiue radicalem indicis locationem annus ꝓpoſitus à ſtella prædicta (ſupputatione ſecundum dierum ordinem facta) usq; ad indicem X Y occurrat, iam dictæ ſtellæ centrum inſpice, ꝑ huncq; filũ tende, cui ſubducis indicem T. Mox deinceps filum ducatur per ꝓpoſitum ſiue currentem annum, ubi interſectio fili cum circulo T diem tantũ, aut diem horamq; dabit. Dies ille tandem in limbo Ianuarii requiſitus, cum filo ſignatur, eidemq; denuo oſtenſor X Y ſubiungitur, ita autem rota illa ultimum ſui locum ſortita eſt. Atqui nunc mihi uideor ſatis ſuperq; poſitionem rotæ X Y declaraſſe, admonens interim, ut ſimilia de rota Z V intelligantur, qualia de rota X Y prodita ſunt, intereſſe tamen hoc vnum quod hic conſiderandus erit index Z V, & centrum ſtellæ iuxta 27 Ian: diem ſignatæ cũ charactere draconis ſic ✻☊

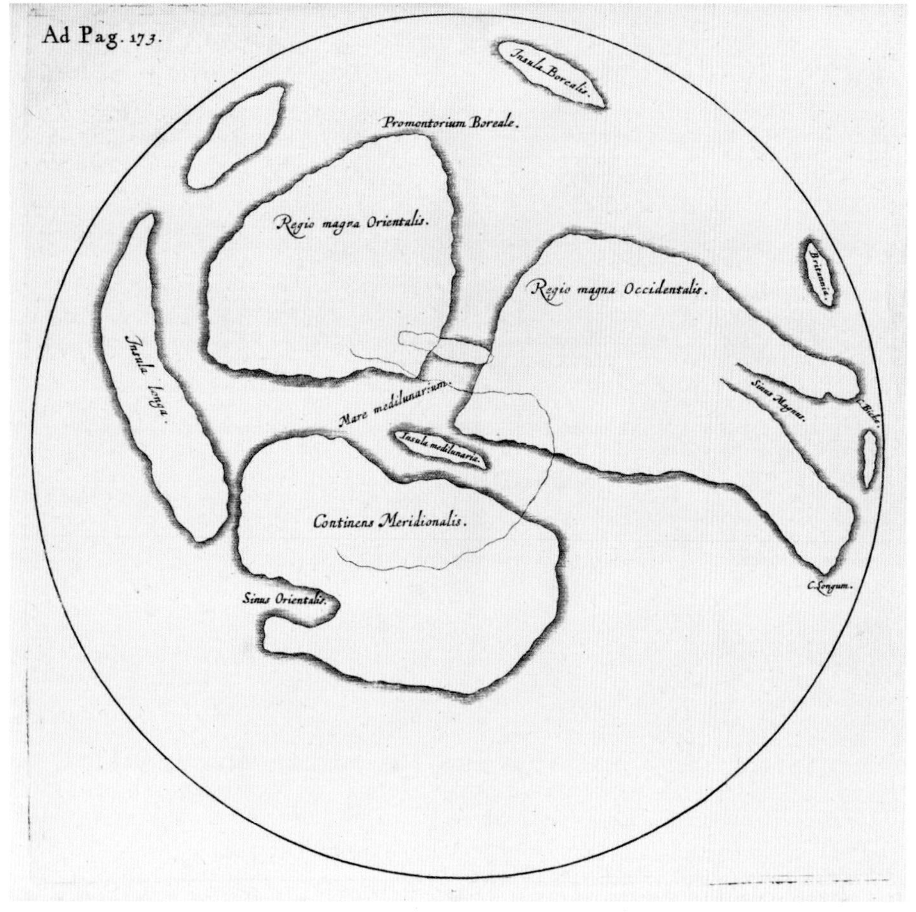

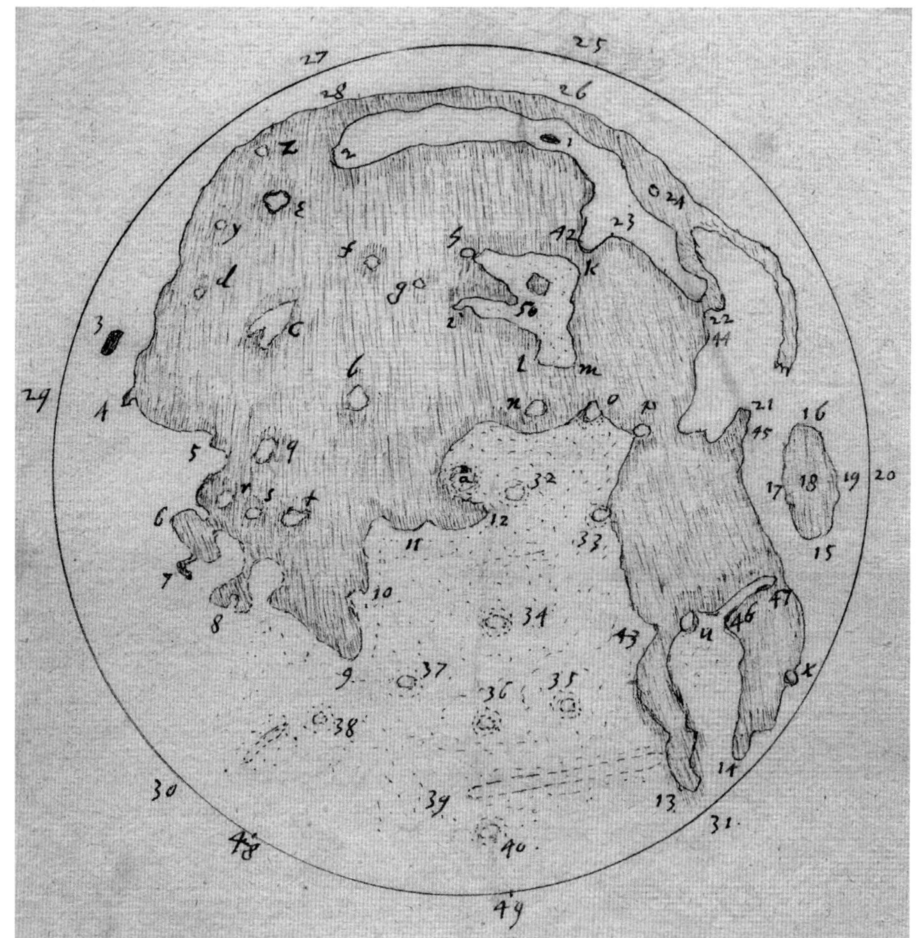

• 1600년경

왼쪽 위: 영국의 의사이자 물리학자였던 윌리엄 길버트가 맨눈 관측으로 그린 달 지도로, 현재까지 가장 오래된 맨눈 관측 달 지도로 알려져 있다. 1651년 길버트는 이 그림을 수록한 《달에 관한 새로운 세계의 철학De mundo nostro sublunari philosophia nova》을 출간했다. 길버트는 달 표면에서 밝은 부분이 물로 채워져 있고 어두운 부분은 물이 없는 육지라고 보았다(이는 당시 많은 사람들이 생각했던 것과 정반대였다). 길버트의 그림에서 오늘날 우리가 '달의 바다'라고 부르는 지역들이 마치 섬처럼 묘사된 것을 볼 수 있다. 물론 달은 실제로는 바다도 섬도 없는 메마른 세계다.

• 1613년

왼쪽 아래: 1609년 7월 26일 영국의 천문학자 토머스 해리엇이 그린 세밀한 달 지도다. 그는 역사상 처음으로 망원경이라는 새로운 도구를 활용해 달의 지도를 그렸다. 이듬해 11월 갈릴레오도 망원경으로 지구의 거대한 자연 위성을 관측했다. 하지만 해리엇은 갈릴레오와 달리 자신의 관측 결과를 출간하지 않았다. 갈릴레오는 태양 빛이 비스듬하게 비추는 게 아닌 정면에서 비추는 보름달은 그다지 흥미롭지 않게 여겼다. 해리엇이 남긴 보름달 지도는 갈릴레오가 남긴 그 어떤 보름달 지도보다 더 훌륭했다. 갈릴레오는 달 위로 태양 빛이 비스듬하게 비칠 때 더 두드러지게 볼 수 있는 달 표면의 울퉁불퉁한 산맥과 크레이터에 더 매료되어 있었다(오른쪽 페이지에서 그 모습을 볼 수 있다).

• 1610년

오른쪽: 갈릴레오 갈릴레이의 《시데레우스 눈치우스Sidereus nuncius》('별들의 소식'이라는 뜻)에 등장하는 달을 묘사한 그림이다. 달 위에 태양 빛이 비치는 낮 부분과 비치지 않는 밤 부분을 가르는 경계를 터미네이터라고 한다. 그림 속 터미네이터 위에 걸쳐진 거대한 크레이터는 사실 실제로는 존재하지 않는다. 갈릴레오는 달의 울퉁불퉁한 표면과 거친 크레이터의 본질을 더 과장해서 전달하고자 했다. 달의 질감을 전달하기 위해 갈릴레오는 이 훌륭한 판화를 제작했다. 갈릴레오가 직접 제작한 것으로 추정된다. 이미 판화가 인쇄되어 있던 종이 위에 다시 한 번 프레스로 눌러서 글씨를 인쇄했기 때문에 그림 위에 글씨가 겹쳐 있다.

Hæc eadem macula ante ſecundam quadraturam nigrioribus quibuſdam terminis circumuallata conſpicitur; qui tanquam altiſſima montium iuga ex parte Soli auerſa obſcuriores apparent, quà verò Solem reſpiciunt lucidiores extant; cuius oppoſitum in cauitatibus accidit, quarum pars Soli auerſa ſplendens apparet, obſcura verò, ac vmbroſa, quæ ex parte Solis ſita eſt. Imminuta deinde luminoſa ſuperficie, cum primum tota fermè dicta macula tenebris eſt obducta, clariora mōtium dorſa eminenter tenebras ſcandunt. Hanc duplicem apparentiam ſequentes figuræ commoſtrant.

• 1635년

프랑스의 판화 제작자 클로드 멜랑이 그린 하현달(**오른쪽**)과 상현달(**왼쪽**) 묘사이다. 천문학자 피에르 가상디의 요청으로 제작되었다. 지금껏 가장 아름다운 달 묘사 작품 중 하나로 꼽힌다. 과거에는 다양한 두께의 얇은 수평선을 조금씩 간격을 두어 그려 명암을 표현하는 크로스해칭 기법으로 달 지도를 그렸다. 하지만 멜랑은 여기서 벗어나 새로운 '연상 에칭 기법'을 이용해 그림을 완성했다. 1637년 가을 가상디는 이렇게 완성한 자신의 달 그림 사본 하나를 갈릴레오에게도 보내주었으나 그는 마음에 들어 하지 않았다. 달을 직접 본 사람이라면 결코 이런 식으로 달을 표현할 수 없다고 하며, 갈릴레오는 가상디의 작품을 신랄하게 비판했다.

Cl. Mellan Gal. ping. et sculp.
Phasis Aquis sextijs An. 1635. Octob. 7. a claro adhuc crepusculo in occasū usq.

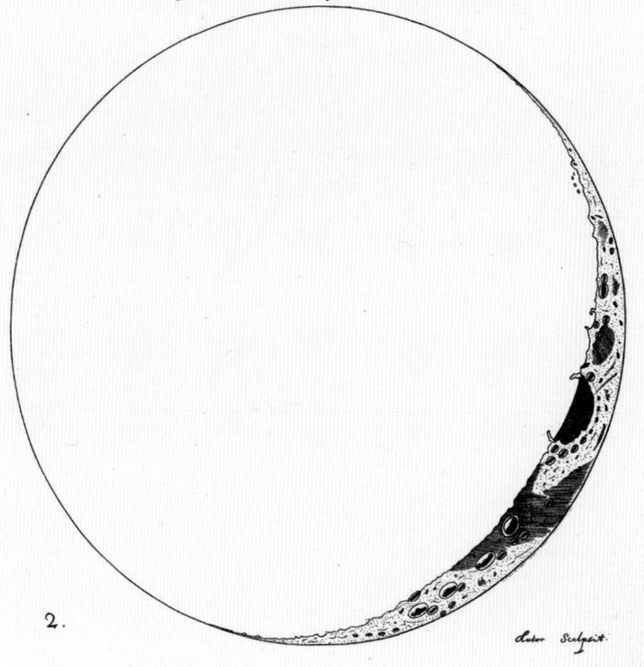
Phasis Lunæ Corniculatæ Crescentis
Observata in 14 Gradu ♈ circa Limit. Austr. et Apogeum.
GEDANI.
Anno Christi 1645 Die 28 Februar. hora 7. à meridie numerata.
à Coniunctione vero 9. Diei 3 Currentis.
2.
Autor Sculpsit.

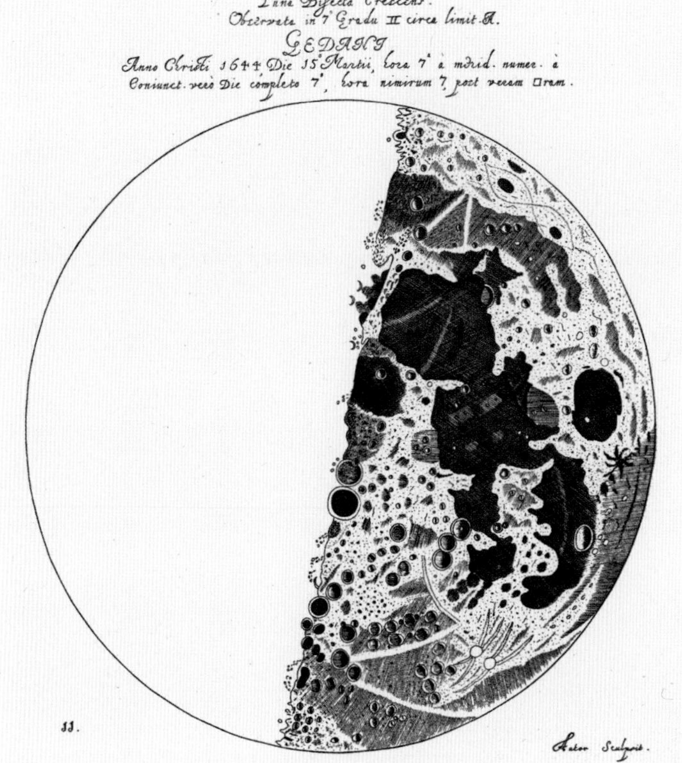
Lunæ Bisecta Crescens.
Observata in 7 Gradu II circa limit. A.
GEDANI
Anno Christi 1644 Die 15 Martii, hora 7 à merid. numer. à
Coniunct. vero Die completo 7, hora nimirum 7, post veram □ram.
11.
Autor Sculpsit.

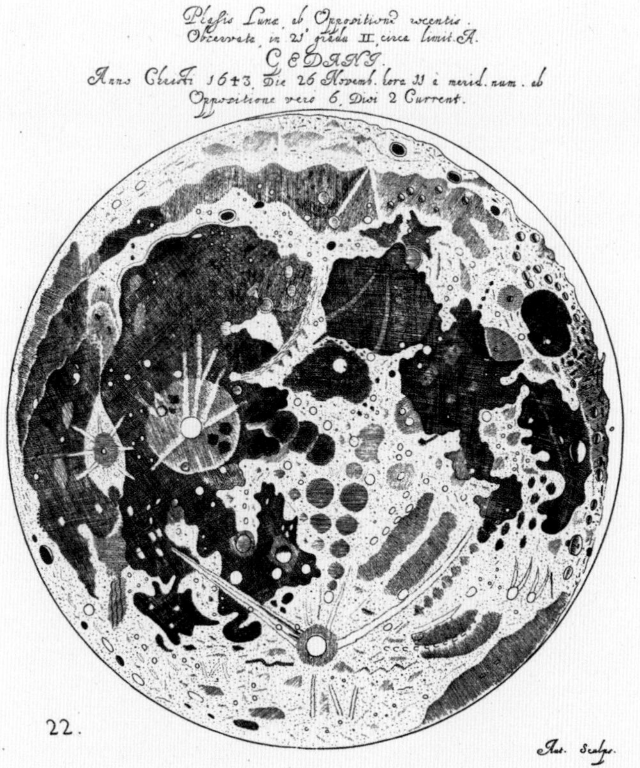
Phasis Lunæ ab Oppositione recentis.
Observata in 21 gradu II circa limit. A.
GEDANI.
Anno Christi 1643 Die 26 Novemb. hora 11 à merid. num. ab
Oppositione vero 6. Diei 2 Current.
22.
Aut. Sculps.

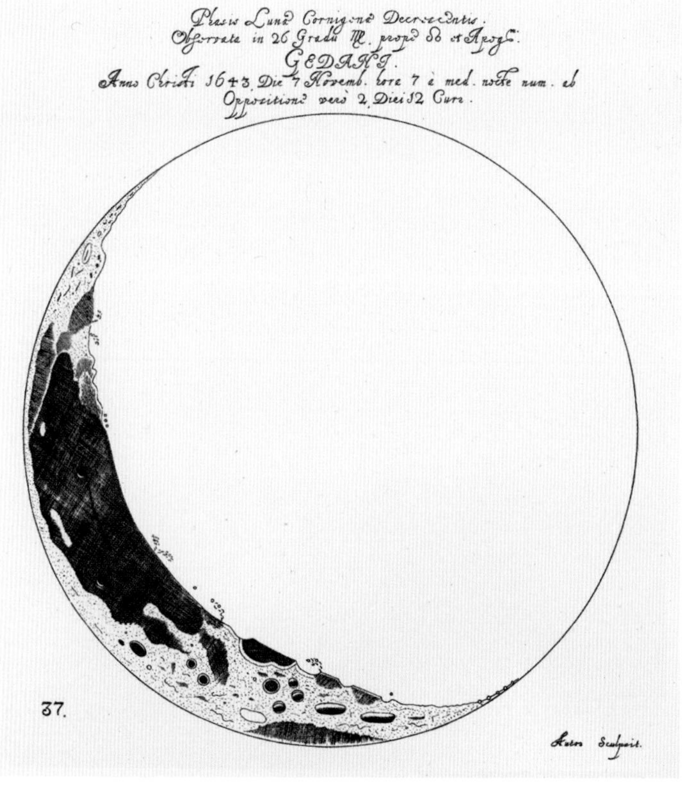
Phasis Lunæ Cornigeræ Decrescentis.
Observata in 26 Gradu ♍ propè ☊ et Apogæo.
GEDANI.
Anno Christi 1643 Die 7 Novemb. hora 7 à med. nocte num. ab
Oppositione vero 2. Diei 12 Curr.
37.
Autor Sculpsit.

• 1647년

최초의 달 아틀라스 《셀레노그라피아 또는 달에 관한 묘사Selenographia, sive lunae descriptio》에 등장하는 그림이다. 달의 위상(**왼쪽**)과 달 지도(**위**)가 표현되어 있다. 멜랑의 판화가 제작되고 10년이 넘는 시간이 흐른 뒤, 독일-폴란드 출신의 천문학자 요하네스 헤벨리우스는 4년에 걸친 광범위한 관측을 통해 두꺼운 책을 완성했다. 다양한 그림으로 가득한 그의 책은 이후 한 세기 가까이 여타의 비슷한 아틀라스 가운데서 가장 탁월한 작품으로 꼽혔다. 헤벨리우스는 대체로 고대 로마-그리스 신화를 바탕으로 달의 지명을 명명했다. 오늘날에는 이탈리아의 천문학자이자 예수회 사제였던 조반니 바티스타 리치올리가 1651년에 도입한 새로운 명명법을 따르고 있으나, 달에 있는 크레이터 한 곳에는 헤벨리우스의 이름이 붙었다. 현재까지도 그는 월면 지질학(lunar topography)의 창시자로 여겨진다(행성 과학 분야에서 'topography'란 행성이나 달 등 천체의 표면 구조와 모양을 연구하는 분야를 의미한다). 위의 달 지도에 점선으로 그려진 두 개의 커다란 원은 지구의 하늘에서 볼 수 있는 조금씩 다른 달 원반의 모습을 보여준다. 이것은 시간이 흐르면서 지구와 달 사이 거리가 조금씩 가까워지거나 멀어지며 지구에서 달을 보게 되는 방향이 미세하게 틀어지기 때문에 발생한 결과다. 그리하여 지구에서는 달 표면의 절반을 약간 넘는 59퍼센트까지 볼 수 있다. 이를 달의 칭동이라고 한다. 다른 시기에 바라본 달의 두 모습을 한 장면에 함께 투영해 표현하여, 헤벨리우스는 59퍼센트에 가까운 달 표면 모습을 하나의 그림에 묘사해냈다.

TYPUS SELENO:
LUNÆ PHASES
VARIOS AD:
NOVILVNIUM.
LVNA SOLI CON IVNC T A.
LVNA COR: NICVLARIS.
IN ASPEC TV SEXTI LI.
LVNA COR: NICVLARIS.
IN ASPEC SEX TILI
LVNA DIMI: DI ATA.
IN ASPEC TV QVADRA TO.
LVNA IN ORBEM IN SI NVATA.
IN ASP EC TV TRINO VEL TRIGO NO.
LVNA OPPO SOLI SITA.
PLENILVNIUM.
NOMINA PHASIVM ET ASPECTVVM LVNÆ
PHASES LVNÆ ACCRESCENTIS

• 1660년

왼쪽: 《대우주의 조화》에 등장하는 그림이다. 이 책은 가장 위대한 천체 아틀라스 가운데 하나로 꼽힌다. 역사가 문자로 기록되기 훨씬 이전부터 달은 작물을 심고 수확하는 시기를 알려주는 도구로 쓰였다. 이 그림에서 셀라리우스는 지구를 기준으로 태양과 달의 상대적 위치가 달라지며 달의 위상이 변화하는 과정을 묘사했다. 태양의 겉보기 움직임의 궤적은 지구를 둥글게 에워싼 짙은 스모그로 이어진 둥근 고리로 표현되어 있다. 이 구름은 아리스토텔레스의 우주관이 반영된 결과다. 달보다 더 바깥 우주에서는 모든 것이 궤도를 돌고 움직이지만 영원불변하다. 반면 속세의 기본 원소들은 모두 달보다 아래 우주에 갇혀 있다. 가장자리의 더 작은 그림은 당시 흔히 사용되던 《셀레노그라피아 또는 달에 관한 묘사》에 등장하는 달 지도를 거의 그대로 베껴서 그려 넣은 것이다. 셀라리우스의 또 다른 그림은 54~55, 134~35, 162~63, 200~201, 252~55쪽을 참고하라.

• 1671년

위: '달 그림자 시계 또는 삭망월 과정'이라고 쓰인 제목 아래 독일의 박식가 아타나시우스 키르허는 달의 위상 변화를 표현한 이 그림을 선보였다. 이 작품이 제작된 것은 셀라리우스의 달 아틀라스가 등장하고 겨우 1년이 지난 때였다. 이 그림은 셀라리우스와는 전혀 다른 방식으로 달을 표현한다. 판화 제작자 피에르 미오테가 제작한 이 획기적인 작품은 서로 대칭하게 뒤집힌 두 개의 나선 모양으로 달의 위상 변화를 묘사한다. 위쪽에는 나선을 따라 중앙으로 가면서 달의 위상이 작아지고 기우는 과정을, 반대로 아래쪽에는 나선을 따라 바깥으로 나가면서 점점 위상이 커지고 차오르는 과정을 묘사했다. 마치 사이에 거울을 둔 듯 서로 대칭으로 그려진 두 개의 나선 모양은 더 커다란 타원으로 둘러싸여 있다. 타원 모양 가장자리에도 달의 위상 변화가 표현되어 있다. 이 그림은 키르허가 집필한 아주 두꺼운 책 《빛과 그림자의 위대한 예술Ars magna lucis et umbrae》에 등장한다.

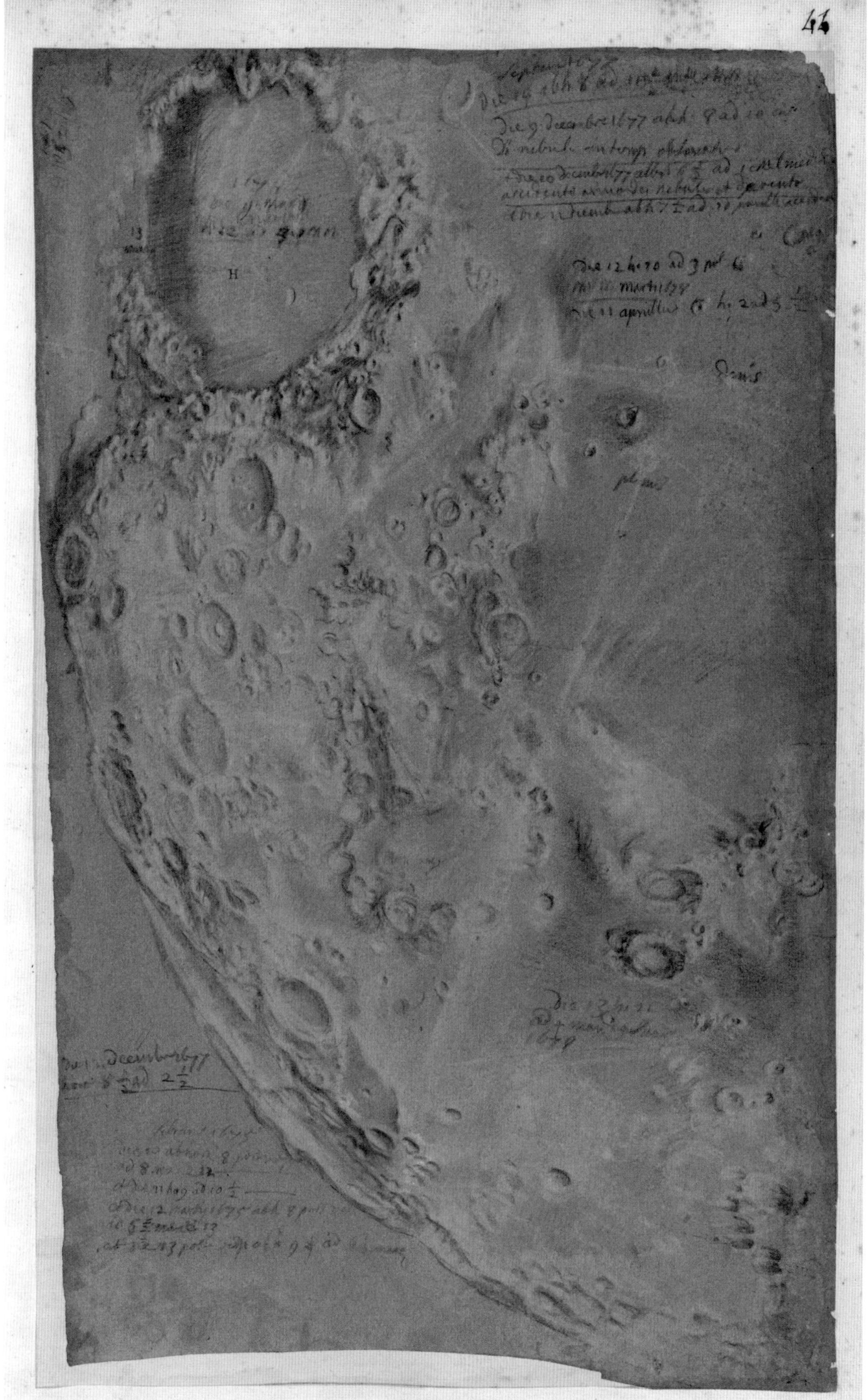

• 1679년

1671~79년에 이탈리아-프랑스 천문학자 조반니 도메니코 카시니는 달 지도를 제작했다. 그는 예술가 장 파티니와 세바스티엥 르클레르 두 사람과 함께 작업했다. 카시니는 달 표면을 세밀하게 묘사한 50장 넘는 그림을 제작했다. 각 그림 위에는 직접 검은 연필로 메모를 남겼다. 이들은 이 그림들을 모두 모아 거대한 달 지도를 완성했다. 그리고 그 완성된 지도를 1679년 프랑스 왕립과학아카데미에 발표했다. 지도의 일부인 이 그림은 달 표면에서 북동쪽 가장자리에 있는 한 지역을 묘사한다. 이 그림의 왼쪽 위에 있는 거대한 분지는 위난의 바다가 있는 크레이터다(당시 천문학자들은 상의 위아래가 뒤집힌 모습으로 관측되는 케플러식 반사 망원경으로 우주를 관측했으므로, 북쪽이 아닌 남쪽이 위로 오도록 그림을 그렸다. 이것은 당대의 전형적인 표현 방식이다). 그림의 오른쪽 가운데에는 맑음의 바다가 있다. 그림 오른쪽 위에 카시니가 직접 손으로 남긴 메모가 있다. 그 바로 아래에는 그로부터 300년 뒤 우주인이 처음으로 달 표면에 착륙했던 고요의 바다가 위치한다.

• 1693~98년

오른쪽: 17세기 말, 독일의 천문학자이자 예술가인 마리아 클라라 아임마르트는 보름달을 연구했다. 그리고 푸른 종이 위에 파스텔로 달의 모습을 표현했다. 그녀는 250장이 넘는 달 그림을 남겼다. 또한 뉘른베르크의 예술가이자 아마추어 천문학자인 아버지가 집필한 《달의 위상에 관한 300개 이상의 삽화들Micrographia stellarum phases lunae ultra 300》에 실릴 그림들을 제작했다. 이 그림은 북쪽이 위를 향한다. 그림의 오른쪽 위 가장자리에 있는 둥근 얼룩이 위난의 바다다. 아임마르트가 그린 또 다른 그림은 202쪽을 참고하라.

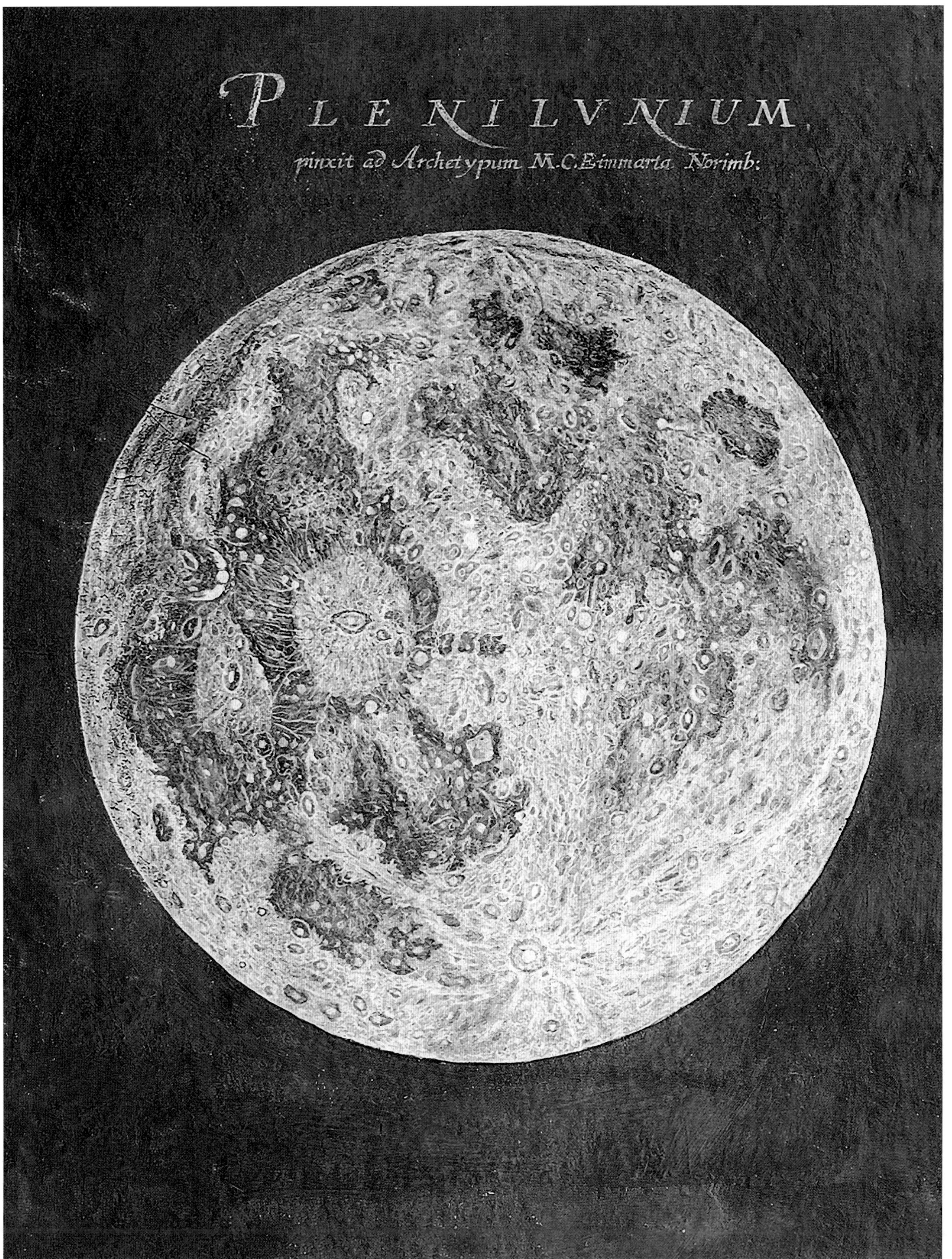
PLENILVNIUM
pinxit ad Archetypum M.C.Eimmarta Norimb:

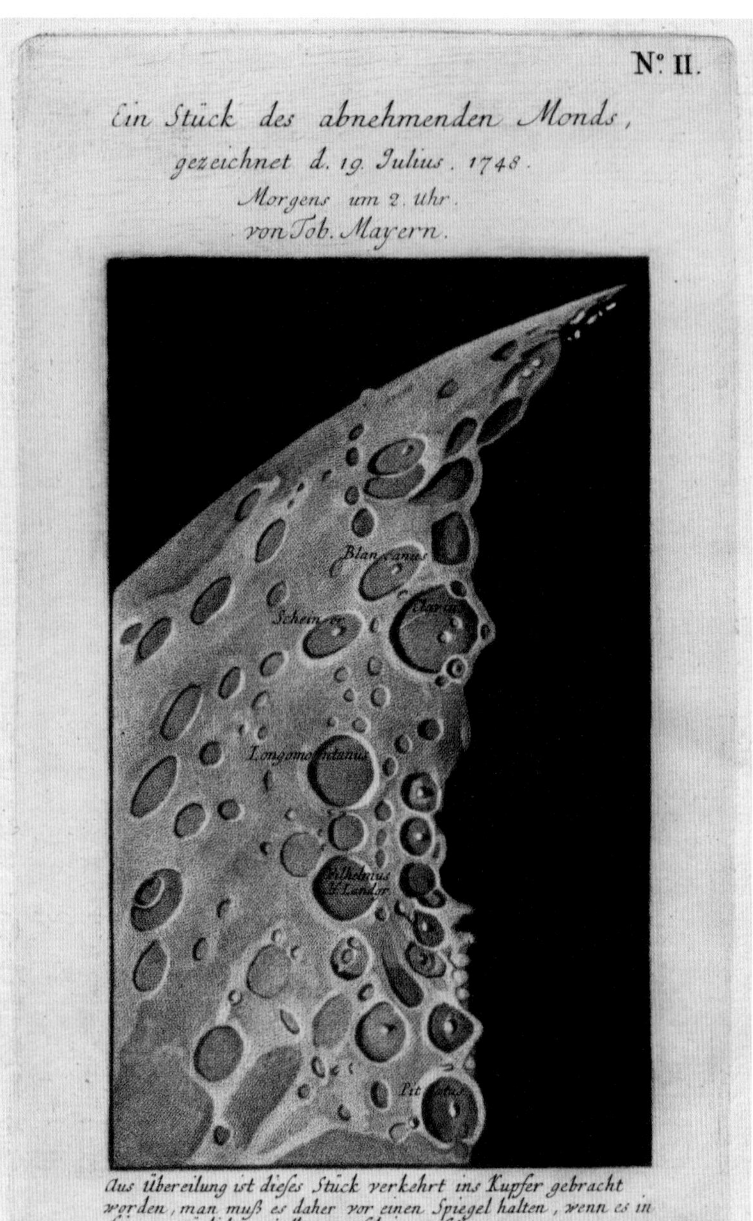

N° II.
Ein Stück des abnehmenden Monds,
gezeichnet d. 19. Julius. 1748.
Morgens um 2. Uhr.
von Tob. Mayern.
Clavius
Pitatus
Aus Übereilung ist dieses Stück verkehrt ins Kupfer gebracht
worden, man muß es daher vor einen Spiegel halten, wenn es in
seiner natürlichen Stellung erscheinen solle.

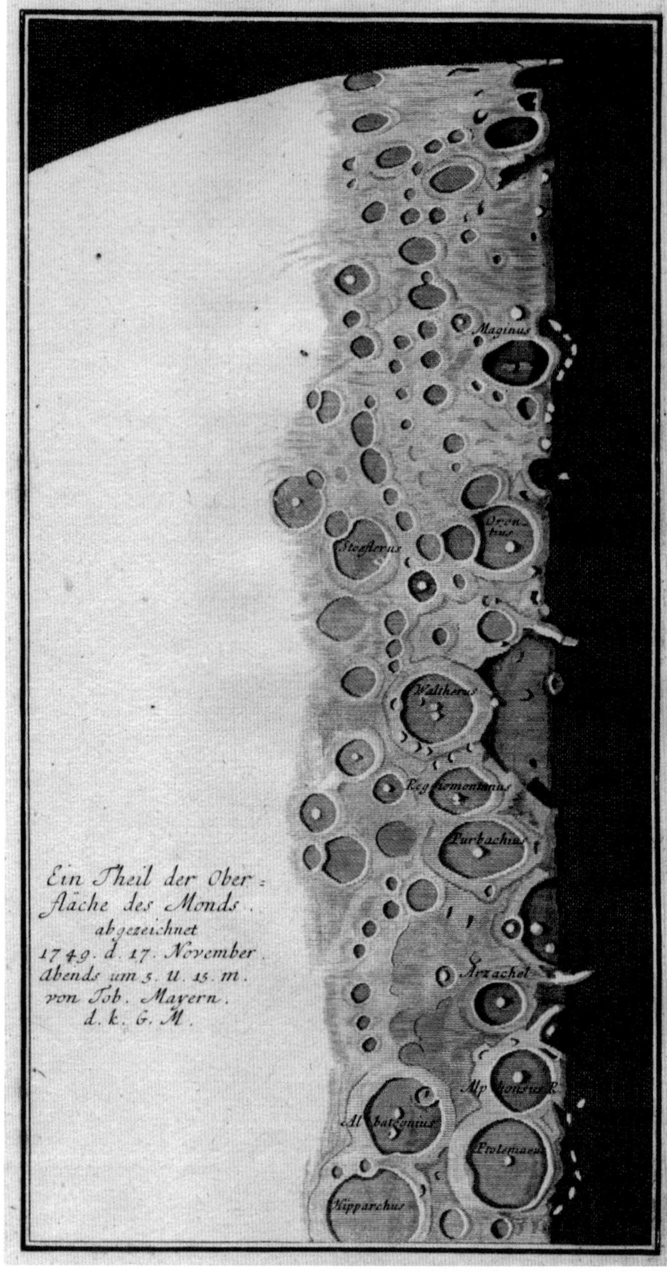

• 1750년

왼쪽 위: 1749년 11월 17일 저녁에 관측한 달의 고지대 그림이다. 레기오몬타누스 크레이터와 히파르코스 크레이터도 볼 수 있다.

오른쪽 위: 달의 남쪽 고지대를 그린 그림이다. 달의 터미네이터에 클라비우스 크레이터와 샤이네르 크레이터가 있다. 독일의 천문학자이자 지도 제작자인 토비아스 마이어는 지구의 지도를 정확하게 그리기 위해서 각 장소의 경도를 정확하게 측정해야 했다. 이를 위해 그는 달의 움직임을 활용했고, 그 덕분에 그는 18세기 중반 극히 정밀한 관측자이자 측정가로 이름을 떨쳤다. 한편 마이어는 17세기 말 최초로 망원경에 마이크로미터라는 새로운 장치를 연결해 달 표면의 구조와 특징을 전례 없이 놀라운 정밀도로 묘사했다. 이 장치는 달 표면에서 각 위치의 위도와 경도를 정밀하게 측정하기 위해 고안된 발명품이었다. 앞선 카시니나 아임마르트와 마찬가지로 마이어도 거대한 크기의 달 지도와 월본(지구본처럼 달로 만든 둥근 모형-옮긴이)을 제작하기 위해 수많은 그림을 그렸다. 이 메조틴트 판화도 그러한 노력의 결과물이다(하지만 월본은 끝내 제작되지 못했다. 달 지도도 1879년이 되어서야 출판되었다). 이 판화가 제작되는 과정에서 민망한 실수가 발생해 그림이 거꾸로 뒤집혀 있다. 왼쪽 그림 아래에는 '그림을 제대로 감상하기 위해서는 거울에 비춰보라'라는 안내문이 적혀 있다.

• 1842년

이것은 아주 초기에 제작된 캘러타이프 사진이다. 영국의 천문학자이자 사진 기술의 선구자였던 존 허셜이 제작한 것으로 추정된다. 사진은 코페르니쿠스 크레이터를 담고자 했다. 언뜻 이 사진은 실제 달 크레이터를 찍은 것처럼 보이지만, 실제 달을 보고 찍은 것이 아니다. 허셜이 한창 새로운 사진 기술을 개발하던 1850년대 중반만 해도 감광 유제 기술이 좋지 못했다. 감광 유제가 빛을 받고 반응하는 시간이 너무 오래 걸려서 이런 고해상도의 달 사진을 찍는 것은 불가능했다. 그 대신 허셜은 다른 방법으로 문제를 해결했다. 진짜 달을 찍는 대신 석고 모형으로 달 표면을 극히 세밀하게 재현한 다음 모든 조건을 완벽하게 갖춘 스튜디오 안에서 그 모형을 촬영한 것이다. 이러한 시도는 허셜이 최초였다고 볼 수 있다(이런 방식으로 완성된 또 다른 작품은 103~105쪽을 참고하라. 허셜이 그린 혜성 그림은 316쪽을 참고하라). 당시 캘러타이프 사진을 제작할 때는 빛에 민감한 요오드화 은으로 코팅한 종이를 사용했다. 그 종이를 카메라 안에 집어넣어서 빛을 받아 반응하도록 했다.

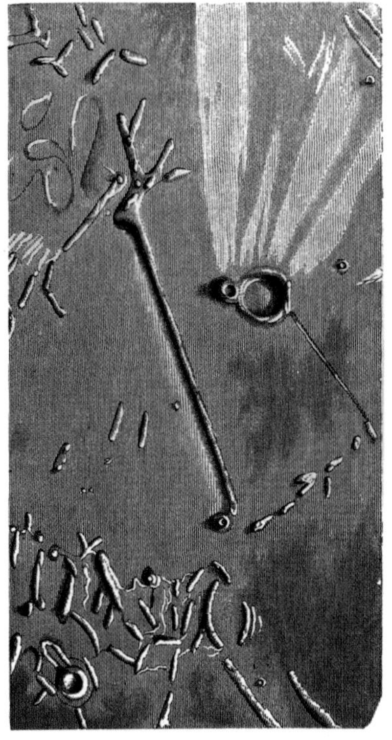

Chaîne de montagnes dans le Mare Nubium avant le coucher du soleil.

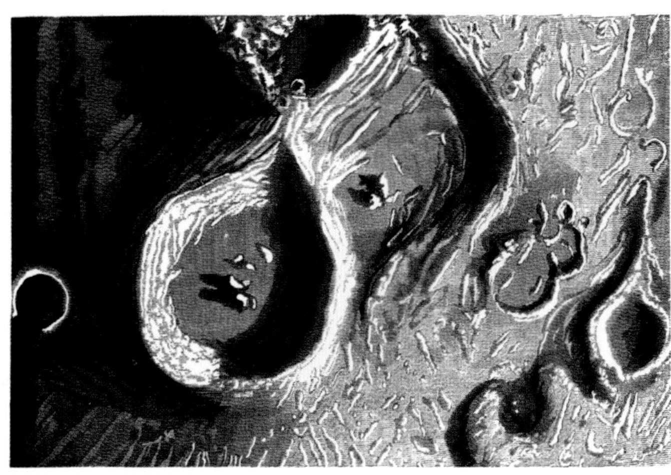

Theophilus cinq jours après la pleine lune, d'après M. Bulard (p. 170).

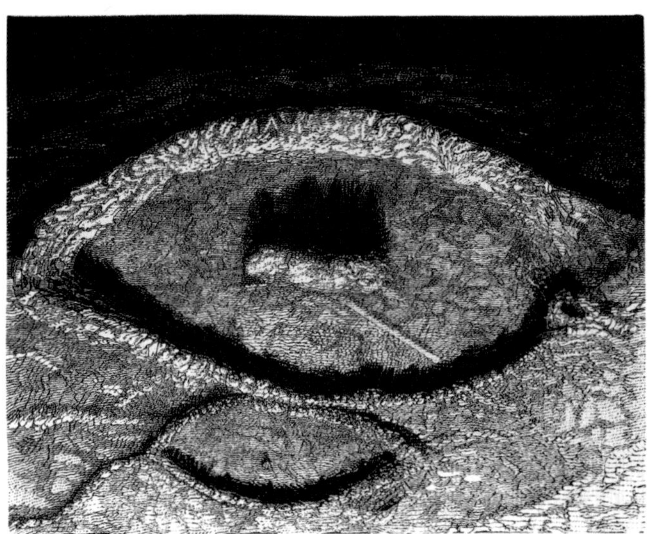

Petavius après la pleine lune.

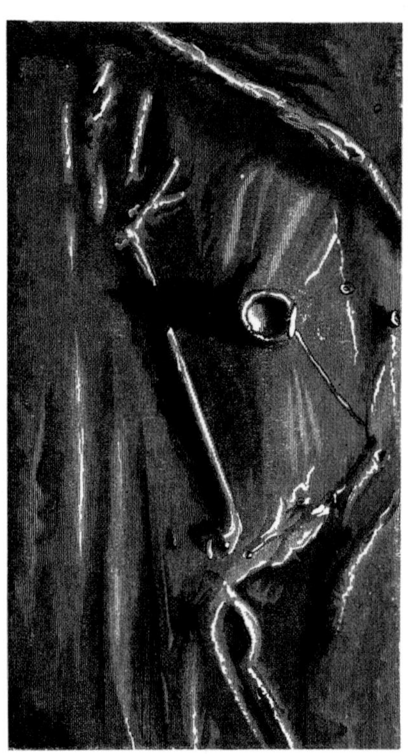

Chaîne de montagnes dans le Mare Nubium au coucher du soleil.

• 1866년

프랑스의 천문학자이자 식물학자인 에마뉘엘 리에가 집필한 《천상의 우주 L'Espace selestial》에 등장하는 판화 그림이다. 달 표면의 특징을 세밀하게 묘사한다. 대부분의 작업을 브라질에서 진행했던 리에는 1874~81년에 리우데자네이루 국립천문대에서 소장직을 맡았다.

왼쪽 위: 해가 저물기 전 관측한 구름의 바다에 이어진 산맥의 모습.

오른쪽 아래: 해가 저무는 순간 관측한 같은 지역의 모습.

오른쪽 위: 보름달이 된 뒤 5일이 지났을 때 관측한 테오필루스 크레이터의 모습.

왼쪽 아래: 보름달이 된 뒤 관측한 페타비우스 크레이터의 모습.

맞은편: 티코 크레이터의 남동쪽, 바이에른 산 주변을 관측한 모습. 달 표면의 조각나고 갈라진 모습을 고배율 망원경으로 관측한 장면이다.

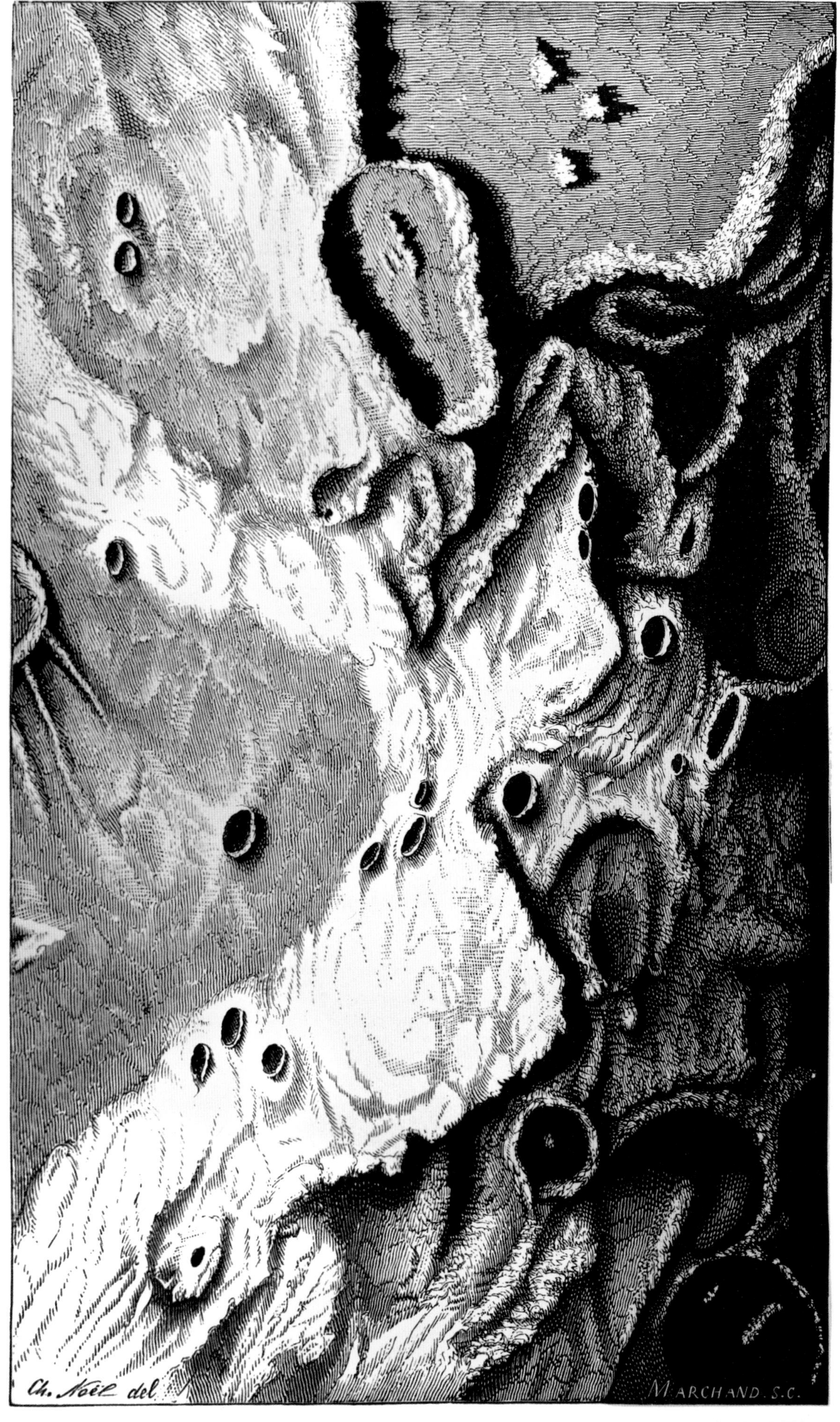
Ch. Noël del
MARCHAND. S.C.

ASPECT OF AN ECLIPSE OF THE SUN BY THE EARTH, AS IT WOULD APPEAR AS SEEN FROM THE MOON.

• 1874년

스코틀랜드의 발명가이자 공학자, 아마추어 천문학자였던 제임스 네이스미스와 영국의 천문학자 제임스 카펜터가 1874년 함께 출간한 《달: 행성, 세계, 위성인 곳The Moon: Considered as a Planet, a World, and a Satellite》에 등장하는 아주 커다란 그림이다. 달을 시각적으로 묘사한 무척 흥미로운 시도 중 하나다. 증기 해머와 유압 프레스를 발명해 많은 부를 축적했던 네이스미스는 재산을 아끼지 않고 호화로운 책들을 제작했다. 그는 '손실 없이' 완벽하게 사진을 옮기는 우드베리타이프 복제 기술을 활용해 책에 실릴 삽화를 제작했다. 30년 전 존 허셜이 당시의 부족했던 감광 유제 기술을 대신해 석고 모형을 만든 다음 사진을 찍은 것처럼 네이스미스도 달 표면의 일부를 매우 정교한 석고 모형으로 재현한 다음 모든 조건이 잘 통제된 스튜디오에서 사진을 촬영했다.

위: 네이스미스는 지구에 의해 태양이 가려지는 장면을 달에서 본 모습을 상상하며 직접 그림을 그렸다. 그리고 석판 인쇄하여 책에 수록했다.

오른쪽: 우드베리타이프 사진 기술로 찍은 아주 좋은 예다. 네이스미스가 달의 아펜니누스 산맥을 본따서 만든 석고 모형의 사진을 찍은 것이다.

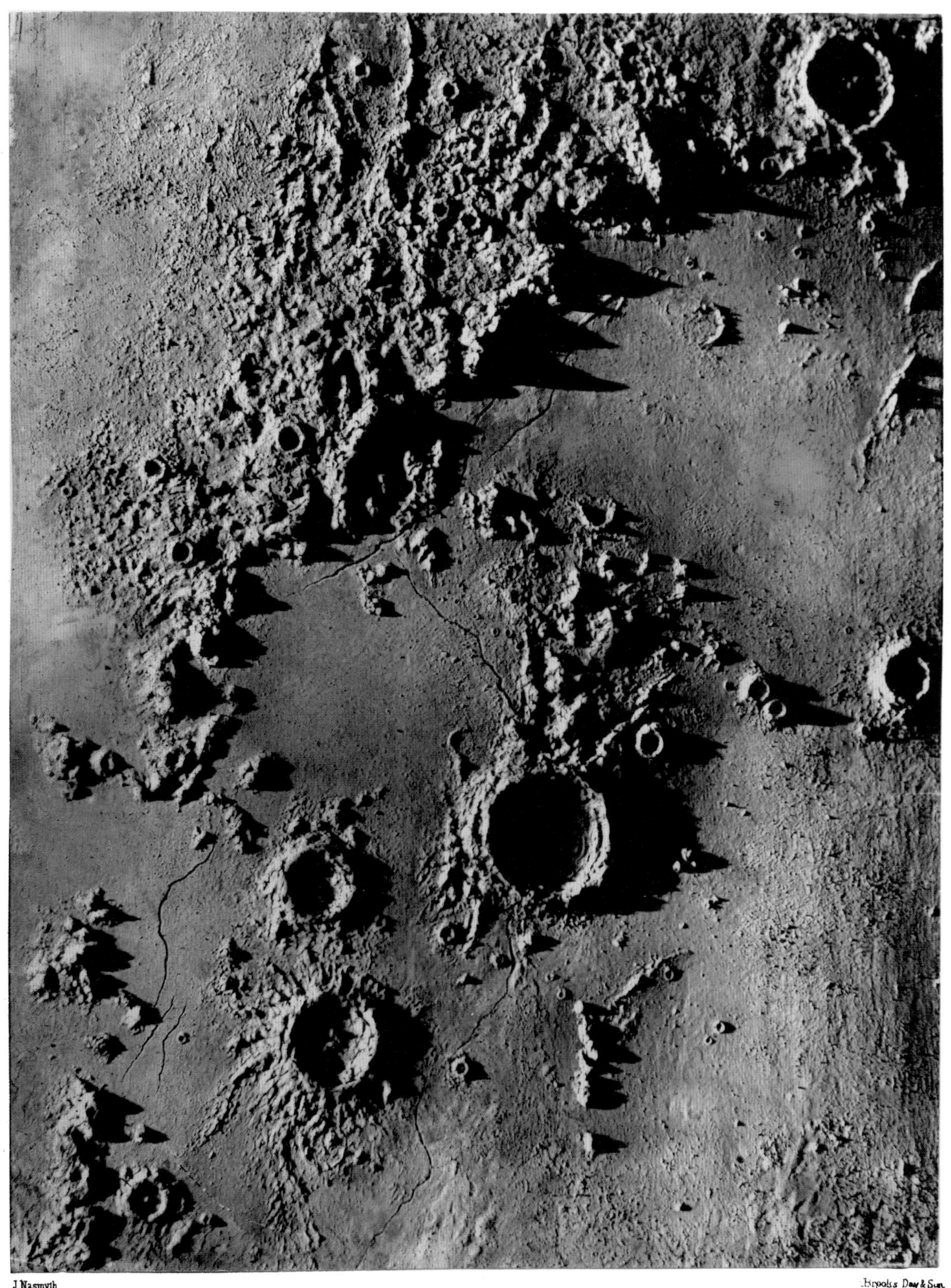

J. Nasmyth

Brooks Day & Son.

THE LUNAR APENNINES, ARCHEMEDES &c., &c.

10 5 0 10 20 30 40 50 60 70 80 90 100 110 120 130 140 150
MILES

SCALE.

Published by John Murray, Albemarle Street, Piccadilly

PLATE XXI

NORMAL LUNAR CRATER.

네이스미스와 카펜터의 《달: 행성, 세계, 위성인 곳》에 실린 석고 모형 사진에는 수평선과 그 너머 검은 하늘이 보이는 달 분화구의 경사진 모습이 묘사되어 있다. 이 책에서 저자들은 달 분화구가 대부분 화산 활동의 결과라고 주장하는데, 이 이론은 19세기와 20세기 초에 널리 알려졌으나 1960년대 후반 실제 달 탐사가 이루어지자 틀린 것으로 판명되었다(달 분화구는 소행성 충돌로 인한 것이다).

PLATE XXIII.

J.Nasmyth. (Woodbury)

GROUP OF LUNAR MOUNTAINS. IDEAL LUNAR LANDSCAPE.

네이스미스와 카펜터가 집필한 책에 등장하는 달의 산맥을 표현한 사진이다. 우주 탐사를 통해 실제 달을 정찰할 수 없었던 당시에는 달의 표면이 이 모형처럼 극단적으로 뾰족하고 거친 험준한 모습일 거라고 추정했다. 달에는 대기가 없어 달 표면의 어두운 부분과 밝은 부분이 더 극명하게 구분되어 보이는 착시 효과로 인한 오해였다. 실제 달 표면은 전혀 다르다. 40억 년 넘는 긴 세월 동안 지속적으로 달 표면에 미세 운석들이 쏟아져 충돌한 덕분에 달 표면은 오히려 더 부드럽고 매끈하게 다져졌다. 실제 달에는 이 사진처럼 예리하고 뾰족한 봉우리가 존재하지 않는다.

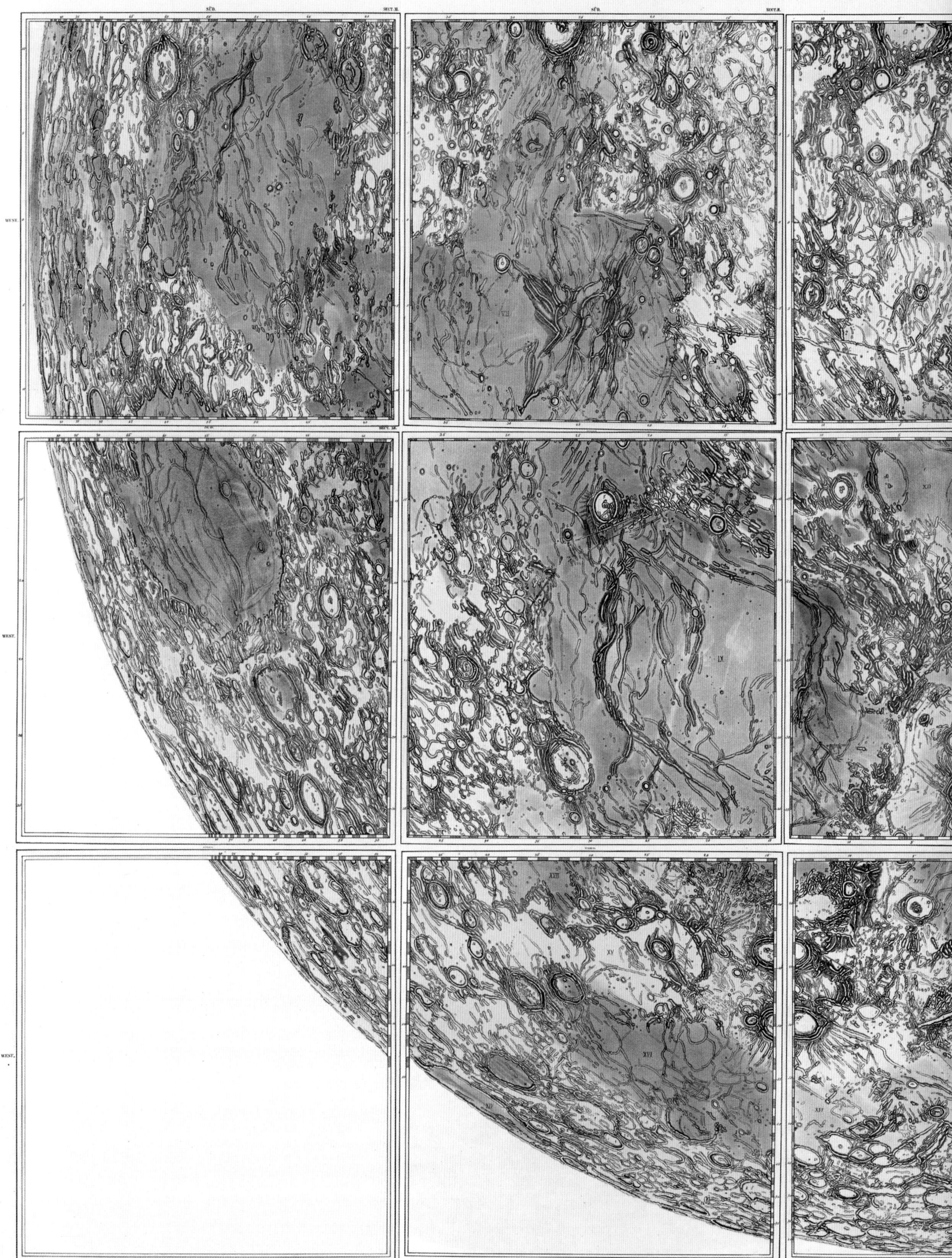

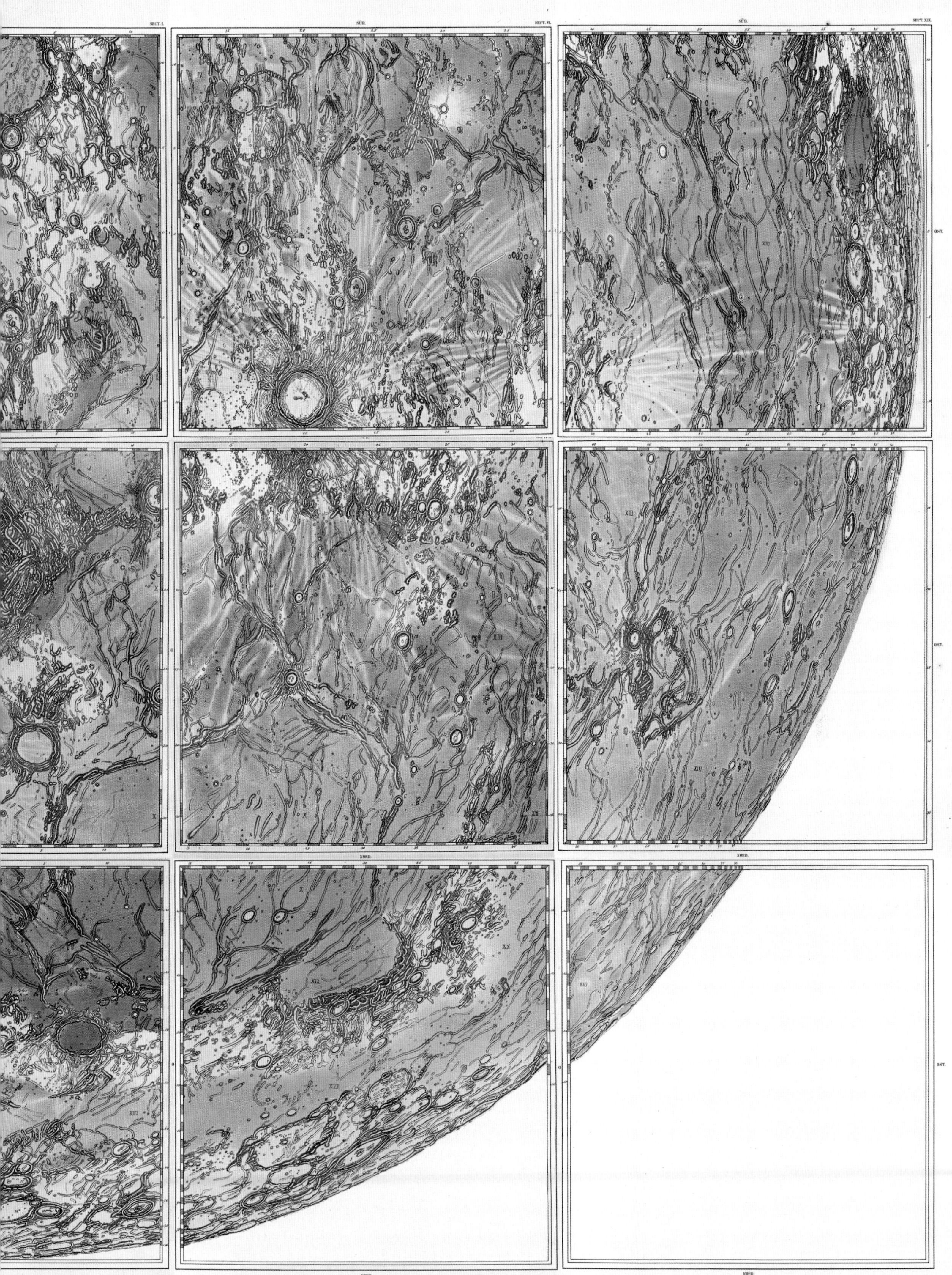

SECT. I.
SÜD
SECT. VI.
SÜD
SECT. XIX.
OST.
OST.
OST.
NORD.
NORD.
NORD.
NORD.

• 1878년

앞: 19세기가 되면서 달 지도는 더욱 정교해졌다. 1821년부터 1836년 사이에 독일의 지도 제작자이자 천문학자였던 빌헬름 고트헬프 로르만은 드레스덴에서 달 관측 프로젝트를 총괄했다. 그는 1840년 사망할 때까지 총 25개의 조각으로 이루어진 달 지도 시리즈를 제작했다. 1878년 또 다른 독일의 천문학자이자 달 지도 제작자였던 요한 프리드리히 율리우스 슈미트가 로르만의 작품을 편집하여 《달 산맥 차트Charte der gebirge des mondes》라는 제목으로 출간했다(다만 이 그림에서 볼 수 있듯이 단순히 달의 산맥뿐 아니라 달 표면의 다양한 구조를 함께 묘사했다). 15개의 조각으로 구성된 이 그림은 달의 북반구 지도에 해당한다(로르만과 슈미트도 당시의 흔한 지도 제작자들과 마찬가지로 위아래가 뒤집힌 지도를 그렸다. 이것은 반사 망원경으로 봤을 때 상의 위아래가 뒤집혀 보이기 때문이다).

• 1881년

예술가이자 천문학자였던 에티엔 트루블로는 1870~80년에 달, 행성, 성운, 혜성, 우리은하에 대한 무척 훌륭한 최고의 작품들을 남겼다. 이 프랑스 출신의 이방인은 1872년 하버드대학 천문대의 직원으로 초빙되었다. 그는 이곳의 강력한 망원경 덕분에 많은 작품을 그렸다. 이후 1881년 찰스 스크리브너의 아들들은 트루블로가 남긴 다양한 파스텔 그림 컬렉션을 모아 한정판으로 출시했다. 트루블로의 작업은 과학기술을 활용해 최신 관측 결과를 대중에게 알리는 최초의 과학 대중화 사업이면서 동시에 예술적 활동이었다. 이 채색 판화는 지구를 바라보는 달 앞면의 남서쪽에 있는 거대한 충돌 분지, 습기의 바다를 표현하고 있다. 스크리브너 아들들의 컬렉션에서 가져온 이 그림은 1875년에 진행되었던 예비 관측과 연구를 바탕으로 제작되었다. 습기의 바다는 그 이름과는 달리 실제로는 완전히 메마른 곳이다. 트루블로가 그린 다른 작품들은 139, 140~41, 174, 206~209, 261, 292~93, 319, 321~23쪽에서 볼 수 있다.

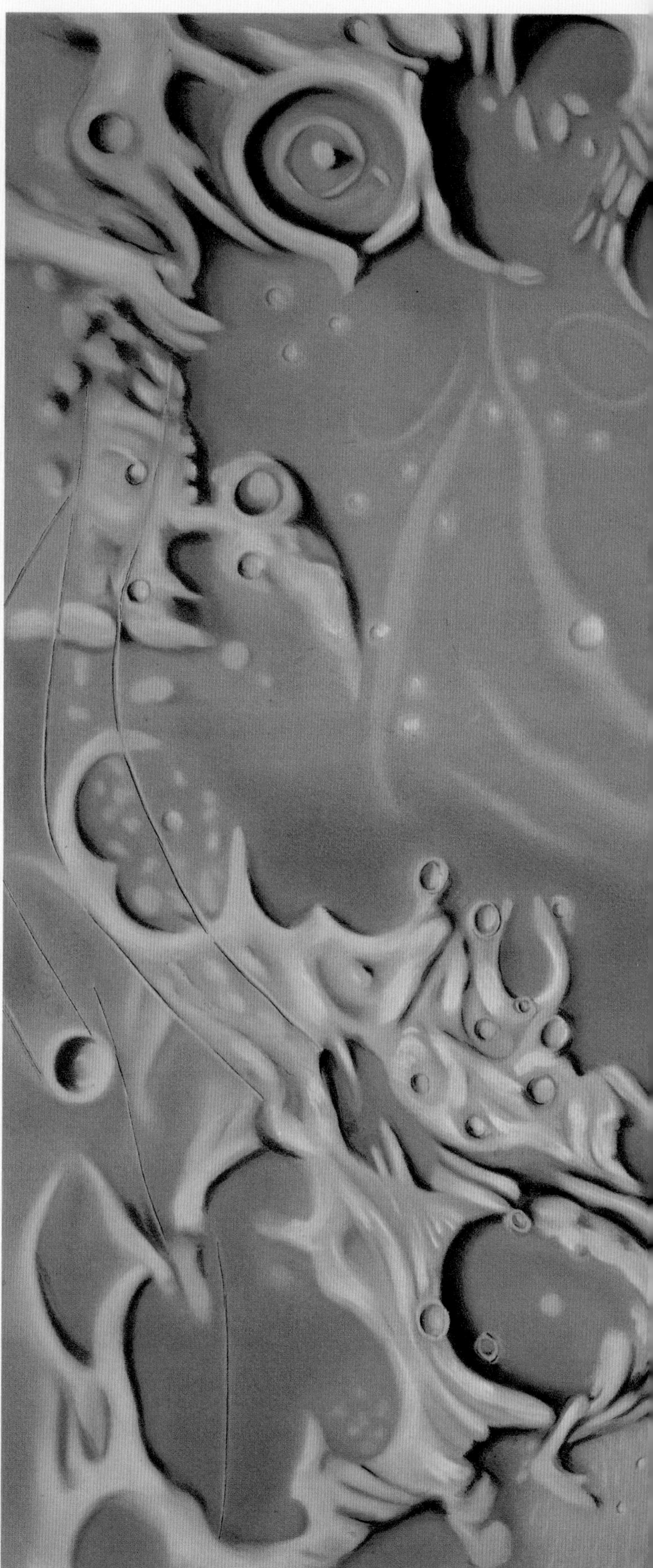

PLATE VI.

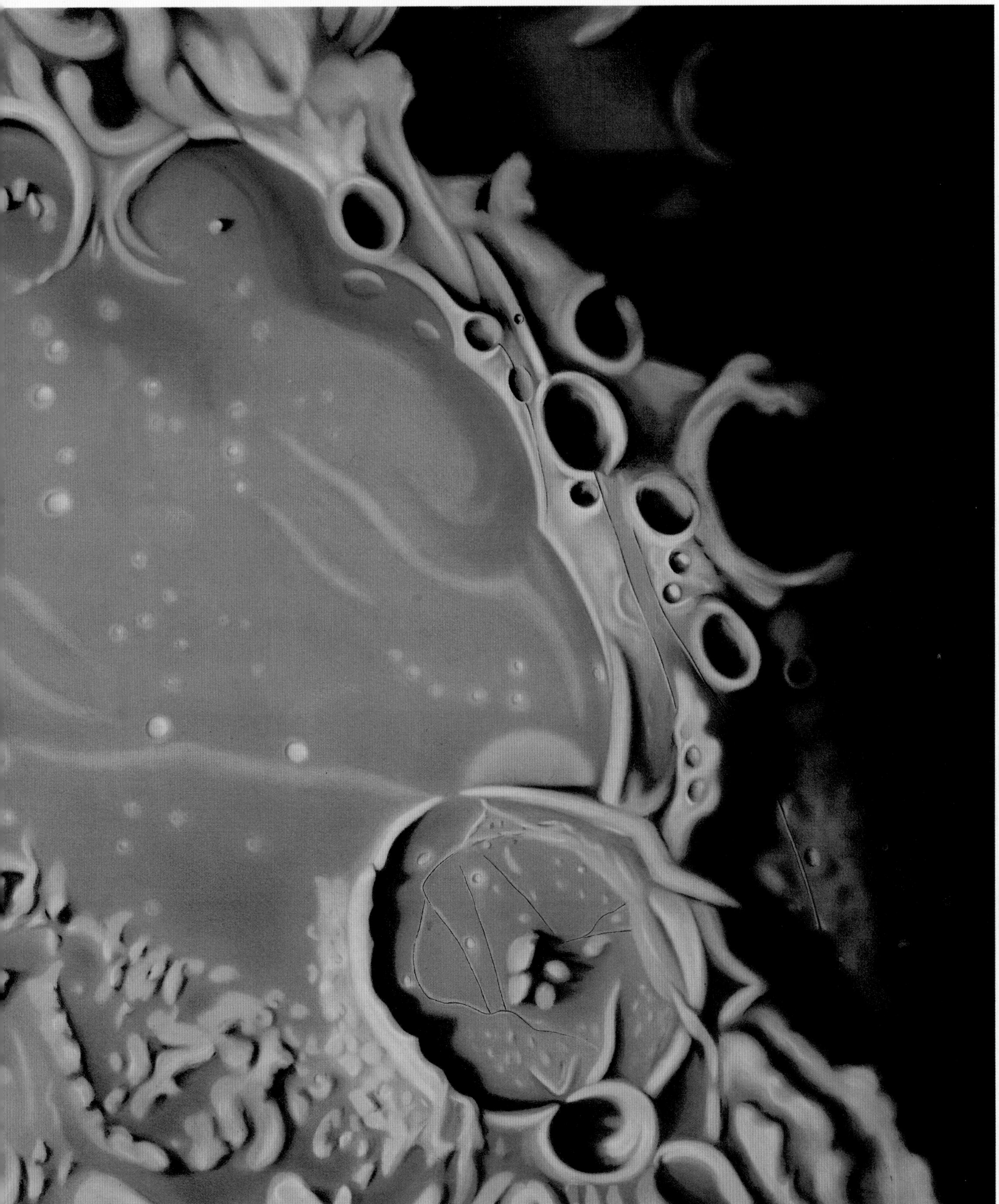

Copyright 1881 by Charles Scribner's Sons.

MARE HUMORUM.

From a Study made in 1875.

E. L. Trouvelot

• 1888년

1887년 율리우스 그림이 그린 달 그림이다. 그는 당시 바덴 대공 프리드리히 1세의 궁정에서 아마추어 천문학자이자 사진가로 일했다. 그는 대공에게 자신이 찍은 달 사진을 보여주었고, 프리드리히는 그의 사진에 크게 관심을 가졌다. 그 모습에서 확신을 얻은 율리우스는 바로 다음 해에 대공에게 바치기 위해 지구의 자연 위성을 더 세밀하게 묘사하는 유화를 그렸다. 독특하게도 그의 이 그림은 달 표면의 거친 질감을 표현한다. 율리우스의 그림에 표현된 것은 보름달이나, 실제로 달 표면 모든 곳에 고르게 태양 빛이 비치는 보름달은 이 정도로 표면의 질감이 두드러지지 않는다. 이 그림 속 달의 초상화는 실제 보름달과 달리 태양 빛이 왼쪽에서 비치는 것처럼 묘사되었다. 이러한 표현 방식을 통해 표면적으로는 보름달임에도 실제보다 더 얼룩덜룩하고 울퉁불퉁 거친 느낌과 질감이 부각된다(이전 페이지에서 봤던 로르만의 달 지도와 마찬가지로 이 그림 속의 달도 북쪽이 아래를 향한다).

• 1930년대 말

오른쪽: 프랑스에서 제작된 이 슬라이드 조각은 그 출처와 원작자가 확실하지 않다. 우주에서 바라본 일식과 월식 장면을 포함해 다양한 달의 모습이 표현되어 있다. 왼쪽 아래 두 개의 그림은 프랑스의 우주 삽화가 뤼시앵 뤼도가 1937년에 출간한 《다른 세계에 관하여Sur les autres mondes》에 수록된 그림이다. 오른쪽 아래 그림은 지구에서 보는 달과 달에서 보는 지구의 상대적 크기 차이를 비교하고 있다.

N° 1 - Partie du parcours lunaire

N° 2 - Premier quartier

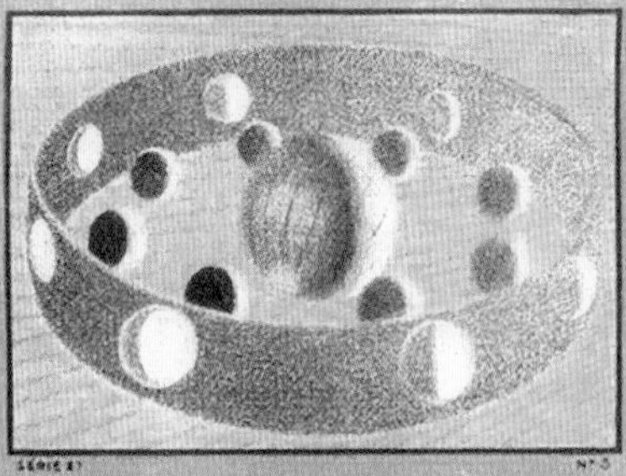

N° 3 - Explication des phases lunaires

N° 4 - Eclipse de Lune

N° 5 - Eclipse de Soleil

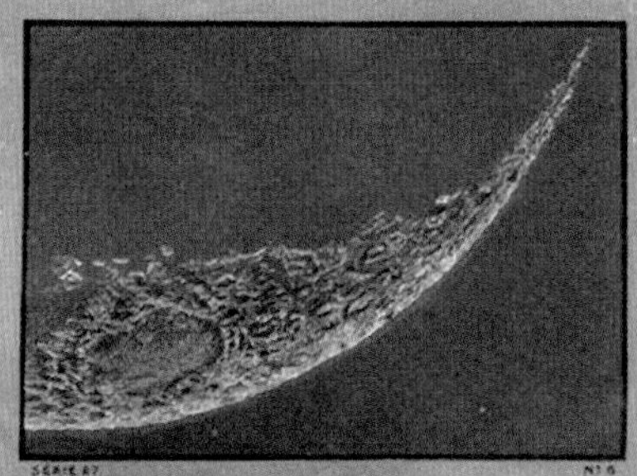

N° 6 - Corne de croissant lunaire

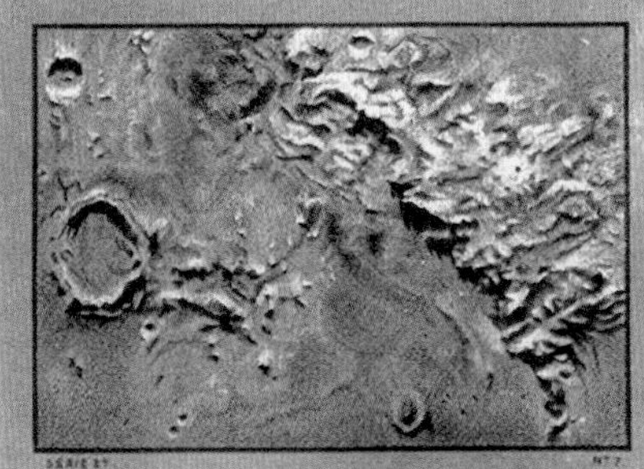

N° 7 - Cratères, cirques montagneux et plateaux

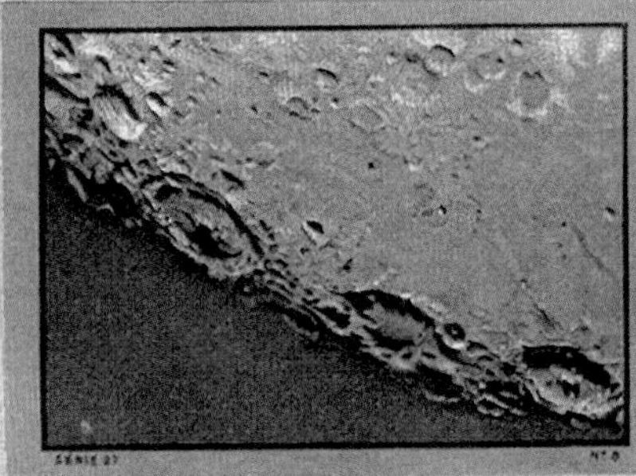

N° 8 - Cirque montagneux lunaire

N° 9 - Bords d'un cratère avec ravins et terrasses

N° 10 - Protubérances et couronne solaires

N° 11 - Coucher de Soleil, vu de la Lune

N° 12 - Pleine Terre, vue de la Lune

• 1963년

유의미한 우주 탐사가 본격적으로 시작되고 우주 시대의 새벽이 밝아오기 전부터 체코의 삽화가 루덱 페섹은 태양계를 표현한 다양한 그림을 남겼다. 그의 그림은 요세프 사딜이 집필한《달과 행성The Moon and Planets》에 실렸다. 이 그림도 그 책에 등장한다. 거친 바위투성이의 달 표면 너머 멀리 달의 지평선에 지구가 낮게 떠 있는 장면을 묘사한다. 동시대에 활동했던 미국의 우주 삽화가 체슬리 본스텔과 마찬가지로 페섹은 시대를 앞선 우주 삽화가 뤼시앵 뤼도에게서 영향을 받았다 (바로 앞에 등장한 그림을 참고하라). 우주 탐사 시대가 도래하기 전 페섹은 달의 산맥이 이 그림처럼 아주 거칠 거라고 상상했다. 그의 상상력은 실제 달에서 촬영한 부드럽고 둥근 지형의 사진이 지구에 도착하자 사라졌다.

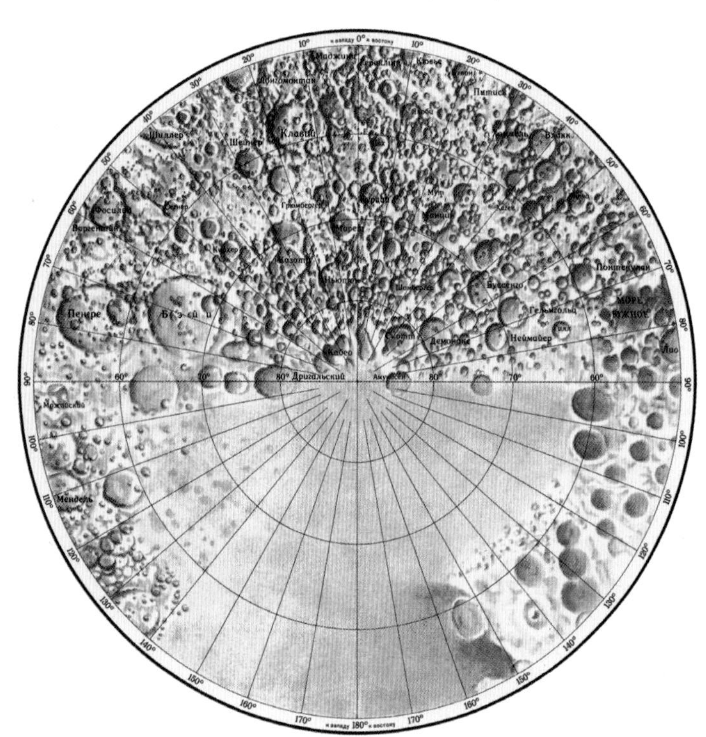

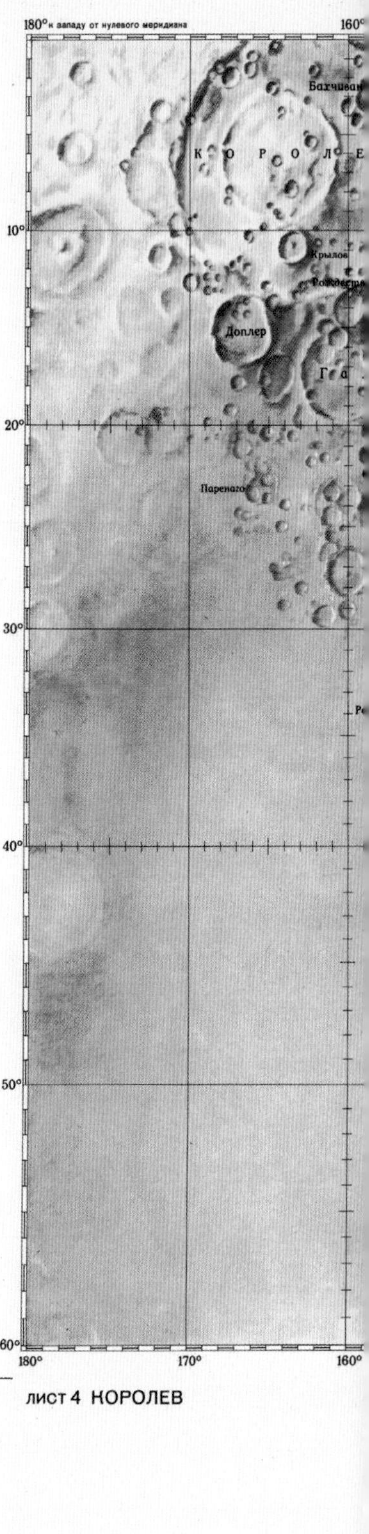

ЛИСТ 4 КОРОЛЕВ

• 1960년

맨 위: 1959년 10월, 소련은 세 번째 달 탐사 로봇 루나3호를 발사했다. 이 탐사선은 인류가 달의 뒷면을 처음으로 볼 수 있게 해주었다. 비록 탐사선이 보내온 사진은 흐릿했지만 지도를 그리기에는 충분했다. 이 그림은 달 뒷면 지도다. 영국의 엔지니어이자 아마추어 천문학자였던 휴 퍼시벌 윌킨스가 그린 달 아틀라스에서 가져왔다. 달 뒷면 여러 지역에 모스크바의 바다, 치올코프스키의 바다, 희망의 바다 등 새로 이름이 지어진 것을 볼 수 있다. 제일 마지막 이름은 현재는 쓰이지 않지만 나머지 두 개는 지금까지 사용된다.

위: 같은 지역을 달의 남극에서 바라본 것처럼 투영하여 그린 지도다.

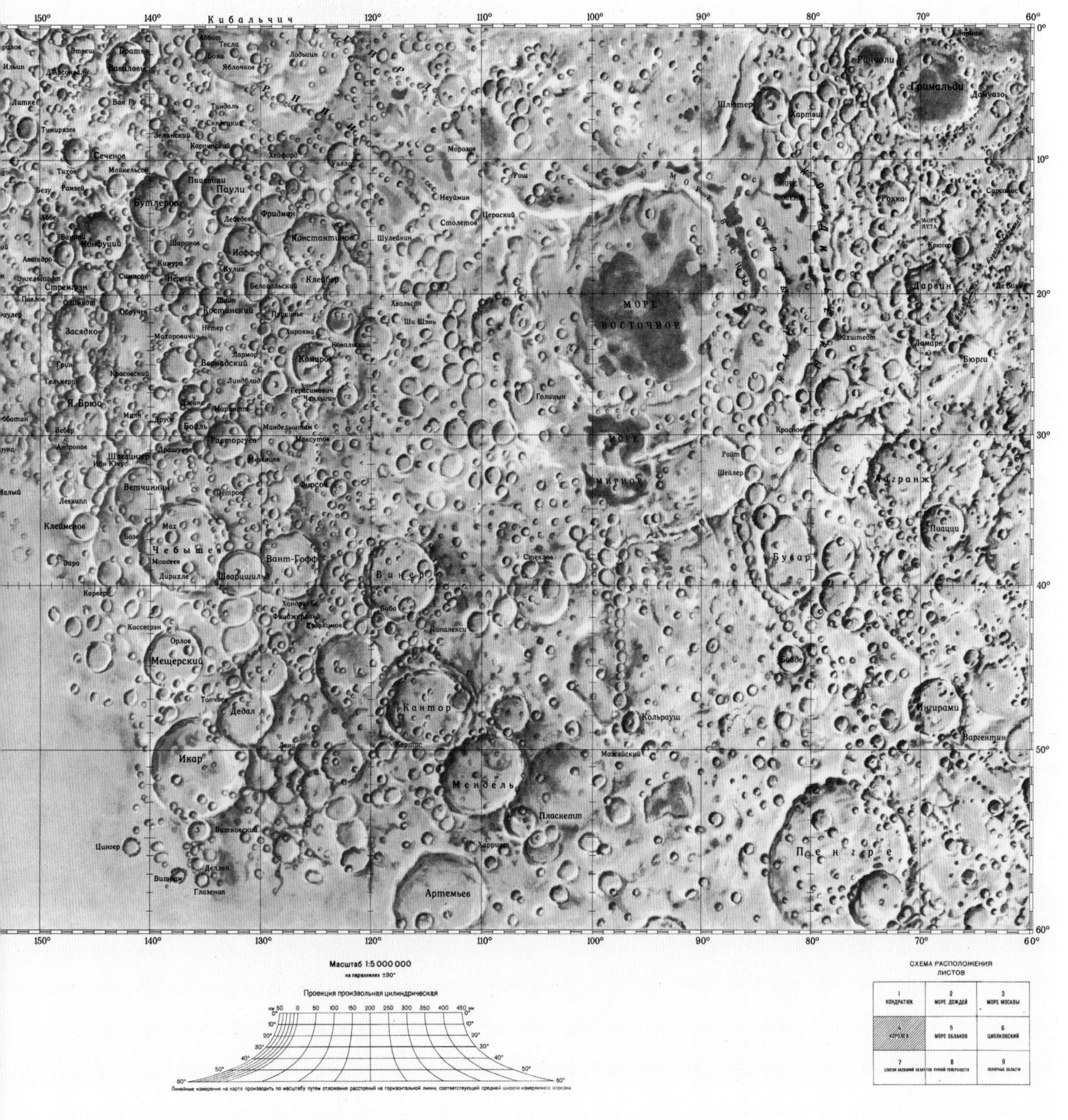

• 1967년

이 달 지도가 완성될 때까지 소련은 달로 로봇 탐사선을 총 열네 번 보냈다. 하지만 미국은 당시 초창기 로봇 탐사 미션에서 대부분 실패했다. 1967년 모스크바의 슈테른베르크 천문학연구소는 루나3호와 존드3호 미션으로 얻은 데이터를 바탕으로 새롭게 완성한 '달 전체 지도'를 선보였다. 이 그림은 달 남반구 지역 지도다(달 전체 지도의 6분의 1에 해당한다). 당시까지는 소련의 달 탐사 미션으로 채우지 못한 '달의 음영 지역'도 이 지도에 남아 있는 것을 확인할 수 있다. 현재 쓰이는 달 지도는 이 영역을 따라 러시아 이름이 붙은 지역과 미국 이름이 붙은 지역이 불규칙하게 섞여 있다. 지도 가장자리에서는 러시아의 가장 영향력 있는 수학자의 이름을 붙인 '체비쇼프 크레이터'를 볼 수 있다. 그 옆의 그다음으로 가장 큰 크레이터는 미국의 달 탐사 미션 이름을 따서 아폴로 크레이터라고 부른다. 이 크레이터의 지름은 536킬로미터다.

APOLLO 11 LANDING SITE **PRELIMINARY TRAVERSE MAP OF THE LANDINGSITE**

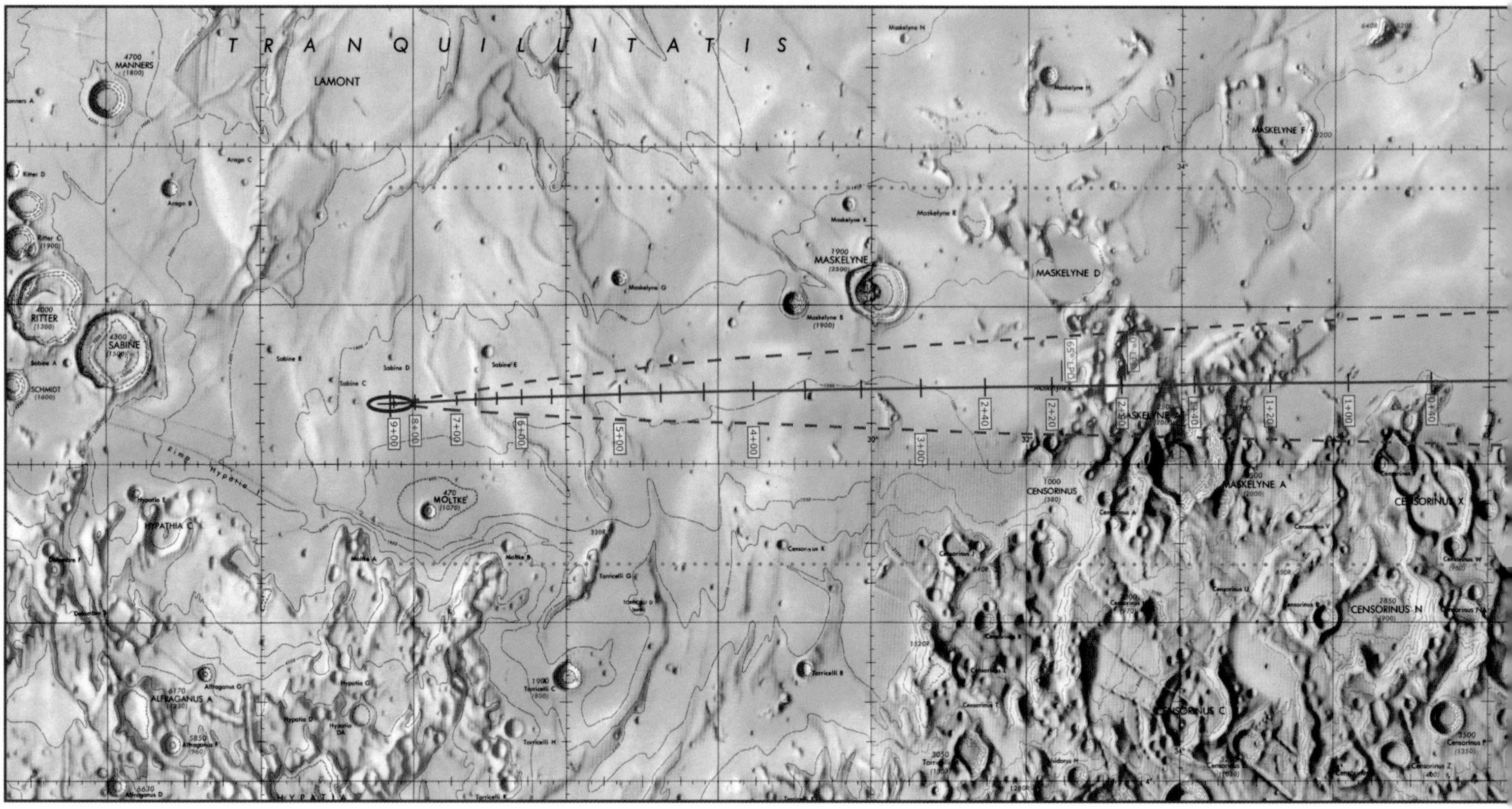

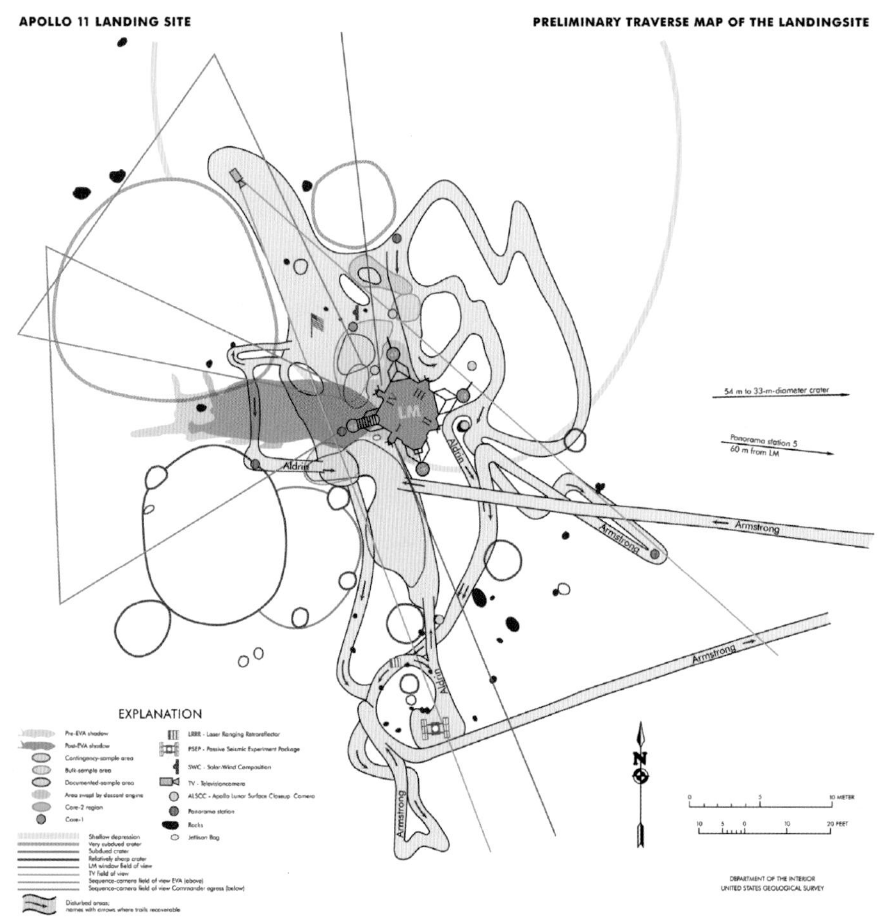

• 1969년

1969년 7월 20일, 인류는 처음으로 달에 착륙했다. 그다음 날 미국 우주인 닐 암스트롱은 아폴로11호의 루나 모듈 사다리를 타고 내려와 달 표면에 발을 디뎠다. 이는 인류 역사상 가장 멋진 순간이었다. 1961년 존 F. 케네디 대통령이 선언했던 목표를 달성함으로써 1960년대에 세계를 지배했던 미국-소련 간 우주 경쟁을 종식한 순간이기도 했다. 아폴로11호와 함께 날아간 세 우주인은 7월 24일 무사히 지구로 귀환했다.

왼쪽: 1969년 10월 말 당시 공개되었던 아폴로11호의 탐사 지도를 오늘날 새롭게 편집한 것이다. 이 지도는 당시 공개되었던 스틸컷 사진과 TV 중계 화면 기록을 바탕으로 지도 위에 실제 우주인들이 이동한 경로를 표현하고 있다.

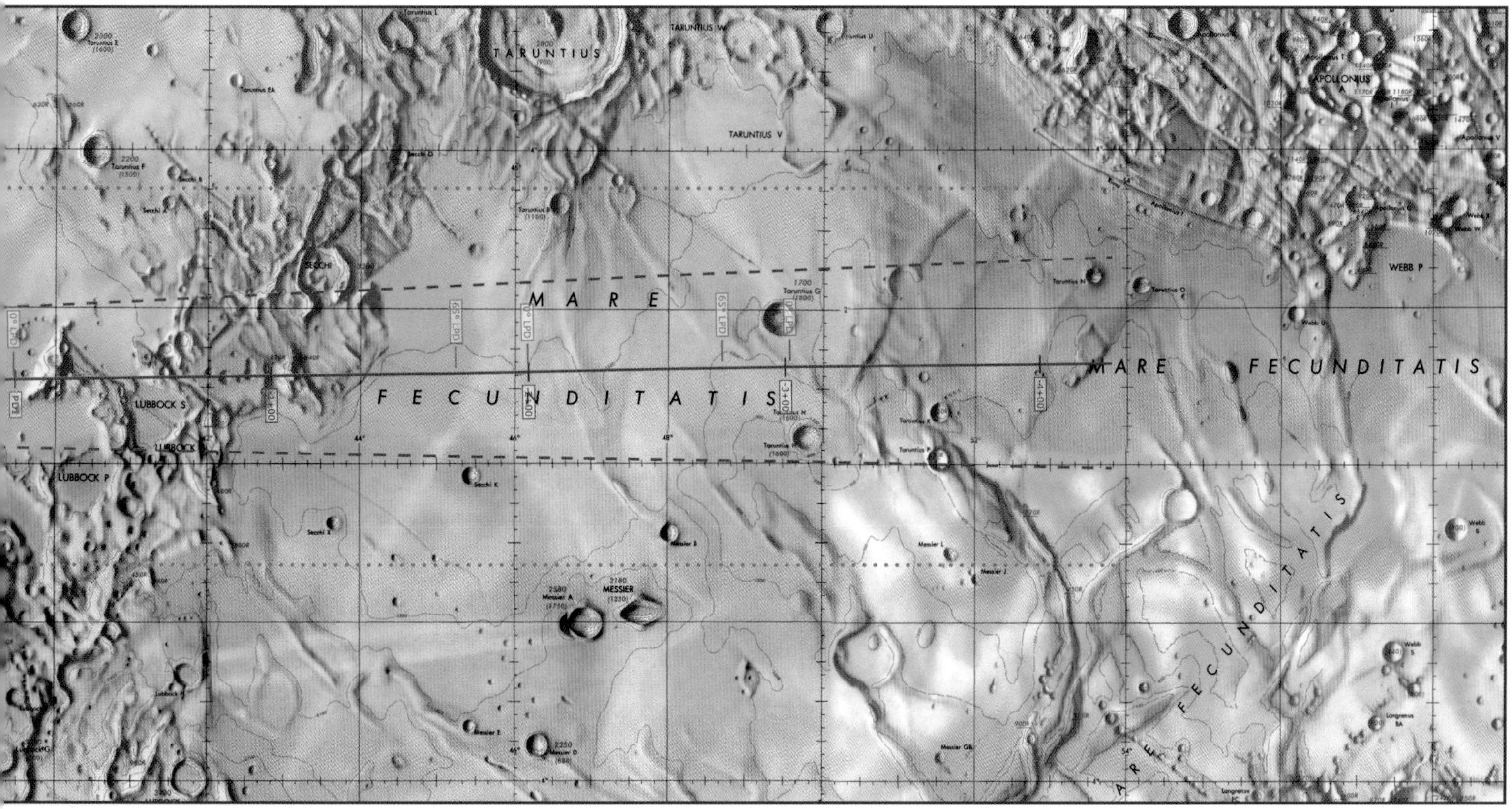

Apollo 11 – LM Descent Monitoring Map
1:1,000,000

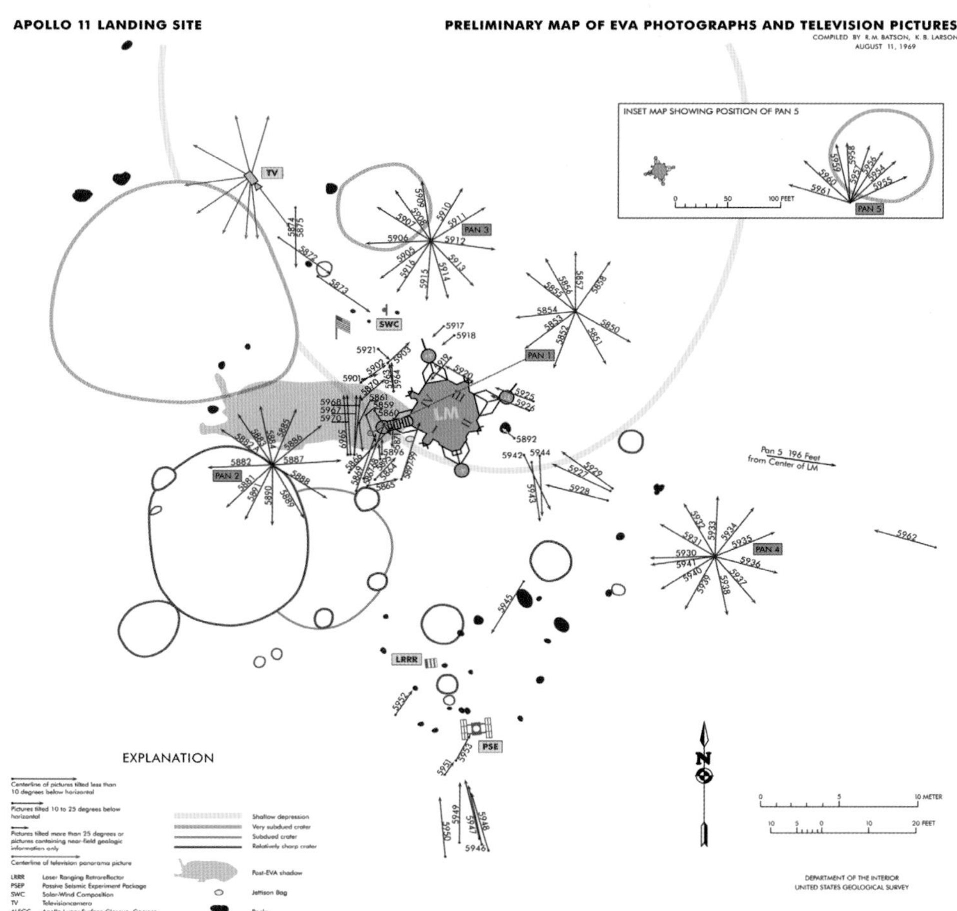

위: 1:63만의 축척으로 제작된 달 지도이다. 지도에 그려진 타원은 루나 모듈이 착륙한 위치를 나타낸다. 당시 우주인들이 원래 사용한 지도는 흑백이었다. 달 표면을 그린 모자이크 지도 위에 착륙 경로가 길게 가로질러 그려져 있었다. 반면 이 지도는 달과행성연구소에서 새롭게 그린 칼라 지형도 위에 아폴로 미션의 착륙 경로가 그려져 있다.

왼쪽: 아폴로 미션 당시 우주인 두 명이 달 위에서 촬영한 모든 사진과 TV 중계 화면 속 모습을 바탕으로 새롭게 재구성한 그림이다. 당시 사진과 영상에 담긴 모든 지역을 나타냈다. 지도 원본은 1969년 8월 11일 R. M. 배트슨과 K. B. 라슨이 그린 것이다(이것과 116쪽의 새로 재구성한 모든 달 지도는 토마스 슈바그마이어가 제작했다. 온라인으로 공개된 〈아폴로 달 표면 일기Apollo Lunar Surface Journal〉에서 가져왔다).

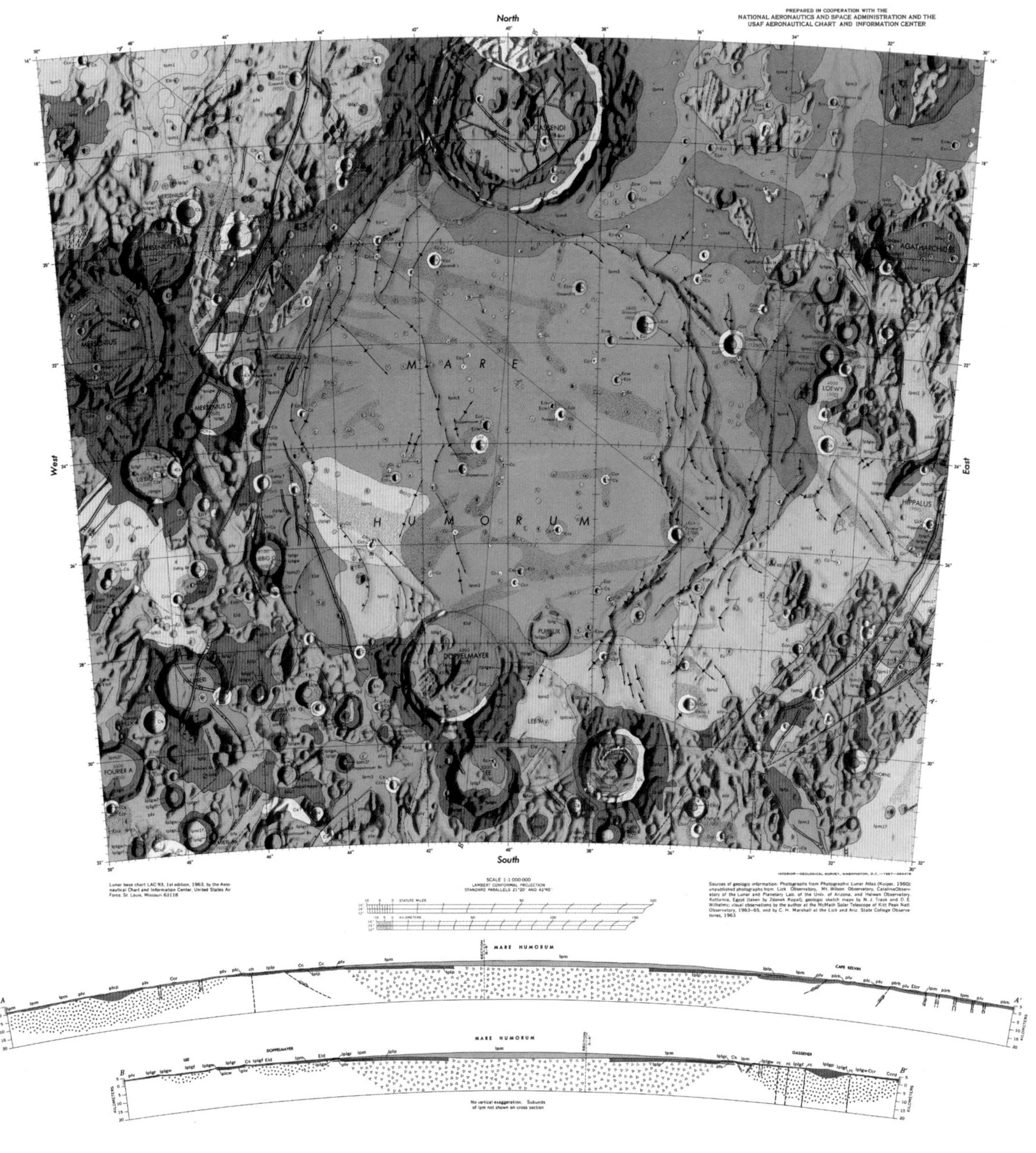

GEOLOGIC MAP OF THE MARE HUMORUM REGION OF THE MOON

By

S. R. Titley

1967

• 1967년

우주 경쟁이 한창 과열되었던 때 미국 지질연구소는 로봇 탐사와 유인 탐사로 방대한 데이터를 얻었다. 쏟아지는 데이터를 바탕으로 극히 정교한 달 지질도를 제작하기 시작했다. 이 지도는 지구를 바라보는 달의 앞면에서 남서쪽 방향에 있는 지름 320킬로미터 크기의 거대한 습기의 바다를 담고 있다. 지도에 표현된 각 색깔은 달의 표면을 구성하는 다양한 광물의 성분의 특징과 연령을 나타낸다. 보라색과 회색은 달의 바다를 구성하는 물질이다. 녹색과 주황색은 다양한 연령으로 추정되는 크레이터를 구성하는 물질이다. 노란색은 크레이터 주변 경사면을, 빨간색은 평야를 나타낸다. 그 아래에 있는 굽은 단면도는 실제 달 표면의 곡률을 일체의 과장 없이 그대로 반영하고 있다(천문학자이자 예술가인 트루블로가 그린 습기의 바다는 108~109쪽을 참고하라).

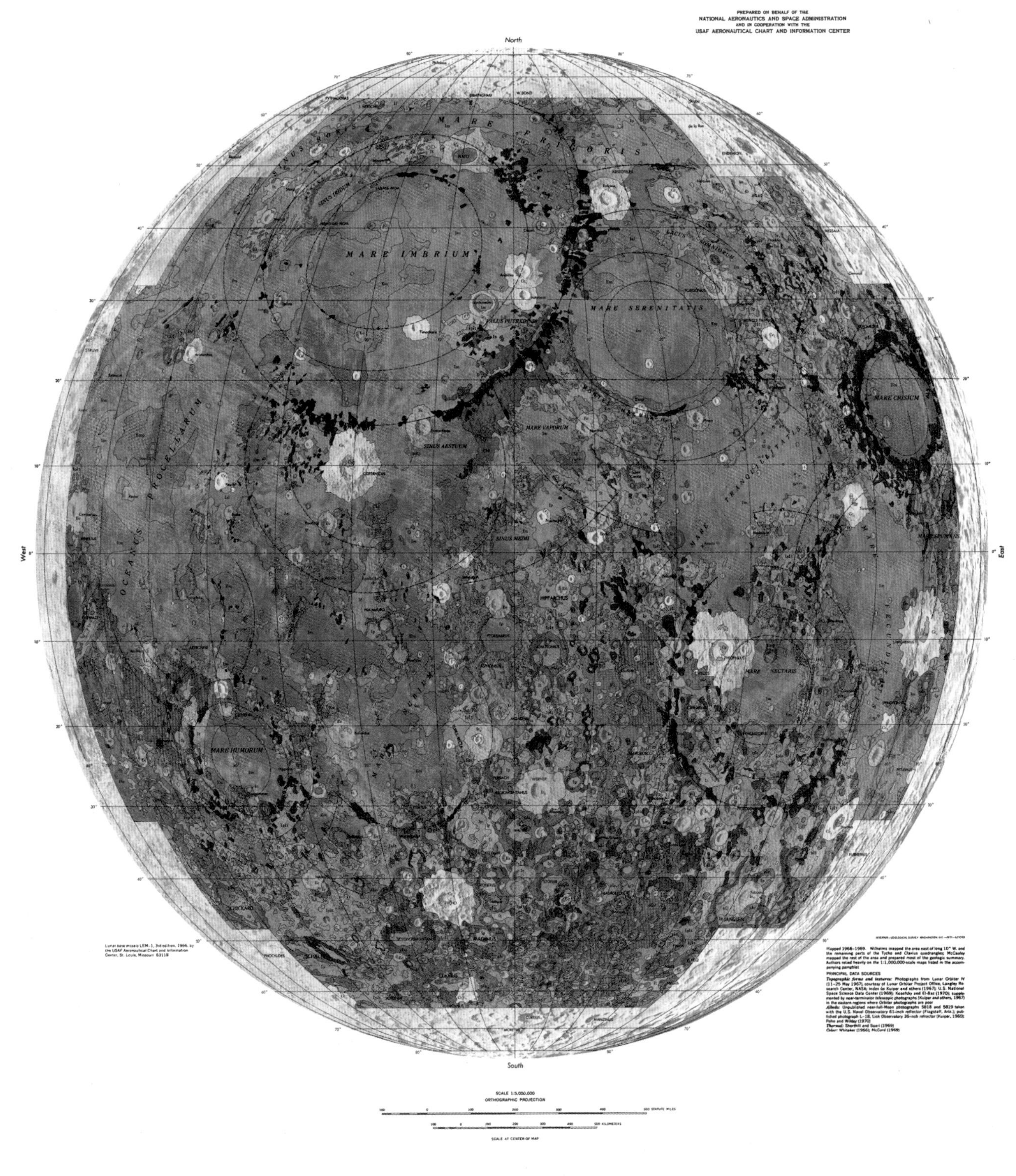

GEOLOGIC MAP OF THE NEAR SIDE OF THE MOON

By

Don E. Wilhelms and John F. McCauley

1971

• 1971년

지구를 바라보고 있는 달의 앞면을 그린 지질도다. 지도는 마치 황소 눈깔처럼 커다란 동그라미로 달 표면의 바다를 표시하고 있다. 달의 앞면에서 볼 수 있는 거대하고 둥근 달의 바다는 사실 오래된 현무암 용암으로 채워진 거대한 충돌 분지다. 40억 년 전 달이 처음 탄생하고 얼마 지나지 않아 격렬한 충돌을 겪었음을 분명하게 보여준다. 이 지도에서 녹색은 달의 바다를, 파란색은 둥근 분지를 나타낸다. 주황색·빨간색·보라색은 평평한 평야와 언덕을 나타내고, 노란색·녹색은 크레이터를 나타낸다. 색깔의 다양한 그라데이션은 각 광물의 연령을 반영한다. 지도에 장황하게 적힌 설명에 따르면 "지질학적 지도를 그리는 작업을 통해 달 표면의 구조가 '화산' 또는 '충돌' 둘 중 한 가지 방식으로만 형성된 것이 아니라 두 가지 과정이 함께 작용했음을 알 수 있다".

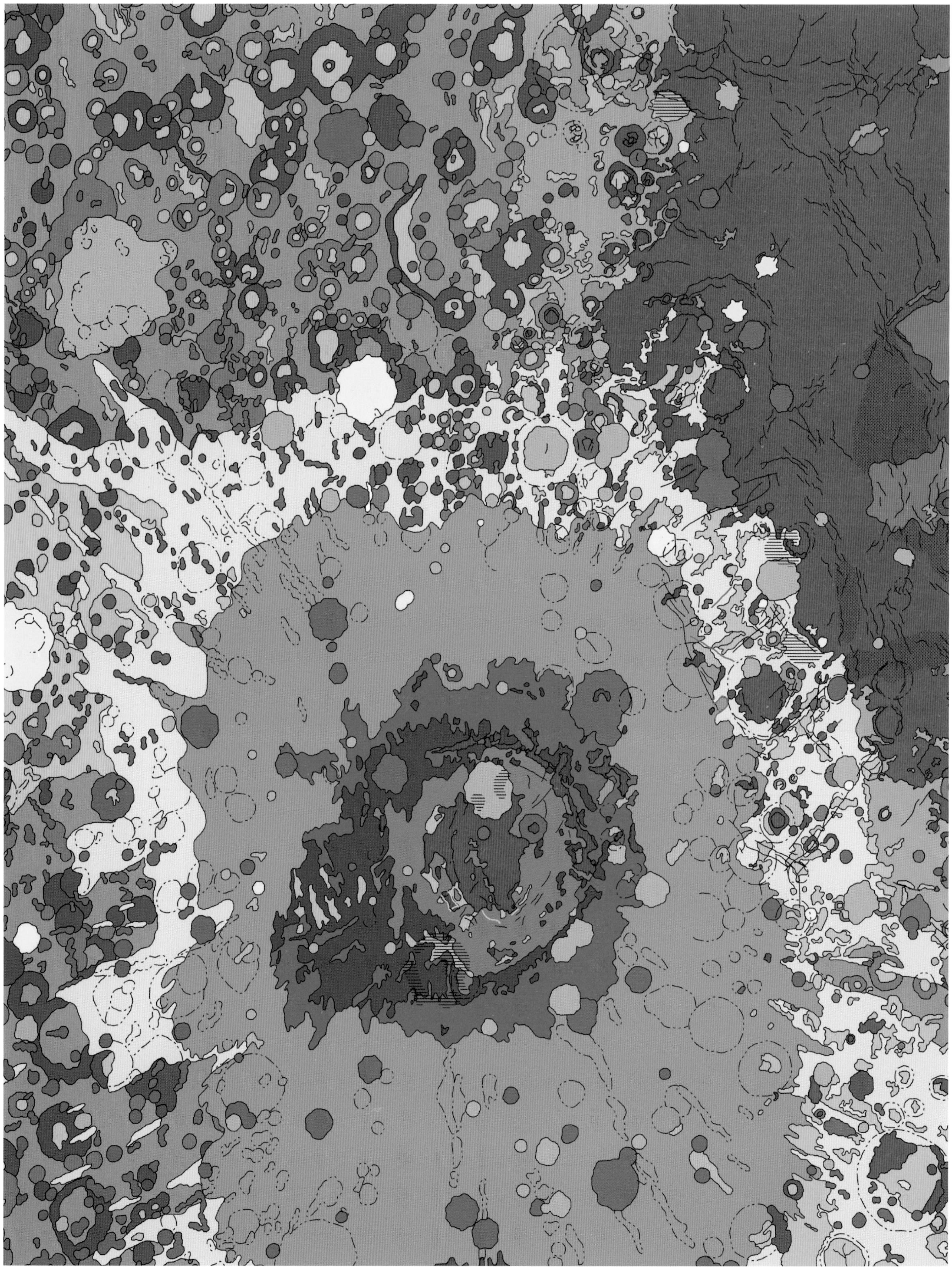

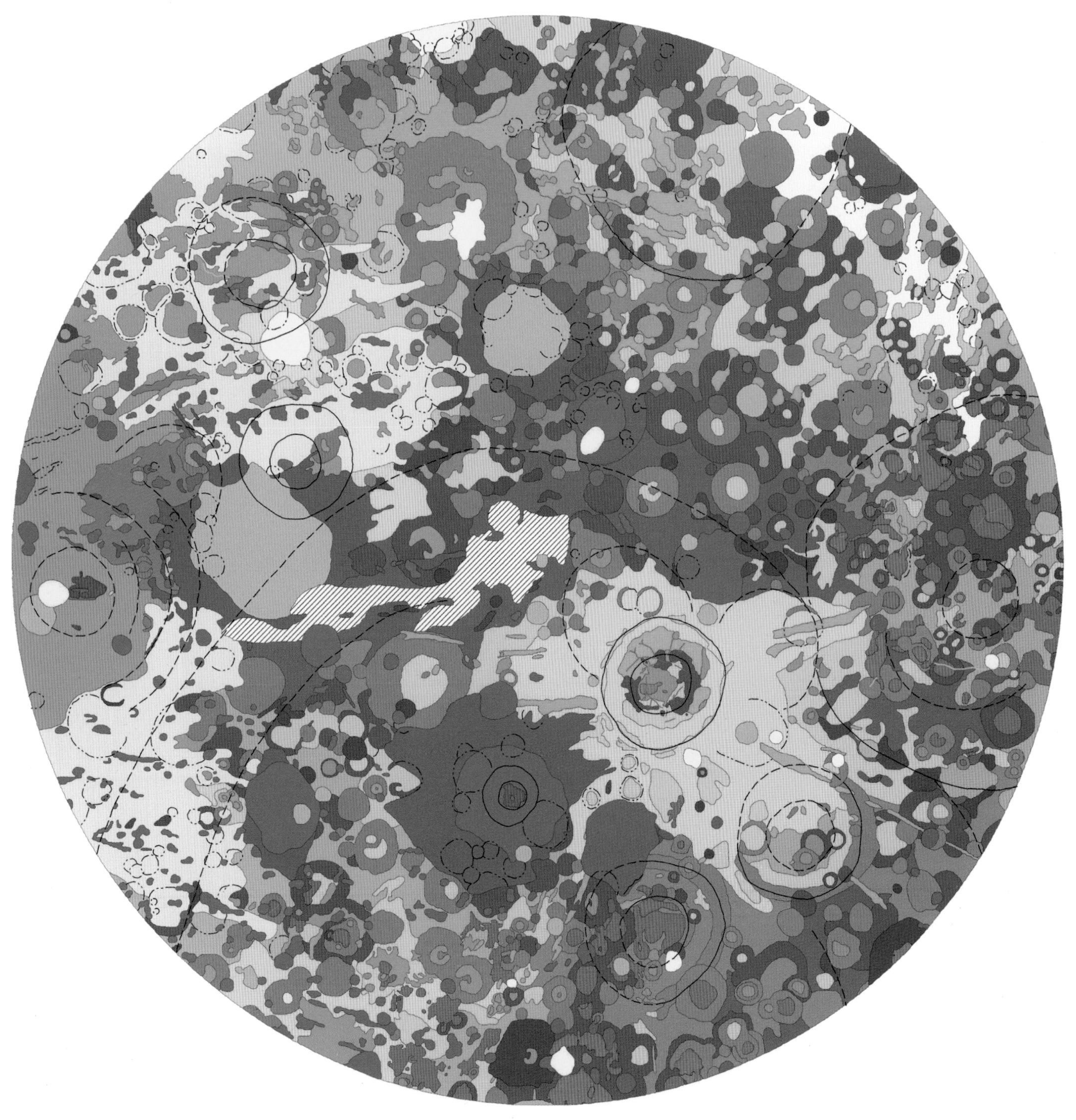

• 1977년

달의 서쪽에 거대한 충돌로 만들어진 오리엔탈 분지는 지름이 960킬로미터 이상으로, 여러 개의 큰 크레이터로 채워져 있다. 오리엔탈 분지의 오른쪽 위에 다홍색으로 색칠된 영역은 달의 바다 중 가장 거대한 폭풍우의 바다(Oceanus Procellarum)이다(크기가 너무 커서 바다를 넘어 '대양 ocean'으로 부른다. 여기가 달 유일의 대양이다. 물론 실제 달은 물이 없는 메마른 세계지만). 이 지질도에서 파란색은 오리엔탈 분지 주변의 거칠고 울퉁불퉁한 지역을 나타낸다. 빨간색은 화산 물질로 평탄하게 덮인 지역을 나타낸다.

• 1979년

달의 남극 지역과 그 주변을 그린 달 지질도다. 맞은편 달 지도와 마찬가지로 다양한 색깔로 각 지역과 성분을 나타낸다. 이 지도에서 왼쪽의 파란색 영역은 앞서 봤던 오리엔탈 분지 방향을 나타낸다. 위 지도의 한가운데에 사선으로 채색된 불규칙한 모양의 얼룩은 이 지도가 발표되었을 당시에는 탐사가 이루어지지 않은 영역임을 의미한다. 달의 남극 바로 아래 오른쪽에 있는 황갈색 반점은 지름 320킬로미터 크기의 슈뢰딩거 크레이터로, 비교적 최근까지 달에서 벌어졌던 화산 활동의 징후를 보여주는 몇 안 되는 곳 중 하나다. 크레이터 한가운데에 있는 연한 하늘색 속 적갈색 얼룩은 화산의 분출구 중심에 화산 쇄설물이 누적되어 있는 영역을 나타낸다. 정확하게 달의 남극이 위치한 곳에 올리브 색깔로 작게 찍힌 얼룩은 섀클턴 크레이터다. 달의 남극에 있는 이 크레이터는 영원히 태양 빛이 들지 않고 그림자가 지는 곳으로, 그 깊은 어둠 속에 얼음이 쌓여 있으리라 추정된다. 만약 인류가 달에 진출해 기지를 만든다면 달에 남은 이러한 얼음 퇴적물이 매우 중요한 자원이 될 수 있다.

4 태양

당신이 맨해튼을 사랑하는 건 알지만,
하늘을 더 자주 올려다봐야 해요.
그리고
항상 모든 것을 받아들이세요. 사람들,
지구, 하늘의 별들, 제가 그런 것처럼, 공간에 대한 감각으로
자유롭게 몸을 맡긴 채.

_프랭크 오하라, 〈파이어 아일랜드에서 나누는 태양과의 진실한 대화〉

태양에 비하면 달의 신비로운 매력은 아무것도 아니다. 태양은 인류 역사 전체를 통틀어 가장 완벽하고 가장 중요한 숭배의 상징이자 신의 하나로 여겨졌다. 신석기 시대 인류는 태양이 바지선을 타고 움직인다고 생각했다. 이집트 고대 5왕조 시기에는 다른 모든 신을 지배하는 태양신 라가 자신의 배를 타고 매일 동쪽에서 서쪽으로 여행하며 하늘에서도 태양이 함께 움직인다고 생각했다. 바빌로니아와 아시리아 판테온에서 태양신 샤마시는 죄를 지은 이들을 향해 무자비하게 밝은 빛을 비추며 심판을 내렸다. 인도네시아 문화에서는 태양계 중심의 별인 태양이 한 가족을 지배하는 가장을 상징했고 그들의 가부장적인 권위를 뒷받침하는 신화적 근거가 되었다. 아즈텍 문화에서는 태양신 토나티우가 등장한다. 그가 다른 모든 신을 지배했다. 아즈텍인들은 하늘에서 태양신 토나티우가 멈추지 않고 계속 움직이도록 하기 위해 주기적으로 신에게 제물을 바쳤다. 그들은 인간의 가슴에서 삽처럼 뾰족한 칼날로 심장을 적출해 태양신 토나티우를 달랬다. 이 포악한 태양신을 달래고 태양이 1년 내내 멈추지 않도록 하기 위해 사람들의 희생이 수만 번 넘게 필요했을 것이다.

사람들이 왜 이렇게 태양을 강력한 존재로 여겼는지는 그리 어렵지 않게 이해할 수 있다. 태양은 바람을 몰고 작물의 수확 시기를 결정한다. 태양은 모든 생명에 생명력을 불어넣는다. 그리고 우리의 길을 밝혀준다. 태양의 부재는 곧 재앙을 의미한다. 태양이 사라진다면 너무나 많은 비극이 벌어질 것이다. 여기에 태양의 변덕스러움도 태양을 더 대단한 존재로 여기게 만든다. 시시각각 변화하는 태양의 모습은 자연이 얼마나 불규칙하고 예측할 수 없는 존재인지를 보여주는 가장 대표적인 사례다. 심지어 현대 문명조차 대부분의 연료를 태양에서 얻는다. 지구의 땅 속 깊이 묻혀 있는 모든 화석 연료는 태양에서 에너

지를 얻어 비축하고 있는 배터리라고 볼 수 있다.

이러한 이유를 보면, 많은 면에서 태양을 숭배하는 고대 종교가 이후에 등장한 현대 종교보다 오히려 합리적이다. 유일신을 표방하는 오늘날의 유대-기독교 문화 역시 태양을 숭배했던 고대 종교 문화와 연관되어 있다는 다수의 증거가 존재한다. 오늘날 예수 그리스도의 생일을 기념하는 휴일은 과거 로마인들이 태양의 부활을 기념하기 위해 정했던 '누구도 꺾을 수 없는 태양의 생일Dies natalis solis invicti'에서 기원한다. 이날은 율리우스력으로 동지에 해당하는 12월 25일, 바로 지금의 크리스마스와 같은 날이었다. 성 베드로 성당 지하의 바티칸 네크로폴리스에는 고대 로마의 신 솔 인빅투스(또는 아폴론-헬리오스)와 그리스도가 융합하는 장면을 묘사한 모자이크화가 있다. 이 그림은 3세기 후반에 제작되었다. 그리스도의 뒤에서 뻗어나가는 후광은 분명 태양신의 모습을 상징한다. 이 작품을 함께 채우고 있는 배경의 포도나무 그림은 신화 속에서 디오니소스의 음주 문제를 야기했던 원인이자 〈요한복음〉 15장에 등장하는 참 포도나무를 상징한다. 이 모자이크 작품은 기독교의 세력이 더 강성해지면서 다른 이교도 신들이 올림포스의 비탈길을 따라 물러나던 시기를 대변한다. 이것은 바로 태양신이 재림하는 순간이었다. 이러한 역사적인 사실을 볼 때 소크라테스 이전 고대 그리스 시대에 태양이 아닌 지구를 중심으로 한 우주 모델이 가장 먼저 자리를 잡았다는 점은 굉장히 흥미롭다. 태양을 가장 강력하고 필요 불가결한 압도적인 존재로 여겼다면 어떻게 그런 강력한 존재가 우리 지구 주변을 맴돈다고 생각할 수 있었을까? 플라톤은 하늘의 모든 천체가 원 운동으로 설명될 수 있다고 주장했다. 그렇다면 원을 그리며 도는 모든 천체들의 궤도 한가운데 가장 강력한 존재인 태양을 두는 것이 더 자연스럽지 않았을까? 어째서 고대인들은 태양이 아닌 지구를 중심으로 움직인다고 생각했던 걸까?

이유가 무엇이든, 당시 프톨레마이오스의 지구중심설을 신봉했던 15세기 사람들도 태양을 마냥 하찮은 천체로 여긴 것은 아니다. 당대인들은 태양에 실질적이고도 특별한 지위를 부여했다. 지구의 하늘에서 태양이 움직이는 경로로 정의되는 황도는 고대부터 하늘의 천체 좌표를 정의하는 기준선 역할을 했다. 황도와 그 중심축에 해당하는 황극을 정의하고, 이를 기준으로 남북으로 각도를 재는 황위와 동서로 각도를 재는 황경을 정의했다(적도와 극을 기준으로 한 위도 경도와 비슷하다). ecliptic(황도)이라는 이름은 태양이 하늘 위에서 이 선에 놓일 때만 eclipse(일식)를 볼 수 있었기 때문에 붙었다. 태양, 달, 태양계 행성들은 항상 황도를 기준으로 위아래 16도 너비의 띠 영역 안에서 움직인다. 이 띠를 황도대라고 부른다. 황도대는 다시 밤하늘의 12개 별자리로 영역을 구분한다. 이것은 1년의 12개월과 같은 숫자다. zodiac(황도대)이라는 이름은 각 영역을 구분하는 별자리가 동물 형태인 경우가 많기 때문에 zoo(동물원)를 뜻하는 말에서 비롯되었다. 황도대를 구분하는 별자리들이 밤하늘의 야생 동물이라면 태양은 사육사인 셈이다.

프톨레마이오스의 지구중심설은 1000년 하고도 반 넘게 인류의 우주관을 지배했다. 다른 경쟁자는 존재하지 않았다. 하지만 프톨레마이오스의 지구중심설을 신봉했던 사람들도 태양이 인류에게 끼치는 중요한 역할을 부정하지 않았다. 127쪽에 있는 중세 백과사전 《꽃의 책》에 실린 한 그림을 보자. 마치 꽃처럼 활짝 핀 태양이 그림 가운데에 있는 지구를 향해 태양 빛을 내리쬐고 있다. 그리고 지구 뒤로 잉크로 얼룩진 그림자가 드리워진다. 틀림없이 태양이 지구 주변 궤도를 도는 것으로 묘사되어 있기는 하지만, 꽃잎 모양으로 둘러싸인 태양의 모습이 오히려 지구보다 더 돋보인다. 생토메르 성당 소속의 랑베르가 그린 이 그림을 보면 태양과 지구가 붉은 선으로 연결되어 있다. 이 붉은 선은 지구 중심의 경로를 가리키는 듯하다. 다른 방향에 있는 붉은 선들이 함께 모여서, 지구를 중심으로 도는 대관람차 같은 모습을 연상시킨다. 하지만 절대로 쫓겨나지 않을 것만 같았던 고집불통의 지구는 결국 가운데에서 가장자리로 쫓겨났다. 대신 대관람차의 중심에는 해바라기 모양의 태양이 놓이게 되었다.

더 뒤에 등장하는 또 다른 그림도 살펴보자. 크리스티아누스 프롤리아누스가 쓴 논문 《천문학Astronomia》에는 독일의 세밀화가 요아히누스 드 기간티부스가 15세기 말에 그린 삽화가 실려 있다. 이 그림(129쪽)은 금색과 회색으로 색칠한 원반으로 구성되어 있다. 코페르니쿠스가 《천구의 회전에 관하여》를 출판하면서 우주의 중심에 안주하고 있던 지구를 쫓아내고 그 자리에 태양을 두어야 한다고 주장했던 때가 1543년이다. 놀랍게도 이 그림은 이보다 최소 40년 앞서 제작되었다. 물론 이 초기의 인포그래픽은 각 천체의 등급 또는 밝기를 비교하고자 제작된 것이다. 하지만 각 천체들의 크기를 표현하지 않고는 이들의 밝기 차이를 드러내기가 아주 어려웠을 것이다.

이 그림 속 25센트 동전 크기의 어두운 회색 원반은 지구를 의미한다. 이 지구보다 훨씬 크게 표현된 황금빛 원반은 당연히 태양을 의미한다. 이것이 태양을 상징한다는 걸 어떻게 눈치 채지 못할 수 있을까? 하지만 태양계 중심에 지구가 아닌 태양이 놓여 있을 것이라는 이 추측은 당시 프톨리아누스의 회의에 부딪혔을 것이다(한편 이 그림에는 또 다른 흥미로운 점이 있다. 행성을 단순한 점이 아닌 하나의 원반으로 묘사한다는 점이다. 이 책은 망원경이 발명되기 훨씬 전에 제작되었다. 당연히 드 기간티부스에게 행성이란 하늘 위를 움직이는 떠돌이 별에 불과했다. 그럼에도 그는 행성을 별과 같은 점이 아니라 원반의 모습으로 표현했다).

망원경이 등장하면서 천문학자들은 망원경을 통해 태양의 모습을 종이 위에 투영하여 볼 수 있는 새로운 장치를 만들었다. 이것은 오늘날의 태양 관측 망원경의 기술적 토대가 되었다. 1610년 갈릴레오 갈릴레이와 그의 경쟁자 크리스토프 샤이네르는 모두 태양 관측 망원경을 활용해 태양의 흑점을 관측했다. 당시 이들이 사용한, 망원경을 활용한 태양 투영 방식은 태양 원반의 모습을 매우 정밀하게 스케치할 수 있게 해주었다. 그리하여 갈릴레오와 샤이네르가 그린 태양 그림은 거의 사진이라 보아도 될 만큼 놀라운 정확도를 갖고 있다. 사실 따지고 보면 당시 이들이 사용한 투영 기술은 초보적인 사진술이었다. 딱 하나 감광 유제만 없었을 뿐이다(태양 흑점은 태양의 자기장 다발이 수렴하는 지역에서 발생한다. 눈으로 직접 볼 수 있는 태양의 표면을 광구라고 하는데, 자기장이 모여들면 다른 주변 광구보다 더 온도가 낮아진다. 그로 인해 더 어둡게 보인다. 이것이 흑점이다).

태양 원반의 흑점, 그리고 개기일식이 벌어지는 동안 태양 원반 바깥으로 아치를 그리며 뿜어져 나오는 거대한 홍염은 천문학자들의 눈을 사로잡았다. 그뿐만 아니라 천문학자들은 달력을 만들기 위한 목적으로 태양 연구에 몰두했다. 앞서 언급했듯이 실제 태양력이 쓰이기 훨씬 전부터 고대 인류는 계절에 따라 요동치는 태양의 변화를 측정하고 기록했다. 이것은 아주 오래전부터 고대 천문학자들이 맡은 가장 중요한 역할이었다.

1655년 프랑스-이탈리아의 천문학자 조반니 도메니코 카시니는 볼로냐의 산 페트로니오 대성당 바닥에 놀라운 해시계를 제작했다. 그에 앞서 14세기 천문학자이자 사제였던 이그나치오 단티도 조금은 투박한 해시계를 만들었다. 당시 교회는 이미 이전부터 거대한 천문 장치를 활용해오고 있었다. 하지만 카시니는 지구상에서 가장 정확한 새로운 장치를 만들고자 했다. 그래서 67미터 길이의 완벽한 자오선을 새로 정의하려 했다. 이를 위해 정교한 공학 기술을 활용한 태양의Heliometer로 태양을 지속적으로 관찰했다. 이러한 관측을 통해 그는 아주 정확하게 그레고리력 체계를 만들었다. 과거 인류는 율리우스력을 사용했다. 하지만 1582년 교황 그레고리 13세가 제정한 새로운 체계가 받아들여져, 오늘날까지 국제적으로 가장 널리 쓰인다. 특히 당시 교황이 역법 체계를 바꾸고자 했던 가장 중요한 동기는 태양력과 음력이 크게 어긋나 부활절을 기념하는 날짜를 정확하게 동일한 날짜로 고정할 수 없었기 때문이다.

카시니가 새롭게 만든 해시계는 전례 없을 만큼 정확했고, 그 덕분에 연이은 두 번의 춘분점 사이의 기간을 정확히 잴 수 있었다. 달력으로서도 그 기능을 완벽하게 수행했다. 한편 이 장치는 곧바로 천문학자 요하네스 케플러의 추론을 검증하는 도구로도 쓰였다. 독일의 천문학자 케플러는 코페르니쿠스가 만든 우주 모델에서 몇 가지 문제점을 발견했다. 우선 그는 코페르니쿠스가 실제에 비해 지구의 궤도에 두 배 이상 더 큰 이심률을 적용했다는 문제를 발견했다. 이로 인해 지구의 궤도가 실제보다 더 크게 찌그러졌고, 궤도 중심에서 약간 벗어난 곳에 위치한 지구에서 봤을 때 태양의 겉보기 크기 변화가 실제 관측되는 것보다 더 극단적으로 이루어져야 하는 문제가 발생했다. 카시니는 정오마다 하늘의 자오선을 지나가는 태양의 겉보기 크기를 측정하여 케플러가 지적했던 문제를 입증했다. 이런 천문학적 측정 결과를 제공하면서 카시니의 장치는 코페르니쿠스의 태양중심설을 다듬어주었다. 흥미롭게도 교황령 내 가톨릭교회에서 카시니의 장치는 지구중심설이 아닌 케플러 버전의 태양중심설을 지지하는 중요한 실험적 증거를 차곡차곡 제공했다. 불과 22년 전까지만 해도 갈릴레오가 지구는 태양 주변을 돌지 않는다는 의견을 굽히지 않은 죄로 재판을 받았고 "맹렬한 이단 혐의자"로 낙인찍혔던 것을 생각해보면 놀라운 일이다.

1700년 11월 새로운 교황 클레멘스 9세가 즉위했다. 그는 훌륭한 달력인 볼로냐 태양의에 곧바로 매료되었다. 그는 로마의 어마어마한 성 베드로 대성당에도 비슷한 장치를 만들도록 했다. 이곳은 1561년 당시 고령의 미켈란젤로가 3세기에 지어진 로마 디오클레티아누스 욕장과 딱 어울리도록 설계했던 성당이다. 클레멘스는 카시니의 해시계를 연구했던 (그리고 찬양했던) 교황청의 오래된 멤버이자 천문학자였던 프란체스코 비안치니에게 새로운 해시계 제작을 맡겼다. 결국 비안치니는 새로운 해시계를 완성했다. 이를 두고 많은 천문학자들이 여러모로 유용하며 가장 아름다운 해시계라고 인정했다.

교회에는 높은 벽이 있었다. 남쪽으로는 해가 제대로 들었다. 이 두 가지 모두 태양의 움직임을 관측하는 해시계를 만들기에 아주 좋은 조건이었다. 게다가 교회는 수 세기 동안 자리를 옮기지 않고 계속 한 자리에 서 있었다. 이 또한 아주 중요했다. 비안치니는 남쪽을 향하고 있던 교회의 높은 벽에 구멍을 뚫었다. 해시계 구멍gnomon이었다. 그리고 교회 대리석 바닥에 정확하게 경도 12도 30분(로마의 경도이다 - 옮긴이)에서의 자오선을 따라 두꺼운 청동색 선을 그렸다.

카시니의 해시계와 마찬가지로 비안치니의 해시계도 현재까지 여전히 작동하고 있다. 매일 정오가 되면 벽에 뚫은 해시계 구멍을 통해 태양 빛이 들어온다. 그 빛은 정확하게 교회 바닥에 그려진 청동색 선 위에 비친다. 하지와 동지가 되면 구멍으로 들어온 태양 빛은 정확하게 청동색 선의 양 끝을 비춘다. 그리고 다른 날짜에는 그 중간 어딘가를 비춘다. 1년 내내 구멍으로 들어온 태양 빛은 청동색 선 양 끝 사이에서만 움직인다. 춘분과 추분일 때는 청동색 선의 한가운데 같은 지점에 비친다. 이 선 위에서 태양 빛이 어디쯤에 비치는지를 통해 날짜를 잴 수 있다.

재밌게도 카시니와 비안치니는 가톨릭교회를 통째로 지구중심설을 부정하고 코페르니쿠스의 태양중심설을 지지하는 천문 관측 장비로 바꿔버렸다. 이들은 교회 자체를 해시계로 활용하며 태양의 움직임과 겉보기 크기를 놀라운 정밀도로 측정했다. 프란체스코 비안치니가 지구 중심 모델과 태양 중심 모델 중 어느 것을 지지하는지 명확하게 표현한 적은 없다. 하지만 1728년 출판된 금성에 관한 책에서 극히 흥미로운 삽화를 하나 발견할 수 있었다. 행성의 궤도를 묘사하는 이 그림 중심에는 재밌게도 태양도 지구도 아무것도 그려지지 않았다.

• 1121년

중세 백과사전《꽃의 책》에 등장하는 그림이다. 태양이 꽃처럼 활짝 피어 있다. 태양 빛은 아래 지구를 비추고 지구 뒤에 그림자가 드리워졌다. 양쪽에서 뻗어 나와 가운데 지구를 둥글게 감싸는 빨간색 고리는 지구의 하늘에서 보이는 태양의 겉보기 움직임 경로인 황도를 나타낸다. 지구의 하늘에서 봤을 때 달은 황도를 기준으로 5도 이상 멀리 벗어나지 않는다. 그래서 가끔씩 달이 태양을 등지고 있는 지구의 그림자 속으로 들어오면 월식이 벌어진다. 반대로 태양을 가리는 달의 그림자가 지구 위에 그려지면서 일식이 일어난다. 고대 천문학자들은 하늘 위에서 태양이 황도 위에 놓일 때만 일식과 월식이 발생한다는 사실을 발견했다. 이 선의 이름이 황도(ecliptic)가 된 이유이다.

Luna recedens a sole novi...
secundo die cum occasu ...
tercio die tardius occidit ...
circa solis occasum. Post ...
cum sol mergit luna ...

Sol

Terra

Constat ... aut in medio
unius terrae am... celestis circuli per
bitu habere stadio... que sol currit ut cen
rum CCL milia. Horum ... tron locata e. Duplica
XX id est XI cccclmm ... tus g illis quadragies centum
remanent ib; XII si auferas ... milibus erit integra dia
et remanebit CCXL d XLIIII ... metros celestis circuli non
Horum diametrum tocius am... gies sexies centum milia
bitus LXXX ... stadiorum. Sup s XXI
... et LXXX stadiorum diame... dcccc XL & minu
... ta diametros ter
... cum parte VII ... multiplicet adiecta
... parte VII ...
sexagies LXXX milia ...
multiplicat id est ... ambitum habere stadia
quadragies ... omnium ...
... ccccc milia ...
... super centum
... septuaginta
... milia

Luna

• 1440~50년

단테의 《신곡》에 등장하는 그림이다. 이 그림은 시에나의 화가 조반니 디 파올로가 그린 것으로 〈낙원〉 파트를 묘사한다. 단테와 그의 가이드 베아트리체가 함께 태양의 하늘로 올라가는 장면이다. 이곳에서 단테는 토마스 아퀴나스의 영혼과 그의 멘토인 알베르투스 마그누스의 영혼을 만난다. 그리고 또 다른 지적인 존재가 단테가 도착하기를 기다리고 있다. 아퀴나스는 이 존재를 '작은 불꽃(flamelets)'이라고 불렀다. 이 장면에는 서기 723년경 태양의 움직임을 계산하는 방법을 담은 책을 집필했던 잉글랜드의 천문학자 비드도 등장한다. 여기서 단테는 태양을 보고 "자연의 가장 위대한 목자시다. 천국의 힘으로 세상에 빛의 도장을 찍고, 우리를 위해 자신의 빛으로 시간을 측정하신다"라고 이야기한다. 디 파올로는 빛을 언급하는 단테의 대사를 더 실감나게 표현하기 위해 양피지 그림 위에 금박을 덧입혔다. 디 파올로가 그린 또 다른 작품은 39, 85, 160, 196~97, 277쪽을 참고하라.

• 1478년

토스카나-나폴리 출신의 인문주의자 크리스티아누스 프롤리아누스가 집필한 과학 논문 《천문학》에 실린 그림이다. 이 그림은 독일의 세밀화가 요아히누스 드 기간티부스가 제작했다. 15세기에 제작된 이 흥미로운 인포그래픽은 가장 큰 금색 원반으로 묘사된 태양을 비롯해 여러 행성과 달의 상대적인 등급 또는 밝기를 비교한다. 맨 아래에는 회색 원반으로 표현된 지구가 있다. 오른쪽에는 작은 수성이 황금색으로 빛난다. 이상하게도 이 그림에서는 화성이 금성보다 더 크고 밝게 빛난다고 묘사되었다. 그리고 밤하늘에서 가장 밝게 보이는 천체는 달인데도, 달은 그다지 밝지 않은 어둡고 거무스름한 색으로 표현되었다(물론 실제 달은 짙은 회색이 맞다. 하지만 1478년 당시에는 아무도 그 사실을 몰랐다). 그림에 표현된 행성들의 상대적인 지름은 정확하지 않다. 하지만 모두 태양보다는 훨씬 작게 표현되었고, 행성은 모두 태양에 비해 부수적인 존재인 듯 묘사되었다. 오래전부터 태양의 지름이 달보다 19배 더 길다고 여겨졌다(실제로 태양의 지름은 달보다 400배 더 길다). 그런데 흥미로운 건 이 그림이 코페르니쿠스가 태어난 지 불과 5년 밖에 지나지 않았을 때 제작되었다는 점이다. 당시에는 우주의 중심이 지구라는 믿음이 여전히 굳건했다. 또 다른 인상적인 점은 행성들이 점이 아닌 원반의 모습으로 묘사되었다는 점이다. 망원경을 통해 직접 행성을 관측하여 이들이 단순한 '떠돌이 별'이 아니라 각각 크기를 지닌 행성이었다는 사실을 발견한 건 130년 뒤의 일이다. 놀랍게도 망원경이 발명되기도 전에 이 그림은 화성, 금성, 수성을 모두 둥근 원반으로 표현했다. 이 논문에 실린 또 다른 그림은 279쪽을 참고하라.

• 1479년

위: 1790년 12월 멕시코시티 메인 광장 아래에서 한 유물이 발견되었다. 1479년 제작된 것으로 추정되는 이 유명한 〈아즈텍 태양 스톤Aztec Sun Stone〉은 수많은 미스터리를 품고 있다. 14~16세기에 오늘날 멕시코 지역에서 번성한 아즈텍 문명에서 태양은 매우 중요한 존재였다. 일부 자료에 따르면 아즈텍인들은 태양신 토나티우에게 인신 공양을 하지 않으면 하늘을 가로질러 움직이던 태양이 멈추리라 여겼던 것으로 보인다. 한 가지 가설에 따르면 〈아즈텍 태양 스톤〉은 제물을 바치는 제단에 쓰였다. 제단은 아즈텍 문화의 가장 상징적인 장소의 중심에 위치했다. 그들은 스톤의 얼굴이 위로 가도록 배치한 다음 태양신을 위해 살아 숨 쉬는 제물을 그 위에 올리고 제물의 심장을 바쳤다. 이 스톤의 정확한 기능이 무엇이었는지는 알기 어렵다. 1792년 멕시코의 천문학자이자 고고학자인 안토니오 드 레온 이 가마는 자신의 저서에서 크기가 370센티미터에 달하고 무게는 무려 20톤이 넘는 스톤을 정확하게 대칭적으로 제작하는 일은 기하학과 역학이 고도로 발달한 지적 문명이어야만 가능하다고 지적했다. 이 그림은 그의 책에 등장한다. 스톤의 가운데에 있는 얼굴 모양은 태양신 토나티우를 상징하는 것으로 추정된다. 그 주변의 세밀한 석조 부분은 달력의 기능을 했을 것이다. 일부 자료들은 이 스톤이 아즈텍 문화에서 달력으로서 세속적·종교적 기능을 수행했을 것이라고 주장한다(농업 통제라는 세속적 목적과 사제들의 활동을 위한 종교적 목적). 이 스톤은 아즈텍 문명의 토대 중 하나였던 52년 주기를 헤아리는 역할을 했을 가능성이 크다. 이 태양 스톤의 정확한 기능과 여기에 어떤 상징들이 새겨져 있는지에 관해서는 밝혀지지 않은 부분이 많다. 우리의 무지는 과거 유럽의 정복자들이 아즈텍 문명을 침공하고 그들의 문화유산을 약탈하여 아즈텍 문화가 얼마나 파괴되었는지를 드러내는 방증이다.

• 1540년

오른쪽: 페트루스 아피아누스가 집필한《아스트로노미쿰 카에사레움》에 나오는 볼벨이다. 움직이는 종이 바퀴로 구성된 이 복잡한 장치는 황도 위를 움직이는 태양의 정확한 위치를 모니터링하고 예측하는 데 쓰였다. 행성과 달리 태양은 지구의 하늘에서 봤을 때 역행을 보이지 않는다. 즉 1년 동안 하늘 위에서 움직이는 방향이 거꾸로 뒤집히는 모습을 보이지 않는다는 뜻이다. 그런데 태양은 황도 위를 항상 같은 속도로만 움직이지 않는다. 태양은 여름보다 겨울에 약간 더 빠르게 이동하는 것처럼 보인다. 그래서 태양은 춘분에서 추분으로 이동할 때 그 반대로 이동할 때보다 조금 더 오래 걸린다. 아피아누스의 책은 천체의 움직임을 직접 예측하고 계산하는 과학적 도구의 기능을 겸했다. 이 볼벨을 돌리면 분홍색과 녹색 부분에 그려진 곡선의 각도가 변화한다. 이를 통해 계절에 따라 조금씩 달라지는 태양의 겉보기 움직임의 차이를 보정할 수 있다. 아피아누스가 만든 또 다른 작품에 대한 내용은 51, 87, 198, 247, 284쪽을 참고하라.

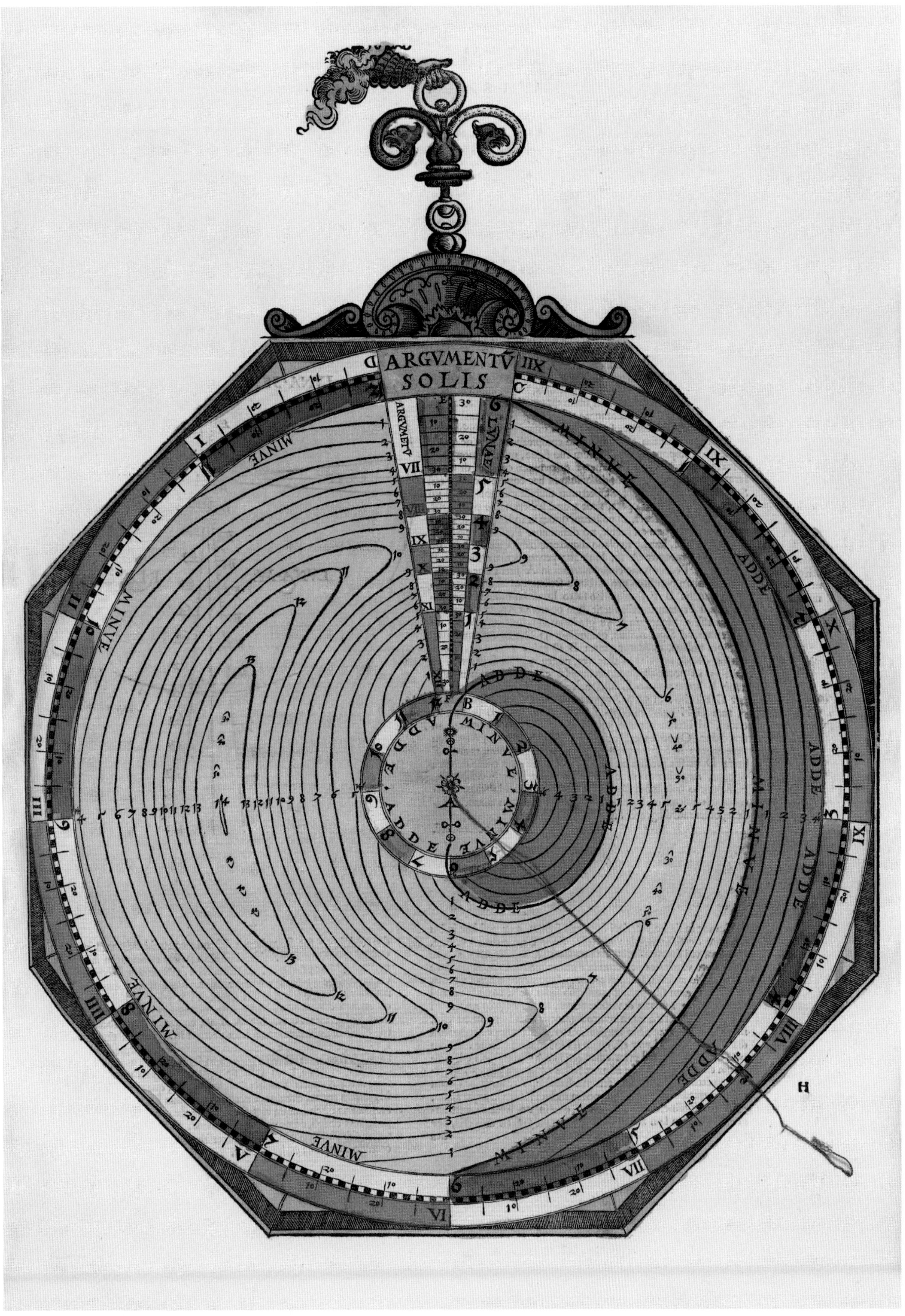
ARGVMENTV
SOLIS
ARGVMENTV
LVNAE
MINVE
ADDE
H

• 1582년

위의 두 그림: 앞에서 언급했듯이 태양은 다양한 문화권에서 종교적이고 우화적인 중요한 의미를 지녔다. 유럽 연금술은 전통적으로 검은색, 빨간색, 흰색으로 변화하는 태양의 모습으로 현자의 돌을 만들기까지의 과정을 묘사했다. 현자의 돌은 싸구려 금속을 황금으로 만들어주는 신비로운 물질을 의미한다. 각 색깔은 각각 연금술의 주요 단계를 상징한다. 이 그림은 독일의 살로몬 트리스모진이 집필한 연금술 논문 《태양의 탁월함Splendor solis》에 등장한다. 그의 논문에는 아주 많은 삽화가 실려 있다. 특히 이 그림은 각각 검은색 태양이 저무는 모습과 주황색 태양이 새롭게 떠오르는 장면을 묘사한다. 연금술에서 '검은 태양(sol niger)'은 영적인 죽음과 정화 과정을 의미한다. 이것은 현자의 돌을 제작하는 연금술의 첫 번째 단계다. 주황빛 또는 '홍조(rubedo)'를 띠는 태양은 현자의 돌을 제작하는 연금술의 마지막 네 번째 단계를 상징한다. 이러한 연금술의 각 단계는 심리학적으로 해석되기도 했다. 특히 융의 심리학에 따르면 검은 태양은 "영혼의 어두운 밤"을 상징한다. 이 논문의 판본은 현재 영국 국립도서관이 소장하고 있으며 가장 가치 있는 소장품 중 하나로 여겨진다. 예이츠, 조이스, 움베르토 에코가 이 책을 읽은 적 있다고 전해진다.

• 1613년

오른쪽: 태양에서 가끔 흑점이 나타난다. 흑점은 자기장 다발이 수렴하는 곳에서 (섭씨 5000도에 달하는 주변의 다른 태양 표면에 비해) 온도가 더 미지근한 영역에서 만들어진다. 보통 흑점이 생기는 영역의 온도는 섭씨 3000~5000도이다. 태양 흑점은 2000년 넘게 관측되었다. 17세기가 되자 천문학자들은 태양이라는 새로운 도구를 발명했다. 이것을 망원경에 연결해 태양의 모습을 종이 위에 투영하는 새로운 방법이 고안되었다. 이 그림은 갈릴레오가 1613년에 출판한 책 《태양 흑점에 관한 역사와 설명Istoria e dimostrazioni intorno alle macchie solari》에 등장한다. 실제로 태양의 모습을 직접 관측하고 종이 위에 투영해 얻은 결과물이기 때문에 실제 사진에 버금가는 높은 정밀도를 보여준다.

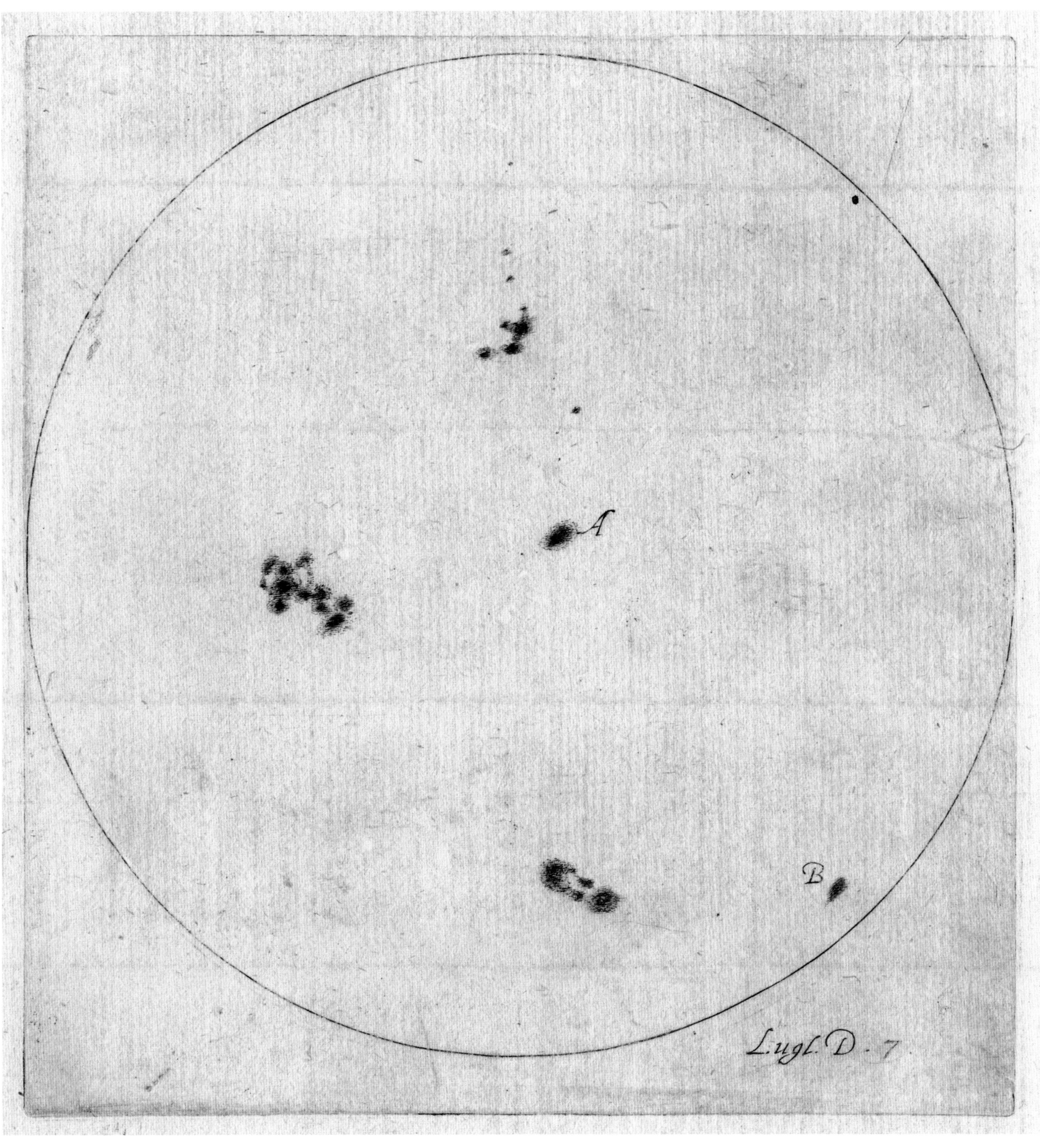
A
B
Lugl. D. 7

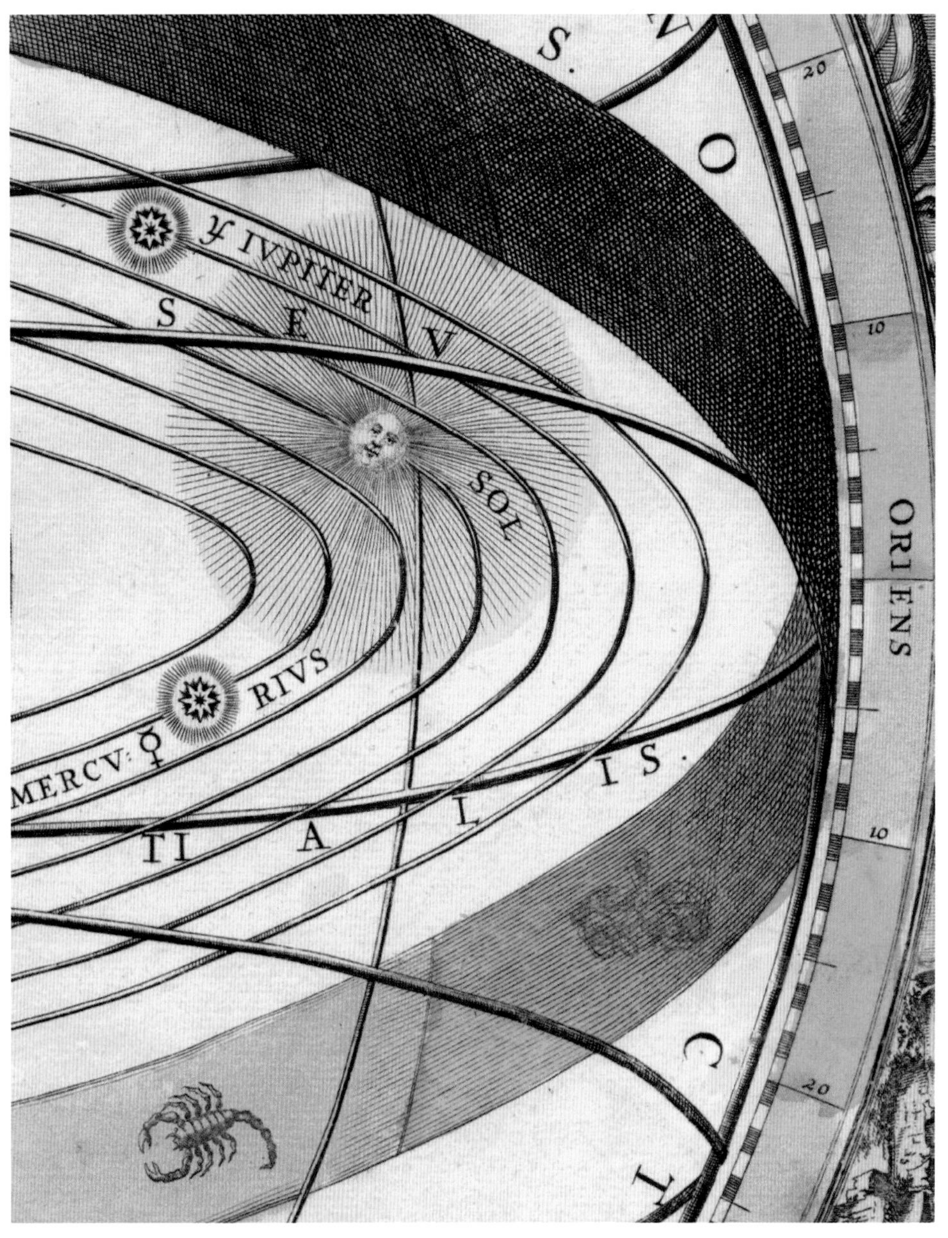

• 1660년

위와 오른쪽: 이 그림은 안드레아스 셀라리우스가 집필한 호화로운 책 《대우주의 조화》에 등장한다. 프톨레마이오스의 지구중심설을 반영하여, 지구중심설과 더불어 이후 프톨레마이오스의 이론을 대체하며 등장했던 코페르니쿠스의 태양중심설을 함께 묘사한다. 위의 그림에서는 태양이 지구 주변을 둘러싼 철사를 따라 궤도를 도는, 지구에 종속된 작은 천체로 표현되었다(이 그림의 전체 모습은 54~55쪽을 참고하라). 반면 오른쪽 그림에서는 태양이 훨씬 커다랗게 부풀어 있다. 더욱 높아진 태양의 지위에 걸맞게 태양에는 근엄한 얼굴이 그려져 있다. 태양 주변 궤도 위에 그려진 네 개의 지구는 각각 네 계절을 나타낸다. 지구 주변에는 지구보다 훨씬 작은 달이 오늘날의 통신 위성만큼 지구에 바짝 붙어 지구 주변의 저궤도를 돌고 있다. 태양 주변에서는 1660년 당시에 알려져 있던 또 다른 행성들도 확인할 수 있다. 셀라리우스의 책에 수록된 또 다른 그림은 54~55, 162~63, 200~201, 252~55쪽을 참고하라.

SEMITA SATVRNI QVI TRIGINTA ANNIS REVOLVITVR
SATVRNVS
VIA IOVIS SPATIO DVODECIM ANNORVM
DVORVM ANNORVM
INTERVALLO
ORBITA GLOBI TER
RESTRIS ANNVO
SOLSTI BRV
TIVM MALE
MAR
DEL
Tropicus Cancri
Circulus
Æquinoctialis
ZVR.
ÆTHIOPICVS
Zodia
CA.
Tropicus Capricorni
OCEANVS
LVNA
Circulus Arcticus
SPATIO CIRCA
SOLEM CVRRENTIS
MARS
SOLSTI ÆSTI
TIVM VVM

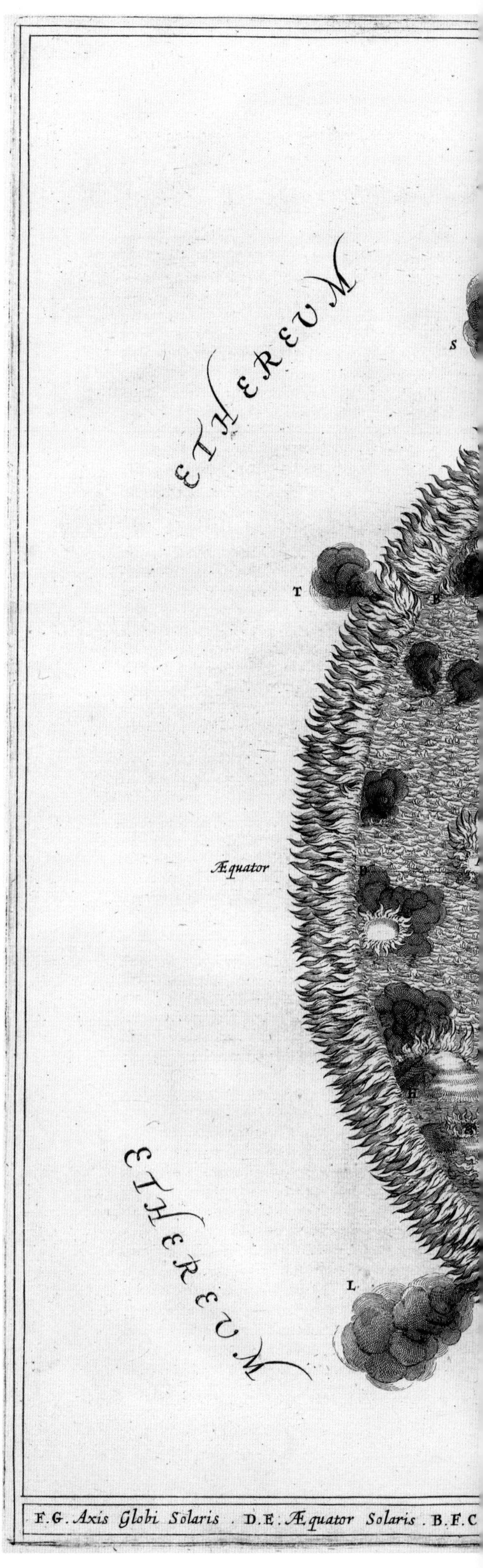

• 1664년

르네상스 시대 독일의 아타나시우스 키르허가 그린 그림이다. 활활 타오르는 태양의 모습을 묘사한다. 이후 이 그림은 수백 년에 걸쳐 출처가 밝혀지지 않은 채 여러 곳에서 쓰였다. 브리태니커 백과사전은 키르허를 가리켜 "걸어다니는 지식 거래소"라고 묘사한다. 하지만 당시에는 인용 출처 표기 규칙이 제대로 정립되어 있지 않았다. 대부분의 경우 키르허의 작품 일부를 인용했다는 언급이 넌지시 제시될 뿐이었다. 오늘날 몇몇 예술가들이 지적하듯이 키르허의 많은 작품은 초기 스팀펑크 스타일의 포스트모더니즘의 원형에 가까운 특징을 갖고 있다. 키르허가 집필한 《지하세계》에 나오는 밝게 타오르는 이 그림도 예외가 아니다.

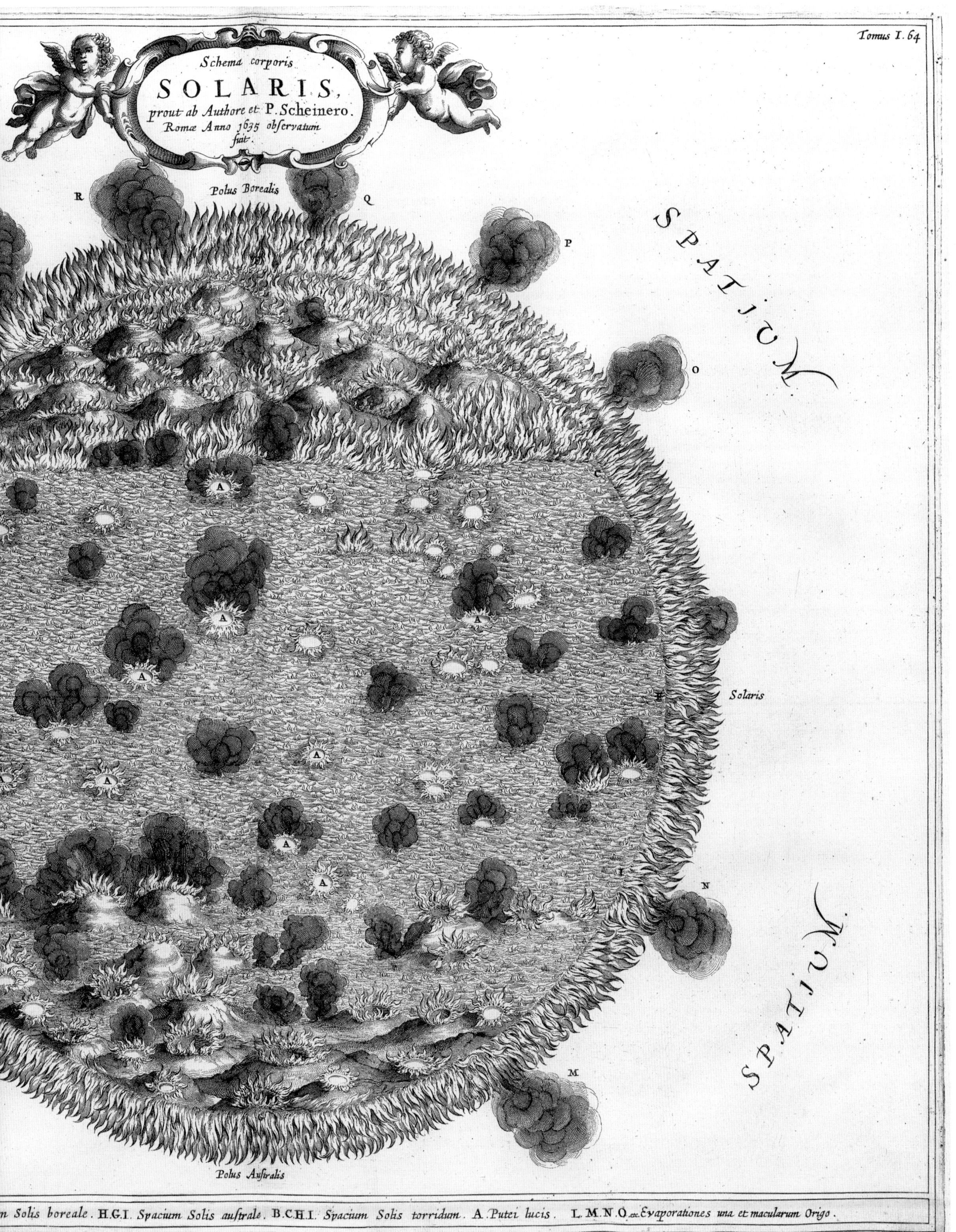
Tomus I. 64
Schema corporis
SOLARIS,
prout ab Authore et P. Scheinero.
Romæ Anno 1635 observatum
fuit.
Polus Borealis
R
Q
P
O
SPATIUM
Solaris
N
I
M
SPATIUM
Polus Australis
n Solis boreale. H.G.I. Spacium Solis australe. B.C.H.I. Spacium Solis torridum. A. Putei lucis. L.M.N.O. etc. Evaporationes una et macularum Origo.

• 1752년

왼쪽: 그리스의 태양신 아폴론은 아즈텍의 태양신보다 2000년 먼저 등장했다. 베네치아의 거장 조반니 바티스타 티에폴로가 그린 이 유화 작품은 하늘을 가로질러 날아오르려 하는 아폴로를 표현한다. 그는 태양을 등지고 있다. 아폴론 주변에는 행성을 상징하는 우화적으로 표현된 인물들이, 그림의 모서리에는 지구의 네 대륙이 그려졌다. 18세기 중반이 되면서 코페르니쿠스의 태양중심설이 확고한 우주론으로 자리 잡았다. 이 그림은 135쪽에 있는 셀라리우스의 우주에 대한 묘사와 똑같은 원리를 바탕으로 구성되었다. 티에폴로가 그린 〈행성과 대륙에 관한 우화Allegory of the Planets and Continents〉라는 제목의 이 작품은 뷔르츠부르크의 주교후 카를 필리프 폰 그레이펜클라우의 으리으리한 레지덴츠 궁 계단 천장에 그려진 거대한 그림의 기초가 되었다.

• 1872년

위: 예술가이자 천문학자였던 에티엔 트루블로는 하버드대학 천문대에서 소장으로 근무했다. 그는 하버드대학에서 첫해를 보내는 동안 천문대 연보에 싣기 위해 태양에서 벌어지는 현상을 묘사하는 판화를 제작했다. 이 그림에서 트루블로는 태양 원반에서 벌어지는 홍염을 극히 미묘하고도 디테일하게 묘사했다. 그림 아래쪽 직선은 두 홍염 사이 거리가 16만 킬로미터라는 것을 보여준다. 이것은 지구 지름의 12배가 넘는다. 비록 〈하버드대학 천문대 연보〉가 널리 읽히지는 않았지만 트루블로가 그린 삽화들은 이후 널리 보급된 다른 다양한 책에 영향을 주었다. 그의 그림들은 망원경으로 볼 수 있는 천문 현상들을 놀라운 수준으로 시각화해, 천문 현상의 믿기 어려우리만치 거대한 규모를 대중이 더 쉽게 이해하는 데 중요한 역할을 했다. 트루블로에 대한 더 자세한 내용은 108~109, 140~41, 174, 206~209, 261, 292~93, 321~23쪽을 참고하라.

• 1881년

에티엔 트루블로가 그린 주목할 만한 그림이다. 태양 흑점을 묘사한 이 그림은 당시 기준에서만이 아니라 이후 1세기가 더 지날 때까지 태양 흑점을 묘사한 가장 세밀한 작품이었다. 눈으로 볼 수 있는 태양의 가장 바깥층을 광구라고 한다. 흑점은 광구에서 주변보다 온도가 약간 낮은 영역으로, 보통 극심한 태양 자기 활동으로 인해 형성된다. 보통 흑점은 이 그림에 표현된 것처럼 두 개가 같이 쌍으로 나타난다. 쌍을 이루는 각각의 흑점은 서로 반대 방향의 자기 극성을 띤다. 이것은 1881년 찰스 스크리브너의 아들들이 수집한 트루블로 컬렉션에서 가져온 것이다. 트루블로에 대한 더 자세한 내용은 108~109, 140~41, 174, 206~209, 261, 292~93, 321~23쪽을 참고하라.

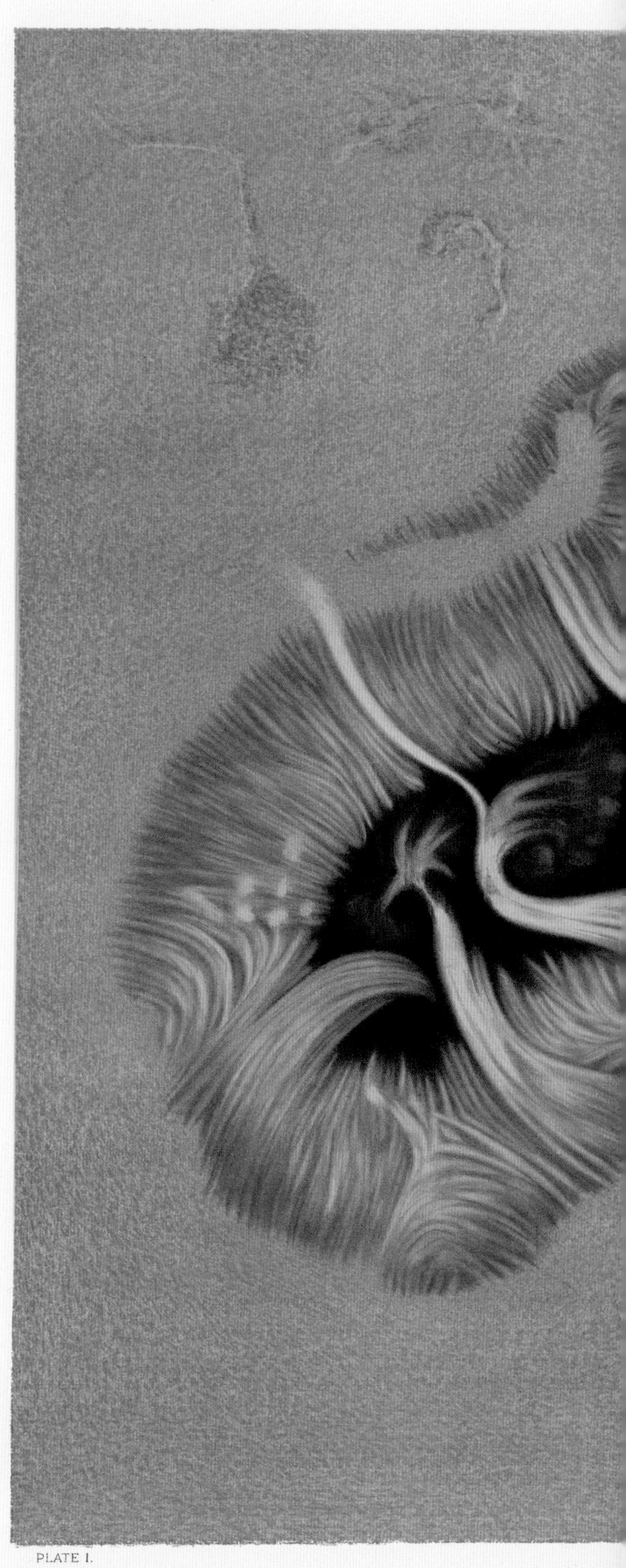

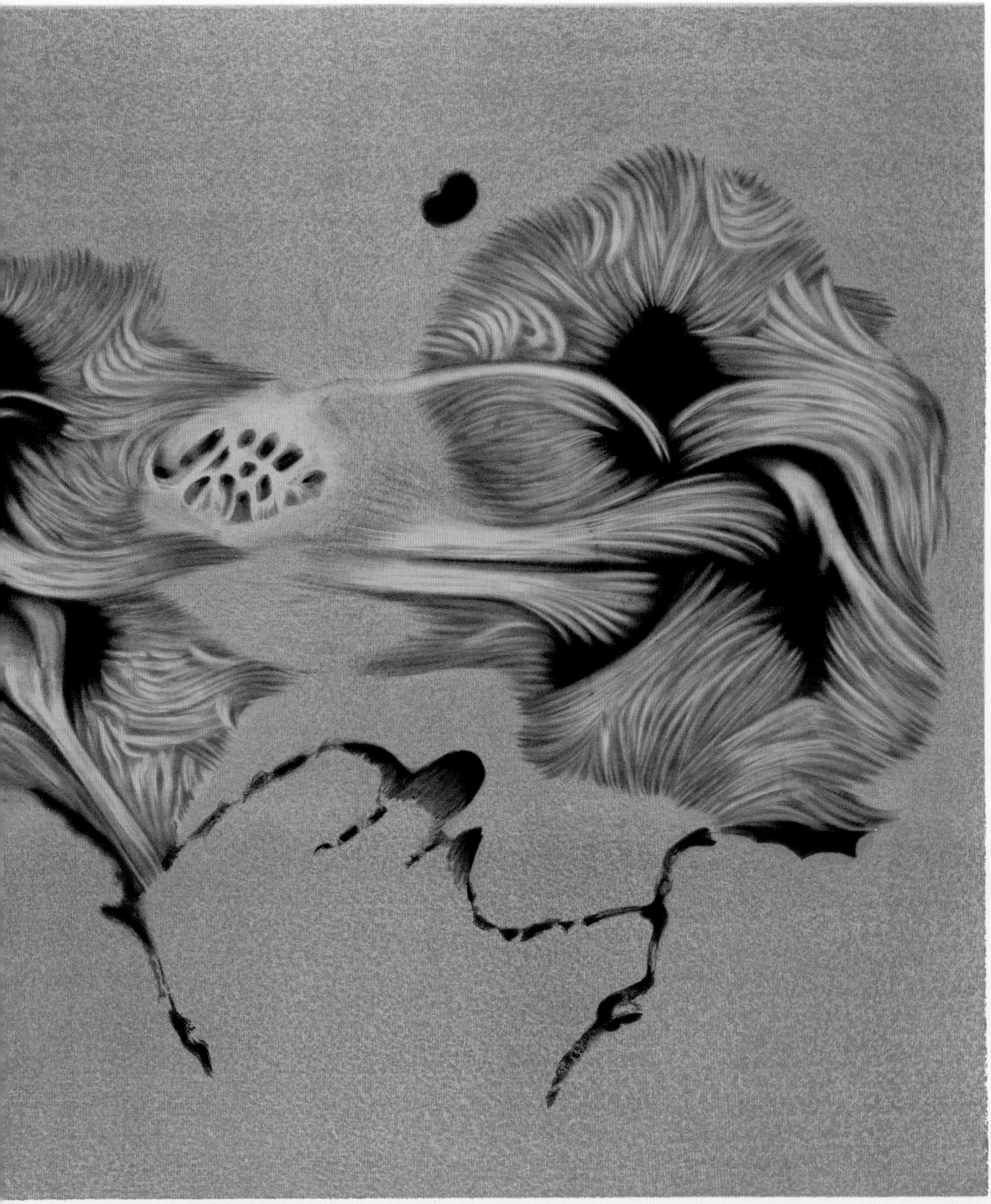

Copyright 1881 by Charles Scribner's Sons.

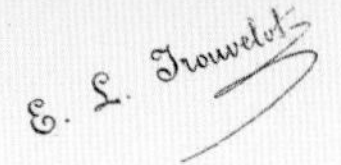

P of SUN SPOTS and VEILED SPOTS.

Observed on June 17th 1875 at 7 h. 30 m. A.M.

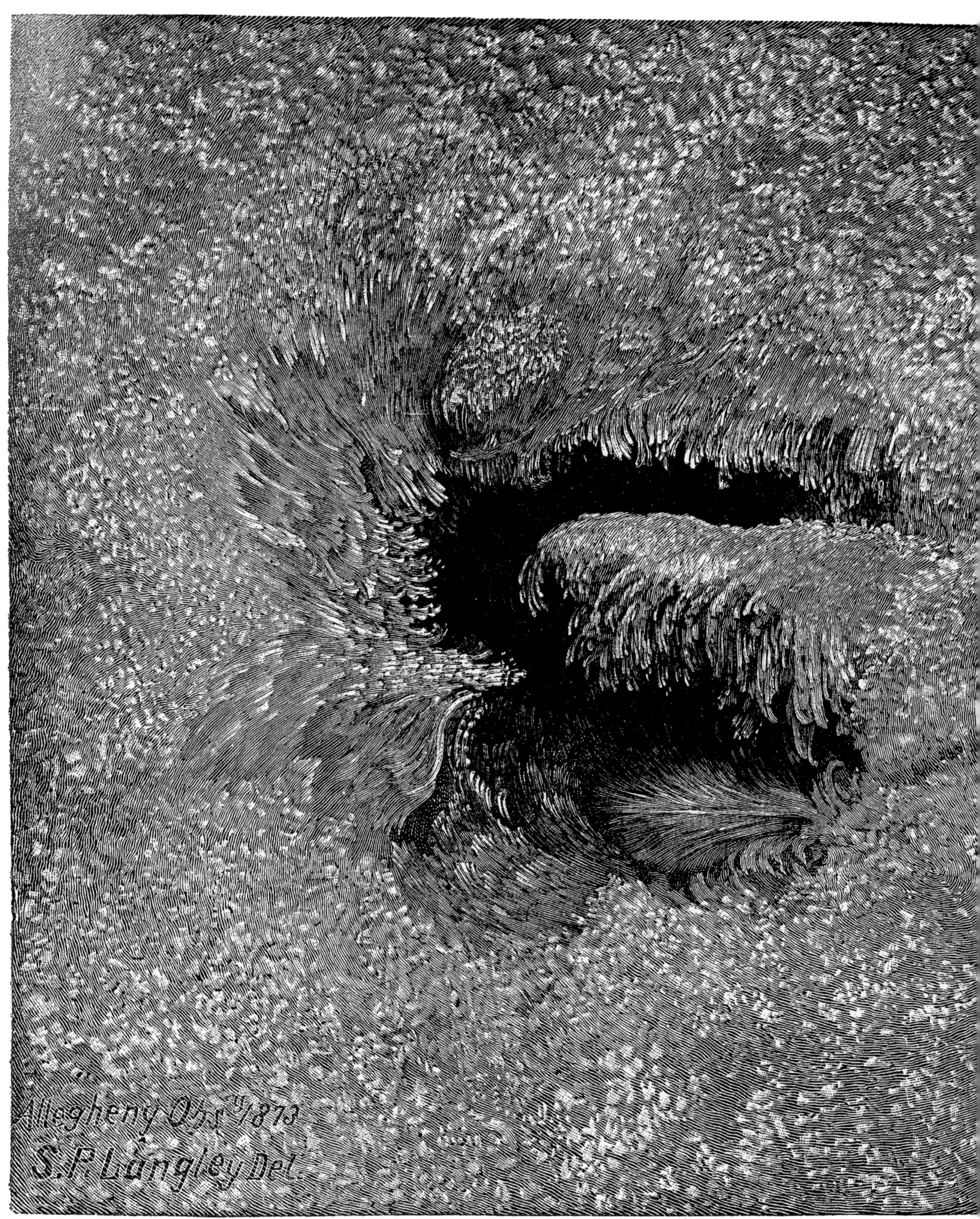
Allegheny Obsy 1873
S.P. Langley Del.

THE EARTH AS IT WOULD APPEAR IN COMPARISON WITH THE FLAMES SHOOTING OUT FROM THE SUN.

• 1900년

왼쪽: 천문학자이자 항공학의 선구자였던 새뮤얼 피어폰트 랭글리의 《신천문학The New Astronomy》에 등장하는 그림이다. 태양 흑점을 매우 세밀하게 묘사했다. 랭글리는 젊은 시절 세인트루이스와 시카고에 있는 건축 회사에서 견습생으로 일한 적이 있어 제도 기술이 뛰어났다. 랭글리는 당시 기술로 찍은 태양 사진에 만족하지 않고, 몇 년 뒤 태양 활동 모습을 정밀하게 기록하기 위해 노력했다. 그는 1873년 피츠버그의 앨러게니 천문대에서 직접 태양 관측을 지휘하여 이 그림을 얻었다. 이는 앞에서 본 에티엔 트루블로의 흑점 그림에 버금가는 디테일을 자랑한다.

• 1925년

위: 천문학은 이 거대한 우주 속을 살아가는 우리가 얼마나 작은 존재인지 그 놀라운 감각을 현실적으로 느끼게 해주는 과학이다. G.E. 미튼이 집필한 《젊은 사람을 위한 별들의 책The Book of Stars for Young People》에 등장하는 이 그림은 천문학 대중화의 놀라운 사례다.

• 2009년

연구원 마티아스 렘펠과 동료들이 제작한 태양 흑점에 대한 슈퍼컴퓨터 시뮬레이션 장면이다. 국립대기연구센터의 슈퍼컴퓨터로 태양 자기장을 정교하고 세밀하게 시뮬레이션했다. 이를 통해 흑점의 어두운 중심부와 더 밝은 바깥 영역 사이를 흐르는 복잡한 필라멘트의 모습을 재현했다. 앞에서 봤듯이, 태양 흑점 대부분은 태양 표면에서 홍염이 분출되어 나가는 발상지에서 만들어진다. 그래서 태양 플레어와 코로나 물질 분출도 모두 흑점이 발생하는 자기 활동이 활발한 영역과 연관성이 높다. 사실상 현재까지, 이 결과는 흑점을 재현한 역사상 가장 방대한 3D 모델이다. 이 이미지는 초당 76조 개의 계산을 수행할 수 있는 국립대기연구센터의 슈퍼컴퓨터를 활용해 완성했다.

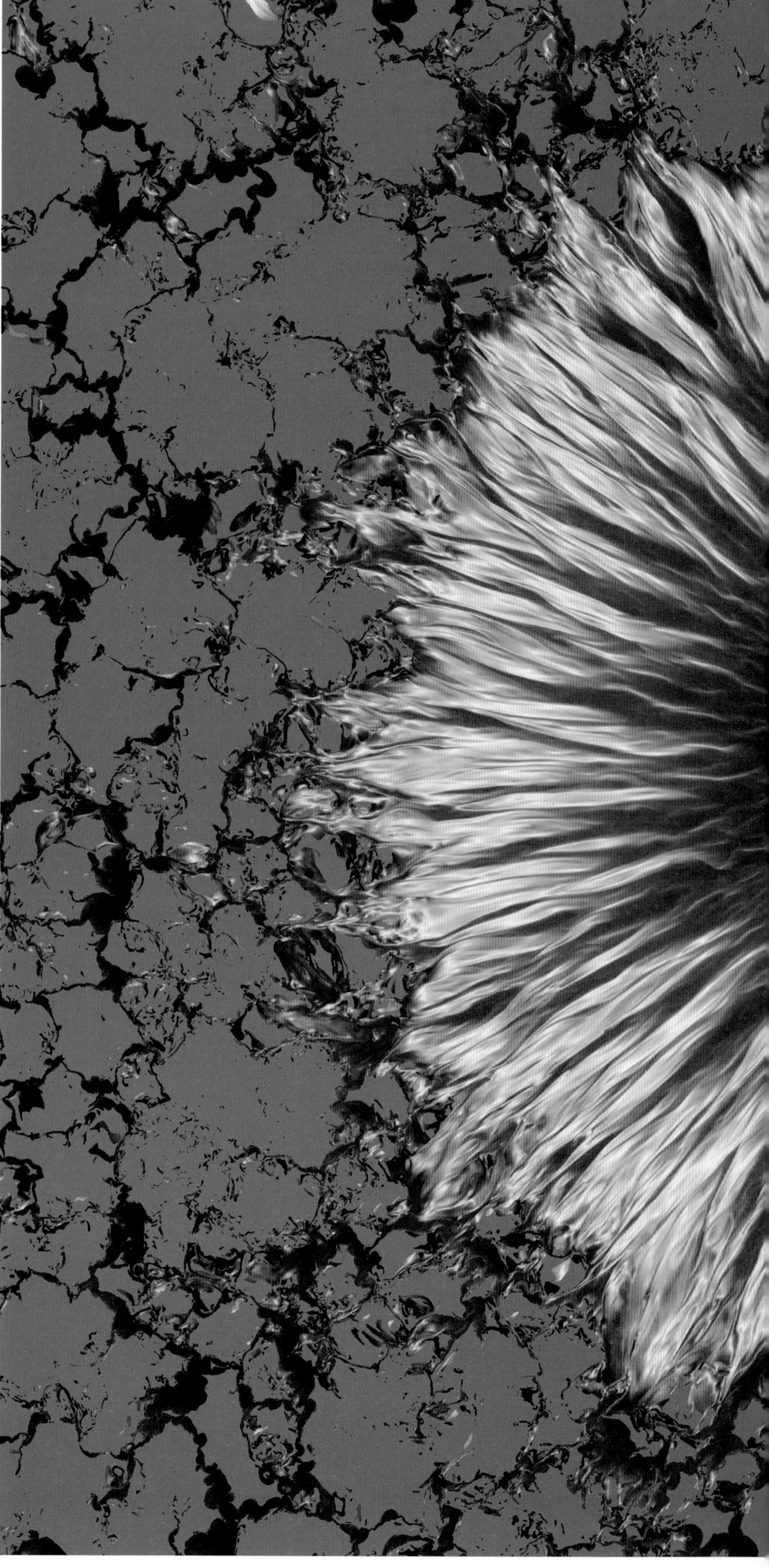

• 2021년

이 슈퍼컴퓨터 시뮬레이션 이미지는 지구를 보호하는 자기권이 태양풍과 불규칙하게 상호작용하는 모습, 이 과정에서 지구와 태양풍 사이 자기장 다발이 복잡하게 흐르는 장면을 재현한다. 호마 카리마바디가 이끄는 연구팀에서 제작한 이 이미지는 태양풍과 지구 자기권이 얼마나 복잡하게 상호작용하고 요동치는지를 세밀하게 보여준다. 태양에서 불어 나오는 복사 대부분은 지구 자기권에 접근하지 않지만, 지구 극지방으로 빠르게 모여들면서 오로라 빛을 만들어 낸다. 태양에 거대한 태양 폭풍이 발생하면 지구 전역에 치명적인 영향을 미칠 수 있다. 위와 아래 이미지에서는 지구가 회색 구로 표현되어 있다. 그 주변 알록달록한 스파게티 면발 같은 형체는 태양 복사로 불어 나오는 자기장 다발이다. 가운데 이미지는 태양풍이 흐르는 모습을 단면도로 표현한 것이다. 근본적으로 전혀 다른 스케일에서도 물이 흐르듯이 흘러가는 태양풍의 난류를 볼 수 있다. 극지방 오로라에 대한 더 많은 작품은 335~42쪽을 참고하라.

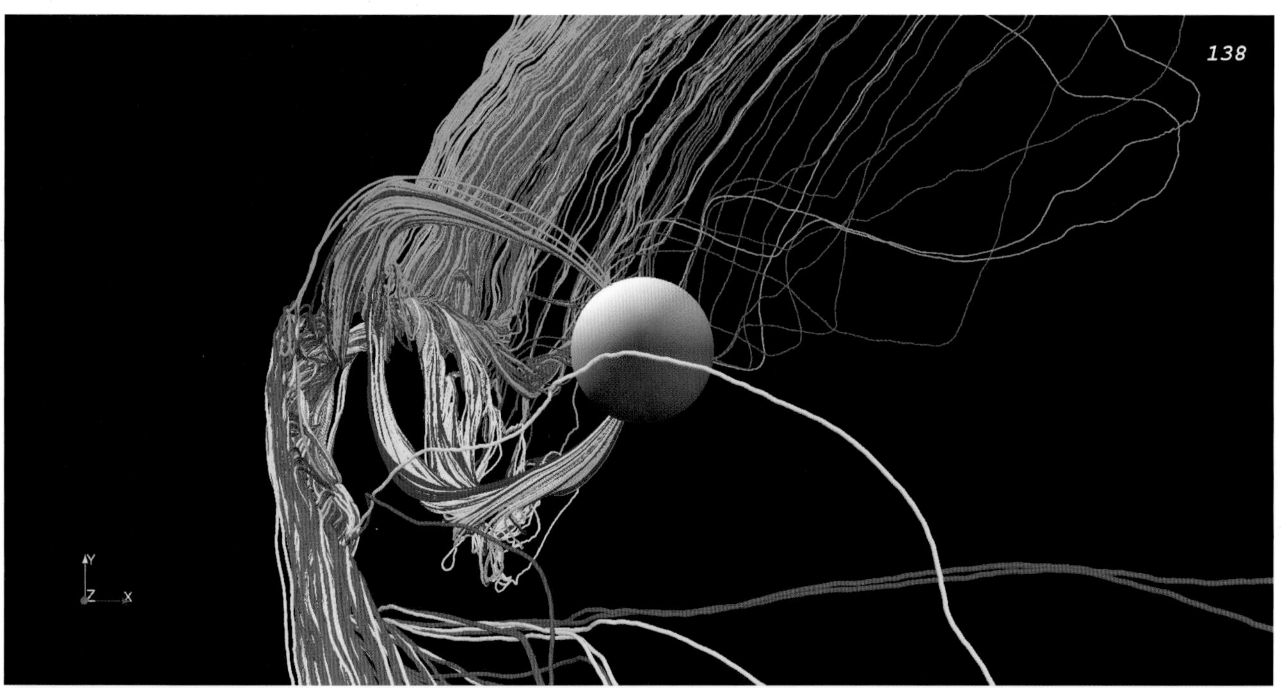
138
Y
Z
X

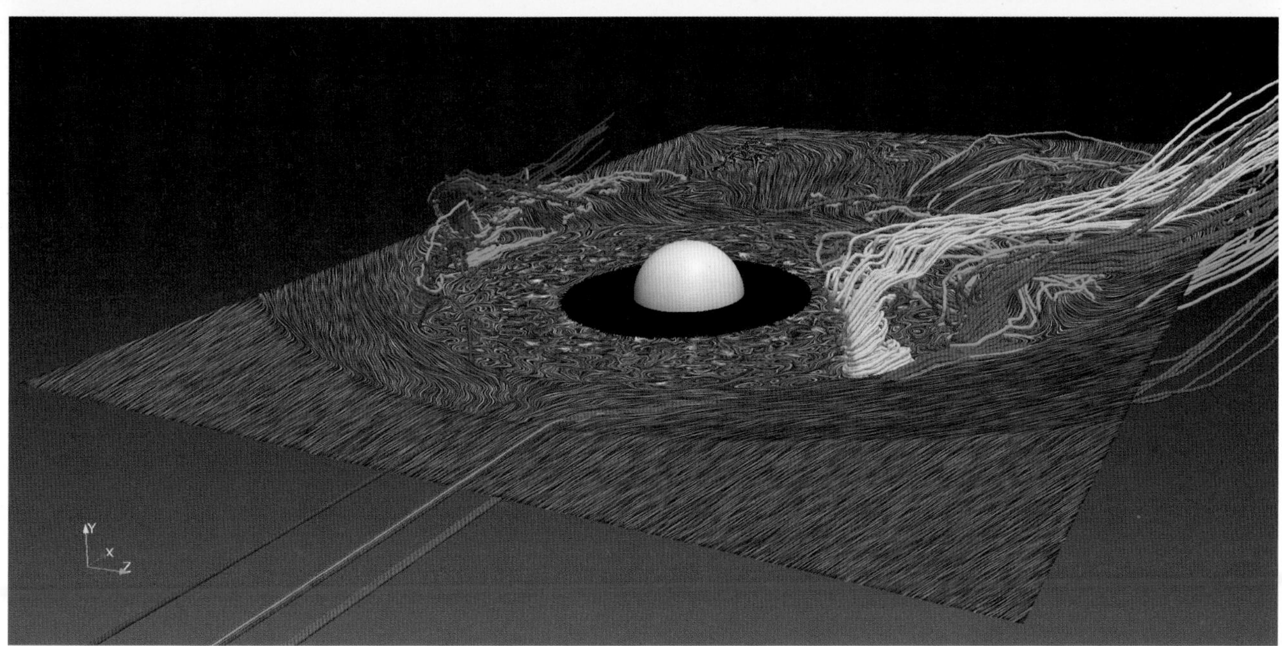
Y
X
Z

5 우주의 구조

그들은 어린 시절부터 대대로 오랜 세월을 살았다.
그들에게 태양은 농부의 붉게 물든 얼굴이었고,
구름 사이로 슬몃 보이는
달과 은하수는 자작나무가 길게 늘어선 길처럼
그들을 기쁘게 했다.
_체슬라프 밀로즈, 〈로빈슨 제퍼스에게〉

여러 천체들이 지구의 곁을 맴돈다는 아리스토텔레스-프톨레마이오스의 우주관은 무려 1500년 동안 인류의 우주관을 지배하는 가장 강력한 이념으로 군림했다. 이 기간은 무려 서로마제국 전체 역사의 세 배에 이르는 시간이다. 프톨레마이오스는 지구를 중심에 두고도 이심원과 주전원을 비롯한 복잡한 수학적 장치를 동원해 천문학자들이 천체의 움직임을 잘 예측할 수 있도록 만들었다. 물론 프톨레마이오스의 지구중심설에도 몇 가지 문제는 있었다. 예를 들어 평소에는 행성들이 배경 별에 대해 동쪽에서 서쪽으로 움직이는데 가끔씩 주기적으로 그 반대 방향으로 이동하는 현상이 벌어졌다. 이것은 지구를 중심에 두고 행성들이 한 방향으로 돈다고 생각하면 직관적으로 이해하기 어려운 문제였다. 하지만 이런 문제들은 10세기에 걸친 중세 시대 동안 그리 중요하게 다뤄지지 않았다.

더 앞선 고대의 우주관은 신이나 신화 속 인물들과 천체를 연관 지어 설명했다. 하지만 아리스토텔레스-프톨레마이오스의 우주관은 단순히 신화에 머무르지 않고, 철저하게 수 세기에 걸쳐 축적된 천체들의 실제 관측 데이터를 근거로 했다. 때로는 유대-기독교 세계관의 천국에 군림하는 유일신 종교가 등장하기도 했지만, 그의 천국은 태양계와는 상관없는 우주 가장 바깥에 위치한다고 여겨졌다. 그래서 인간은 그 안에서 우주를 올려다보지만 신은 거꾸로 우주 바깥에서 우주를 내려다본다. 행성과 별은 인간과 신의 영역 사이를 영원히 멈추지 않고 이동하는 존재였다. 그 사이 경계를 계속 아름답게 꾸며주는 존재로서 행성과 별은 연구할 가치가 있었다.

프톨레마이오스와 그의 계승자들은 앞서 고대 그리스인들에 의해 시작된 우주 모델을 계속 개선해나갔다. 수학적으로 더 정밀해진 그들의 천문학적 모델은 많은 천문 현상을 만족스럽게 잘 예측했다. 달의 위상 변화나 일식과 월식 예측도 정확했다. 에라토스테네스는 월식을 활용해 지구의 지름을 측정했다. 이러한 모델을 바탕으로 행성, 태양, 달의 움직임을 정확히 재현할 수 있었다. 천문학자들은 1년간 태양이 천구 위를 움직이는 궤적인 황도를 정의했다. 그리고 황도를 기준으로 행성들이 얼마나 위아래로 벗어나 움직이는지 그 편차를 측정했다. 비록 태양이 아닌 지구 중심 모델이었지만 천체의 움직임을 추적하는 아주 정교한 도구였다.

천문 달력과 천문 현상을 꼼꼼하게 기록하는 전통은 기원전 1000년 전까지 거슬러 올라간다. 이를 체계적으로 정교하게 다루기 위한 수학적 방법론 또한 발전했다. 이러한 요소들은 한참 시간이 흐른 뒤 코페르니쿠스혁명이라 부르는 위대한 사건의 발판을 마련했다. 폴란드의 천문학자 코페르니쿠스는 1543년 《천구의 회전에 관하여》를 펴냈다. 이 책은 프톨레마이오스의 우주 원리를 기반으로 출발했지만 궁극적으로는 프톨레마이오스가 주장했던 천체의 질서와 위계를 전면 부정하는 결과를 낳았다. 코페르니쿠스는 지구 중심의 고대 우주 모델이 지나치게 복잡하다고 생각했다. 그리고 본질적으로 지구가 아닌 태양 중심의 우주 모델을 꾀했다. 여전히 고대로부터 이어져온 핵심 원리들은 그대로 유지되었지만 우주의 중심을 지구에서 태양으로 옮기는 발상의 전환은 그간 미해결로 남았던 불가사의한 여러 문제들을 해결해주었다. 하지만 코페르니쿠스의 우주 모델 역시 그를 계승한 후대 천문학자들에 의해 대체되었다.

일부 과학사학자들의 연구에 따르면, 프톨레마이오스의 지구중심설이 계속 새로운 원을 추가하면서 지나치게 복잡해진다는 점이 코페르니쿠스에게는 가장 큰 불만이었다. 과거 천문학자들은 수 세기에 걸쳐 기존 이론과 실제 관측되는 천체의 움직임이 잘 들어맞지 않는 문제를 설명하기 위해 노력했다. 이를 위해 멈추지 않고 회전하는 주전원, 동시심, 대원, 이심률 등 여러 요소들이 필요했다. 이런 요소들이 계속 추가되면서 프톨레마이오스의 우주 모델은 지나치게 복잡해졌다. 코페르니쿠스는 과하게 거추장스럽고 복잡한 루브 골드버그 장치가 되어버린 지구중심설에 의심을 품었다. 그는 특히 미학적 관점에서 이의를 제기했다. 게다가 코페르니쿠스가 보기에 프톨레마이오스의 모델은 완벽한 정밀성도 갖추지 못했다. 그는 아름다운 것이야말로 진리에 가까울 것이라 보았다. 코페르니쿠스는 기존의 우주 모델에서 진실되지 못한 추악한 일들이 벌어지고 있다고 생각했다.

하지만 다른 관점도 있다. 코페르니쿠스가 프톨레마이오스의 복잡한 수학적 기교를 거스르려 했다기보다는 단순히 고대의 우주 모델로 설명할 수 없던 문제들을 과학적으로 고민했을 뿐이라는 관점이다. 특히 그는 가끔씩 벌어져 사람들을 혼란스럽게 했던 행성의 역행을 고민했다. 천문학자 오언 깅거리치에 따르면 코페르니쿠스는 프톨레마이오스의 우주 모델에서 행성들이 임의로 배열되어 있다는 점에 불만을 느꼈던 것 같다. 코페르니쿠스는 태양을 중심으로 행성들에 다음과 같은 질서를 부여했다.

> 그는 태양을 중심으로 했을 때 모든 행성들이 자연스럽게 배열된다는 것을 깨달았다. 가장 공전 주기가 짧은 수성은 태양에서 가장 가까운 궤도를 돈다. 태양 주변을 거의 30년 동안 천천히 무기력하게 도는 토성은 태양에서 가장 멀리 떨어져 있다. 그사이 나머지 행성들은 공전 주기에 비례해 떨어져 있다는 사실을 깨달았다. 이러한 행성들의 배치에는 거부할 수 없을 정도로 아름다운 무언가가 있었다. 게다가 행성들을 이렇게 배치하면 과거 프톨레마이오스의 천문학으로는 쉽게 설명하지 못했던 문제들을 설명할 수 있었다. 화성·목성·토성은 배경 별에 대해 동쪽으로 움직이다가 가끔씩 멈추고 몇 주간 거꾸로 서쪽으로 움직였다. 이를 행성의 역행이라고 한다. 그런데 왜 행성들의 역행은 행성이 태양 정반대편에 있을 때만 나타날까? 프톨레마이오스는 이것을 설명할 수 없었다. 하지만 코페르니쿠스는 설명할 수 있었다. 그가 주창한 태양중심설에 따르면 안쪽에서 더 빠르게 움직이는 지구가 바깥에서 천천히 움직이는 화성을 앞지를 때 화성이 역행하는 것처럼 보이게 된다. 이러한 현상은 행성이 지구와 가장 가까이 있을 때, 그리고 태양 정반대 방향을 지나고 있을 때 일어난다. 이전까지는 해결할 수 없는 우연한 미스터리로 보였던 현상들이 이제는 '이유 있는 사실'이 되었다. 이러한 행성의 배치는 새로운 체계를 완성했다. 코페

르니쿠스는 태양계를 발명했다!

코페르니쿠스는 자신의 이론을 뒷받침하기 위해 수십 년간의 방대한 관측 결과를 취합했다. 그의 놀라운 주장에 관한 소문은 유럽 전역으로 빠르게 퍼졌다. 하지만 그의 책《천구의 회전에 관하여》는 그가 사망한 해가 되어서야 뒤늦게 세상에 공개되었다. 아마도 코페르니쿠스 스스로 자신의 주장이 얼마나 큰 혼란을 야기할지, 그리고 지구중심설을 신봉하던 가톨릭교회로부터 얼마나 많은 핍박을 받을지를 알고 있었기 때문일 것이다(마침내 출간되었을 때, 그의 책은 예방적 차원에서 교황 바오로 3세에게 가장 먼저 헌정되었다).

출간 이후 코페르니쿠스의 이론은 교회의 굳은 교리, 아리스토텔레스와 프톨레마이오스에 대한 뿌리 깊은 존경심, 나아가 지구가 당연히 우주의 중심일 것이라는 천년 넘게 인류의 가치관에 깊숙이 자리 잡은 세계관과 맞서야 했다. 그래서 그의 책은 영향력을 매우 천천히 넓혔다. 극소수 천문학자들만 코페르니쿠스 이론의 중요성을 깨닫고 자신의 우주관을 바꿨을 따름이다. 코페르니쿠스의 이론이 보편적인 상식으로 받아들여지기까지는 한 세기 넘는 시간이 걸렸다.

만약 코페르니쿠스 이론을 지지하는 누군가가 교황청령 영토에 거주하고 있다면 그들의 운명은 자기 선택에 달려 있는 셈이었다. 이탈리아의 철학자이자 수학자였던 조르다노 브루노는 코페르니쿠스가 주장했던 태양중심설을 지지했다. 1584년 그는 지구가 태양 주변을 돌고 있을 뿐 아니라 태양도 수많은 다른 별들 중 하나에 불과하며 태양 역시 우주를 움직이고 있다고 주장했다. 그는 자신의 주장을 두 편의 글로 펴냈다. 브루노는 우주가 무한하다고 할 수 있을 만큼 헤아릴 수 없이 많은 별과 행성으로 가득 차 있으며 태양도 지구도 그 어느 것도 특별한 지위를 갖지 않는다고 이야기했다. 시간 또한 시작과 끝이 없으며 과거와 미래 양쪽 방향으로 무한하게 뻗어나간다고 보았다. 브루노는 무한한 우주 어딘가에 인간과 같은 또 다른 지적 생명체들이 살고 있으리라 믿었다. 브루노에게 신이란 멀리 하늘 바깥 동떨어진 천계의 왕국에 사는 존재가 아니었다. 우주 전역 모든 곳에 존재하는 모든 물질에 공평하게 스며들어 있는 존재였다.

이러한 브루노의 범신론적 관점은 당시 교회의 교리에 전격으로 위배되었다. 1592년 종교재판정에 끌려간 그는 7년간 잔혹한 투옥 생활과 심문과 재판을 견뎌야 했다. 결국 1600년 1월 20일 그는 이단이라는 죄목으로 유죄 선고를 받았다. 브루노를 유죄 선고에까지 이르게 했던, 지구를 중심에 두지 않는 그의 우주관은 생각해볼 여지가 많았다. 하지만 당시 학자들은 평결을 통해 브루노가 우주적 다원주의에 대한 신념을 포기하지 않는다는 단 한 가지 이유만을 주된 근거로 하여 유죄 선고를 내렸다(당시 그는 최소 8개 죄목에 대한 혐의를 받고 있었다). 재판 현장에 있던 증인이 전한 바에 따르면, 브루노는 재판관을 향해 위협적인 목소리로 "나에게 유죄 선고를 내릴 당신들은 아마 내가 받게 될 형벌보다 더 큰 두려움에 휩싸이게 될 것이다"라고 말했다. 그는 마지막까지 자신의 신념을 강하게 설파했다. 1600년 2월 16일 아침, 조르다노 브루노의 입에는 나무 재갈이 물려졌다. 그는 로마 캄포 데 피오리 광장으로 끌려가 화형을 당했다.

오늘날 브루노의 우주론적인 견해가 대체로 옳았다는 것이 입증되었다. 하지만 브루노는 우주를 관측하는 천문학자가 아닌 단순한 이론가에 그쳤다. 반면 그와 동시대를 살았던 갈릴레이 갈릴레오는 새롭게 발명된 망원경을 이용해 처음으로 천상계를 연구한 사람, 자신이 직접 본 관측 결과를 처음으로 발표한 사람이었다. 1610년 9월 그는 금성에서도 달과 비슷한 위상 변화가 벌어진다는 사실을 발견했다. 이것은 코페르니쿠스의 태양중심설을 지지하는 최초의 실제 관측 증거였다.

갈릴레오는 금성이 지구가 아닌 태양 주변 궤도를 돌고 있다고 주장했다. 이러한 갈릴레오의 금성 관측 결과는 크리스털로 겹겹이 둘러싸여 있던 아리스토텔레스-프톨레마이오스의 천국의 구슬도 산산조각 내버렸다. 그 이전에 덴마크 천문학자 티코 브라헤는 금성이 태양을 중심으로 돌고 있다 하더라도 그 태양이 결국 지구를 중심으로 돌고 있을 것이라고 제안했다. 설령 브라헤의 주장이 맞는다고 하더라도 여전히 문제가 있다. 태양이 지구를 감싼 둥근 크리스털 구슬 벽 속에서 지구 주변을 도는 것이라면, 결국 태양을 중심으로 도는 금성은 그 지구를 감싼 둥근 크리스털 벽을 관통하면서 움직여야 했기 때문이다. 옛날 사람들은 하늘의 크리스털 구체는 절대로 깨지지 않을 거라고 믿었다. 하지만 금성이 태양의 구체를 뚫고 움직이고 있는 것이라면 깨지지 않는 단단한 크리스털 구체란 더 이상 존재할 수 없었다(16세기 후반 브라헤는 결국 코페르니쿠스의 태양중심설 가운데 많은 부분을 존중하게 됐다. 브라헤는 지구가 '엄숙하고 게으른 천체'이고 움직이지 않고 고정되어 있다는 생각에 동의하지 않았다. 대신 브라헤는 지구를 제외한 모든 행성들이 태양을 중심으로 돌고 있고 그 다른 모든 것들이 다시 지구를 중심으로 함께 돈다는 이론을 제시했다. 신학적으로 모순이 없는 더 편리한 대체 모델을 내놓은 것이다).

갈릴레오는 목성 주변을 도는 위성들도 발견했다. 이는 프톨레마이오스의 지구중심설에 대한 신빙성을 더 크게 떨어트렸다. 1610년 갈릴레오는 세상에 자신의 관측 결과를 알리는 《시데레우스 눈치우스》를 출간했다. 그의 책은 교회 당국의 신경을 거슬리게 했다. 1616년 교황청은 그에게 더 이상 우주의 중심에 태양이 있다는 견해를 주장하거나 지지하지 말라는 명령을 내렸다. 하지만 거의 20년이 지난 뒤 갈릴레오는 다시 새로운 책《두 개의 주요한 체계에 관한 대화Dialogo sopra i due massimi sistemi del mondo》를 출간했다. 이 책 때문에 그는 종교재판소로 불려 갔다. 이 책은 표면적으로는 코페르니쿠스주의자, 아리스토텔레스주의자, 현명한 학자 사이의 균형 잡힌 토론을 보여주며 태양중심설을 포기하라는 종교재판소의 1616년 명령을 잘 따르는 듯 행세했으나, 갈릴레오는 이 책에서 아리스토텔레스주의자를 이해력 부족한 바보인 것처럼 묘사했다. 심지어 그 인물의 이름은 '심플리치오'였다.

이와 달리, 코페르니쿠스주의자는 자신의 이론을 매우 자세하게 묘사하고 설명하는 인물로 묘사되었다. 코페르니쿠스의 이론에 대한 갈릴레오의 존경심에 의심의 여지를 남기지 않는, 재치도 있고 설득력도 있는 인물이다. 이 책이 베스트셀러가 되자 교황청은 다시 한 번 분노했다. 이제는 나이가 지긋해진 노년의 천문학자는 결국 다시 재판을 받기 위해 로마로 가게 되었다. 1633년 그는 '강력한 이단 혐의자'로 낙인 찍혔다. 그는 고문 협박과 함께 주장을 철회하라는 강요를 받았다. 당시 기록에 따르면 갈릴레오는 당시 큰 반항을 하지 않고 교황청이 시키는 대로 따랐다. 당시 그 요구를 거역한다는 건 극히 위험한 일이었다. 갈릴레오를 비롯한 당시 로마인들은 이미 30년 전 조르다노 브루노에게 벌어졌던 끔찍한 운명을 잘 알았다. 명령에 따른 덕분에 갈릴레오는 징역형 대신 가택연금형을 받았다. 그리고 여생 내내 이탈리아 플로렌스 근처 저택에 갇혀 지냈다. 그의 책을 읽는 것은 금지되었다. 그 책들은 유럽 전역으로 빠르게 확산되고 있었지만 말이다. 그러는 내내 여전히 지구는 움직이고 있었다.

갈릴레오와 같은 시대에 코페르니쿠스 우주관을 옹호했던 또 다른 인물이 있다. 바로 독일의 천문학자 요하네스 케플러다. 다행히 그는 가톨릭 신자가 아니었고 교황청 영토 바깥에서 살고 있었다. 덕분에 갈릴레오와 달리 코페르니쿠스 우주관을 옹호하더라도 상대적으로 더 안전했다. 케플러는 천문학자 티코 브라헤에게 고용되어 봉급을 받으며 일하는 직원 중 한 명이었다. 하지만 그는 자기 스승인 브라헤가 주장했던 구닥다리 지구 중심 모델을 지지하지 않았다. 그는 기존 모델의 모순을 해결하기 위해 프톨레마이오스의 지구중심설에 브라헤가 추가한 타협안들이 거추장스럽다고 생각했다. 사실 갈릴레오의 저서 《시데레우스 눈치우스》보다 14년 앞선 1596년에 케플러는《우주의 신비Mysterium Cosmographicum》라는 저서에서 코페르니쿠스 우주관을 옹호했다. 케플러의 책은 코페르니쿠스 우주관을 지지하는 내용을 담은 최초의 책이라는 탁월한 면모를 갖고 있다. 이 책에서 케플러는 흥미로운 질문을 던졌다. 대체 왜 행성들은 서로 멀찍이 떨어져서 궤도를 도는가? 질문 자체는 천문학자로서 적절한 질문이었을지 모르지만, 오늘날의 관점에서 보면 코페르니쿠스 우주관을 지지하는 다소 기괴한 기계론적 담론처럼 느껴진다.

코페르니쿠스는 지구중심설의 구球 체계를 해체해, 케케묵은 고전적 크리스털 구슬에 쌓인 먼지를 닦아냈다. 그리고 하늘에 존재하는 것들을 재조립했다. 이제 우주의 중심에는 지구가 아닌 태양이 존재했다. 지구는 그저 그 곁을 도는 여러 행성 중 하나일 뿐이었다. 케플러는 이러한 코페르니쿠스의 태양중심설 위에 단지 기능적인 토대로서 구체의 틀만 남겼다. 케플러는 각 행성들이 돌고 있는 구체 사이 빈 공간을 플라톤의 관점을 반영해 이해해야 한다고 제안했다. 사람들은 고대로부터 오랫동안 다섯 가지 정다면체를 깊이 연구했다. 플라톤은 그 놀라운 대칭성과 수학적인 단순성에 감탄했다. 케플러의 태양 중심 우주 모델에서 각 행성들이 도는 구체는 바로 이 정다면체를 기반으로 정의할 수 있었다. 가장 큰 토성의 구체 안에 딱 들어맞는 정육면체가 있고, 그 정육면체 안에 딱 들어맞는 것이 목성의 구체다. 또 그 안에는 딱 들어맞는 정사면체가 있고 그 속에 딱 들어맞는 화성의 구체가 자리 잡고 있다. 이런 식으로 계속 정다면체와 그 속에 딱 들어맞는 구체가 번갈아가면서, 마치 마트료시카 인형처럼 태양계를 구성하는 것이다.

하지만 케플러가 천문학 역사에 남긴 가장 지대한 공헌은 바로 행성의 운동에 관한 결정적인 세 가지 법칙을 발견한 것이다. 그중 첫 두 가지는 1609년 논문《신천문학Astronomia nova》을 통해 발표했다. 케플러는 티코 브라헤가 관측한 데이터를 활용했다. 브라헤는 극도로 정밀하게 화성의 움직임을 기록했는데, 케플러가 확인해보니 수학적 모델로 예측되는 화성의 궤도와 실제 브라헤가 관측한 화성의 움직임에 차이가 있었다. 케플러는 이 둘의 차이를 화해시키고 해결하기 위해 5년을 보냈다. 코페르니쿠스는 태양중심설에서 모든 행성들이 똑같이 완벽한 원 궤도를 그리며, 모든 행성들은 그 궤도 위에서 항상 일정한 속도로 움직인다고 가정했다. 하지만 케플러가 활용한 브라헤의 실제 관측 결과는 이러한 가정을 뒷받침하지 못했다. 바로 이 문제 때문에 과거 프톨레마이오스의 이론을 지지했던 사람들은 불가피하게 이해하기 어려운 복잡한 보조 장치들을 덧붙였던 것이다. 하지만 케플러는 다른 길을 택했다. 그는 브라헤의 관측 결과가 화성이 사실 완벽한 원이 아닌 약간 찌그러진 타원을 그리고 있음을 드러낸다고 보았다. 그 행성의 운동 역시 궤도 위에서 항상 일정한 속도로 이루어지지 않으며, 태양으로부터의 거리에 따라 행성이 움직이는 속도가 달라진다는 점을 발견했다. 이를 통해 그는 행성의 운동에 관한 세 가지 법칙 중 첫 두 가지를 정리했다.

행성의 타원 궤도에 관한 케플러의 발견 덕분에 과거 프톨레마이오스의 지구중심설을 지키기 위해 추가되었던 주전원이나 이심원 같은 개념들이 불필요해졌다. 이런 복잡하고 거추장스러운 추가 장치들은 매몰차게 역사의 쓰레기통으로 버려졌다. 10년 뒤 케플러는 세 번째 법칙을 발견했다. 그는 각 행성들이 궤도를 한 바퀴 완주하는 데 걸리는 공전 주기가 태양으로부터의 거리에 영향을 받는다는 사실을 발견했다. 토마스 쿤이 1957년 저서《코페르니쿠스 혁명The Copernican Revolution》에서 기술했듯이 "따라서 현대 과학이 물려받은 코페르니쿠스의 천문학 체계는 케플러와 코페르니쿠스 양자로부터 물려받은 자산이다. 여섯 개의 타원으로 구성된 케플러의 새로운 체계 덕분에 비로소 태양중심설이 제대로 작동할 수 있게 되었다."

케플러의 타원 궤도 발견은 1687년 아이작 뉴턴의《프린키피아》출판으로 이어졌다. 고대 사람들이 믿었던 지구중심설의 튼튼한 크리스털 구체는 더 이상 존재하지 않았다. 산산이 부서진 구체를 대신해 행성들이 각자의 타원 궤도를 벗어나지 않고 꾸준히 유지할 수 있도록 행성을 붙잡아주는 무언가가 필요했다. 1665년과 1666년, 물리학자 로버트 훅은 이를 설명하기 위해 만유인력의 원리를 주장했다. 1670년까지 훅은 '모든 천체'에 만유인력이 적용된다고 주장했다. 하지만 그 신비로운 힘이 거리가 멀어질수록 어떤 비율로 약해지는지는 밝혀내지 못했다. 평생의 경쟁자였던 훅이 이 문제에 관심을 갖고 있다는 점은 뉴턴으로 하여금 만유인력 연구에 집중하게 만들었다.

2장에서 뉴턴이 살아생전에는 출판할 생각을 하지 않았던《프린키피아》의 한 부분에 등장하는 작은 그림을 소개했다. 이 그림은 지구에서 날아가는 일련의 궤적을 묘사한다(61쪽을 참고하라). 맨 마지막 궤적을 제외한 다른 모든 궤적들은 결국 지구 표면으로 다시 떨어진다. 이는 지구 주변 궤도 모습을 묘사한 가장 이른 시기의 그림 중 하나이다. 뉴턴은 케플러가 주장한 법칙을 바탕으로, 달이 지구 주변을 안정적으로 맴돌기 위해 지구를 '향해' 어느 정도의 비율로 떨어져야 할지를 계산했다. 그는 똑같은 작업을 태양을 중심으로 타원 궤도를 그리며 도는 행성들에게도 수행하여, 당시까지 시원하게 풀리지 않던 다른 행성들의 움직임도 계산했다. 이를 통해 뉴턴은 태양으로부터 각 행성에게 가해지는 중력이 태양에서 행성까지 떨어진 거리의 제곱에 반비례하면서 감소한다는 사실을 알아냈다.

뉴턴은 지구에서도 동일한 중력이 작용한다고 가정하고 태양에서와 똑같은 역제곱 법칙을 지구 주변의 달과 돌멩이에 적용했다. 그리고 서로 다른 물체들이 지구를 향해 떨어지는 비율의 차이를 측정했다. 결국 뉴턴은 케플러의 첫 두 가지 법칙을 바탕으로 자신이 발견한 역제곱 법칙을 적용했을 때 행성들의 타원 궤도와 속도를 가장 잘 설명할 수 있다는 사실을 증명했다. 뉴턴은 명징하고 정확하게 케플러의 법칙에 숨어 있던 메커니즘을 밝혀냈으며, 지구와 천체 모두의 움직임을 비롯해 당시까지 알려진 모든 현상을 일관되게 설명했다. 만유인력의 법칙으로 뉴턴은 역사상 가장 위대한 물리학자, 더 나아가 역사상 가장 위대한 과학자 중 한 사람으로 자리매김했다. 뉴턴은 1705년 기사 작위를 받았고 1727년 사망했다.

뉴턴의 법칙은 이전까지 몰랐던 새로운 사실을 드러내주었으며, 우주가 어떤 물리 법칙으로 작동하는지를 설명했다. 그것만으로 우주의 구조를 명확하게 밝힐 수는 없었으나, 뉴턴의 업적은 대단하다. 뉴턴의 발견이 없었다면 관측 천문학도 지금과 같은 수준에 이르지 못했을 것이다. 1660년대 후반 뉴턴은 광학 분야 연구를 통해 당시의 반사 망원경은 유효성에 한계가 있다는 결론에 이르렀다. 렌즈에 의한 왜곡 현상의 일종인 색수차 때문이었다. 뉴턴은 투명하게 깎은 일반적인 거울 대신 곡면 거울이라면 이 문제를 해결할 수 있으리라 판단했고, 최초의 기능적 반사 망원경을 설계했다. 오늘날 허블 우주망원경을 비롯한 대부분의 광학 망원경들은 뉴턴반사식이다.

망원경으로도 뿌옇게 흐르는 은하수 너머에서 발견되는 희미한 빛의 불투명한 반점인 '성운'의 정체는 말할 것도 없고, 은하수의 상세한 모습과 실제 크기를 파악하는 데 무척 긴 시간이 걸렸다. 17세기 초 갈릴레오의 첫 관측 이래로 사람들은 은하수가 사실 엄청나게 많은 별들로 빽빽하게 채워져 있다는 것을 알게 되었다. 하지만 우리은하가 많은 은하들 중 하나에 불과하다는 사실은커녕 은하가 무엇인지에 대한 현대적인 관점도 존재하지 않았다. 하늘에 별이 엄청나게 많다는 사실을 통해 사람들은 우주가 크리스털 구체로 둘러싸인 세계가 아니라 태양과 같은 수많은 별들이 고르게 흩어져 분포하는 세계라는 새로운 인식을 갖게 됐다. 그리고 우주에 정말로 많은 세계가 존재할 수 있다는 생각에 이르렀다. 조르다노 브루노와 니콜라우스 쿠사누스도 이미 앞서 15세기와 16세기에 이런 아이디어를 주장했지만, 두 사람 모두 우주가 어떤 구조를 취하고 있는가라는 고민에는 다다르지 못했다.

하지만 영국의 천문학자이자 수학자인 토머스 라이트는 바로 이 질문에 도전했다. 그는 자신의 책 서론에서 이 질문에 대해 상세하게 논의했다. 1750년 라이트는 우리은하가 사실 납작하고 평평한 원반 모양을 하고 있을 것이라고 제시했다. 이는 원반 형태로 우리은하를 묘사한 최초의 기록이다(169쪽과 257쪽을 참고하라). 한편 그는 당시 18세기 천문학자들이 거대한 우리은하 안에 포함된 작은 성운이라고 여겼던 유령 같은 형체 일부가 별개의 은하일 것이라고 주장했다.

라이트의 가설이 검증되기까지 18~19세기에 걸친 두 세기 가까운 천문학 역사가 필요했다. 이 긴 세월 동안 천문학자 윌리엄 허셜은 여동생 캐롤라인과 함께 수많은 성운들을 관측하고 목록을 만들었다. 이후 그가 목록화한 성운 대부분은 우리은하 바깥의 외부 은하라는 사실이 밝혀졌다. 그의 아들인 존 허셜 역시 아버지를 따라 성운을 관측했다. 19세기 후반이 되면서 점점 더 거대한 망원경이 등장했고, 더 멀고 깊은 하늘에 숨어 있는 수수께끼의 천체들이 더 많이 발견되었다. 1845년 3대 로즈 백작인 윌리엄 파슨스는 아일랜드 카운티 오펄리의 자택에 6톤짜리 반사 망원경을 건설했다. 지름 180센티미터의 괴물처럼 거대한 망원경은 '리바이어던'이라는 별명으로 불렸다. 1918년까지 세계에서 가장 거대한 망원경이었다. 파슨스는 특히 이 망원경을 통해 많은 수의 '성운'들이 나선 모양을 띤다는 사실을 발견하고 흥미를 느꼈다.

하지만 이런 새로운 발견에도 불구하고 1920년대까지는 우리은하가 우주의 전부라는 생각이 지배적이었다. 토머스 라이트가 주장했던 우리은하를 벗어난 '천상의 대저택' 가설은 미국 로스앤젤레스 윌슨산에 지름 2.5미터의 거대한 후커 망원경이 건설되고 그곳에 에드윈 허블이라는 이름의 천문학자가 도착한 뒤에야 검증될 수 있었다. 당시 새롭게 건설된 이 망원경의 비범한 분해능分解能과 발전을 거듭한 정교한 천문 사진 기술이 더해져, 에드윈 허블은 당시 안드로메다 성운이라고 불리던 천체의 고해상도 사진 건판을 얻을 수 있었다. 허블은 안드로메다 성운 속에 있는 세페이드 변광성의 밝기 변화를 추적했다. 이 별은 밝기가 변화하는 속도를 통해 그 별의 고유 밝기를 알 수 있어, '표준 촉광standard candle'이라고 불렸다. 허블은 이 별이 100만 광년 이상 먼 거리에 떨어져 있다는 사실을 발견했다. 안드로메다가 우리은하 바깥의 먼 거리에 있다는 뜻이었다. 안드로메다는 작은 성운이 아니라, 우리은하에 버금가는 또 다른 거대한 은하였다.

20세기 중반이 되면서 사람들은 우리은하를 벗어난 새로운 우주관을 빠르게 받아들였다. 이제 우주는 눈부실 정도로 수많은 은하로 가득한 세계였다. 우리은하도 수십억 개가 넘는 은하들 가운데 하나였다. 1543년 코페르니쿠스는 우주의 중심에서 지구를 쫓아내고 태양을 두었다. 그리고 인류는 계속해서 인류를 우주의 중심에서 쫓아내며 그 지위를 강등시켰다. 천문학의 역사 내내 이어진 우주의 중심에서의 연이은 강등은 이 우주에 절대적인 중심점 자체가 존재하지 않는다는 결론을 가리키는 듯했다. 그렇다고 해서 우주에서 그 어떤 구조도 구분할 수 없다는 의미는 아니다. 1950년대 후반 프랑스 천문학자 제라르드 보쿨뢰르는 수천 회의 관측 결과를 바탕으로 우리은하가 주변의 아주 많은 은하들로 이루어진 국부 초은하단을 구성하고 있다는 새로운 이론을 제시했다. 19세기에 이르러 더 이상 종교재판은 열리지 않았지만, 당시만 해도 대부분의 동료 천문학자들은 드 보쿨뢰르의 이론을 망상으로 여겼다. 하지만 그의 분석은 꼼꼼했고 근거도 탄탄했기 때문에 결국 시간이 흐르면서 정설로 받아들여졌다.

1987년 천문학자 R. 브렌트 툴리와 J. 리처드 피셔는 드 보쿨뢰르의 작업을 확장했다. 그들은 시대를 앞선 새로운 우주 지도 《국부 은하 아틀라스》를 완성했다. 이것은 우리은하 주변의 가까운 우주의 구조를 도식화하는 최초의 시도였다(밝은 빨간색 표지에 스프링 바인딩으로 출판된 이 책은 겉보기에는 미국의 표준 도로 지도책과 굉장히 비슷하다. 마치 은하계를 여행하는 우주선을 위해 필요한 도로 지도처럼 느껴진다). 앞서 우리은하의 모양을 납작한 원반 형태로 묘사하고자 했던 토머스 라이트처럼, 툴리와 피셔는 우리은하 주변 은하들이 "한 평면 위에 나란하게 정렬된 경향을 갖고 있으며, 이 평면은 믿을 수 없을 만큼 거대하다"는 확실한 관측적 증거를 내놓았다. 이들의 새로운 은하 지도가 세상에 나온 지 불과 몇 달 만에, 툴리는 우리은하를 포함해 수백만 개의 은하를 아우르는 극히 복잡한 초은하단을 새로이 발견했다. 그리고 이것이 관측 가능한 우주 전체 크기의 10퍼센트에 달하는 영역에 걸쳐 퍼져 있음을 발견했다. 그는 이 구조를 물고기자리-고래자리 초은하단 집합체Pisces-Cetus Supercluster Complex라고 불렀다. 약 10억 광년 길이로 뻗어 있는 이 구조는 지금껏 발견된 가장 거대한 구조로 알려져 있다(툴리의 최신 발견에 대해서는 서문을 참고하라).

21세기의 첫 10년 동안 천문학자들은 수만 개의 은하들을 목록화했다. 관측 가능한 우주 안에 존재하는 은하들은 1500억 개를 훨씬 넘는 것으로 추정된다. 한 장의 종이 위에 이 광막함을 표현하는 일은 불가능한 시도로 보인다. 2000년대 초 프린스턴의 천문학자 J. 리처드 고트 3세와 연구원 마리오 주릭은 당시까지 존재해온 모든 시공간을 압축해 단 한 장의 지도로 표현하려는 시도 자체가 거의 없었고 몇 안 되는 그 시도들도 그리 만족스럽지 않다고 판단했다. 그들은 이 어려운 임무를 해결할 수 있는 새로운 방법을 고안했다.

그 결과 180~81쪽에서 볼 수 있는 우주의 등각사상 지도conformal map이다. 지도의 축척은 그 단위가 기하급수적으로 증가하는 로그 스케일로 표현되어 있다. 이를 통해 빅뱅부터 지도가 출간된 순간까지 모든 시간과 공간을, 지구의 가장 따뜻한 표면부터 실제 관측 가능한 우주 끝자락 가장 먼 거리에 퍼져 있는 우주 배경복사의 차갑게 식어버린 메아리까지, 그 모든 것을 아주 길고 가느다란 한 장의 지도 안에 압축해 표현했다. 이들은 슬론 디지털 스카이 서베이로 관측한 수십만 개의 은하들의 방향과 거리를 표현했다. 은하까지 거리는 로그 스케일로 표현했다. 이러한 작업을 통해 고트와 주릭과 동료들은 지구로부터 약 10억 광년 거리에 은하들이 길게 이어지는 거대한 은하의 장벽이 존재한다는 사실을 발견했다. 이 구조는 슬론 장성Slaon

Great Wall이라고 부른다. 그들은 이 구조의 길이가 관측 가능한 우주 지름의 약 60분의 1에 해당하는 13.8억 광년 정도라고 추정했다.

이것은 당시까지 우주의 그 어떤 시공간에서도 보지 못한 압도적으로 거대한 구조물이었다. 이들은 이 새로운 구조물을 발견하고 지도로 옮긴 것이 아니라, 지도를 그리던 중에 발견했다.

• 1121년

위: 12세기 당시 사람들이 이해하고 있던 우주의 설계 구조를 묘사한 그림. 중세시대 백과사전《꽃의 책》일부다. 프랑스 남부 생토메르 성당의 주교 랑베르는 계절에 따라 황도상에서 태양의 위치가 어떻게 변화하는지를 표현하고자 했다. 이를 위해 그는 태양을 아홉 번 그렸다. 위·아래 두 그림에서 태양 위아래로 실에 같이 꿴 구슬처럼 보이는 것은 태양과 함께 움직이는 다섯 개의 행성이다. 태양이 먼 별들을 배경으로 춘분점에서 추분점까지 움직일 때가 추분점에서 춘분점까지 이동할 때보다 더 느리게 움직이는 것처럼 보인다. 태양이 움직이는 속도가 일정하지 않았기 때문에 하늘에서 태양의 위치를 예측하는 것은 결코 쉬운 일이 아니었다. 그림의 가운데에 그려진 지구는 위쪽 아시아, 왼쪽 아래 유럽, 오른쪽 아래 아프리카의 세 대륙으로 나뉘어 있다. 이렇게 지구를 표현한 지도를 둥근 지구를 선이 T자 모양으로 구분한다는 뜻에서 T-O 지도라고 부른다. 이러한 표현 기법은 18세기 스페인의 수도사 리에바나의 베아투스가 7세기 학자 세비야의 이시도루스가 세상을 묘사했던 것을 기반으로 고안했다. 지구를 둘러싼 고리는 달의 위상 변화와 다섯 개 행성을 묘사한다. 행성들은 중세 초기 프톨레마이오스의 우주관처럼 고전적인 방식으로 표현되었다.

왼쪽 아래: 황도면을 따라 이어진 프톨레마이오스 우주 모델의 행성계를 묘사한 그림. 당시의 관습에 따라 지구의 극은 오른쪽과 왼쪽 방향을 향한다. 혼천의 스타일의 구체를 옆에서 바라본 단면도의 일종이라고 볼 수 있다. 천구의 적도 그리고 염소자리와 게자리를 지나가는 회귀선이 그림 가장 바깥까지 쭉 뻗어 있다. 그림에 표현된 가장 큰 원의 바깥 가장자리는 지구에서 보게 되는 태양 경로의 최대 범위다. 이 그림에서 태양은 세 번 표현되어 있다. 각각 지구에서 가장 먼 태양, 지구 바로 앞에 있는 태양, 그 중간 지점에 놓인 태양이다. 주교 랑베르는 동물 가죽으로 만든 피지 위에, 태양이 우리 행성의 적도를 대각선으로 가르고 지나가는 모습이 지구의 우리 시선에서 어떻게 보일지 표현했다. 초승달은 지구 뒤로 지나가느라 일부가 가려졌다. 이 그림의 제목은 〈일곱 행성의 순서〉이다(맨눈으로 볼 수 있는 다섯 개의 행성과 태양과 달을 의미한다).

오른쪽 아래: 나란한 페이지에는 같은 장면을 천구의 극에서 바라본 모습을 표현했다. 이제 행성들의 궤도는 옆에서가 아니라 위에서 정면으로 내려다본 장면으로 표현되어 있다. 그리고 지구를 둥글게 감싸는 황도대는 12개의 동일한 영역으로 구분되어 있다.

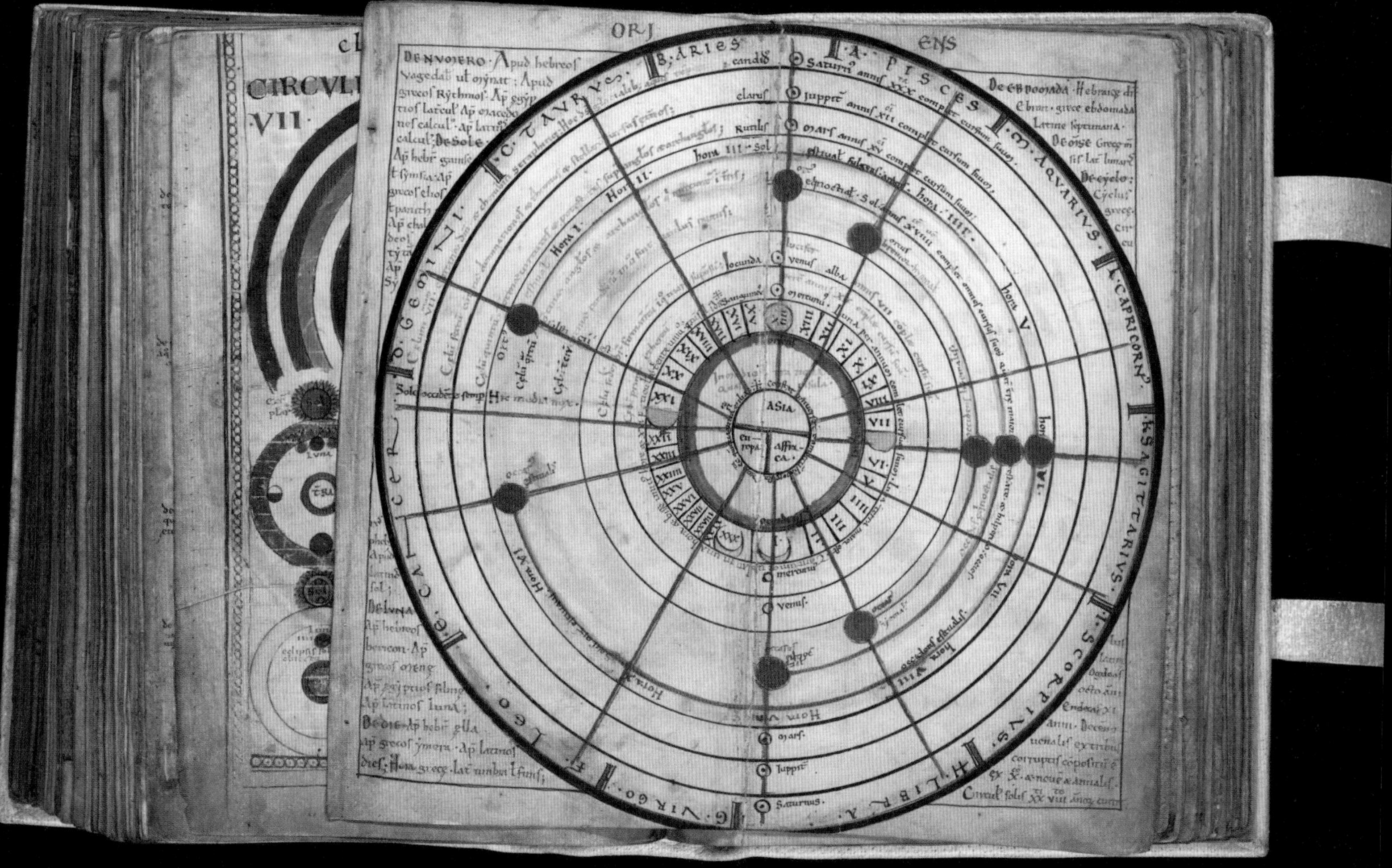

CIRCULI VII

ORI ENS

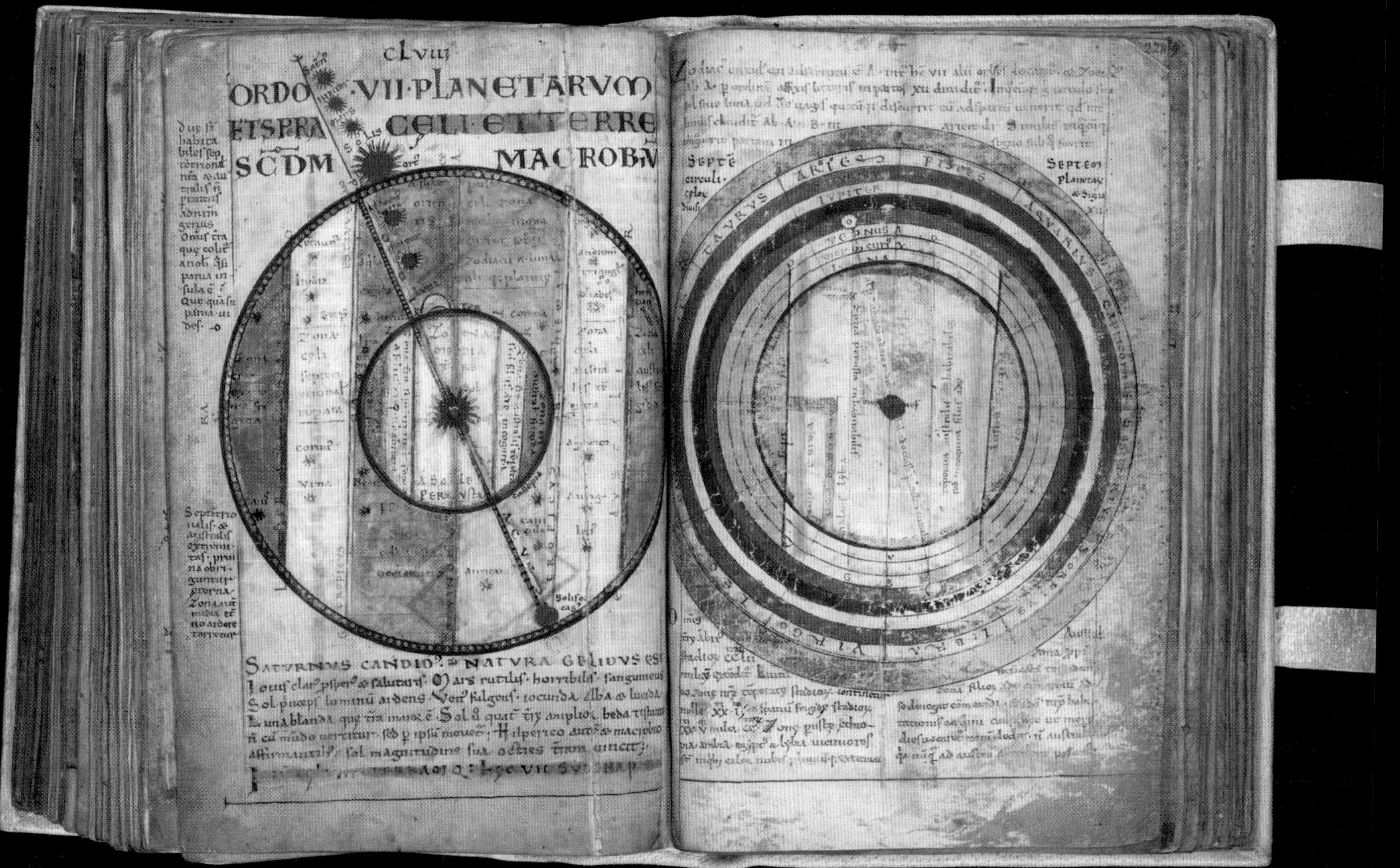

CLVIII

ORDO VII PLANETARUM ET SPERA CELI ET TERRE SCDM MACROBIU

Saturnus candidus natura gelidus est
Iovis clarus psperus & salutaris. Mars rutilus. horribilis. sanguineus
Sol pinceps luminu ardens. Venus fulgens. iocunda alba & lucida
Luna blanda que tra maior e. Sol u quat tir amplior. beda testatur
ti cu mudo uertitur. sed p ipsu mouetur; Hilperico aut & macrobio
affirmantibus; sol magnitudine sua octies tram uincit;

• 1375년

《카탈란 아틀라스Catalan Atlas》 속 중세시대 우주관을 표현한 독보적으로 아름다운 그림. 유대 마요르카 출신의 지도 제작자이자 천문학자였던 아브라함 크레스케스가 제작한 것으로 추정된다. 이 그림은 중세시대 카탈루냐에서 제작된 가장 중요한 지도다. 소위 천체 지도 제작의 황금기라 불리는 17~18세기에 제작된 우주 지도들이 최근 몇 년 사이에 많은 관심을 받은 것은 당연한 일이지만, 이 세 장의 비범하고 밝게 빛나는 그림은 그에 못지않다. 이 그림은 중세인들이 미적으로나 정보 전달 측면에서나 어느 하나 부족함 없이 우주를 묘사하고자 했음을 보여준다. 이는 훗날의 시도를 크게 능가하는 시도다.

오른쪽 끝: 앞선 중세시대 그림에서 지구 중심의 우주를 표현할 때 지구의 구체 속 수염 기른 남자의 모습이 자주 등장하곤 했다. 이는 창조주를 상징한다. 이 그림에서 크레스케스는 천체의 위치를 측정할 때 사용했던 도구인 아스트롤라베를 휘두르는 현자의 모습으로 창조주를 표현했다(안타깝게도 이 사본은 너무 오래되어서 그 일부가 훼손되었다). 그림에 적힌 내용을 요약하면 다음과 같다. "천문학자여! 지구는 평소처럼 네 개의 기본 원소로 구성된 구체, 행성·달·태양을 싣고 움직이는 일곱 개의 구체, 고정된 별들이 박혀 있는 구체, 황도 12궁의 구체로 둘러싸여 있다." 맨 바깥의 파란색 고리는 달의 위상을 표현한다. 그림의 네 모서리에는 사계절을 상징하는 우화적 인물이 그려져 있다. 이 그림은 단순한 상징이라기보다 다소 실용적이고 대중적인 차트라고 할 수 있다. 빽빽한 달력 정보를 세분화하여 촘촘하게 표현하기 위해 천사 무리는 그림 바깥으로 멀찍이 쫓겨났다. 이것은 일종의 만년력이다.

오른쪽: 이 낱장의 그림은 카탈루냐의 천문학 및 점성학 정보를 담고 있다. 그림에서 북쪽은 아래를 향한다. 24시간에 걸친 조석 일정표, 조금씩 달라지는 축제(부활절, 오순절, 카니발 주간) 날짜를 계산하기 위한 달력, 황도 12궁의 점성학적 의미가 곳곳에 적힌 인간의 형상 등이 그려져 있다. 역사 속에서 황도 12궁은 어떤 약을 언제 복용해야 하는지나 수술적인 처방을 언제 내려야 할지를 알려주는 의학적 지침과 연관되어 있다고, 또한 각 별자리가 신체 각 부분의 건강 상태를 지배한다고 여겨졌다. 그래서 이 그림처럼 인간의 형상을 한 황도 12궁의 상징을 참고해 의학적 진단을 내리고 치료법을 처방했다. 이 그림 속의 인간 형상은 피를 뽑고 있는 모습을 하고 있다.

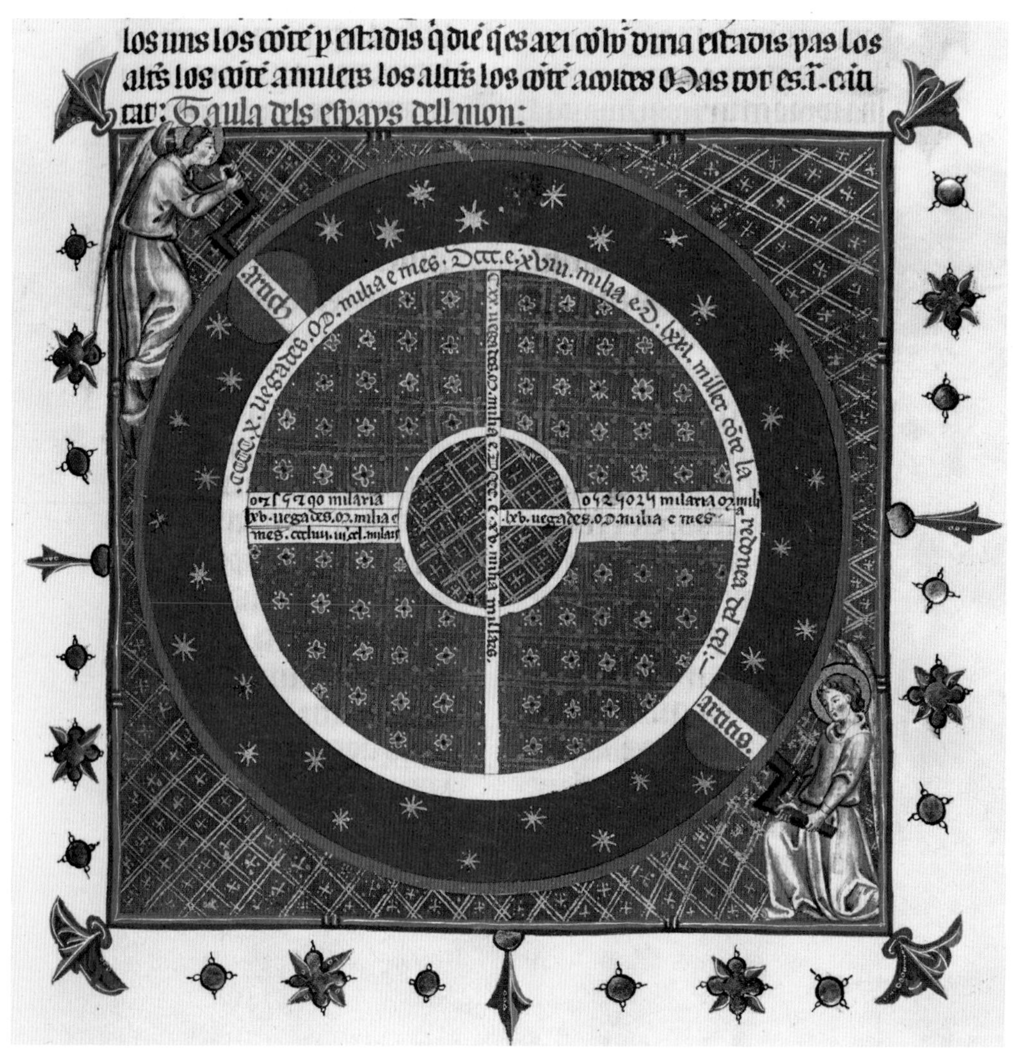
Taula dels espays dell mon:

• 1357~1400년

왼쪽 위: 프톨레마이오스의 우주관은 아리스토텔레스·플라톤의 우주관을 계승했다. 이 체계에서 달의 구체에 포함된 모든 것은 변화하고 부패할 수 있는 불완전한 존재였다. 반면 달 궤도 너머에 존재하는 모든 것은 결코 변하지 않는 영원불멸의 완전무결한 존재였다. 아주 오래전부터 알려져 있던 네 가지 기본 원소인 물, 불, 흙, 공기는 모두 달의 구체 안에 포함되어 있다. 이 그림은 베지에의 마트프레가 집필한 《사랑의 정수》의 사본에 등장하는 그림이다. 인간들이 살아가는 속세의 시간이 멈추지 않고 돌아가도록 초자연적인 천사와 같은 존재들이 달 아래 구체를 끝없이 회전시키기 위해 크랭크 장치를 돌리고 있다.

• 1440~50년

왼쪽 아래: 《신곡》에 나오는 조반니 디 파올로의 또 다른 채색 그림. 〈낙원〉의 시작 부분에서 단테는 자신이 이미 천구를 향해 올라가고 있다는 사실을 깨닫기 시작한 상황에서, 눈앞의 태양이 떠오르는 장면을 보고 "세 개의 십자가 안에서 네 개의 원"이 나타났다고 묘사했다. 추분 또는 춘분 날 천구상에서 지평선 위로 태양이 떠오르는 순간을 묘사한 것으로 보인다. 추분점과 춘분점은 천구 상에서 세 개의 대원(황도, 천구의 적도, 분지경선 또는 천구의 두 극을 통과하는 천구상의 대원)이 교차하면서 세 개의 십자가를 만든다(이 그림 속 왼쪽 구체를 보라). 단테와 베아트리체가 기적적으로 천국을 향해 날아오르는 동안 베아트리체는 천구의 음악에 맞춰 우주의 위계질서에 대해 설명했다. 흥미롭게도 이 그림에서 디 파올로는 코페르니쿠스 시대 이전까지 정설로 여겨지던 우주의 순서를 거꾸로 뒤집었다. 주인공들은 우주의 중심인 지구에 서 있는 것이 아니라 지구를 벗어나 천국을 바라보며 날아오르고 있다. 이 혁신적인 그림에서는 물, 공기, 불이 바깥 고리를 이루고 그 안에 우리에게 익숙한 천체의 구가 표현되어 있다. 구체 중심에는 날개 달린 '푸토'가 그려져 있다. 이는 중심 구체가 바로 불완전한 지구가 아니라, 세월이 흘러도 영원히 변치 않는 완전무결한 최고천임을 의미한다. 디 파올로가 표현한 그림은 교묘하게 시야를 전환하여 최고천의 구체가 그림 맨 바깥이 아닌 중심에 있다(39쪽에 있는 디 파올로의 〈추방〉을 보면 프톨레마이오스 우주관의 순서를 맨 바깥에서 안쪽 방향으로 표현한 것을 볼 수 있다). 독자들과 공중부양하는 주인공들의 시점을 반영해 고전적 우주 모델의 순서를 완벽하게 뒤집은 이런 창의적인 표현 기법은 전례 없는 새로운 시도였다. 디 파올로의 다른 작품은 39, 85, 128, 196~97, 277쪽을 참고하라.

• 1550~1600년

이 그림은 16세기 후반 이란 서부 지역에서 그려진 것으로 추정된다. 이 채색 그림에는 단 한 명의 천사가 완벽하게 조립된 천구를 꽉 쥐고 있는 모습이 표현되어 있다. 아랍의 우주학자이자 지질학자였던 자카리야 이븐 무함마드 알 카즈위니의 유명한 저서 《창조의 신비와 존재의 기이함Wonders of Creation and the Oddities of Existence》은 동시대 유럽에서 살았던 요하네스 데 사크로보스코의 《천구에 관하여》처럼 처음 책이 출간된 1270년 이후 수백 년에 걸쳐 셀 수 없이 많은 사본이 제작되었다. 하지만 카즈위니의 그림은 사크로보스코의 것과 큰 차이가 있다. 사크로보스코는 중세 초기 유럽에 프톨레마이오스의 천문학적 원리를 짧은 글로만 전파했던 반면, 카즈위니의 책은 그림을 통해 점성학과 프톨레마이오스의 천문학, 지질학과 자연사까지 아우르는 방대한 우주 진리에 관한 개요서 역할을 했다. 이 그림에서 볼 수 있듯이 아랍의 천문학은 그리스의 구체 우주 모델을 계승했으며, 신비주의가 자연스럽게 스며들어 있었다.

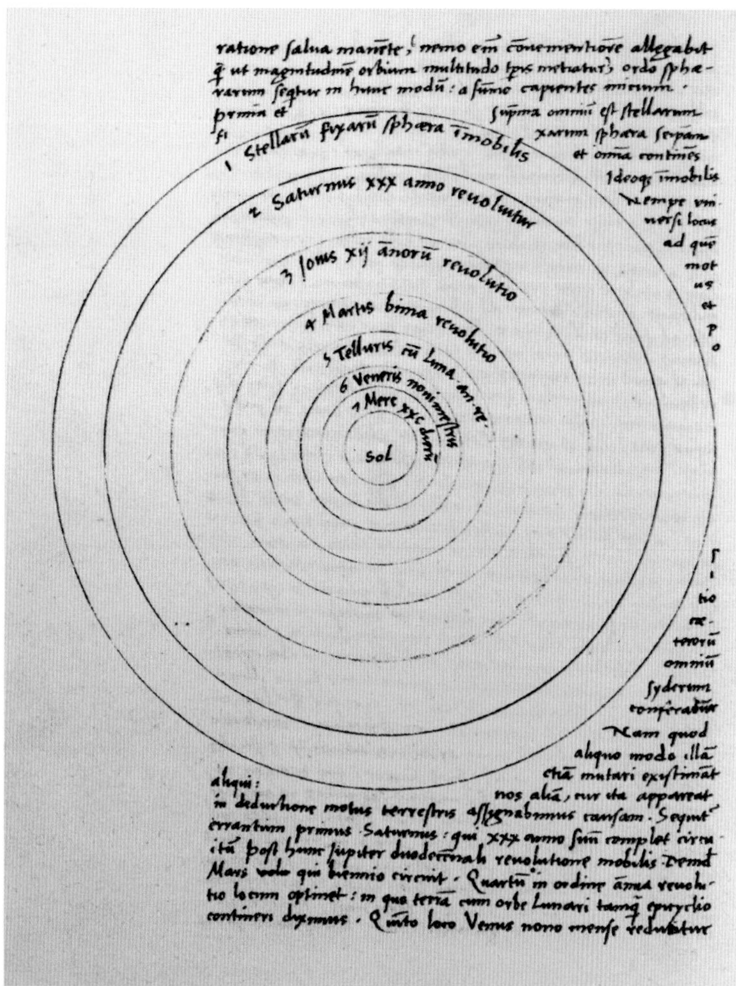

• 1520~41년

코페르니쿠스의 《천구의 회전에 관하여》는 1543년이 되어서야 뒤늦게 출판되었다. 그는 자신의 태양중심설을 뒷받침하기 위해 다양한 관측 결과를 취합했다. 언뜻 깔끔한 손글씨로 둘러싼 단순한 그림인 듯, 그림 한가운데 태양을 의미하는 글씨 'sol'이 적혀 있다는 사실을 알아채기 전까지는 그저 프톨레마이오스의 지구중심설에 입각한 흔한 그림처럼 보인다. 하지만 이 그림은 그리 간단하지 않다. 천문학자이자 역사가인 오언 깅거리치는 "숙련된 데생 실력, 정확한 손, 무엇보다 태양 중심의 체계를 묘사하는 이 유명한 그림 주위로 코페르니쿠스가 우아하게 글씨를 써놓은 방식"에 놀라워했다. 그리고 그는 코페르니쿠스의 원본이 "과학의 르네상스 전체를 통틀어 가장 귀중한 유물"이라고 말했다. 코페르니쿠스는 그리스인들에 의해 가장 먼저 개념화되고 이후 기원후 100년경 프톨레마이오스에 의해 한 번 더 개량되어 뿌리 깊게 자리 잡았던 '천구'라는 개념을 파괴했다. 그리고 그것만으로는 우주를 설명하기에 한참 모자란다는 사실을 발견했다. 그래서 그는 지구가 아닌 태양을 중심에 두고 천체들을 재조립했다.

• 1660년

오른쪽: 코페르니쿠스의 또 다른 그림을 화려하게 변형한 그림. 안드레아스 셀라리우스의 《대우주의 조화》에 실린 그림이다. 이 그림은 코페르니쿠스가 주장한 태양이 지배하는 태양계를 묘사한다. 이 그림에서 달이 달 궤도를 감싸는 구체 안을 떠돌고 있는 점에 주목하자. 코페르니쿠스는 프톨레마이오스 우주 모델을 전부 폐기한 것이 아니었다. 다만 프톨레마이오스의 우주 모델 속 요소들의 순서를 바꾸었을 뿐이다. 지구의 구체 바깥에 적힌 라틴어를 해석하면 "달 아래 구체는 태양에 관한 네 가지 기본 원소를 포함한다"라는 뜻이다. 그림의 오른쪽 아래에 굉장히 만족스러운 듯한 표정으로 앉아 있는 인물이 코페르니쿠스다. 그의 맞은편에는 이름 모를 고대의 천문학자 한 명이 앉아 있다. 아마 코페르니쿠스의 새로운 우주 모델에 의해 대체된 프톨레마이오스를 상징하거나 기원전 200년 이전 일찍이 우주의 중심이 태양일 것이라고 맨 처음 주장했던 그리스 천문학자 사모스의 아리스타르코스를 상징하는 인물일 것이다. 셀라리우스의 또 다른 지도는 54~55, 94, 134~35, 162~63, 200~201, 252~55쪽을 참고하라.

COPERNICANVM
Systema
TIVS CREATI
THESI
CANA IN
EXHIBITVM.
SATURNI
IVPI
TER
MARS
LVNA CVM MVNDO SVBLVNARI
ORBIS MERCURII
MERCV
RIVS
VENVS
ZODIAC
DODECA

• 1716년

16세기 후반 덴마크 천문학자 티코 브라헤는 달 궤도 너머 영원불멸의 존재가 있다고 주장했던 아리스토텔레스의 우주 모델을 파괴하는 데 부분적으로 기여했다. 브라헤는 《신곡》에서 단테와 베아트리체가 묘사했듯이 혜성이 이른바 절대로 깨지지 않는 크리스털 구체를 가로질러 움직인다는 사실을 입증했다(혜성에 대해 더 자세하게 알고 싶다면 9장을 참고하라). 하지만 그는 코페르니쿠스의 우주 모델도 문제가 있다고 보았다. 특히 브라헤는 지구가 가장 '게으른' 천체이며, 우주의 중심에 가만히 멈춰 있다고 믿었다. 지구의 중심성과 부동성을 거부하는 그 어떤 것도 받아들이지 않았다. 그 대신 브라헤는 대안을 제시했다. 과학역사가 토마스 쿤은 브라헤의 새로운 대안 이론을 "코페르니쿠스의 체계와 수학적으로 완벽하게 동일한 체계"라고 평가했다. 브라헤는 지구를 제외한 다른 모든 행성들이 태양을 중심으로 돈다고 이야기했다. 태양은 다른 나머지 행성들을 이끌고 지구 주변 궤도를 돌았다. 안드레아스 셀라리우스의 《대우주의 조화》에 등장하는 이 그림은 지구중심설과 태양중심설을 혼합한 브라헤의 새로운 대안 우주 모델을 묘사한다. 티코 브라헤의 새로운 우주 모델은 지구가 우주에 가만히 고정되어 있다는 교회의 교리에 크게 위배되지 않기 때문에 신학적으로 말썽을 일으키지 않는다는 정치적 장점이 있었으나, 여전히 아리스토텔레스-프톨레마이오스의 크리스털 구체를 깨뜨려야 한다는 문제가 있었다. 이 그림에서 볼 수 있듯 티코 브라헤의 우주 모델에서 화성의 궤도는 태양의 궤도와 교차한다. 태양의 구체는 수성과 금성의 구체를 뚫고 지나간다. 그러므로 아리스토텔레스가 이야기했던 것처럼 결코 깨지지 않는 크리스털 구체란 불가능했다. 이처럼 티코 브라헤의 '지구-태양 중심 우주 모델'은 문제가 많았으나 코페르니쿠스의 지나치게 혁명적인 우주론을 받아들일 수 없었던 17세기의 많은 천문학자들은 티코 브라헤의 대안을 받아들였다. 그러나 이마저도 결국 태양중심설을 입증하는 완벽한 증거들이 새로 발견되면서 생명력을 잃었다. 셀라리우스의 또 다른 지도는 54~55, 94, 134, 162~63, 200~201, 252~55쪽을 보라.

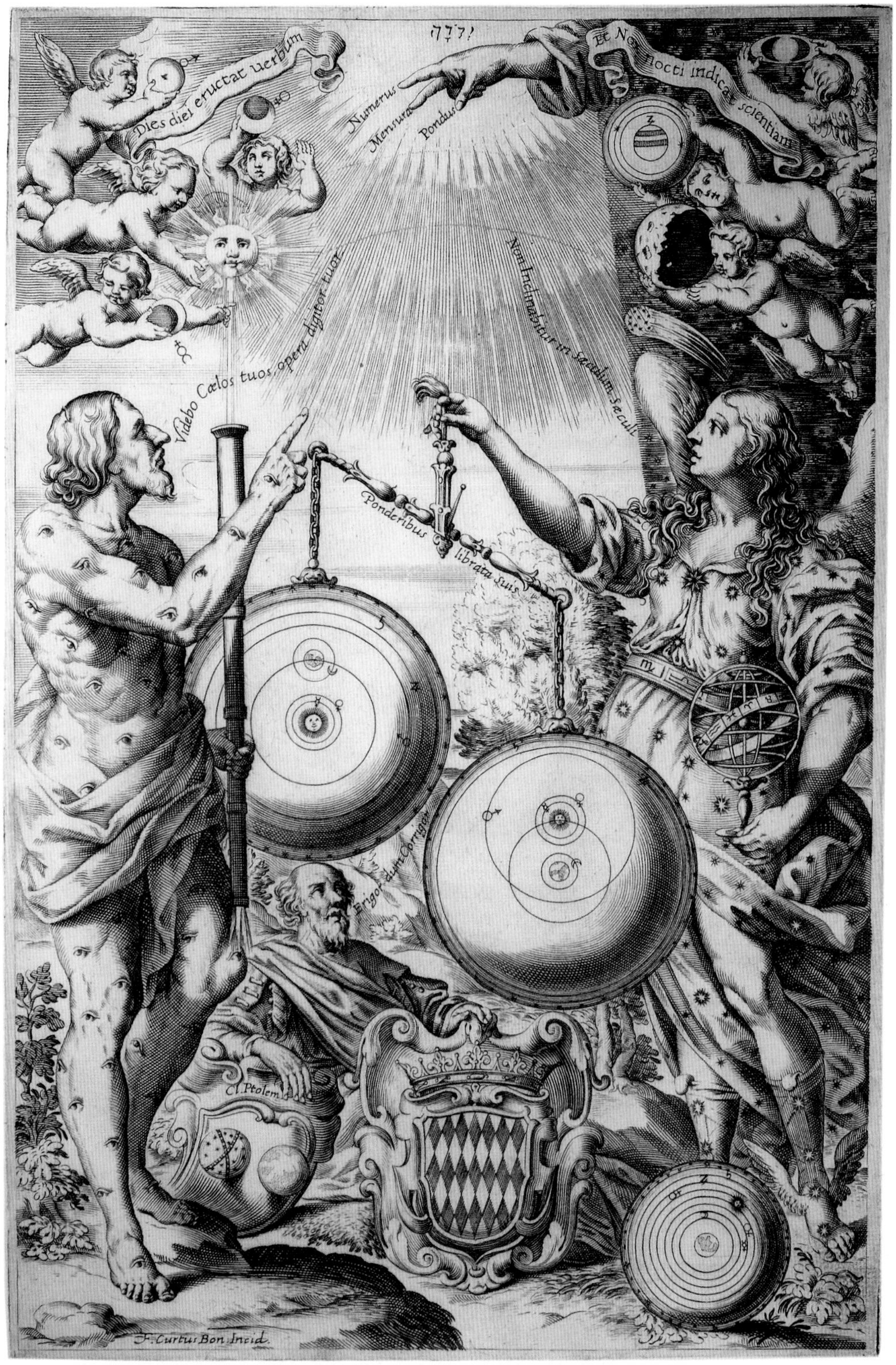

• 1651년

이탈리아의 천문학자이자 유대교 사제 조반니 바티스타 리치올리는 무려 1500쪽 짜리의 어마어마한《신 알마게스트Almagestum novum》를 집필했다. 그 책에 등장하는 이 삽화에서 볼 수 있듯이 그는 티코 브라헤의 우주 모델을 자신만의 방식으로 각색했다. 그림 속 오른쪽에 몸 곳곳에 별이 촘촘하게 박힌 뮤즈, 우라니아가 서 있다. 그녀는 저울을 들었다. 저울의 왼쪽에는 코페르니쿠스의 우주 모델이, 오른쪽에는 티코 브라헤의 우주 모델을 각색한 리치올리의 우주 모델이 걸려 있다. 리치올리가 쓴 책에 들어간 그림이니 당연하게도 리치올리의 우주 모델이 더 무겁게 표현되었다. 리치올리의 우주 모델에서는 수성, 금성, 화성이 지구 주변을 맴도는 태양 주변을 돈다. 반면 목성과 토성은 기존의 프톨레마이오스 우주 모델처럼 여전히 지구를 중심에 둔 큰 궤도를 돈다. 왼쪽에는 몸 곳곳에 눈동자가 박힌 아르고스가 서 있다. 아르고스가 잡고 있는 망원경은 경이로운 새 천체를 겨냥한다. 그림의 오른쪽과 왼쪽 위에는 천체를 든 푸토(발가벗은 어린이의 상을 의미함-옮긴이)가 여럿이 함께 날고 있다. 새 이론이 등장하면서 폐기된 프톨레마이오스의 우주론은 땅 위에 비스듬하게 팽개쳐져 있다. 그림 속 오른쪽 아래 땅에 버려진 프톨레마이오스의 우주 모델은 저울에 매달리지도 못했다.

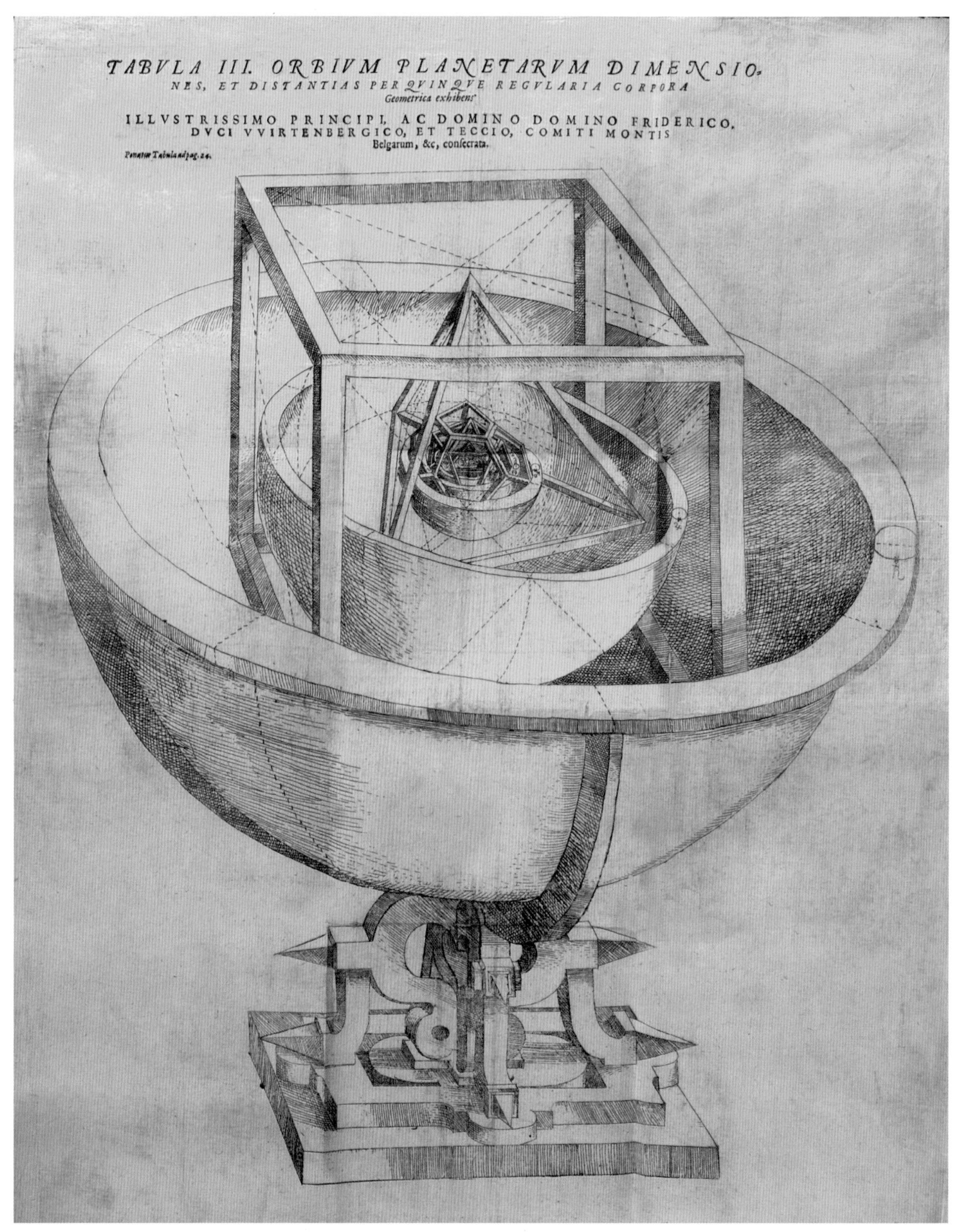

TABVLA III. ORBIVM PLANETARVM DIMENSIO-
NES, ET DISTANTIAS PER QVINQVE REGVLARIA CORPORA
Geometrica exhibens:
ILLVSTRISSIMO PRINCIPI, AC DOMINO DOMINO FRIDERICO,
DVCI VVIRTENBERGICO, ET TECCIO, COMITI MONTIS
Belgarum, &c, consecrata.

• 1595년

티코 브라헤의 동료이자 공동 연구자였던 요하네스 케플러는 열렬한 코페르니쿠스주의자였으며, 브라헤가 제안한 지구중심설과 태양중심설을 혼합한 새로운 모델을 받아들이지 않았다. 케플러가 1595년에 쓴 《우주의 신비 Mysterium cosmographicum》는 역사상 처음으로 코페르니쿠스의 우주 모델을 지지한 뛰어난 작품이다. 케플러의 책에 등장하는 이 동판화는 고대로부터 전해내려온 천구 체계를 새롭게 개선한 결과를 보여준다. 한편 케플러는 고대 그리스인들의 중요한 수학적 발견도 계승했다. 바로 유클리드 기하학에 등장하는 다섯 가지 정다면체다. 이 기하학적 형태들은 모든 면의 크기가 같고, 각 꼭짓점에서 만나는 면의 개수도 동일한 볼록한 도형이다. 고대인들은 우주의 기본 원소들이 각각 정다면체로 구성된 고체로 이루어져 있다고 여겼다. 케플러는 이러한 플라톤 이론을 바탕으로 우주 모델을 만들었다. 그 결과는 이 그림에서 확인할 수 있다. 마트료시카 인형처럼 큰 궤도 안에 작은 궤도가 들어간 구조다. 당시 맨 바깥에 있다고 여겨졌던 가장 큰 토성의 구체 안에 딱 들어맞는 정육면체가 있다. 그리고 그 안에 딱 들어맞는 목성의 구체가 있다. 또 그 안에는 딱 들어맞는 정사면체가 있고 그 안에 딱 들어맞는 화성의 구체가 있다. 이렇게 순차적으로 가운데 태양까지 이어진다. 오늘날의 관점에서 보면 이 모습은 순수하게 수학적인 관점으로만 접근한 기하학적이고 기계론적인 설계 장치처럼 느껴진다. 과학 역사가 토마스 쿤은 케플러가 순수한 수학적 추론만으로 우주를 설명하고자 했던 것이 결국 그가 행성의 움직임을 설명하는 탁월한 세 가지 법칙을 발견한 중요한 계기가 되었다고 지적했다.

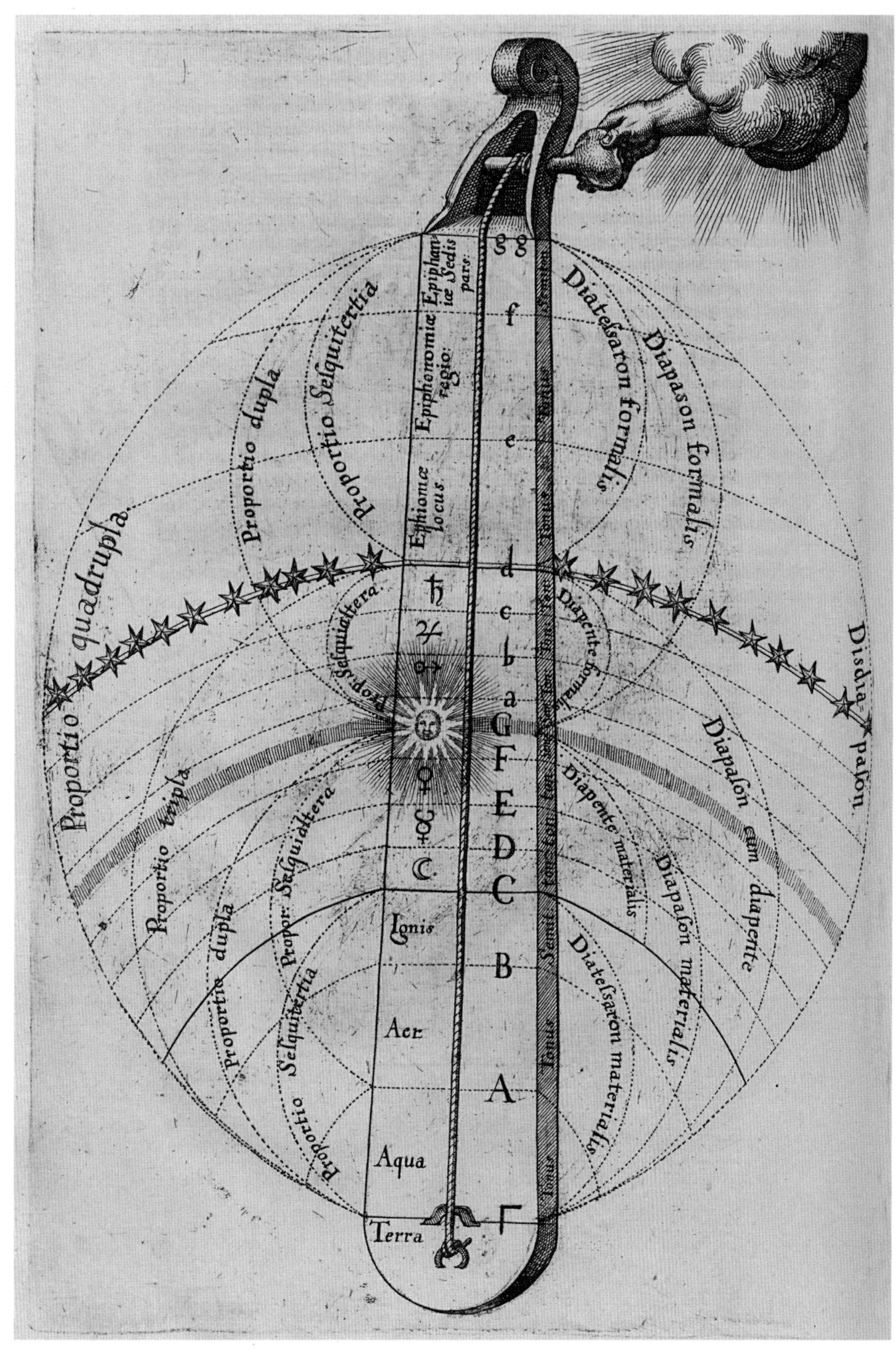

• 1617년

영국의 의사이자 천문학자였던 로버트 플러드는 자연 세계를 음악적 용어로 설명하고자 하는 경향이 있었다. 플러드가 쓴《거시 우주와 미시 우주, 두 세계에 관한 형이상학적·물리학적·기술적 역사》에 등장하는 이 삽화에 그의 음악적 성향이 완벽하게 반영되어 있다. 플러드는 이것을 "우주의 모노 코드"로, 인간이 살아가는 현세와 최고천 세계 사이를 단 하나의 줄로 길게 연결한 악기의 모습으로 표현했다. 그 위에서 신의 손이 현을 조율한다. 반대쪽 끝에는 '지구'를 의미하는 'Terra'라는 단어가 쓰여 있다. 그 위로 고대의 기본 원소들이 순서대로 이어지고, 그 위가 태양이다. 별들이 채워진 둥근 띠는 천구의 가장 바깥 경계를 나타낸다. 그 위에는 세 천사가 순서대로 배열되어 있다. 우주의 조화로운 비율이 왼쪽에는 비율로 오른쪽에는 숫자로 적혀 있다. 하나의 현 위에 15가지 음계가 표시되어 있다. 이것은 일종의 우주적인 하모니를 만들어내며, 이것은 맨 위에 천상의 성가대가 있는 음악적 천구를 상징한다.

• 1644년

17세기 전반이 끝나갈 무렵, 해석기하학의 주창자인 프랑스의 수학자 겸 철학자 르네 데카르트는 우주론에 대한 질문에 깊이 빠져들었다. 아리스토텔레스는 "자연은 진공을 혐오한다(horror vacui)"는 원칙을 세웠다. 그래서 인류는 수 세기 동안 구체와 구체 사이 빈 공간이 진공이 아니라 에테르라는 신비로운 물질로 채워져 있다고 생각했다. 데카르트는 그 대신 우주에 있는 모든 것들이 '미립자(corpuscles)'라고 불리는 아주 작은 입자로 채워져 있으며 천체와 천체 사이 공간에서 소용돌이치고 있다고 제안했다. 아리스토텔레스의 우주 모델이 점차 지위를 잃으면서 데카르트는 천구를 붙잡고 움직일 수 있게 해주는 신비로운 힘의 정체가 무엇인지 고민했다. 그는 천체들 사이 광활한 공간을 셀 수 없이 많은 작은 소구체들이 채우고 있으며, 이들이 소용돌이치고 있다는 새로운 이론을 창안했다. 이 그림은 데카르트의 책《철학의 원리Principia philosophiae》에 등장한다. 데카르트는 태양계를 가로질러 소용돌이 사이를 지나가는 구불구불한 궤적으로 혜성의 움직임을 묘사했다. 그는 자신의 소구체 우주론에 기반한 운동 법칙 네 가지를 만들었다.

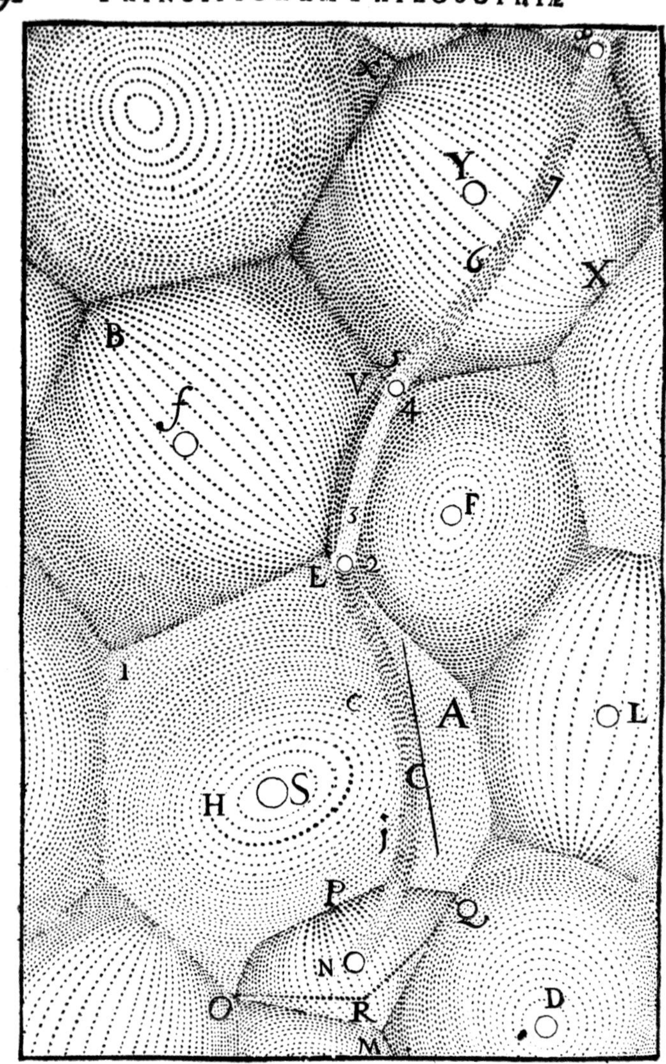

• 1673년

코페르니쿠스의 태양중심설로 인해 오랫동안 뿌리 깊게 자리 잡았던 기존 우주 모델에 대한 관점이 수정되었다. 이러한 변화 속에서 갈릴레오를 비롯한 초기 천문학자들은 망원경으로 하늘을 관측했고 새로운 발견을 책으로 출판했다. 이는 고대로부터 시작된 추측을 다시 부활시켰다. 우주가 우리, 즉 태양을 넘어 훨씬 더 많은 세계를 아우를까? 우주 속 별들은 모두 우리 태양과 같은 존재일까? 그리고 똑같이 그 주변에 행성들을 거느리고 있을까? 이 모든 추측이 사실이라면 태양과 태양계 행성 너머 또 다른 외계생명체가 사는 곳도 존재할 수 있지 않을까? 프랑스의 거장 판화가 베르나르 피카르는 우주 전역에 수많은 세계가 공존하는 우주 모델을 묘사했다. 우주에 대한 현대적인 관점이 탄생한 순간이다.

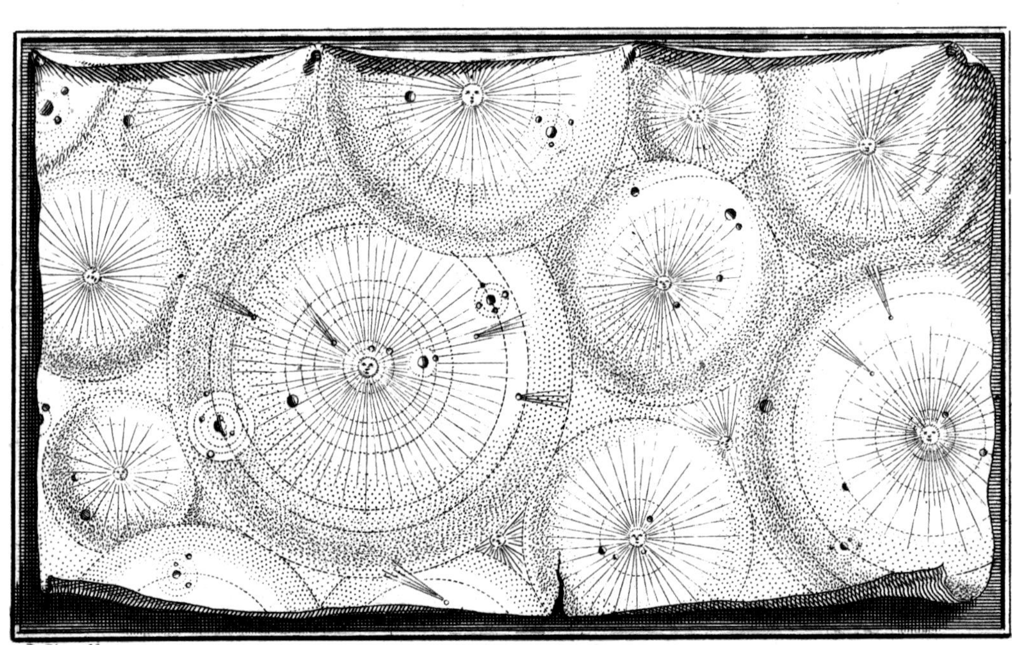

PLURALITÉ des MONDES.

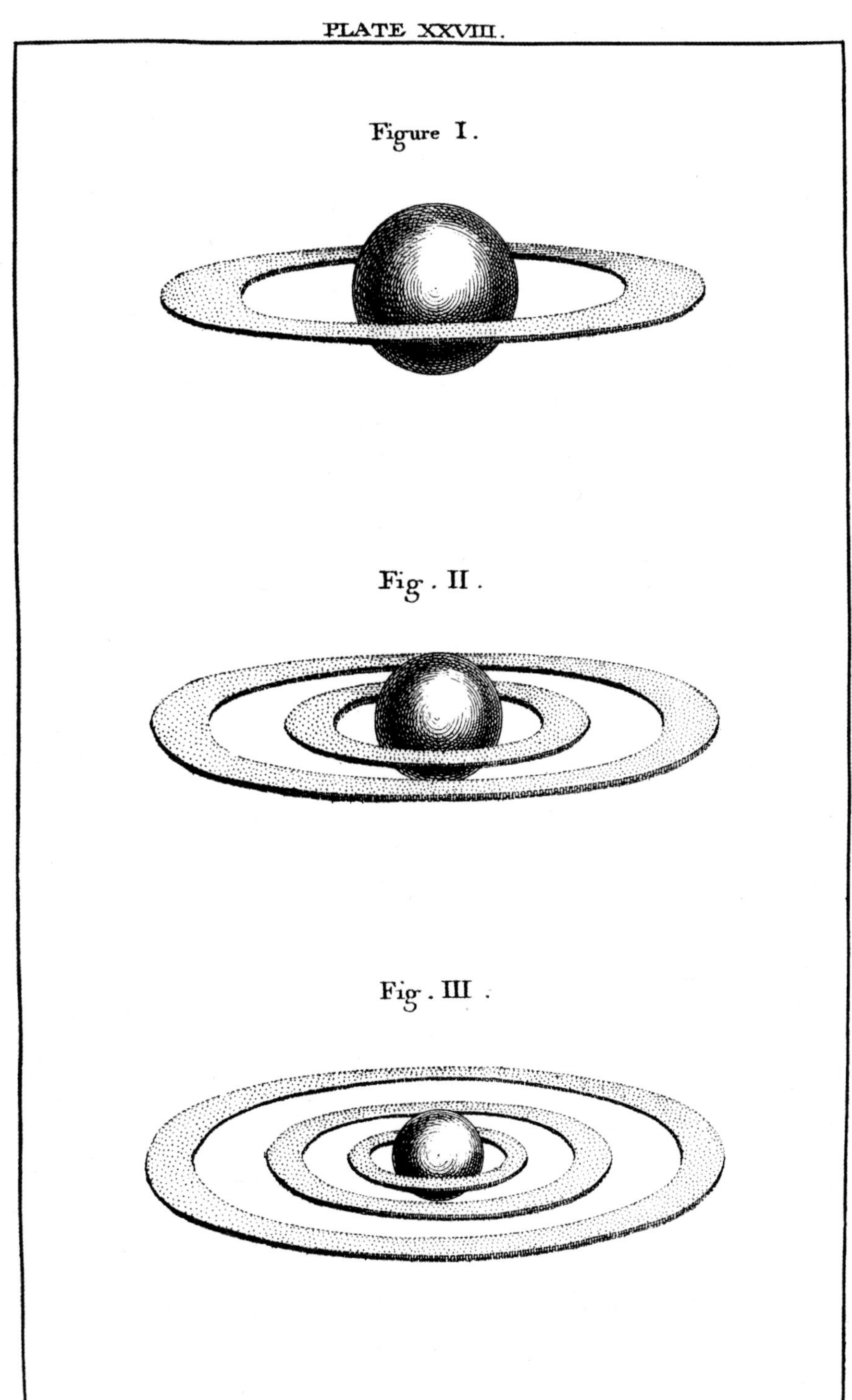

• 1750년

이 그림은 역사상 처음으로 우리은하를 납작한 원반으로 묘사했다. 18세기 중반 우주의 구조를 깨달을 수 있는 중요한 토대가 마련되었다. 1750년 영국의 천문학자 토머스 라이트는 《우주에 관한 독창적인 이론 또는 새로운 가설》이라는 책을 출간했다. 라이트는 토성과 우리 태양계의 모습에서 영감을 얻었다. 그는 우리은하가 가운데에 거대한 핵이 있고 그 주변에 원반을 두르고 있는 거대한 행성 같은 구조일 것이라 생각하고 그 모습을 이 메조틴트 판화로 표현했다. 그는 또 우리은하가 원반이 아닌 하나의 거대한 구체일 수도 있다는 가설도 내놓았다. 이 책에서 그는 역사상 처음으로 (비록 나선팔 대신 별들이 둥글게 모여 있는 원반을 상상했지만) 우리은하와 같은 나선은하에 대한 일반적인 묘사를 처음으로 시도했을 뿐 아니라, 또 다른 흔한 은하 형태인 대체로 완벽하게 둥근 모양으로 보이는 타원은하를 묘사하는 데까지 이르렀다. 더 나아가 그는 밤하늘에 보이는 유령 같은 얼룩들이 우리은하 안에 포함된 작은 성운이 아니라 "셀 수 없이 많은 천체들의 대저택"이자 별개의 또 다른 은하라고 주장했다. 놀랍게도 이 책은 미국 독립혁명보다 앞서서 출간되었다. 이 단 한 권의 책에서 토머스 라이트는 과거의 우주관에서 탈피해 거의 현대적인 수준에 근접한 그림을 제시했다.

토머스 라이트의 《우주에 관한 독창적인 이론 또는 새로운 가설》에 등장하는 판화이다. 우주의 별들도 우리 태양과 같은 존재이며 주변 궤도를 도는 행성들을 거느렸다는 생각은 16세기 후반 이탈리아 철학자 조르다노 브루노까지 거슬러 올라간다. 우주에 셀 수 없이 많은 별들이 존재한다는 생각은 소크라테스 이전으로 가야 한다. 하지만 이 놀라운 메조틴트 판화에서 라이트는 기존의 관점을 뛰어넘은 새로운 개념의 우주에 도달한다. 바로 여러 개의 은하로 가득 찬 우주다(그림에 표현된 각각의 구체는 라이트가 묘사했던 은하의 형태 중 하나인 타원은하다). 라이트가 그린 또 다른 그림은 169쪽과 256~57쪽을 참고하라.

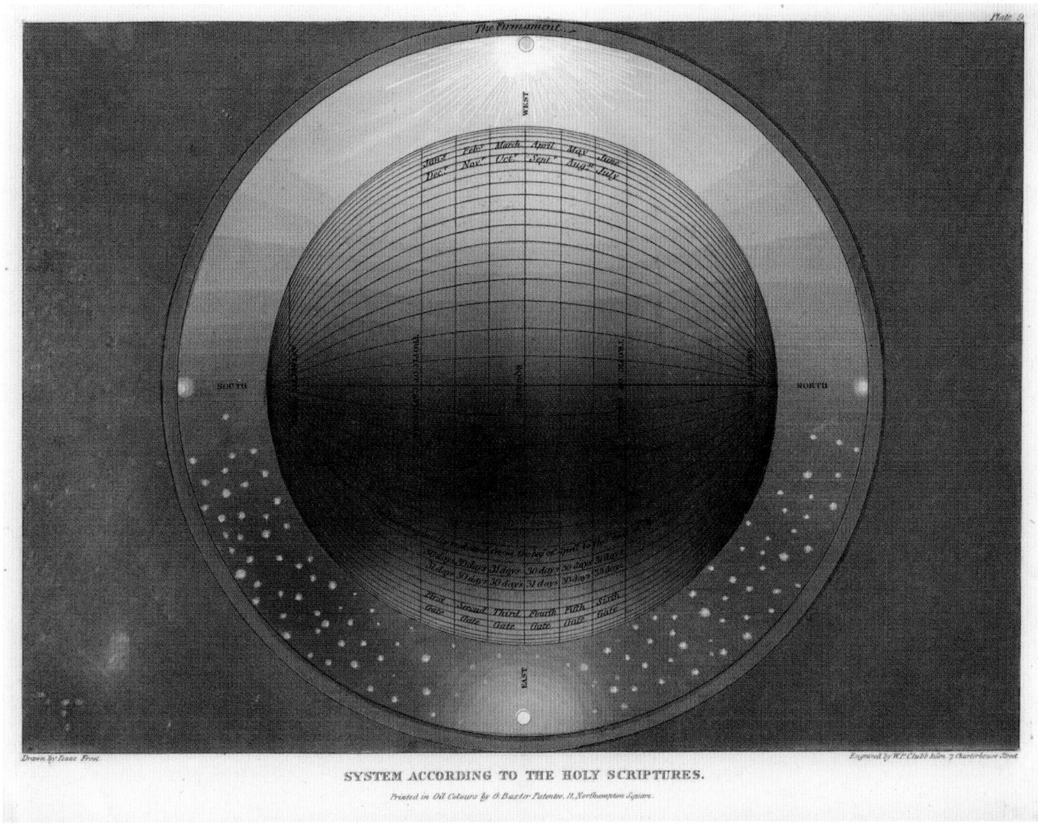

• 1846년

라이트가 그린 혁명적인 우주의 모습이다. 라이트는 '머글레톤파'라 불리는 영국의 개신교 종파였다. 17세기 중반에 창시되었으나 그리 널리 알려지지 않은 이 종파의 이름은 창시자 로도윅 머글레톤의 이름을 따서 붙인 것이다. 이들은 성경을 '문자 그대로' 이해했기 때문에 코페르니쿠스의 태양중심설을 비난했다. 과학에 대한 이들의 관점은 명확했다. 머글레톤의 원칙은 "사람의 불결한 이성만 한 악마는 없다"는 것이었다. 19세기 머글레톤 파인 아이작 프로스트가 1846년에 출간한 《천문학의 두 가지 체계Two Systems of Astronomy》에 수록된 이 그림은 매우 혁신적인 방법으로 우리를 다시 코페르니쿠스 이전으로 되돌리려 한다.

THE GREAT SPIRAL NEBULA

• 1845년

1845년 잉글랜드-아일랜드의 천문학자 윌리엄 파슨스, 제3대 로즈 백작은 오펄리 주 비르 성에 있던 자신의 저택에 무려 6톤짜리 거대한 망원경을 설치했다. 지름 180센티미터의 괴물 같은 망원경은 곧 '리바이어던'이라는 별명을 얻었다. 이것은 1918년까지 세계에서 가장 거대한 망원경이었다. 1년 중 아일랜드의 하늘이 맑은 날은 60일 정도다. 파슨스는 이 망원경으로 간신히 우리은하 안의 작은 성운으로 여겨졌던 흥미로운 나선 형태 성운들을 발견했다. 이 그림은 그러한 나선 성운 중 하나인 M51을 로즈 백작이 관측해 남긴 드로잉을 바탕으로 제작한 것이다. 이 그림이 영국과 유럽 전역에 복제되어 퍼졌을 때 큰 반향을 일으켰다. 현재 이 천체는 2300만 광년 거리인 소용돌이 은하로 알려져 있다. 대표적인 나선은하로, 크기는 우리은하와 비슷하다.

• 1889년

1879년 로즈 백작의 M51 드로잉을 바탕으로 그린 작품의 사본이 카미유 플라마리옹의 《대중 천문학》에 실렸다. 이 책은 당시 프랑스에서 가장 인기 많은 베스트셀러였다. 이 책의 사본 중 하나가 프랑스 남부 생레미에 있는 생폴 드모졸 정신병원에도 다다랐을 것이다. 이 그림은 고흐가 유화 〈별이 빛나는 밤〉을 그린 이후에 남긴 작품 중 하나다. 고흐가 종이 위에 잉크로 그린 이 작품은 천문학자들이 관측 결과를 왜 시각화해 남겨야 하는지 그 필요성을 보여주는 간접적인 증거이다. 당시 정신병원에서 환자로 머물던 고흐가 이전에 파리에서 플라마리옹의 책을 접했고, 거기 실린 로즈 백작의 나선 성운 그림에 흥미를 느꼈다는 것이 정설로 받아들여진다. 뉴욕 현대미술관에서 관람할 수 있는 완벽하게 채색된 〈별이 빛나는 밤〉은 아마도 밤하늘을 예술적으로 표현한 가장 유명한 작품 중 하나일 것이다.

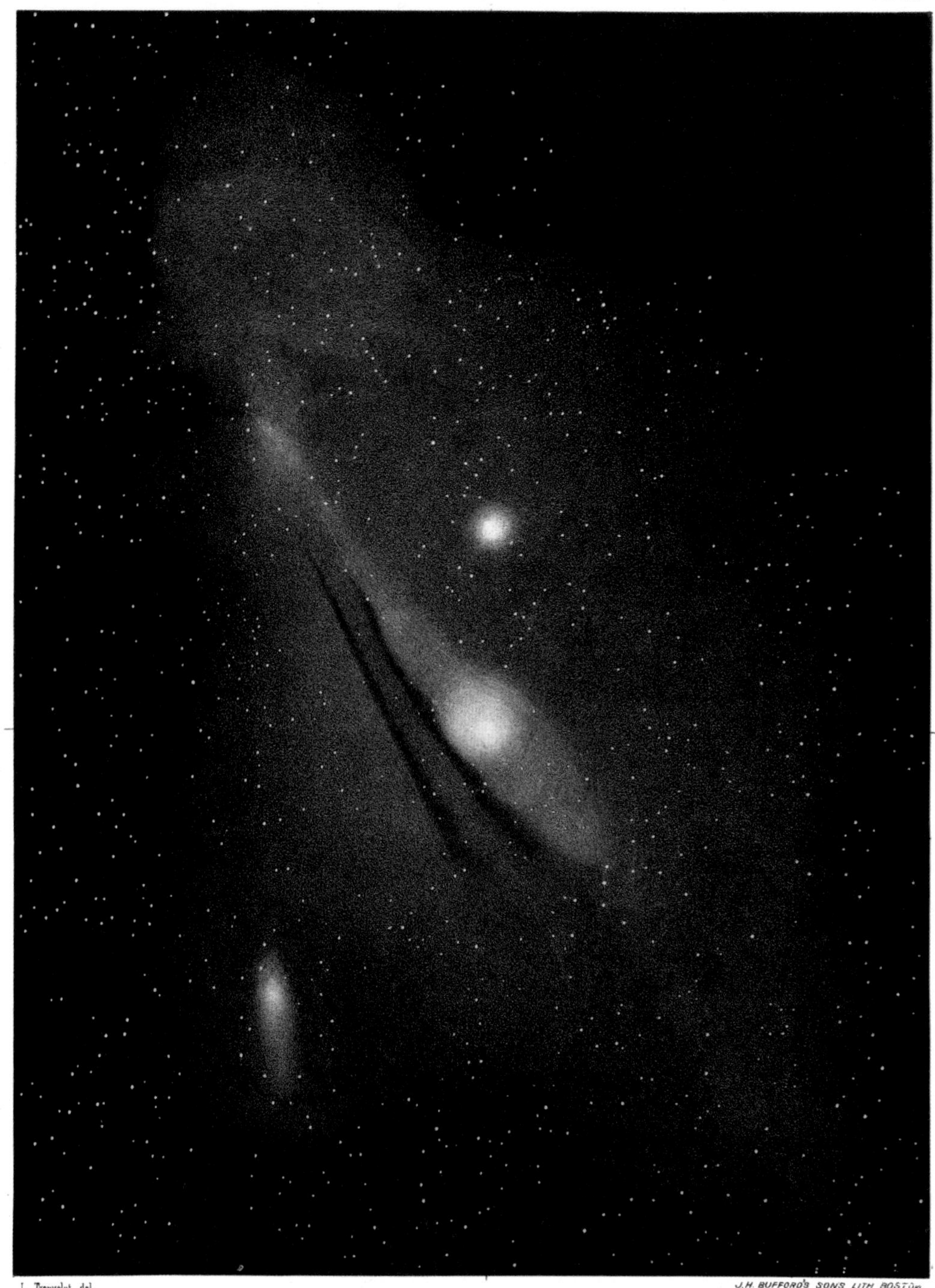

• 1874년

19세기 후반까지 우리은하가 우주 전역에 흩어진 수많은 은하들 가운데 하나에 불과할 것이라는 가설은 아직 널리 받아들여지지 못했다. 당시 거듭 강력해지는 망원경으로 새롭게 발견되기 시작한 수수께끼의 천체들은 여전히 우리은하 안에 갇힌 작은 성운으로 여겨졌다. 이 그림은 안드로메다 '성운'을 묘사한다. 사실 안드로메다를 비롯한 수수께끼의 성운 몇몇은 우리은하 밖에 있는 별개의 거대한 나선은하였다. 안드로메다는 우리은하가 속한 국부 은하군에서 가장 큰 멤버이자 우리은하와 가장 가까운 나선은하다. 오늘날에는 발전된 천체 사진 기술 덕분에 안드로메다 은하의 형태에 익숙하다. 사실 우리가 볼 수 있는 은하의 구조는 모두 오랜 시간에 걸친 장노출의 결과다. 아무리 거대한 망원경으로 들여다보아도 은하 대부분은 이 그림에 묘사된 것처럼 은회색 빛의 흐릿한 구름처럼 보인다. 그럼에도 인간의 눈은 빛의 강도가 변화하는 것을 민감하게 느끼기 때문에 몇 가지 세부 구조를 파악할 수 있다. 오늘날 우리가 은하의 나선팔이라 부르는 구조와 어두운 먼지 띠에 해당하는 검은 줄무늬가 그림 속에 선명하게 표현되어 있다. 은하의 다른 부분들보다 유독 더 밝게 빛나는 은하의 중심부에는 아주 무거운 초거대 질량 블랙홀이 존재한다고 알려져 있다. 예술가이자 천문학자인 에티엔 트루블로가 그린 이 그림은 〈하버드대학 천문대 연보〉에 실렸다.

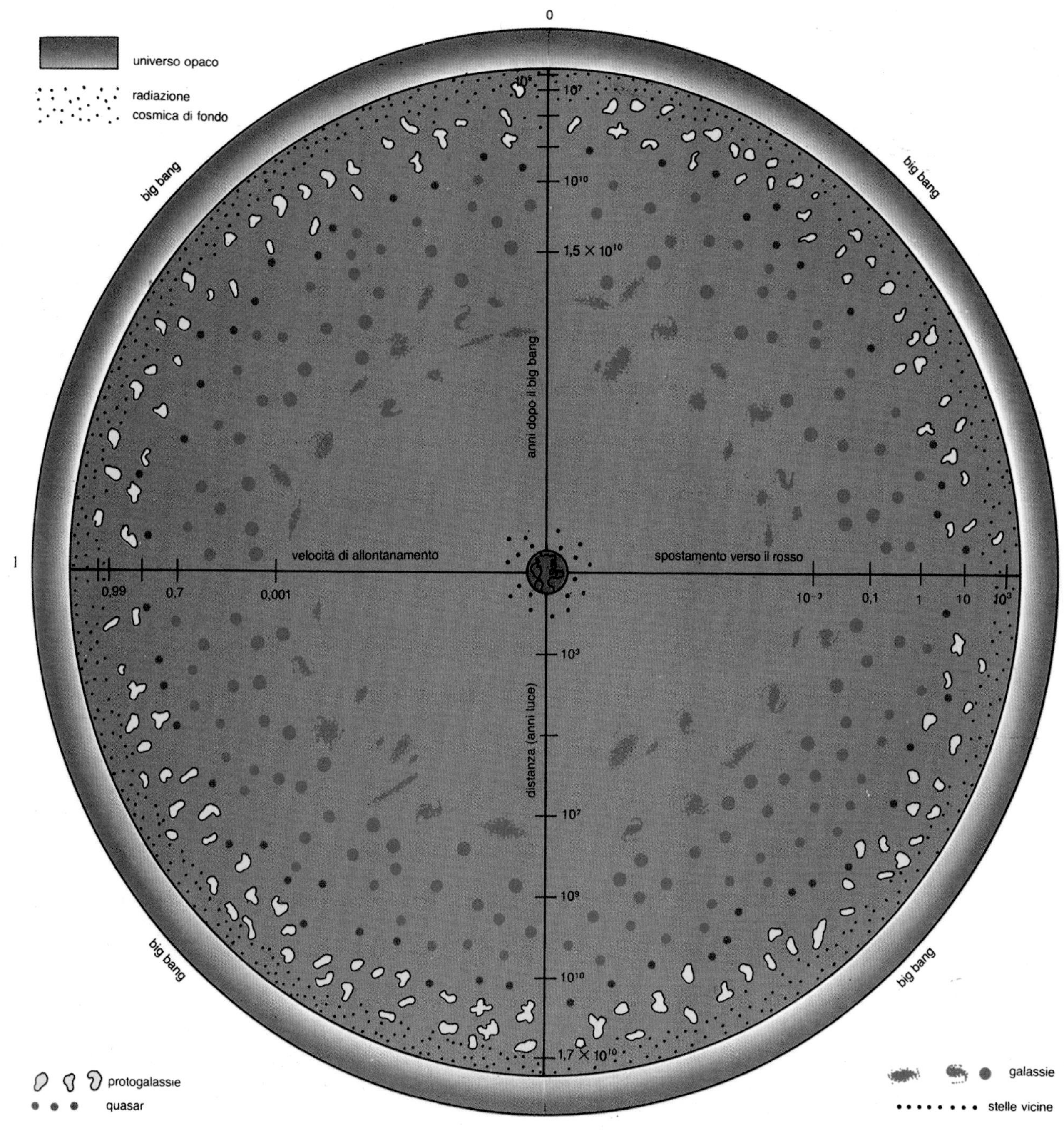

• 1982년

이탈리아 천문학자 프란체스코 베르톨라가 우주를 묘사한 그림이다. 얼핏 보면 오래전 사라진 지구 중심 체계로 회귀하는 것처럼 느껴진다. 현대 우주론에 따르면 실제 우주에는 특정한 중심이 존재하지 않는다. 다만 이 지도는 이해를 돕기 위해 전략적으로 중심이 있는 것처럼 표현했다. 우주 원리에 따르면 적어도 거시적인 규모에서 우주는 등방하고 균일하다. 즉 관찰자가 어디에 있든, 어느 방향을 바라보든 우주는 거의 동일하게 보인다. 따라서 우주에 있는 그 어떤 장소라도 그 주변 시공간의 국지적인 중심이 될 수 있다. 우주의 어떤 곳이든 관찰자가 있다면 그곳이 중심이 될 수 있는 것이다. 〈과학과 기술 연감Scienza e tecnica, annuario〉에 처음으로 소개된 이 이미지는 우리 우주를 구체의 모습으로 표현한다. 이 안에는 빅뱅(원의 가장 바깥 검은 선)부터 재이온화 시기라고 알려진 우주(그림 속 맨 바깥 고리 전체)가 안개 낀 듯 불투명했던 시기를 거쳐 원시 은하들(노란 얼룩들)과 최초의 퀘이사(빨간 점) 등장, 마지막으로 은하들(푸른 모양들)의 형태가 점차 발달되어가는 과정까지 우주 전체의 타임라인을 순서대로 모두 보여준다. 그림의 세로축은 빅뱅 이후 지금까지 흘러온 시간을 적용해 추정한, 관측 가능한 우주 끝자락까지의 거리를 로그 스케일로 표현한다. 거리 단위는 광년이다. 가로축은 각 거리만큼 떨어진 천체의 파장이 길게 늘어지는 적색편이 정도를 통해 우주의 팽창 속도를 표현한다. 마찬가지로 로그 스케일로 표현되어 있다(적색편이는 제트기나 은하처럼 관찰자에게서 멀어지는 물체에서 날아온 빛의 파장이 더 긴 쪽으로 이동하는 현상을 말한다. 전자기파 스펙트럼상에서 파장이 더 늘어지면 붉은 빛 쪽으로 이동한다).

• 1987년

20세기 중반에 이르러 우주가 헤아릴 수 없을 정도로 많은 은하들로 눈부시게 채워져 있으며 우리은하도 수십억 개의 은하들 중 하나에 불과하다는 생각이 널리 받아들여졌다. 그래서 상대적으로 가까운 우리은하 주변 공간에서 출발해 먼 은하들까지 공간 분포를 이해하려는 시도가 이루어졌다. 1950년대 후반 프랑스 천문학자 제라르 드 보쿨뢰르는 수천 번의 관측을 바탕으로 우리은하 주변 은하들이 거대한 초은하단을 구성하고 있다는 이론을 내놓았다. 그는 우리은하를 포함하는 초은하단을 국부 초은하단이라고 불렀다. 당시만 해도 그의 생각은 추측에 불과해 보였고, 널리 받아들여지지 못했다. 하지만 그의 주장이 사실이었다는 것이 결국 입증되었다. 이후 1970년대에 이르러 드 보쿨뢰르의 발견을 기반으로 천문학자 R. 브렌트 툴리와 J. 리처드 피셔를 비롯한 새 시대의 천문학자들이 전파 망원경을 활용해 우리은하 주변의 가까운 은하들을 겨냥한 올스카이 서베이 탐사를 진행했다. 1987년 그들은 우리은하 주변 국부 우주의 구조를 최초로 시각화하는 데 도전해, 시대를 앞선 우주 지도 《국부 은하 아틀라스》를 출간했다(밝은 빨간색 표지에 스프링 바인딩으로 제본된 이 책은 재밌게도 그 겉모습이 미국 도로 지도책과 굉장히 유사하다). 툴리와 피셔는 우리은하 주변 은하들이 "한 평면 위에 나란하게 정렬된 경향을 갖고 있으며, 이 평면은 믿을 수 없을 만큼 거대하다"는 확실한 증거를 발견했다. 툴리-피셔 아틀라스는 2367개 은하의 분포를 표현하기 위해 총 10페이지를 할애했다. 그 첫 번째 페이지가 오른쪽 그림이다. 이들의 새 우주 지도가 발표되고 불과 몇 달 뒤, 툴리는 우리은하를 포함한 수백 개의 은하로 이루어진 더 거대하고 복잡한 새로운 초은하단을 발견했다고 발표했다. 이것은 관측 가능한 우주의 거의 10퍼센트에 달하는 거대한 크기였다. 툴리는 이 지도에 담긴 국부 초은하단의 가장자리를 정의했고 이를 통해 전체 구조의 크기를 추정할 수 있었다. 이후 국부 초은하단의 실제 가장자리는 툴리의 추정보다 훨씬 더 멀리 떨어져 있다는 사실이 밝혀졌다.

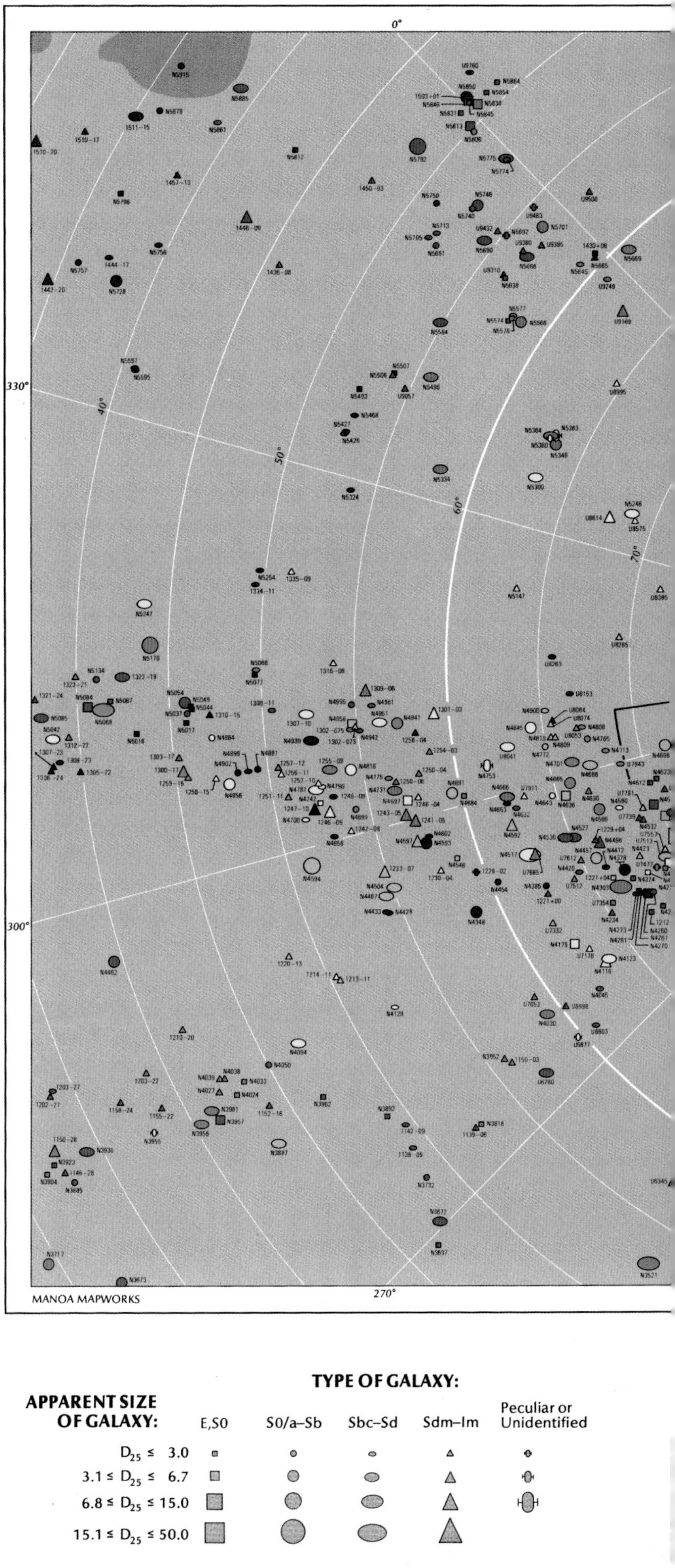

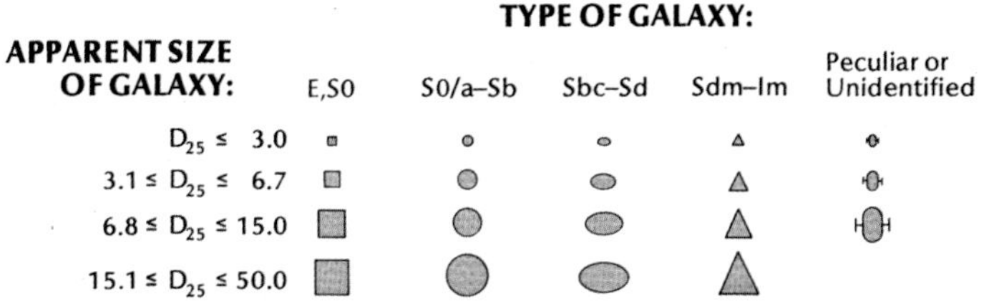

30° 60° 90°

120°

150°

240° 210° 180°

See enlargement of Virgo Cluster, Plate 11.

TULLY/FISHER

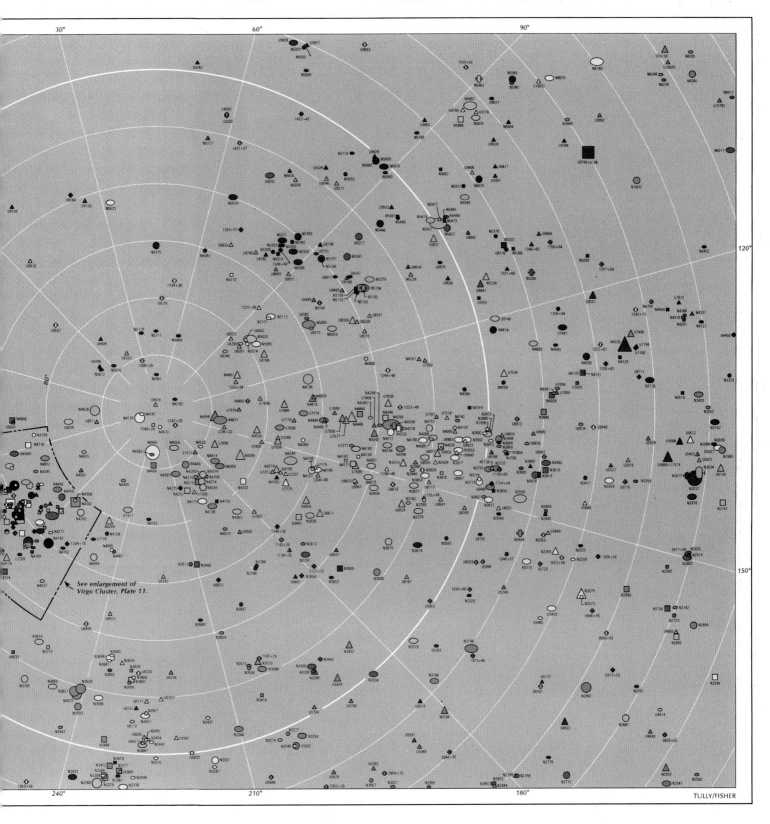

THE NORTH GALACTIC POLE

– the heart of the Local Supercluster; featuring the Virgo and Ursa Major clusters.

WAY

RECESSIONAL VELOCITY / DISTANCE:

(in kilometers per second)

- $V_0 < 0$
- $0 \le V_0 < 250$
- $250 \le V_0 < 500$
- $500 \le V_0 < 750$
- $750 \le V_0 < 1000$
- $1000 \le V_0 < 1250$
- $1250 \le V_0 < 1500$
- $1500 \le V_0 < 2000$
- $2000 \le V_0 < 3000$

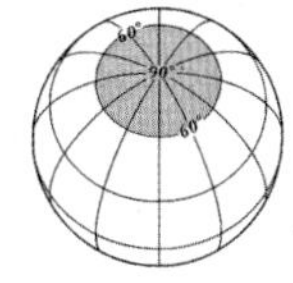

PLATE 1

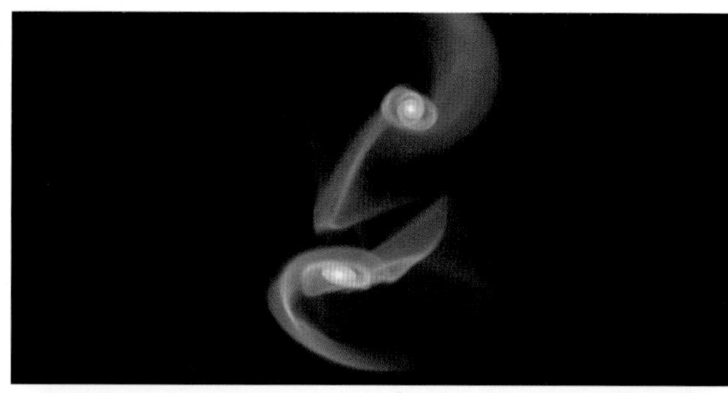
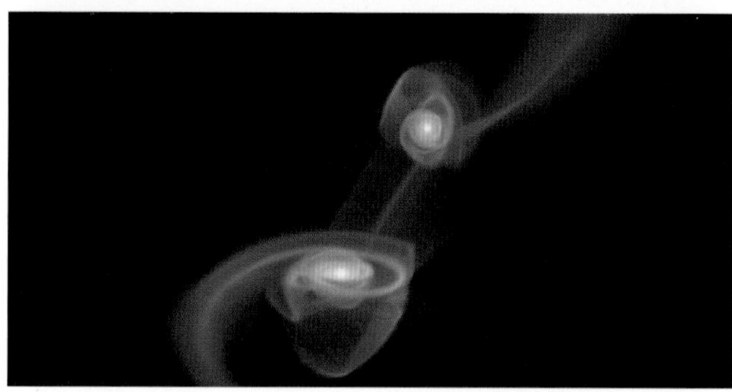
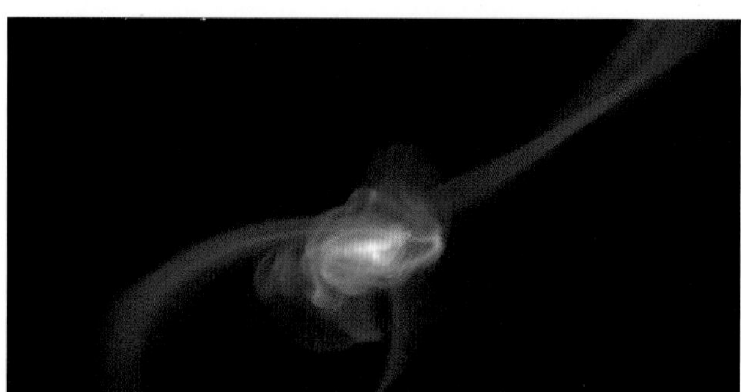
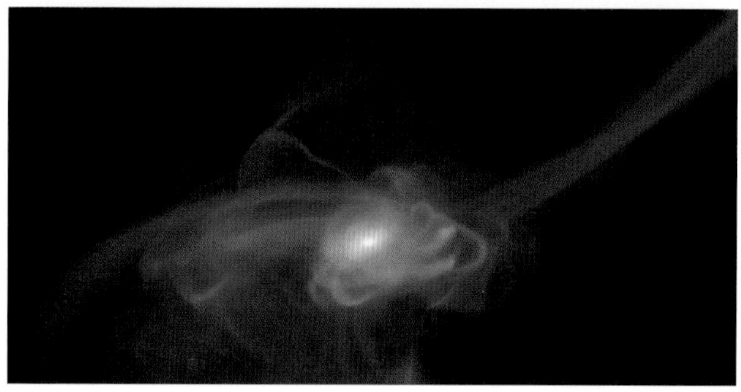

• 2003년

위: 21세기 초 슈퍼컴퓨터는 은하들이 충돌할 때 벌어지는 복잡한 역학적 과정을 시뮬레이션 할 수 있을 정도로 강력해졌다. 이 네 장의 그림은 캐나다 천문학자 존 듀빈스키가 만든 영상에서 캡처한 프레임이다. 지금으로부터 30억 년 뒤에 벌어질 우리은하와 안드로메다 은하의 충돌 과정을 묘사한다. 아주 먼 미래지만 반드시 벌어질 현상이다. 작은 입자들이 중력 등 물리적 힘에 의해 움직이는 모습을 묘사하는 역학적 시뮬레이션을 'N-체 시뮬레이션'이라고 부른다. 이 시뮬레이션은 뉴턴의 중력 법칙의 지배를 받는 3억 개 이상의 입자들이 먼 미래 충돌 과정에서 어떻게 움직일지를 보여준다. 충돌의 결과로 완성된 제일 마지막 그림에서 단 하나의 거대한 은하로 병합된 결과물을 볼 수 있다. '안드로메다웨이'라는 이름으로 불리는 병합된 은하 주변으로 복잡하게 뒤엉킨 난류를 볼 수 있다. 이것은 허블 우주망원경으로 찍은 실제 은하들의 충돌 사진과 놀랄 만치 비슷하다.

• 2006년

오른쪽: 슈퍼컴퓨터는 개별 은하들끼리의 충돌을 시뮬레이션하기 위해 초당 수조 개의 계산을 처리할 수 있으며, 그 성능은 계속 발전하는 중이다. 하지만 슈퍼컴퓨터조차 우주에 있는 가장 거대한 구조 중 하나인 은하단을 재현하기 위해서는 '적응형 메시 미세조정(adaptive mesh refinement)'이라는 특별한 수치 분석 기술을 사용해야 한다. 이 그림은 다니엘 포마레드가 데이터를 시각화한 것이다. 2006년 포마레드와 그의 동료 천문학자 로맹 테이시어는 파리 근처 사클레에서 COAST(Computational Astrophysics) 프로젝트를 진행했다. 이들은 슈퍼컴퓨터를 활용해 거시적 규모에서 은하단을 시뮬레이션했다. 이 작업을 통해 은하단 속 바리온 가스와 암흑물질 모두의 밀도 분포를 계산했다. 암흑물질은 그 주변 영역에 미치는 중력적 영향을 통해서만 그 존재를 간접적으로 추론할 수 있다. 오른쪽 그림은 시뮬레이션의 각 프레임으로, 바리온 가스의 흐름과 난류가 은하단의 진화에 어떤 영향을 끼치는지 알 수 있고, 은하단의 형성과 진화 과정을 확인할 수 있다. 그림에서 볼 수 있는 각 격자의 셀 구조는 시뮬레이션 코드에 담긴 물리학 방정식을 계산한 위치를 나타낸다. 이러한 거대 구조를 시뮬레이션 하는 기술은 오늘날 컴퓨터들의 능력을 한계까지 끌어올린다.

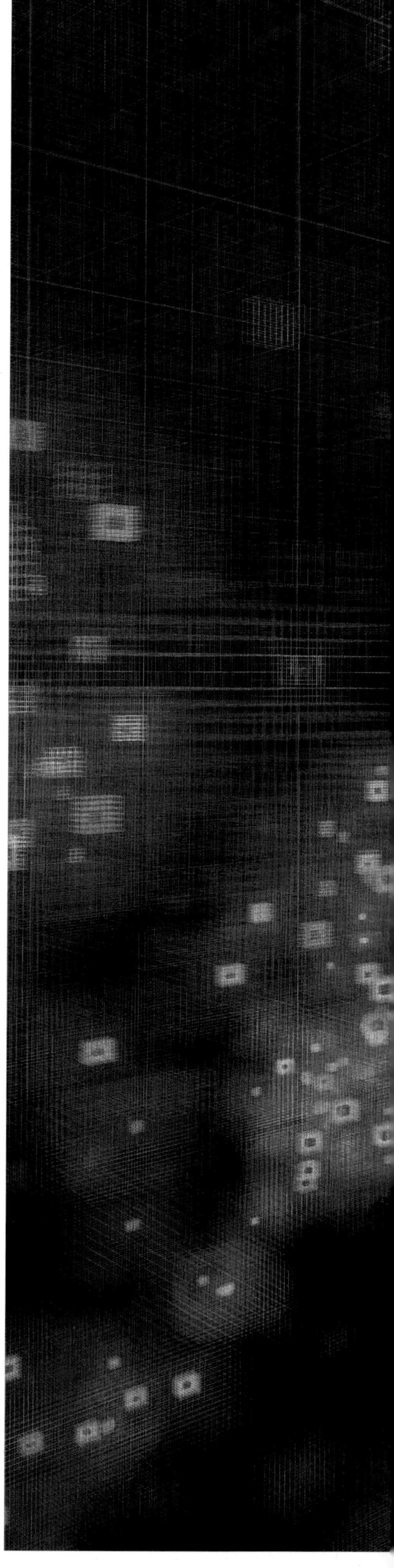

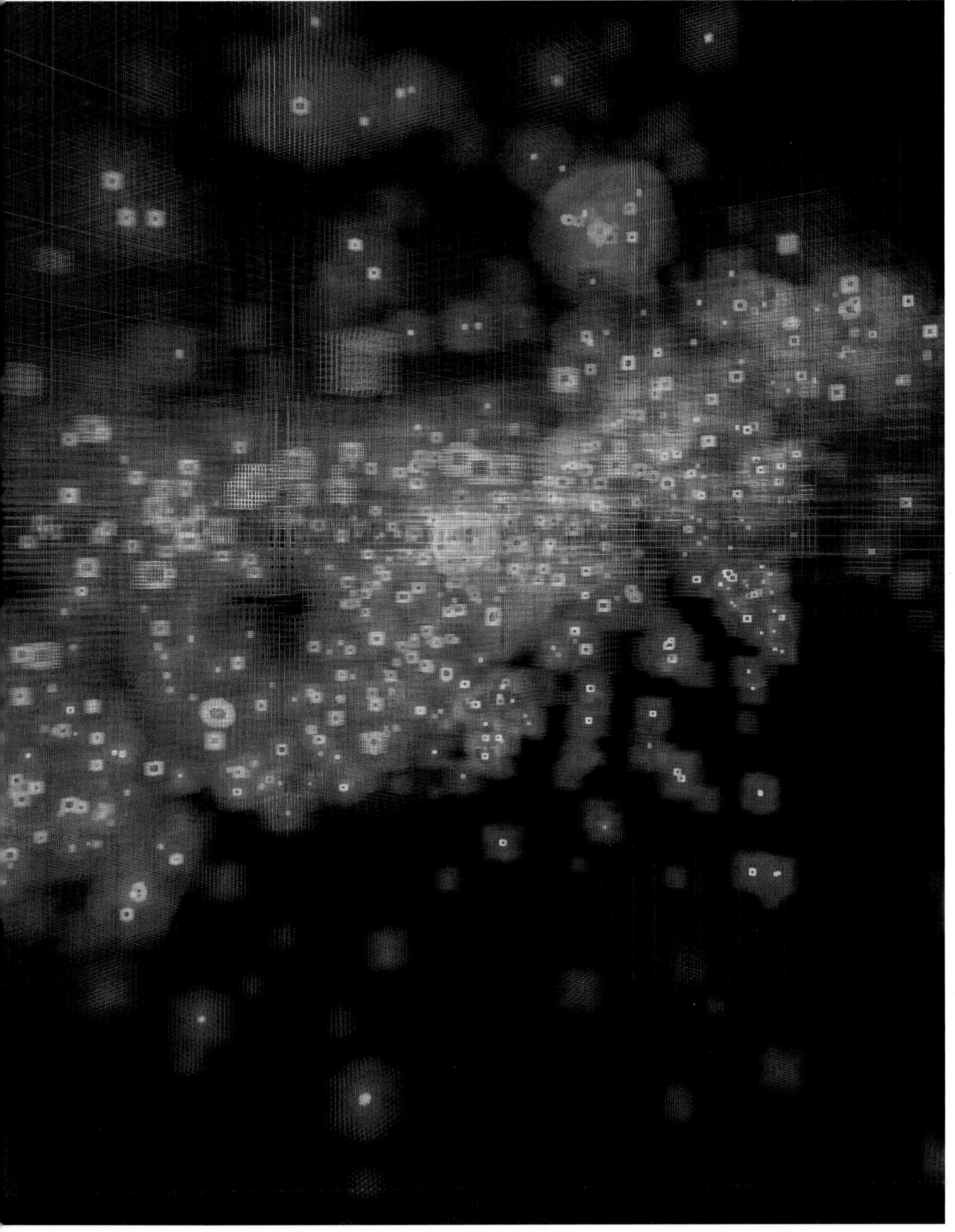

Distance from Earth (Megaparsecs)
Distance from Earth center (R_{Earth})
Comoving future visibility limit
Big Bang
Cosmic microwave background
SDF z=6.578 galaxy
SDSS: z=6.42 QSO
QSO 0957+561
QSO 0957 lens
3C 273
Coma Cluster
Great Attracter
Antennae
M87
Sombrero galaxy
Whirlpool galaxy
M101
M81
M77
M74
GRB 990123
Sloan Great Wall
CfA2 Great Wall
Zone of avoidance
Unreachable z=1.69
Decelerating
Accelerating z=0.76
First stars
SDSS quasars
SDSS galaxies
z=20
z=10
z=6
z=4
z=2
z=1
z=0.5
z=0.1
z=0.01
10^4
1000
100
10
10^{20}
10^{19}
10^{18}
10^{17}
Distance from Earth (kiloparsecs)
Distance from Earth (parsecs)
Local group
Extent of Milky Way disk
Hipparcos stars
LMC
SMC
Sirius
Procyon
Vega
Arcturus
Betelgeuse
Canopus
Capella

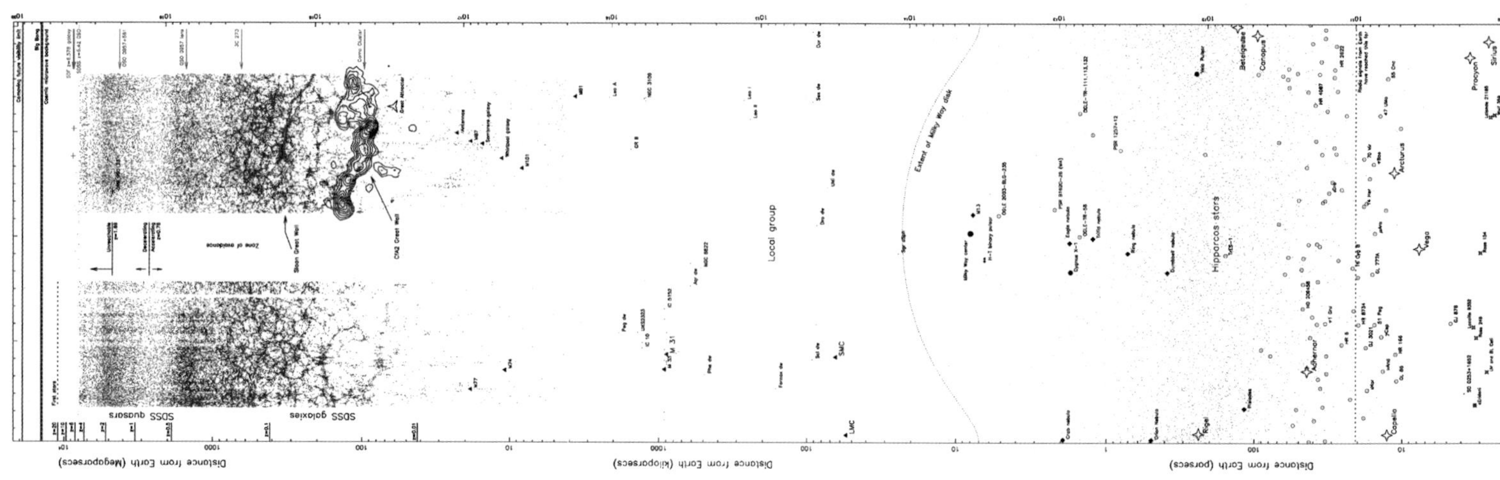

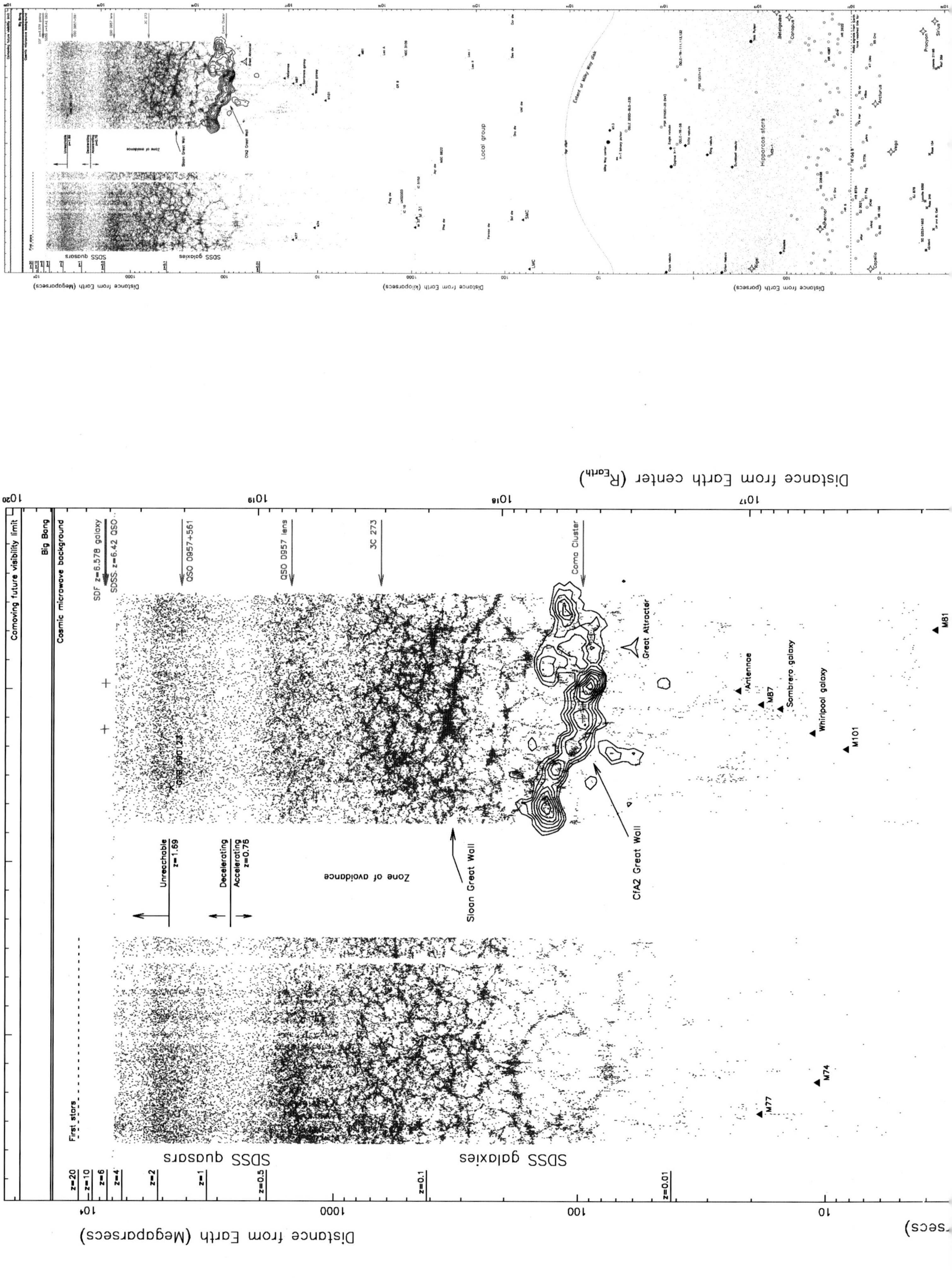

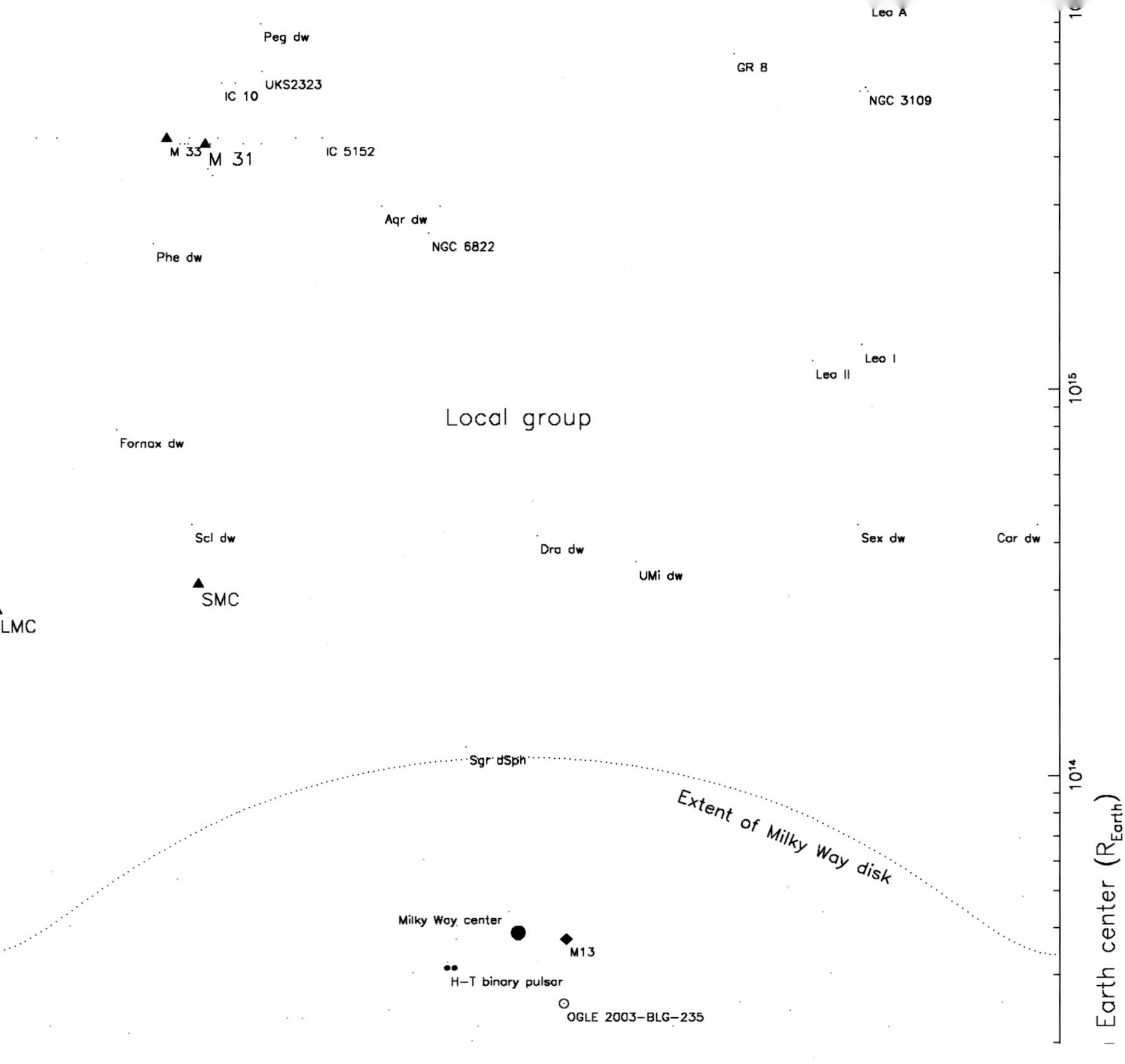

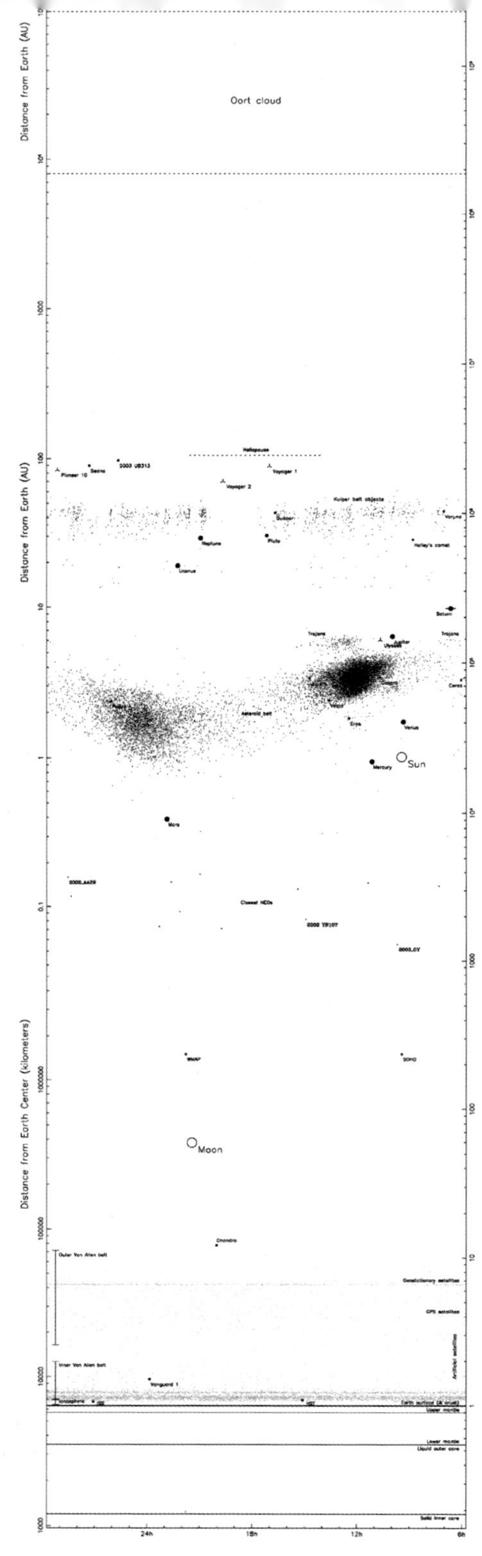

• 2003년

오른쪽: 로그 스케일로 그린 우주의 등각사상 지도.

왼쪽: 지도 윗부분을 더 자세하게 확대한 그림. 우주 최초의 별, 우주 배경복사, 빅뱅을 볼 수 있다. 당시만 해도 우주를 단 한 장에 담아내는 표현 방식은 드물었고 그 결과도 그리 만족스럽지 못했다. 2005년 천문학자 J. 리처드 고트 3세와 연구원 마리오 주릭은 그 까다로운 시도에 도전했다. 이들이 완성한 그림은 높이가 너비보다 훨씬(6.5배) 길다. 이 그림을 책에 온전하게 옮기기란 극히 어려운지라, 고트와 주릭이 완성한 지도를 작게 축소해서 담았다. 솔 스타인버그가 그린 〈뉴요커〉의 유명한 표지 그림은 맨해튼에 사는 사람의 눈으로 바라본 세계를 묘사한다. 그는 코앞에 있는 맨해튼 9번가 건물들을 가장 크게 그리고, 더 멀리 미국의 다른 지역들, 태평양이나 중국이나 일본보다 더 중요한 것처럼 묘사했다. 고트와 주릭은 솔 스타인버그의 표현 기법을 모방해 우주를 표현했다. 덕분에 아주 멀리 떨어진 거대한 거시적 구조뿐 아니라 지구에 훨씬 가까운 중요한 천체까지 한꺼번에 담을 수 있었다. 특히 이들은 천체까지의 거리를 표현할 때 단위가 기하급수적으로 증가하는 로그 스케일을 사용해 한 장의 지도 안에 우주 전체를 효율적으로 압축했다. 이들은 슬론 디지털 스카이 서베이로 관측한 은하들의 데이터를 지도에 표현했다. 그리고 은하들이 길게 이어진 듯한 거대한 장벽을 발견했다. 그 모습은 오른쪽 위 확대 그림에서 파란 점으로 찍힌 은하들이 이어져 두꺼운 파란색 선처럼 보이는 모습으로 확인할 수 있다. 그 길이만 13.8억 광년에 달한다. 이는 관측 가능한 우주의 전체 지름 가운데 대략 60분의 1이다. 이들이 발견한 슬론 장성은 지금껏 우주에서 발견된 가장 거대한 단일 구조 중 하나다. 고트와 주릭은 지도를 그리던 중에 이 새로운 구조를 발견했다. 과거의 탐험가들은 새로운 곳을 발견한 뒤 그곳을 지도에 옮겼지만, 고트와 주릭은 그 오랜 지도 제작의 전통을 뒤집었다.

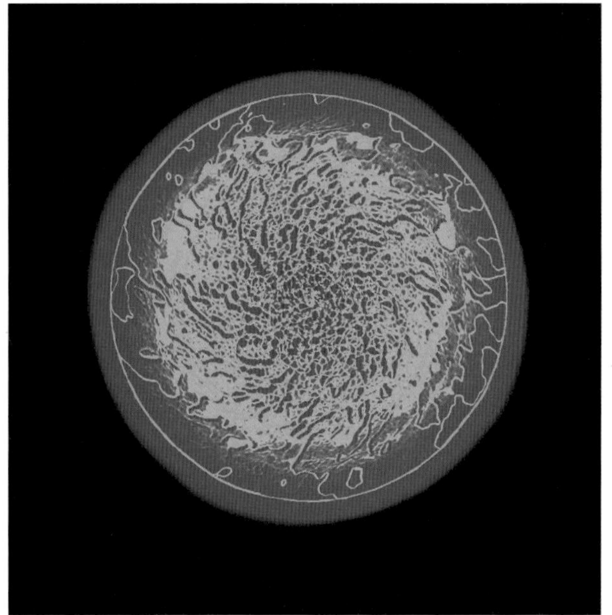

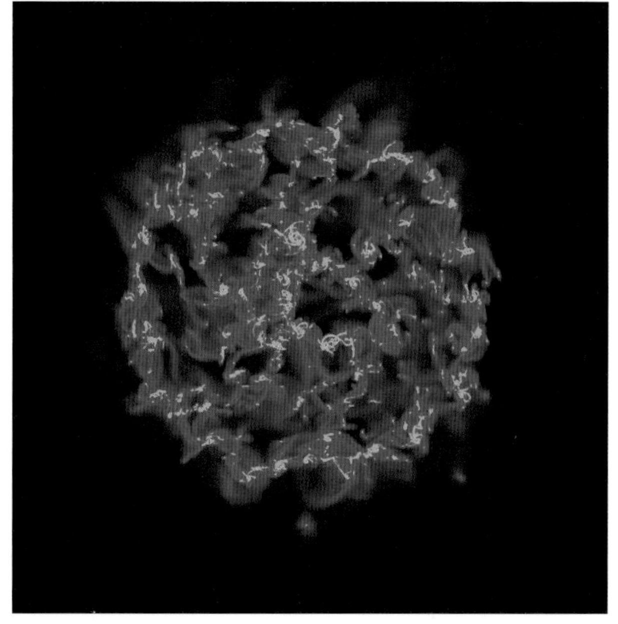

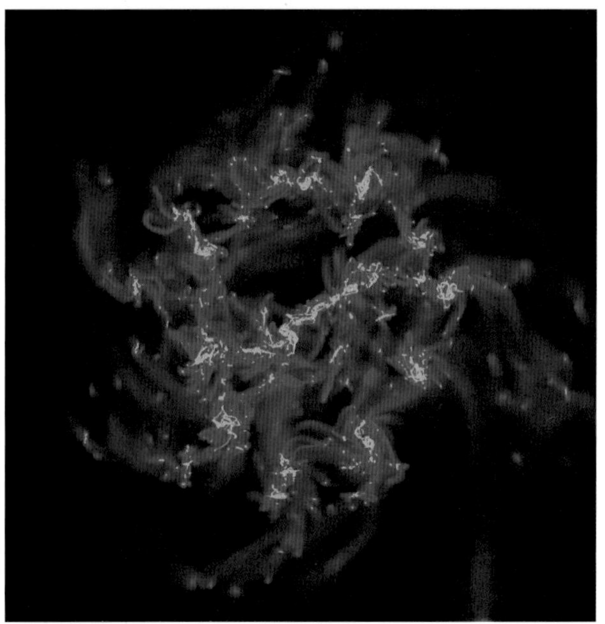

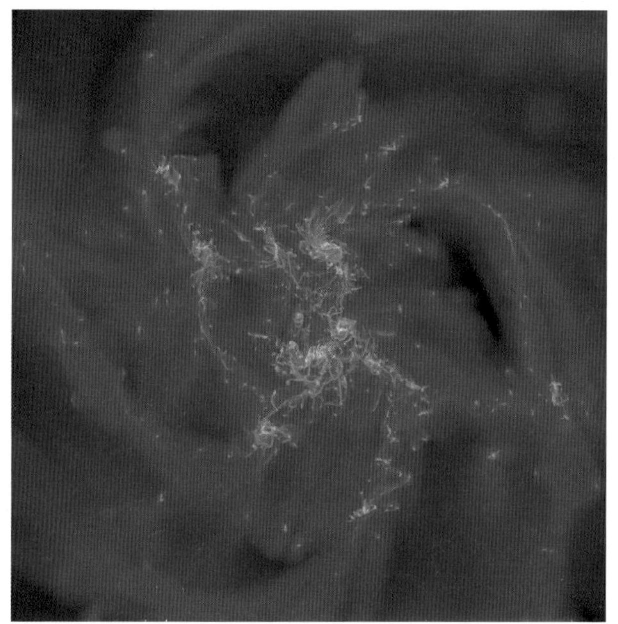

• 2010년

슈퍼컴퓨터로 시뮬레이션한 나선은하의 형성 과정 네 단계이며, 각 그림은 바리온 가스 물질의 밀도 분포를 나타낸다. 바리온 물질이란 모든 원자와 아원자 입자를 포함하여 우주를 구성하는 평범한 물질을 의미한다. 한편 우주에는 또 다른 가상의 물질, 암흑물질이 있다. 이들은 직접 볼 수는 없지만 보이는 물질에 끼치는 중력적 효과를 통해 확인할 수 있다. 시뮬레이션을 통해 성간 물질의 구조, 분자 구름의 특성, 우리은하와 같은 은하 속 별들이 탄생하는 역사를 확인할 수 있다. 특히 입자들의 난류가 여기에 어떤 역할을 하는지를 중점적으로 분석한다. 이 이미지들은 파리 외곽 CCRT 컴퓨팅센터에 있는 티탄 슈퍼컴퓨터로 700개의 프로세서를 동원해 제작했다.

왼쪽 위: 이전에 존재했던 작은 덩어리에서 가스 원반이 반죽된다.

오른쪽 위: 회전하는 은하의 형태가 갓 형성된 것을 볼 수 있다.

왼쪽 아래: 회전하면서 발생한 원심력으로 인해 가스 줄기들이 원반 바깥으로 뻗어나간다.

오른쪽 아래: 시뮬레이션된 은하는 이제 우주 전역의 많은 은하들에서 확인할 수 있는 나선팔 같은 구조를 보이기 시작한다.

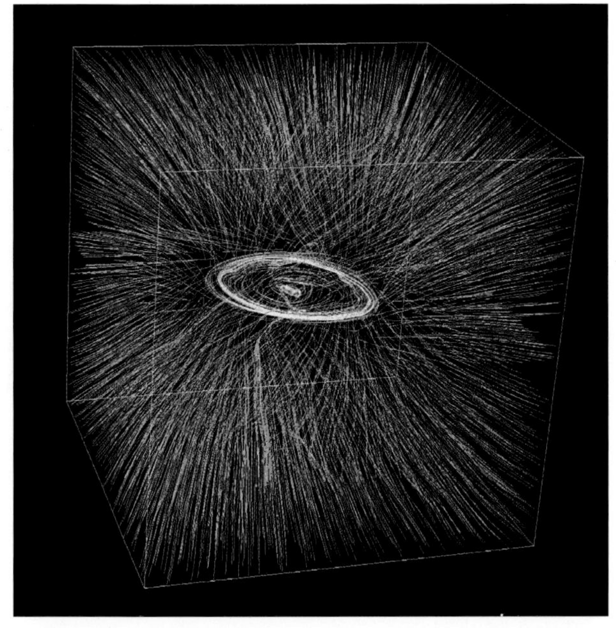

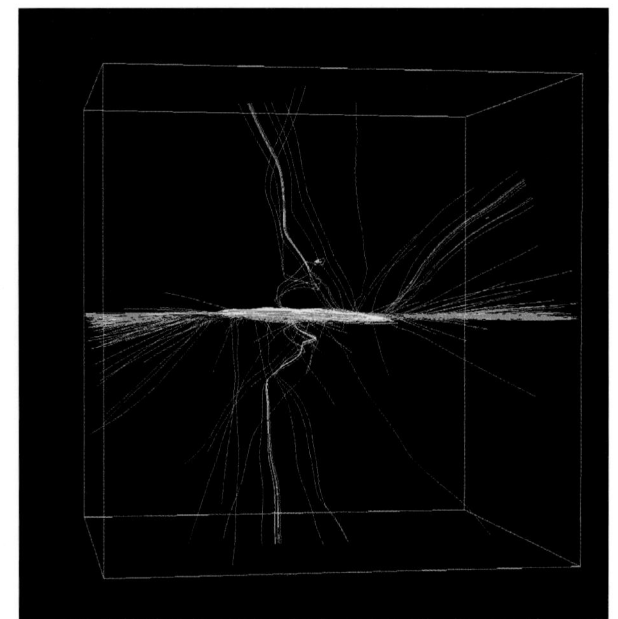

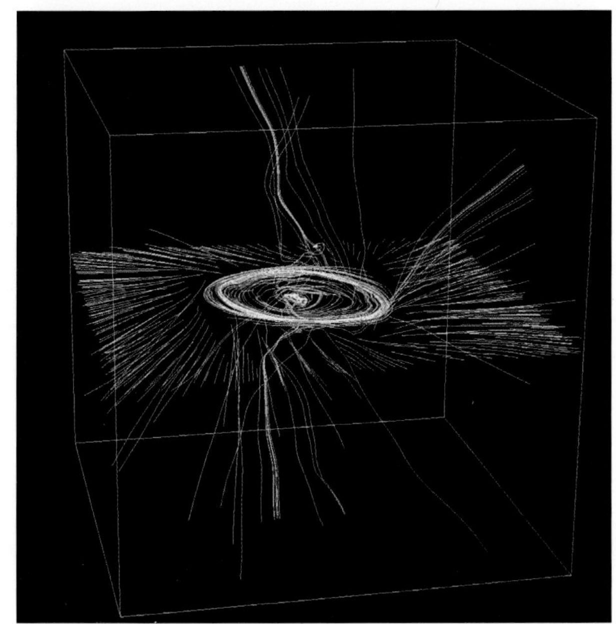

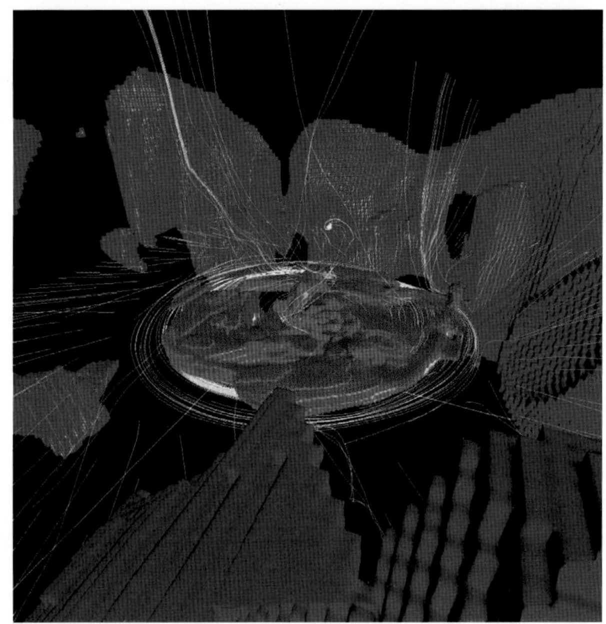

프랑스 천문학자들은 아주 먼 거리의 적색 편이가 큰 은하들 속 가스 덩어리에서 벌어지는 별 탄생 과정을 이해하기 위해 이 슈퍼컴퓨터 시뮬레이션을 활용했다. 시뮬레이션된 나선은하 주변 바리온 물질의 역학적 흐름을 3차원 공간에 표현하기 위해 거미줄처럼 복잡하게 얽힌 흰색 선을 그렸다. 이를 속도 유선(velocity streamlines)이라고 한다(**왼쪽 위**). 동일한 흰색 선의 흐름을 큐브 안에서 그리고 은하의 원반상에서 본 모습이다(**오른쪽 위와 왼쪽 아래**).

오른쪽 아래: 맨 마지막 이미지는 시뮬레이션 된 나선은하 속 가스 밀도(빨간색)와 은하 간 공간을 채우고 있는 가스 밀도(파란색)를 속도 유선과 함께 묘사한 것이다.

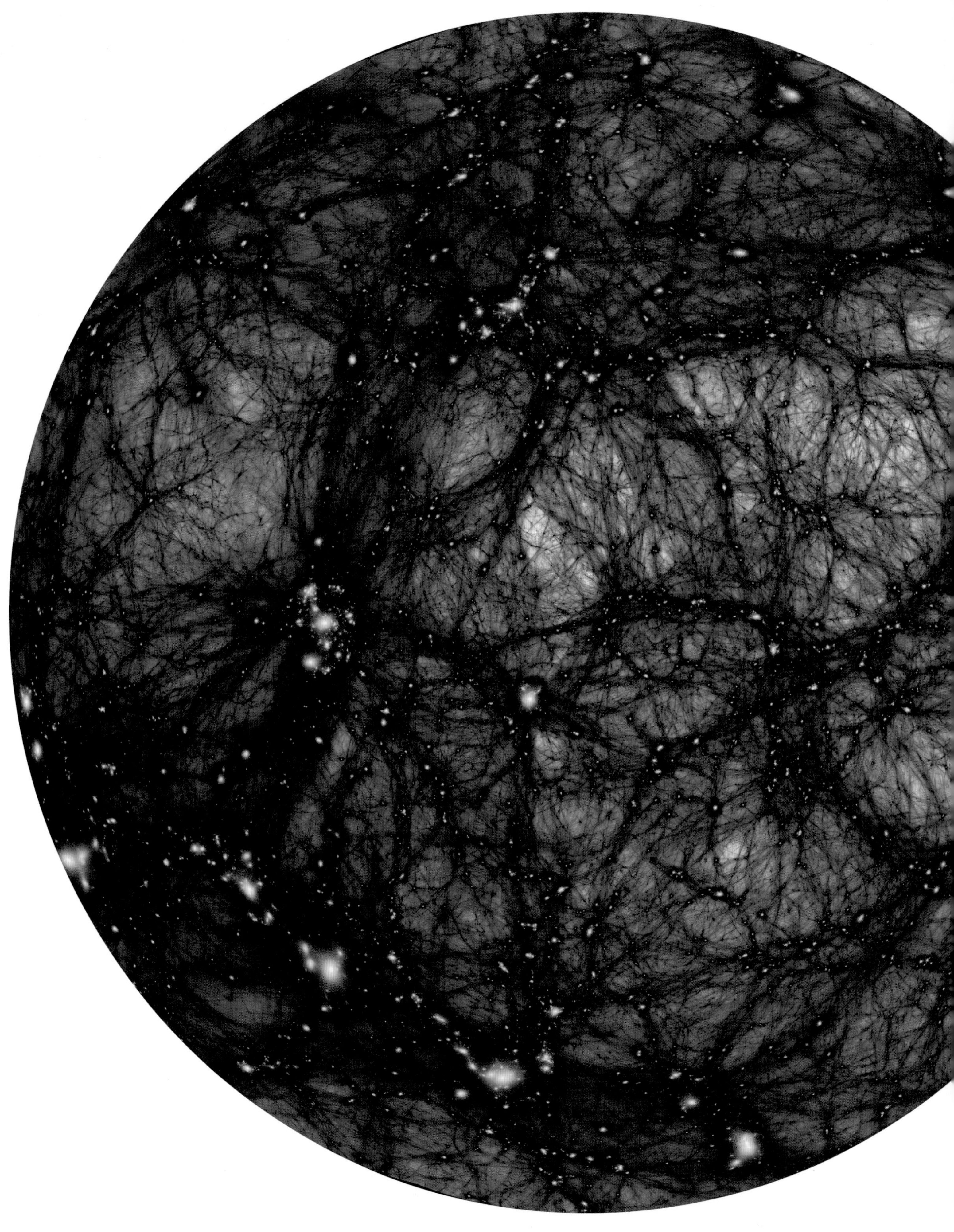

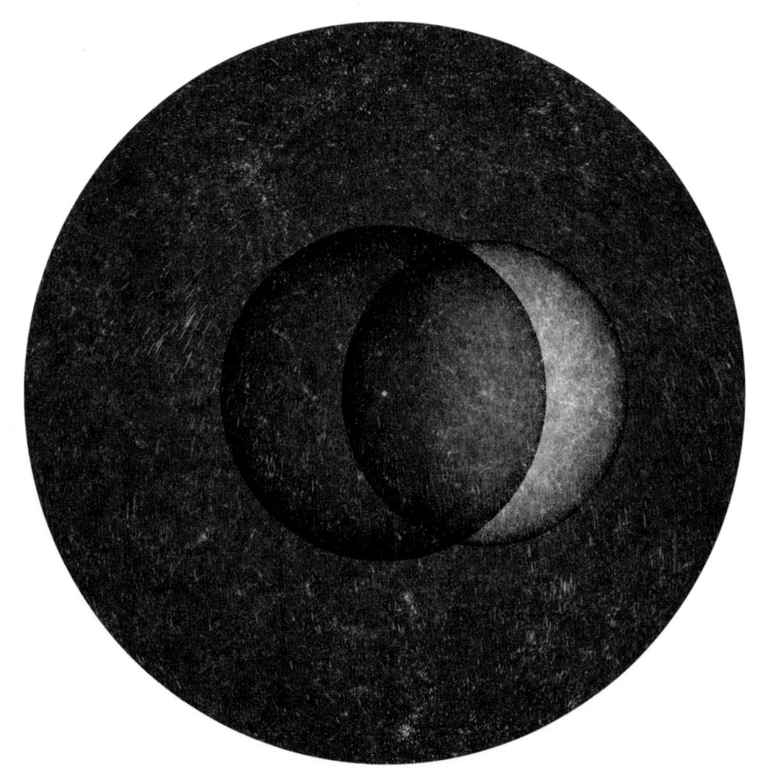

• 2013년

위: 우주 속 각 위치에서 볼 수 있는 관측 가능한 우주의 범위가 거품 모양으로 표현되어 있다. 이 장면은 헤이든 천체투영관에서 상영하는 쇼 〈어두운 우주Dark Universe〉의 한 장면이다. 이 장면에서는 두 개의 우주가 보인다. 가운데 거품은 가운데 은하에서 바라본 관측 가능한 우주 전체를 의미한다. 그 오른쪽에 또 다른 거품이 있다. 이것은 오른쪽 가장 자리에 있는 또 다른 은하를 중심으로 그곳에서 볼 수 있는 관측 가능한 우주이다. 오른쪽 거품에 표현된 노란색 영역은 오른쪽 은하에서는 볼 수 있지만 가운데에 있는 첫 번째 은하에서는 볼 수 없는 범위를 나타낸다(같은 이유로 가운데 거품의 왼쪽 영역은 오른쪽 우주의 중심에서는 볼 수 없다).

아래: 실제 우주는 지구에서 관측할 수 있는 것보다 아마 훨씬 더 클 것이다. 이 그림에서 각각의 거품은 노랗게 표현된 각 지점에서 관측할 수 있는 전체 영역을 나타낸다. 우주의 실제 크기는 알려져 있지 않으며, 앞으로도 영원히 알 수 없을 것이다. 관측 가능한 하나의 거품은 반지름이 약 460억 광년이다.

왼쪽: 슈퍼컴퓨터 시뮬레이션을 활용해서 카터 에마트가 감독한 헤이든 천체투영관 쇼 〈어두운 우주〉에 등장하는 한 장면이다. 어마어마하게 거시적인 스케일에서 우주의 형태와 구조를 볼 수 있다. 어두운 물질이 길게 이어지면서 필라멘트로 연결되어 있다. 물질이 높은 밀도로 모여드는 매듭 부분에 은하단이 존재한다. 밝은 매듭은 각각 수천 개의 은하로 구성된 은하단을 나타낸다. 물질들이 높은 밀도로 반죽된 영역들 사이에 광막한 텅 빈 공간은 '보이드'라고 부른다. 이 그림에 표현된 영역의 지름은 약 400메가파섹(Mpc)에 달한다. 1메가파섹은 325만 광년에 해당한다. 이 그림에 표현된 전체 영역은 우리은하 지름의 10분의 1에 해당하는 13억 광년보다 크다. 우리 지구는 45억 년 정도 됐다.

오른쪽: 헤이든 천체투영관 쇼 〈어두운 우주〉에 등장하는 한 장면이다. 더 먼 곳을 바라보면 더 과거의 빛을 보게된다는 '룩백 타임(Lookback time)'을 묘사한다. 한가운데 지구를 중심으로 위아래 양쪽으로 길게 은하들이 분포한다. 사이에 텅 빈 공간은 우리은하 원반으로 인해 가려져서 그 너머를 볼 수 없는 영역이다(실제로 우리 우주에는 1500억 개 이상의 은하들이 빈 틈 없이 모든 방향에 걸쳐 고르게 마치 스펀지처럼 분포한다). 지구는 그림의 중심에 위치하고, 그림의 맨 바깥 가장자리는 시간이 시작된 빅뱅 특이점을 나타낸다. 그림 속 밝은 매듭은 수천 개의 은하가 모여 있는 은하단을 나타낸다. 물질이 높은 밀도로 모여 있는 영역들 사이에 거대한 텅 빈 공간 보이드도 볼 수 있다. 〈어두운 우주〉는 카터 에마트가 제작했다.

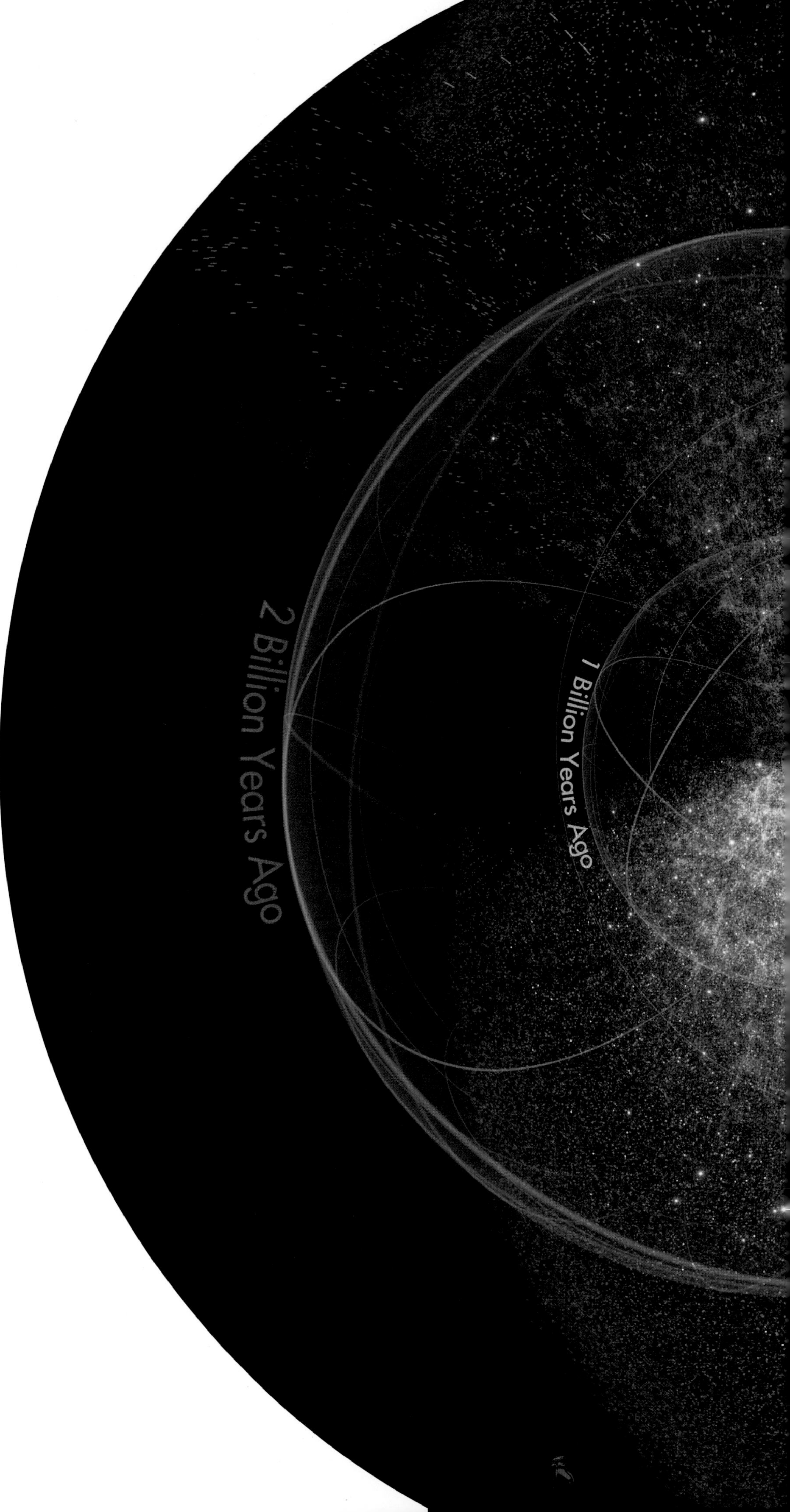

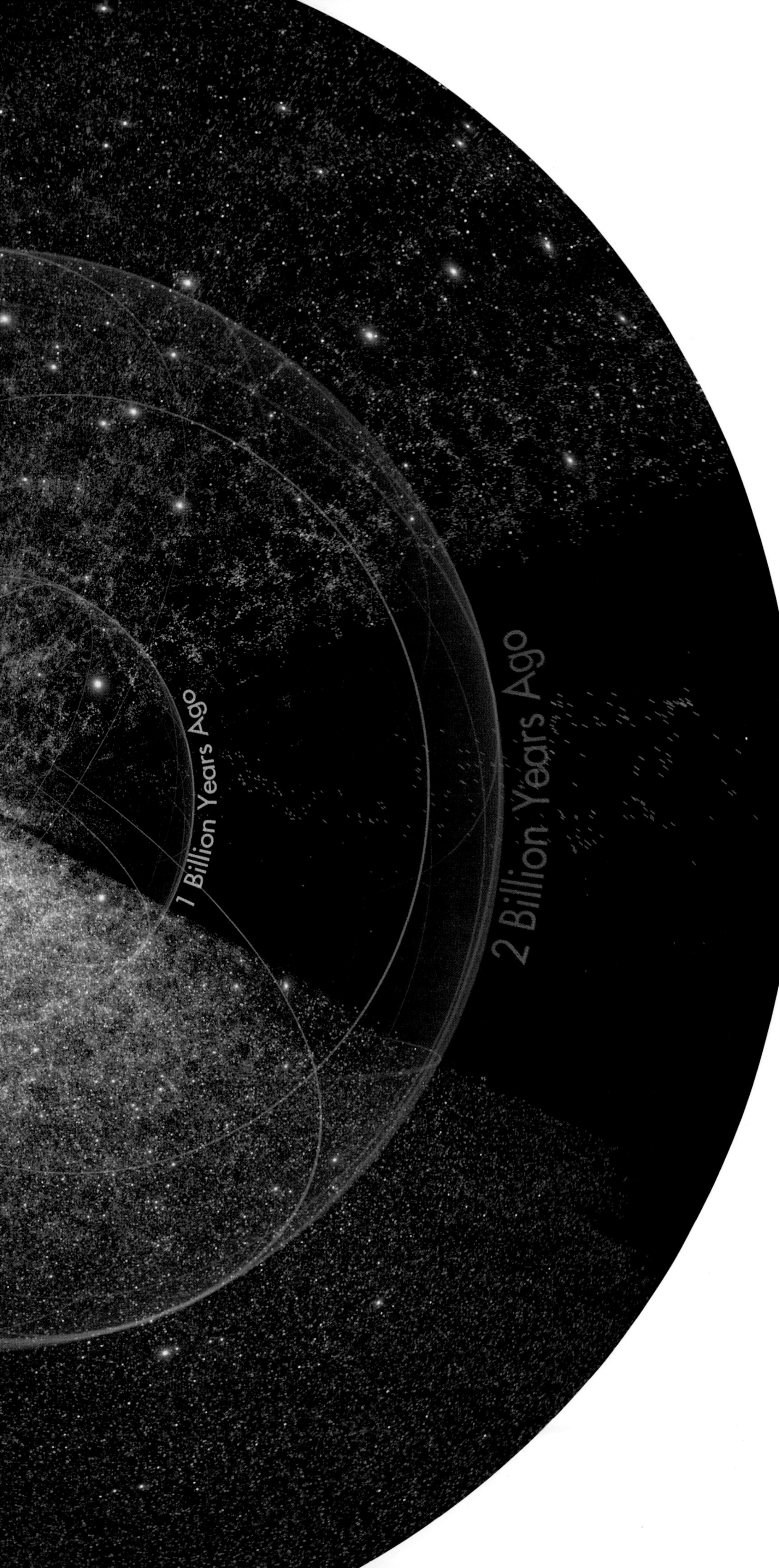

• 2014년

뒤: 이 놀라운 슈퍼컴퓨터 이미지는 지름 5억 광년이 넘는 광활한 시공간에 서로 간 중력의 영향으로 은하들이 흘러가는 과정을 묘사한 최초의 그림이다. 약 3만 개의 은하들이 표현되어 있다. 빨간 선과 검은 선은 각각 어떤 중력의 원천에 이끌려 움직이는 은하들의 궤적을 나타낸다. 우리은하는 처녀자리 초은하단을 구성하는 국부 은하군의 멤버이며, 검은 선을 따라 움직인다. 검은 선 위의 은하들은 그림 속 녹색 초승달 모양 바로 위에 있는 직각자자리 은하단 근처 '거대 인력체'라 불리는 곳으로 끌려간다. 빨간 선을 따라 움직이는 은하들은 그림 가운데 부분 위쪽 Y자 모양 바로 위에 있는 페르세우스자리-물고기자리 필라멘트와 연관되어 있다. 2014년 천문학자 R. 브렌트 툴리와 그의 동료들은 검은 선을 따라 흘러가는 은하들을 아우르는 라니아케이아 초은하단이라는 새로운 구조를 발견했다. 거대한 은하들의 필라멘트가 라니아케이아 초은하단과 페르세우스자리-물고기자리 필라멘트까지 둥글게 이어진다. 마치 국부 보이드를 둥글게 에워싸고 있는 것처럼 보인다. 점으로 찍힌 각 은하들의 색깔은 각각의 우주 거대 구조를 구분한다. 푸른색 점은 페르세우스자리-물고기자리 필라멘트의 일부에 해당하는 은하들이다. 녹색 점은 역사적인 국부 초은하단의 은하들, 주황색 점은 거대 인력체 영역을 구성하는 은하들, 마젠타색 점은 펌프자리 은하 장벽과 화로자리/에리다누스자리 구름을 구성하는 은하들, 회색 점은 그 외 나머지 은하들을 나타낸다. 툴리와 동료들은 이 연구를 통해 최초로 우리은하가 속한 거대한 인력이 어떻게 우주 공간에 영향을 끼치고 있는지 윤곽을 그려냈다. 물론 전 우주를 지배하는 가장 강력한 힘은 '팽창'이기 때문에 이 그림 속 모든 은하들은 실제로는 서로 멀어지고 있다. 선으로 표현된 중력의 효과는 우주 공간 자체의 팽창 효과를 뺐을 때 파악할 수 있다.

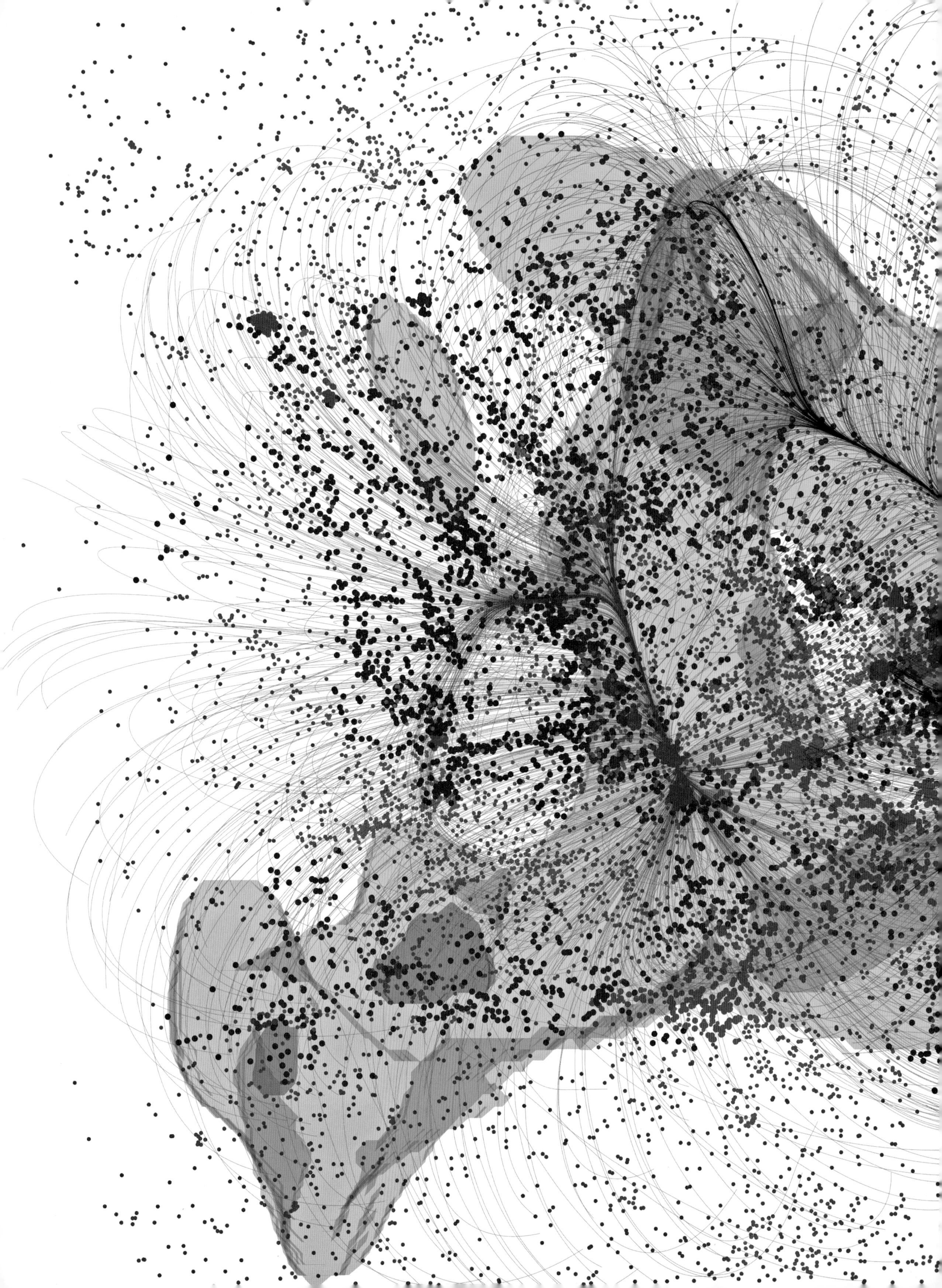

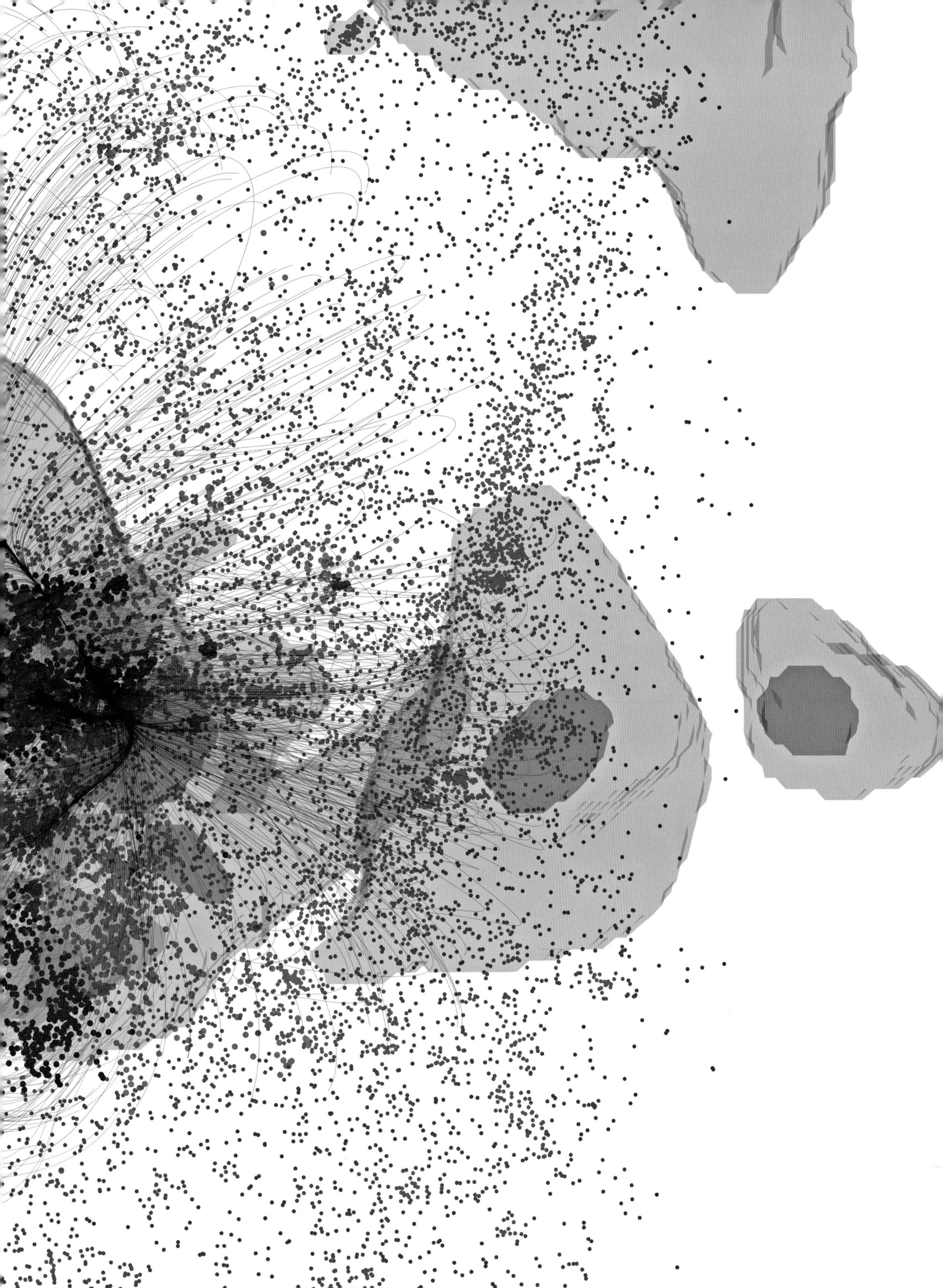

6 행성과 위성

그것만으로는 아직도 부족한지
너는 표값도 지불하지 않고 행성의 회전목마를 탄 채
빙글빙글 돌고 있어.
회전목마와 더불어 은하계의 눈보라에도 무임승차를 해
그렇게 정신없이 시간이 흐르는 동안
여기 지구에서는 그 어떤 작은 흔들림조차 허락되지 않아.
_비슬라바 쉼보르스카, 〈여기〉

17세기에 망원경이 등장하기 전까지 인류는 수성, 금성, 화성, 목성, 토성 등 다섯 행성만 알고 있었다. 각 행성의 이름은 고대 그리스어에서 유래한다. 이들은 하늘에 고정되어 움직이지 않는 다른 별들과 달리 하늘 위를 움직였기에, '떠돌이 별'이나 '떠돌이'라고 불렸다. 행성들은 황도대 위아래를 배회했고 먼 별들을 배경으로 동쪽 방향으로 움직였다. 가끔 잠깐씩 서쪽으로 움직이는 역행 운동을 했다.

행성들이 계속 자리를 바꾸며 이동한다는 점이 행성의 가장 중요한 매력 포인트였다. 바빌로니아 시대부터 사람들은 행성의 움직임을 꾸준히 기록했다. 바빌로니아인들은 다양한 신들이 행성, 태양, 달을 각각 지배한다고 믿었던 수메르인의 다신교 판테온 사상을 계승해 떠돌이 별들을 숭배했다.

이처럼 당시 사람들은 행성들이 변덕스러운 신들의 상태를 반영한다고 여겼다. 신을 이해하기 위해서는 밤하늘에서 행성들이 앞으로 어떻게 움직일지 예측할 필요가 있었다. 한편 바빌로니아 문명에서는 천문학의 발전으로 작물의 파종과 수확 주기를 파악할 수 있는 믿을 만한 달력을 만들었다. 이러한 발전으로 인해 천문학자가 곧 사제의 역할을 겸했으며 새로운 계급이 탄생했다. 본질적으로 달력 제작자는 그 집단의 점술가 역할을 겸했다. 새 계급은 천체의 움직임을 해석하고 하늘을 예측할 수 있는 능력을 지닌 특별한 인물로 여겨졌다. 물론 당시의 천문학은 오늘날 과학과는 관련 없이 오로지 점성술적인 믿음을 기반으로 했지만, 고대 바빌로니아인들이 천체의 움직임을 예측하고 계산하기 위해 발전시킨 산물은 오늘날 현대 천문학의 가장 중요한 수학적 토대가 되었다고 해도 과언이 아니다.

쐐기문자로 쓰인 바빌로니아의 천문력은 하늘에서 벌어지는 현상들을 체계적으로 정리하고 그것을 예측할 수학적 근거를 마련하기 위해 노력했던 당시 사람들의 흔적을 보여준다. 당대인들은 600년의 세월 동안 행성, 달, 태양의 움직임을 꾸준히 기록했다. 금성이 뜨고 지는 시각이 21년치 적힌 바빌로니아 쐐기문자 석판은 3장에서 언급한 〈네브라 스카이 디스크〉를 제외하고 가장 오래된 천문 기록이다. 이 유물은 인류가 아주 오래전부터 행성들의 움직임이 주기적으로 반복된다는 사실을 이해하고 있었다는 점을 보여주는 최초의 증거다. 석판 자체의 연대는 기원전 7세기 무렵이지만, 석판에 새겨진 데이터는 그보다 훨씬 앞선 기원전 17세기 중반까지 거슬러 올라간다.

당시 점성술사들은 신아시리아 제국의 황제에게 정기적으로 점성학 조언을 했다. 이를 위해 70개의 석판으로 구성된 〈에누마 아누 엔릴〉이라 불리는 석판 시리즈를 제작했다. 금성 석판은 이 중 하나다. 바빌로니아의 천문학자-사제들이 이 석판을 활용해 나라의 운을 점쳤다는 점 때문에 이들이 미신이나 믿는 돌팔이 무당이라고 오해하는 실수를 저지르기 쉽다. 하지만 역사 속에서 점성학은 대체로 수학과 천문학에 밀접하게 연관되어 있었다. 서론에서 이야기했듯이, 갈릴레오·케플러·뉴턴을 비롯하여 과학혁명 시대의 걸출한 과학자들은 자기 인생의 절반 넘는 세월을 점성학과 연금술에 바쳤다. 여러 측면에서, 점성학적인 믿음은 당시 과학자들로 하여금 수많은 경험적 데이터를 수집하게 하는 가장 중요한 동기가 되었다.

기원전 331년 알렉산더 대왕에 의해 메소포타미아가 정복되었다. 그러면서 바빌로니아의 천문학 지식은 그대로 그리스인들에게 흡수되었다. 오늘날 우리가 사용하는 태양계 행성 다섯 개의 이름은 고대 로마신화에서 유래한 것으로 알려져 있지만, 사실 나중에 그리스어로 번역한 것이다. 각 행성들의 이름과 행성이라는 명칭의 기원은 모두 헬레니즘 시대이다. 그리스인들은 천문학을 수학의 한 분야로 여겼다. 아리스토텔레스의 지구중심설을 따르기는 했지만 행성들의 움직임을 예측하기 위해 바빌로니아로부터 물려받은 정밀한 수학을 계속 발전시켜나갔다.

1609년에서 1610년으로 넘어가는 겨울, 갈릴레오는 망원경으로 밤하늘을 보기 시작했다. 망원경이라는 기술의 도움을 받아, 이전까지 밤하늘에서 작은 점으로만 빛나며 천천히 움직이는 떠돌이 별에 불과했던 행성들의 실제 모습을 눈으로 직접 면밀하게 들여다볼 수 있게 되었다. 이제 행성은 단순한 점이 아닌 별도로 존재하는 또 다른 세계가 되었다. 갈릴레오는 1월 7일 밤 처음으로 목성을 관측했다. 목성의 적도 방향을 따라 일렬로 쭉 이어진 새로운 별 세 개가 갈릴레오의 관심을 끌었다. 처음에는 비슷한 방향에 있는 배경 별이 우연히 목성과 함께 보이는 줄 알았으나, 매일 밤 관측하며 그 주변 별들이 목성과 계속 같이 움직인다는 것을 발견했다. 심지어 목성이 밤하늘 배경 별에 대해 서쪽으로 역행하는 동안에도 그 주변 별들은 목성과 함께 움직였다. 심지어 네 번째 별도 새로이 등장해 목성과 함께 움직였다. 이후 이 별들은 계속 목성 옆에 등장했다가 사라지기를 반복했다. 그리고 갈릴레오는 자신이 처음으로 지구가 아닌 다른 행성 곁을 도는 위성의 존재를 발견했다는 사실을 깨달았다(91쪽을 참고하라). 목성을 도는 이 네 개의 주요 위성은 오늘날 갈릴레오의 발견을 기리기 위해 갈릴레오 위성이라고 부른다.

1610년 7월 15일 갈릴레오는 직접 만든 30배율 망원경으로 이번에는 토성을 관측했다. 당시에는 완벽하게 분해되어 보이지 않았기에, 토성 주변 고리가 갈릴레오에게 큰 혼란을 주었다. 처음에 더 낮은 배율의 망원경으로 관측했을 때 갈릴레오는 이탈리아 사람답게 올리브에 비유하며 토성이 살짝 찌그러진 타원으로 보인다고 말했다. 그는 이것이 토성 옆에 붙은 보조 행성 때문이라고 생각했고, 토성과 양 옆에 보조 행성 두 개, 총 세 개의 천체가 바짝 모인 삼중 행성 체계를 상상했다. 갈릴레오는 자신의 가설을 입증하고 싶으면서도 남들에게 자신의 발견을 빼앗기는 것은 싫었다. 그래서 이 발견에 대한 자신의 소유권을 주장하기 위해 37글자로 이루어진 애너그램을 몰래 메모로 남겼다. 이 애너그램은 라틴어 단어 네 개로 쪼개지는데, 이것을 해석하면 "나는 가장 높은 행성(토성)의 몸체 세 개를 보았다"라는 뜻이다.

하지만 이후 계속 토성을 관측해보아도 토성을 이루는 행성 세 개를 확인할 수 없었다. 그사이 토성 주변 고리가 누워 있는 방향이 서서히 변하면서 더 크게 기울어졌다. 지구에서 봤을 때 토성의 고리가 거의 완벽하게 누워서 보이지 않는 시기가 되었다. 순간 갈릴레오에게 토성은 양 옆에 펑퍼짐하게 붙은 천체 두 개가 통째로 사라진 것처럼, 그리고 목성처럼 행성 하나만 덩그러니 남은 것처럼 보였다. 이처럼 펑퍼짐하게 보였다가 다시 동그랗게 보이기를 반복하는 토성의 모습은 당시 관측 천문학자 갈릴레오로서는 도저히 이해할 수 없는 불가사의한 현상이었다. 평생 관측했던 현상들 중 가장 기이했고, 완벽하게 설명할 수도 없었다.

1655~56년에 천문학자 크리스티안 하위헌스는 자신이 새로 만든 50배율 망원경으로 토성을 다시 관측했다. 그제야 토성 곁에 있는 구조물의 수수께끼가 조금씩 풀리기 시작했다(이 네덜란드 천문학자는 토성 관측을 하며 타이탄 위성을 처음 발견하기도 했다). 처음에 하위헌스는 갈릴레오와 마찬가지로 자신의 추측을 확신하지 못했고 동시에 자신이 발견한 바를 남에게 빼앗기고 싶지도 않았다. 그래서 1656년 3월, 하위헌스도 갈릴레오처럼 애너그램을 남겼다. 이번에는 62글자였다. 이것을 해독하면 라틴어 단어 아홉 개로 쪼개지는데, "토성은 얇고 평평한 고리로 둘러싸여 있으며, 고리는 토성의 어디에도 닿지 않고, 황도에 대해 기울어져 있다"라는 뜻이다.

하위헌스는 자신의 추측 그대로의 진실과 마주했다.

이후 200년에 걸쳐 새로운 행성들이 대거 발견되었다. 그중 일부는 실제로 행성이었다. 1781년 3월 13일, 윌리엄 허셜은 새로운 행성을 발견했다고 발표했다. 이후 이 행성에는 천왕성이라는 이름이 붙었다. 역사상 처음으로 망원경을 통해 행성을 발견한 것이었다. 그동안 발견해온 행성들은 맨눈으로 볼 수 있는 것들이었다. 이후 프랑스 수학자 위르뱅 르 베리에는 천왕성 너머에 또 다른 행성이 숨어 있을 것이라고 추정했다. 그는 천왕성의 궤도에서 당시까지 알려진 행성들의 효과만으로는 완벽하게 설명할 수 없는 궤도의 섭동을 확인하고, 뉴턴의 만유인력 법칙을 적용하여 여덟 번째 행성의 위치를 추정했다. 천왕성 발견 이후 한 세기도 지나지 않은 1846년 9월 23일, 천문학자 요한 갈레는 실제 관측을 통해 그 미지의 행성-해왕성을 확인했고 르 베리에의 추정을 입증했다. 르 베리에는 이 발견의 공로를 함께 인정받았다.

천왕성은 순전히 망원경 관측으로만 발견된 최초의 행성이었다. 반면 해왕성은 천체 역학과 수학을 통해 먼저 그 존재가 발견되고, 망원경 관측으로는 다만 확인했을 뿐이라고 볼 수 있다. 이 발견은 아이작 뉴턴이 얼마나 대단한지 그리고 그의 만유인력 법칙이 얼마나 유용한지를 보여준다. 허셜과 르 베리에 모두 이 역사적인 발견에서 각자의 공로를 당당하게 인정받았다. 두 발견 모두 뉴턴의 그림자 안에 있다. 1781년 3월 당시 허셜이 사용하고 있던 망원경은 뉴턴 사망 이후로도 계속 활용된 뉴턴반사식이었고, 르 베리에의 발견도 결국 뉴턴이 수학적 체계를 세운 만유인력 법칙 덕분에 가능했다.

19세기의 첫 10년 동안 연이어 또 다른 네 개의 '행성'들이 발견되었다. 베스타, 주노, 세레스, 팔라스다. 1860년대까지 이들 모두 행성으로 여겨졌다. 하지만 이들과 비슷한 궤도를 도는 더 작은 천체들이 계속 발견되면서 이들은 결국 행성이 아닌 소행성으로 강등되었다. 이들은 화성과 목성 사이 크고 작은 돌멩이들이 고리 모양으로 떠도는 영역에서 가장 큰 네 개의 천체였다. 현재 우리는 이 구조를 소행성대라고 부른다. 2006년 국제천문연맹의 결정에 따라, 태양계 안쪽에 존재하는 유일한 왜소행성 세레스를 제외하고 나머지는 모두 소행성으로 간주된다.

세레스는 100년 가까이 소행성 지위를 유지하다, 2006년 이후 왜소행성으로 약간 등급이 올라갔다. 하지만 이전까지 함께 행성으로 불렸던 다른 태양계 소천체들은 세레스만큼 운이 좋지 못했다. 1930년 천문학자 클라이드 톰보는 명왕성을 새롭게 발견했다. 20세기에 들어와 발견된 유일한 태양계 행성이었다. 그러나 2006년 국제천문연맹은 명왕성의 행성 지위를 박탈하고 왜소행성이라는 새로운 지위를 부여했다. 19세기 중반쯤 파악되기 시작한 화성과 목성 사이 소행성대처럼, 20세기에 들어와 천문학자들은 또 다른 곳에 소천체들이 무리지어 맴돌고 있는 새로운 구조를 발견했다. 오늘날 이곳은 천문학자 제러드 카이퍼의 이름을 붙여서 '카이퍼대'라고 부른다. 오래전 태양계가 형성되고 그 외곽에 얼어붙은 채 남은 작은 소천체들이 이곳을 떠돈다. 달 크기의 70퍼센트에 불과한 작은 크기의 얼음으로 이루어진 명왕성은 사실 카이퍼대 안을 떠돌고 있으며, 현재 그 안에서 가장 거대한 천체로 알려져 있다. 최근까지 카이퍼대를 도는 또 다른 왜소행성 세 개가 공식적으로 인정되었는데, 아마 왜소행성은 수백 개 이상 존재할 것이다.

1950년대 말 우주 시대가 본격화하면서 몇몇 천문학자들은 이제 망원경으로 겨냥하고 있던 천체를 향해 직접 로봇 탐사선을 보내기 시작했다. 그러면서 많은 수가 행성과학자로 탈바꿈했다. 그다음 반 세기 넘는 세월 동안 많은 탐사를 통해 태양 주변 궤도를 도는 갖가지 세계에 대한 다량의 정보를 얻었다. 이 장에서 보여주는 지질도들은 이런 행성 탐사 미션들을 통해 어떤 발견을 해냈는지, 그 방대한 발견과 정보 가운데 극히 일부를 보여줄 따름이다. 이제 우리는 태양계 모든 행성과 그 주변 주요 위성들에 대해 꽤 많은 지식을 갖추었다.

한편 태양계 바깥 수백 개의 또 다른 세계들도 인류의 시야에 들어오는 중이다. 조르다노 브루노, 토머스 라이트, 그 밖의 많은 사람들이 추측했던 것처럼 태양이 아닌 다른 별 곁을 도는 세계, 바로 외계행성의 존재가 확인되었다. 그리고 지난 20년간 아주 많은 외계행성들이 발견되었다. 외계행성을 찾기 위해 중심의 모항성에 끼치는 주변 행성의 중력의 영향을 측정하는 방법을 쓴다. 그래서 초반에는 중심 별에 밀착하여 궤도를 도는 거대한 가스형 외계행성들이 주로 발견되었다. 외계행성 탐색 방식이 더 정교해지면서 이러한 '뜨거운 목성형' 행성들뿐만 아니라 화성·지구·금성·수성처럼 표면이 단단하고 크기도 더 작은 '지구형' 외계행성들도 다수 발견되기 시작했다.

2009년 NASA는 외계행성이 중심 별 앞을 가리고 지나가면서 별의 밝기가 미세하게 변화하는 것을 감지하고, 이 방법을 활용해 외계행성을 사냥하는 케플러 우주망원경을 발사했다. 케플러는 곧 엄청나게 많은 외계행성을 발견했다. 2014년 봄 기준으로 약 1800개의 외계행성이 확인되었고 그 외에도 수천 개의 데이터들이 기쁜 마음으로 천문학자들의 최종 검증을 기다리고 있다. 믿기 어렵겠지만 현재 우리은하 안에만 1000억 개 넘는 행성들이 존재할 것으로 추정된다. 우주 전체에는 셀 수 없이 많은, 수조 개 이상의 행성들이 흩어져 있을 것이다. 그 가운데 우리 지구와 같은 푸른 세계가 또 존재하리라는 믿음은 꽤 타당해 보인다.

• 1121년

중세시대 백과사전 《꽃의 책》에 수록된, 시간에 따라 천체들의 움직임이 어떻게 변화하는지 보여주는 놀라운 그래프다. 이러한 방식의 그래프는 가이우스 플리니우스 세쿤두스 시대부터 이어진 아주 오래된 전통이다. 간단하게 〈일곱 개의 행성들〉이라는 제목이 붙은 이 그림에서 지그재그 선은 태양, 달, 그리고 당시에 알려져 있던 다섯 개 행성들이 황도좌표계 황위선을 기준으로 어떻게 움직이는지를 표현한다(황도대는 12개의 구역으로 구분된다. 1년간 천구 위를 가로질러 움직이는 태양의 겉보기 움직임 경로를 황도라고 부르며 이 황도를 기준으로 한 좌표계를 황도좌표계라고 한다). 이 그림에서 태양은 밝은 꽃으로 표현되었다. 달은 초승달 모양으로, 다른 행성들은 작은 별 모양으로 표현되었다. 그래프 위쪽의 달 정반대편에 있는 별은 금성이다. 금성과 달의 지그재그 선은 정확하게 거울로 비춰보기라도 한 듯 대칭으로 그려져 있다. 사실 두 천체가 그리는 대칭적인 선은 실제 움직임을 반영했다기보다는 미적 요소를 더 고려한 결과일 것이다. 금성 바로 왼쪽에 루시퍼 행성이 있다. 아주아주 옛날 사람들은 아침 하늘에 보이는 금성을 '루시퍼' 별로, 저녁 하늘에 보이는 금성을 '헤스페로스' 별로 서로 다르게 인식했다. 하지만 이 백과사전이 쓰인 시기에는 아침 하늘과 저녁 하늘의 금성을 하나의 천체로 이해했기 때문에, 왜 금성을 루시퍼 행성이라고 표현했는지 이해하기 어렵다. 그래프 맨 위에 도달하지 못한 다른 두 개의 별 모양도 그 정체가 무엇인지 이해하기 어렵다. 손으로 채색한 이 백과사전에 실린 그래프가 처음 세상에 공개되었을 때 사람들은 큰 충격을 받았다. 목재 건물 투성이인 중세 마을 한가운데에 갑자기 시대를 초월해 미스 반 데어 로에의 마천루(건축 이론가 달리보 베슬리가 현실세계의 "수식화"라고 불렀던 초기 인공물들 중 하나)가 등장하는 격이었을 테니 말이다.

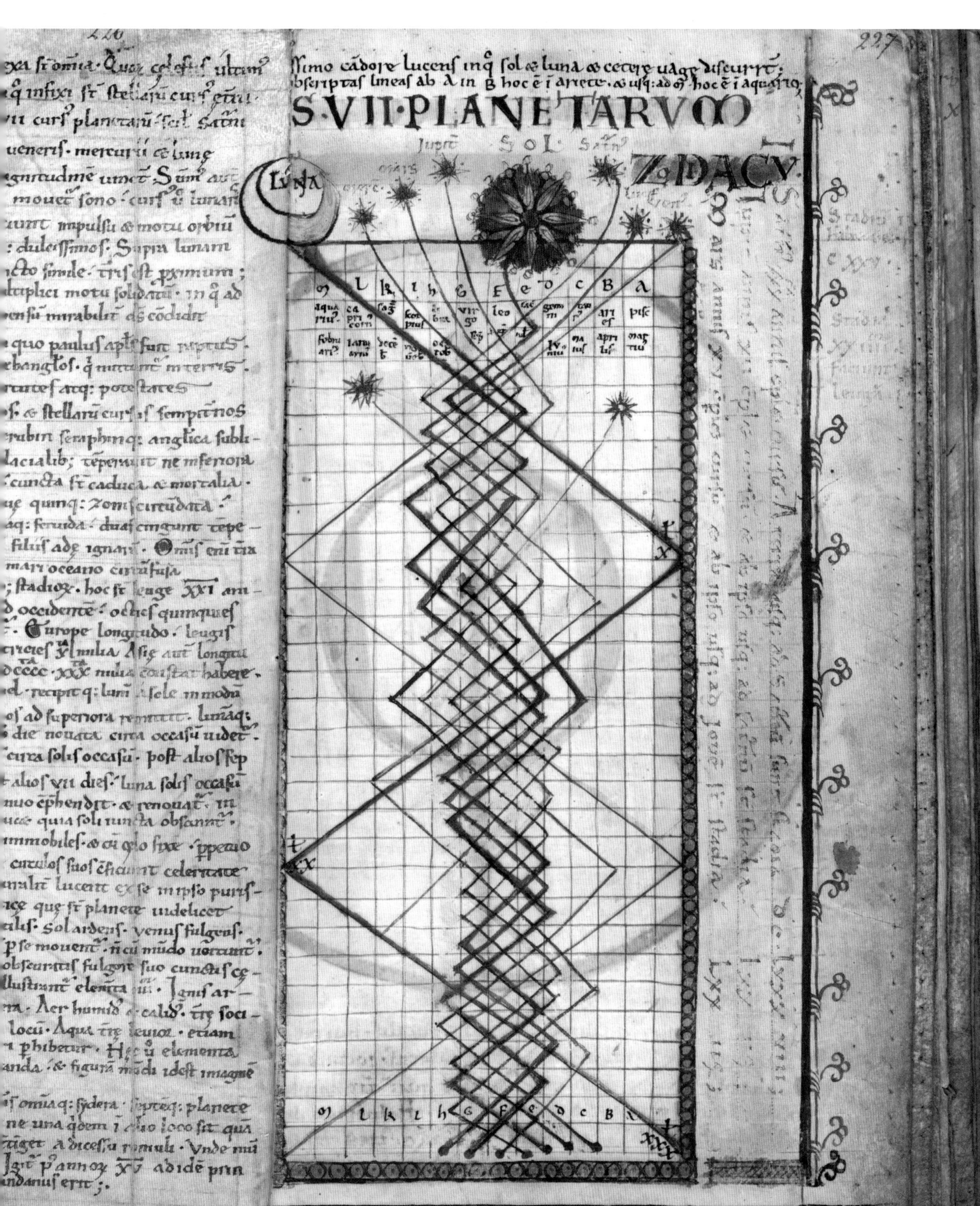
S·VII·PLANETARVM
SOL
LVNA

• 1440~50년

단테의 《신곡》 속 〈낙원〉 파트의 한 장면이다. 단테와 그의 가이드 베아트리체는 달 너머 하늘로 날아오르며 각 행성을 상징하는 하늘의 구체를 뚫고 이동했다. 당시 사람들은 지구를 중심으로 둥근 구체들이 겹겹이 쌓여 있고 각 구체 안에 행성들이 박힌 채 지구 주변을 돈다고 생각했다. 이 그림은 단테가 행성들을 두루두루 여행하는 과정을 묘사한다. 시에나의 거장 조반니 디 파올로가 그린 이 삽화에서 단테와 베아트리체는 "금성의 천국"(**맨 위**), 화성(**위**), 목성(**오른쪽 위**), 토성 (**오른쪽 아래**)을 방문했다. 작품 속에서 단테는 "태양의 환심을 사려고 하는 듯한 행성들"이라고 이야기하거나 금성을 묘사할 때 "세 번째 주전원"이라는 표현을 사용하면서 당시 프톨레마이오스의 우주 모델에 대한 지식을 슬쩍 드러낸다. 디 파올로가 그린 또 다른 작품은 39, 85, 128, 160, 277쪽을 참고하라.

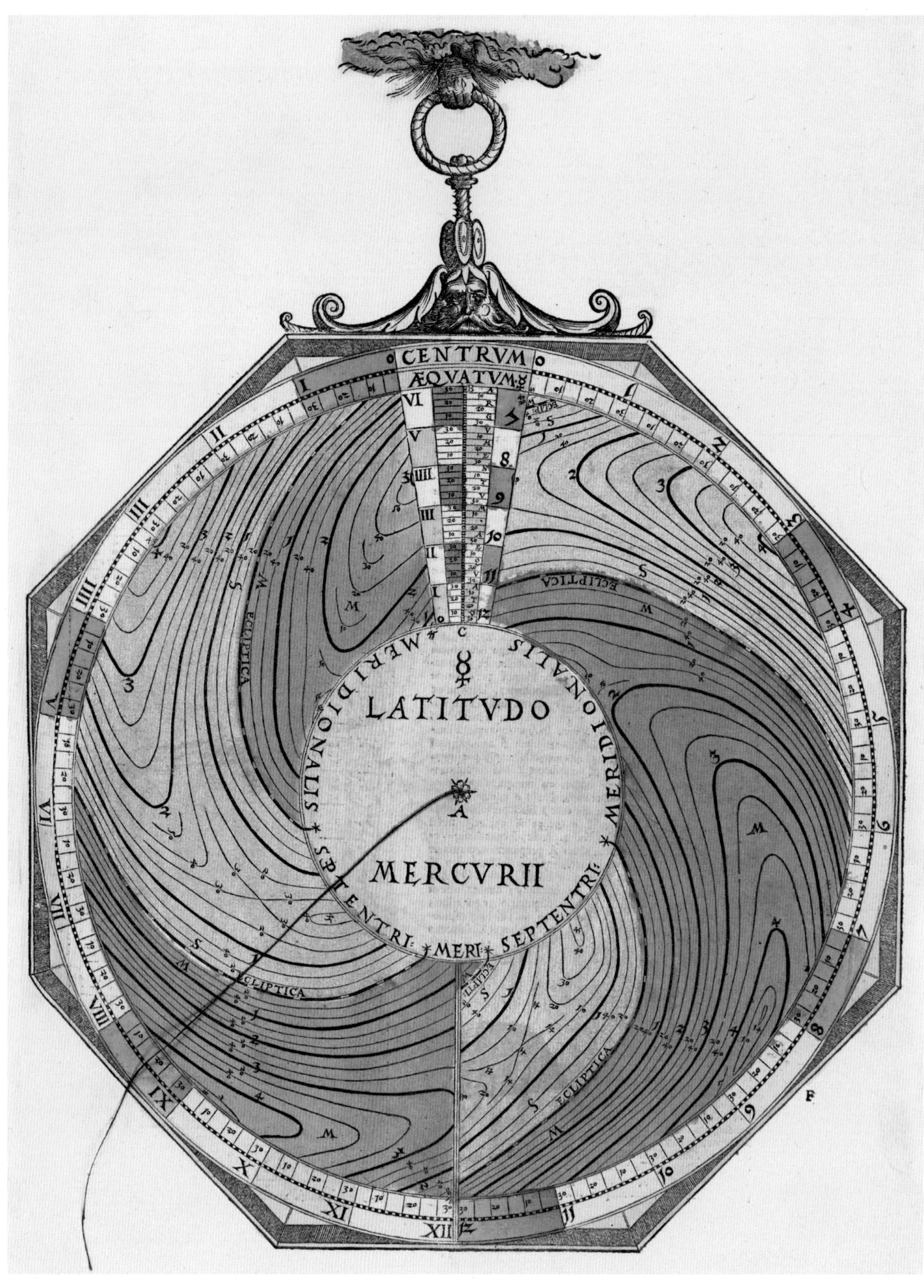

• 1540년

독일의 인쇄공이자 우주학자인 페트루스 아피아누스가 쓴 《아스트로노미쿰 카에사레움》에 등장하는 그림이다. 이 볼벨은 1년 중 언제든 밤하늘에서 수성의 좌표를 계산할 수 있게 해준다. 대체로 행성들은 모두 밤하늘의 배경 별에 대해 하루 동안 서쪽으로 일주운동을 한다. 하루가 지나고 다시 원래의 자리로 돌아오면 행성들은 매일 조금씩 동쪽으로 자리를 옮긴다. 그리고 대체로 하늘에서 태양이 움직이는 경로인 황도를 기준으로 위아래 8도 이내에 해당하는 황도대 안에서 머무른다. 모든 행성들은 갑자기 움직임을 멈추고 잠시 반대 방향인 서쪽으로 이동하는 '역행'을 보이는데, 역행이 지속되는 시간은 행성마다 다르다. 수성은 매 116일마다 동쪽에서 서쪽 방향으로 움직임을 튼다. 이 볼벨을 돌리면 위에 그려진 물결치는 모양의 곡선을 통해 매순간 수성의 겉보기 움직임의 변화를 파악할 수 있다. 그리고 황도를 기준으로 수성의 정확한 위치를 찾을 수 있다. 아피아누스에 대한 더 많은 내용은 51, 87, 131, 247, 284쪽을 참고하라.

orientales, & vna occidentalis in tali dispositione. O-

Ori. * * O * Occ.

rientalior, quæ satis exigua erat à sequenti distabat min: 4. media maior à Ioue aberat min: 7. Iuppiter ab occidentali, quæ parua erat distabat min. 4.

Die decima hora prima min: 30. Stellulæ binæ admodum exiguæ orientales ambæ in tali dispositione visæ

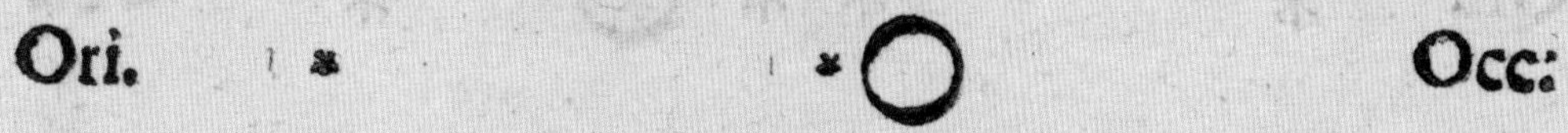

Ori. * *O Occ.

sunt: remotior distabat à Ioue min: 10. vicinior verò min: 0. sec. 20. erantque in eadem recta. Hora autem quarta, Stella Ioui proxima amplius non apparebat, altera quoque adeo imminuta videbatur, vt vix cerni posset, licet aer præclarus esset, & à Ioue remotior, quam antea erat, distabat, siquidem min: 12.

Die vndecima hora prima aderant ab Oriente Stellæ duæ, & vna ab occasu. Distabat occidentalis à

Ori. * * O * Occ.

Ioue min. 4. Orientalis vicinior aberat pariter à Ioue min. 4. Orientalior vero ab hac distabat min. 8. erant satis perspicuæ, & in eadem recta. Sed hora tertia

Ori. * * *O * Occ.

Stella quarta Ioui proxima ab oriente visa est, reliquis minor

• 1610년

앞: 1610년 1월 7일 밤, 파도바대학의 수학 교수는 자신이 직접 디자인한 망원경으로 고대인들이 '떠돌이 별' 또는 행성이라 부르던 천체 중 하나인 목성을 바라봤다. 그날 밤 갈릴레오가 사용했던 망원경은 20배율이나 30배율이었을 것이다. 둘 다 목성을 둥근 원반의 형태로 관측하기에 충분했는데, 행성의 적도 방향을 따라 일렬로 이어진 세 개의 별이 갈릴레오의 관심을 끌었다. 그 중 두 개는 행성의 동쪽에 있었고 다른 하나는 서쪽에 있었다. 처음에 갈릴레오는 이것이 우연의 일치로 그저 별자리처럼 일렬로 이어진 주변 별들이 목성 주변에서 보이는 것이라고 생각했다. 하지만 이후 매일매일 목성을 관측하면서 이 별들이 목성과 함께 움직인다는 것을 확인했다. 목성이 배경 별에 대해 서쪽으로 역행하는 동안에도 같이 움직였다. 심지어 네 번째 별도 목성 곁에 등장해 이들의 움직임에 합류했다. 갈릴레오의 책 《시데레우스 눈치우스》에 나오는 이 페이지는 오늘날 갈릴레오 위성으로 알려진 천체들의 움직임을 나흘 저녁에 걸쳐 상세하게 기록한 것을 보여준다. 갈릴레오는 목성의 위성뿐만 아니라 금성이 달처럼 다양한 위상 변화를 보인다는 사실도 발견했다. 같은 해 갈릴레오의 관측 결과들은 태양이 중심에 있고 지구가 움직인다는 코페르니쿠스의 이론을 지지하는 최초의 탄탄한 경험적 증거가 되었다. 만약 목성이 움직이는 동안 그 주변에 위성을 함께 거느리고 유지할 수 있다면, 당연히 지구도 그럴 수 있다는 뜻이었다.

• 1660년

오른쪽: 안드레아스 셀라리우스의 《대우주의 조화》에 등장하는 그림이다. 이 그림은 바로크 양식이지만 겉보기에는 모더니즘 작품 같다. 이 극적인 판화에서 17세기 중반 사람들이 다양한 천체들의 각기 다른 크기를 어떻게 인식하고 있었는지를 엿볼 수 있다(물론 여전히 프톨레마이오스의 우주 모델이 기반이다). 판화의 가운데를 가로질러 그려진 기다란 '온도계'의 아래쪽 끝에 잘 보이지 않을 정도로 작게 그려진 수성이 있다. 그 바로 바깥에 거의 같은 크기로 그려진 달과 금성이 있다(그림의 아래쪽 노란 고리에 거의 겹쳐 그려져 있어서 구분이 어렵다). 그 바로 바깥에 청록색 구체로 표현된 지구가 있다. 그다음에는 주황색의 화성이 있다. 그 뒤로도 계속해서 천체들이 이어진다. 그림 가운데 수직선 위에는 지구의 지름을 한 단위로 하는 눈금이 새겨져 있다. 더 뒤에서는 다양한 별들의 크기도 함께 비교하고 있다. 태양은 그림의 맨 뒤에 가장 거대한 천체로 표현되었다. 이 그림에 드러난 천체 크기 추정치는 실제와 조금만 벗어난 것도 있고, 아예 잘못된 것들도 있다. 그림의 아래쪽 모서리에 장난기 있는 표정의 날개 달린 푸토가 새 한 마리를 줄로 매달고 있다. 아니면 그 반대일 수도 있고. 셀라리우스의 또 다른 그림은 54~55, 94, 134, 162~63, 164쪽을 참고하라.

RUM
STIUM
TUDINES.
ORPORVM MAXIMI ORBICVLARIS CIRCVITVS ET MAGNITVDO
9000 MILLIARIA
GERMANICA.
V. DIAMETRI
TERRÆ.
AGNITVDO STELLARVM PRIMÆ MAGNITVDINIS
GNITVDO, ET ORBICVLARIS CIRCVMFERENTIA.
SECVNDÆ MAGNITVDINIS, EANDEM FERE MAGNITVDINEM HABENTIVM
LLARVM ORBICVLARIS CIRCVITVS ET MAGNITVDINIS
IV. DIAMETRI
TERRÆ.
MAGNITVDO STELLARVM QVARTÆ MAGNITVDINIS
6000
DO ET CORPVS STELLARVM QVINTÆ MAGNITVDINIS
III. DIAMETRI
TERRÆ.
5000
Æ MAGNITVDINIS CORPVS, ET CORPORALIS AMBITVS
4000
II. DIAMETRI
TERRÆ.
3000
MARTIALIS MAGNITVDO, ET CIRCVMFERENTIA
I. DIAMETER
TERRÆ.
CORPORIS TERRENI CIRCVMFERENTIA, ET MAGNITVDO
DIAMETER TERRÆ.
1000
n Loon f.
Apud GERARDUM VALK, et PETRUM SCHENK, Amstelædami.
10

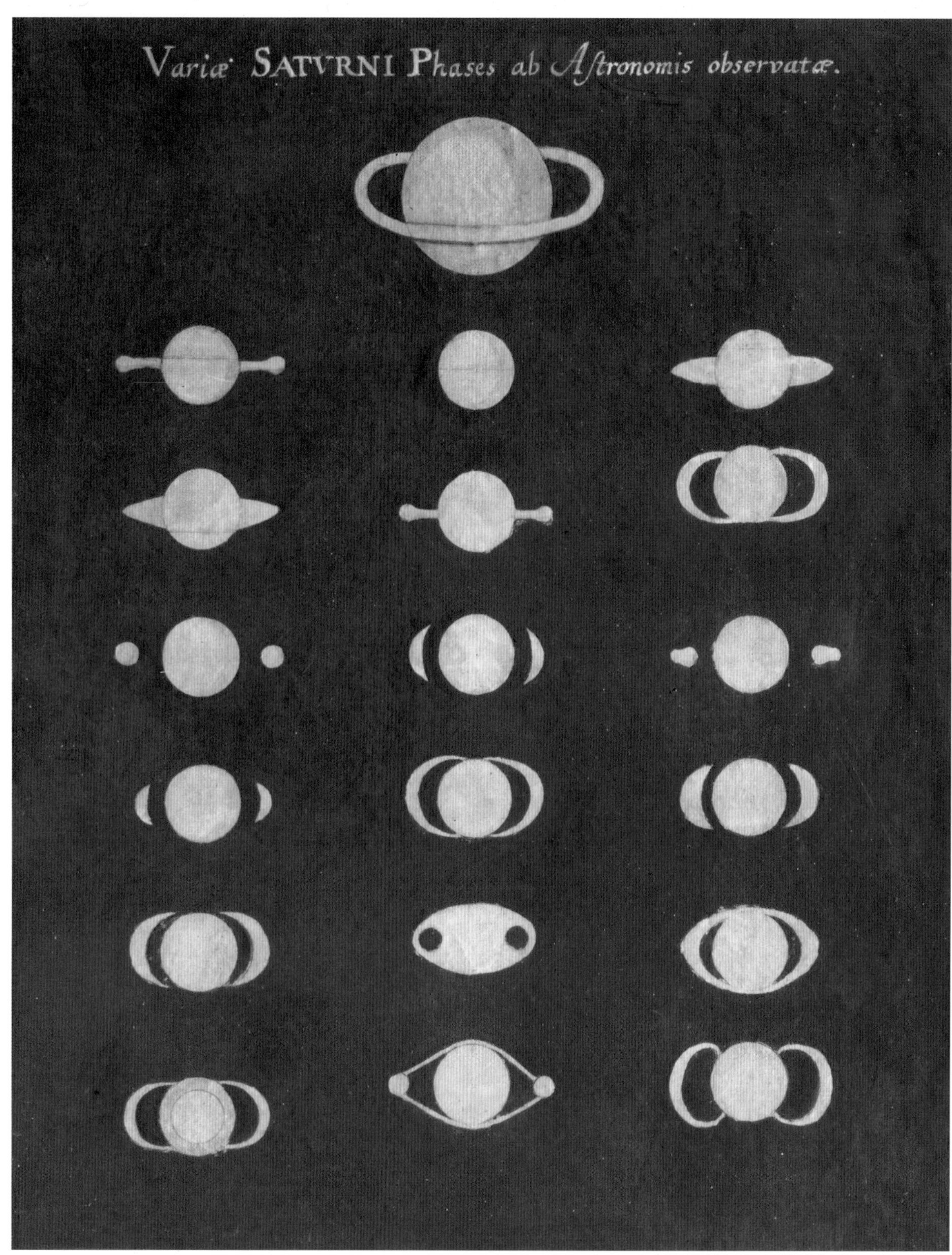

• 1693~98년

17세기 여성들 중 일부는 천문학자가 될 수 있는 길을 찾았다. 독일의 천문학자이자 예술가였던 마리아 클라라 아임마르트는 당시에는 극히 드물었던 여성 천문학자 가운데 한 명이다. 그녀의 아버지는 뉘른베르크의 예술가이자 아마추어 천문학자였다. 네덜란드의 천문학자 크리스티안 하위헌스가 1659년에 제작한 판화를 바탕으로 아임마르트는 토성의 모양이 변화하는 신비로운 과정을 묘사했다(아임마르트는 자신이 직접 관측한 결과들도 그림으로 남겼다). 하위헌스는 앞선 시대의 천문학자들보다 훨씬 강력한 망원경을 사용했다. 덕분에 그는 갈릴레오도 완벽하게 이해하지 못한 채 당황스러워했던 토성 주변의 신비로운 구조가 실은 "토성의 어디에도 닿아 있지 않고 그 주변을 에워싼 얇고 평평한 고리"일 것이라는 자신의 가설을 입증할 수 있었다. 아임마르트는 하위헌스가 집필한 《토성의 체계Systema Saturnium》 속 판화, 즉 하위헌스와 그보다 앞선 천문학자들이 관측한 토성을 참고해 그림을 그렸다. 아임마르트는 이 그림 맨 위에 토성과 그 주변 고리에 대한 더 정확한 묘사를 덧붙였으나, 어떤 이유에서인지 이 그림 속 토성과 고리의 모습은 하위헌스가 그렸던 것만큼 사실적이지는 않다. 그래도 아임마르트가 완성한 이 독창적인 그림은 열 명 이상의 천문학자들이 관측해온 결과를 담고 있다. 순서대로 여러 천문학자들의 토성 관측 결과를 정리한 그림인 셈이다. 아임마르트가 그린 또 다른 그림은 97쪽을 참고하라.

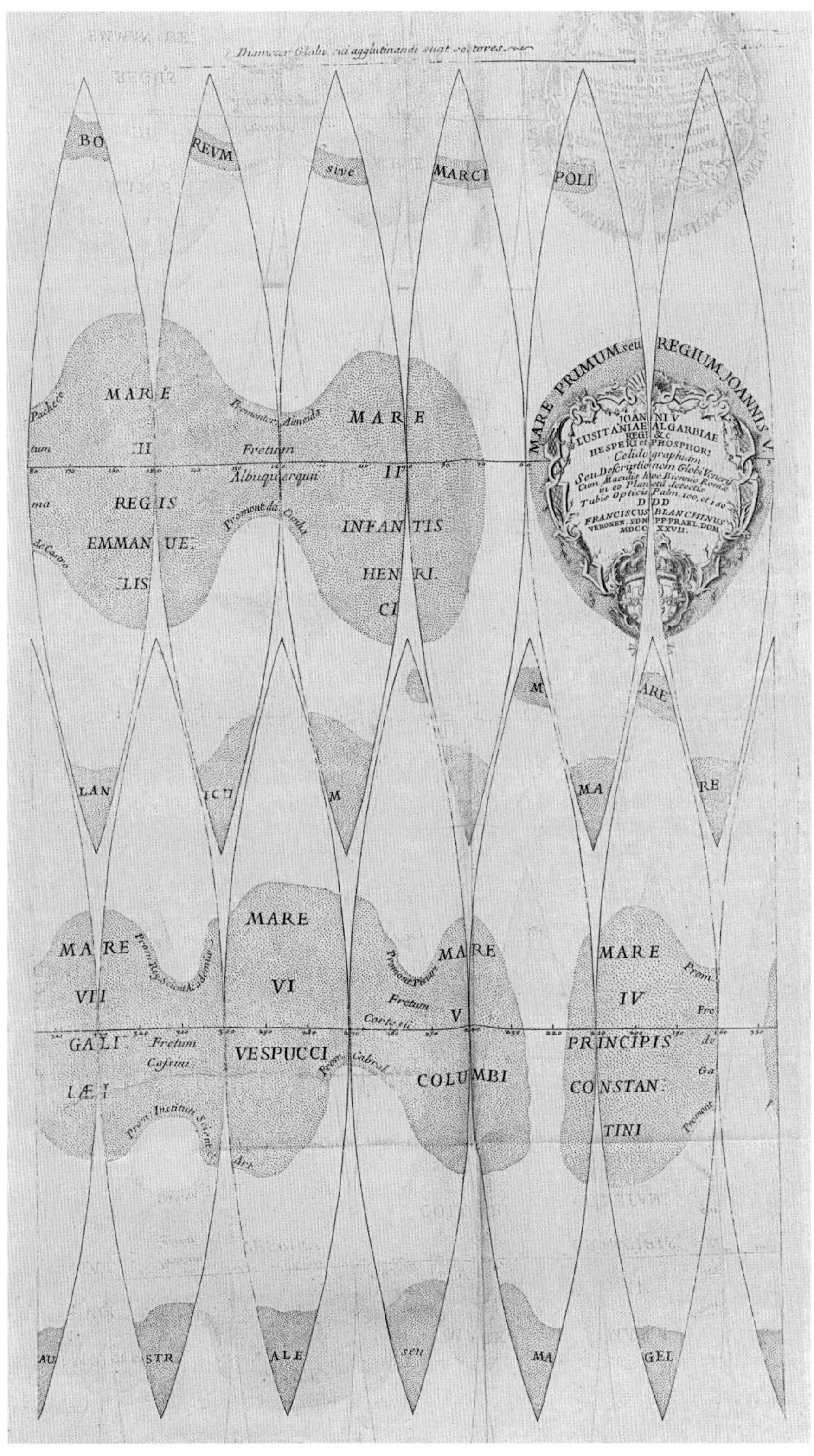

• 1728년

18세기에는 망원경을 통해 행성들을 자세히 들여다볼 수 있게 되었다. 하지만 태양계 안쪽을 도는 수성·금성·화성 등 '지구형' 행성들의 세부적인 모습은 이해하기가 극도로 어려웠다. 이 금성 지도는 이탈리아의 천문학자이자 과학자였던 프란체스코 비안치니가 제작했다. 그는 세 교황이 쓸 수 있도록 더 정교한 천문력을 제작한 것으로 아주 유명했다. 비안치니는 (대물렌즈가 접안렌즈로부터 60미터 위에 매달려 있고 렌즈를 고정하는 경통은 따로 없는) 어설픈 '공중 망원경'을 사용해 금성을 관측했다. 그리고 금성 표면에서 어둠의 조각이라고 믿었던 형체들을 발견했다. 그는 이것이 금성에 있는 바다라고 생각했다. 그가 각 바다에 붙인 이름은 이 지도에서 볼 수 있다. 심지어 그는 이것을 활용해 금성의 자전 속도를 계산하기도 했다. 하지만 실제 금성은 바다가 존재하지 않는 메마른 행성이며, 아주 두터운 대기권이 감싸고 있다. 물론 높은 밀도의 금성 대기권에서 회색 얼룩들을 보았을 수는 있지만 금성 표면을 보는 것도, 바다를 보는 것도 불가능하다. 비안치니의 금성 지도는 이후 금성본으로도 제작되었고 현재 볼로냐대학교 천문학 박물관에 보관되어 있다.

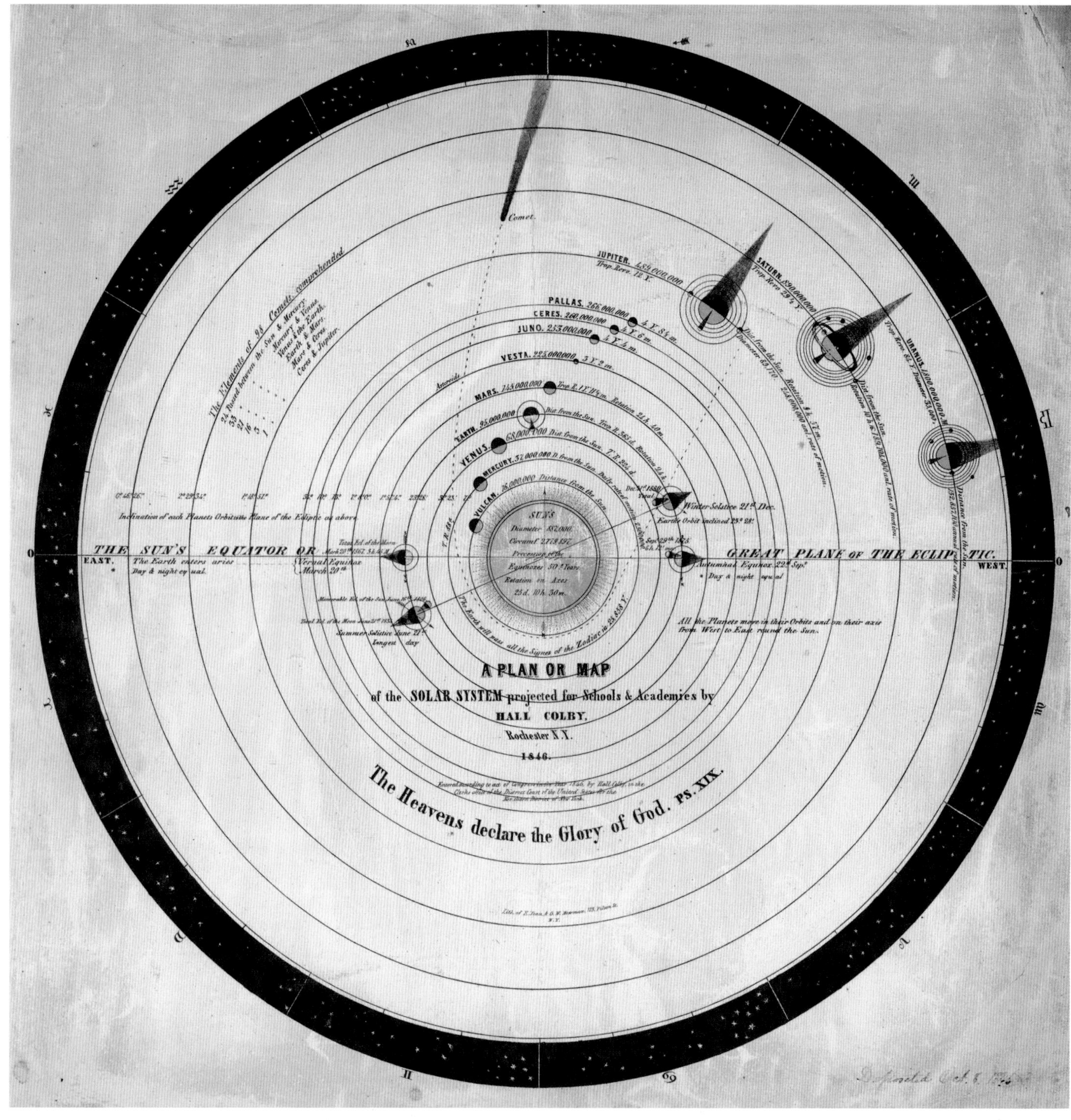

• 1846년

홀 콜비의 태양계 지도 중 하나다. 이 지도에 실린 것과 실리지 않은 것에 주목할 필요가 있다. 콜비의 지도는 행성 천왕성과 그 주변 위성 다섯 개를 묘사한다. 이것은 이미 65년 전 존 허셜에 의해 발견된 바 있으므로 특별하지는 않다. 이 그림에서 더 흥미로운 것은 화성과 목성 사이 궤도를 돌고 있는 '행성들', 즉 베스타·주노·세레스·팔라스이다. 이들은 모두 19세기의 첫 10년 동안 발견되었다. 이후 1860년대 이들과 비슷한 궤도를 도는 더 작은 천체들이 우후죽순으로 발견되어 이들이 소행성으로 강등되기 전까지는 모두 행성으로 여겨졌다(이들은 현재까지 소행성대에서 가장 큰 천체 네 개로 알려져 있다. 그중 세레스만이 태양계 안쪽 궤도를 도는 유일한 왜소행성이 되었고 나머지는 왜소행성도 아닌 소행성으로 강등되었다. 이 그림에 실리지 않은 명왕성도 2006년 이후 왜소행성이 되었다). 이 그림에서 주목할 부분이 하나 더 있다. 콜비의 지도 일부를 확대한 오른쪽 그림을 보자. 잘 보면 수성보다 더 안쪽에서 태양 주변 궤도를 도는 행성, 벌칸이 있다. 얼핏 이름을 들으면 〈스타트렉〉에 나올 법한 이름 같지만, 벌칸은 프랑스 수학자 위르뱅 르 베리에가 태양계 안쪽에 행성이 하나 더 존재할 것이라고 추정하며 지은 이름이다. 그 이후에 벌칸이라는 이름이 대중문화로 스며들었다. 르 베리에는 이후 천문학자들이 자신의 '발견'을 최종 검증해줄 것이라는 희망을 품고 자기가 붙인 이 이름을 홍보했다. 하지만 천문학자들이 수십 년간 시도했음에도 결국 벌칸을 찾는 데 실패했다. 홀 콜비의 태양계 지도에서 주목할 부분이 또 있다. 여기에는 행성 하나가 없다. 바로 여덟 번째 행성인 해왕성이다. 해왕성은 이 지도가 제작되고 한 달 뒤인 1846년 9월 24일에야 발견되었다. 흥미롭게도, 해왕성은 벌칸의 존재를 추정했던 프랑스 수학자 위르뱅 르 베리에의 예측 덕분에 발견되었다.

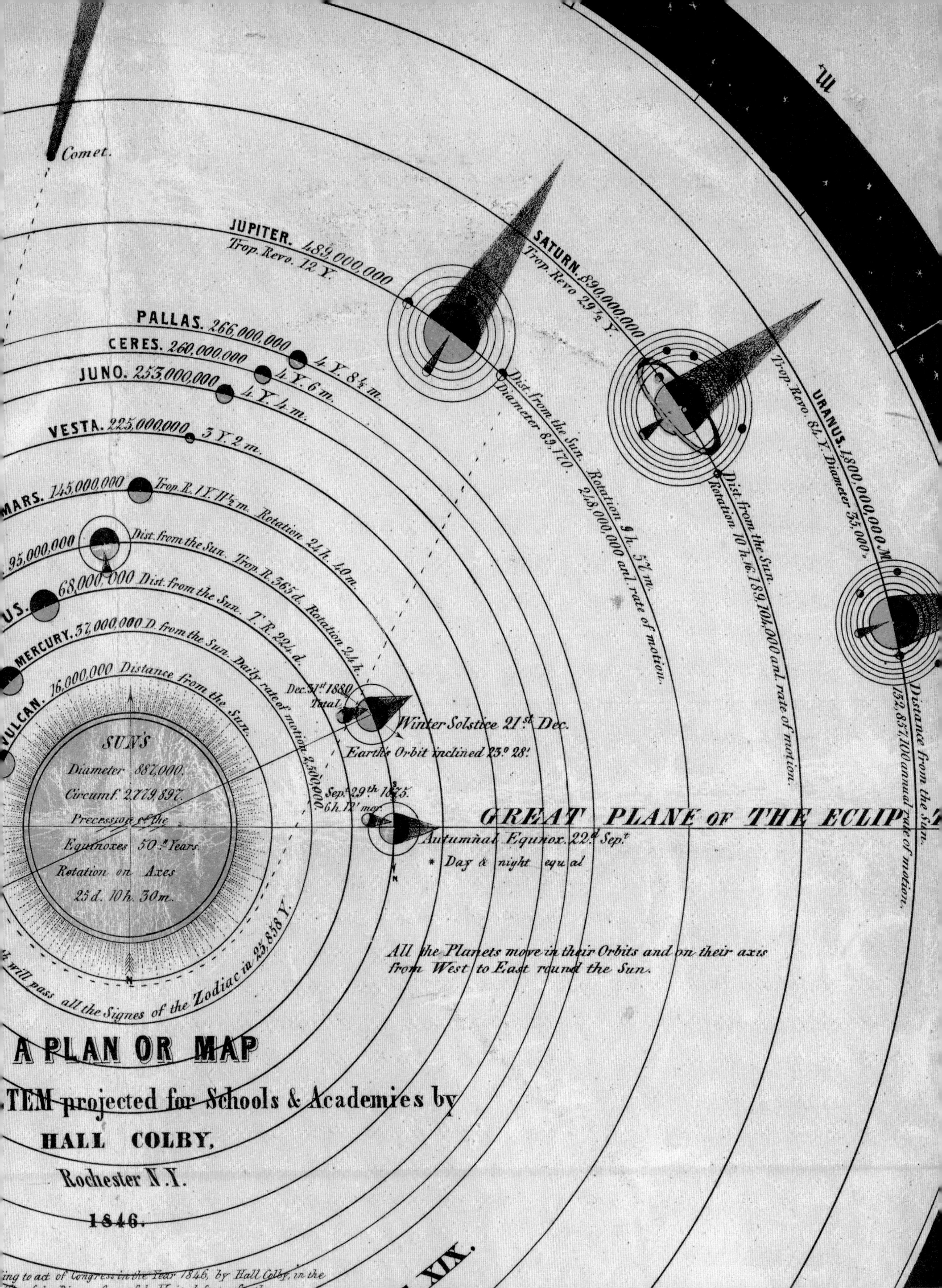
Comet.
JUPITER. 489,000,000
Trop. Revo. 12 Y.
SATURN. 890,000,000
Trop. Revo 29½ Y.
PALLAS. 266,000,000 4 Y. 8¼ m.
CERES. 260,000,000 4 Y. 6 m.
JUNO. 253,000,000 4 Y. 4 m.
VESTA. 225,000,000 3 Y. 2 m.
MARS. 145,000,000 Trop. R. 1 Y. 11½ m. Rotation 24 h. 40 m.
95,000,000 Dist. from the Sun. Trop. R. 365 d. Rotation 24 h.
US. 68,000,000 Dist. from the Sun. T. R. 224 d.
MERCURY. 37,000,000 D. from the Sun. Daily rate of motion 4,300,000.
VULCAN. 16,000,000 Distance from the Sun.
Dist. from the Sun. Rotation 9 h. 57 m.
Diameter 83,170. 248,000,000 anl. rate of motion.
Trop. Revo. 84 Y. Diameter 35,000 m.
URANUS. 1,800,000,000 M.
Dist. from the Sun. Rotation 10 h. 16. 189,704,000 anl. rate of motion.
Distance from the Sun. 132,857,100 annual rate of motion.
Dec. 31st 1880 Total.
Winter Solstice 21st Dec.
Earth's Orbit inclined 23° 28'.
Sept. 29th 1875. 6 h. 12' mor.
GREAT PLANE OF THE ECLIP
Autumnal Equnox. 22d Sept.
* Day & night equal
SUN'S
Diameter 887,000.
Circumf. 2,779,897.
Precession of the Equinoxes 50" Years.
Rotation on Axes 25 d. 10 h. 30 m.
h will pass all the Signes of the Zodiac in 25,858 Y.
All the Planets move in their Orbits and on their axis from West to East round the Sun.
A PLAN OR MAP
TEM projected for Schools & Academies by
HALL COLBY,
Rochester N.Y.
1846.
XIX.
ing to act of Congress in the Year 1846, by Hall Colby, in the

PLATE VIII.
Copyright 1881 by Charles Scribners Sons.
THE PLANET MARS.
Observed September 3, 1877, at 11h. 55m. P.M.

• 1881년

1872~80년에 예술가이자 천문학자인 에티엔 트루블로는 하버드대학 천문대에서 관측을 진행했다. 그는 38센티미터의 거대 굴절 망원경과 워싱턴 DC에 위치한 미 해군 천문대의 더 거대한 66센티미터 굴절 망원경까지, 당시 미국에서 가장 거대한 망원경 두 개를 사용할 수 있었다. 그는 행성과 다른 천체들의 모습을 담은 멋진 삽화를 제작하기 위해 오랫동안 이 망원경들을 활용했다. 1881년 찰스 스크리브너의 아들은 이후 트루블로가 제작한 삽화들을 수집해 한정판 컬렉션을 공개했다. 이 페이지와 다음 세 페이지에 있는 그림들은 그 컬렉션에서 가져온 것이다.

위: 트루블로는 당시 미국 최고의 망원경을 사용했지만 지구에서 화성 표면의 세밀한 모습을 관측하는 일은 까다롭기로 악명이 높았다. 트루블로에게도 역시 어려운 일이었다. 이 그림에서 볼 수 있듯이 화성 북쪽에서부터 적도 주변의 대시르티스 평야라고 불리던 지역까지 어두운 얼룩이 넓게 펼쳐져 있다. 트루블로의 화성 묘사는 아름다웠지만 이후의 관측들이 그의 발견을 뒷받침하지는 못했다(그가 그린 그림은 당시 전통에 따라 남쪽이 위로 가도록 표현되었다).

PLATE IX.
THE PLANET JUPITER.
Observed November 1, 1880, at 9h. 30m. P.M.

트루블로가 그린 목성이다. 그가 그린 화성 그림보다 훨씬 더 정확하다. 거대한 갈릴레오 위성 두 개가 목성의 얼굴을 가리고 지나가느라 목성 위에 그들의 그림자가 드리워졌다. 목성의 구름 띠, 지구보다 몇 배 더 큰 고기압성 태풍 시스템인 행성의 거대한 대적점도 함께 볼 수 있다. 여기서 대적점의 크기가 지나치게 과장된 것처럼 보일지 모르나, 사실 그 무렵에 (심지어 20세기 중반에 촬영된 사진에서도) 그림과 거의 비슷한 크기였다. 현재는 대적점이 비교적 작아지기는 했지만 여전히 태양계에서 가장 거대한 태풍이다.

트루블로의 토성 그림이다. 놀라우리만치 정확하다. 토성 고리에서 바퀴살이라고 부르는 구조 등 세부적인 모습들도 확인할 수 있다. 이런 미묘한 특징들은 1980~81년 쌍둥이 탐사선 보이저가 토성 곁을 지나가면서 그 존재를 입증하기 전까지 소수의 천문학자들만이 주장했을 뿐 대부분 상상력의 산물로 치부되었다. 토성 고리의 바퀴살 구조는 고리를 구성하는 입자들이 정전기를 띠고 있기 때문에 만들어진 것으로 추정된다.

FIG. 190.—SATURN'S RINGS SEEN FROM THE FRONT

• 1894년

위: 이 그림은 토성을 극에서 내려다본 모습을 표현한다. 놀랍게도 이 그림이 그려지고 나서 먼 미래에, 실제로 인류는 탐사선을 통해 토성을 내려다보며 이 장면을 재현했다. 이 그림은 NASA의 카시니 탐사선이 행성을 내려다보며 찍은 장면을 한 세기도 더 전에 예견한 것처럼 느껴진다. 실제 관측이 이루어지기 훨씬 전에 그려진 그림이지만 정확하지 않은 묘사는 딱히 없다(프랑스 천문학자 카미유 플라마리옹이 쓴 《대중 천문학》에 수록된 그림이다).

• 1888년

오른쪽: 1877년 화성이 충의 위치에 가까워지면서 더 크고 밝게 보였다. 당시 이탈리아 천문학자 조반니 스키아파렐리는 화성을 관측했다. 그는 화성 표면에 거미줄처럼 선들이 얽혀 있는 모습을 보았다. 그는 이것에 '물길'을 의미하는 '카날리(Canali)'라는 이름을 붙였다. 그리고 이 지도에 표현되어 있듯이 각 물길에 이름을 지어주었다. 스키아파렐리가 이러한 물길이 인공적인 것이라고 주장한 적은 없다. 이후 1882년과 1888년 밀라노의 브레라 천문대에서 추가 관측이 이루어져 이 물길의 존재를 입증했을 것으로 추정된다. 오늘날 우리는 당시 그가 화성에서 봤던 이 흐릿한 흔적들이 사실은 불확실하게 보이는 무언가를 더 익숙한 무언가에 연결 짓고 싶어 하는 인지적 착각, 시각적 오해의 결과라는 것을 잘 안다.

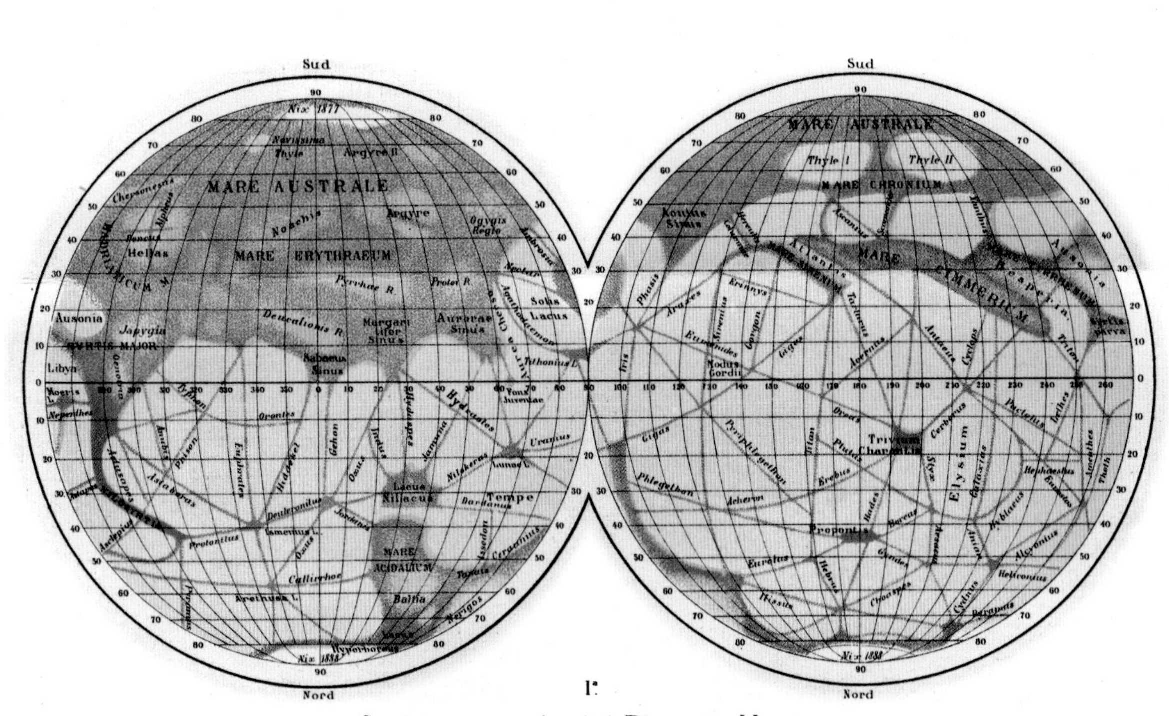

I.

Carta generale del Pianeta Marte
secondo le osservazioni fatte a Milano
dal 1877 al presente

(NB Le linee o strisce oscure che solcano i continenti sono in questa carta presentate nel loro stato semplice, cioè come appaiono quando non sono geminate.)

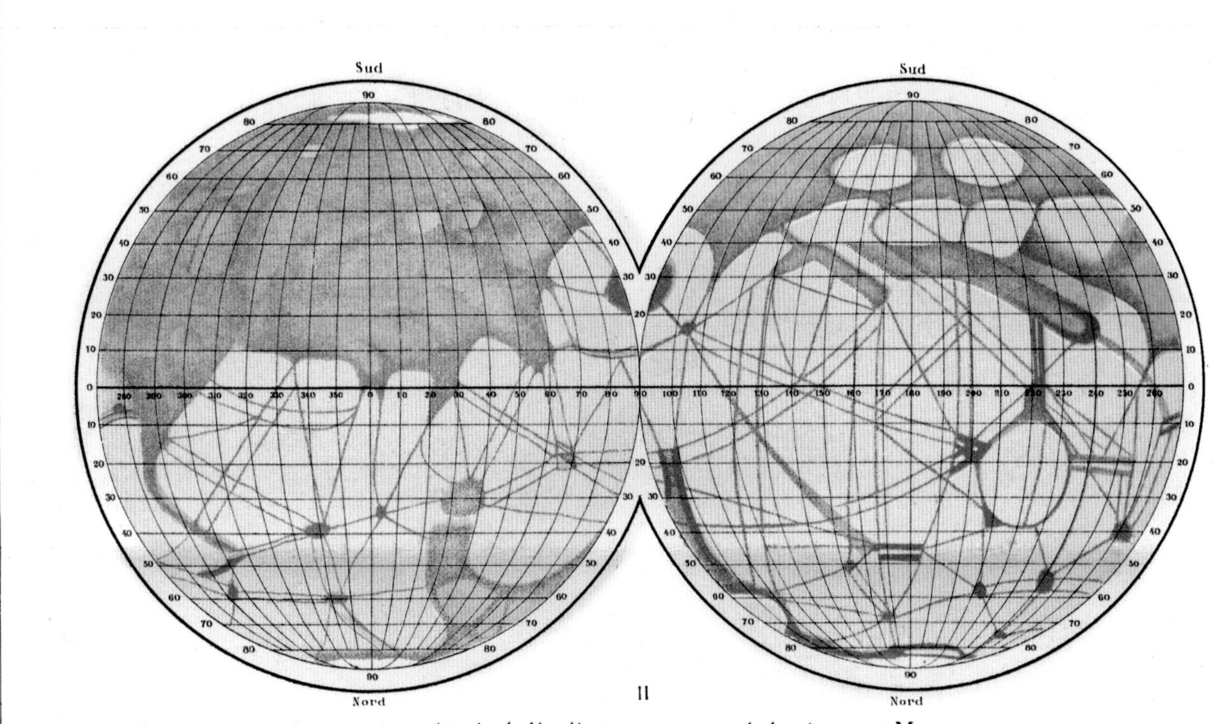

II

Le geminazioni delle linee oscure del pianeta Marte
quali furono osservate a Milano principalmente
nel 1882 e nel 1888

Natura ed Arte — Lit. della Casa Edit. Dott. Francesco Vallardi, Proprietà Letteraria — G. Schiaparelli dis.

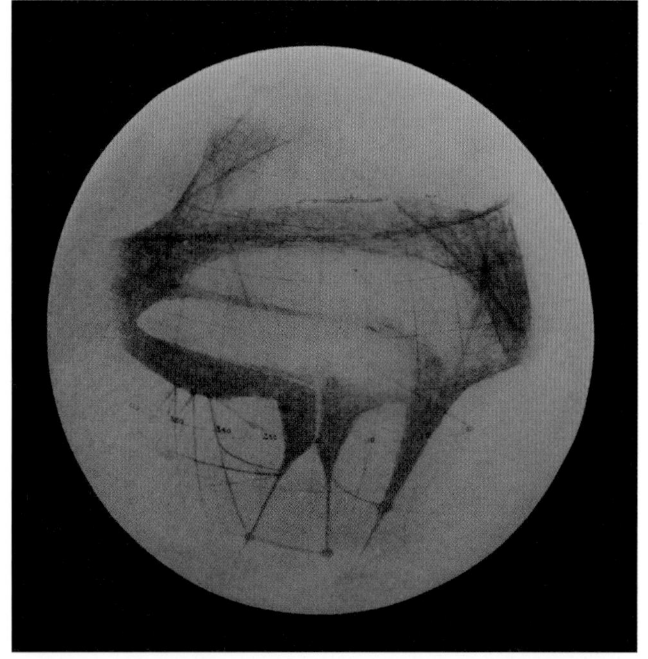

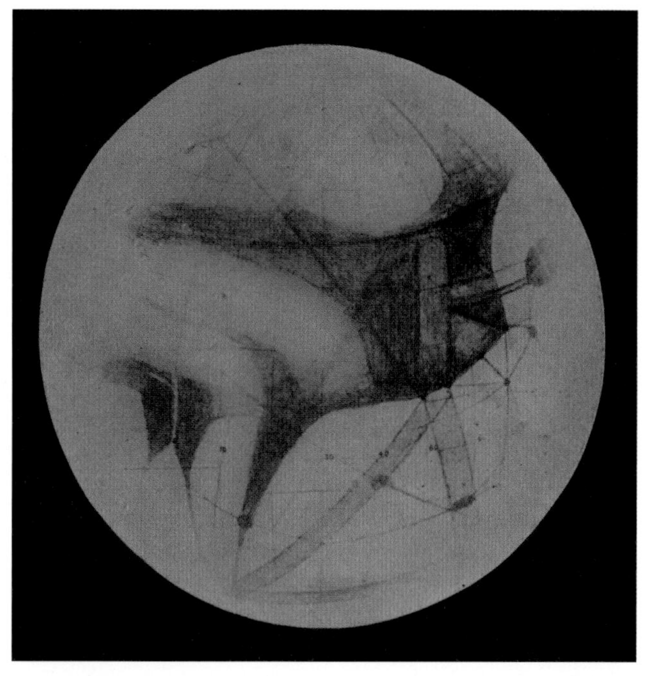

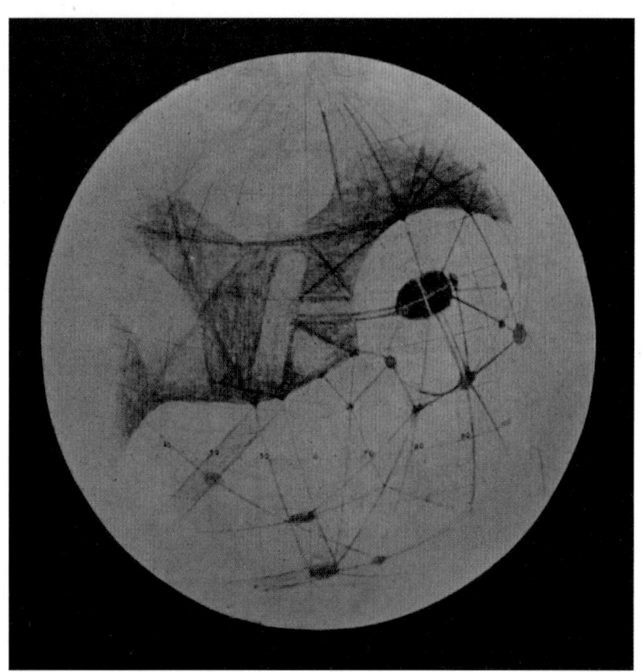

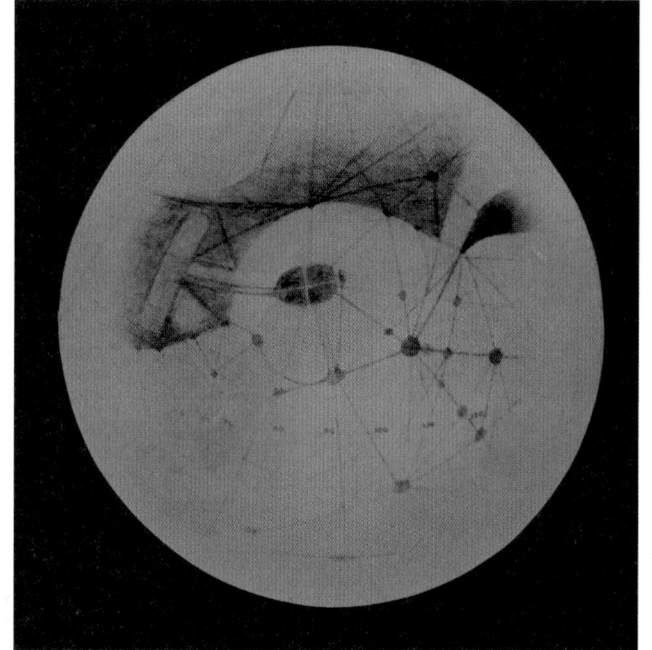

• 1896년

19세기 마지막 10년 동안 보스턴 가문의 귀족이었던 퍼시벌 로웰은 프랑스 천문학자 카미유 플라마리옹이 쓴 책에서 그의 화성에 대한 이야기를 읽었다. 그리고 로웰은 스스로 천문학에 전념하기로 결심했다. 당시 책에서 플라마리옹은 화성에 생명체가 살 가능성이 있다고 주장했다. 로웰은 화성에 카날리가 존재한다는 묘사에 특히 매료되었다. 이 단어는 영어로 자연적 물길이 아닌 '운하'로 오역되었다. 1894년 로웰은 애리조나의 플래그스태프에 천문대를 건설했다. 전해지는 이야기에 따르면 이곳은 관측에 가장 유리한 지리적 조건을 지닌 장소에 건설된 최초의 천문대였다. 이후 로웰은 화성에 대규모 운하 시스템을 구축할 정도로 발전된 화성인 문명이 존재한다고 주장했다. 그는 화성 문명 가설의 열렬한 지지자였다. 그는 붉은 행성 표면에 운하 비슷한 것들이 존재하고 이것이 바로 생명체가 존재한다는 증거라고 보았다. 이 그림은 로웰이 자신의 주장을 대중화한 세 책 중 첫 번째 작품인 《화성Mars》에 등장한다.

• 1944년

프랑스의 삽화가이자 천문학자인 뤼시앵 뤼도와 함께 미국의 화가 체슬리 본스텔은 소위 '스페이스 아트'라 불리는 새로운 장르를 개척했다. 이는 상상속의 태양계 풍경을 그리는 장르다. 이 그림은 〈라이프〉 지에 처음 실린 본스텔의 〈타이탄에서 본 토성〉이라는 작품이다. 스페이스 아트 장르를 가장 잘 대변하는 작품 가운데 하나로 손꼽힌다. 1952~54년, 본스텔은 베르너 폰 브라운과 협력해 영향력 있는 많은 우주 삽화 시리즈를 제작했다. 폰 브라운은 나치의 V-2 로켓을 설계하고 종전 이후에는 미국 NASA의 아폴로 프로그램에 합류해 새턴V 로켓을 설계한 과학자다. 이들의 작품은 이후 〈콜리어스Collier's〉에 실렸다. 〈인간이 곧 우주를 정복할 거야!〉라는 작품은 실제로 그 이후에 시작된 본격적인 우주 시대의 서막을 알렸다. 오늘날 우리는 타이탄에 실제로는 아주 두꺼운 대기권이 있고, 이 그림처럼 타이탄에서 깨끗한 하늘을 보는 것이 불가능함을 안다. 하지만 이러한 과학적 사실이 본스텔의 업적과 우주 및 예술 분야에 끼친 영향력을 줄이지는 않는다.

• 1963년

우주 탐사에 매료되었던 또 다른 예술가로 체코의 삽화가 루덱 페섹이 있다. 이 그림은 요세프 사딜의 책《달과 행성》에 실린 루덱의 작품이다. 토성의 상층 대기권에서 토성 고리를 내려다보는 장면을 묘사한다. 그림 왼쪽 위에는 미마스로 보이는 토성의 작은 얼음 위성 하나가 함께 표현되었다. 고리 오른쪽 부분에는 셀 수 없이 많은 얼음과 암석 부스러기로 이루어진 토성 고리 위로 토성의 거대하고 둥근 그림자가 드리워졌다. 고리에는 두 개의 간극이 있다. 그중 위에 있는 것은 1675년 그 존재를 처음 발견했던 이탈리아-프랑스 천문학자 조반니 카시니의 이름을 따서 '카시니 간극'이라고 부른다. 이 그림이 그려지던 당시에는 토성의 대기권 아래 단단한 표면이 존재하는지 여부가 확실히 밝혀지지 않았다. 현재는 토성의 수소 기체 대기권 아래에 액체 수소로 채워진 아주 두꺼운 층이 존재한다고 여겨진다. 하지만 이 그림 속 상층 구름은 액체 수소가 아닌 암모니아 결정으로 이루어져 있다. 토성의 액체 수소층 아래 깊은 중심에는 아마도 철과 니켈 고체로 이루어진 핵이 존재할 것이다.

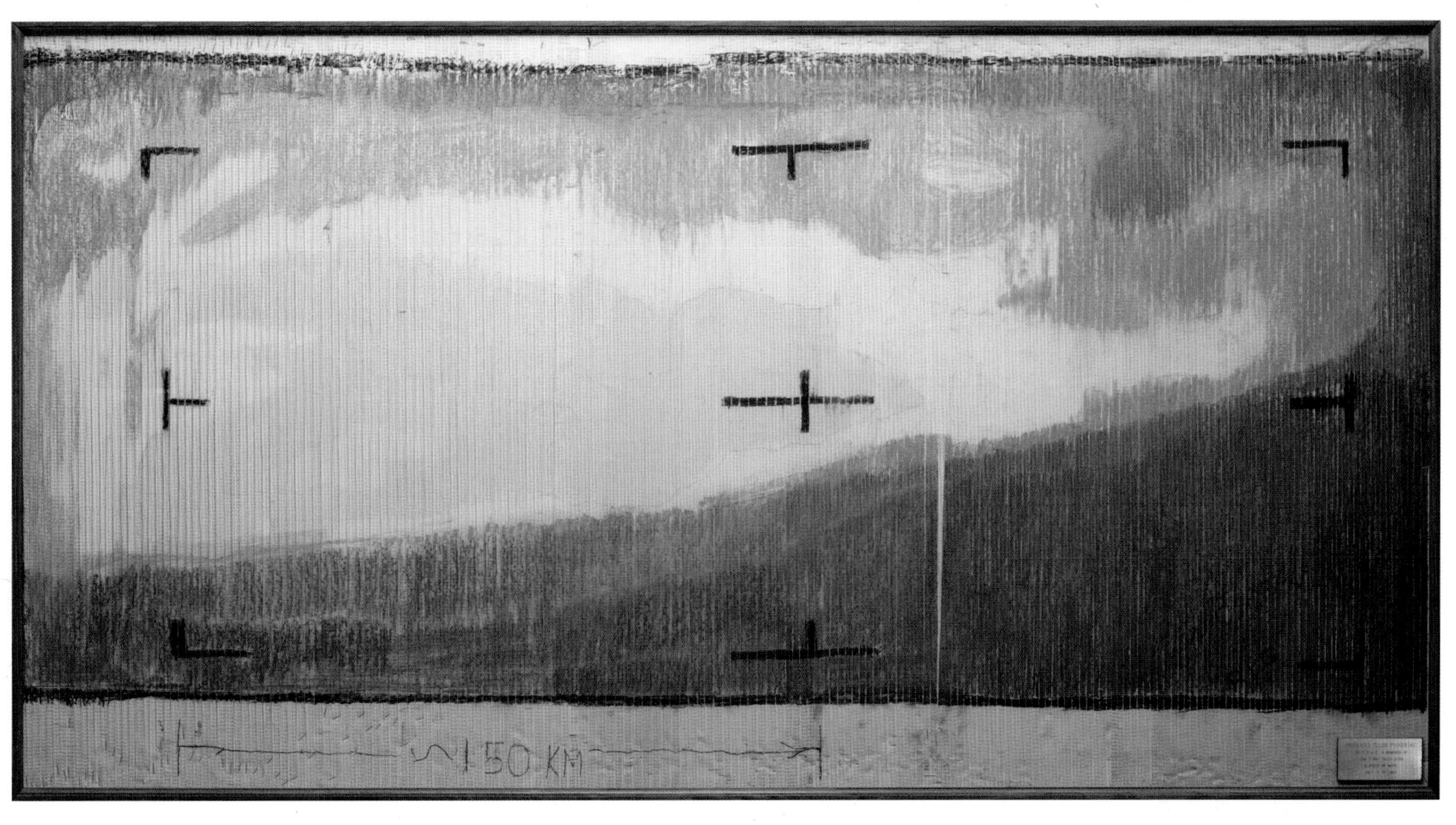

• 1965년

1965년 7월 15일 미국의 우주 탐사선 매리너4호가 화성으로부터 약 9600킬로미터 거리까지 다가갔다. 그리고 21장의 근접 비행 사진을 찍어 지구로 전송했다. 이것은 역사상 최초로 지구 바깥의 다른 행성 곁을 날며 그 모습을 근접 촬영한 사진이다. 당시에는 컴퓨터가 너무 느렸기에 데이터를 이미지로 바꾸는 데 길고 긴 시간이 걸렸다. NASA 제트추진연구소의 과학자들은 매리너의 이미지 데이터를 구성하는 일련의 숫자들을 이미지로 변환해서 확인하기까지 아주 오래 기다려야 한다는 사실을 잘 알았다. 하지만 엔지니어 리처드 그룸과 그의 동료들은 화성의 실제 모습을 당장 확인하고 싶었다. 그래서 이미지 데이터를 출력한 다음 한 줄씩 잘라 합판 위에 붙인 뒤, 연구소 근처 미술용품점에 가서 크레파스를 사왔다. 한 줄씩 잘라놓은 숫자들은 이미지 각 부분의 밝기를 의미했다. 그룸과 동료들은 숫자에 맞춰 한 칸씩 크레파스로 색깔을 칠했다. 그 결과 이들은 매리너가 본 화성이 대충 어떤 모습일지 근접한 결과물을 만들 수 있었다. 이는 우주 사진 촬영의 역사뿐 아니라 초기 디지털 사진 기술의 역사에서도 획기적인 사건이었다. 사진 오른쪽 구석 아래에서 그룸의 이니셜을 확인할 수 있다. 오른쪽 아래 어두운 갈색 부분은 우주 공간이다. 행성의 둥근 원반 가장자리는 구불구불한 붉은 갈색 선으로 그려졌다. 매리너4호와 그 뒤를 이은 그 어떤 화성 탐사선도 로웰이 주장했던 화성의 운하는 확인하지 못했다.

• 1970년대 초

매리너4호와 그 이후 계속 이어진 화성 플라이바이 미션을 통해 화성 표면에도 달처럼 크레이터가 존재한다는 사실이 밝혀졌다. 1971년 매리너9호는 화성 궤도에 진입했고 앞선 탐사선들보다 더 오랫동안 화성을 정밀하게 정찰할 수 있었다. 1972년 1월 태양계에 있는 가장 거대한 협곡이 모습을 드러냈다. 〈내셔널 지오그래픽〉과 스미소니언 연구소에서 일하던 루덱 페섹은 당시 화성에서 이루어진 이러한 발견들을 그려달라는 요청을 받았다. 그는 화성의 지형을 표현한 작품을 30점 제작했다. 1976년 두 대의 바이킹 착륙선이 화성에 착륙했다. 그리고 화성의 하늘이 페섹의 그림처럼 희미한 푸른색이 아니라 실제로는 탁한 핑크빛 주황색이라는 것을 밝혀냈다. 하늘 색깔을 제외하면 페섹의 그림은 놀라울 정도로 화성을 실제에 가깝게 묘사하고 있다.

위: 행성의 작은 위성 중 하나인 포보스에서 바라본 화성의 모습이다.

왼쪽 위: 아주 거대한 매리너 계곡의 협곡이다. 그 너비는 미국 대륙만큼 넓다. 이곳을 처음 발견한 탐사선의 이름을 붙였다.

왼쪽 아래: 지름 80킬로미터, 깊이 3킬로미터에 달하는 올림포스 화산의 어마어마한 칼데라에서 바라본 화성의 풍경이다.

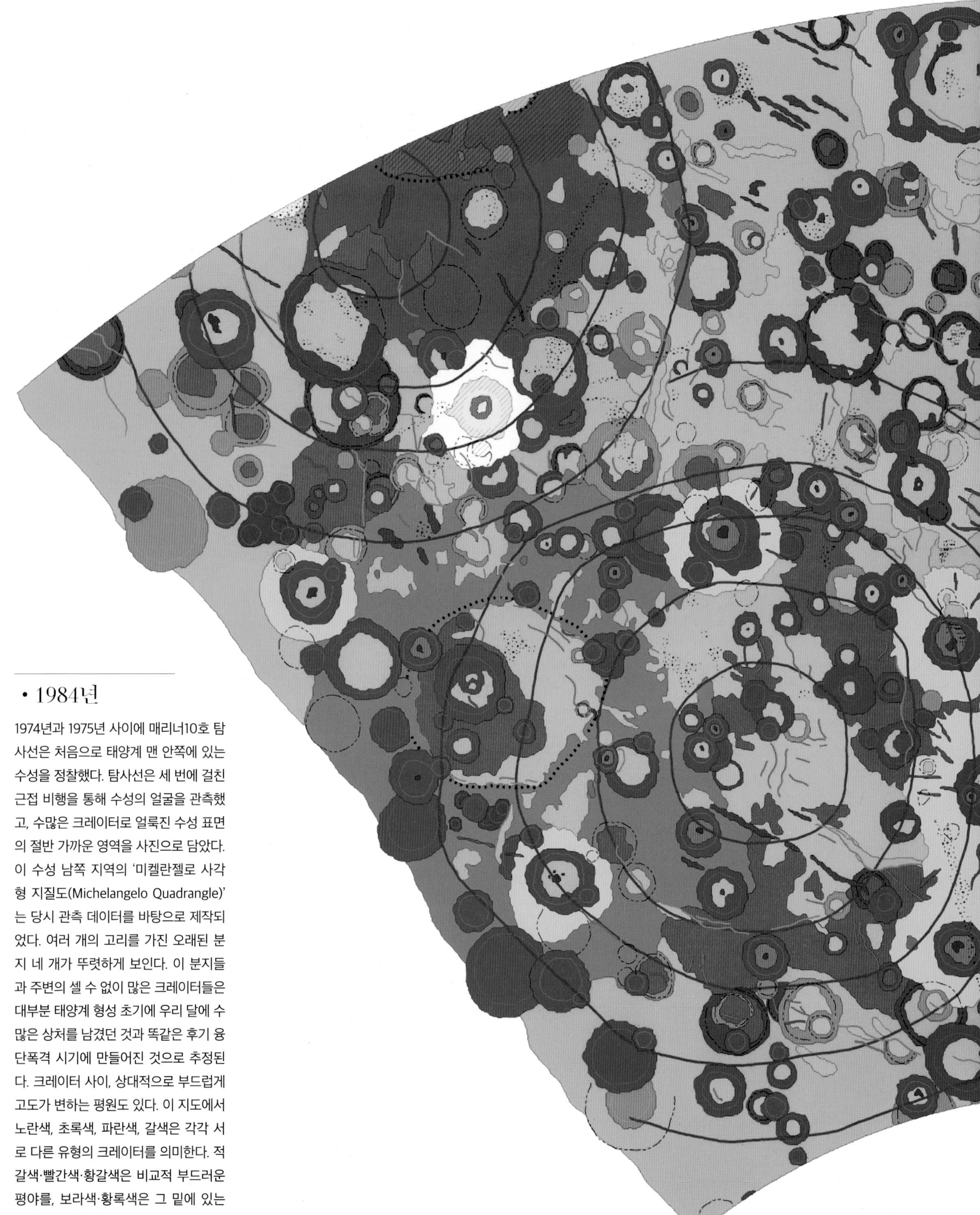

• 1984년

1974년과 1975년 사이에 매리너10호 탐사선은 처음으로 태양계 맨 안쪽에 있는 수성을 정찰했다. 탐사선은 세 번에 걸친 근접 비행을 통해 수성의 얼굴을 관측했고, 수많은 크레이터로 얼룩진 수성 표면의 절반 가까운 영역을 사진으로 담았다. 이 수성 남쪽 지역의 '미켈란젤로 사각형 지질도(Michelangelo Quadrangle)'는 당시 관측 데이터를 바탕으로 제작되었다. 여러 개의 고리를 가진 오래된 분지 네 개가 뚜렷하게 보인다. 이 분지들과 주변의 셀 수 없이 많은 크레이터들은 대부분 태양계 형성 초기에 우리 달에 수많은 상처를 남겼던 것과 똑같은 후기 융단폭격 시기에 만들어진 것으로 추정된다. 크레이터 사이, 상대적으로 부드럽게 고도가 변하는 평원도 있다. 이 지도에서 노란색, 초록색, 파란색, 갈색은 각각 서로 다른 유형의 크레이터를 의미한다. 적갈색·빨간색·황갈색은 비교적 부드러운 평야를, 보라색·황록색은 그 밑에 있는 분지를 의미한다.

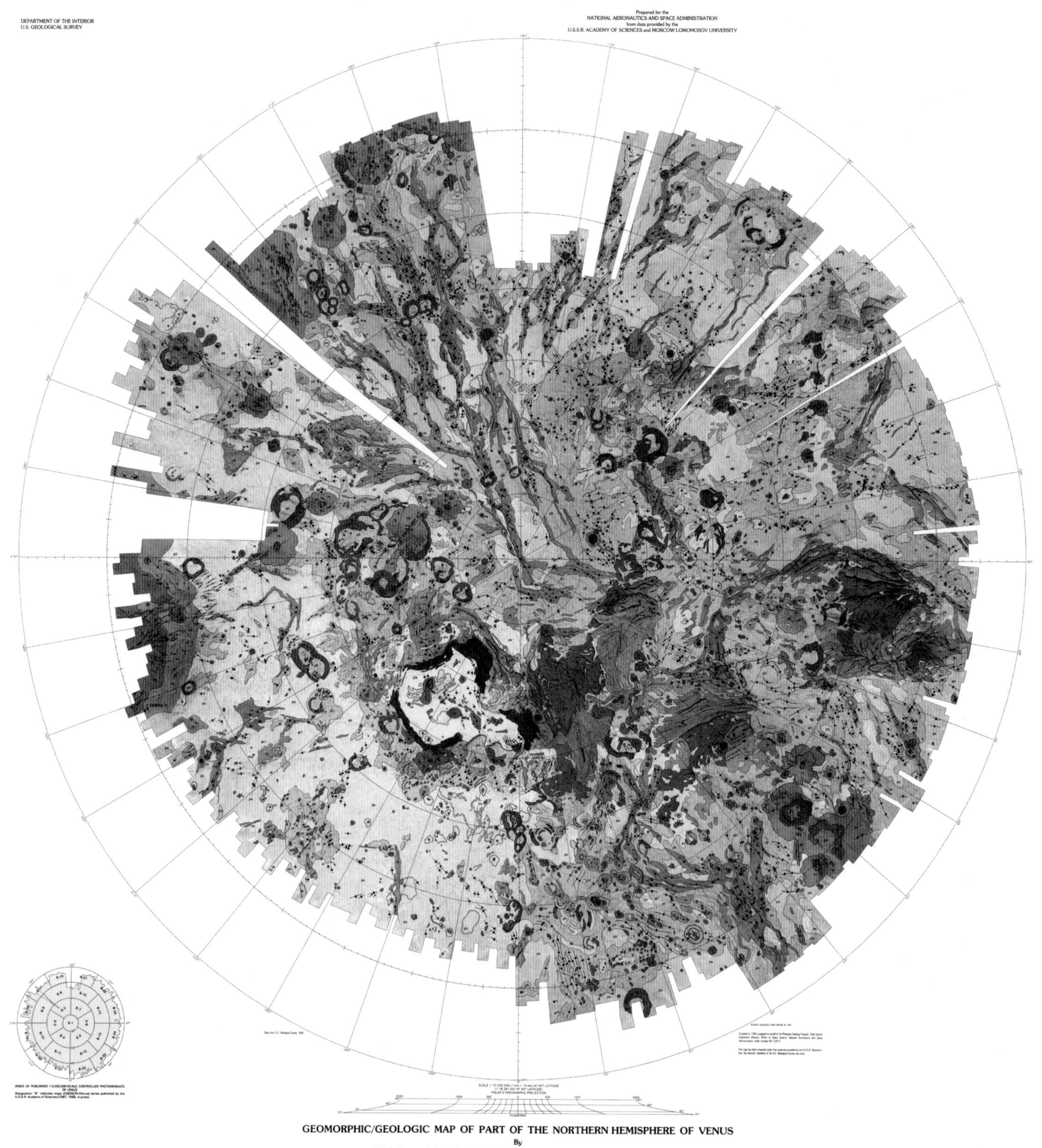

• 1989년

1961~84년에 소련은 금성을 탐사하기 위해 베레나 탐사선을 13차례 보냈다. 그중 10대가 금성 표면 착륙에 성공했고, 맨 마지막으로 금성에 도착한 베레나15호와 16호는 1983년에 금성을 탐사했다. 이들은 레이더 촬영 장비를 탑재하고 있었다. 최초로 금성 표면을 가리고 있는 행성의 두꺼운 대기권을 꿰뚫고 그 아래 감춰진 금성 표면의 지도를 그렸다. 이 지도는 미국 지질조사국에서 제작한 금성 북반구의 지질도다. 지도에 표기된 지도 제작에 기여한 러시아 과학자 12명의 명단으로 보듯이, 이 지도는 소련의 베레나 미션 이후 1987~88년 소련 과학아카데미에서 발표한 26장의 지도 데이터를 바탕으로 제작했다. 이 지도에서 빨간색과 주황색은 화산 지형을, 다양한 색조의 초록색 영역은 거친 지형을, 파란색은 능선을 나타낸다.

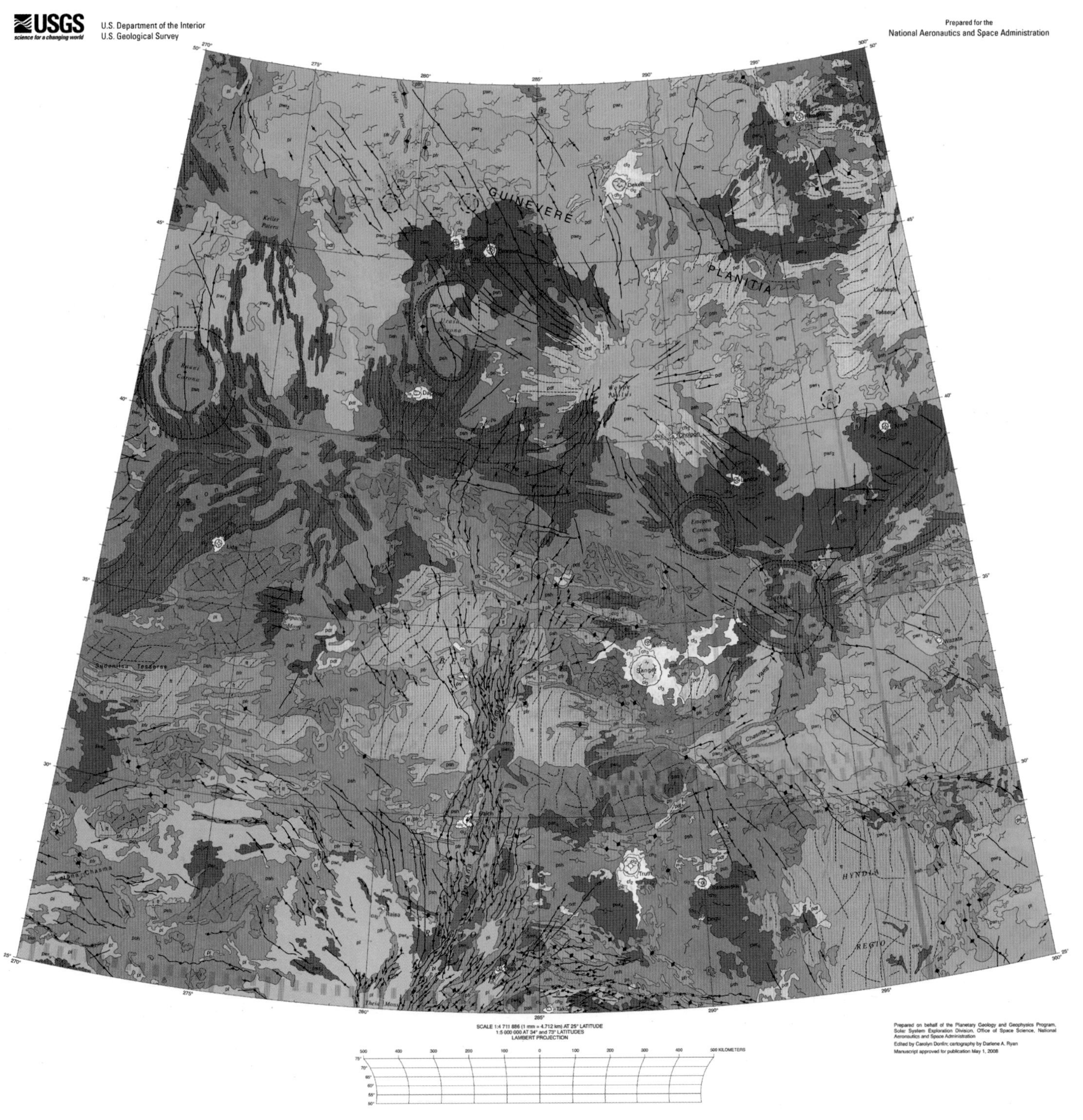

• 1989년

왼쪽 페이지에 있는 지도는 1990~92년에 금성을 탐사하며 금성 지도를 완성했던 미국의 레이더 궤도선, 마젤란 미션을 준비하기 위해 제작되었다. 위의 지질도는 금성의 베타 영역에 해당하는 사각형 모양의 일부 지역을 도식화한 것으로, 마젤란 미션의 데이터를 바탕으로 그려졌다. 이곳은 금성 북반구 중위도 지역에 있는 2만5000킬로미터 너비의 영역이다. 깊은 구조곡 데바나 카스마로 나뉘어 있다. 이 지도에 그려진 밝은 적갈색의 불규칙하고 구불구불한 영역이 지도 위쪽으로 쭉 이어진다. 앞선 1965년과 1978년에 지구에서 진행한 레이더 관측을 통해서도 금성의 베타 영역에서 고도가 두드러지게 높아지는 것을 확인할 수 있었다. 이 지질도에서 파란색과 밝은 초록색은 평원을 구성하는 물질을, 빨간색과 적갈색은 데바나 카스마와 같은 단층 지역을, 황록색은 심하게 갈라진 지형을, 노란색은 충돌 크레이터를 구성하는 물질을 나타낸다. 지질도에 그려진 타원형의 둥근 지역들은 금성의 가장 두드러진 특징 중 하나인 어마어마한 화산 지형을 의미하며 '코로나'라고 부른다.

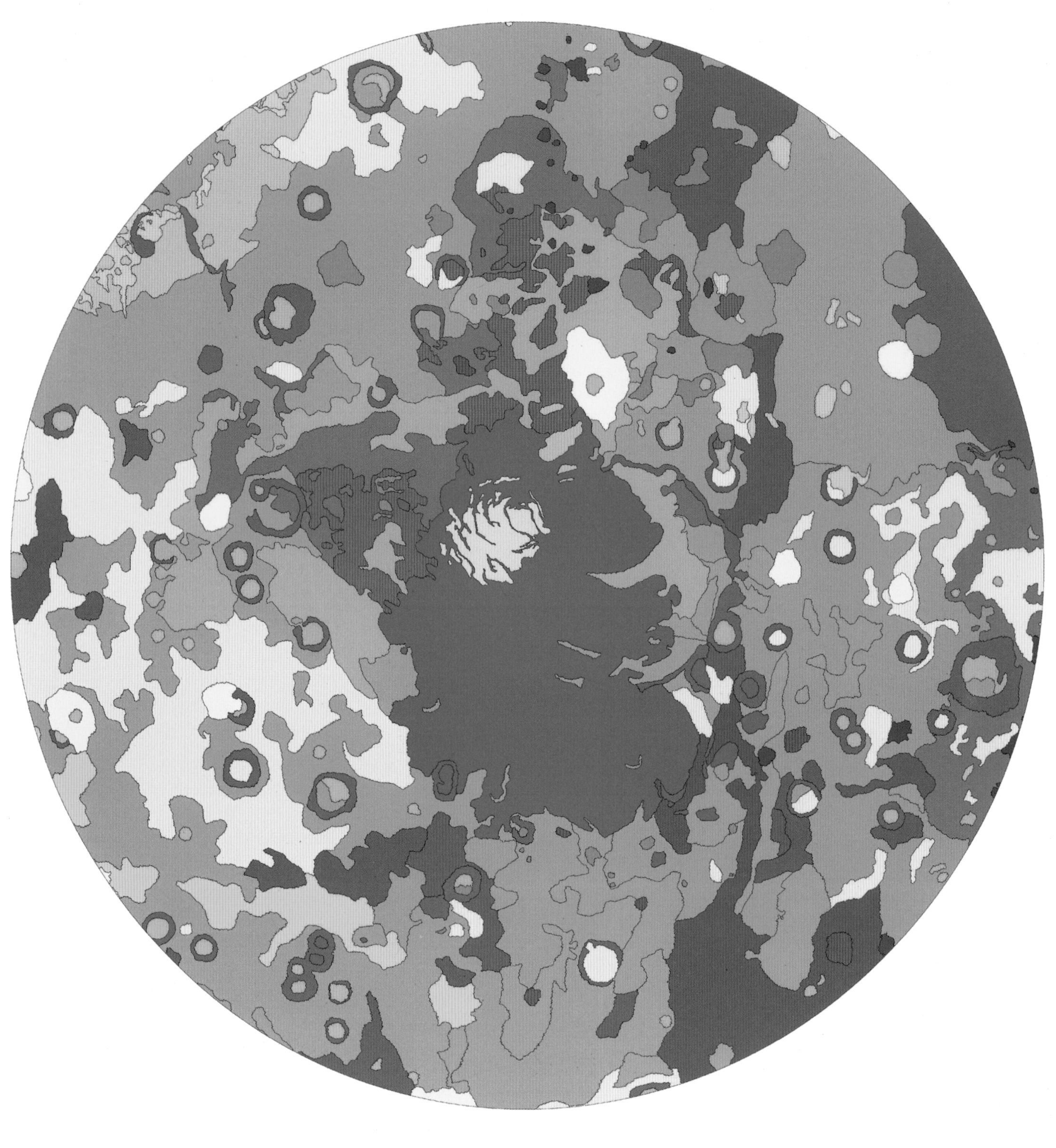

• 1987년

1970년대 중반 NASA에서 보낸 한 쌍의 바이킹 마스 탐사선은 성공적으로 화성 표면에 부드럽게 착륙했다. 이후 몇 년 동안 궤도선은 계속 행성 곁에 남아 화성의 지도를 제작했다. 이 지도는 바이킹 궤도선의 데이터를 바탕으로 제작한 화성의 남극 고원 지역(Planum Australe)을 보여준다. 주황색 영역은 부드러운 평원의 물질을, 보라색은 황폐화된 오래된 고지대 물질을, 파란색은 극지 퇴적물이나 사구 등 풍화된 물질의 분포를 나타낸다. 극지방의 얼음도 볼 수 있는데, 이 지도에서 파란색 영역에 불규칙한 모양의 흰 얼룩으로 표현되어 있다. 화성의 남극 극관을 구성하는 것은 물과 이산화탄소로 이루어진 얼음이다. 계절에 따라 두께가 달라지는데 평균 3킬로미터가량일 것으로 추정된다. 지리학적으로 독특하게도 화성의 남극 극관은 화성의 정확한 남극에서 북쪽으로 160킬로미터쯤 떨어진 곳에 위치한다.

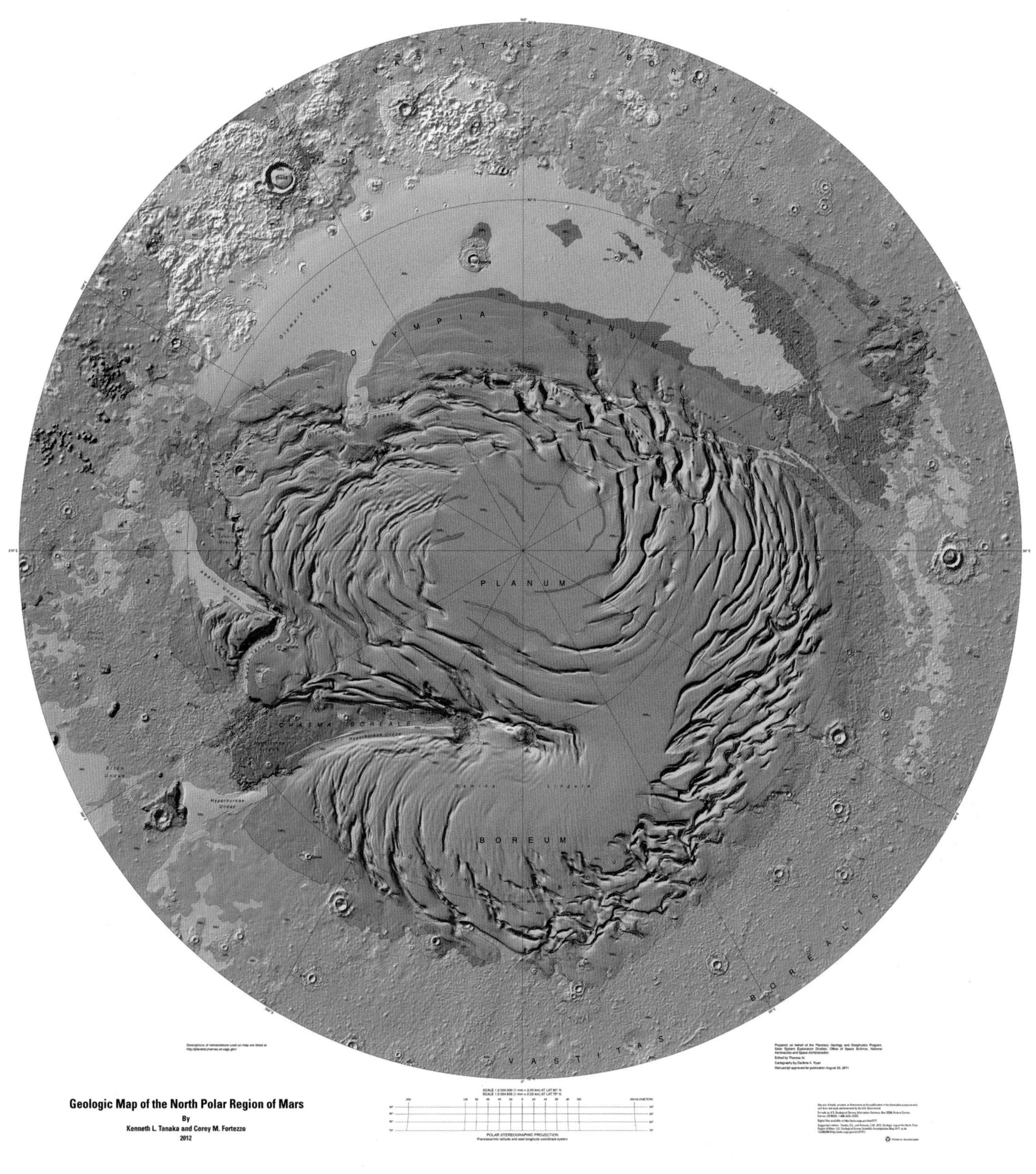

• 2012년

더 최근에 제작된 이 지질도는 화성의 북극 고원 지역(Planum Boreum)을 담고 있다. 화성 주변 정찰 궤도선, 글로벌 서베이어, 오디세이 탐사 미션 등 동시대의 여러 화상 탐사 미션으로 얻은 수많은 데이터 덕분에 완성할 수 있었다. 화성의 북극 극관은 남극 극관보다 훨씬 더 거대하다. 그 크기가 텍사스 면적의 1.5배에 달하며, 화성의 북반구를 가득 채우고 있는 광활한 저지대 평원에 위치한다. 그랜드캐니언보다 훨씬 더 거대한, 길이 550킬로미터에 너비는 100킬로미터에 이르는 협곡(Chasma Boreale)이 극관을 가른다. 지도에서 청록색 영역은 적당히 크레이터로 얼룩진 평원과 과거 물이 흘렀던 영역을 나타낸다. 금속 빛의 푸른색 영역은 거의 순수한 물로 구성된 얼음 지역, 극관 위에 있는 회색 영역은 광활한 모래로 가득한 모래 바다를 나타낸다. 칙칙한 빛깔의 주황색 영역은 크레이터 물질을 나타낸다.

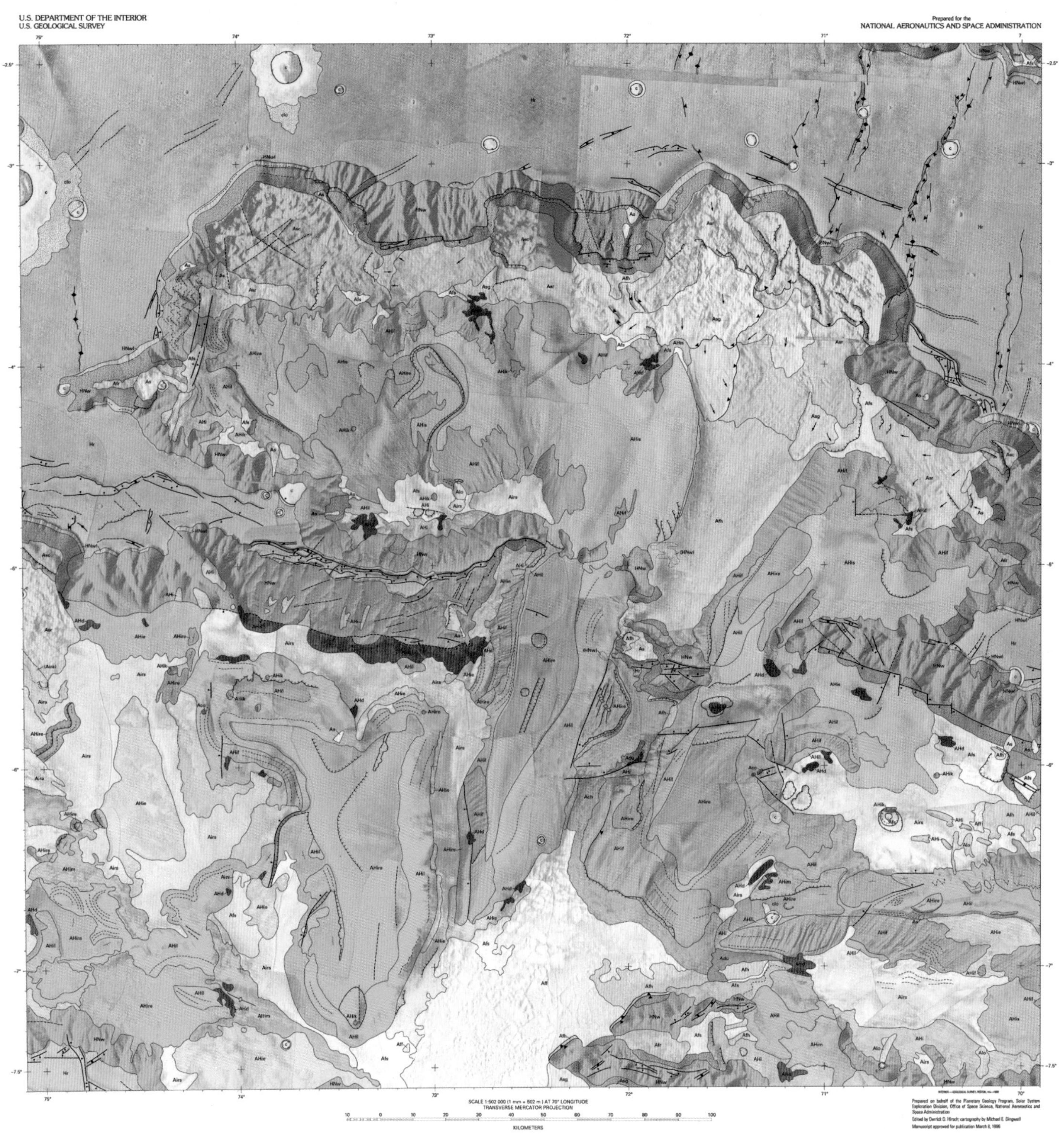

• 1999년

이 지질도는 화성의 매리너 계곡 중심부에 형성된 거대한 오빌과 캔도 카스마의 모습을 보여준다. 지금까지 본 것 중 가장 험준한 지역의 장관을 담고 있다. 이 지질도에 담긴 고원 끝은 가파른 절벽으로 이어진다. 급격하게 가파른 계곡을 형성하는 지구(地溝, graben) 과정에 의해 형성된 것으로 보인다('카스마'란 지구 외 다른 행성의 깊이 팬 지형을 의미한다). 협곡 맨 위에 있는 오빌 카스마의 너비는 약 320킬로미터이고, 맨 밑에 있는 캔도 카스마의 너비는 약 800킬로미터가 넘어 광활하다. 하지만 캔도 카스마의 대부분은 이 지도에 담기지 않았다. 이 지도에서 보라색 지역은 고원을, 파란색은 수직한 홈으로 갈라진 메사 지형을, 흐릿한 노란색은 상대적으로 부드러운 바닥 지형을, 빨간색은 산사태로 형성된 어두운 지역을 의미한다. 짙은 베이지색은 암벽을 나타낸다.

The Western Hemisphere of Mars

• 2005년

랠프 애슐리먼은 현재 프리랜서 행성 지도 제작자로서 NASA의 행성 탐사 미션으로 얻은 데이터를 바탕으로 다양한 작업을 하고 있으며, 과거에는 11년가량 미국 지질조사국에서 행성 지도 제작을 담당했다. 그가 그린 이 지도는 화성의 서쪽 반구에서 가장 두드러지는 지형을 놀랍도록 상세하게 담고 있다(지도 왼쪽에는 화성 적도 근방의 올림포스 화산이 있다. 이것은 태양계에서 가장 높은 화산이다). 아주 거대한 순상 화산부터 적도 아래, 지도 중앙으로부터 오른쪽에 있는 4000킬로미터 너비의 매리너 협곡까지 화성의 놀라운 특징들을 보여준다.

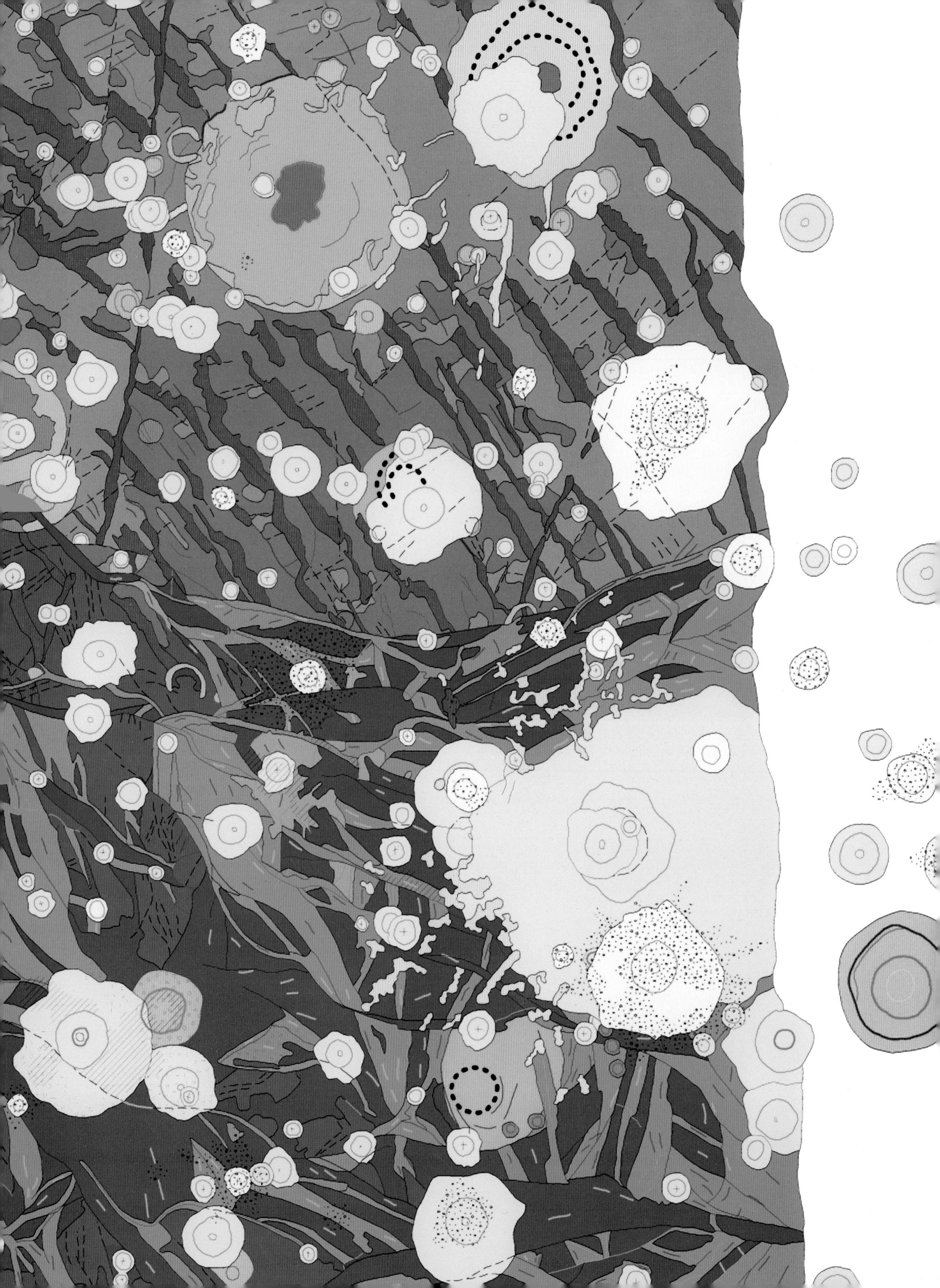

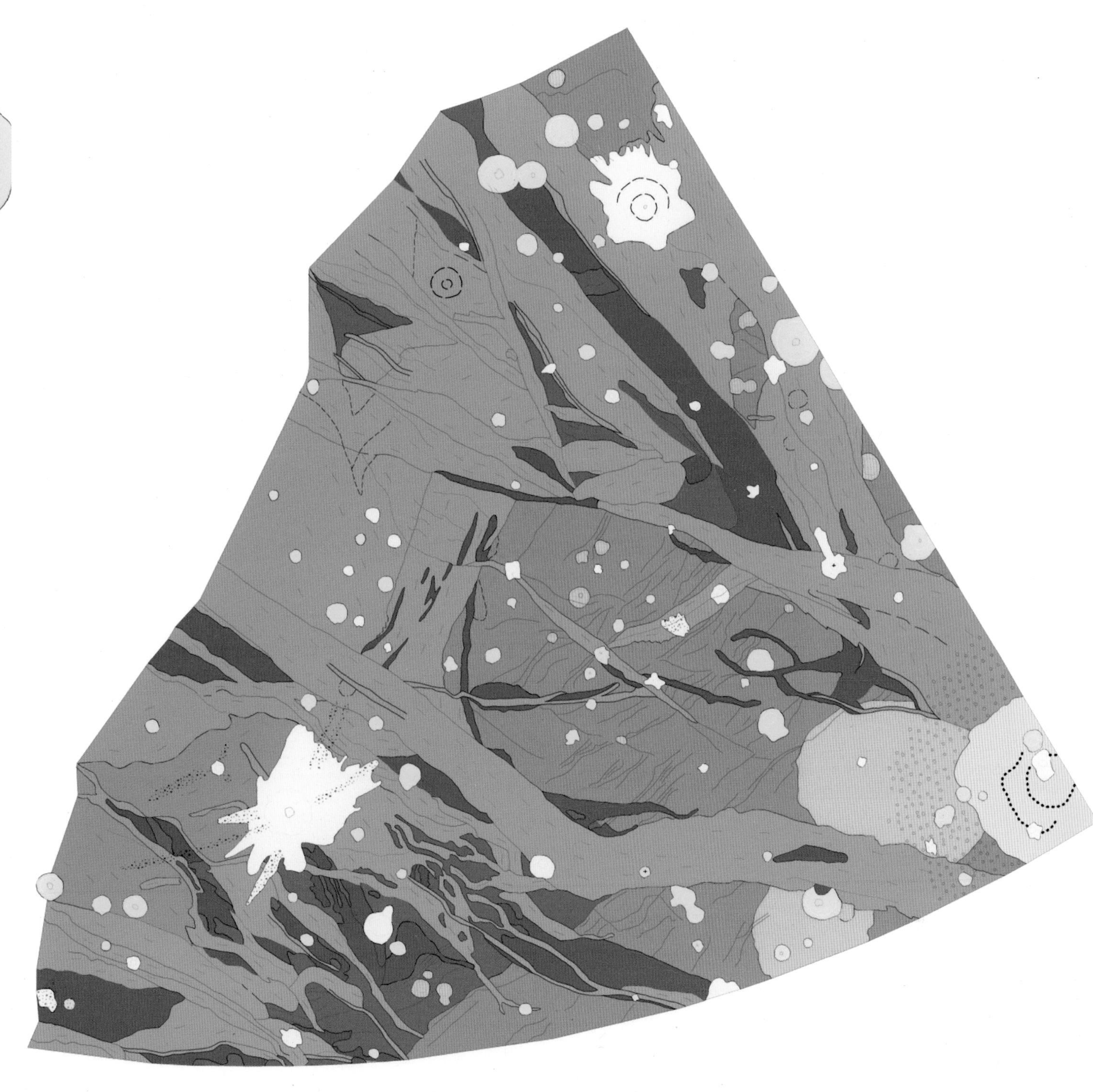

• 1989~92년

이 지질도 두 장은 목성의 위성인 가니메데의 표면 일부를 담고 있다. 가니메데는 바위처럼 단단한 표면을 지녔으며, 물 얼음으로 구성돼 있다. 아마 지구 바깥 외계 천체를 담은 지도 가운데서 가장 놀라운 지도일 것이다. 지름이 5267킬로미터에 달하는 가니메데는 태양계에서 가장 거대한 위성이다. 행성인 수성보다도 약간 더 크다. 하지만 수성만큼 무겁지는 않다. 가니메데는 무거운 목성 그리고 그 주변을 도는 또 다른 거대한 위성 셋과 지속적으로 중력적 상호작용을 한다. 얼음 위성은 강한 중력으로 인한 스트레스를 받는다. 가니메데 표면에서는 아주 오래전에 형성된 크레이터뿐 아니라 지속적 스트레스로 인해 발생한 기조력 때문에 갈라진 밝은 홈을 볼 수 있다.

위: 가니메데에서 목성을 등진 쪽 표면에 있는 필루스 설쿠스의 일부 지역을 보여준다. 이 사각형 모양의 지도에서 가니메데 표면의 특징적인 깊은 도랑, 골짜기, 길게 이어지는 갈라진 홈 등을 볼 수 있다. 1989년에 제작한 이 지도에서 파란색과 초록색은 위성 표면의 더 밝은 물질을, 적갈색과 황록색은 더 어두운 물질을, 다양한 색조의 노란색은 크레이터를 이루는 물질을 나타낸다.

왼쪽: 1992년 가니메데의 멤피스 파큘라의 일부 지역을 담은 사각형 지도다. 앞의 지질도와 똑같은 방식으로 색을 입혔다. 빨간색은 좁고 넓은 폭으로 벌어진 골짜기를 의미한다. 이 지역은 목성을 정반대로 등지고 있으며, 가니메데의 궤도상 진행 방향 쪽 표면에 위치한다. 이 지도에서 특히 가니메데 표면의 복잡한 층상 팔림프세스트 지형을 뚜렷하게 볼 수 있다.

• 2011년

2009년 NASA는 시야에 들어오는 별들의 미세한 밝기 변화를 통해 특히 멀리 떨어진 외계행성을 사냥하는 우주망원경 케플러를 발사했다. 2013년 5월, 우주망원경이 작동 불능 상태가 되기 전까지 케플러는 후보 외계행성을 비롯해 약 3500개의 외계행성을 발견했다. 2011년 케플러 사이언스 팀의 대니얼 패브리키는 당시까지 발견된 외계행성 데이터를 한데 모아서 〈오러리 Orrery〉 애니메이션을 제작했다. 이것은 그해 2월 2일까지 케플러가 발견한 외계행성 시스템들을 마치 태양계처럼 묘사하는 시뮬레이션이다. 더 뜨거운 색깔은 각 행성계 시스템 안에서 다른 행성보다 큰 행성을, 더 차가운 색은 더 작은 행성을 의미한다(빨간색에서 노란색, 초록색, 청록색, 파란색을 거쳐 회색 순서). 패브리키는 케플러가 발견한 모든 외계행성 시스템이 회전하는 모습을 애니메이션으로 표현했다. 이 스틸 사진은 케플러가 발견한 여러 세계들을 효율적으로 보여준다. 그의 애니메이션은 온라인으로도 볼 수 있다.

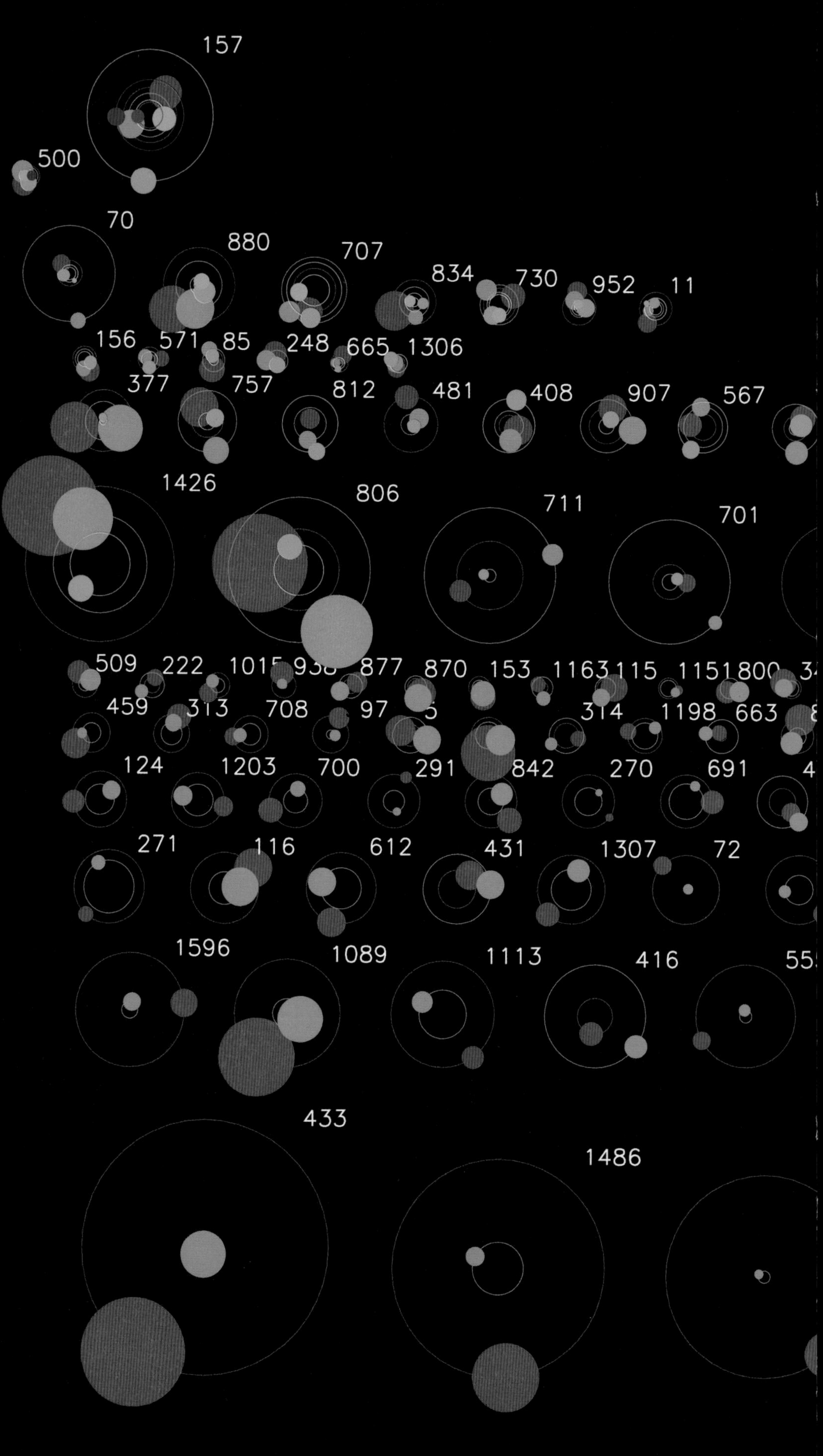

The Kepler Orrery

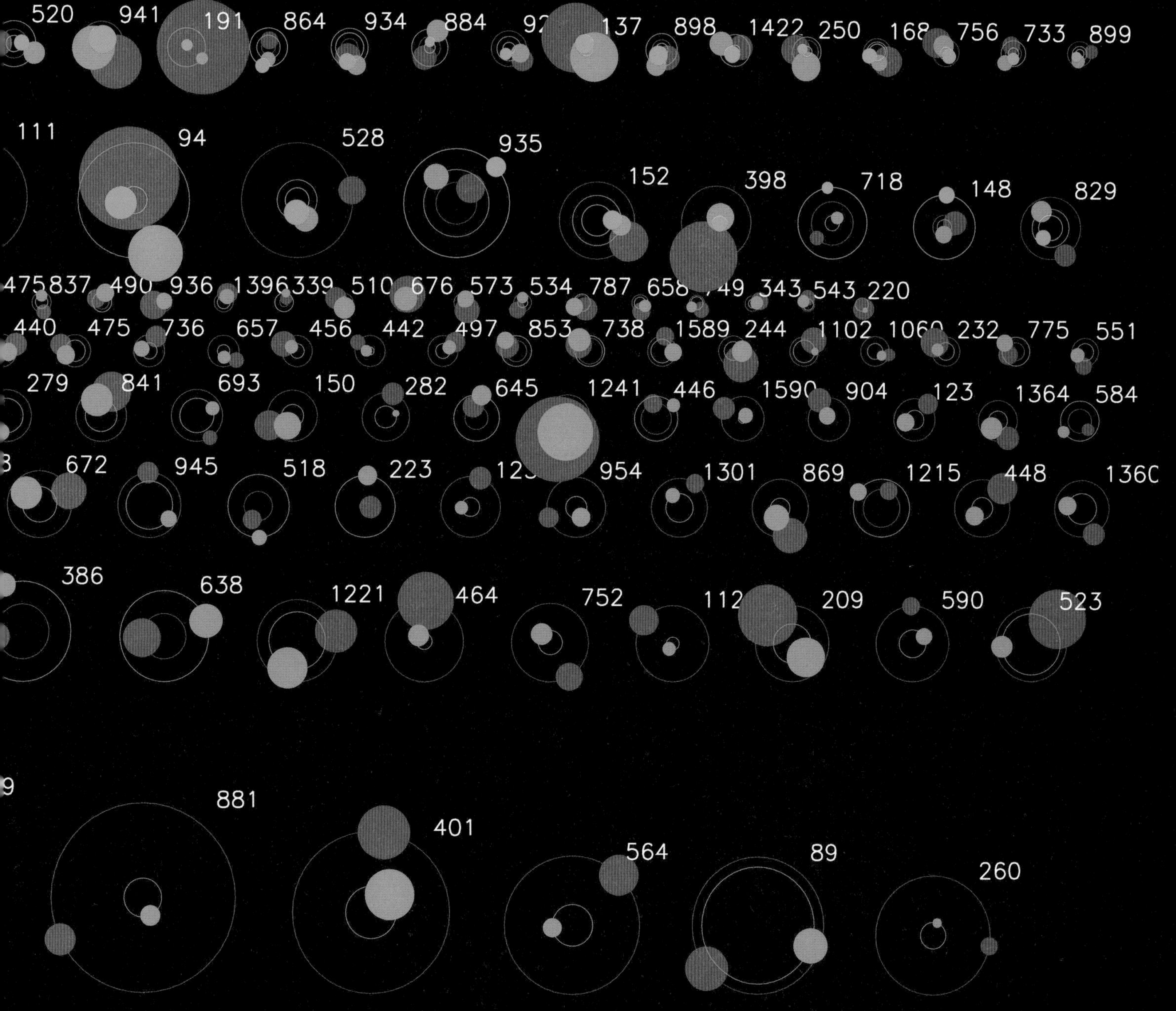

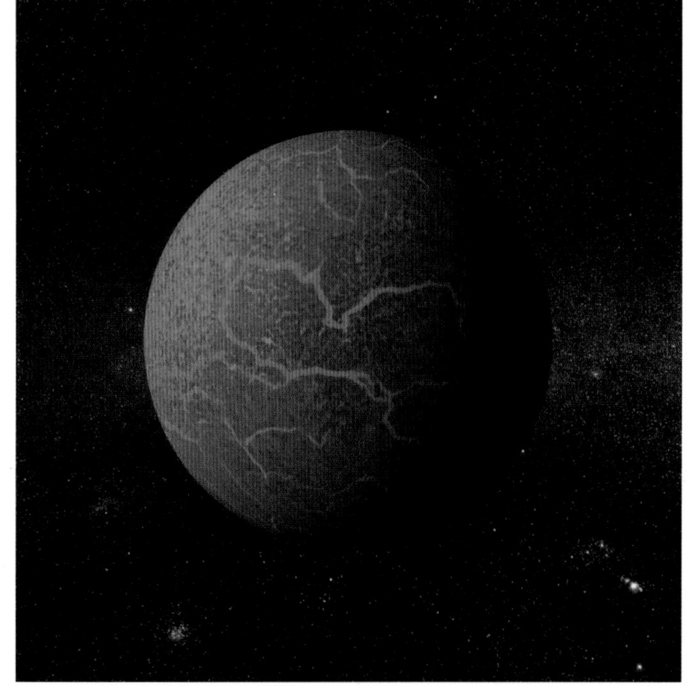

• 2011년

행성 과학자 아벨 멘데즈 토레스는 아레시보에 있는 푸에르토리코대학의 행성거주가능성연구소에서 새롭게 발견된 외계행성들의 데이터를 디지털 시각화 도구로 표현했다. '과학적 외계 행성 렌더러'라고 불리는 이 도구를 활용해 그는 발견된 외계행성들 중 일부의 실제 모습이 어떻게 보일지를 꽤 그럴듯한 모습으로 묘사했다.

왼쪽 위: '차가운 준 지구형 행성', 화성 크기의 얼음 행성.

오른쪽 위: '뜨거운 목성형 행성', 목성 크기의 뜨거운 행성.

왼쪽 아래: '따뜻한 지구형 행성', 지구 크기의 생명이 거주 가능한 행성.

오른쪽 아래: '뜨거운 준 지구형 행성', 화성 크기의 뜨거운 세계.

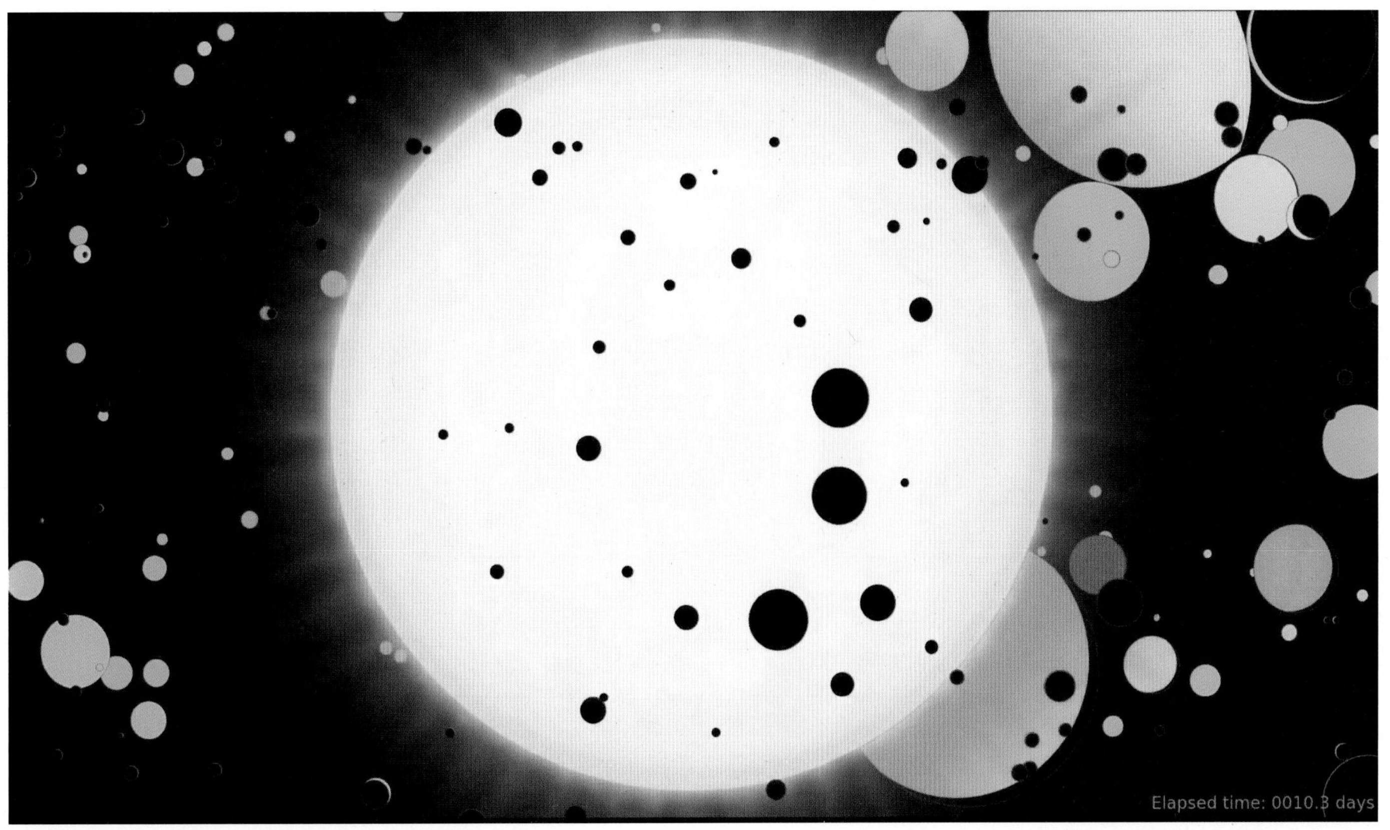

• 2013년

하버드 스미소니언 천체물리학센터의 천문학자이자 행성 과학자인 알렉스 파커는 케플러의 수많은 외계행성 발견 결과를 묘사할 새로운 방법을 고민하다 애니메이션 영화를 한 편 제작했다. 〈세계: 케플러 행성 후보들Worlds: The Kepler Planet Candidates〉이라는 이 애니메이션은 각각 별 주변을 돌고 있는 2299개의 외계행성 후보들의 모습을 보여준다(이 행성들은 총 1770개의 별 주위를 맴돈다). 수많은 행성들이 별 주변을 빙글빙글 도는 모습은 케플러의 업적이 얼마나 대단한지를 드러낸다(각 색깔은 외계행성의 추정 온도이다). 대니얼 패브리키의 〈오러리〉처럼, 이 스틸 사진은 애니메이션이 데이터를 이해하는 데 얼마나 효과적인지를 보여준다. 마찬가지로 온라인에서 볼 수 있다.

7 별자리, 황도 12궁, 은하수

하늘은 무채색이고
우유처럼 창백한 별자리들이 박혀 있다.
_ 기욤 아폴리네르,《알코올》

별자리에는 무언가 움직임이 있다. 지구의 자전으로 인해 서쪽으로 끝없이 움직이는 것을 말하는 게 아니다. 별들로 이어진 별자리나 하늘에서 볼 수 있는 별들의 우연한 배치는 문자로 기록된 역사가 시작된 이래로 줄곧 하늘 위에 신화적 인물들의 형상을 걸어두는 천상의 옷걸이 역할을 해왔다. 별자리는 별 버전의 로르샤흐 테스트다. 별자리에는 인류가 공통적으로 지닌 관심사와 다양한 설화가 투영되어 있다. 별자리에는 실용적 기능도 있었다. 밤하늘을 쉽게 기억할 수 있도록 천체 좌표 시스템의 기준 역할을 한 것이다. 별자리는 다양한 동물, 인물, 신화적 대상을 상징하는 밤하늘 전역에 펼쳐진 우주 스케치북이기도 하다. 인간이 우주를 낯설게만 느끼리라는 것은 오산이다. 둥근 돔 모양의 밤하늘 위에 지구에서 익숙하게 볼 수 있는 수많은 동물들, 목동, 마차, 바다 괴물, 용, 컵, 왕관이 새겨져 있다.

하늘에서 차갑게 빛나는 별빛을 인간화하여 천구의 존재를 인간 세계로 끌고 오는 것도 별자리를 바라보는 방법 중 하나일 것이다. 쇼베와 라스코의 암벽에 새겨진 들소와 곰 그림처럼, 별자리는 하늘 속에서 익숙한 패턴을 찾아내 특정한 시기에 그 패턴을 고정하고 천구에 그림을 그리기 위해 인간이 만든 가상의 개념이다. 한편 별자리는 지도 제작 측면에서 아주 명확하고 중요한 의미를 갖는다. 별자리들은 수많은 별들이 빛나는 하늘의 둥근 돔 위에서 각 천체들의 정확한 위치를 정의하도록 해주며, 천구를 떠받치는 비계이자 하늘의 현상을 기록하는 비망록 역할을 한다.

오늘날 서양에 알려진 별자리 88개 중 상당수는 남쪽 밤하늘에 있으나, 고대의 천문학자들에게는 알려져 있지 않았다. 하지만 프톨레마이오스가 만든 48개의 별자리는 대부분 남쪽 하늘에 있다. 이들은 수메르 선조들로부터 전해져 내려온 바빌로니아 문화에서 유래했다.

대부분의 문화는 이런저런 별자리 체계를 갖고 있다. 힌두교 문화권은 메소포타미아에서 기원한 별자리 체계와 유사한 점이 많다. 중국은 하와이, 폴리네시아, 오스트레일리아 원주민 문화와 비슷하다. 이들은 모두 근동의 비옥한 초승달 지대와는 전혀 관련이 없는 별자리 체계를 갖고 있다. 하와이 문화의 별자리 '마칼리이의 항해사The Canoe-Bailer of Makali'i'는 오늘날 우리가 오리온자리와 황소자리라고 부르는 별자리들을 아우른다. 컵 모양을 하고 있는 이 별자리는 동쪽에서 떠오를 때는 물을 담고 올라오는 것처럼 보이지만 서쪽으로 저물 때는 그 내용물을 바다에 다시 쏟아붓는 것처럼 보인다. 아타카마사막의 토착 부족민들은 단순히 별만 연결해서 별자리를 만들지 않고, 은하수의 별빛을 가리고 있는 어두운 성간 먼지와 불규칙한 성운의 형태에서 재미있는 모습을 발견하기도 했다. 그들은 은하수를 가린 어두운 라마 같은 형체를 발견했다. 한편 오스트레일리아 원주민들은 은하수 별빛을 가린 어두운 성운들 가운데서 다양한 애니미즘적 형체들을 발견했다. 예를 들어 석탄자루 성운과 함께 그 주변 배경 별빛을 가리고 있는 거대한 에뮤 같은 형체의 성운 등이다.

우리는 빈 석판 위에 분필로 선을 그어 연결한 모습으로 별자리를 시각화하는 습관이 있다. 하지만 현대 별자리 체계는 하늘 전체가 각 별자리를 포함하는 88개의 영역으로 나뉘어 있고, 각 별자리가 아우르는 영역들이 빈틈없이 조각보처럼 하늘을 가득 채운 지도에 가깝다. 우리는 쌍둥이자리를 카스토르와 폴룩스라는 두 별로 이루어진 선으로 연결된 모습만 생각하지만, 사실 별자리 지도를 보면 쌍둥이자리는 미국의 일반적인 중서부 지역 주들처럼 불규칙한 상자 모양의 경계 안에 들어오는 한 영역을 아우른다. 쌍둥이자리는 동쪽으로는 황소자리 영역과 오리온자리 영역 근처에 있고 서쪽으로는 게자리 영역과 접해 있다. 황도는 마치 미국의 주간 고속도로처럼 이 별자리 영역들을 곧게 가로질러 횡단한다.

얼핏 황도는 태양과 행성들이 우리은하를 가로질러 움직이는, 보이지 않는 밤하늘의 초고속도로처럼 느껴진다. 사실 은하수보다 황도가 더 중요하다. 황도는 기원전 첫 500년 동안 황도 위를 지나가는 12개의 별자리, 즉 황도 12궁으로 각 영역이 구분되어 있었다. 그중 일부인 쌍둥이자리와 게자리는 심지어 더 오래된 청동기 시대 이전으로 역사가 거슬러 올라간다. 황도 12궁은 음력을 기준으로 황도를 구분하며 천구에서의 경도 체계를 정의한다. 이를 활용해 사람들은 시간이 흐르면서 행성이 어떻게 움직이는지를 측정했다. 바빌로니아 시대의 황도 12궁 개념은 히브리어로 쓰인 성경에도 스며들었다. 일부 학자들은 이스라엘의 12지파 순서를 매기는 원리가 황도 12궁과 연관되리라 추정한다. 이 추측이 사실이라면 우리가 '구약성서'라고 부르는 것과 고대 점성술 사이에는 흥미로운 연결고리가 있다고 볼 수 있다.

프톨레마이오스의 《알마게스트》는 코페르니쿠스의 태양 중심 우주 모델을 전혀 반영하지 않는다. 하지만 그의 또 다른 저서 《테트라비블로스Tetrabiblos》는 바빌로니아 문명의 황도 12궁과 점성술적 사상을 성문화하며, 별들이 인류의 운명에 영향을 끼치고 있다는 생각을 정리했다. 이는 동시대 점성술의 핵심 주장으로 남았다. 그의 주장은 천체가 보여주는 주기들이 가열, 냉각, 건조, 습기와 같은 방식으로 작용하고 인류에게 영향을 끼치면서 지구의 대기권에까지 영향을 준다는 신념을 조성했다. 프톨레마이오스는 말했다. "일반적인 자연 현상은 대부분 그것을 감싼 천국에서 기인한다."

고대 별자리를 원형(또는 평면 구형)으로 묘사한 것 중 가장 오래된 것은 기원전 1세기 무렵으로, 이집트 신전 천장에서 그 흔적을 찾을 수 있다. 1798년 나폴레옹이 이집트를 침공했을 때 그는 예술가이자 고고학자인 비방 드농을 함께 데려갔다. 그는 덴데라에 있는 사원의 천장에서 매우 놀라운 조각품을 발견했다(237쪽을 참고하라). 그 조각품은 현재 메소포타미아 황도 12궁을 반영하는 것으로 여겨지며, 황소자리·천칭자리·전갈자리·염소자리를 포함한 우리에게 더 익숙한 그리스와 로마 후기의 별자리 형태도 보여준다. 그보다 더 이전의, 알려지지 않은 메소포타미아-이집트 문화의 화신의 모습을 한 별자리들도 있다. 다른 많은 귀중한 유물과 마찬가지로 드농이 발견한 이 조각품도 약탈당하여 현재 루브르 박물관에 보관되어 있다.

페르시아의 천문학자 압드 알라흐만 알수피가 964년에 쓴 책《항성의 서Book of Fixed Stars》에 나오는 그래픽 형태의 별 지도는 거의 1000년 전 프톨레마이오스의《알마게스트》에 나오는 별 목록을 따라 별자리를 하나의 이미지로 묘사하려고 한 거의 최초의 시도이다. 알수피는《알마게스트》를 번역하고 수정했다. 그리고 프톨레마이오스가 만든 별의 등급 체계를 개정했다. 또한 그는 각 별자리를 지구에서 보는 형태와 더불어 거울상으로도 표현하는 새로운 전통을 창시했다. 알수피가 별자리의 모양을 좌우 반전하여 표현한 이유는 토성의 천구 너머, 별들이 박힌 채 지구를 중심으로 도는 하늘 껍질을 더 바깥에서 바라보는 장면을 그리기 위해서였으리라 추정된다. 이후《항성의 서》필사본이 수백 권 넘게 제작되었다. 이 책은 오늘날 우리에게 안드로메다 은하로 알려진 우리은하 너머 외부 천체를 최초로 언급하고 있다.

고대 그리스의 시인 아라토스가 쓴《현상Phaenomena》은 고대 그리스의 별자리를 상세하게 묘사한다. 이 책을 시작으로 유럽에서 별 지도 제작이 시작되었다(이 책에서 아라토스는 고대 그리스 천문학자 크니도스의 에우독소스의 작업을 옮겼다. 덕분에 기원전 370년경 별자리에 대한 잘 알려지지 않은 두 가지 기록이 보존되었다). 이 책의 중세시대 사본들에는 238쪽에서 볼 수 있듯이 덴데라 사원의 천장과 똑같은 별자리 일람표 그림들이 실려 있다. 르네상스 말기부터 17세기가 끝날 때까지 구리와 강철판으로 제작된 인쇄기가 보급된 덕분에 활판으로 인쇄한 책들이 크게 늘면서 천국의 지도를 제작하는 일이 비로소 그 진가를 발휘하기 시작했다. 당시 활판 인쇄한 지도 책들은 수작업으로 채색하곤 했다.

1515년 독일 르네상스 예술가 알브레히트 뒤러는 처음으로 인쇄기로 별 지도를 인쇄했다. 그는 별자리 평면 지도 두 개를 만들었다. 하나는 북반구, 다른 하나는 남반구 하늘의 별자리를 묘사한다. 모두 "천구의 껍질 바깥에서 안쪽을 바라본" 방향으로 별자리를 표현했다. 뒤러의 지도는 프톨레마이오스의 우주 모델을 기반으로, 알수피를 비롯한 다른 천문학자들의 관점도 함께 반영한다. 그의 지도에서 남쪽 하늘에는 별자리가 비교적 적은 수로 채워져 있다는 점이 흥미롭다(246쪽을 참고하라). 이는 당시 남반구 하늘에 대한 정보가 부족했음을 보여준다. 대항해 시대가 당시 막 시작되던 참이었기에, 남반구 별자리를 아직 제대로 묘사할 수 없었던 것이다. 그로부터 100년이 채 지나지 않아 인류는 남반구 바다를 수없이 탐험했고, 이후 독일의 천체 지도 제작자 요한 바이어가 펴낸 대표작《우라노메트리아Uranometria》아틀라스에서 새로운 남반구 별자리 12개가 추가되었다.

아마 유럽에서 제작된 가장 놀라운 별자리 지도는 네덜란드-독일의 지도 제작자 안드레아스 셀라리우스가 1660년에 발표한 대표작《대우주의 조화》에서 찾을 수 있을 것이다. 이 책에는 두 페이지짜리 판화 29점이 실려 있다. 모두 인쇄기로 인쇄한 작품들이며, 별자리에 대한 놀랍고 창의적인 묘사뿐 아니라 완전히 새로운 관점으로 우주의 설계 원리까지 풍부하게 묘사한다. 특히 그중 판화 네 점은 완전히 새롭고 더 포괄적으로 우주를 바라보는 관점을 제시한다. 별자리 모양은 많은 지도에서 거꾸로 반전되어 표현되곤 했지만, 앞선 그 어떤 지도에서도 무언가 뒤에 숨어 가려진 듯한 모습으로 묘사된 적은 없었다. 하지만 셀라리우스의 지휘 아래《대우주의 조화》를 작업했던 암스테르담 인쇄소의 한 이름 모를 판화가는 놀라운 통찰력을 지니고 있었다. 빛나는 별들로 채워진 둥근 구체 중심에 지구가 있고, 둥근 하늘 전체를 바깥에서 바라보는 것처럼 묘사한다면 지구는 크리스털 벽으로 이루어진 천구 너머에 있는 것처럼 보일 것이다. 그 놀라운 통찰의 결과가 253~55쪽 그림에 담겨 있다. 이 작품에서 우리는 지구의 북반구와 남반구 위로 각 지역에서 볼 수 있는 천구의 북쪽과 남쪽 하늘이 지구를 가리고 있는 것을 볼 수 있다. 이것은 천상과 지상 세계의 지도 제작이 만난 놀라운 결합의 순간이다.

셀라리우스는 놀랍게도 자신의 책《대우주의 조화》앞부분에서 지구가 아닌 태양 중심의 우주 모델을 묘사했다. 거기에 고전적인 프톨레마이오스의 지구 중심 모델뿐 아니라 그 라이벌 티코 브라헤의 모델도 함께 묘사했다. 덕분에 가톨릭교회의 금서 목록에 오르는 일을 피할 수 있었다. 한편 그는 두 페이지짜리 판화 작품 두 점에서 고전적인 이교도 별자리를 성경 속 요소들을 상징하는 새로운 별자리로 대체해야 했다. 이 새로운 성경 별자리들은 1627년 독일의 변호사 율리우스 쉴러가 처음으로 제시한 기독교적 별자리 체계를 참고한 것이었다. 그 모습은 252쪽에서 볼 수 있다. 하지만 쉴러의 성경적 별자리는 유행하지 못했다. 그저 별자리 지도 제작의 역사에서 흥미로운 주석으로 남았을 뿐이다.

흥미롭게도, 하나하나 구분되는 별들을 연결해 별자리를 그리고 상상하던 시대에는 구분되지 않고 흐릿하게 보이는 은하수는 딱히 중요하게 여겨지지 않았다. 하지만 셀라리우스 이전 영국의 천문학자 토머스 디그스는 천구의 껍질에 별들이 고정되어 박혀 있다는 고전적인 생각을 버리고, 태양계 너머 더 광활한 우주 공간에 별들이 흩어져 있으리라 주장하기도 했다(다만 그 별들이 단 하나의 거대한 은하의 일부일 것이라는 생각에는 이르지 못했다. 248쪽을 참고하라). 그가 1576년에 출간한 책은 코페르니쿠스의 태양계가 페이지 가득 별들이 소금처럼 뿌려져 있는 공간에 에워싸인 모습을 표현했다. 그의 책이 출간되고 나서 수십 년이 지난 뒤에서야 갈릴레오는 자신의 망원경으로 은하수가 실제로 셀 수 없이 많은 개개의 별들로 구성되어 있다는 사실을 입증했다. 5장 도입부에서 언급했듯이, 1750년 영국의 천문학자 토머스 라이트는 우리은하가 납작한 원반 모양일 수 있다고 직감했다.

라이트는 1750년 은하의 형태를 두 가지로 제시했다. 그것은 체계적인 관측적 증거를 기반으로 한 주장은 아니었다. 역사상 가장 위대한 관측 천문학자 중 한 명인 윌리엄 허셜은 1785년 우리은하의 정확한 모양을 측정하기 위해 '별 헤아리기Star gauging'라는 방법을 사용하고자 했다. 하지만 허셜의 관측 결과는 부족했다. 그의 시도가 실패했던 이유 중 하나는 당시 허셜이 은하수 속 별들이 모두 고르게 분포할 것이라 가정했기 때문이다. 하지만 은하수 속의 가스와 먼지들이 별빛을 가리고 있으며, 고르게 분포되어 있지 않다. 허셜의 입장에서 이야기해보자면, 현재까지 우리은하의 정확한 구조에 대한 세부사항들은 여전히 논쟁의 여지가 있다. 그래도 그 전반적인 형태에 대해서는 꽤 밝혀져 있다. 우리은하는 나선팔이 있는 납작한 원반 형태다. 허셜이 그린 우리은하의 모습은 258쪽을 참고하라.

체코 천문학자 안토닌 베츠바르의 꼼꼼한 작업 덕분에 20세기 중반이 되면서 지도 제작은 아주 정교한 수준으로 발전할 수 있었다. 베츠바르는 제2차 세계대전 당시 타트라 산 아주 높은 곳에 위치해 있던 스칼나테 플레소의 천문대에서 근무했다. 그는 별, 은하, 성운, 성간 먼지 구름 등 다양한 심우주 천체들의 방대한 목록을 집대성했다. 1948년 그는 자신의 관측 결과를 담은 《천국의 스칼나테 플레소 아틀라스Skalnate Pleso Atlas of the Heavens》의 초판을 출판했다. 그의 지도는 6.25등급보다 더 낮은, 정말 어두운 별들까지 포함했다. 그의 지도는 국제 학계에서 곧바로 큰 성공을 거두었다. 많은 천문대와 수천 명의 아마추어 천문학자들이 그의 지도를 사용했다. 베츠바르는 아틀라스를 제작하는 새로운 체계와 기준을 확립했고, 그가 손수 그린 16개의 우주 지도 차트는 그 이후의 천체 목록을 만드는 기초가 되었다. 베츠바르의 지도를 살펴보면, 그보다 앞선 고전적인 지도에 익숙한 사람들은 아주 흥미로운 점을 하나 깨닫게 될 것이다. 수 세기에 걸쳐 고대로부터 별자리는 신화 속에 등장하는 수천 가지 화신을 상징했고, 3000년 넘게 별자리 자체가 곧 천국과 같은 의미를 갖고 있었다. 하지만 《천국의 스칼나테 플레소 아틀라스》에서는 더 이상 그 어떤 신화도, 천국의 흔적도 볼 수 없다.

• 기원전 50년

나폴레옹 보나파르트가 이집트를 침공했을 때, 그는 문화 연구를 수행한다는 명목으로 예술가이자 고고학자였던 비방 드농을 함께 데려갔다. 다른 놀라운 발견과 함께 드농은 덴데라의 한 사원 천장에서 흥미로운 조각품을 발견했다. 그가 우연히 발견한 그 조각품은 황도 12궁에 대한 역사상 최초의 묘사였다. 지구의 하늘에서 태양이 움직이는 겉보기 움직임의 경로를 황도라고 부른다. 황도를 기준으로 위아래로 8도 너비의 띠 영역을 황도대라고 부르며 황도 12궁은 이 황도대를 12개의 영역으로 구분한다. 이것은 천체의 좌표계 역할을 한다. 황소자리의 황소, 천칭자리의 저울처럼 익숙한 별자리로 채워져 있다. 황도 12궁이라는 개념은 기원전 1000년 바빌로니아 시대까지 거슬러 올라가지만, 이것을 둥근 원형(또는 평면 구형)으로 표현하는 방식이 정확히 언제부터 시작되었는지는 알려져 있지 않다. 덴데라 사원의 천장 조각은 메소포타미아 시대 황도 12궁을 본따 제작된 것으로 보인다. 이 작품은 우리에게 익숙한 황소자리·천칭자리·전갈자리·염소자리를 포함한 더 이후의 그리스-로마 시대의 황도 12궁뿐 아니라, 이전까지 잘 알려지지 않았던 메소포타미아-이집트 신화 속 화신들의 모습을 한 별자리들도 보여준다. 이 천장 석판에 표현된 행성들의 배열 상태와 일식의 모습을 연구한 결과, 연구자들은 이것이 프톨레마이오스 시대인 기원전 50년경 제작되었을 것으로 추정했다. 드농이 발견한 작품은 이후 파리로 옮겨졌고 현재는 루브르 박물관에 있다.

• 기원전 1년~6년경

한국에서 제작한 이 둥근 구형 별자리 지도는 1777년에 출판되었다. 원래는 1395년 돌기둥에 새겨져 있던 것을 탁본으로 옮긴 것을 바탕으로 다시 제작했다. 이 지도에 그려진 별자리들은 사람이나 동물 형태가 아니다. 이 지도를 연구한 한국의 학자들은 이 그림에 담긴 밤하늘이 대략 기원전 1년에서 기원후 6년 사이일 것으로 추정한다. 이 그림에 담긴 정보는 수 세기에 걸쳐 마치 달리기 경주에서 계속 배턴을 넘기듯 대대로 전해져 내려왔다.

• 9세기

이 중세시대 별자리 지도는 현재까지 남아 있는 고대 그리스 시인 아라토스의 유일한 작품 《현상》을 이후 마르쿠스 키케로가 양피지에 라틴어로 번역한 것이다(아라토스는 덴데라 사원의 천장 조각품보다 2세기 앞선 시점인 기원전 310~240년경의 인물이다. 하지만 이 그림은 그보다 훨씬 나중에 제작되었다). 아라토스의 시는 별자리에 대해 노래한다. 특히 이 사본에 그려진 별자리의 형태는 라틴어 작가 가이우스 율리우스 히기누스의 《시적 천문학Poeticon astronomicon》에 등장하는 별자리 모습에서 유래한 것으로 추정된다.

《현상》에 나오는 별자리 중 하나인 페르세우스자리에 대한 묘사다. 페르세우스의 몸에 별자리를 이루는 별들이 단추처럼 박혀 있다. 이 그리스 영웅은 이상한 모습으로 쪼그라든 메두사의 머리를 들고 있다. 사실 별들은 단순히 선으로만 연결되어 있다. 페르세우스의 몸 전체는 히기누스가 쓴 라틴어 단어들로 채워져 있으며, 그 아래에는 또 다른 글자들이 적혀 있다. 키케로가 아라토스의 시를 번역한 것이다. 1000년 정도 된 이 고문서에는 놀라울 정도로 현대적인 하이퍼텍스트의 특징이 있다.

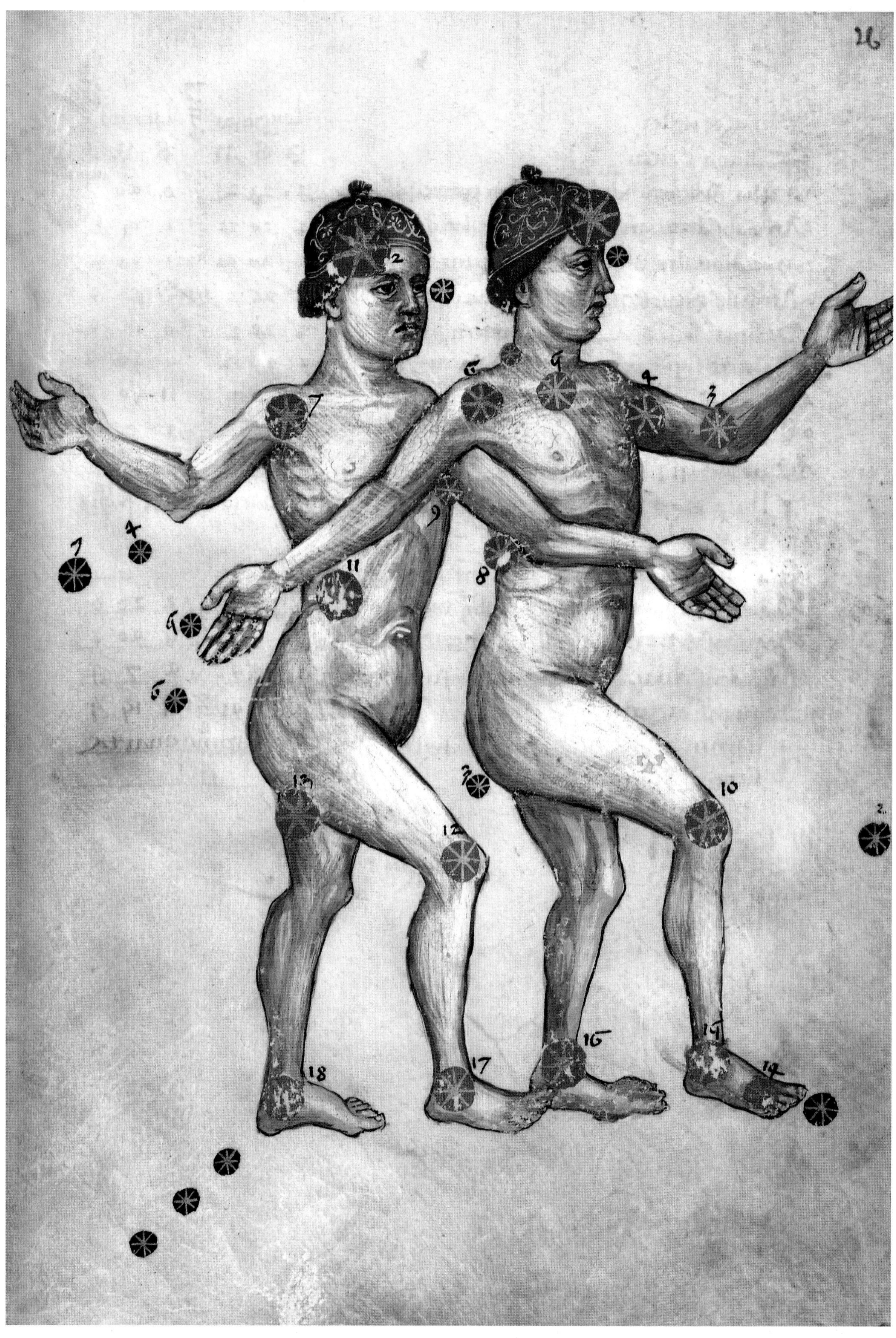

• 1428년

천문학의 역사에서 중동이 끼친 영향을 결코 간과해서는 안 된다. 아랍과 페르시아 천문학자들은 중세시대 유럽이 암흑기에 접어들었을 때에도 고대 그리스의 성과들의 맥이 끊기지 않고 더 오래 이어질 수 있도록 보존했다. 964년 페르시아의 천문학자 압드 알라흐만 알수피는 아랍어로 《항성의 서》를 집필했다. 이 책에는 아주 많은 그림이 실려 있다. 그는 자신의 천문학 연구와 그리스-알렉산드리아 천문학자 프톨레마이오스의 논문 《알마게스트》를 비롯하여 당시의 아랍 및 페르시아 천문학 연구 결과를 집대성했다. 그는 가까운 이웃 은하 두 개, 안드로메다와 대마젤란운에 대한 최초의 기록을 남겼다. 여기 쌍둥이자리에 대한 독특한 묘사는 15세기 알수피의 책에 수록된 것이다. 쌍둥이자리의 밝은 별 카스토르와 폴룩스는 각각 쌍둥이의 머리에서 빛난다. 그리스 신화에 따르면 쌍둥이의 형 카스토르가 죽자 폴룩스는 제우스에게 자신의 불사 능력을 형에게 나누어주어 형과 함께 영원히 살게 해달라고 부탁했다. 제우스는 그들을 영원히 쌍둥이자리로 두었다.

• 1400~1500년

이탈리아 시인 프란체스코 페트라르카는 로마의 철학자 키케로의 편지를 발견했다. 그리고 이것을 세상에 널리 알려 유럽의 르네상스를 촉발시키는 작은 계기를 마련했다. 페트라르카가 쓴 〈승리〉의 첫 번째 프랑스어 사본에 등장하는 이 훌륭한 삽화는 루이 12세의 의뢰를 받아 제작된 것으로 추정되며, '시간의 승리' 장면을 묘사한다. 뒤의 황도 12궁 별들을 배경으로 태양이 하늘을 가로질러 움직인다. 인간의 승리보다 더 눈부신 태양이 우리의 이목을 빼앗는다. 황도 12궁은 태양의 겉보기 움직임 경로인 황도를 기준으로 정의된다. 그래도 이 그림에서처럼 별자리를 이루는 별 없이 오직 각 별자리를 의미하는 그림과 태양만으로 황도 12궁을 표현하는 일은 극히 드물었다. 그 아래에는 승리를 의미하는 두 가지 글자가 쓰여 있다(고대 로마에서 'triumph'는 간혹 이 장면처럼 승리한 장군이 코끼리와 함께 수도로 돌아오는 행렬을 의미했다). 두 페이지짜리 그림 가운데에 있는 인물은 페트라르카의 뮤즈, 로라이다. 로라는 그가 일생 동안 몹시 갈망했던 기혼 여성이었다.

le triūphe du temps

• 412~16년

시간에 관련된 유명한 책《베리 공의 매우 호화로운 시도서Très riches heures du Duc de Berry》에 등장하는, 마치 인체 해부도처럼 황도 별자리를 묘사한 그림이다. 역사 속에서 황도 12궁 별자리들은 흔히 인체 각 부분의 건강 상태와 연관지어졌다. 여기서 머리(양자리)부터 발(물고기자리, 이 사람은 물고기를 밟고 서 있다!)까지 여러 점성학적 별자리들을 볼 수 있다. 그림의 모서리에는 각각의 별자리 특징을 라틴어로 설명해두었다. 이 삽화는 과거인들이 별자리를 참고해 고대 치료 기법 중 하나였던 피 뽑기 등 의학적 조치를 해야 할지 여부를 결정하는 식으로 점성술을 의학적 수준에서 활용했음을 보여준다.

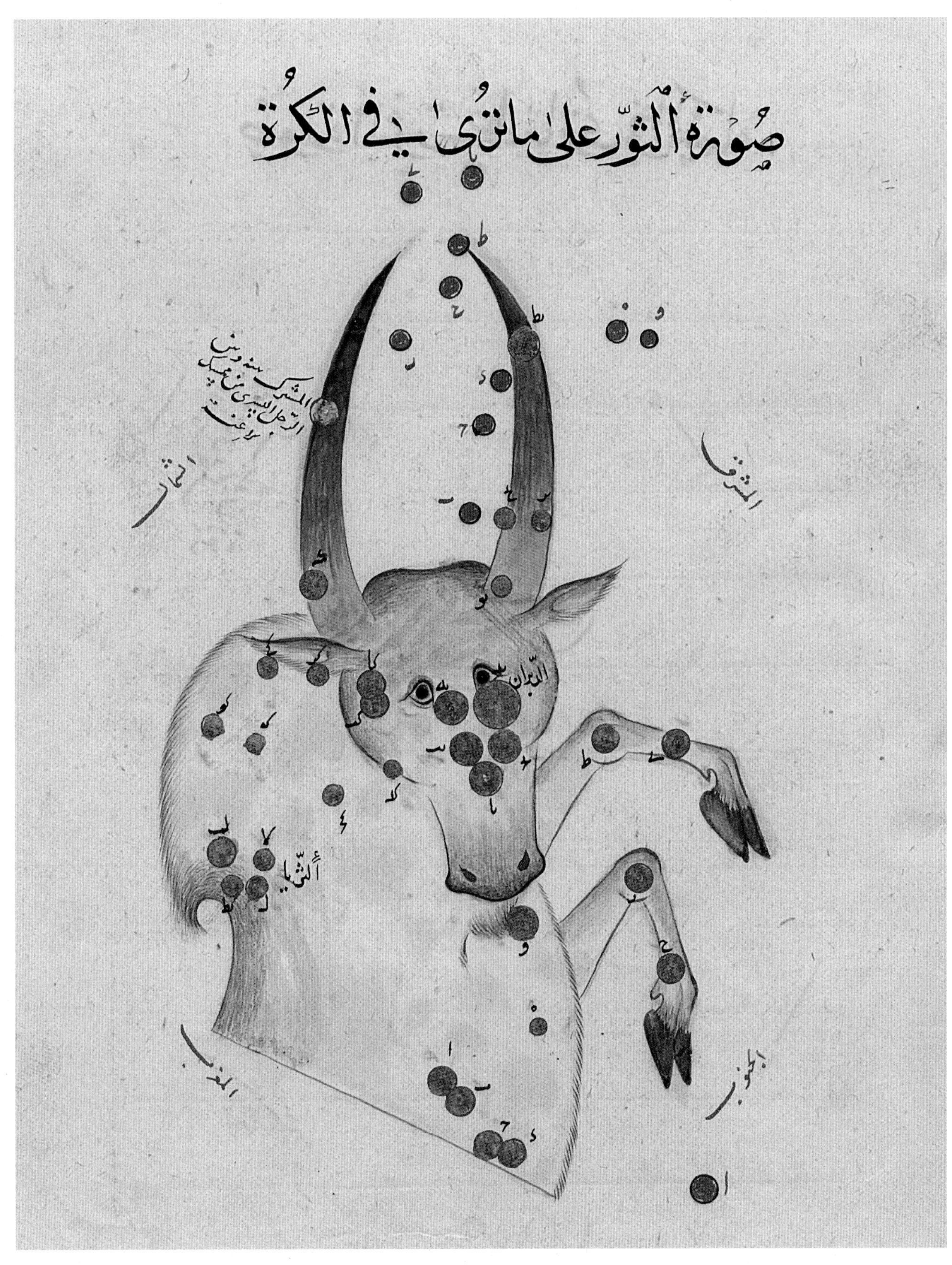

• 1436년

압드 알라흐만 알수피가 집필한 《항성의 서》를 이후 울르그 베그가 재편집했다. 이 그림은 베그가 추가로 주석을 달면서 재편집한 판본에 등장하는 황소자리 삽화다. 여기서 금빛 별은 프톨레마이오스의 목록에 속했던 별들이다. 붉은 별은 황소자리 주변 별들을 의미한다. 240쪽에 실린 알수피의 삽화와 마찬가지로, 각 별의 크기는 별의 등급을 나타낸다. 페르시아 천문학자들이 천문학 역사에 기여한 가장 중요한 발전 중 하나는 별들의 밝기를 표로 정리했다는 점이다. 이 독특한 삽화는 프톨레마이오스의 별 목록에는 실려 있지만 실제 관측으로는 확인할 수 없는 별들도 포함한다. 울르그 베그는 빨간 동그라미로 이런 별들을 따로 표시했다(황소자리 왼쪽 뿔 안에서 이러한 별을 하나 찾을 수 있다).

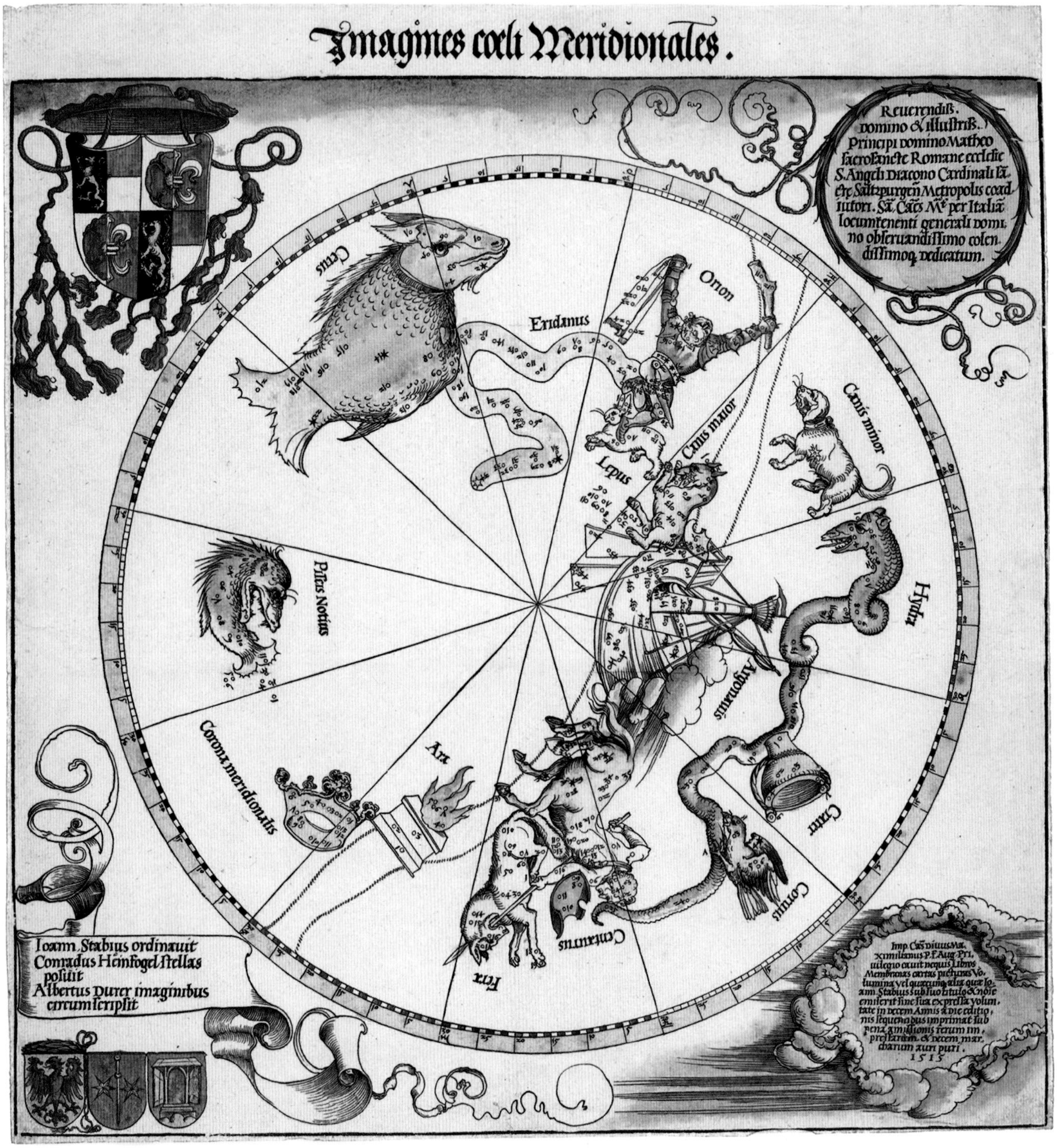

• 1515년

독일 르네상스 예술가 알브레히트 뒤러가 그린 남반구 별자리 지도다. 이 평면 지도는 천구의 남극을 입체적으로 투영한 모습을 표현한다. 이 그림에 그려진 교차선들은 이것이 최초로 인쇄기를 통해 인쇄된 지도라는 뚜렷한 특성을 드러낸다. 열정적인 아마추어 천문학자였던 뒤러는 천구의 좌표계 체계를 창안했다. 이를 바탕으로 그는 별들의 위치를 관측했던 두 명의 전문 천문학자 요하네스 스타비우스와 콘라드 하인포겔과 함께 공동으로 작업하여 이 남반구 별자리 지도를 목판화로 제작했다. 이 그림에 있는 별자리들은 마치 천구 껍질 바깥에서 바라본 것처럼 표현되어, 지구에서 바라본 것을 좌우로 뒤집은 것처럼 보인다(이러한 방식을 컨벡스 프로젝션이라고 부른다). 뒤러의 지도는 프톨레마이오스의 우주 모델을 기반으로 하지만, 알수피를 비롯한 다른 천문학자들의 이론도 함께 반영한다. 당시 대항해시대가 이제 막 시작되던 시기였으므로 남반구 하늘에 대한 정보가 부족했다. 그래서 뒤러의 지도 중 남반구 밤하늘에는 큰 공백이 존재한다.

• 1540년

독일의 인쇄공, 수학자, 천문학자였던 페트루스 아피아누스의 《아스트로노미쿰 카에사레움》에 나오는 볼벨이다. 북반구 지역에서 볼 수 있던 별자리를 표현하는 평면 별자리 지도다. 뒤러의 지도를 곧바로 차용했다. 이것은 아피아누스의 책에 실린 첫 번째 볼벨로, 여러 측점에서 뒤이어 계속 제작된 볼벨의 길잡이 역할을 했다. 이 종이로 제작되어 돌아가는 다이얼 장치는 프톨레마이오스가 주장했던 세차운동의 비율에 맞춰서 3만6000년에 총 한 바퀴를 도는 방식으로 구성되어 있다. 사실 아피아누스의 시대에는 이 수치가 정확하지 않다고 알려져 있었다. 이 별자리 지도 위쪽에 물고기 모양을 한 고래자리를 보면 그 위에 작은 타원형 모양의 눈금이 그려져 있다. 이것은 당시의 부정확한 수치를 보정하기 위한 보조 눈금 역할을 했다(세차운동은 회전하는 물체의 자전축이 토크로 인해 또 다른 축을 중심으로 기울어진 채 회전하는 것을 말한다. 세차운동으로 인해 지구의 자전축 자체는 원뿔 모양을 따라 아주 긴 시간 동안 천천히 움직인다. 그 결과 수천 년 동안 지구 자전축을 쭉 연장한 천구의 북극의 위치가 서서히 바뀐다). 볼벨의 가장자리에 있는 작은 인식표들은 각각 행성을 의미한다. 이들은 조금씩 늘어나는 지구의 세차운동 효과를 보정한다. 책에 등장하는 이 첫 번째 볼벨에서 각 눈금을 정확하게 맞춰놓으면 책에 뒤이어 등장하는 모든 볼벨의 눈금이 똑같이 맞추어지도록 했다. 아피아누스의 더 많은 작품은 51, 87, 131, 198, 284쪽을 참고하라.

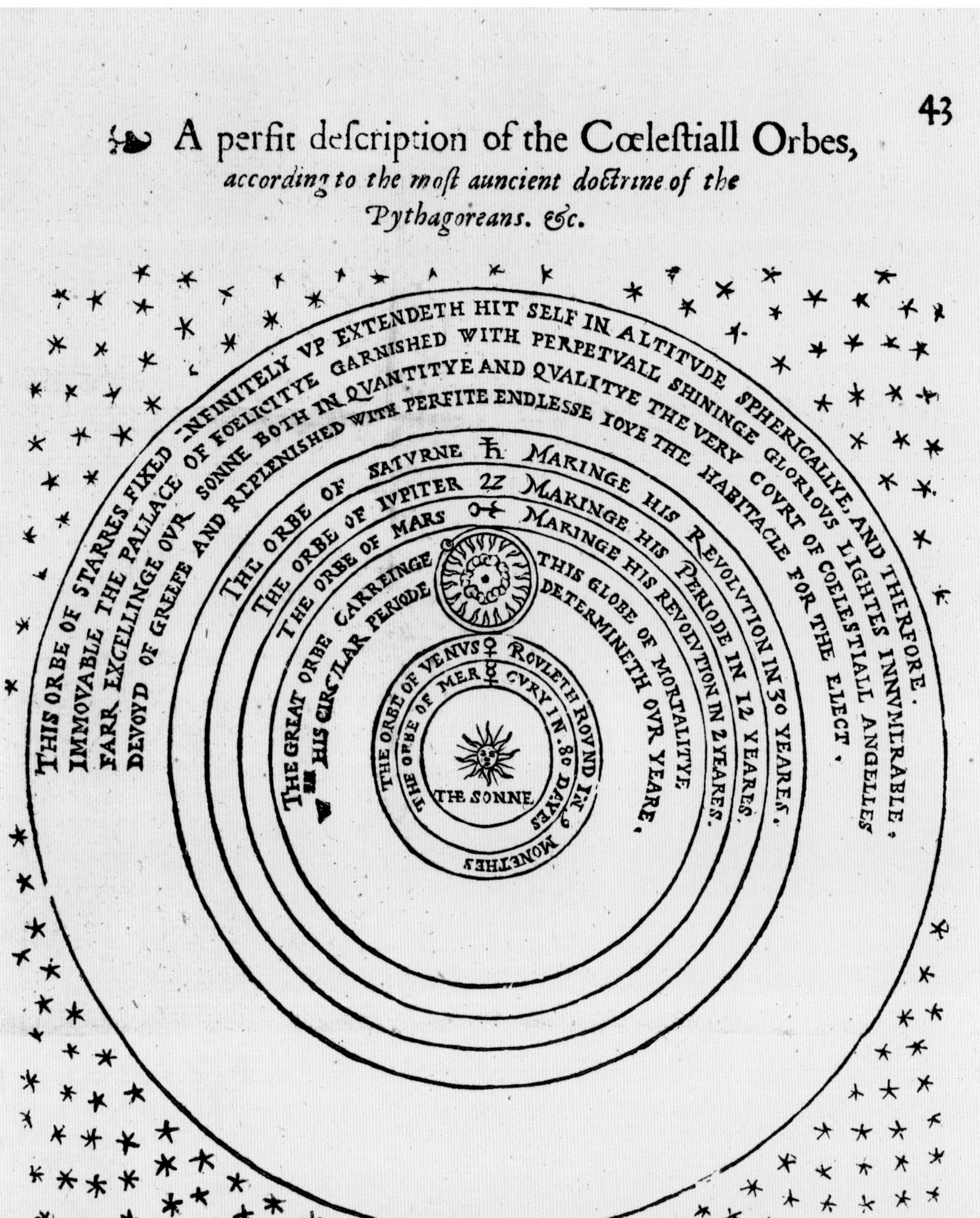

• 1576년

영국의 천문학자 토머스 디그스의 책에 등장하는 이 그림은 별들이 채워진 하늘의 구체가 고정되어 있다는 관념에서 최초로 벗어난 것이라 할 수 있다. 디그스는 자신의 아버지가 쓴 연감 《천체에 대한 완벽한 설명A Perfit Description of the Caelestiall Orbes》에서 매우 긴 부록을 맡았다. 이것은 영국에서 처음으로 코페르니쿠스의 태양중심설을 담은 책이다. 우주에는 끝이 없다는 생각도 함께 반영한다. 이 그림에서 태양은 행성들 위에 군림하고 있지만 그 바깥 더 먼 별에게는 아무런 지배력을 행사하지 못한다.

• 1603년

독일의 지도 제작자 요한 바이어가 그린 지도 책 《우라노메트리아》는 과거의 지도 책에 비해 큰 발전을 이루었다. 우선 별들의 등급을 그리스와 로마 글자로 표기하는 체계를 사용했고, 또 눈금 격자를 이용해 높은 정확도로 별들의 위치를 측정할 수 있도록 해주었기 때문이다. 이 지도에 그려진 모습은 천구의 바깥에서 본 것이 아닌 지구에서 올려다본 모습이다. 손으로 채색한 이 판화들은 마차부자리(**위**)와 아르고자리(**아래**)를 묘사한다. 이아손과 아르고호 선원들을 태운 함선 모양의 아래쪽 별자리는 프톨레마이오스가 창안한 48개의 별자리 가운데서 지금은 공식적으로 인정받지 못하는 별자리다. 프톨레마이오스가 만든 함선 모양의 별자리는 너무 커서 이후 18세기 말 천문학자들에 의해 여러 개의 별자리로 쪼개졌다. 현재 이 별자리는 (각각 함선의 용골, 선미 갑판, 돛대, 돛에 해당하는) 용골자리, 고물자리, 나침반자리, 돛자리로 나뉘어 있다. 마차부자리에 있는 양치기는 재밌는 기원을 갖고 있다. 메소포타미아 천문학에서 양치기 뒤에 있는 별은 양치기의 지팡이로 여겨졌다. 하지만 이후 베두인족 천문학자들은 그 별이 양치기와 함께 사는 염소라고 생각했다. 이 두 가지 생각이 결합하면서 이 그림에서 보듯 염소와 함께 있는 양치기의 모습이 되었다. 바이어의 그림 속에서 은하수를 가로질러 나는 듯한 양치기의 채찍은 마치 무중력의 우주 공간에 있는 것처럼 보인다.

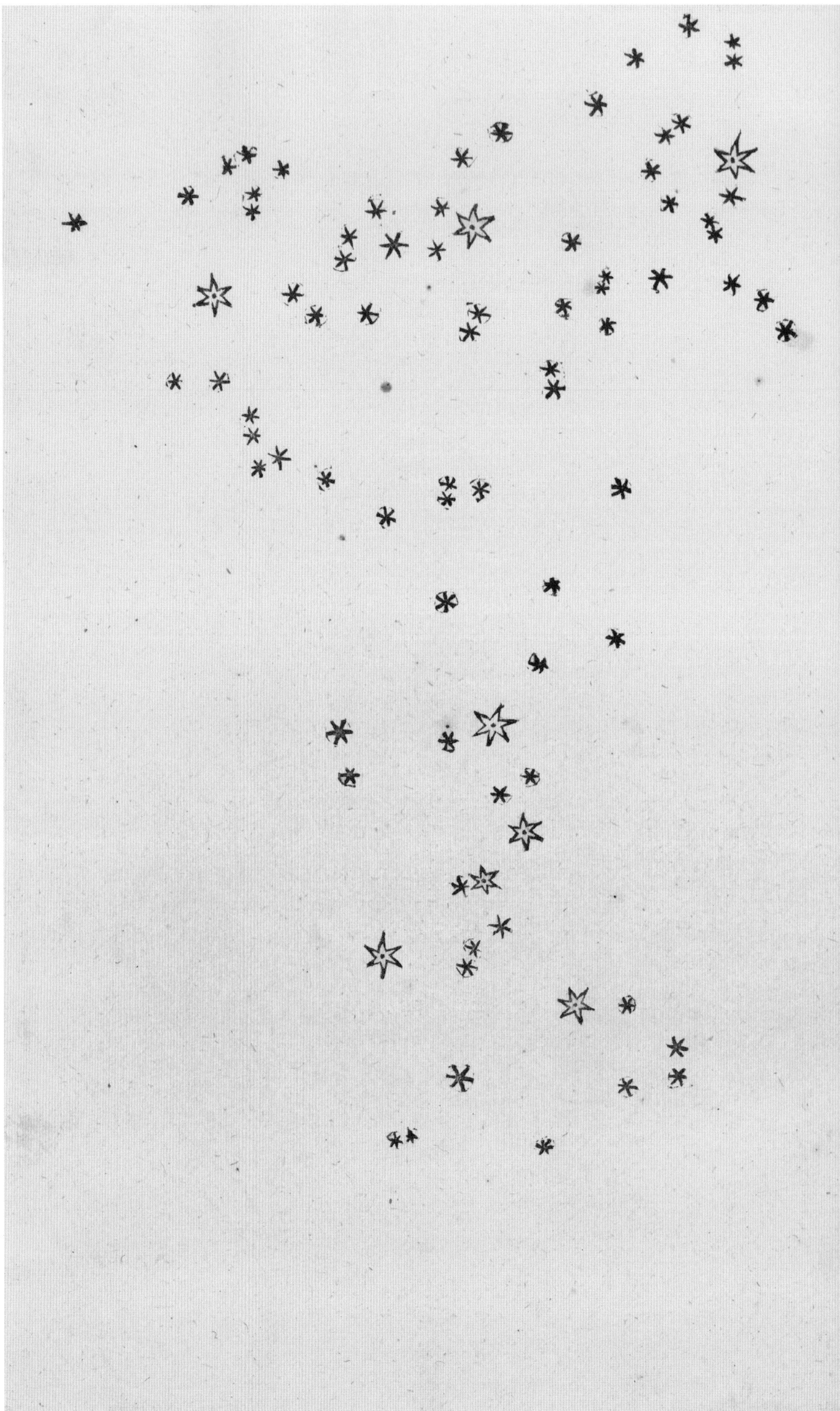

• 1610년

1609~10년 겨울 직접 자신의 망원경으로 새로운 발견을 했던 갈릴레오는 달과 행성뿐만 아니라 별도 관측했다. 갈릴레오는 별들도 행성처럼 각각 둥근 원반 모습을 하고 있으리라 추정하지는 못했지만, 맨눈으로 볼 수 있는 것보다 훨씬 더 많은 별들이 존재한다는 것을 발견했다(이후 그는 당시의 가장 강력한 망원경으로도 결코 볼 수 없었을 원반 모양의 별을 봤다고 주장했다. 하지만 그것은 사실 그가 만든 망원경이 일으킨 회절 현상 때문에 착각한 것이었다). 이 그림은 《시데레우스 눈치우스》에 등장하는 플레이아데스 산개성단에 대한 묘사다. 페이지 바깥으로 터져 나올 듯 많은 별들이 풍부하게 담겨 있다. 맑은 날 밤에도 맨눈으로는 플레이아데스 성단에서 오직 여섯 개의 별만 볼 수 있다. 하지만 갈릴레오의 망원경은 단번에 성단에서 보이는 별의 개수를 몇 배로 뻥튀기했다. 똑같은 플레이아데스 성단을 묘사했다고 추정되는 청동기 시대 다른 작품(83쪽)과 비교해보자.

PLEIADVM CONSTELLATIO.

Quòd tertio loco à nobis fuit obseruatum, est ipsiusmet LACTEI Circuli essentia, seu materies, quam Perspicilli beneficio adeò ad sensum licet intueri, vt & altercationes omnes, quæ per tot sæcula Philosophos excruciarunt ab oculata certitudine dirimantur, nosque à verbosis disputationibus liberemur. Est enim GALAXYA nihil aliud, quam innumerarum Stellarum coaceruatim consitarum congeries; in quamcunq; enim regionem illius Perspicillum dirigas, statim Stellarum ingens frequentia se se in conspectum profert, quarum complures satis magnæ, ac valde conspicuæ videntur; sed exiguarum multitudo prorsus inexplorabilis est.

At cum non tantum in GALAXYA lacteus ille candor, veluti albicantis nubis spectetur, sed complures consimilis coloris areolæ sparsim per æthera subfulgeant, si in illarum quamlibet Specillum conuertas Stellarum constipatarum

cetum

• 1627년

위: 아우크스부르크의 변호사 율리우스 쉴러는 같은 도시의 시민 요한 바이어가 쓴《우라노메트리아》에서 영감을 받았다. 그는 바이어의 도움을 받아 자신만의 별자리 지도를 출간했다.《기독교의 별이 빛나는 하늘Coelum stellatum Christianum》이라는 제목에서 알 수 있듯이 고전적인 이교도 별자리들을 구약과 신약 성서에 등장하는 기독교적인 인물과 사물들로 대체했다. 황도 12궁 별자리들은 성경에 등장하는 12명의 사도 별자리로 바뀌었다. 그리고 이 그림에 있는 것처럼 원래는 황금 양털을 탈환하기 위해 여정을 떠났던 이아손과 일행을 상징하는 여러 개의 노를 단 그리스 갤리선 아르고호 별자리는 노아의 방주를 상징하는 별자리로 대체됐다. 안드레아스 셀라리우스가 1600년에 쓴《대우주의 조화》에서 이러한 기독교적 별자리들을 보여주었지만 결국 널리 유행하지는 못했다.

• 1660년

오른쪽: 안드레아스 셀라리우스의《대우주의 조화》에 등장하는 이 판화는 천구를 바라보는 완전히 새로운 관점을 제시하는 네 개의 작품 중 하나다. 246쪽과 247쪽에 각각 뒤러의 남반구 하늘과 아피아누스의 북반구 하늘이 수록돼 있다. 두 그림 모두 우리가 천구 안에서 천구를 올려다보는 것으로 표현됐다. 천구 너머에는 아무런 배경도 없다. 하지만 셀라리우스와 함께 암스테르담 인쇄소에서 일했던 이름을 알 수 없는 한 판화가는 보기 드문 통찰력을 갖고 있었다. 만약 빛나는 별들로 채워진 천구 중심에 지구가 있고, 그 투명한 크리스털 구체 바깥에서 안을 바라본다면 당연히 그 속에 지구도 보여야 한다. 그는 천구 바깥에서 투명한 하늘을 바라봤을 때 하늘의 별자리와 그 속에 있는 지구가 함께 보이는 장면을 묘사했다. 이 그림에서 우리는 남반구 하늘과 지구의 남반구를 동시에 볼 수 있다. 천상과 지상의 지도의 한 페이지에 융합된 것이다. 셀라리우스의 책에 수록된 또 다른 지도는 54~55, 94, 162~63, 164~65, 200~201, 254~55쪽을 참고하라.

뒤: 셀라리우스의 아틀라스에 등장하는 북반구 쪽 지도를 더 자세하게 들여다봤다. 별이 박혀 있는 천구 바깥에서 바라봤기 때문에 지구와 하늘이 함께 보인다.

VM SCENO
AUSTRALE
STELLA:
TERRÆ.
Perseus
Andromeda
Pegasus
Triangulum
Apis
Auriga
TAVRVS
ARIES
ÆQVINOC
Cetus
OCEANVS
THIOPICUS
Phoenix
Piscis Aus.
Grus
Indus
Toucan
Hydrus
Dorado
Pavo
COGNITA
Fluvius Eridanus
Apis Indica
Arca Noachi
Cruzero
28

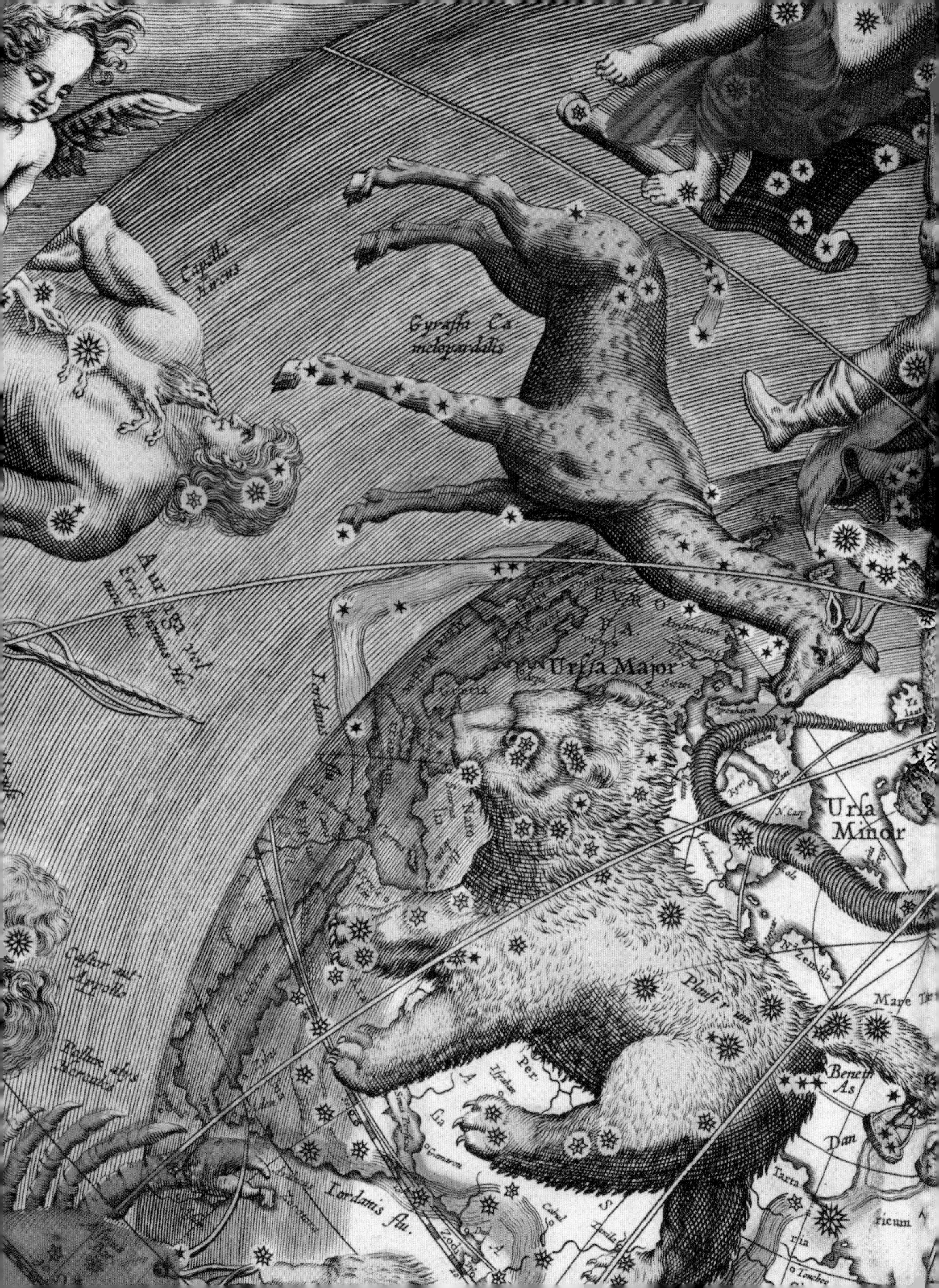

Capella
Hircus
Gyraffa Ca
melopardalis
Ursa Major
Ursa
Minor
Castor aut
Appollo
Pollux atis
Hercules
Iordanis fu.
Plaustrum
Mare Tart

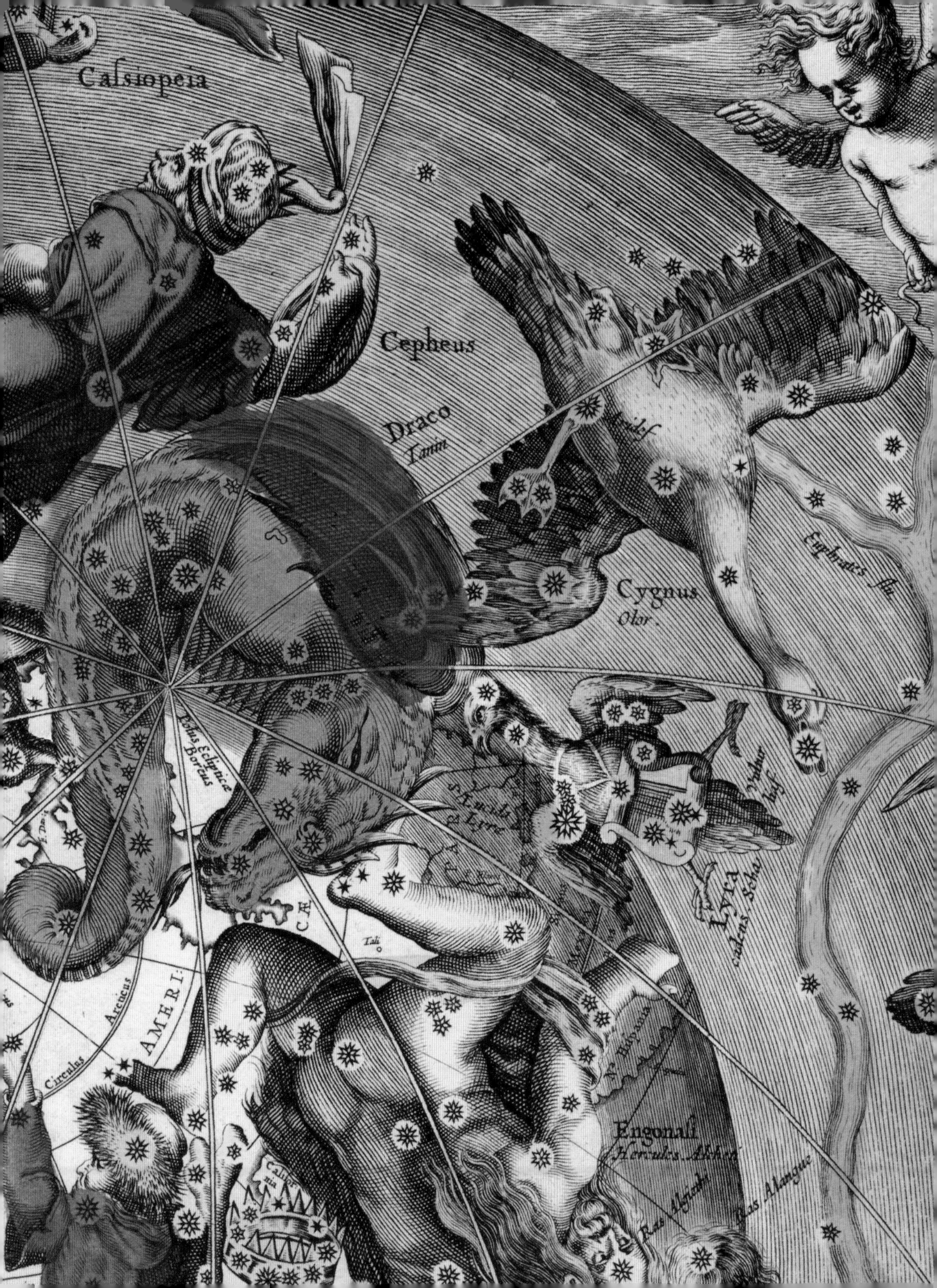

Cassiopeia
Cepheus
Draco
Cygnus
Olor
Lyra
Engonasi

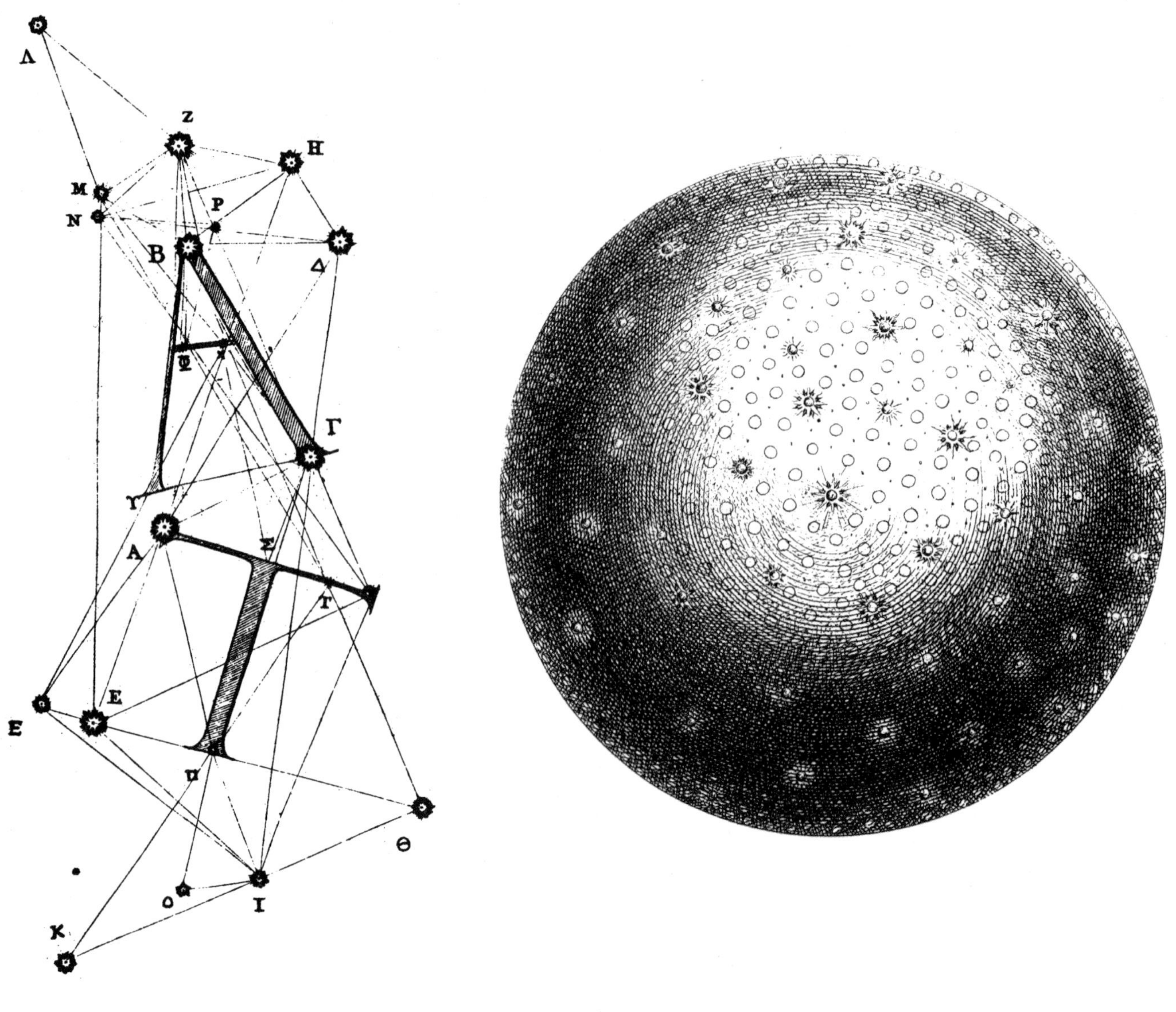

• 1750년

18세기 말 영국의 천문학자 토머스 라이트는 당시까지 많은 사람들이 확실하다고 믿었던 우주의 형태와 구조에 관한 유의미한 질문을 던졌다. 1750년 자신의 책에서 라이트는 한 가지 이론을 제시했다. "모든 별은, 아마 어쩌면, 움직일 것이다."

왼쪽 위: 라이트는 자신의 가설을 검증하기 위해 플레이아데스를 시험 대상으로 삼으려 했다. 그리고 이를 설명하기 위한 새로운 별자리 모형을 발명했다(플레이아데스 성단에 대한 묘사는 250~51쪽에서 볼 수 있다). 라이트는 위 그림에서 글자 A나 T의 위치에 있던 별 중 하나라도 10~20년 사이 원래 자리에서 벗어난다면 자신의 이론을 입증할 수 있다고 생각했다.

오른쪽 위: 여기에 묘사된 것처럼 라이트는 "하나의 동일한 점을 중심으로 (…) 일관되게 움직이는" 별들의 거대한 집합체를 가정했다. 그는 오늘날 우리가 타원은하라고 부르는 천체들과 매우 유사한, 거의 둥근 형태로 별들이 모여 있는 구조를 직관적으로 떠올렸다.

맞은편: 라이트는 수많은 개개의 별들이 은하적 규모로 모여 구조를 이루는 또 다른 원리를 제시했다. 그는 이것이 "천체들의 일관된 불규칙적인 움직임의 종류" 중 하나에 해당한다고 보았다. 그는 독자들에게 새로운 질문을 던지며 별들로 채워진 구조가 "넓은 평면 모양으로 펼쳐진 모습"을 상상해보라고 했다. 그리고 이 그림에서 A의 위치에 지구를 두었다. 다른 알파벳 글자들을 활용하여, 별들이 거대한 하나의 평면을 이루고 있는 "완벽한 빛의 영역"을 그 안의 지구에서 본다면 어떻게 보일지를 상상하게 했다. 그리고 아주 정확하게 태양계에서 바라본 은하수의 모습을 묘사했다. 그는 만약 은하수 속 별들이 움직인다는 것에 동의할 수 있다면, 사실 그것은 각 별들이 단순히 직진 운동을 하는 것이 아니라 "궤도를 돈다"고 보는 것이 더 타당하다고 주장했다. 그리고 바로 그렇게 움직여야만 별들이 "같은 하나의 평면에서 멀리 벗어나지 않고" 이 그림에 있는 것처럼 계속 함께 움직일 수 있다고 설명했다. 비록 라이트는 납작한 별들의 원반 위 나선팔 모양까지 떠올리지는 못했지만, 오늘날 우리가 나선은하라고 부르는 구조의 기본적인 형태를 추론한 셈이다. 라이트의 더 많은 그림들은 169~70쪽을 참고하라.

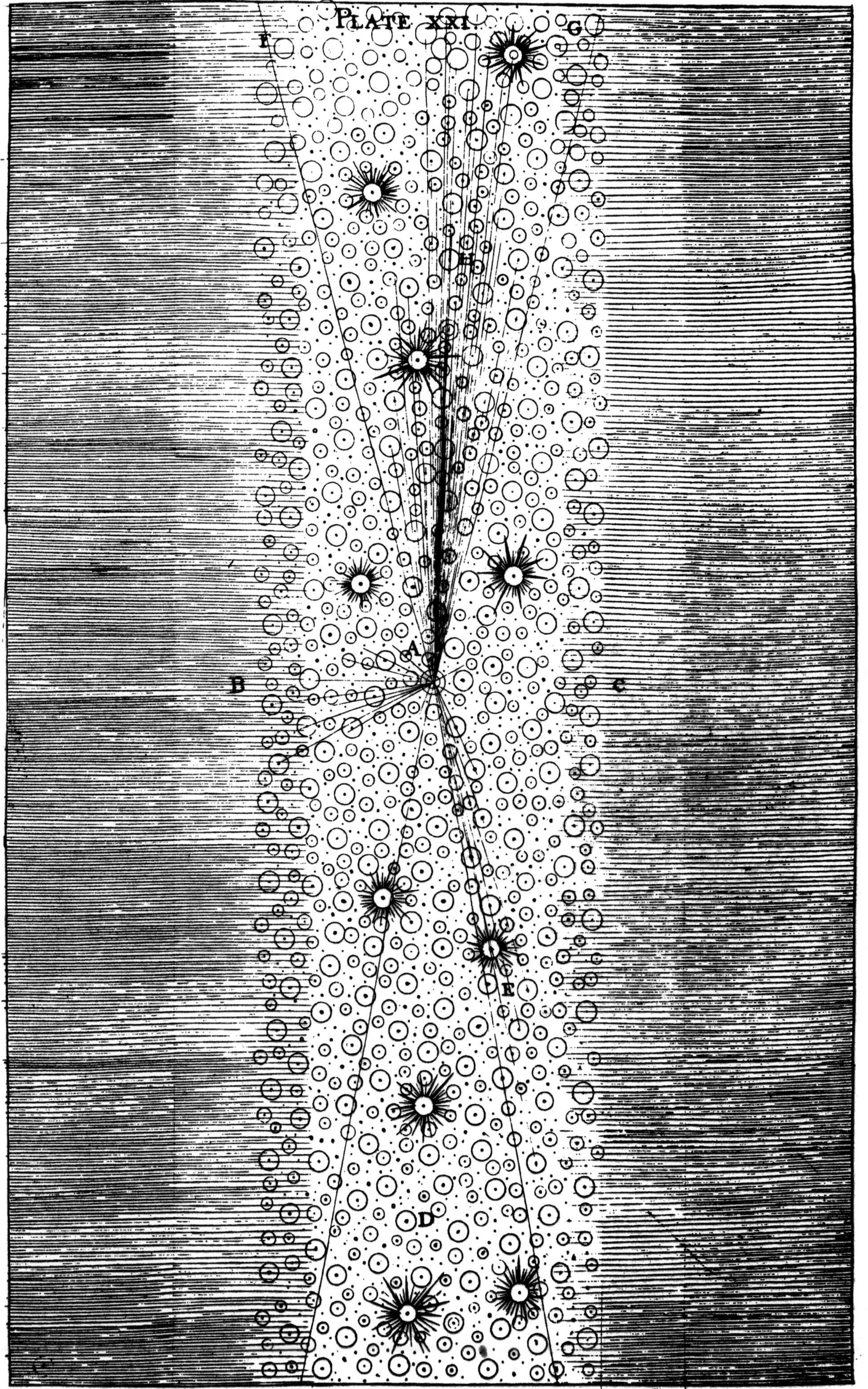
PLATE XXI
F
G
H
A
B
C
E
D

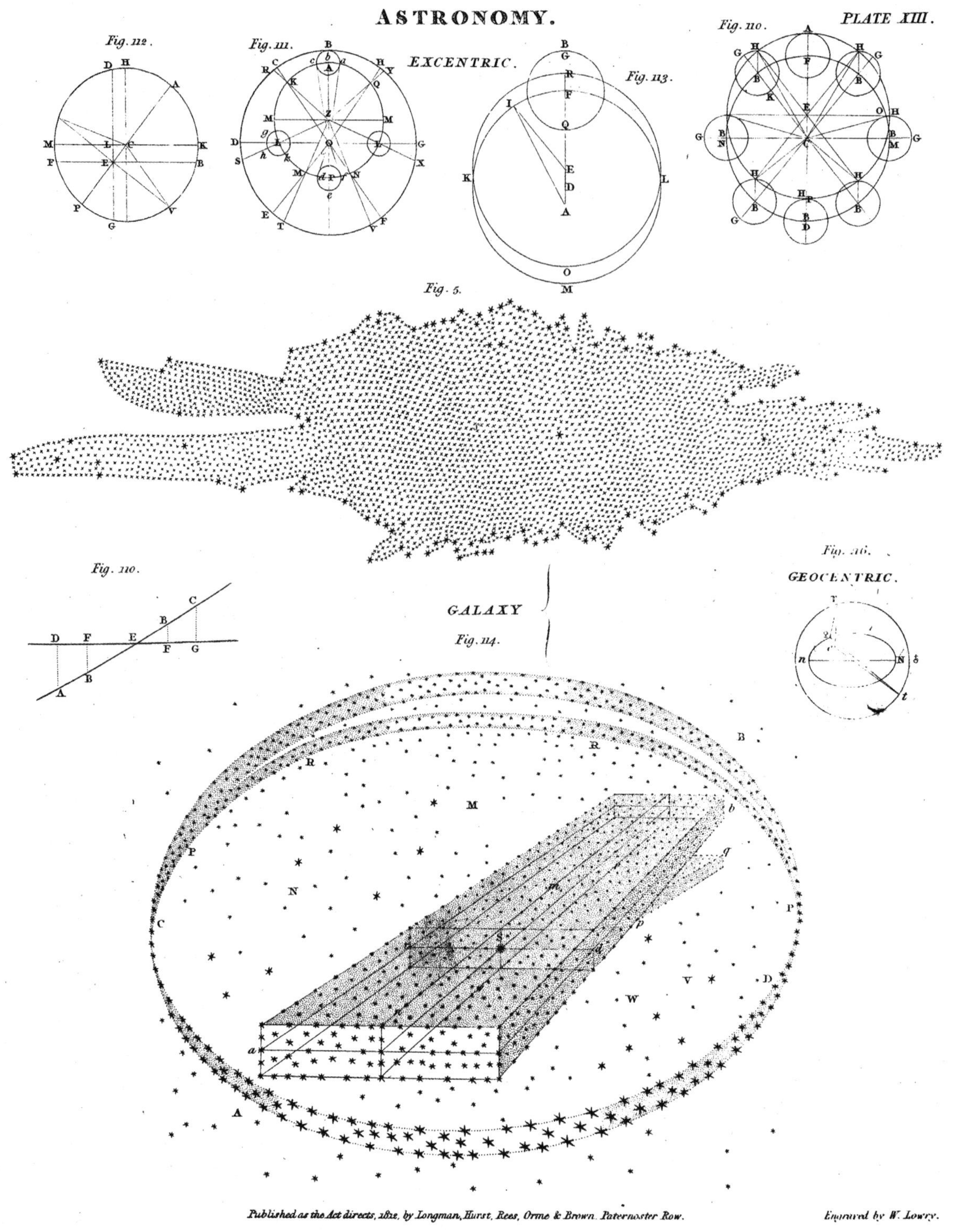

• 1785년

천문학자 윌리엄 허셜은 아마 토머스 라이트의 주장에 대해서는 몰랐을 것이다. 하지만 재밌게도 라이트 이후 30년이 지난 뒤 윌리엄 허셜은 그와 비슷한 주장을 내놓았다. 허셜은 망원경을 통해 하늘에서 흐릿한 얼룩으로 관측되는 성운들을 봤다. 그는 우리은하가 이 성운들처럼 “별개의 성운”으로 존재할 것이라고 기록했다. 그는 또 한 성운들 중 일부가 심지어 우리은하보다 더 거대할지도 모른다고 생각했다. 그는 우리은하의 실제 모습을 파악하기 위해 하나하나 별을 세면서 우리은하의 지도를 그렸다. 모든 데이터를 축적해서 납작한 원반 형태인 우리은하의 지도를 완성했지만, 그 결과는 실제 우리은하의 모습에 훨씬 못 미쳤다. 그 이유 중 하나는 허셜이 우리은하 속 별들이 모두 고르게 분포한다고 잘못 가정했기 때문이다. 실제로는 은하수의 가스와 먼지들이 그 너머의 별빛을 가리기 때문에 당시 수준의 망원경으로는 모든 별들을 다 볼 수 없었다. 허셜은 이 사실을 몰랐고, 우리은하 속 모든 별들을 다 볼 수 있다고 생각했다. 이 페이지에 있는 그림 가운데에 그려진 불규칙한 형태는 당시 허셜이 ‘별 헤아리기’라는 방법을 활용해서 도식화한 우리은하의 형태다. 가운데에 있는 다른 별들보다 좀 더 크게 그려진 별은 우리 태양계로 추정된다(그 아래에 있는 그림은 우리은하의 단면이다. 우리 태양계로 추정되는 위치도 함께 표시되어 있다). 허셜의 이 지도는 우리은하의 모양을 시각적으로 옮기고자 했던 최초의 시도로 평가받는다. 토머스 라이트가 그렸던 우리은하 지도보다 훨씬 뛰어나다.

DECORATION ZU DER OPER: DIE ZAUBERFLÖTE ACT I SCENE VI.

• 1847~49년

모차르트의 〈마술 피리〉 제1막 6장 장면을 연출하기 위해 건축가, 화가, 디자이너였던 카를 프리드리히 싱켈이 만든 무대 세트의 모습이다. 이것은 별들이 우리 머리 위에 둥근 돔을 이루고 있다는 생각을 문자 그대로 옮긴 최고의 작품이다. '밤의 여왕 궁전 속 별들의 연회장'이라는 제목을 갖고 있다. 별들이 일제히 줄지어 있는 듯한 작품의 위용을 보면 이것을 제작한 사람이 프로이센 왕국의 철십자가 군인 장식을 디자인한 사람과 동일인물이라는 것이 전혀 놀랍지 않다.

LA VOIE LACTÉE

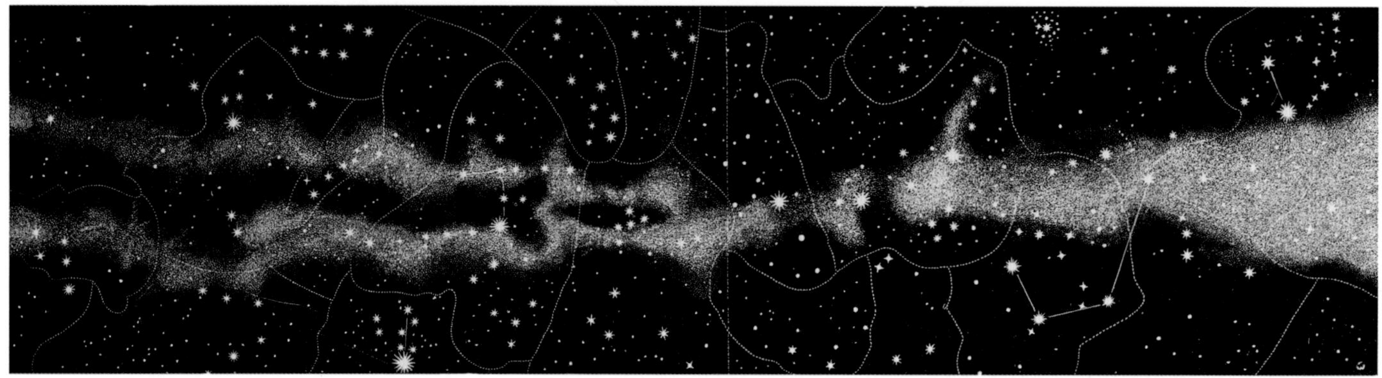

Partie comprise dans l'hémisphère Nord.

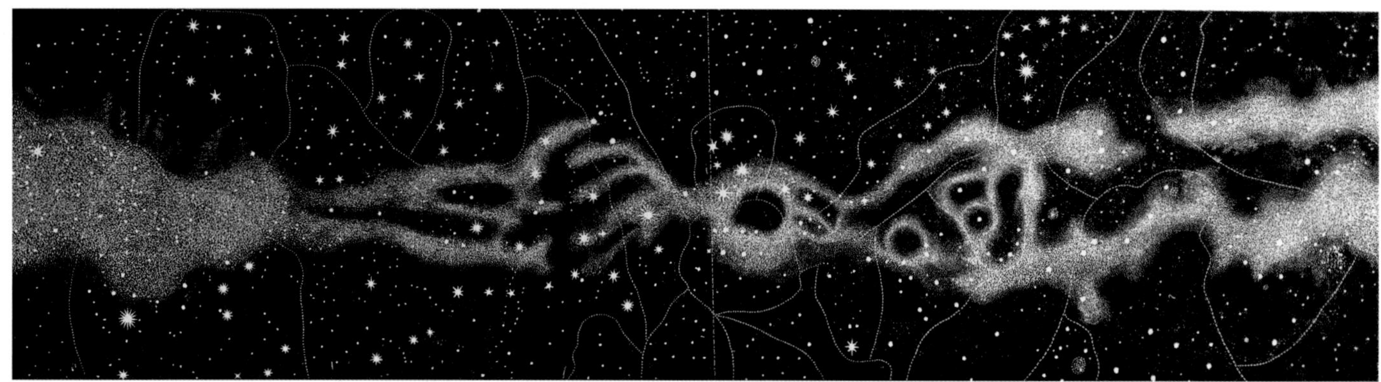

Partie comprise dans l'hémisphère Sud. (P. 18).

• 1866년

프랑스 천문학자 에마뉘엘 리에의 《천상의 우주》에 등장하는 북반구와 남반구의 우리은하 모습이다. 1874~81년에 리우데자네이루 국립천문대 소장을 역임했던 리에는 남반구 밤하늘을 관측할 기회가 아주 많았다. 토머스 라이트가 정확하게 추론했던 것처럼, 태양계는 납작한 은하 원반 안에 속해 있기 때문에 우리은하는 지구의 하늘 전역에서 360도로 둥글게 이어지는 가느다란 띠의 모습으로 나타난다.

• 1874~76년

오른쪽: 프랑스의 예술가이자 천문학자 에티엔 트루블로가 그린 그림이다. 지금과 같은 수준의 사진 기술이 없어도 우리은하를 담아내고 연구하는 것이 가능하다는 것을 보여준다. 1881년 찰스 스크리브너의 아들들이 수집한 컬렉션에서 가져온 것으로, 1870년대 중반에 파스텔로 제작한 작품들을 기반으로 한다. 은하의 빛이 아래 파도에 비춰지면서 은은하게 반사되는 모습이 인상적이다. 바다 위 멀리서 똑바르게 항해하고 있는 쾌속 범선의 삭구 사이에서도 별들이 반짝인다. 트루블로는 자신이 직접 창조한 이 특별한 장르에서 단연 최고의 대가였다. 트루블로의 더 많은 작품은 108~109, 139, 140~41, 174, 206~209, 292~93, 319, 321~23쪽을 참고하라.

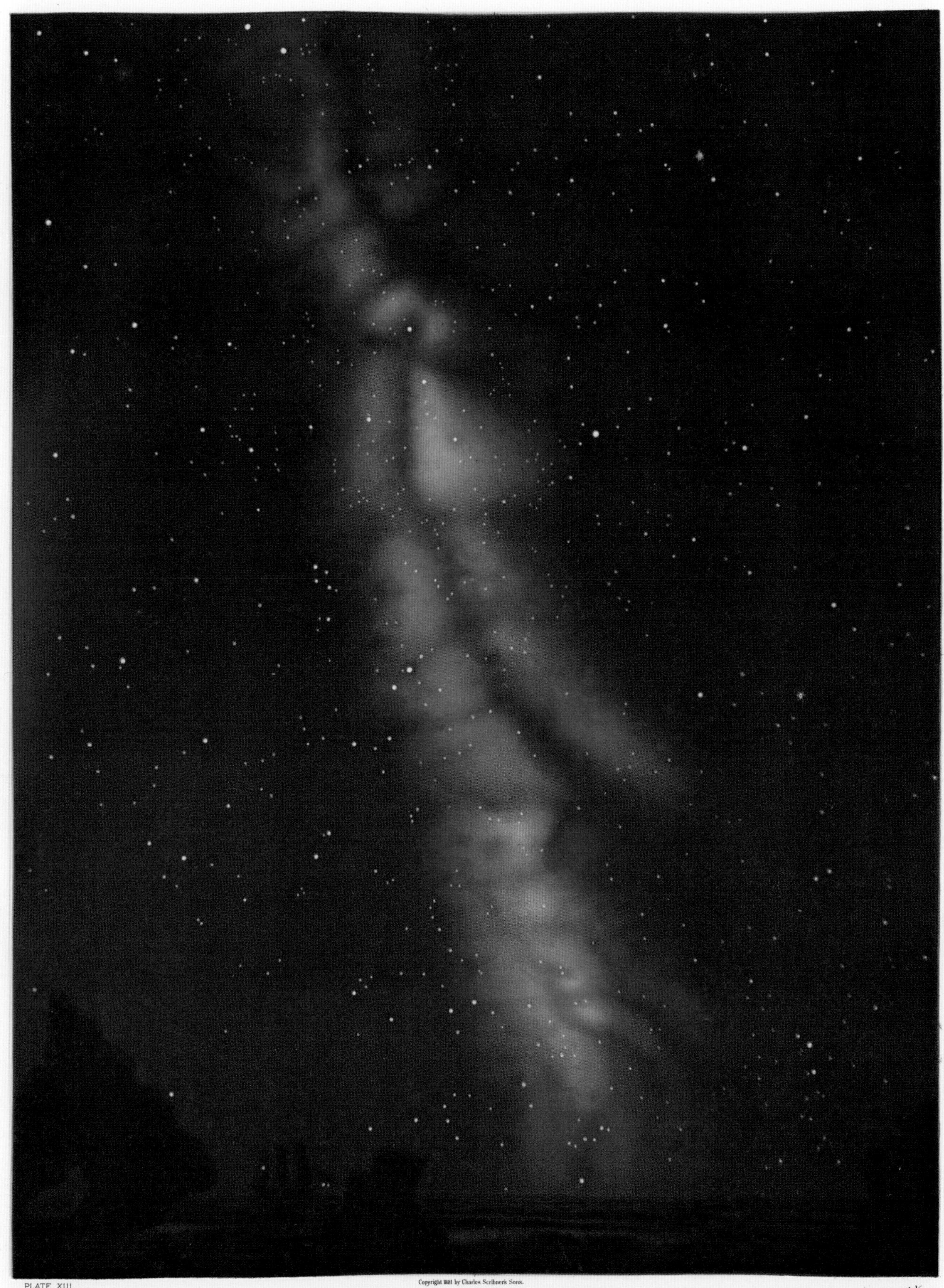

PLATE XIII.

Copyright 1881 by Charles Scribner's Sons.

E. L. Trouvelot

PART of the MILKY WAY.

From a Study made during the years 1874, 1875 and 1876.

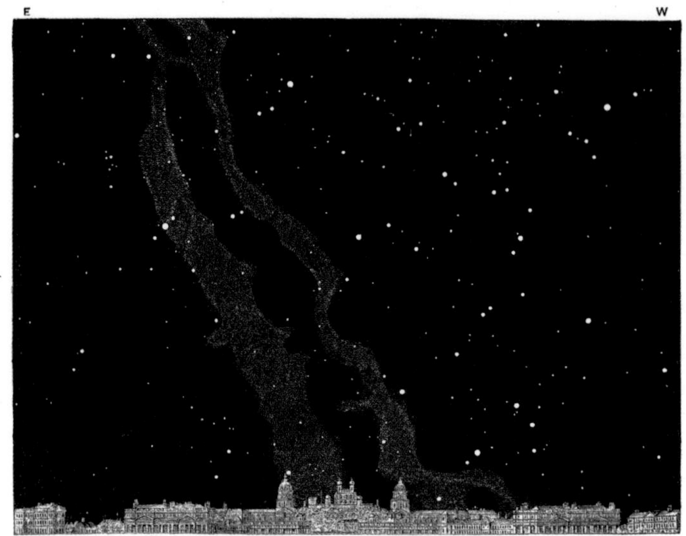

THE MIDNIGHT SKY AT LONDON, LOOKING SOUTH, JUNE 15.

THE MIDNIGHT SKY AT LONDON, LOOKING SOUTH, FEBRUARY 15.

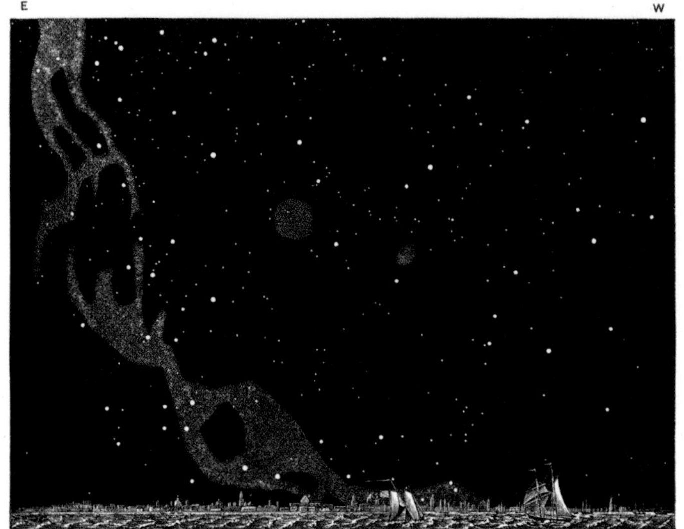

LOOKING SOUTH, NOVEMBER 15. *(Buenos Ayres.)*

LOOKING SOUTH, AUGUST 15. *(Table Mountain, under the South-east Cloud.)*

• 1869년

영국의 천문학자 에드윈 던킨은 1860년대 내내 그리니치 왕립천문대에서 근무했다. 그는 런던과 남반구의 한 지역에서 특정한 날 밤 지평선 위로 우리은하의 은하수 경사가 어느 정도 기울어져 있을지와 어떤 별들이 보일지를 꼼꼼하게 계산했다. 1860년대 말 그는 별들의 지도와 앞의 풍경이 함께 담긴 32개의 판화를 제작했고, 《심야의 하늘The Midnight Sky》을 출간했다.

왼쪽과 오른쪽 위: 6월 15일과 2월 15일 런던.

왼쪽 아래: 11월 15일 부에노스아이레스.

오른쪽 아래: 8월 15일 케이프타운의 테이블 산.

모든 그림은 남쪽을 바라본다. 아래에 있는 두 장의 지도에 마젤란 은하가 존재한다. 이것은 남반구 하늘에서 볼 수 있는 우리은하와 가장 가까운 이웃 은하들이다.

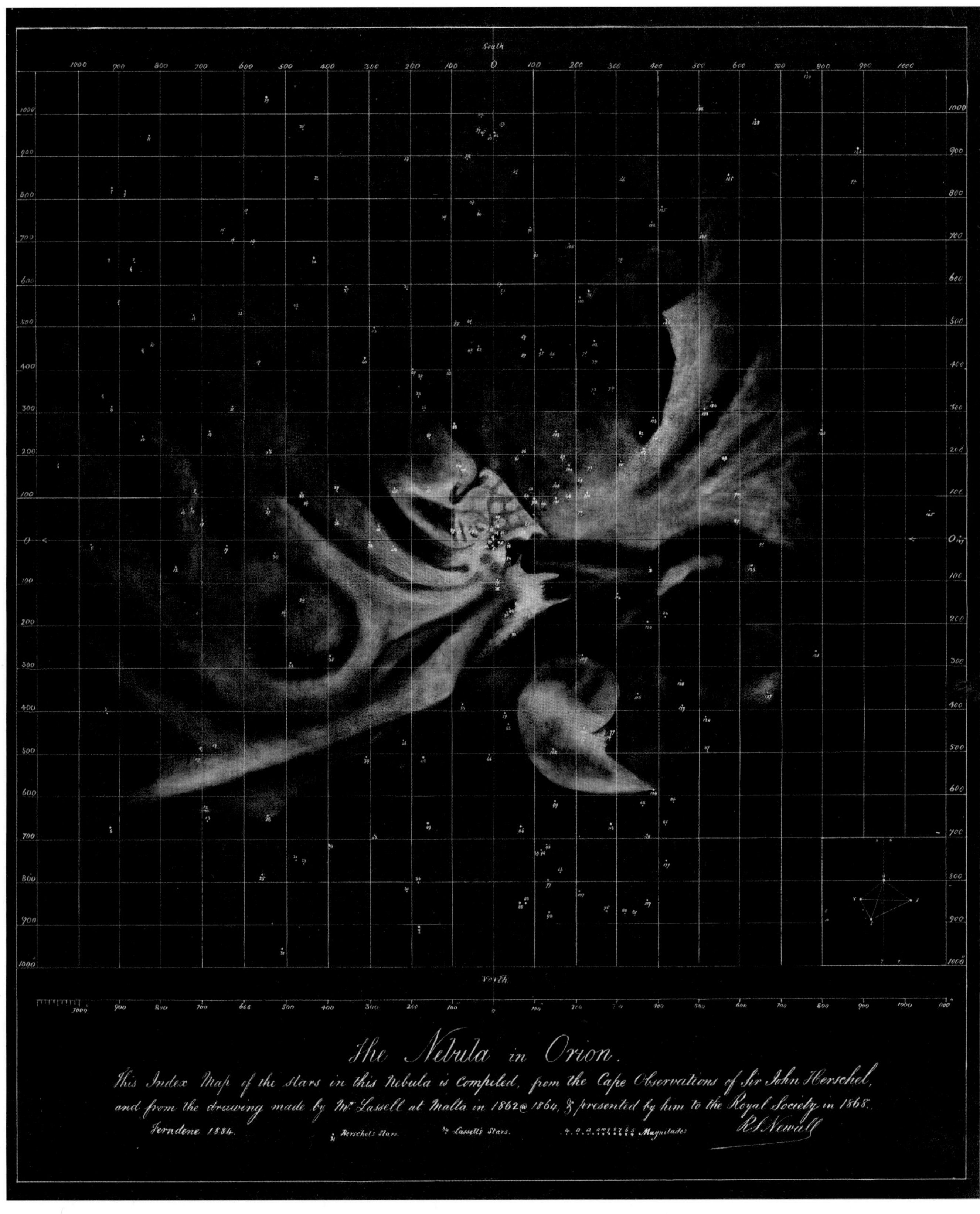

• 1884년

이 지도는 스코틀랜드의 엔지니어이자 천문학자 로버트 스털링 뉴얼이 제작했다. 오리온 성운과 주변 별들을 표현한다. 뉴얼은 최초 인터넷의 한 형태인 해저 전신 케이블을 개량하고 설치한 것으로 유명하지만 동시에 천문학자이기도 했다. 그는 공학적 업적으로 성취한 부를 이용해 세계에서 가장 거대한 굴절 망원경을 의뢰했다. 그렇다고 그가 이 지도를 자신의 실제 관측 결과를 바탕으로 완성한 것은 아니고, 1830년대 초 케이프타운에서 존 허셜이 진행했던 관측 결과를 바탕으로 했다.

• 1948년

체코 천문학자 안토닌 베츠바르는 1940년대 내내 슬로바키아의 타트라 산에 있는 스칼나테 플레소 천문대에서 근무했다. 그는 여기서 별, 은하, 성운, 성간 먼지 구름을 비롯해 아주 많은 심우주 천체들의 데이터를 수집했다. 1948년 체코 천문학회는 《천국의 스칼나테 플레소 아틀라스》를 출간했다. 이것은 베츠바르가 직접 손으로 그린 별 차트 16장을 함께 담고 있다. 이 지도책은 별 지도 제작의 역사에서 커다란 진보를 이루었다. 베츠바르의 지도는 출간된 해, 대부분의 천문대와 수천 명의 아마추어 천문학자들에게 빠르게 퍼지며 큰 성공을 거두었다. 특히 이 지도는 우리은하에서 분자 구름이 높은 밀도로 모여 있는 특징을 지닌 페르세우스자리를 중심으로 일부 영역을 담고 있으며, 다채로운 파란색으로 표현되어 있다. 매년 이 영역을 중심으로 지구의 밤하늘에서 페르세우스자리 유성우가 쏟아진다. 지도의 오른쪽에는 그 옆에 이웃한 별자리 안드로메다자리가 있다. 아주 멀리 떨어진 안드로메다 은하는 빨간색 타원으로 표시되어 있다. 그 왼쪽 아래에는 또 다른 은하, 삼각형자리 은하도 볼 수 있다. 둘 모두 우리은하가 속한 국부 은하군의 멤버다.

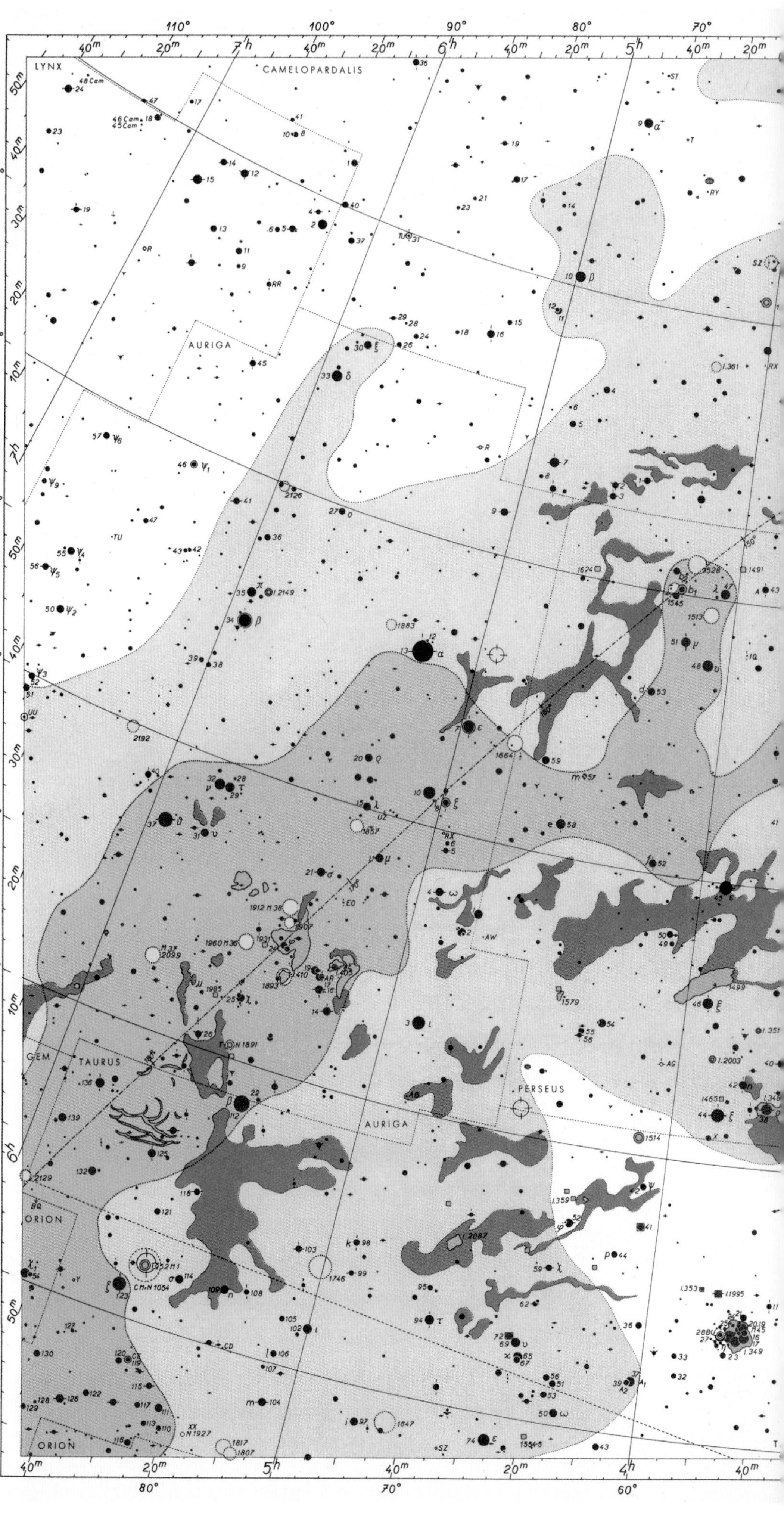

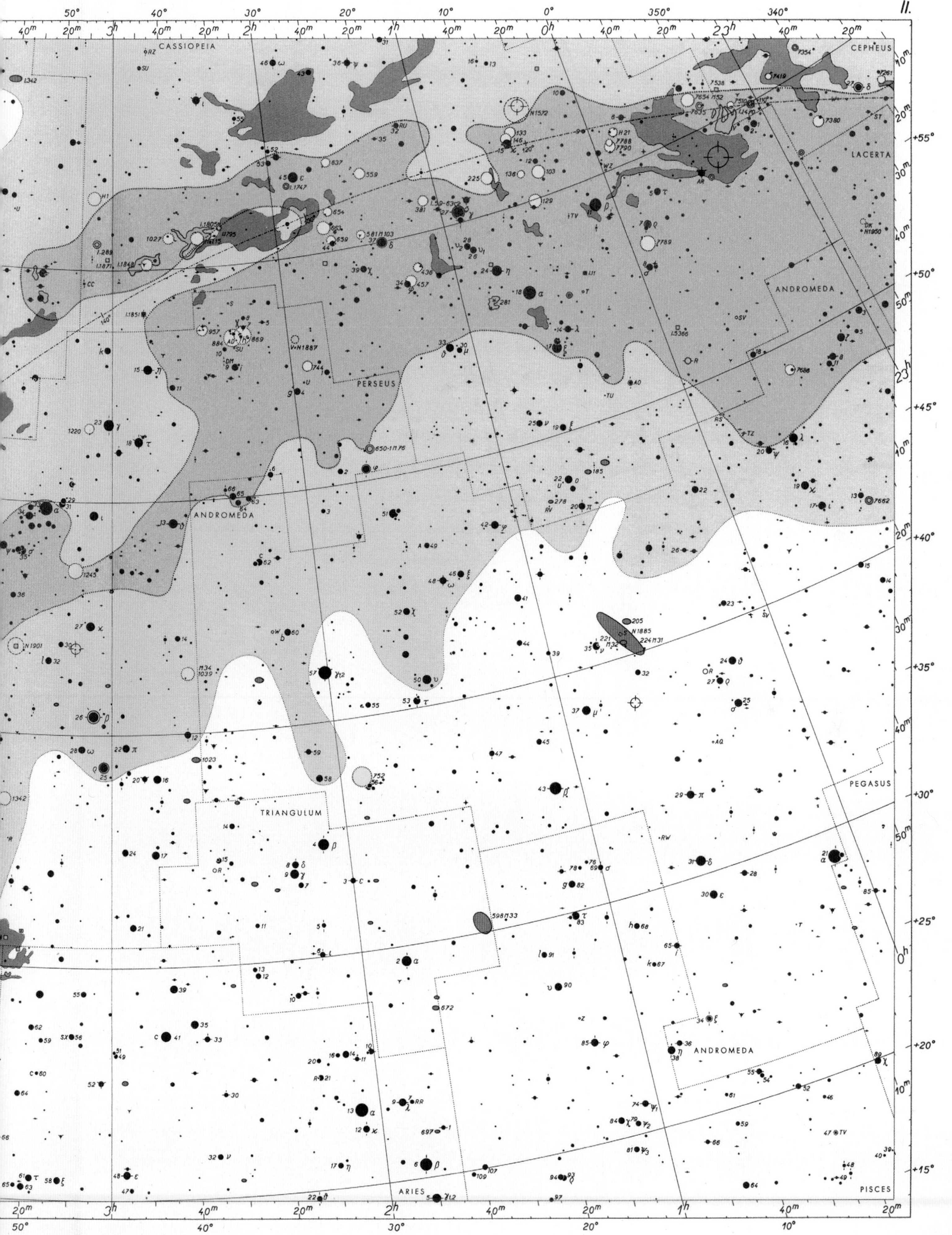
CASSIOPEIA
CEPHEUS
LACERTA
ANDROMEDA
PERSEUS
ANDROMEDA
TRIANGULUM
PEGASUS
ANDROMEDA
ARIES
PISCES

GALACTIC ORIENTATION MAP

Galactic image courtesy NASA/JPL-CalTech

• 2007년

20세기에 걸쳐 광범위한 별 지도가 제작되었으나, 정작 우리은하 자체의 구조를 묘사하려는 시도는 놀라울 정도로 드물었다. 그 이유 중 하나는 우리은하 대부분이 높은 밀도의 먼지와 가스 분자로 구성된 구름으로 가려져 있어 그 정확한 모습을 오직 추측에만 의존해야 하기 때문이다. 약 100광년에서 12만 광년 크기의 나선은하 형태라는 우리은하의 기본적인 모양에 대해서는 알았지만 다수의 세부적인 모습들은 논쟁의 대상이었다. 소프트웨어 엔지니어이자 천체 지도 제작자인 윈첼 D. 정 주니어는 〈은하 방위 지도Galactic Orientation Map〉를 제작했다. 여기서 그는 오리온자리 나선팔에 속한 태양계의 위치를 표현했고, 우리은하 내 16개 주요 주변 성운들과 여러 다양한 천체들을 표현했다.

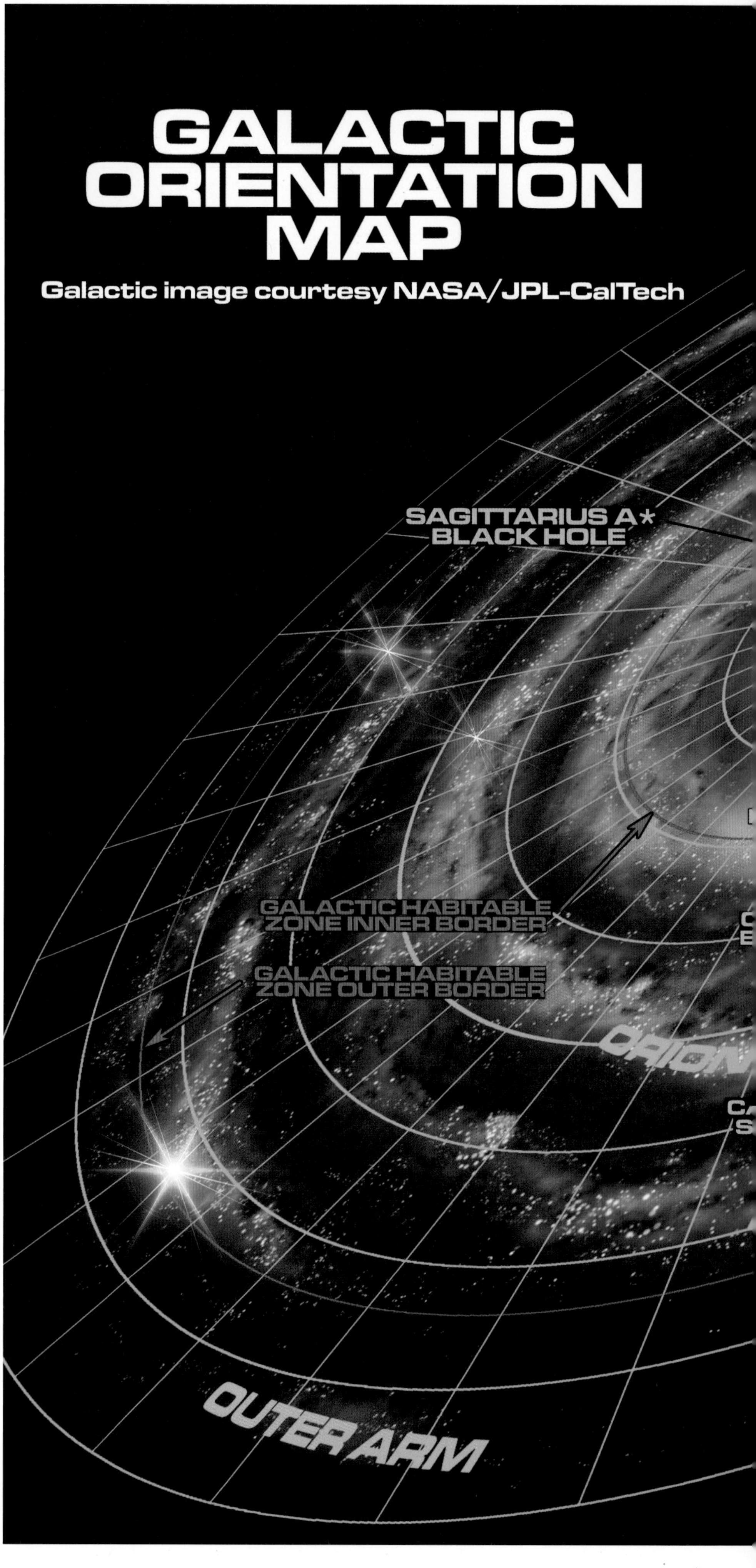

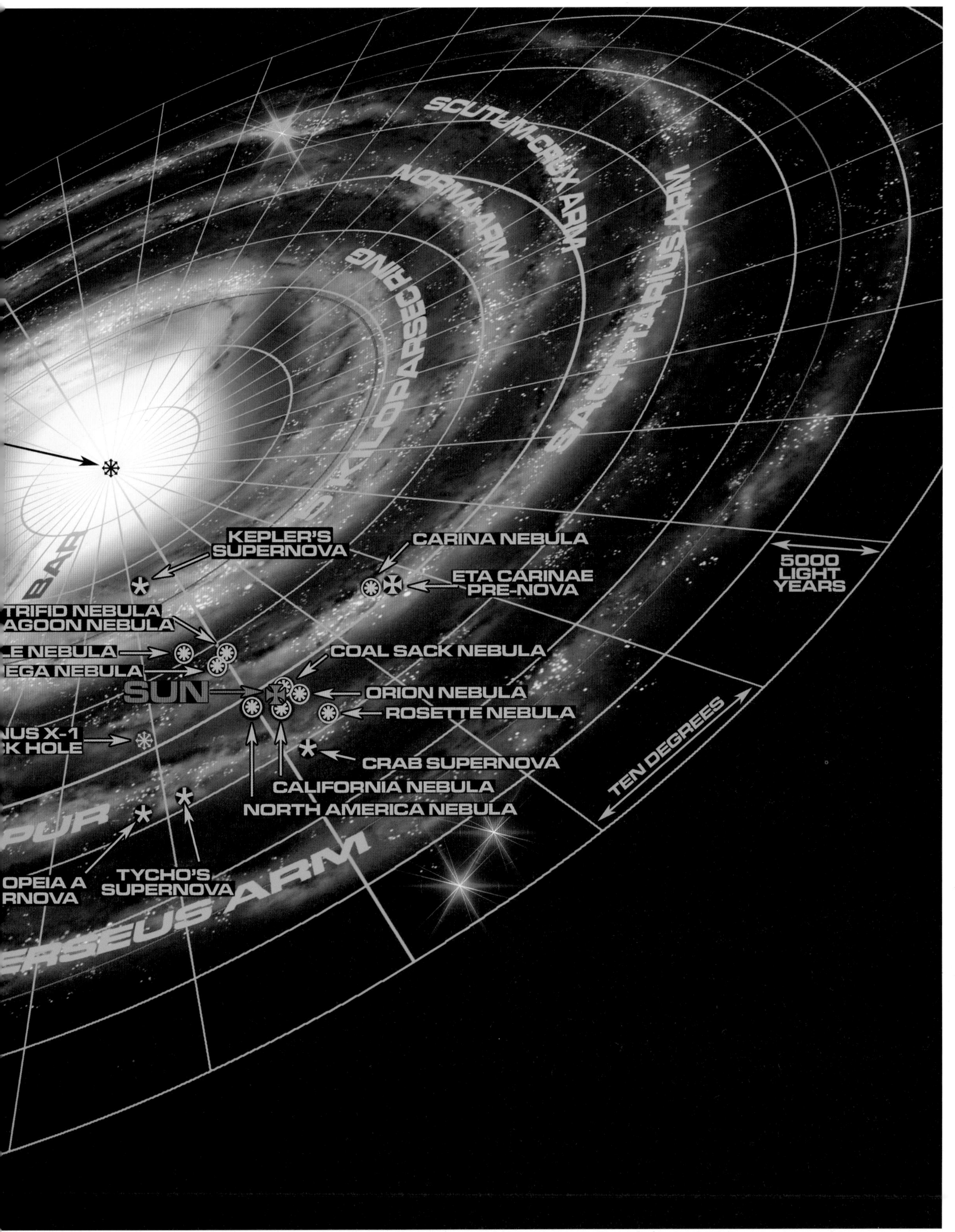

SCUTUM-CRUX ARM
NORMA ARM
3 KILOPARSEC RING
SAGITTARIUS ARM
BAR
KEPLER'S SUPERNOVA
CARINA NEBULA
ETA CARINAE PRE-NOVA
5000 LIGHT YEARS
TRIFID NEBULA
AGOON NEBULA
LE NEBULA
EGA NEBULA
COAL SACK NEBULA
SUN
ORION NEBULA
ROSETTE NEBULA
NUS X-1
K HOLE
CRAB SUPERNOVA
TEN DEGREES
CALIFORNIA NEBULA
NORTH AMERICA NEBULA
PUR
OPEIA A
RNOVA
TYCHO'S SUPERNOVA
ERSEUS ARM

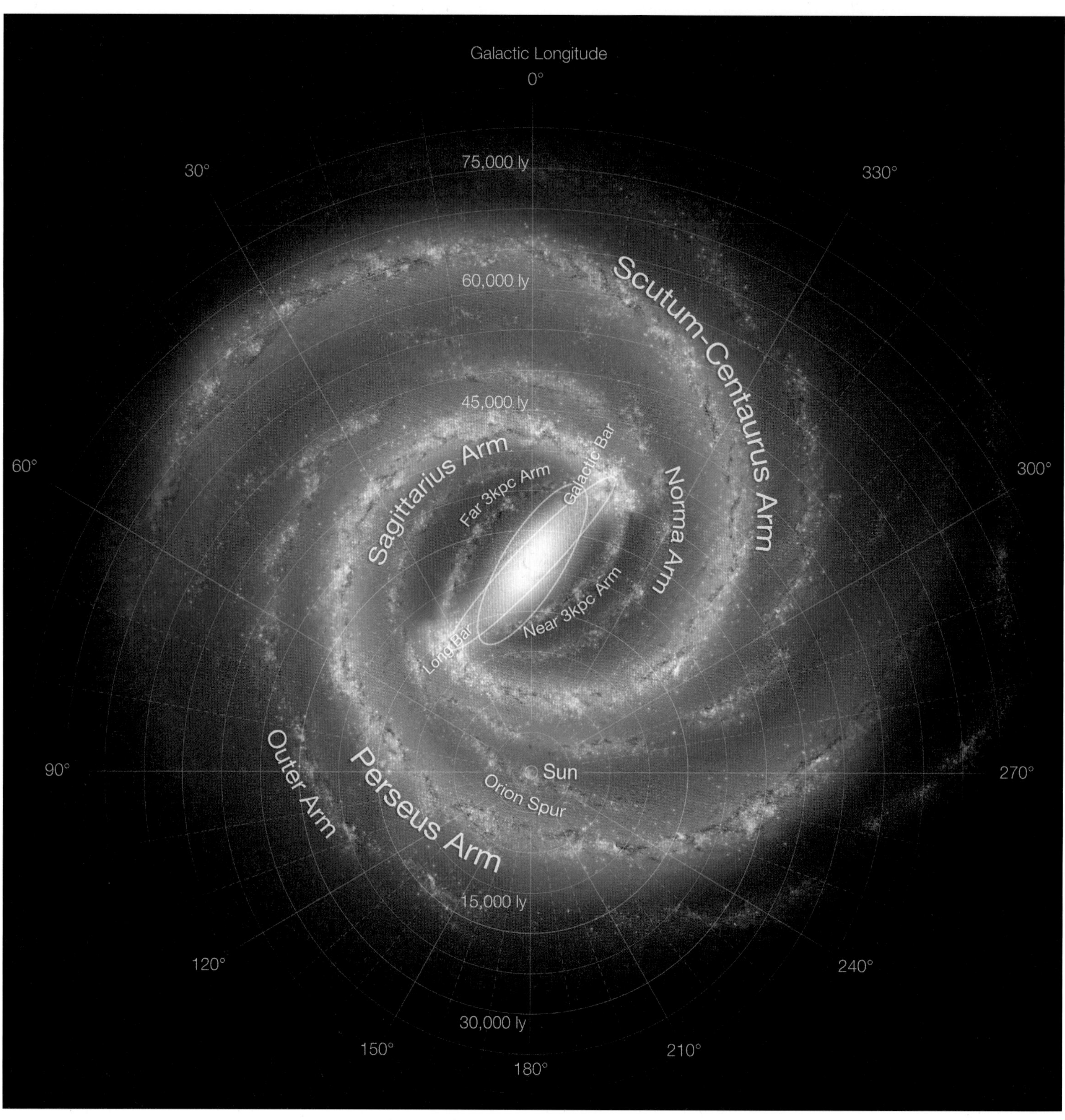

• 2005~08년

이 지도는 과학자 로버트 헌트가 스피처 우주망원경의 데이터를 시각화한 것이다. 지금껏 동시대의 우리은하를 표현하는 가장 잘 알려진 지도 중 하나다. 스피처 우주망원경은 적외선으로 관측하기 때문에 너무 두꺼운 먼지 구름으로 가려져서 가시광선 빛으로는 볼 수 없는 은하의 영역까지 꿰뚫어볼 수 있다. 2003년 스피처가 발사된 직후, 이전까지는 빛이 가려져서 볼 수 없었던 영역들을 찍기 시작했다. 스피처의 사진들은 과거 천문학자들이 주장했던 가설들을 뒷받침해주었다. 특히 우리은하가 페르세우스자리 나선팔과 방패자리-센타우루스자리 나선팔 등 두 개의 주요 나선팔을 지니고 있다는 가설을 입증했다. 이 지도에서 궁수자리 나선팔과 직각자자리 나선팔은 상대적으로 희미한 나선팔 지류의 하나처럼 표현되었다. 한때 우주의 중심이었던 태양은 수 세기의 천문학 역사를 통해 계속 그 지위가 낮아졌다. 그리고 지금은 희미한 나선팔 지류에 불과한 오리온자리 나선팔의 지선에 태양계가 자리 잡게 되었다. 1990년대 이후 많은 천문학자들은 우리은하 중심을 가로지르는 막대 구조가 보인다고 해왔고, 스피처의 관측 데이터는 그 막대 구조가 과거에 추정했던 것보다 훨씬 더 넓게 펼쳐져 있다는 것을 보여준다. NASA의 주요 우주망원경들의 추가 탐사를 통해 가설이 계속 뒷받침되고 있지만, 헌트의 지도는 여전히 많은 측면에서 논란의 여지가 남아 있다. 헌트의 가설에 반하는 일부 증거에 따르면 우리은하는 주요한 나선팔을 네 개 갖고 있고 막대 구조가 없는 나선은하일 가능성도 있다.

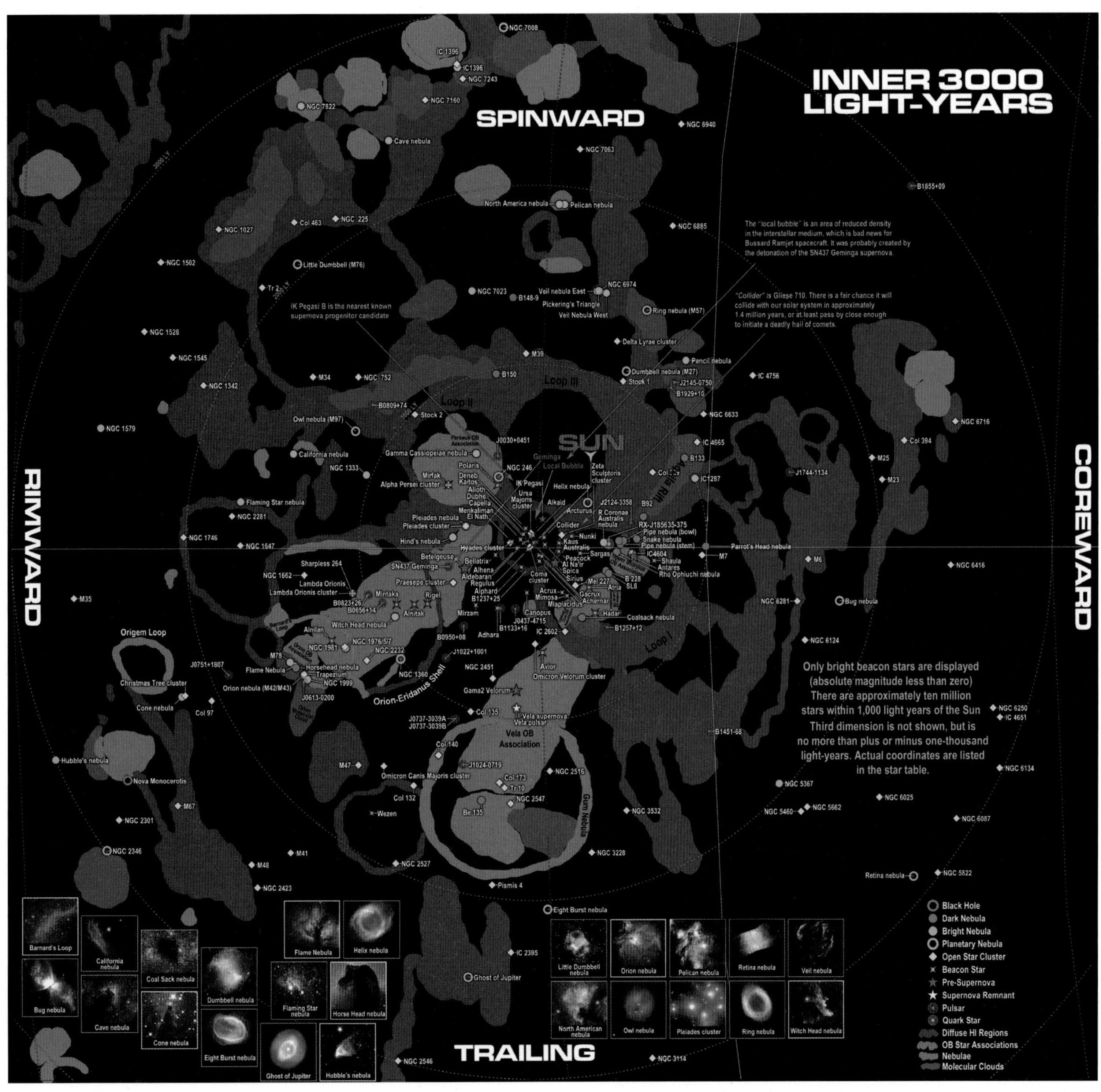

• 2007년

위: 윈첼 정이 제작한 이 지도는 우리 은하에서 태양계를 중심으로 지름 약 3000광년에 이르는 영역을 담고 있다. 특히 밝게 빛나는 '비콘' 별들이 표시되어 있다. 태양계를 중심으로 1000광년 이내 범위에만 약 1000만 개의 별들이 있다. 지도 아랫부분에 있는 사진은 천문학자들에게 잘 알려진 유명한 성운들이다. 이러한 익숙한 성운 대부분은 지구에서 약 3000광년 이내 거리에 있다. 은하 중심은 지도 오른쪽 방향에 있다.

• 2008년

뒤: 우리은하에는 수소가 아주 풍부하다. 이 수소를 활용하면 아주 효과적으로 천문학 이미지를 얻을 수 있다. 바로 수소-알파 스펙트럼으로 알려진 아주 좁은 제한된 파장에서 새어 나오는 수소의 빛을 관측해 데이터를 수집하는 방법이다. 천체물리학자 더글러스 핑크바이너는 수소-알파 스펙트럼 관측을 바탕으로 우리은하 중심 방향의 하늘을 담았다. 이 지도는 지도 제작자 케빈 자딘의 포괄적인 웹사이트 GalaxyMap.org에서 인터랙티브 버전 지도로 확인할 수 있다(사진 속 고리 모양들은 성운들의 위치를 표시한다).

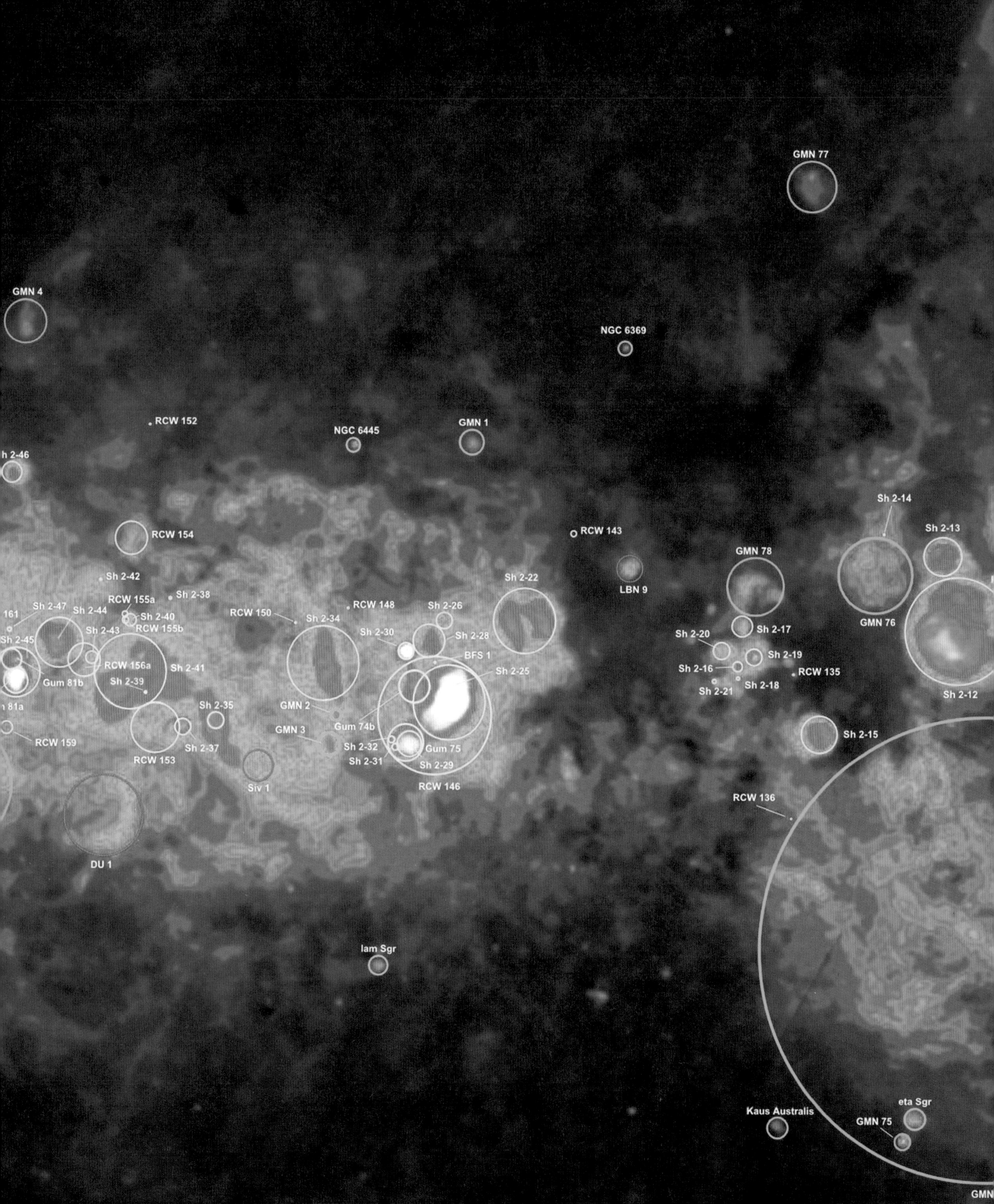

GMN 77
GMN 4
NGC 6369
RCW 152
NGC 6445
GMN 1
h 2-46
Sh 2-14
RCW 154
RCW 143
Sh 2-13
GMN 78
Sh 2-42
Sh 2-22
LBN 9
RCW 155a
Sh 2-38
RCW 148
161
Sh 2-47
Sh 2-44
Sh 2-40
RCW 150
Sh 2-34
Sh 2-26
GMN 76
RCW 155b
Sh 2-45
Sh 2-43
Sh 2-30
Sh 2-28
Sh 2-20
Sh 2-17
BFS 1
Sh 2-19
RCW 156a
Sh 2-41
Sh 2-25
Sh 2-16
RCW 135
Gum 81b
Sh 2-39
Sh 2-21
Sh 2-18
Sh 2-12
h 81a
Sh 2-35
GMN 2
Gum 74b
Sh 2-15
RCW 159
GMN 3
Sh 2-32
Gum 75
RCW 153
Sh 2-37
Sh 2-31
Sh 2-29
Siv 1
RCW 146
RCW 136
DU 1
lam Sgr
Kaus Australis
eta Sgr
GMN 75
GMN

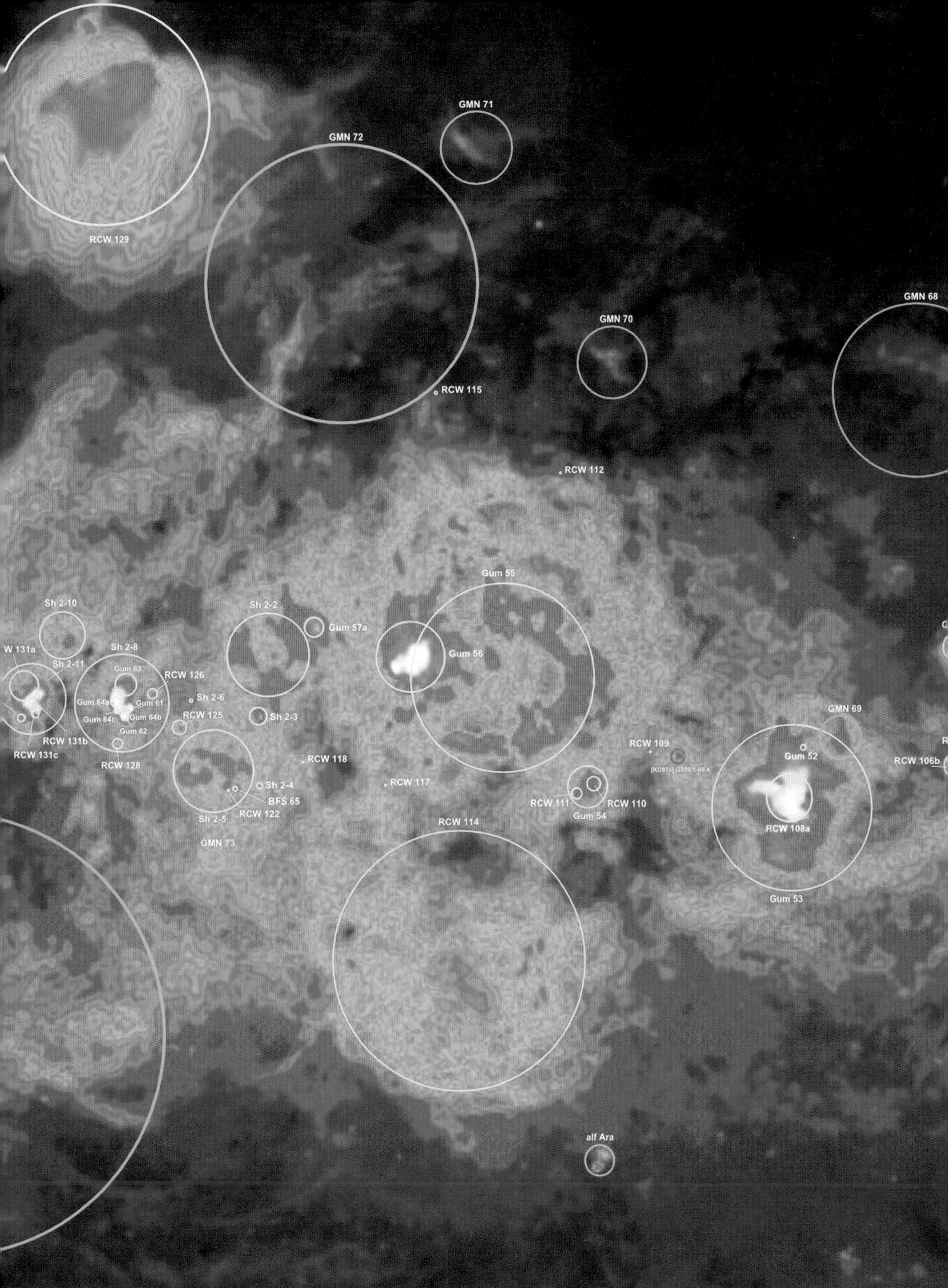

RCW 129
GMN 72
GMN 71
GMN 70
GMN 68
RCW 115
RCW 112
Gum 55
Sh 2-10
Sh 2-2
Gum 57a
Gum 56
W 131a
Sh 2-8
Sh 2-11
Gum 63
RCW 126
Gum 64a
Gum 61
Sh 2-6
Gum 64c
Gum 64b
Gum 62
RCW 125
Sh 2-3
RCW 131b
RCW 131c
RCW 128
RCW 118
RCW 117
Sh 2-4
BFS 65
RCW 122
Sh 2-5
GMN 73
RCW 114
RCW 109
[KC97c] G339.1-00.4
GMN 69
Gum 52
RCW 106b
RCW 111
RCW 110
Gum 54
RCW 108a
Gum 53
alf Ara

8 일식과 월식 그리고 엄폐

> 무덤은 주인 없는 빈 땅, 수의를 입은 송장 앞에 서 있었다.
> 로마의 거리를 따라 신음과 통곡이 방황했다.
> 불같은 꼬리를 가진 혜성이 나타났고
> 피비린내 나는 비가 내렸다.
> 태양에 재앙이 찾아왔고, 바다의 주인 해왕성의 왕국을
> 지배하는 촉촉한 별은 마치 세상의 종말이 온 것처럼
> 하늘에서 모습을 감췄다.
> _셰익스피어, 《햄릿》

일식과 월식은 역사를 통틀어 매우 나쁜 소식의 징조로 여겨졌다. 식Eclipse이라는 단어의 어원 자체가 식을 파멸을 알리는 암시로 여겼다는 것을 보여준다. Eclipse는 '방종' '나락', 또는 '암흑'을 의미하는 고대 그리스 단어 ékleipsis에서 기원했다. 인도, 중국, 튀르키예 사람들은 일식이 뱀이 태양을 삼키고 있는 것이라 상상했다. 일식이 한번 진행되면 그들은 태양을 삼킨 뱀을 쫓아내기 위해 가능한 시끄러운 소리를 냈고, 심지어 공중으로 화살을 쏘기도 했다. 아라비아의 로렌스는 자신의 아랍 군대와 함께 1917년 7월 4일 밤 월식을 이용해 튀르키예를 침략했다. 그는 튀르키예 군인들이 "위협받고 있는 그들의 달을 구해내기 위해" 솥을 두드리고 하늘로 소총을 발사하는 동안 오스만 절벽 꼭대기의 숲에 있던 튀르키예 군인들을 기습했다.

일식과 월식 모두 오래전부터 세상을 놀라게 한 현상이었다. 식을 기록한 가장 오래된 묘사 중 하나는 《리그베다Rigveda》로 알려진 고대 베다 산스크리트어로 쓰인 찬송가에 등장하는 신화 속 힌두교 시인 아트리가 쓴 시다. 이것은 기원전 1000년 이전으로 거슬러 올라가는 것으로 추정된다. 1948년 시리아에서 발견된 점토판에도 식에 대한 묘사가 있다. 이 점토판은 고대 이집트 신왕조 시대 것이며, 기원전 1223년 3월 5일에 일어난 개기일식을 묘사한다. 기원전 720년에 세워진 중국 주나라는 신뢰할 만한 일식 관측의 연대 기록을 갖고 있다. 아모스의 구약성서는 기원전 763년 7월 15일에 있었던 일식을 명확하게 묘사한다. 똑같은 사건이 아시리아의 역사 연대기 《시조 명부Eponym Canon》에서도 언급된 것을 찾을 수 있다.

바빌로니아인들은 수 세기에 걸쳐 천문학적 기록을 축적했다. 그 덕분에 18년마다 태양, 달, 지구의 동일한 배열이 되돌아온다는 것을 발견했다. 이것을 태양의 18년 사로스 주기라고 한다. 바빌로니아인들은 이 긴 주기가 반복되는 규칙을 이용해서

태양·달·지구의 동일한 위치 관계가 언제 또 반복될지, 다음 일식이 언제 일어날지를 알 수 있었다.

일식은 달이 태양 앞을 가리고 지나갈 때 발생한다. 지구에서 관측자의 위치에 따라, 또 달이 근지점이나 원지점에 얼마나 가까이 놓여 있는지에 따라 태양이 전체 다 가려지기도 하고 일부만 가려지기도 한다. 만약 달이 지구에서 가장 멀리 떨어진 지점의 원지점 근처를 지나간다면 달은 태양을 모두 다 가리지 못한다. 그리고 달이 아주 밝은 빛의 고리로 둘러싸인 모습을 보게 된다. 이를 금환일식이라고 한다. 반면 달이 근지점 근처에 위치하면 달은 태양을 모두 다 가리게 된다. 달이 태양을 완벽하게 가리면서 생긴 달의 본그림자가 지구 위에 드리워지는 경로상에서 개기일식을 보게 된다. 본그림자가 지나가는 띠 양옆으로 지구 위에 달의 반그림자가 드리워지며, 이 위치에서는 태양의 일부만 가려지는 부분일식을 볼 수 있다.

월식은 태양을 가리고 있는 지구 그림자 속으로 달의 앞면이 통과하는 동안 발생한다. 지구의 본그림자는 지름이 8800킬로미터가 넘으며, 이는 달 세 개 너비에 해당한다. 그래서 월식이 모두 끝나기까지 수 시간 정도가 걸린다. 지구 위에 드리워지는 태양을 가린 달의 그림자는 매우 좁은 띠로 그려진다. 그래서 개기일식은 달의 본그림자가 지나가는 좁은 띠 모양의 경로 위에서만 겨우 몇 분간만 관측할 수 있다. 그에 비해 태양을 가린 지구의 그림자는 달보다 훨씬 크다. 그래서 일식은 아주 좁은 범위에서만 볼 수 있지만 월식은 달을 볼 수 있는 밤인 지역, 즉 지구의 절반에서 모두 볼 수 있다.

일식은 지구에서 우주의 위엄을 느낄 수 있는 가장 극적인 징후 중 하나다. 개기일식이 벌어지는 동안 밝았던 한낮의 하늘이 갑자기 어두워지고 태양 빛에 가려져 있던 밤하늘과 별들이 등장한다. 그리고 평소에는 눈부신 태양의 광구 때문에 볼 수 없었던 태양 외곽 대기 코로나가 우주 공간으로 뻗어나가는 모습까지 볼 수 있다. 예술가이자 천문학자인 에티엔 트루블로가 그린 293쪽 그림에서 볼 수 있듯이, 태양 표면 위로 길게 뻗어나가는 거대한 태양 홍염도 확인할 수 있다. 산 정상처럼 높은 곳에서 일식을 관측하면 가끔 달의 본그림자 가장자리가 놀라운 속도로 주변 풍경을 비집고 움직이는 모습도 관측할 수 있다. 개기일식의 초현실적인 힘에 압도되면 우리가 얼마나 덧없는 존재인지 느끼게 된다. 기록된 역사 전체를 통틀어 오래전부터 개기일식이 인류의 문화에 큰 영향을 끼쳐왔다는 사실은 전혀 놀랍지 않다.

반면 일식에 비해 월식은 덜 충격적이었다. 부분월식이 아닌 개기월식이 진행되면 하늘에 떠 있는 달은 붉은 주황색으로 물든다. 이 붉은 색깔은 지구에서 태양이 떠오르거나 저물 때 하늘이 붉게 물드는 것과 동일한 원리로 인해 만들어진다(지구에서 월식을 보는 동안 반대로 달에서는 지구가 태양을 가리는 지구에 의한 일식을 보게 된다).

일식과 월식 모두 우주에서 가장 중요한 세 천체인 태양, 달, 지구의 배열과 연관되어 있다. 이들의 기하학적 배치는 수년에 걸쳐 주기적으로 반복된다고 알려져 있었다. 이 현상들을 이해하는 것은 천체 역학에 대한 인류의 이해를 높이는 중요한 역할을 했다. 식이 진행되는 동안 태양과 달 둘 모두의 위치를 매우 높은 수준의 정확도로 구할 수 있었다. 일식이 진행되는 동안 태양과 달은 하늘에서 정확히 0.5도 너비의 영역을 차지하고 있었다. 월식이 진행되는 동안에는 태양과 달이 각각 지구를 사이에 두고 정확히 180도 방향에 떨어져 있었다.

식과 마찬가지로 금성의 태양면 통과 현상도 예측이 까다로운 복잡한 천문학적 현상 중 하나다. 이 현상도 물론 주기적으로 벌어지지만 그 주기성이 복잡하다. 연이어 8년 간격으로 반복되는 두 번의 금성 태양면 통과 앞뒤로 121.5년과 105.5년 간격을 두고 또 다른 금성 태양면 통과가 벌어진다. 이 전체 주기는 총 243년에 한 번씩 반복된다. 이 현상은 망원경 없이는 관측하기 어렵다. 그래서 고대 천문학자들이 이 현상을 알고 있었을 가능성은 아주 낮다. 하지만 일부가 이러한 현상이 벌어지고 있을 것이라는 의심을 했을 가능성은 있다. 금성보다 태양에 더 가까운 수성은 매 한 세기마다 13~14회 정도 태양면 앞을 더 자주 통과하며 지나간다.

천문학 역사상 가장 놀라운 이야기 중 하나는 고작 스무 살에 불과한 천재적인 영국의 제러마이어 호록스가 금성의 태양면 통과를 최초로 정확하게 예측했고, 그것이 실제 벌어지는 순간을 관측했다는 것이다. 그는 열서너 살 무렵 입학한 케임브리지대학교에서 1632~35년 사이에 코페르니쿠스, 케플러, 브라헤의 발견과 업적을 공부했다. 경제적인 이유로 학교를 졸업하지 못하고 떠나야 했으나 그는 계속 천문학에 전념했다. 그는 코페르니쿠스의 태양중심설과 요하네스 케플러가 주장했던 행성들의 타원 궤도에 관한 이론을 확고하게 믿었다. 호록스는 당시 또 다른 젊은 천문학자 윌리엄 크랩트리와 함께 서신을 주고받으면서 천문학자 케플러가 티코 브라헤의 관측 결과를 바탕으로 1627년에 출간한《루돌프표 Rudolphine Tables》, 즉 행성과 별들의 움직임을 기록한 차트를 수정하는 작업에 몰두했다.

1629년 케플러는 사망하기 딱 1년 전 곧 다가올 수성의 태양면 통과를 미리 예고하는 소논문을 출간했다. 그 현상은 실제로 1631년에 벌어졌고 피에르 가상디가 이 현상을 관측했다(이 프랑스의 천문학자는 수성의 놀라울 정도로 작은 크기와 완벽하게 둥근 모습에 놀라워했다. 이때까지만 해도 행성들은 완벽하게 이해할 수 없는 신비로운 존재였다. 심지어 티코 브라헤는 행성들이 스스로 빛을 만들어내며 밝게 빛나고 있으리라 생각하기도 했다). 이 소논문에서 케플러는 1631년에 금성의 태양면 통과가 벌어질 것이며, 유럽에서는 이 현상을 볼 수 없을 것이라고 예측했다(사실 지중해 동부 지역에서는 관측이 가능했지만, 실제 이 현상을 목격했다는 기록은 없다). 이어서 케플러는 1639년에는 금성이 태양면 앞을 가리지 않고 그 옆으로 피해서 지나가리라는 예측, 그리고 금성의 태양면 통과는 한 세기가 더 지난 1761년일 것이라는 결론과 함께 소논문을 마쳤다.

호록스는 케플러를 존경했지만, 그는 그 위대한 천문학자가 한 치의 오차 없이 모두 옳았다고 확신하지는 않았다. 호록스는 상당한 시간 동안 리버풀과 홀의 랭커셔에 있는 작은 시골 마을에서 행성들의 위치 변화를 계속 관측했다. 이러한 관측을 통해 그는《루돌프표》에 있는 금성의 위도에 오류가 있음을 발견했다. 호록스의 계산에 따르면 금성의 태양면 통과는 항상 8년 간격으로 연이어서 두 번 벌어져야했다. 그 결과가 옳다면 1639년에 17세기의 두 번째이자 마지막 금성의 태양면 통과가 이루어져야 했다. 그는 크랩트리에게 1639년 11월 24일 태양을 관측해보라고 조언했다(당시까지는 잉글랜드가 율리우스력을 사용했기 때문에 실제로는 12월 4일이다). 그는 망원경으로 관측한 태양 원반을 종이 위에 투영할 수 있도록 망원경을 개조해서 헬리오스코프로 만들었다. 호록스는 금성의 태양면 통과가 그날 3시쯤 시작될 것이라 예측했다.

11월 24일, 일요일이 되었을 때 당황스러울 정도로 날씨가 흐려졌다. 하지만 3시 15분, "구름은 마치 신이 조정한 듯 완벽하게 흩어져 사라졌다". 그리고 호록스는 "가장 기분 좋은 광경"을 볼 수 있었다. 바로 태양의 밝은 원반 앞으로 지나가는 금성의 검은 실루엣을 본 것이다. 구름이 흩어졌을 때 금성의 태양면 통과가 한창 진행 중이었다. 그것은 호록스의 예측이 적중했다는 것을 의미했다. 그는 30분 뒤 태양이 저물고 모든 과정이 끝날 때까지 금성의 태양면 통과를 쭉 지켜봤다. 그는 종이 위에 그려놓은 15센티미터 크기의 동그라미 안에 세 번의 관측 순간을 조심스럽게 옮겼다. 이것은 망원경이 발명된 이래로 벌어진 두 번째 금성의 태양면 통과였고, 실제 관측을 통해 확인된 최초의 금성의 태양면 통과였다.

위대한 천문학자 요하네스 케플러의 오류를 찾아내고 결국 자신이 옳다는 것을 증명했던 20세의 젊은 천문학자 호록스의 업적은 경이로웠다. 크랩트리 역시 구름이 물러나고 나서 금성의 태양면 통과를 관측했다. 크랩트리와 호록스는 당시 지구상에서 금성의 태양면 통과를 목격한 유일한 두 사람이었을 것이다. 이후 크랩트리는 호록스에게 너무도 감동받은 나머지 "여성스러운 감정을 내비치고 말았다"라고 쓰기도 했다.

잉글랜드와 프랑스의 7년전쟁으로 인해 국제 정세가 복잡해지긴 했지만 1761년 금성의 태양면 통과 관측을 위해 당시 역사상 최초로 국제적인 과학 협력이 이루어졌다. 인도양, 시베리아, 남아프리카, 남태평양, 아메리카를 비롯한 여러 지역으로 당대 세계 최고의 천문학자들이 파견됐다. 그뿐만 아니라 많은 관측 장비들도 다양한 장소로 보내야 했다. 관측자가 있는 각 장소의 정확한 경도를 측정하는 것이 매우 중요한 과제였는데, 이를 위해서는 광범위한 예비 관측이 수행되어야 했다.

그런데 금성의 태양면 통과가 있었던 당일, 예상치 못한 시각적 현상들이 추가로 관측되면서 사람들은 더 혼란스러워졌다. 금성이 태양면 가장자리에 접근하자 금성 주변에 빛의 고리가 형성되었다. 이것은 태양빛 일부가 당시까지 알려지지 않았던 금성의 대기권을 통과하면서 굴절된 결과였다. 뒤이어 '검은 물방울 현상'이 뒤따라 나타났다. 이것은 금성이 태양 원반 앞으로 진입할 때 금성과 태양 원반 가장자리가 이어지면서 아주 작게 흔들리는 검은색 물방울 모양이 만들어지는 현상이다. 이 현상은 아마 우리 지구 자체의 대기권과 망원경이 갖고 있던 광학적 결함으로 인해 만들어졌을 것이다.

당시 천문학자들은 다양한 장소에서 태양면 통과가 시작되고 끝나는 시점의 시차를 측정하려고 했는데, 이 두 가지 현상 모두 금성의 태양면 통과가 시작하고 끝나는 정확한 시간을 재기 어렵게 만들었다. 하지만 이런 어려움 속에서도 당시 천문학자들은 1761년 금성의 태양면 통과 관측을 통해 지구에서 태양까지 거리를 상당히 훌륭하게 추정할 수 있었다. 이후 1769년 뒤이어 벌어진 금성의 태양면 통과를 통해 새로운 데이터를 축적했다. 이 추가 관측을 통해 오늘날 밝혀진 수치와 1퍼센트 이내로 정확한 새로운 추정치를 얻었다. 덕분에 천체 관측에서 가장 중요한 단위 중 하나인 태양과 지구 사이 거리 기준의 천문단위 AU가 새롭게 확립되었다.

제러마이어 호록스는 자신의 관측 결과를 바탕으로 《태양 위로 지나갈 때 본 금성Venus in sole visa》이라는 제목의 우아한 논문을 썼다. 22세의 젊은 나이로 갑자기 사망하기 전까지 그의 논문은 미출간으로 남아 있었다. 그가 사망한 이유는 아직 정확히 밝혀지지 않았다. 그의 논문은 그가 사망하고 나서 21년이나 더 지난 뒤에 폴란드 천문학자 요하네스 헤벨리우스에 의해 출간되었다. 이후 영국에도 그의 논문이 소개되었다. 크랩트리는 호록스가 사망하고나서 3년이 지난 뒤, 제1차 영국 내전 중에 34세의 나이로 사망했다.

호록스와 크랩트리의 금성의 태양면 통과 관측은 전례 없는 대단한 성과였다. 게다가 코페르니쿠스의 태양중심설에 대한 아주 중요한 검증이었다. 이 사건은 영국 천체물리학의 시초로 평가받는다. 호록스가 더 오래 살았다면 얼마나 대단한 발견을 더 했을지 알 수 없을 것이다. 19세기 후반, 웨스트민스터 사원에 대리석 석판 하나가 세워졌다. 다음은 석판에 적힌 내용 일부다.

> 1641년 1월 3일에 22세 또는 그 또래의 나이로 사망한 제러마이어 호록스를 추모하며⋯⋯ 너무나 짧은 삶을 살았던 호록스는 그 짧은 세월 동안 목성과 토성의 평균적인 움직임 속에서 오류를 발견했고, 달의 궤도가 타원을 그린다는 것을 발견했으며, 달이 어떤 궤도를 그리는지를 완성했고, 달이 어떻게 지구 주변을 공전하는지 물리적인 원인을 파악했으며, 직접 금성의 태양면 통과를 예측하고 1639년 11월 24번째 날인 일요일, 그 현상을 친구 윌리엄 크랩트리와 함께 실제로 목격했다. 뉴턴의 동상을 마주보는 이 석판은 호록스의 놀라운 발견 이후 2세기가 더 지난 1874년 12월 9일 이 자리에 세워졌다.

• 1320~25년

이 삽화는 프랑스의 시인이자 사제였던 고티에 드 메츠가 쓴 《세계의 그림 L'Image du monde》에 등장한다. 이 사본은 14세기 초 것으로, 이보다 더 아름답게 월식을 표현한 동시대 작품을 찾는 건 꽤 어려운 일일 것이다. 이 그림은 '로만 드 포벨의 거장'이라는 예술가 그룹에 속한 이에 의해 제작되었으리라 추정된다. 드 메츠는 1245년 프톨레마이오스의 《알마게스트》를 비롯해 다양한 천문학 정보들을 수집해서 이 백과사전을 만들었다. 그리고 "하늘에서 본다면 지구는 가장 작은 별과 비슷한 크기로 보일 것이다"라는, 중세시대로선 놀라운 통찰도 보여주었다(보이저 탐사선이 직접 우주에 올라가 그 유명한 '창백한 푸른 점' 사진을 찍어 드 메츠의 주장이 사실임을 증명하기 무려 750년 전의 일이다). 1480년 잉글랜드에서 《세계의 그림》을 처음으로 번역한 인쇄본이 출간되었다. 이것은 한때 베리 공작의 소유였다.

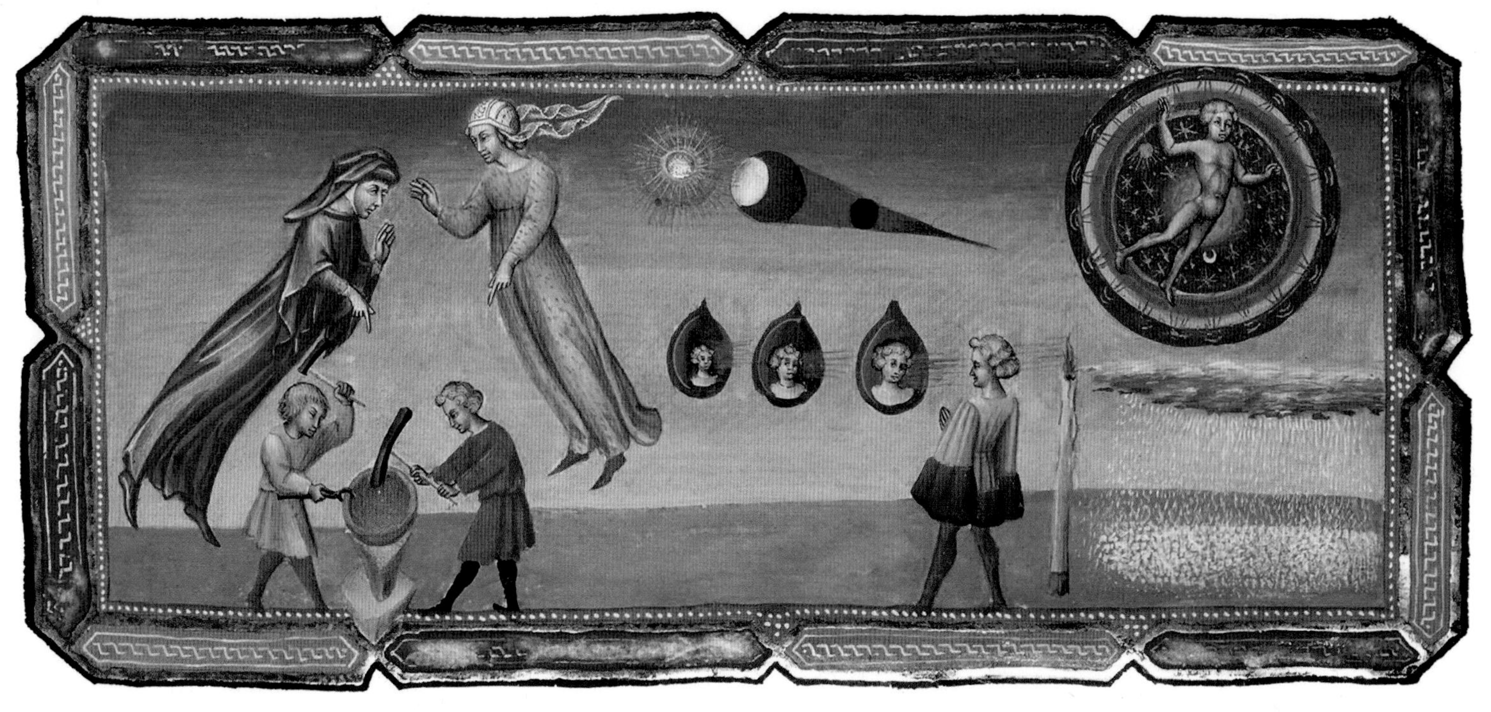

• 1444~50년

단테의 《신곡》 속 〈낙원〉 파트의 한 장면을 조반니 디 파올로가 그린 것이다. 일식을 매우 분명하게 묘사하고 있다. (파란색 옷을 입은) 단테가 달에 도착한 뒤 그의 가이드 베아트리체에게 달 표면의 거뭇하고 어두운 반점에 대해 설명을 듣고 있다. 당시 사람들은 달 표면을 덮은 물질의 밀도 차이로 인해 달 표면이 얼룩져 보인다고 생각했다. 하지만 베아트리체는 단테의 가설에서 모순을 지적했다. 달에 있는 어두운 반점이 단순히 표면을 덮은 물질의 밀도가 낮아서 생긴 것이라면, 일식이 진행되는 동안 태양 빛은 달 표면에서 밀도가 낮은 어두운 반점 부분을 투과해 그대로 날아와야 하지만 실제로는 달 뒤에 가려진 태양 빛이 보이지 않는다는 것이었다. 베아트리체는 명쾌하게 과학적으로 단테의 가설을 반박하며 이렇게 말했다. "당신의 생각은 오류로 잠겨 있군요." 이 문장은 인류의 망원경이 최초로 달을 향하기 300년도 더 전에 쓰였다. 디 파올로가 그린 또 다른 그림은 39, 85, 128, 160, 196~97쪽을 참고하라.

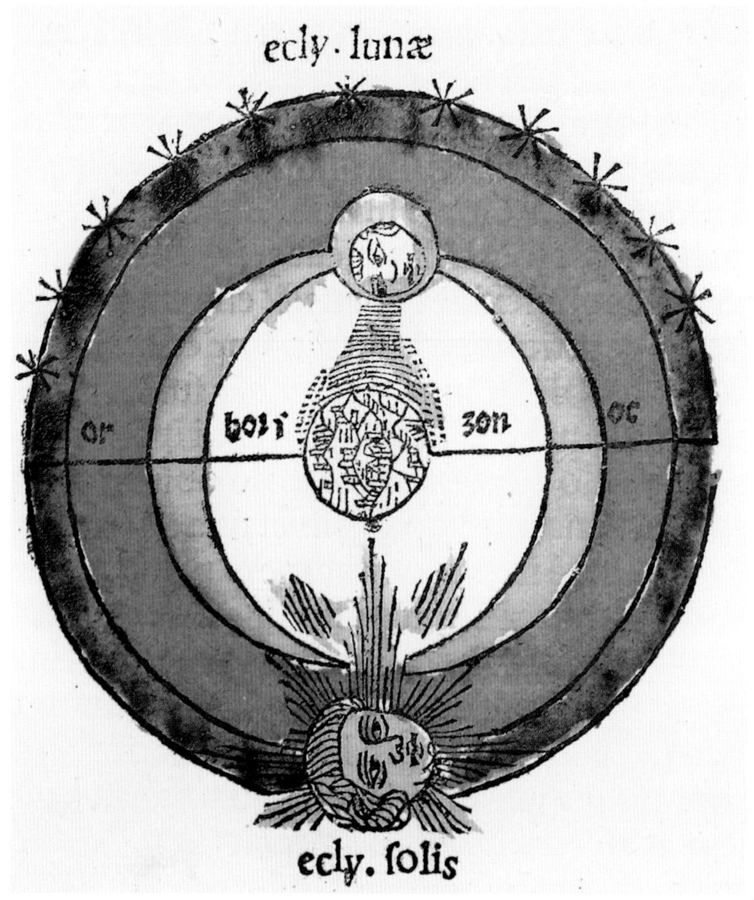

• 1499년

위: 요하네스 데 사크로보스코의 《천구에 관하여》의 초기 판본 중 하나에 등장하는 그림이다. 손으로 직접 채색한 이 목판화는 월식을 묘사한다. 이 책은 2세기 넘는 세월 동안 프톨레마이오스의 우주 모델 속 행성들의 복잡한 움직임을 일관성 있게 설명해주었다. 이 책의 초판은 1230년에 나왔다 (이 책의 베네치아 판에 나오는 또 다른 그림은 49쪽을 참고하라).

• 1478년

오른쪽: 토스카나-나폴리 출신의 인문주의자 크리스티아누스 프롤리아누스의 과학 논문 《천문학》에 실린 그림이다. 이것은 원래 독일의 세밀화가 요아히누스 드 기간티부스가 일식 현상을 예측하기 위해서 그린 도표다. 왼쪽 칸에 세로로 쓰인 라틴어 글자들은 다가올 일식의 예측되는 연도와 월, 일을 명시하고 있다. 매 일식마다 태양이 가장 많이 가려진 순간을 기준으로 일식이 얼마나 오랫동안 이어질지 지속 시간이 양 옆에 가로로 쓰여 있다. 금박은 태양을 표현하기 위해 사용되었다. 이 책에 실린 또 다른 그림은 129쪽을 참고하라.

āno·1486·	Erit eclipsis lu ne die 18 febr hō·0 minut 44	Durabit ista eclipsis per ho ras 3 minut 44
Eodē ano·	Eclipsis solis die 4 mārtij hō 13 minut 12	Durabit ista eclipsis solis hō 1 & minu ·40·
āno·1487·	Lunæ eclipsis die 7 februa rii hō 10 minu ·23·	Tempus durā tionis eius e hō 3 minut 20
Eodē ano·	Erit eclipsis sol die 19 iu lii hō 18 minu ·46·	Tempus dura tionis erit 1 hō·0 minut ·40·
ano·1488·	Eclipsis lunae Ianuā die 28 hō 2 minut 44	Durabit ista eclipsis lun hō 0 & minu 14
Eodē anno·	Erit eclipsis solis die 8 iu lii hō 12 minu 4	Durabit ista eclipsis solis 1 hō minu

• 1547~52년

2008년 7월, 런던 올드 마스터즈의 경매사 제임스 파버는 뮌헨의 한 경매장에서 놀라운 고서를 한 권 구매했다. 이 책은 167개의 수채화와 구아슈 화들로 가득 채워져 있다. 각 그림들은 다양한 기적적인 사건들을 묘사했다. 특히 파버는 1552년에 기록된 마지막 사건에 주목하고, 그림이 그려진 종이와 재료를 철저히 분석했다. 이 책은 현재《아우크스부르크 기적의 서 Augsburger Wunderzeichenbuch》라는 제목으로 알려져 있다. 당시 파버의 분석 결과에 따르면 이 그림은 16세기 중반으로 거슬러 올라가며, 아우크스부르크에서 종교개혁이 최정점이던 시점에 제작되었을 것이다. 책에 담긴 대략 60점의 그림들은 일식과 월식, 혜성, 그 밖의 다양한 천문 현상들을 묘사한다. 책 속의 내용은 각 현상들을 고대 독일어로 꾸밈없이 있는 그대로 묘사한다.

위: 여기에 쓰인 내용은 다음과 같다. "1483년, 벨쉬 땅 지금의 남유럽 지역에 메뚜기 떼가 날아다니며 브릭센의 시골 마을을 초토화했다. 만토바의 루이스 후작이 이 사태를 막지 않았다면 롬바르디아 지역의 모든 씨앗을 모조리 파괴했을 것이다. 후작은 메뚜기 떼를 죽이고, 불태우고, 모두 쫓아냈다. 이 사건 이후 일식이 목격되었고 연이어 수많은 사람들이 사망했다. 브릭센에서는 2만 명 넘는 사람들이 사망했고 베네치아에서는 3만 명 정도가 사망했다."

위: 《아우크스부르크 기적의 서》의 또 다른 삽화다. 아래 쓰인 내용은 다음과 같다. "1362년 작센의 황제 오토 대제가 군림하던 시기에 세찬 비바람이 불었다. 그리고 경이롭고 거대한 돌멩이 하나가 천국에서 떨어졌다. 많은 사람들의 몸에서 핏빛의 붉은 작은 성호가 나타났고 하늘에서는 태양의 대일식이 벌어졌다."

• 1554년

뒤: 보헤미아의 천문학자 키프리안 르보비키는 이전 시대의 천문학자 레기오몬타누스와 폰 포이어바흐가 만든 천체의 움직임에 관한 표를 개정하면서 명성을 얻었다. 티코 브라헤는 이 업적 때문에 르보비키를 존경했다. 당시 천문학자들은 점성술사 역할을 함께 하고 있었다. 르보비키는 역사적 사건들 속에서 다양한 점성학적 상징과 징조를 찾아 이들을 설명했다. 그는 특히 일식과 월식 현상에 주목했다. 이 그림은 르보비키가 쓴 《일식과 월식Eclipses luminarium》에 수록된 것으로, 1554년에서 1600년 사이에 벌어질 일식과 월식 현상을 예측하는 부분의 일부다. 이 그림에서 볼 수 있듯이 르보비키는 일식과 월식을 트롱프뢰유 스타일의 액자 프레임 안에 지상의 풍경과 함께 표현했다.

왼쪽: 1569년 3월 2일 밤에 벌어지는 일식 장면이다. 횃불을 든 군중의 머리 위 왼쪽 하늘에 목성이 떠 있다. 월식으로 인해 가려진 달은 그림의 오른쪽 멀리 말을 타고 있는 한 사람의 위에 그려져 있다.

오른쪽: 1567년 4월 8일에 벌어지는 일식 장면이다. 그림의 왼쪽에서 나무 위로 올라가고 있는 한 용감한 사람이 보인다. 얼핏 보면 일식을 더 자세하게 보려고 올라간 열렬한 일식 관측자 같지만 그렇지 않다. 그림을 자세히 보면 그는 도끼를 들고 있다.

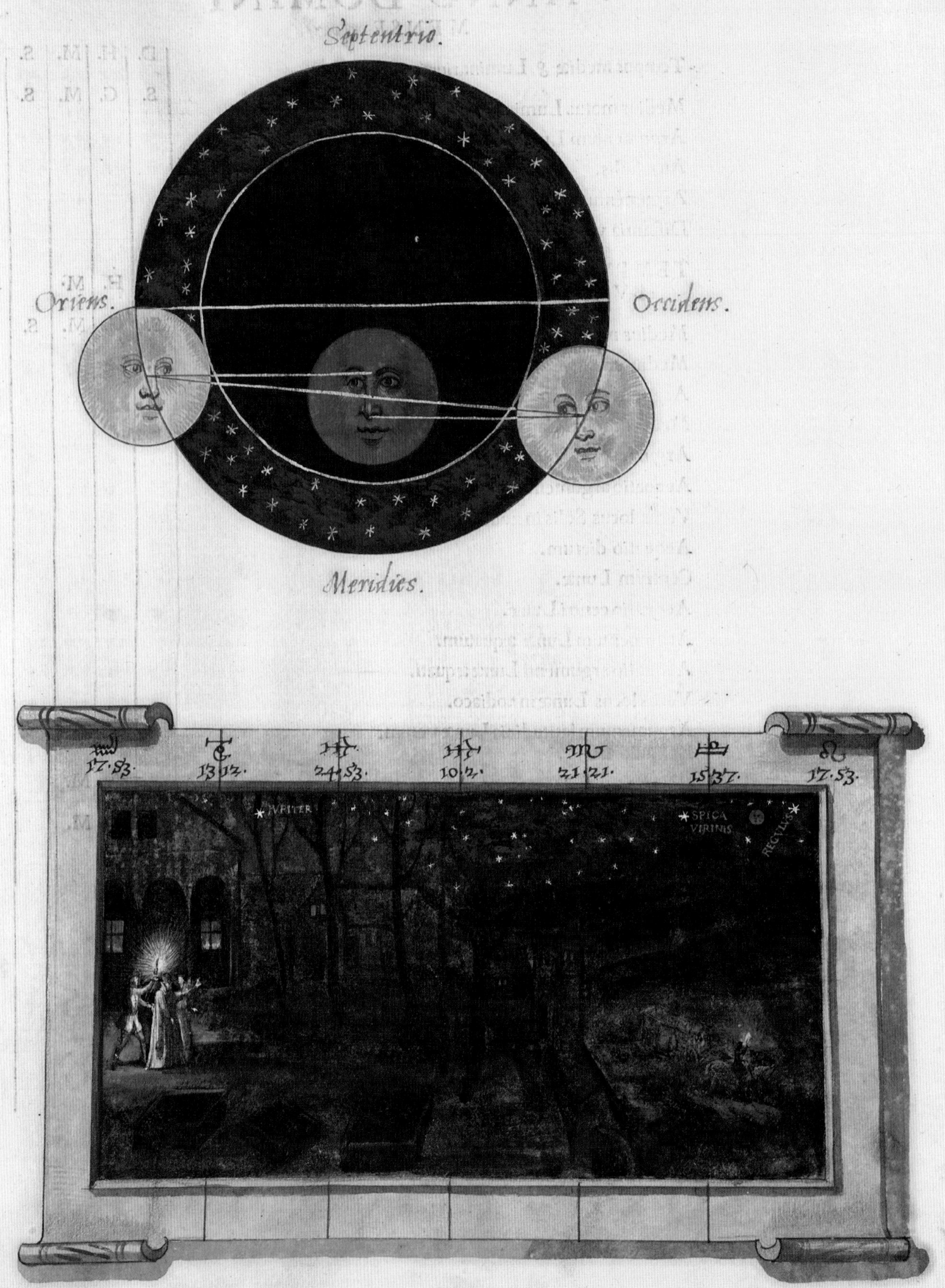
Figura Eclipsis Lunæ, Sole constituto in longitudine media ecentrici suj.
Septentrio.
Oriens.
Occidens.
Meridies.
17.53.
13.12.
24.53.
10.2.
21.21.
15.37.
17.53.
IVPITER
SPICA VIRINIS
REGVLVS

Figura Eclipsis Solis constituti in longitudine media eccentrici.

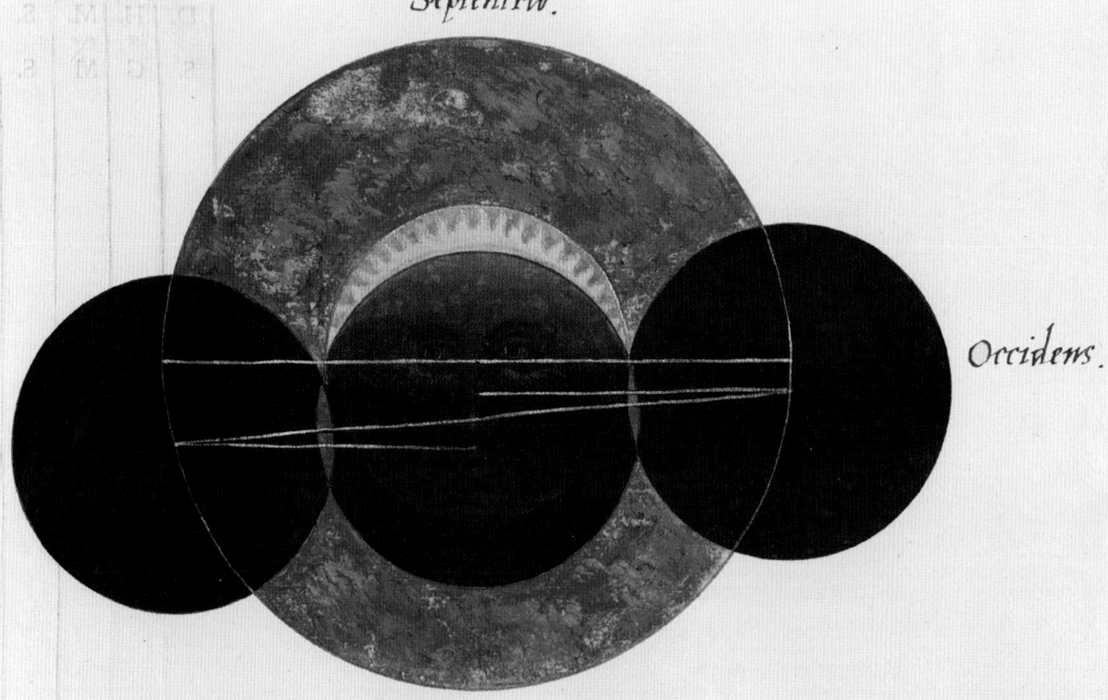

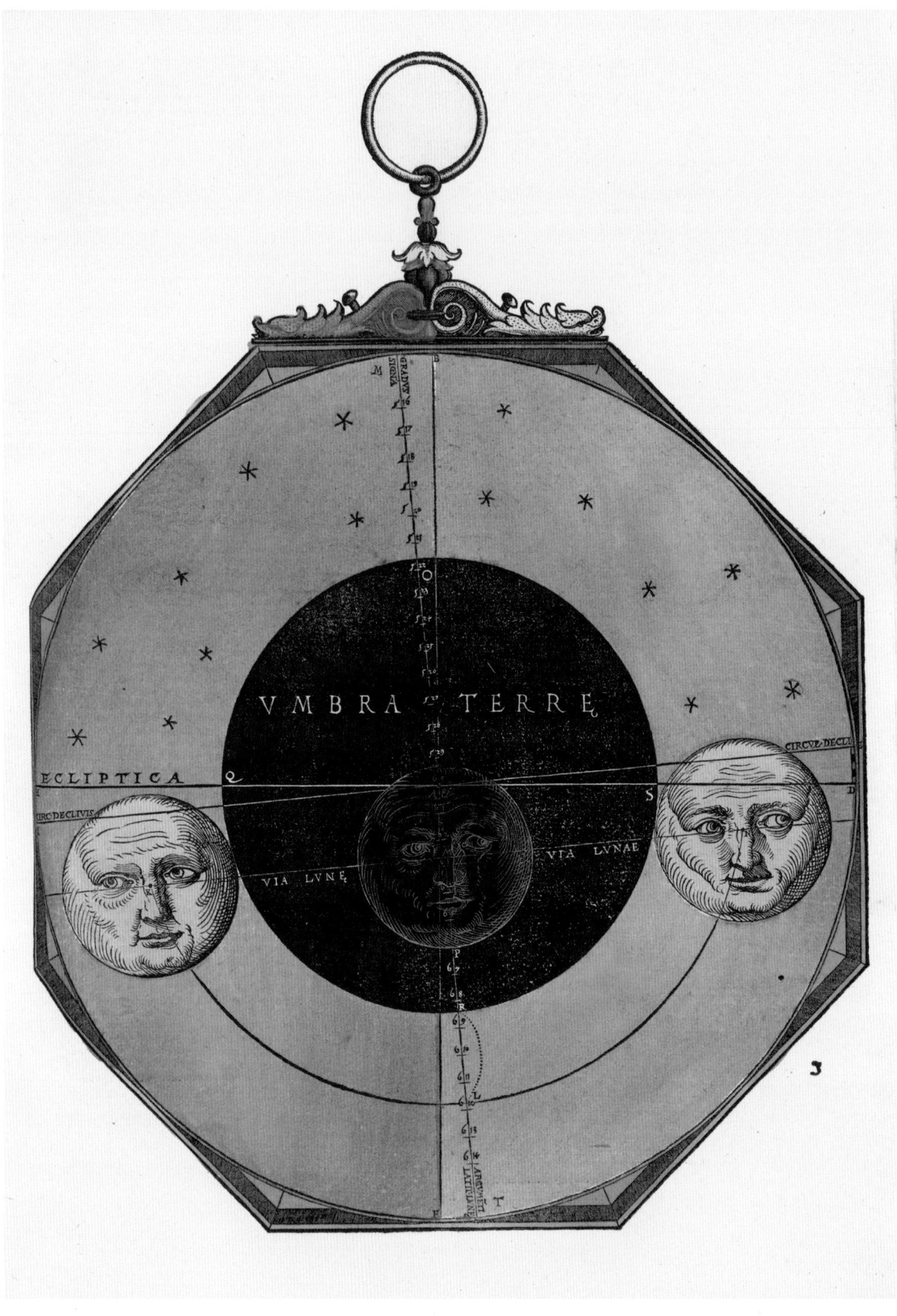

• 1540년

독일의 인쇄공이자 우주 지도 제작자였던 페트루스 아피아누스가 쓴 《아스트로노미쿰 카에사레움》에 수록된 그림이다. 월식을 묘사하고 있는 이 그림에서 검은색 원은 태양을 가린 지구의 그림자를 의미한다. 지구의 하늘에서 태양이 움직이는 경로인 황도가 지구 그림자를 수평으로 가로지른다. 반면 달은 황도에 대해 살짝 기울어진 경로를 따라 지구 그림자를 관통한다. 지구 그림자는 항상 태양의 정반대편에 그려지며 따라서 항상 황도면 위에 드리워진다. 아피아누스의 책에는 직접 손으로 돌리고 회전시킬 수 있는 볼벨 그림이 많이 등장하지만 이 그림은 볼벨은 아니다. 다시 말해서 움직이는 부분은 없다. 이 책은 1530년 10월 6일에 벌어졌던 월식을 기념하기 위해 제작되었다. 그리고 이날은 바로 샤를 5세가 신성로마제국 황제로 즉위한 날이다. 《아스트로노미쿰 카에사레움》 속 다른 삽화들은 51, 87, 131, 198, 247쪽을 보라.

• 1570년대

이 그림은 프랑스 르네상스의 법정 화가 앙투안 카론이 그렸을 것으로 추정된다. 파리의 하늘 위에서 벌어진 일식을 이상적으로 표현한 그림이다. 이 작품을 일컫는 제목 중 하나는 〈식을 연구하는 천문학자들〉로, 1947년 이 그림의 소유권을 갖게 된 당시의 런던 코톨드 예술학교의 앤서니 블런트가 한참 뒤에 붙인 이름이다. 하지만 현재 이 그림은 〈이교도 철학자들을 개종시키는 아레오파지테 디오니시우스〉라는 제목으로 불린다(아마 그림의 원래 제목은 이와는 달랐을 것이다). 이 그림은 현재 로스앤젤레스의 게티센터미술관에서 볼 수 있다. 그림 속 그리스 의복을 입고 앞에 선 수염이 긴 사람은 그리스-알렉산드리아의 천문학자 클라우디오스 프톨레마이오스일 가능성이 높다. 앙투안 카론이 살아 있는 동안에는 사실 파리에서 개기일식이 벌어진 적이 없다. 다만 1544년 1월 태양의 96퍼센트가 가려지는 부분일식은 일어났다. 아마 이 그림은 당시의 사건에 대한 기억을 바탕으로 제작되었을 것이다. 그림 속에는 혼천의부터 컴퍼스까지 당시 천문학자들이 사용하던 다양한 천문 관측 도구를 든 다섯 명 이상의 인물들이 함께 표현되어 있다(제단 위에 컴퍼스, 직각자, 직선자로 둘러싸인 채 쪼그려 앉아 무언가를 기록하는 푸토의 모습이 눈에 띈다).

• 1700년

1706년 5월 12일, 극적인 개기일식이 유럽 전역을 어둠 속으로 집어삼켰다. 이 그림에는 더 넓게 퍼진 달의 반그림자와 함께 개기일식을 볼 수 있는 경로가 지구 위에 표현되어 있다. 남극을 중심으로 남쪽에서 바라본 듯 투영된 지구 남반구의 세밀한 지도는 암스테르담의 지도 제작자 카렐 알라드의 지도를 연상시킨다. 이 그림은 놀랍게도 지구가 아닌 지구의 남극에서 수만 마일 이상 멀리 벗어난 우주 속 가상의 한 지점에서 남반구를 바라보는 듯한 관점을 제공한다. 이 그림은 인류가 언젠가 먼 미래 지구 바깥 멀리까지 우주 여행을 하게 될지도 모른다는 대담한 상상을 불러일으켰다.

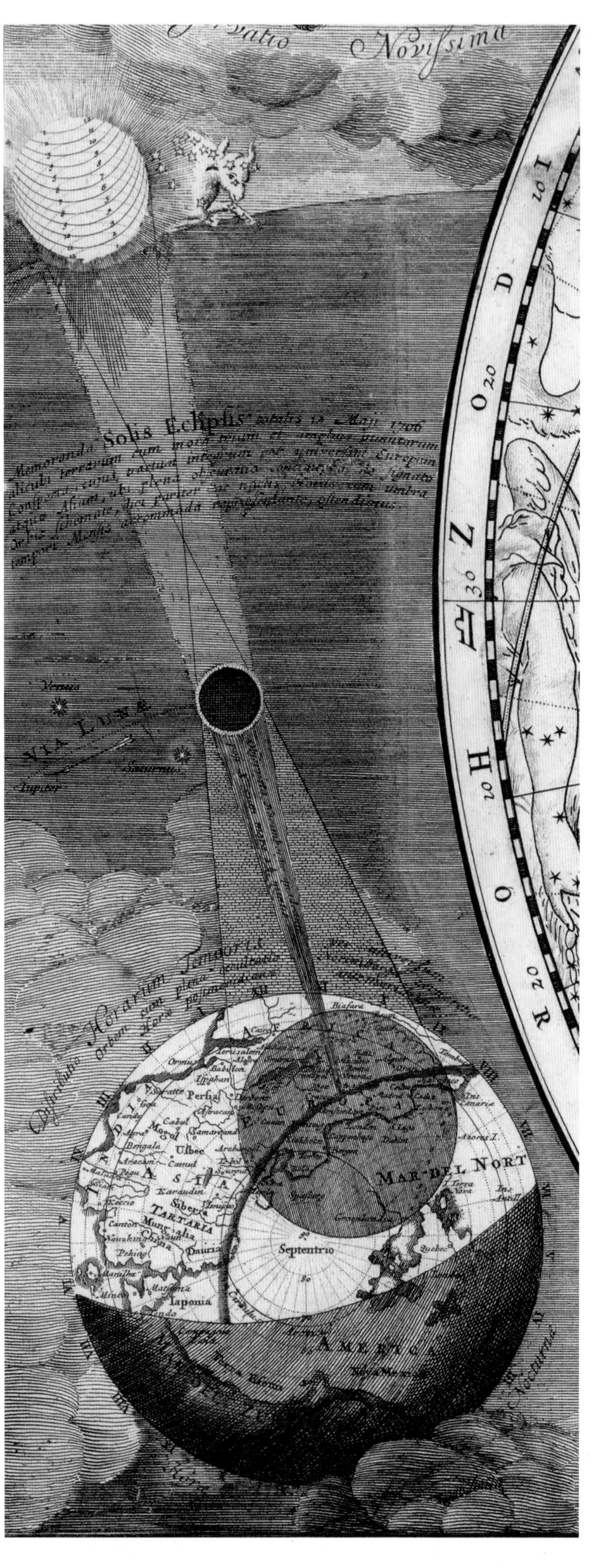

• 1715년

오른쪽: 이 그림은 이제 막 천문학적 계산이 정밀해지던 무렵, 개기일식의 경로를 매우 세부적으로 묘사한 최초의 지도 중 하나다. 자신과 똑같은 이름이 붙은 혜성의 궤도를 미리 예측하고 계산한 것으로 유명한 영국의 천문학자 에드먼드 핼리는 1715년 4월 22일의 일식을 묘사하기 위해 이와 같은 한 페이지짜리 큰 지도를 제작했다. 과거의 지도에 비해서는 비교적 정확했지만 완벽하지는 않았다. 이후 핼리는 1724년 5월 11일에도 또 다른 일식이 영국에서 벌어질 것이라고 예측했다. 그래서 그는 1715년의 일식 경로를 그렸던 원래의 지도 위에 1724년의 일식 경로를 추가한 새 지도를 출간했다. 이 지도에는 1715년과 1724년 두 일식의 달 그림자 예측 경로가 모두 표현되어 있다. 1724년의 일식은 핼리의 예상대로 남프랑스를 향해 영국해협을 가로질러 지나갔다.

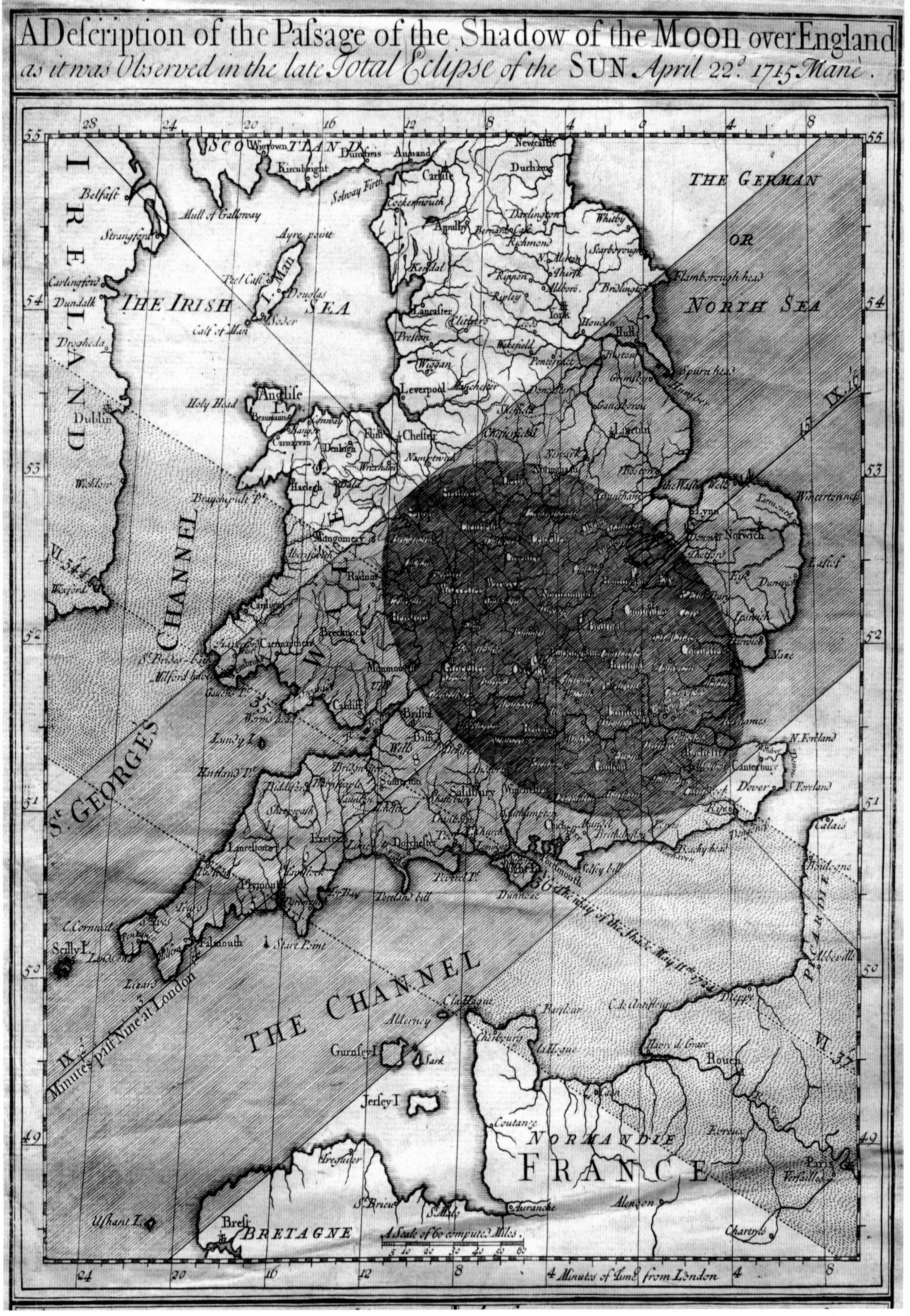
A Description of the Passage of the Shadow of the Moon over England
as it was Observed in the late Total Eclipse of the SUN. April 22d. 1715 Mane.
THE GERMAN OR NORTH SEA
THE IRISH SEA
IRELAND
St. GEORGES CHANNEL
THE CHANNEL
NORMANDIE
FRANCE
BRETAGNE
A Scale of 60 computed Miles.
4 Minutes of Time from London
Minutes past Nine at London

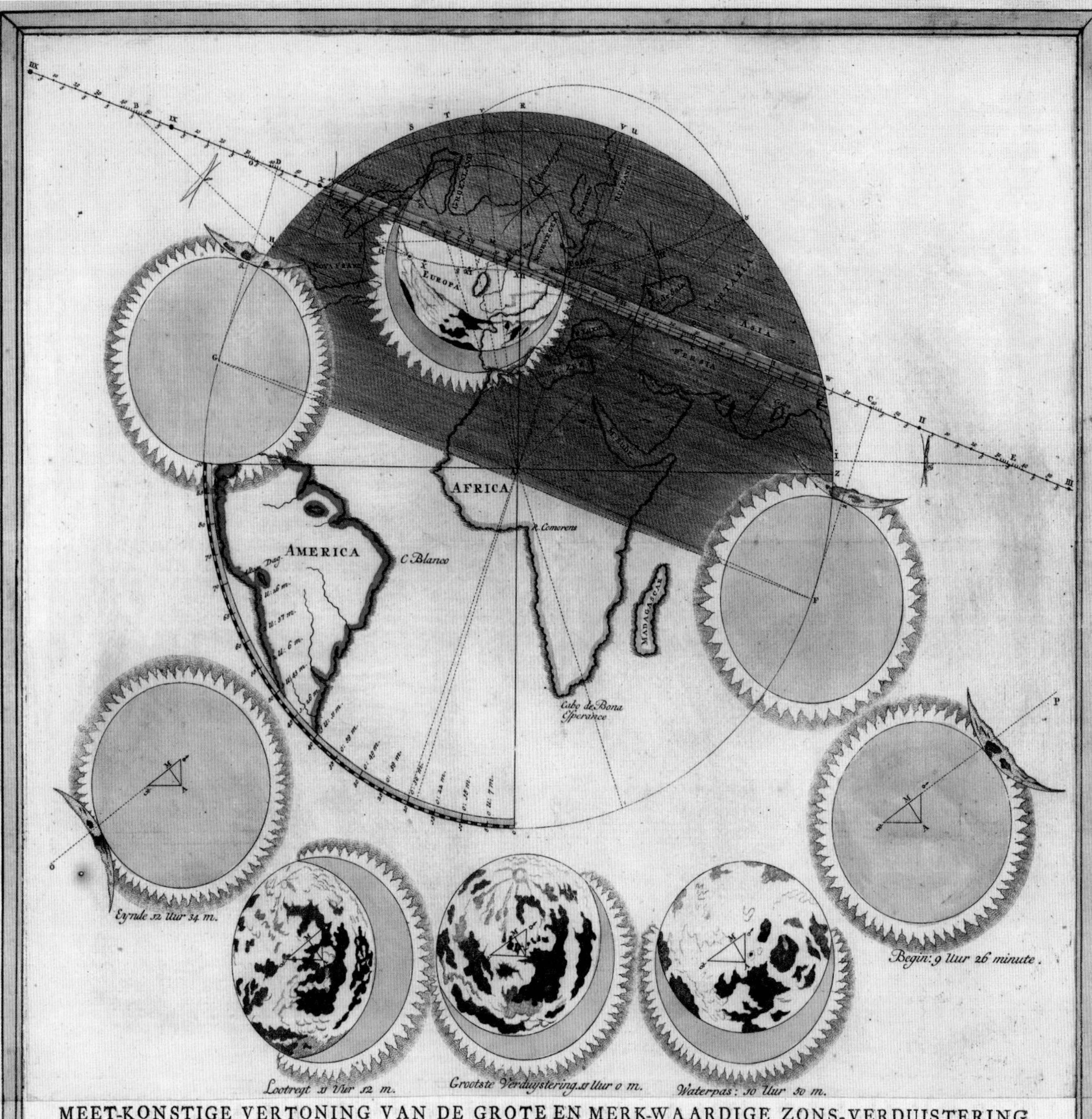

MEET-KONSTIGE VERTONING VAN DE GROTE EN MERK-WAARDIGE ZONS-VERDUISTERING.

Die wezen zal den 25. Julius 1748. Hoe dezelve zig boven de Stad AMSTERDAM en andere omleggende STEDEN zal vertoonen. Als meede een nette Aanwyzinge, waar de Middelpunts-Schaduwe zal passeeren; en hoe verre deeze Eclips ten Zuiden en Noorden zal konnen gezien worden. Alles door de Meetkonst betoont, door SIMON PANSER,

Stads Mathematicus, Leermeester der Wis- Sterre- en Zeevaartkunde tot EMBDEN.

VERKLARINGE over deeze bovenstaande Afbeeldingen.

DAar is in de geheele Astronomia, of Sterrekunde, niets, dat de wonderlyke Sneedigheid van het menschelyke vernuft, en deszelfs schrandere doorzichtigheid, meer aantoont; als de klare uitlegginge van de verduisteringen van Zon en Maan, en de Naauwkeurige Voorzegginge derzelver, zoo als die by de Sterrekundige word opgemaakt.

Ik heb in den Jare 1738. een Astronomische Hemel-Spiegel in 't Ligt gegeven, waarop deeze Zon-Eclips vertoonde: van gedagten zynde, om over dit Verschynsel niet meer te reppen: Maar met het uitkomen van den Almanach, zoo zag wel haast, dat het de pyne waart was, om deeze seldzame Verduysteringe der Zon eens van nieuws wederom te hervatten; om dat het met de Tyd in den Almanach wel 1 Uur 28 Minuten verschilde: Ja hier komt nog by, dat eenen *Joh. van der Boot*, in zyn Tractaat: *De Eeuwigduurende, en Onveranderlyke Zon- en Maans Tafelen*. Het begin stelt 10 Uur 30 Min. verschillende wederom 1 Uur 4 Min. En hy zeid, dat dezelve byna geheel zal verduisteren, of ten uitersten zeer weinig ligt over de Noordzyde zal behouden. Daar dog dezelve nog omtrent 1¾ Duim ligt: niet over de Noordzyde, maar over de Zuidzyde behoud.

Dit is de reden, waarde Leezer, dat my bewogen heeft om 't werk zeer naauwkeurig nog eens naar te gaan: En ik twyffele gantschelyk niet of deeze Uitpassinge zal met de Observatien zeer na overeen komen. Aangaande de Nieuwe Maans Tyd heb ik naar de Tafels van *De la Hire* bereekent. En dit is 't geene ik vooraf te zeggen hadde.

In de Generale Figuure verbeeld het Rond de Schyve des Aardkloots, zoo als dezelve zig zoude vertoonen, als wy op de Maan geplaatst waren: waar van A de Zon is, staande in Top. R de Noord-As. RS. RU. de Zons- of ☾-Declinatie. B.M. W.E. De Maans Weg, lopende regthoekig over de Maans Asboog A. V. Het Ovaal is de Weg van Amsterdam, dewelke zig uit het Oogpunt de ☾. dusdanig zou swajen, welkers weg: Als meede die van de ☾ in Uuren en Minuten verdeelt zyn: Welkers evene Tusschentyd, genomen met de ½ Midlynen van Zon en Maan de begeerde Tyden kan bepalen. O ☉ is het Begin (hier is telkens de Equatie des Tyds 6 Minuten afgetrokken) te 9 Uuren 26 Minuten. De Horens Waterpas in 10 uuren 50 minuten in ♂. Het midden in M ten 11 uuren 0 minuten. De Horens der Zon lootregt in ♃ ten 11 uuren 12 minuten. Het Einde in P ten 12 uuren 34 minuten. En zal op zyn grootst 10¼ Duim over de Noordzyde verduisteren. NB. Dit ziet op de Generale Figuur.

Nu staat ons aan te toonen, waar de Schaduwes-middelpunt over de Oppervlakte des Aardkloots zal passeeren, en verbeeld de Breede Riem van X tot W. De Schaduwes-middelpunt beslaat in de Breete omtrent 40 Mylen, welkers onderleggende Plaatsen rontsom de Maan, de glinsterende Zons-Cirkel, onder de gedaante van een gulden Ring, zien vertoonen, om reden, dewyl den Maans-middellyn zig naar ons gezigt minder vertoont als die van de Zon: of 't welk even eens is, om dat de schaduwachtige Kegel van de Maan, zyn uiterste Spits nog ruim 2 1/10 Halve Aardkloots-middellyn van de Aarde blyft.

De Ware Tyd der Samenstand is gevonden Voormiddag te 11 uren 43 min. tot Amsterdam. Op dezelve Tyd komt de Maan in zyn Weg in B. en treed in ♎ voor de Zonne: alsdan valt de Byschaduw in H op den Aardbol. En neemt met de Zons opgang haar aanvang 's morgens ten 5 uuren 1 min. op deeze Tyd is de ☾ Schaduws-middelpunt in B. Te Amsterdam 8 uuren 46 min. dat is 3 uuren 45 min. vroeger, of 56 graden 15 min. ten Westen, dat is, op 325 graden 45 Lengte. Om nu de Pools Hoogte te vinden, zoo haalt van 't Punt H regthoekig op de N. As AR. van daar regthoekig door AS. of AU tot op de Rand van de Aardkloot: zoo zal van dat Punt, tot aan U of S 't Compl. van de Pools Hoogte zyn, gelyk men kan afmeeten op het Quadrant: waar op van 5 tot 5 graden de Zons opgang, van ieder Pools hoogte ook genoteert staat: men vind dan naar onderregtinge dat de Plaats H leid op 35 gr. 30 min. Noorder Breedte.

Van daar rukt de Maan op de Middelpunts-weg tot in ♐ alwaar men de Zon 's morgens ten 4 uuren 31 min. als een gouden Ring zal zien opkomen, alsdan is het te Amsterdam 10 uuren 2 min. zynde 5 uuren 31 min. vroeger, dat is de Plaats ♐ op 299 graden 15 min. lengte. En men vind 46 graden Noorder Aspunts Hoogte.

XII. Is de Plaats, alwaar de Zonne annulaar zal verduisteren, en dat op de middag ten 11 uuren 20 min. dat is ten Oosten 10 graden op 32 graden Lengte, en 53 graden Noorder Breedte.

Het Punt in de ☾ Asboog AV. is de Plaats, alwaar men de Zon 1 uur 7 min. naar de middag ringswyze zal zien verduisteren, leggende op 44 graden Lengte, en 50 graden Noorder Breedte.

W. Is de Plaatze, alwaar men de Zonne-Centraal 's avonds ten 6 uuren 17 min. zal zien ondergaan, alsdan is de ☾ in zyn Weg volgens de Tyd te Amsterdam 1 uur 22 min. Dan leid de Plaats W op 96 graden Lengte, en 12 graden 30 minuten Noorder Breedte.

I. Is de Plaats, alwaar de Schaduwe van de Aarde scheid, met de Zons Ondergang ten 6 uuren 1 minut, zynde te Amsterdam 2 uuren 37 min. dat is op 73 graden Lengte en 1 graad Noorder Breedte.

Indien men nu de Plaatzen naarzoekt, zo vind men, dat deeze Middelpunts Duistering zyn begin neemt in de Westindische Zee, tusschen La Barmuda en de Canarische Eilanden, lopende tusschen Nieuw Engeland en Nova Francia door, over Caap Breton, bezuiden Hudzons Bay, Groenland over Duitsland, Polen, Bohemen, tusschen Pontus Euxinus en het Persische Meir, over Tartaria, Persia tot in Oostindien, daar de Schaduwe van de Aarde scheid; niet verre van Sumatra. Ten Zuiden loopt de Schaduwe tot aan Florida en Madagascar; en ten Noorden word dezelve met den Sigteinder afgesneeden in 't onbekende Noorder gedeelte van den Aardkloot. Deeze Middelpunts-schaduwe heeft over de Aardkloot geloopen van ♐ tot W. 2279 mylen, dat is in ieder uur 683 1/10 myl. En alzo make ik met deze Beschryvinge een Einde. Doch men moet betragten, dat alle Plaatzen die benoorden ♐, W leggen, de Zon over de Zuidzyde; maar bezuiden ♐. W. over de Noordzyde zullen zien verduisteren. Hier meede afbreekende, wensche den kunstbegeerigen Leezer veel plaisier tot deeze raare Verschyninge. Verblyve

U. E. D. W. Dienaar

Embden, den 16. May 1748.

SIMON PANSER,

Stads Mathematicus &c.

t'Amsterdam, by R. en J. OTTENS, Kaart- en Boekverkopers in de Kalverstraat.

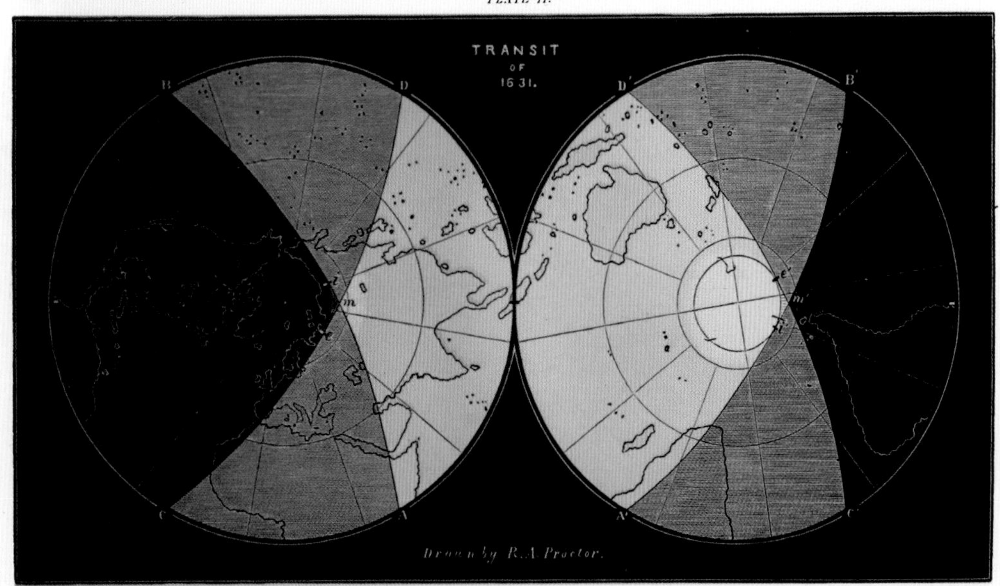

PLATE II.
TRANSIT OF 1631.
Drawn by R. A. Proctor.
A B and A' B' mark the boundary between the sunlit and dark hemispheres a the beginning of the transit.
C D and C' D' mark the boundary between the sunlit and dark hemispheres at the end of the transit.

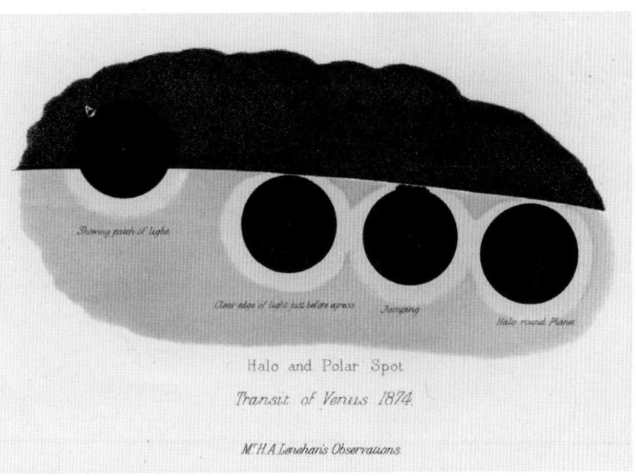

Showing patch of light
Halo round Planet
Halo and Polar Spot
Transit of Venus 1874
Mr H.A. Lenehan's Observations

• 1748년

왼쪽: 이것은 네덜란드의 수학자 시몬 판서르가 제작한 큰 지도다. 1748년 7월 25일의 금환일식 과정을 묘사한다. 금환일식이 진행되는 동안 지구의 하늘에서 보이는 달의 겉보기 크기는 태양보다 약간 작다. 그리고 태양을 어둡게 가린 달 원반 주변에 밝게 빛나는 빛의 고리가 만들어진다. 프랑스 천문학자 필리프 드 라 이르의 천문표를 바탕으로 판서르는 이날의 일식이 언제 시작되고 언제 끝날지를 계산했다. 실제로는 눈부시게 빛나는 태양 빛에 완전히 압도되어서 볼 수 없지만, 이 그림에는 태양 앞을 가리고 지나가는 달 원반 표면의 얼룩진 모습이 디테일하게 함께 표현되어 있다(그리고 실제 일식이 진행되는 동안 태양을 등진 달의 밤에 해당하는 부분이 지구를 향한 채 지나간다는 사실이 정확하게 묘사되어 있다).

• 1875년

맨 위: 태양 얼굴 앞으로 금성이 가로질러 지나가는 금성의 태양면 통과 현상은 평범한 일식보다 훨씬 드물게 찾아온다. 이 현상은 8년 간격으로 연이어 두 번 찾아오고, 이 연이은 두 번의 태양면 통과 현상 앞뒤로는 약 한 세기 이상의 간격이 있다. 금성의 태양면 통과는 총 6시간 이상 진행된다. 영국의 천문학자 리처드 프록터의 책《금성의 태양면 통과》에 등장하는 이 그림은 지구의 남극과 북극에서 내려다본 지구의 지도 위에 1631년 벌어진 금성의 태양면 통과 현상을 볼 수 있었던 지역이 표시되어 있다. 지구의 지도 위에 밝은 쪽과 어두운 쪽은 금성의 태양면 통과가 벌어지는 동안 지구의 낮과 밤의 영역을 구분한다. 이 현상이 진행되는 동안 지구가 자전하면서 낮과 밤을 구분하는 경계선이 천천히 이동한다.

• 1892년

위: 1874년 금성의 태양면 통과는 19세기에 벌어진 연이은 두 번의 통과 중 첫 번째였다. 이 그림은 뉴사우스웨일스 정부 소속의 천문학자 헨리 러셀이 쓴《금성의 태양면 통과 관측Observations of the Transit of Venus》에 등장한다. 당시 현상을 관측했던 시드니 천문대의 천문학자 헨리 레너헌은 금성이 태양 원반을 가로질러 처음으로 금성의 원반이 완벽하게 태양 원반 속으로 들어간 순간 "확실하게 선명한 빛의 고리를 봤다"고 기록했다. 이 그림은 그러한 레너헌의 증언을 표현한다. 금성의 태양면 통과 현상을 다양한 장소에서 기록하기 위해 당시 대영제국은 전 세계 여러 천문대에서 동일한 현상을 관측했다. 러셀의 책은 그중 시드니에서 진행된 관측 결과를 바탕으로 제작되었다.

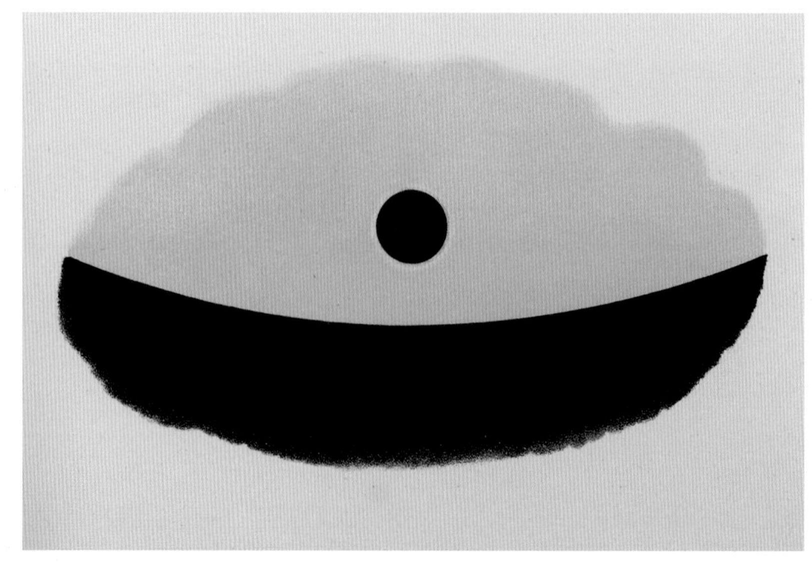

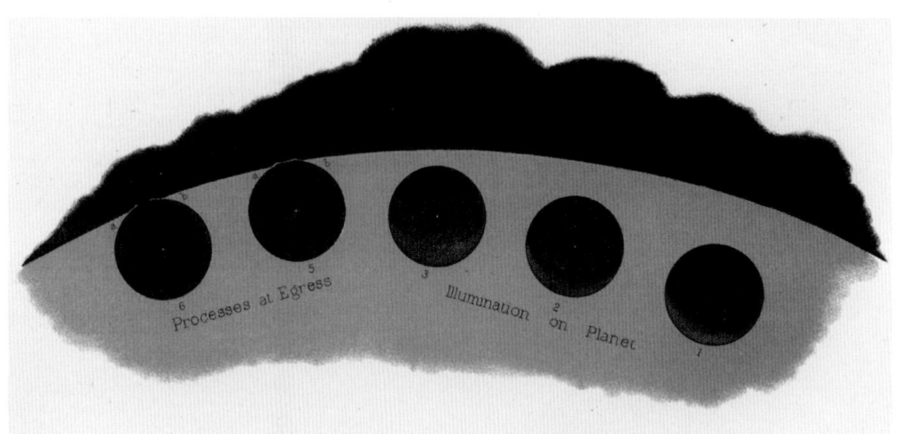

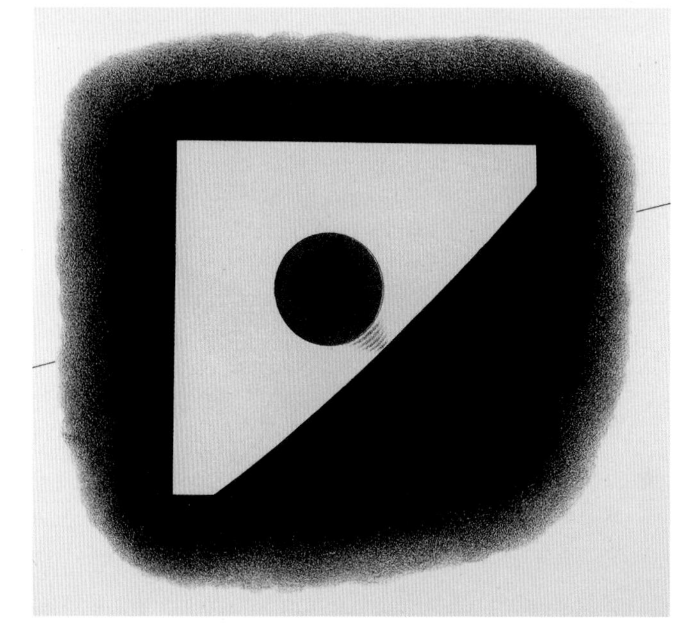

• 1892년

헨리 러셀이 쓴《금성의 태양면 통과 관측》에 등장하는 또 다른 세 가지 그림이다. 총 7명으로 구성되었던 관측팀이 보고한 다양한 관측 결과를 반영한다.

위: 아마추어 천문학자 제프리 허스트는 금성 원반 전체가 "어둡고 붉게 빛나며 아주 얇은 가장자리"로 둥글게 감싸여 있었다고 보고했다.

가운데: 한편 헨리 레너헌과 지질학자 아치볼드 리버시지는 금성이 태양 원반 속으로 완벽하게 진입한 순간(그림에는 실수로 금성 원반이 '진입했다'가 아닌 '벗어났다'라고 써놨다) 금성 원반과 태양 원반 가장자리 사이에서 "연기가 이어진 것처럼 보이는 흐릿한 회색의 필라멘트 구조"를 봤다고 보고했다. 한편 그는 금성 원반의 "안쪽도 밝게 빛나는 모습이 보였다"고 보고했다.

아래: A.W. 벨필드와 아치볼드 파크는 금성의 태양면 통과 현상이 진행되는 동안 "금성 원반의 둘레를 에워싼 아름다운 짙고 푸른빛"을 봤다고 보고했다.

오른쪽: 시드니의 아마추어 천문학자 앨프리드 페어팩스는 금성 원반이 태양 원반 앞을 통과하는 순간 금성 주변의 여러 "형태와 색깔"로 가득한 "아주 가늘고 너무나 밝게 빛나는 윤곽선을 (…) 확실히 봤다"고 기록했다. 하지만 페어팩스는 자신의 기록을 바탕으로 제작된 이 그림을 보고 이렇게 반응했다. "이 그림이 실제 벌어졌던 현상을 축척에 맞춰 정확하게 묘사했다고 그 누구도 이야기할 수 없을 것이다. 실제 내가 봤던 금성 원반 주변의 후광은 너무나 가늘어서 그 모습을 실제와 똑같이 그리는 건 불가능하기 때문이다." 이 그림도 헨리 러셀이 쓴《금성의 태양면 통과 관측》에 수록돼 있다.

Transit of Venus 1874.

Sydney, N. S. W.

Mr. A. Fairfax's Observations.

• 1881년

1878년 7월 29일 예술가이자 천문학자 에티엔 트루블로는 당시의 개기일식을 관측하기 위해 와이오밍 준주에 있는 크레스턴 지역을 여행했다. 개기일식이 진행되는 순간, 트루블로는 태양 주변 코로나와 홍염을 관측할 수 있었다. 그 순간의 모습이 이 그림에 묘사되어 있다. 트루블로는 달 뒤로 가려진 태양 원반 사방으로 뻗어나오는 코로나와 태양 주변 얇은 외곽 대기의 모습뿐 아니라 태양 광구의 어둡고 붉은 빛깔도 포착했다. 이 그림은 찰스 스크리브너의 아들이 소유한 트루블로의 한정판 컬렉션에 포함돼 있다. 트루블로의 더 많은 작품은 108~109, 139, 140~41, 174, 206~209, 261, 319, 321~23쪽을 보라.

TOTAL ECLIPSE of the SUN.

Observed July 29, 1878, at Creston, Wyoming Territory.

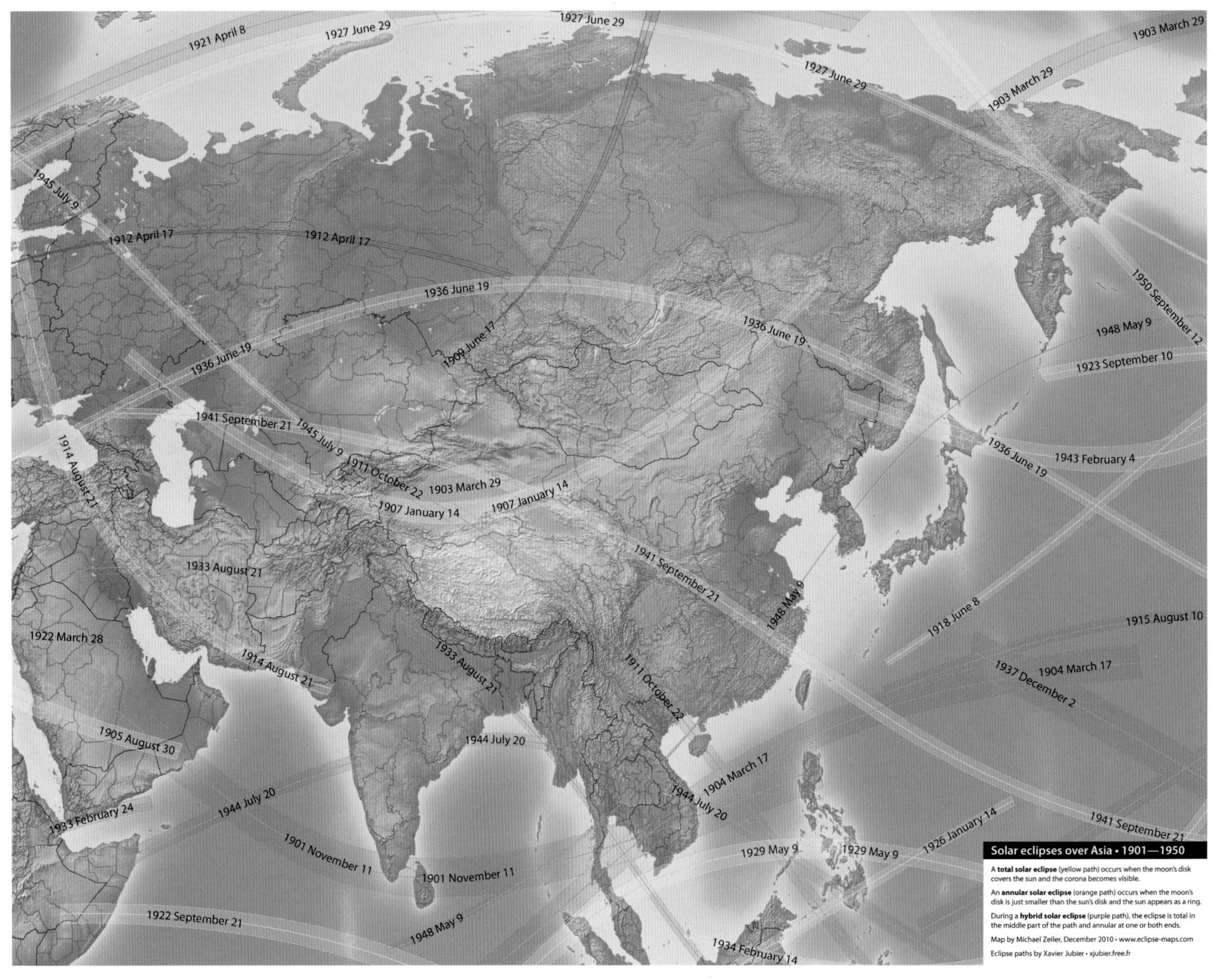

• 2010년

산타페에 기반을 둔 지리 정보 시스템 전문가 마이클 자일러는 개기일식을 "자연에서 볼 수 있는 가장 놀라운 광경"이라고 부른다. 그는 과거와 미래의 일식과 태양면 통과 현상을 볼 수 있는 지역의 경로를 모두 아우르는 광범위한 지도 시리즈를 제작했다. 자일러는 파리의 엔지니어 자비에 유비어가 제공한 데이터를 바탕으로 지도를 제작했다. 그가 만든 일식 관측 경로 지도는 eclipse-maps.com에서 확인할 수 있다. 위의 지도는 그중 1901년에서 1950년 사이 아시아 지역에서 관측할 수 있었던 일식의 관측 경로를 한눈에 보여준다. 노란색은 개기일식을 볼 수 있었던 경로를, 주황색은 금환일식(달 원반 주변에 그 뒤로 가려진 태양이 고리 모양으로 나타나는 현상)을 볼 수 있었던 경로를, 보라색은 혼성일식(지역에 따라 개기일식 또는 금환일식으로 관측되며 경로의 한가운데에서만 개기일식으로 보이는 현상)을 볼 수 있었던 경로를 나타낸다.

Annular Solar Eclipse of 2012 May 20

Magnitude of eclipse

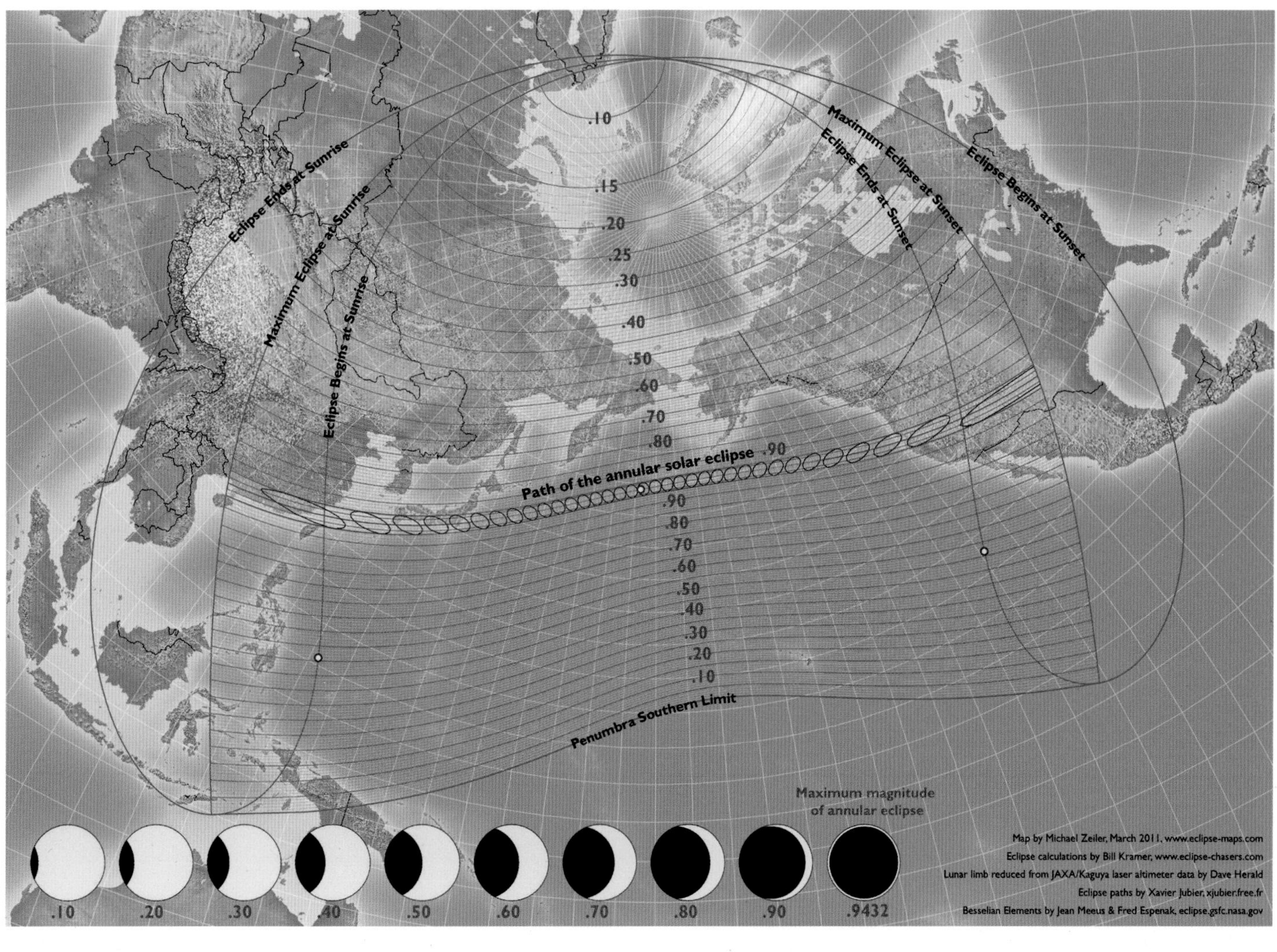

• 2011년

금환일식을 볼 수 있는 경로를 표현한 이 복잡한 지도는 일식 관측 경로의 중심으로부터 거리가 멀어지면서 관측할 수 있는 일식의 정도가 서서히 감소하거나 증가하는 것을 표현한다. 일식 관측 경로의 한가운데 그려진 타원 모양들은 지구 표면에 그려지는 태양을 가린 달 그림자의 모양을 의미한다. 그림자의 모양은 지구 표면의 곡률과 그림자가 드리워지는 비스듬한 각도로 인해 길게 일그러진 타원 모양이 된다. 그림의 아래쪽에 있는 도표는 개기식이 관측되는 경로 위에서 봤을 때 시간이 흐르면서 태양의 모습이 어떻게 변화하는지를 보여준다. 일식 지도 제작자 마이클 자일러는 많은 정보를 한 장의 그림 위에 우아하고 명료하게 전달한다.

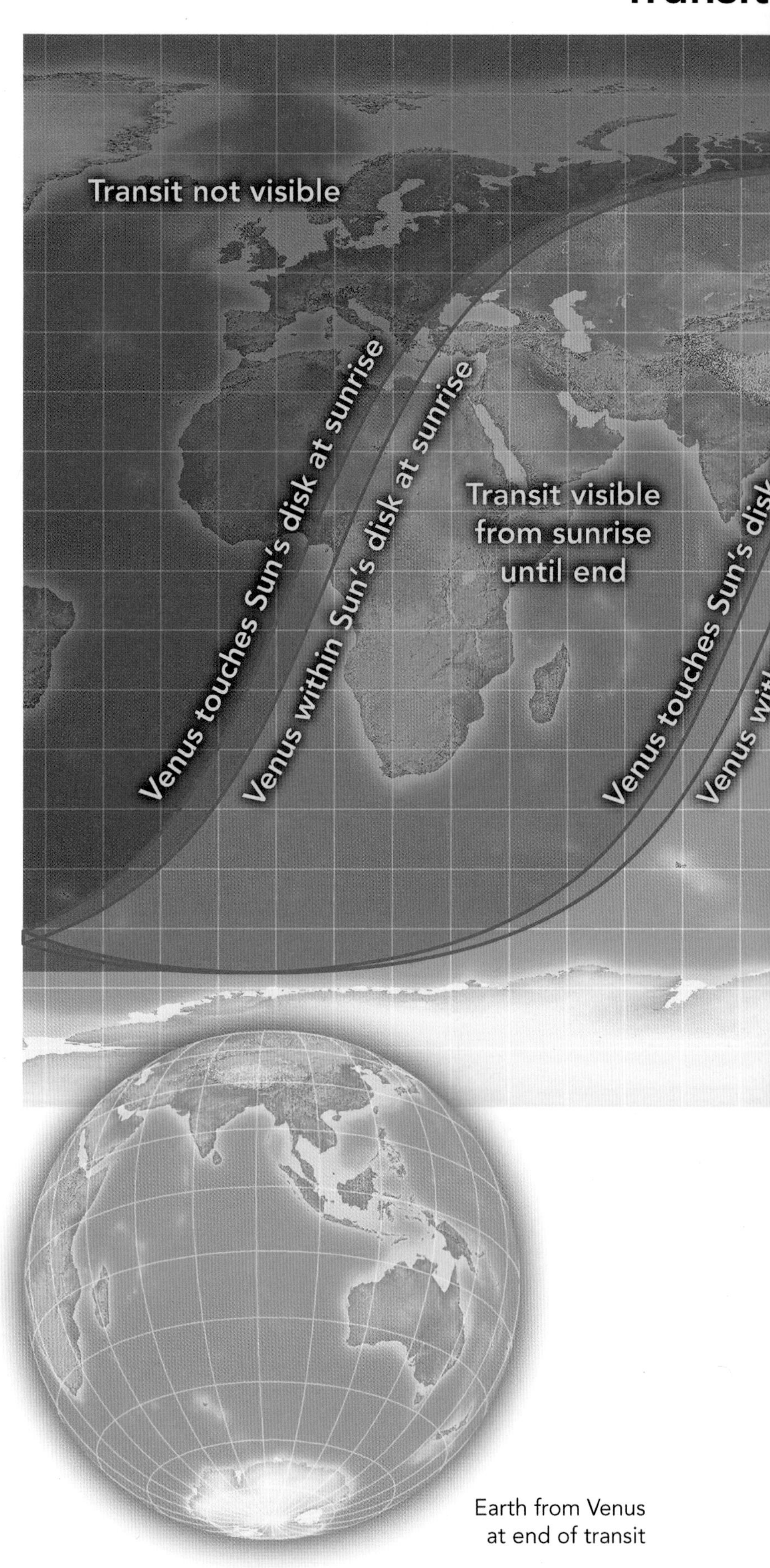

• 2012년

이번 장의 앞부분에서 본 것처럼, 이미 수 세기 전부터 미래의 일식과 태양면 통과 현상을 수학적으로 정확하게 예측하는 것이 가능했다. 이 지도에서 마이클 자일러는 2117년 12월 10~11일에 벌어질 다음 금성의 태양면 통과 현상을 관측할 수 있는 곳이 어디인지를 지구 위에 표현하고 있다. 이 지도는 앞서 289~91쪽의 그림 속 금성의 태양면 통과 현상을 관측했던 네덜란드 천문학자들이 1874년의 금성의 태양면 통과 현상을 어디에서 볼 수 있는지를 표현하기 위해 당시에 제작했던 지도(이 책에는 실리지 않았다)와 굉장히 닮았다.

# of Venus, 2117 December 10-11

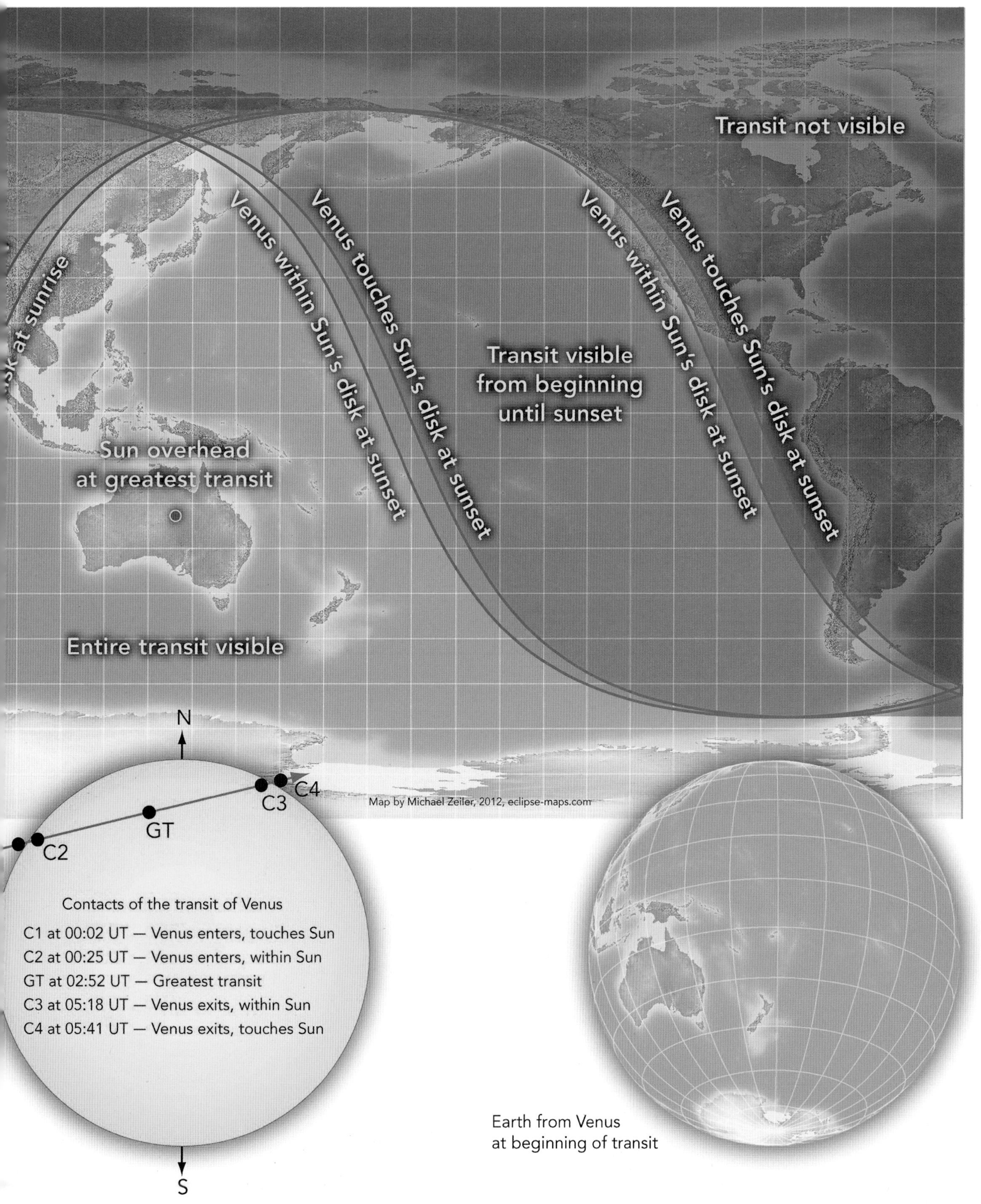

Contacts of the transit of Venus

C1 at 00:02 UT — Venus enters, touches Sun
C2 at 00:25 UT — Venus enters, within Sun
GT at 02:52 UT — Greatest transit
C3 at 05:18 UT — Venus exits, within Sun
C4 at 05:41 UT — Venus exits, touches Sun

Earth from Venus
at beginning of transit

9 혜성과 유성

돌아와서, 우리는 우리의 집을 다시 세울 것이다.
또는 혜성처럼 영원히 멀리 떠나거나
서리처럼 반짝거리고 차갑다.
어둠을 헤치고, 다시 어둠 속으로 되돌아가 가라앉는다.
_베이 다오, 〈혜성〉

일식·월식과 마찬가지로 한때 혜성도 역병·전염병·침략 등 한 문명의 파멸과 재앙을 예고하는 불운한 징조로 여겨졌다. 하지만 일정한 주기로 반복되었던 식 현상과 달리 눈으로 관측할 수 있었던 혜성 대부분은 주기적으로 찾아오는 것처럼 느끼기 어려웠다. 혜성들 대부분이 아주 길게 늘어진 이상한 궤도를 그리기 때문이다(일부 예외를 제외하고, 혜성 대부분은 여전히 언제 새롭게 등장할지 예측할 수 없다). 본질적으로 혜성은 태양계 외곽 아주 먼 곳에 머물다가 알 수 없는 이유로 중력적인 간섭을 통해 살짝 궤도가 틀어지며 태양계 안쪽으로 궤적을 그리며 날아오는 더러운 눈 덩어리다. 혜성이 태양에 가까이 접근하면서 혜성에 얼어 있던 가스와 물이 승화하기 시작하고 우주 공간을 가로질러 아주 기다란 가스 꼬리를 흘려보낸다. 혜성의 꼬리는 2억 마일까지 길어질 수 있고 놀랍고 환상적인 모습을 만들어낸다.

혜성 꼬리의 길이는 혜성 핵의 크기, 암석과 먼지 등 고체 물질 대비 혜성에 얼어 있는 가스와 물의 비율, 혜성의 궤적이 태양에 얼마나 가까이 접근하는가 등 다양한 요소에 따라 결정된다. 혜성이 태양에 지나치게 가까워지면 혜성들은 완전히 승화되어버린다. 그렇지 않은 다른 혜성들은 일부 크기가 줄어든 상태로 태양계 외곽으로 되돌아간다.

특히 주목할 만한 모습을 보여주는 혜성들은 '대혜성'으로 불렸고, 문화적으로도 상당한 영향을 끼쳤다. 예를 들어 1811년에 찾아온 대혜성은 무려 10개월 내내 볼 수 있었다. 이것은 전례 없는 기록이었으며, 역사상 제일 가는 장관을 이루었던 혜성 중 하나다. 너무나 눈에 잘 띄었던 이 혜성은 그 핵 주변에 밝은 가스와 먼지 구름으로 이루어진 거대한 코마를 갖고 있었다. 이후 이 대혜성은 윌리엄 블레이크의 그림 〈벼룩의 유령〉에 나타났고, 톨스토이의 《전쟁과 평화》 속 음울한 배경이 되는 등 세상의 종말을 암시하는 상징으로 많이 등장했다. 사실 이 혜성은 나폴레옹의 러시아 침공과 1812년 전쟁 모두를 암시한 종말의 전조 현상이라는 소문이 널리 퍼져 있었다. 쉬지 않고 끔찍한 재앙으로부터 고통 받아온 인류가 모든 혜성을 재앙의 전조로 여긴 것은 자연스러웠다.

유성은 혜성과는 엄연히 다른 현상이다. 유성은 우주 공간에 부서진 조각들이 시속 25만 킬로미터의 속도로 지구 대기권으로 진입할 때 발생한다. 이들은 대체로 대기권에서 전부 타버리는데, 유성의 크기와 구성 물질에 따라 일부 조각이 살아남아 땅에 떨어지기도 한다. 후자는 하나 이상의 운석을 남기는데, 운석은 암석·철·니켈로 이루어진 그을린 덩어리다. 가끔은 1972년 대낮에 떨어진 대화구처럼, 특정한 속도와 각도로 지구 대기권으로 날아왔던 운석 조각이 거의 초음속으로 지구 대기권을 스쳐 지나간 다음 다시 날아온 방향의 반대쪽으로(질량 대부분이 불타 없어진 다음에도) 계속 날아가는 경우도 있다.

아리스토텔레스는 혜성과 유성 모두 지구 대기권에서 벌어지는 현상이라고 생각했다. 그 이유 중 하나는 혜성과 유성 모두 황도 12궁 주변 영역에만 국한되어 벌어지지 않았기 때문이다. 실제로는 유성만 지구 대기권 속에서 아주 빠른 속도로 떨어지는 부스러기로 인해 벌어지는 현상이다. 하지만 유성은 또 다른 관점으로도 바라볼 수 있다. 지구는 태양 주변을 시속 10만7000킬로미터의 속도로 여행한다. 그래서 전혀 위협적이 않은 부스러기 조각이 지구와는 상관 없이 우주 공간에 완벽하게 정지한 상태로 존재하고 있더라도, 우연히 지구가 움직이면서 부스러기와 부딪히게 되면 우리의 관점에서는 지구를 향해 빠르게 떨어지는 화구처럼 보이게 된다. 어떤 사람들은 유성을 빠르게 달리는 자동차 앞유리에 철퍼덕 부딪히는 날벌레에 비유하기도 한다. 궤도 역학적 관점에서는 충분히 웃으며 받아들일 수 있는 그럴듯한 비유다. 하지만 날벌레는 자동차 유리에 부딪히기만 할 뿐 긴 궤적을 남기지는 않는다. 실제 하늘에 쏟아지는 유성들이 밝고 긴 궤적을 그리며 장관을 만들어낸다는 사실을 고려하면 완벽하지는 않은 비유다.

아리스토텔레스는 혜성도 유성처럼 지구 대기권에서 벌어지는 현상이라고 완전히 잘못 생각하기는 했지만, 정확한 예측도 했다. 그는 매년 8월 12일과 11월 17일 무렵 절정에 이르며 쏟아지는 페르세우스자리 유성우와 사자자리 유성우처럼 해마다 같은 시기에 반복되는 유성우들이 혜성이 지나가며 남긴 잔해가 쏟아지는 현상이라고 추정했다. 유성우는 혜성의 꼬리가 남긴 부스러기가 우주 공간에 흩어져 남아 있다는 증거다. 단단한 부스러기들이 혜성의 궤적에 계속 잔존하며, 지구는 매년 궤도를 돌며 같은 시기에 지구 궤도상에 남은 혜성 부스러기들을 우연히 빠르게 지나친다.

오늘날 과학적으로 발전된 시대를 살아가는 누군가는 과거에 혜성을 곧 다가올 종말의 징조로 생각했던 옛날 사람들이 원시적인 미신이나 믿는 듯 보인다며 비웃을지도 모른다. 하지만 우리는 슈메이커-레비9 혜성이라는, 뒤통수를 때렸던 중요한 사건을 잊어선 안 된다. 1992년 이 혜성은 태양계 안쪽으로 날아오던 중 21개의 거대한 조각으로 쪼개졌다. 1994년 6월에는 빠른 속도로 목성에 충돌했다. 당시 관측되었던 화구 중 가장 큰 것은 최대 3200킬로미터 크기까지 관측되었다. 그리고 가스 행성의 대기권에 혜성 조각이 충돌하면서 생긴 멍 자국의 크기는 6000킬로미터부터 1만2000킬로미터까지 다양했다. 즉 거의 지구 지름의 두 배가 넘었다. 슈메이커-레비 혜성이 남긴 가장 강력한 충돌의 위력은 6메가톤에 맞먹었다. 이것은 지구상 모든 핵무기의 위력을 합한 것의 6배에 달한다.

즉 혜성은 실제로 두려운 존재일 수 있다. 혜성을 종말의 전조라 생각했던 옛날 사람들을 비웃는 것보다는 일식이 벌어지는 동안 하늘을 향해 총을 쏘고 북을 쳤던 사람들을 비웃는 것이 더 자연스러울 것이다. 6600만 년 전 중생대 백악기-신생대 팔레오기 대멸종 때 벌어진 공룡 멸종의 원인이 거대한 혜성이나 소행성의 충돌이었으리라 보는 이론이 현재까지 널리 받아들여지고 있다. 한편 천문학자들은 소행성과 혜성을 구분하는 기준이 그리 명확하지 않다는 것을 깨닫고 있다. 어떤 소행성들은 얼어붙은 휘발성 기체를 다량 포함하고 있으며 혜성처럼 수증기를 분출하기도 한다. 또 어떤 혜성들은 평범한 소행성처럼 화성과 목성 사이 소행성 벨트 안에 갇힌 궤도를 따라 돌고 있으며, 이러한 혜성들은 궤도를 도는 동안 아주 잠깐 동안만 코마를 보여준다. 반복적으로 태양 주변을 지나가며 모든 휘발성 기체를 소진한 혜성들은 '사혜성'이라고 부른다. 이러한 사혜성들은 거의 모든 면에서 평범한 소행성과 다를 바가 없다.

혜성과 유성들은 지구 역사 속에서 누대에 걸쳐 엄청난 양의 물을 제공했다. 심지어 현재 지구에 존재하는 물 대부분이 이러한 천체들에게서 비롯되었을 것으로 추정된다. 혜성과 유성을 통해, 생명 탄생에 필요한 수백만 년 동안 우주 공간에 있던 유기 분자들까지 지구로 유입되고 쌓였을 가능성도 있다. 그리하여 혜성은 새로운 생명을 탄생시키기도 하고 동시에 세상의 종말과 죽음을 야기하기도 하는 모순적이고 수수께끼 같은 존재다. 오랜 세월 그려진 다양한 그림 속에서 이 오묘한 존재에 대한 묘사를 확실하게 확인할 수 있다.

대략 1070년 즈음 이상한 연 모양의 혜성이 등장했다. 이 혜성은 노르만족에 의한 성공적인 잉글랜드 침공을 미리 암시한 것으로 여겨지기도 했다. 당시 제작된 베이유 태피스트리 등 다양한 예술 작품 속에 이러한 관점이 투영되어 있다. 이런 관점을 반영해 신앙적인 요소와 함께 제작된 최초의 그림 중 하나는 조토 디 본도네가 1305년 파도바에서 그린 〈동방박사의 예배Adoration of the Magi〉다(303쪽을 보라). 이 그림에서 혜성은 베들레헴의 별로 등장한다. 이는 분명 파멸이 아닌 좋은 소식과 새로운 생명을 암시하는 상징이다(조토 디 본도네는 중세 말에 활동했지만, 그는 일반적으로 이탈리아 최초의 르네상스 예술가로 평가받는다. 그 이유 중 하나는 그가 자연을 매우 정확하게 묘사했기 때문이다). 하지만 16세기 《아우크스부르크 기적의 서》에 실린 그림들 속을 휘젓고 다니는 서른 개 이상의 혜성 대부분은 다양한 재앙을 예고하는 무서운 상징으로 묘사되어 있다. 플랑드르어로 쓰인 사본 《혜성의 서Kometenbuch》에 등장하는 수채화 삽화 13점도 마찬가지다. 이번 챕터에서는 이 두 가지 책에서 가져온 다양한 사례들을 모두 확인할 수 있다.

혜성과 유성이 지구 대기권 안에서 벌어지는 현상이라고 주장했던 아리스토텔레스의 생각은 태양계 모든 행성들이 지구를 중심으로 회전하는 천구에 박혀 있고 하늘에서 벌어지는 모든 변화는 오직 달 궤도 아래 낮은 하늘에서만 벌어진다 여겼던 당시의 우주 모델과 잘 들어맞았다. 1577년 덴마크 천문학자 티코 브라헤가 대혜성의 시차를 측정하고서야 혜성이 지구 대기권 바깥에 있다는 것이 입증되었다. 브라헤는 혜성이 달보다 최소 세 배 이상 멀리 있다고 추정했다. 이 발견으로 인해 견고했던 아리스토텔레스의 우주 모델에 금이 갔다. 혜성은 확실히 변덕스러운 현상이었다. 혜성의 궤적은 절대로 깨질 리 없을 듯했던 하늘의 크리스털 구슬을 뚫고 통과했다.

한때 브라헤에게 고용되어 일했던 케플러는 천체 역학 분야의 창시자였지만, 혜성들이 아주 길게 찌그러진 곡선 궤적을 따라 움직인다는 사실을 파악하는 데는 실패했다. 대신 혜성들이 항상 곧은 직선을 그리면서 움직인다고 주장했다(케플러는 겉으로 봤을 때 혜성이 곡선 경로로 움직이는 듯 보이는 것이 지구 자체의 움직임으로 인한 착시의 결과일 것이라 보았다. 지구가 움직이고 있다고 확고하게 생각했던, 뼛속 깊은 코페르니쿠스주의자였던 것이다). 독일의 수학자 페트루스 아피아누스는 1531년 혜성의 꼬리가 항상 태양 반대쪽을 향한다는 것을 발견했다. 케플러는 이 발견을 바탕으로 혜성의 기원에 대한 근본적이고도 새로운 사실을 깨달았다. 1625년 케플러는 "혜성의 머리는 공처럼 둥글게 모여 있는 성운과 같으며 어느 정도 투명하다"고 기록했다. 그리고 이렇게 이야기했다. "혜성에 난 꼬리 또는 수염은 태양의 빛을 받아 태양 반대 방향으로 혜성의 머리로부터 발산되어 뻗어나가는 물질이다. 혜성은 계속해서 머리의 물질을 흘려보내며 결국 고갈되고 소진된다. 따라서 혜성의 꼬리는 혜성 머리의 죽음을 암시한다."

1687년 아이작 뉴턴은 《프린키피아》에서 만유인력의 역제곱 법칙을 적용해서 1680년 태양을 향해 돌진했던 대혜성이 태양 주변 포물선 궤도를 따라 움직였다고 이야기했다. 사실 그의 책에서 혜성에 관한 부분은 단지 부수적인 내용일 뿐이었다. 하지만 뉴턴의 친구 핼리는 혜성에 관한 뉴턴의 분석이 중요하다는 것을 알았다. 핼리는 뉴턴의 원리를 적용해 주변 행성들이 혜성의 궤적에 끼치는 중력적 효과를 계산했다. 그리고 그는 뉴턴에게 《프린키피아》를 출간하도록 설득했고 자금도 지원했다. 핼리는 대혜성에 대한 수십 개 이상의 역사적 기록을 분석했다. 그중에는 자신이 1682년 직접 관측했던 대혜성 기록도 있었다. 아피아누스와 케플러 두 사람의 기록까지 모두 연구하면서 핼리는 1531년과 1607년 이들이 각각 관측한 혜성과 자신이 직접 관측한 혜성 모두의 궤적에 비슷한 점이 있다는 것을 깨달아갔다.

핼리는 아피아누스와 케플러가 관측했던 혜성이 1682년에 나타난 것과 동일한 혜성일 가능성이 높다고 결론지었다. 그는 이 혜성이 약 76년 주기로 반복해 찾아온다고 계산했다. 이는 다시 말해 1758년 또 한 번 똑같은 혜성이 찾아올 것이라는 뜻이었다.

당시 핼리의 예측은 많은 비아냥과 웃음을 샀다. 당시 많은 사람들이 핼리가 자신의 예측이 어긋나 망신당하는 것을 피하려고 혜성의 재등장 시점을 일부러 자신이 죽은 뒤로 잡은 것 아니냐며 비웃었다. 핼리는 1742년 86세의 나이로 세상을 떠났다. 그리고 혜성은 그의 예측과 겨우 며칠 어긋난 1758년 12월 25일 다시 나타났다. 이것은 행성을 제외한 다른 천체가 태양 주변을 똑같이 주기적으로 공전하고 있다는 사실을 입증한 사건이었다.

핼리 혜성은 궤도 주기가 200년보다 짧고 맨눈으로 볼 수 있는 유일한 혜성이다. 그리고 한 인간의 일생에서 운이 좋으면 한 번 이상 만날 수 있는 유일한 혜성이기도 하다. 이제 우리는 과거 역사 기록에 등장했던 여러 혜성들 가운데 어떤 것이 이 혜성과 동일한 것이었는지, 과거 관측의 상대적인 정확도를 감안해 대략 추정할 수 있다. 그리고 과거 동일한 혜성이 언제쯤 목격되었을지도 알 수 있다. 기원전 240년까지 거슬러 올라가며, 핼리 혜성을 관측한 것으로 보이는 기록이 총 29개 확인되었다. 심지어 이 혜성이 주기적으로 찾아오고 있다는 사실이 이미 고대시대에 일찍부터 알려져 있었을 가능성마저 생각해볼 수 있다. 《탈무드》에는 이런 구절이 있다. "70년에 한 번씩 등장하는 별이 배 선장들을 헤매게 만든다."

우연히도 핼리 혜성은 1066년 정복자 윌리엄 1세가 잉글랜드를 성공적으로 침략하기 바로 직전 유럽 하늘 위에 나타났다. 그리고 윌리엄 1세의 선장들은 실수하지 않았다. 이후 동일한 혜성이 궤도를 세 바퀴 돈 다음 1301년 조토는 똑같은 혜성을 다시 목격했다. 당시 조토가 봤던 장면은 그가 그린 파도바 스크로베니 예배당 프레스코화 성탄도 위 한가운데를 날아가는 수증기 머금은 눈덩어리의 모습으로, 베이유 태피스트리에 실로 짜인 혜성 모양의 연으로도 남았다(핼리 혜성은 1835년 존 허셜이 남아프리카에서 관측한 화신의 모습으로도 기록되어 있다. 이 그림은 316쪽에 있다. 한편 306쪽의 이상하게 둘로 갈라진 혜성 그림에도 핼리 혜성이 묘사된 듯 보인다).

핼리 혜성은 2061년이 되면 다시 태양계 안쪽으로 돌아온다. 혜성은 금성과 수성 궤도 사이를 미끄러지듯 날아가며, 7월 28일 태양에 가장 가까이 접근하게 된다.

• 1305년

조토 디 본도네의 〈동방박사의 예배〉는 혜성을 베들레헴의 별로 표현한다. 이 작품은 서양 미술에서 혜성을 신앙적 상징으로 표현한 최초의 작품일 것이다. 조토는 중세 후기의 인물이지만 자연 세계를 정확하게 묘사했던 점 때문에 최초의 이탈리아 르네상스 예술가로 평가받는다. 그는 1301년 유럽 하늘에서 핼리 혜성을 목격했다. 이 그림은 파도바의 스크로베니 예배당에 있는 유명한 프레스코 벽화의 일부다.

• 1547~52년

일식과 월식처럼 혜성도 유럽 역사 전체를 통틀어 재앙을 암시하는 전조 현상으로 여겨졌다. 30개 넘는 혜성들이 《아우크스부르크 기적의 서》의 여러 페이지들을 휩쓸고 지나간다. 이 혜성 대부분은 페스트, 역병, 전쟁, 자연재해나 또 다른 다양한 인재를 예고하는 것으로 표현되어 있다.

맨 위: 그림 아래 문장은 다음과 같다. "1184년, 혜성이 3개월 동안 목격되었다. 그 뒤로 전례 없는 무시무시한 천둥소리와 함께 거센 폭우, 폭풍, 바람이 뒤따랐다. 마치 로마의 도시를 통째로 파괴하는 듯 거셌다. 수많은 가축들이 소름 돋는 방식으로 죽었다. 사람들은 하늘에서 내리친 번개로 인해 사망했다."

위: 그림 아래 문장은 다음과 같다. "1401년, 독일의 하늘 위로 꼬리를 그리는 거대한 혜성이 등장했다. 그 이후 슈바벤에서 끔찍한 전염병이 창궐했다."

맨 위: 그림 아래 문장은 다음과 같다. "1007년, 놀라운 혜성이 등장했다. 혜성은 사방으로 화염과 섬광을 내뿜었다. 독일의 벨쉬 땅 지금의 남유럽 지역에서 혜성이 지구로 떨어지는 모습을 볼 수 있었다."

위: 그림 아래 문장은 다음과 같다. "1300년 하늘에 끔찍한 혜성이 나타났다. 같은 해 성 안드레아 축일에 지진이 일어났다. 땅이 흔들렸고 많은 건물이 무너졌다. 이 시기에 교황 보니파시오 8세에 의해 최초의 희년이 제정되었다."

• 1587년

16세기에 쓰인 《혜성의 서》는 《아우크스부르크 기적의 서》와 비슷하지만 좀 더 짧고 구체적인 내용을 담고 있다. 그리고 혜성과 유성을 묘사하는 13개의 수채화 삽화가 실려 있다. 이 책은 플랑드르 또는 프랑스 북동부 지역에서 제작되었으며, 1238년에 익명으로 출간된 스페인어 논문 《혜성의 의의에 관하여Liber de significatione cometarium》를 기반으로 하고 있다. 프랑스어로 수기로 작성된 《혜성의 서》는 삽화 속 혜성 대부분이 프톨레마이오스의 《100가지 용어에 관하여De centum verbis》에 등장하는 묘사를 바탕으로 그려졌다고 기술하고 있지만, 사실 프톨레마이오스의 책에는 혜성에 대한 언급이 없다(프톨레마이오스가 쓴 것으로 잘못 기재된 어느 책에서 11개 혜성에 대한 묘사가 등장하는데, 아마 이 책을 잘못 인용한 것으로 추정된다). 《혜성의 서》는 이 그림 속 혜성을 두고 이렇게 설명한다. "이 혜성은 페르티카(Pertica)라고 불렸다." 그리고 이 혜성이 한 쌍으로 등장했던 이상한 모습에 대해서도 함께 설명한다. "이 혜성은 거대하고 모호한 흰 빛줄기를 품고 있다. 알리킨드는 혜성이 서쪽에 있었을 때는 태양 빛의 일부로 구성된 기둥 형태로 보였고, 동쪽에서 떠오르고 있을 때는 혜성의 빛줄기가 마치 두 갈래로 쪼개지는 별처럼 보였다고 말했다." 페르티카 혜성은 1531년에 등장했던 것으로 보인다. 만약 이 날짜가 맞는다면 아마 이것은 핼리 혜성이었을 것이다.

《혜성의 서》에 등장하는 혜성들은 '주름진' 꼬리를 가진 것으로 표현된다. 책의 본문에 따르면 책에 등장하는 혜성들은 밀(Miles), 슈발(Cheval), 옴 크린(Omnes crines), 라데스코도(Ladescodo) 등의 이름을 가졌다! 그 진짜 이름이 무엇이든 하늘 위를 날아가는 혜성 아래 펼쳐진 천진난만한 풍경은 피터르 브뤼헐의 작품 〈추락하는 이카루스가 있는 풍경〉을 우스꽝스럽게 패러디한 것으로 보인다. 원작 속 거대한 함선 대신 노를 젓는 작은 보트가 있고, 눈이 휘둥그레진 올빼미 아래 쟁기질을 하던 사람은 저녁 시간의 시원한 안식을 즐기고 있다. 책의 본문에는 이렇게 쓰여 있다. "이 혜성이 등장했을 때, 혜성은 빛줄기 속에서 불가항력적인 힘과 강력함을 과시했다. 세상이 뒤집어지고 모든 사람들을 두렵게 했다. 세상의 사람들은 (…) 오래된 고대의 법을 파괴했고 새로운 법을 만들었다. 사람들은 자신들의 신분과 옷을 모두 벗어던졌다."

《혜성의 서》에 등장하는 이 유령 같은 그림은 분명 유성우를 묘사하고 있는 것으로 보인다. 각각의 유성들이 하늘의 한 영역을 중심으로 사방으로 떨어지는 것처럼 그려졌다. 일부 UFO에 심취한 사람들은 사방으로 흐르는 듯한 빛줄기가 비행접시의 존재를 보여주는 증거라고 우기기도 한다. 본문에는 이렇게 적혔다. "이 혜성의 이름은 오로라, 또 다른 이름은 마투타(Matuta)이다."

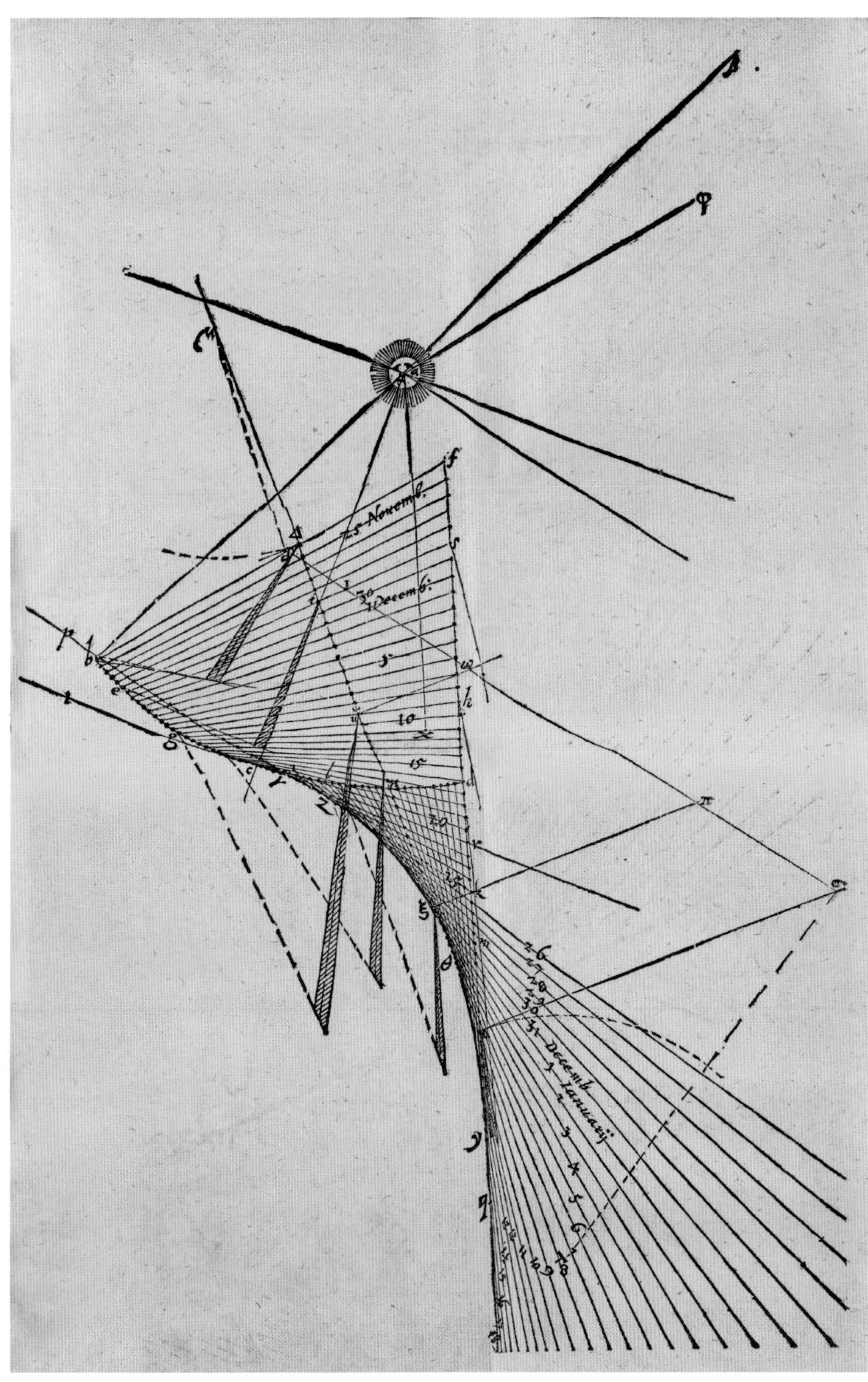

• 1619년

요하네스 케플러가 남긴 가장 중요한 과학적 유산 중 하나는 바로 행성의 움직임에 대한 케플러의 법칙이다. 독일의 수학자이자 천문학자였던 케플러는 최초로 행성들이 타원 궤도를 따라 태양 주변을 맴돈다는 사실을 깨달았다. 이것은 이전까지 풀리지 않고 남아 있던 행성의 움직임에 관한 모순을 순식간에 명쾌하게 해결해버린 혁명적인 발견이었다. 케플러의 법칙은 코페르니쿠스 이래 가장 중요하고 뛰어난 발견이라 할 수 있다. 뉴턴의 만유인력 법칙도 바로 이 케플러의 법칙에서 시작되었다. 하지만 케플러는 혜성에 대해선 생각이 달랐다. 그는 하늘에서 길게 찌그러진 포물선 궤도를 그리며 움직이는 혜성을 연구하면서도, 혜성들은 행성과 달리 곧게 뻗은 직선을 따라 움직인다고 확고하게 믿었다. 이 그림은 케플러의 논문《혜성에 관한 세 권의 책De cometis libelli tres》에 등장하는 그림이다. 극히 복잡한 이 그림은 마치 20~21세기의 건축 기술과 디자인을 예견한 것처럼 느껴진다. 기계식 컴퓨터가 등장하기 훨씬 전에 그려진 컴퓨터 그래픽이라 볼 수 있다. 언뜻 곡선 궤적을 표현하는 것처럼 보이지만 자세히 보면 오른쪽 아래에서 왼쪽 위 방향으로 비스듬하게 그려진 일직선을 따라 혜성이 태양 쪽으로 움직인다고 표현되어 있다. 16세기 중반 이후 혜성의 꼬리가 항상 태양 반대쪽을 향한다는 것이 알려지기 시작했다. 이 그림 속 곡선의 형태는 혜성의 꼬리 각도가 계속 변화하는 것을 표현한다. 매순간 꼬리의 방향에 수직한 선들이 모여서 그림 속 곡선을 형성한다. 이 혜성은 1618년 가을에 잇따라 세 번 목격되었던 혜성들 중 맨 마지막 혜성이다. 그리고 그해 가장 멋진 장관을 이루었던 혜성일 것이다.

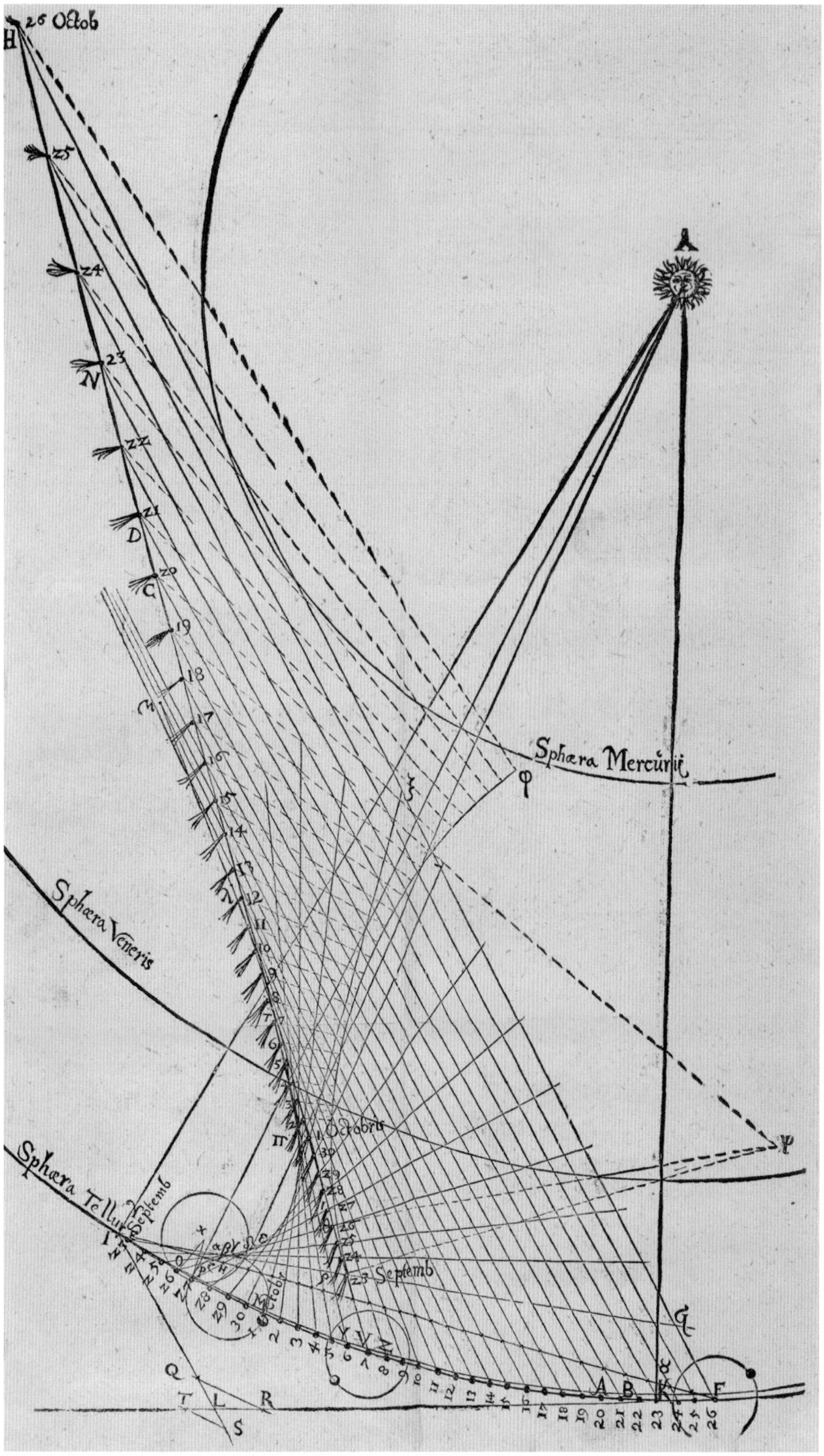

케플러의 논문《혜성에 관한 세 권의 책》에 등장하는 또 다른 혜성 그림이다. 혜성이 태양을 향해 접근하는 모습을 표현한다. 케플러의 친구이자 그와 서신을 주고받는 사이였던 천문학자 요하네스 레무스 퀴에타누스는 혜성이 곡선을 그리며 움직인다고 주장했다. 하지만 케플러는 혜성이 직선으로 움직이며 지구 자체의 움직임 때문에 착각한 것이라고 주장했다. 케플러는 우리 지구의 움직임으로 인해 행성들이 가끔 역행하는 듯 보이는 것과 비슷하게 혜성의 곡선 궤적 역시 일종의 착시라고 보았다. 그림 아래쪽에 지구가 움직이는 것이 표현되어 있다. 이 그림은 지구가 움직이면서 지구에서 바라본 시선의 방향이 변화하고 그로 인해 혜성의 궤적이 어떻게 실제와 달리 곡선으로 보이게 되는지, 케플러가 주장했던 착시 효과의 메커니즘을 설명하고자 그린 그림이다. 혜성은 아리스토텔레스와 프톨레마이오스가 이야기했던 크리스털 행성 구체가 더 이상 존재하지 않는다는 것을 보여준 가장 유력한 반박 증거였다. 하지만 케플러는 지구, 금성, 화성의 궤도를 묘사하면서 여전히 과거의 '구체(sphaera)'라는 표현을 그대로 사용했다.

• 1668년

혜성에 관한 케플러의 논문이 나오고 나서 수십 년이 지난 뒤, 폴란드의 천문학자 스타니스와프 루비에니에츠키도 계속해서 혜성을 연구했다. 그는 암스테르담에서 삽화들로 빽빽하게 채워진 《혜성 극장Theatrum cometicum》을 출간했다. 이것은 요하네스 헤벨리우스가 쓴 《혜성지 Cometographia》를 비롯해 혜성에 관한 내용을 담은 17세기 가장 중요한 업적 중 하나로 여겨진다. 루비에니에츠키의 책은 구약성서부터 17세기 후반에 이르기까지 혜성에 관한 무려 400개가 넘는 기록을 집대성한다. 1664~65년에 등장했던 혜성의 궤적은 바다괴물 고래자리의 쩍 벌린 턱을 통과해 하늘의 황도를 가로질러 날아갔다. 이 혜성은 당시 40년 넘게 역대 가장 밝은 혜성이었다. 그리고 유럽의 천문학자들이 다시 혜성이라는 천문 현상에 주목하게 만들었다. 천문학자들은 혜성의 궤도, 기원, 본질에 대해 새로운 질문을 던지기 시작했다. 1577년 덴마크 천문학자 티코 브라헤가 대혜성의 시차를 측정하면서 혜성이 사실 달보다 훨씬 멀다는 사실을 밝혔지만, 그로부터 한 세기가 지나도록 여전히 대부분의 천문학자들은 혜성이 지구의 대기권에서 벌어지는 현상일 것이라는 관점을 포기하지 못했다.

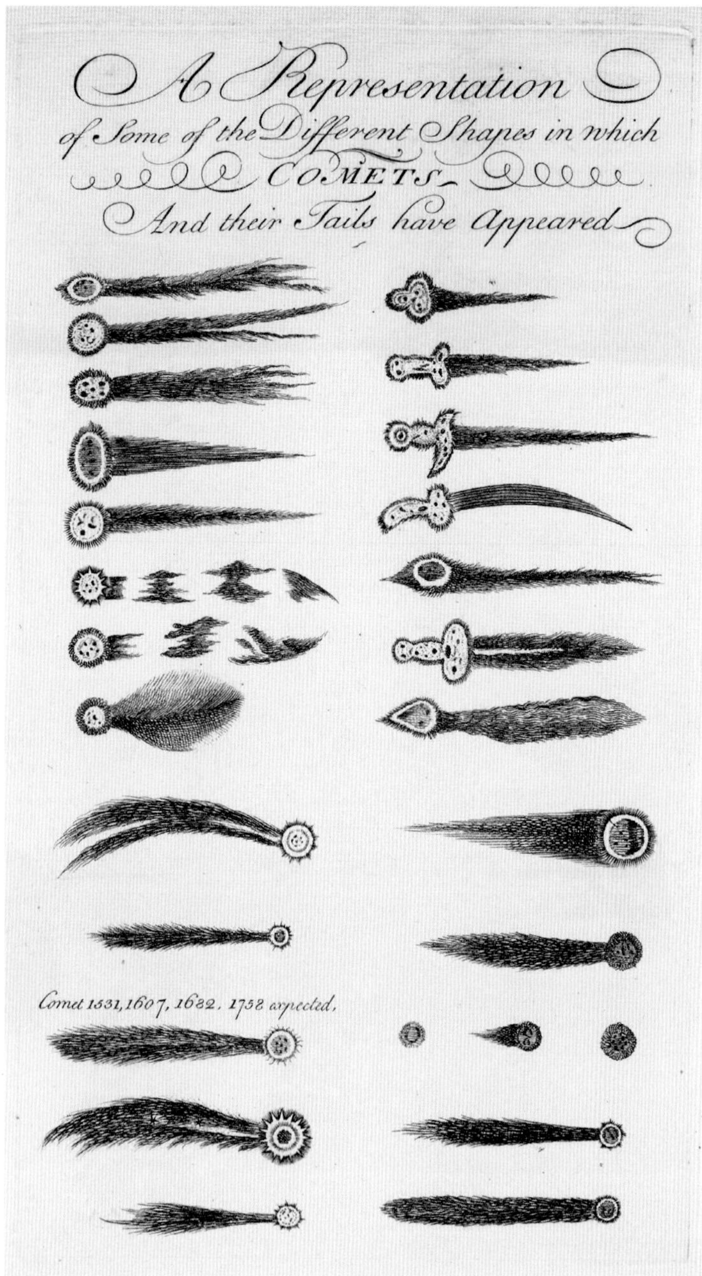

• 1757년

역사 속의 많은 천문학자들과 점성술사들은 천국의 세계에서 별들을 이어서 황소, 바다괴물, 과학적 장비 등 지구에서 볼 수 있는 여러 익숙한 형태를 그렸다. 혜성에 대해서도 예외가 아니었다. 혜성들의 형태는 검이나 빗자루로 묘사되곤 했다. 폴란드-리투아니아 천문학자 요하네스 헤벨리우스가 1668년에 쓴 《혜성지》에 수록됐던 이 그림은 이후 영국의 천문학자 에드먼드 핼리의 글을 사후에 정리한 작품 《혜성 천문학 개론A Compendious View of the Astronomy of Comets》에도 함께 실렸다. 이 그림은 딱 결투에 어울릴 법한 검 모양의 혜성 다섯 개를 포함해서 다양한 혜성들을 두 줄로 가지런하게 배열해 비교한다. 핼리는 1458년, 1531년, 1607년, 1682년에 관측된 혜성들이 모두 동일한 혜성이라고 보았다. 그리고 똑같은 혜성이 1758년에 다시 한 번 돌아올 것이라고 예측했던 것으로 유명하다. 실제로 그의 예측대로 혜성이 다시 나타났고 그 혜성에는 핼리의 이름이 붙었다. 하지만 혜성이 다시 찾아오기 직전인 1742년에 사망한 천문학자는 정작 그 모습을 보지 못했다.

• 1742년

독일의 지도 제작자 게오르크 마테우스 조이터가 손으로 직접 그린 이 멋진 판화는 1742년에 등장했던, 태양을 향해 추락하는 혜성의 경로를 묘사한다. 이 혜성은 중성적인 매력을 뽐내는 케페우스자리의 치마를 지나는 황도를 가로질러 비교적 잘 알려지지 않은 별자리인 기린자리의 기다란 목에 다다른다. 그림의 오른쪽 부분은 중심에 지구가 있는 아주 오래된 전통적인 천구의 형태 위에서 혜성이 움직이는 과정을 묘사한다. 조이터는 케플러와 마찬가지로 혜성이 곧게 직선으로 날아간다고 묘사했다. 두 사람 모두가 주장했던 곧게 날아가는 혜성을 그린 것은 이 작품이 마지막이다.

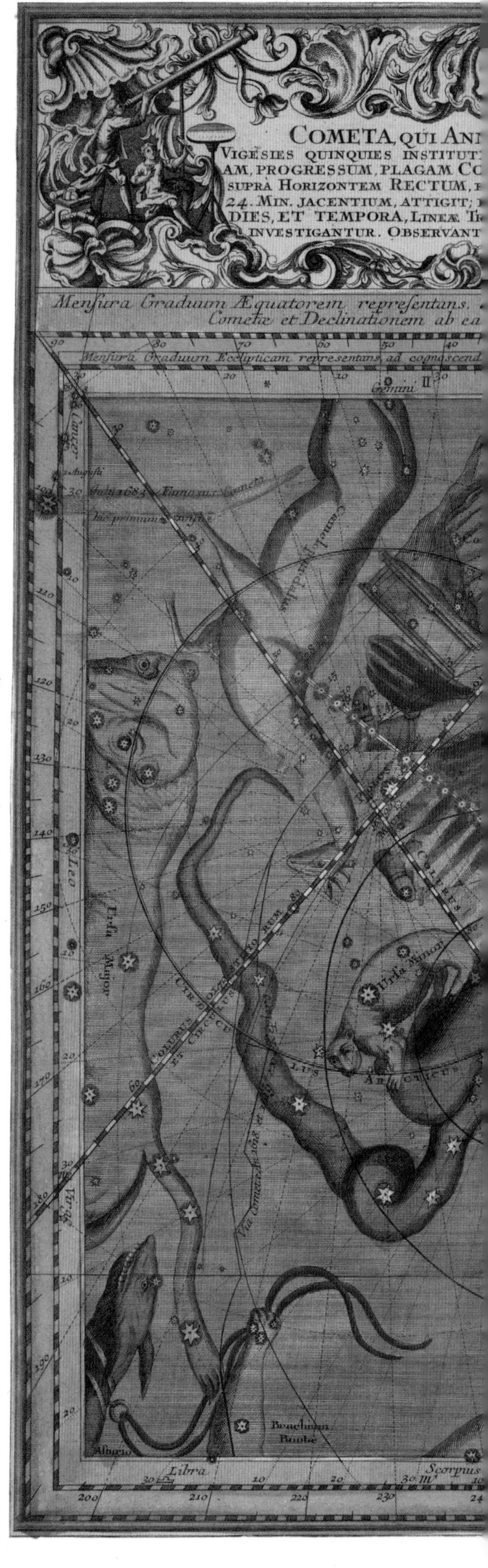

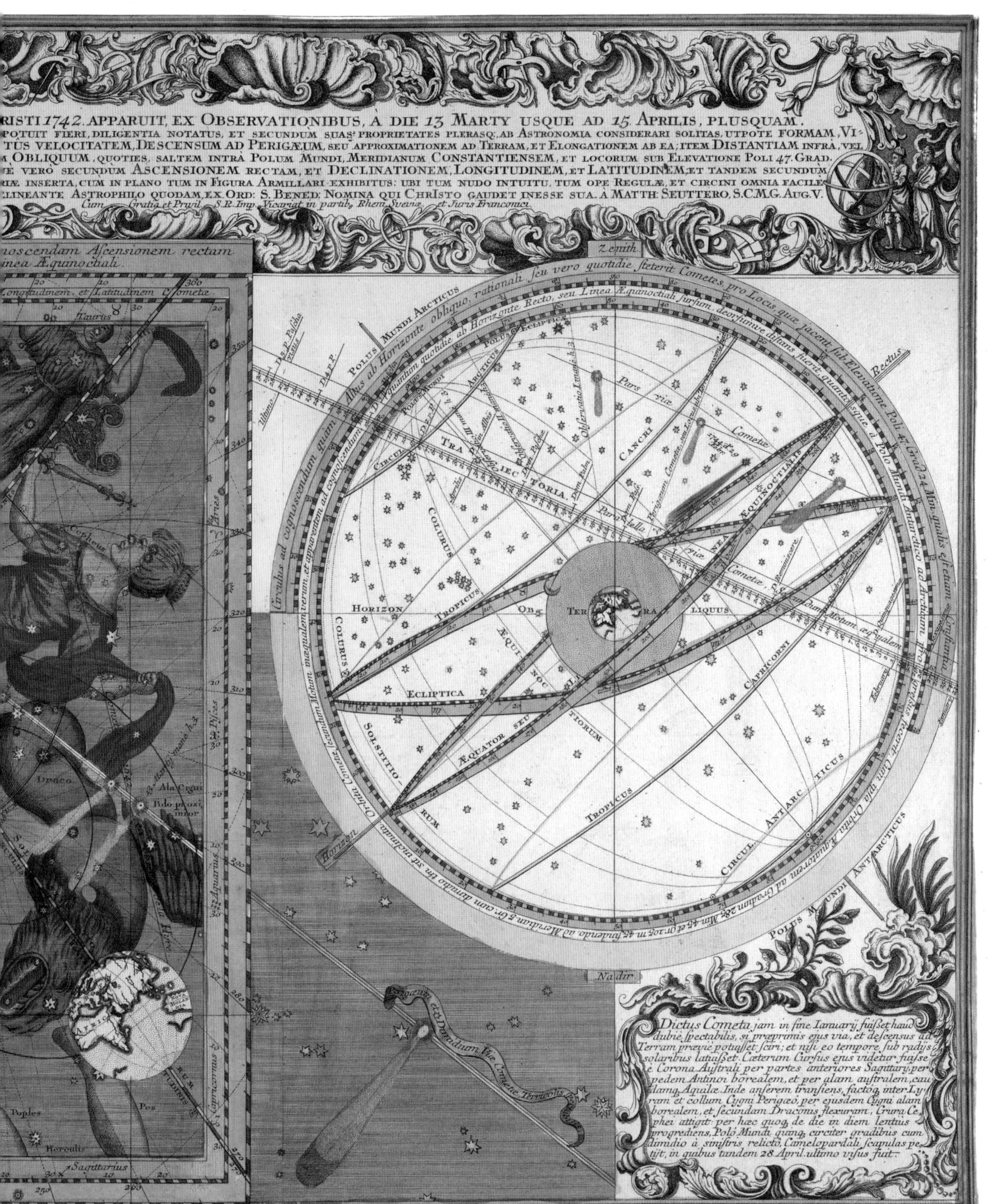
RISTI 1742. APPARUIT, EX OBSERVATIONIBUS, A DIE 13 MARTY USQUE AD 15. APRILIS, PLUSQUAM.
POTUIT FIERI, DILIGENTIA NOTATUS, ET SECUNDUM SUAS PROPRIETATES PLERASQ: AB ASTRONOMIA CONSIDERARI SOLITAS, UTPOTE FORMAM, VI-
TUS VELOCITATEM, DESCENSUM AD PERIGÆUM, SEU APPROXIMATIONEM AD TERRAM, ET ELONGATIONEM AB EA; ITEM DISTANTIAM INFRA, VEL
OBLIQUUM, QUOTIES, SALTEM INTRA POLUM MUNDI, MERIDIANUM CONSTANTIENSEM, ET LOCORUM SUB ELEVATIONE POLI 47. GRAD.
TE VERO SECUNDUM ASCENSIONEM RECTAM, ET DECLINATIONEM, LONGITUDINEM, ET LATITUDINEM ET TANDEM SECUNDUM
RIÆ INSERTA, CUM IN PLANO TUM IN FIGURA ARMILLARI EXHIBITUS: UBI TUM NUDO INTUITU, TUM OPE REGULÆ, ET CIRCINI OMNIA FACILE
LINEANTE ASTROPHILO QUODAM, EX ORD: S. BENED: NOMINA QUI CHRISTO GAUDET INESSE SUA. A MATTH: SEUTTERO, S.C.M.G. AUG. V.
Cum Gratia et Privil. S.R. Imp. Vicariat. in partib. Rheni, Sueviæ, et Juris Franconici.
Zenith
Nadir
HORIZON
ECLIPTICA
TROPICUS
COLURUS
CANCRI
CAPRICORNI
ÆQUATOR SEU
CIRCUL. ANTARCTICUS
POLUS MUNDI ARCTICUS
POLUS MUNDI ANTARCTICUS
Dictus Cometa jam in fine Ianuarij fuisset haud dubiè spectabilis, si præprimis ejus via, et descensus ad Terram prævie potuisset sciri; et nisi eo tempore sub radijs solaribus latuisset. Cæterum Cursus ejus videtur fuisse è Corona Australi per partes anteriores Sagittarij, per pedem Antinoi borealem, et per alam australem, caudamq. Aquilæ. Inde anserem transiens, factoq. inter Lyram et collum Cygni Perigæo, per ejusdem Cygni alam borealem, et secundam Draconis flexuram, Crura Cephei attigit: per hæc quoq. de die in diem lentius progrediens, Polô Mundi quinq. circiter gradibus cum dimidio à sinistris relicto, Camelopardali scapulas petijt, in quibus tandem 28. April. ultimo visus fuit.

• 1840년

1811년에 찾아온 대혜성은 무려 10개월 내내 볼 수 있어, 전례 없이 환상적인 장관을 이루었다. 너무나 눈에 잘 띄었던 이 대혜성은 특히 거대한 코마, 즉 혜성의 핵을 밝고 커다란 가스와 먼지 구름이 에워싸고 있었다. 그리고 톨스토이의 《전쟁과 평화》를 비롯해 유럽 전역의 문화에 많은 영향을 끼쳤다. 영국의 낭만주의 화가 존 마틴이 그린 이 그림은 혜성을 재앙의 전조 현상으로 아주 멋지게 묘사한 작품 중 하나일 것이다. 〈대홍수 전야〉라는 제목의 이 웅장하고 분위기 있는 그림은 구약성서의 내용을 주제로 한다. 이 그림으로 유명해진 마틴은 뒤이어 비슷한 주제의 그림들을 많이 그렸다. 미술 사학자 로베르타 올슨과 천문학자 제이 파사코프의 분석에 따르면, 그림 속 앉아 있는 노아의 왼쪽에서 하늘을 가리키는 사람은 므두셀라이며 그의 아버지 에녹이 점성술적 징조에 관한 내용을 써 놓은 두루마리를 쥐고 있는 것으로 보인다. 노아의 머리 위로 줄무늬가 그려진 구름이 펼쳐져 있다. 하늘에는 지평선 아래로 저물고 있는 태양을 비롯해 여섯 개 이상의 천체들이 정확하게 표현되어 있다. 하늘을 보며 불안해하는 듯한 강아지의 모습도 인상적이다.

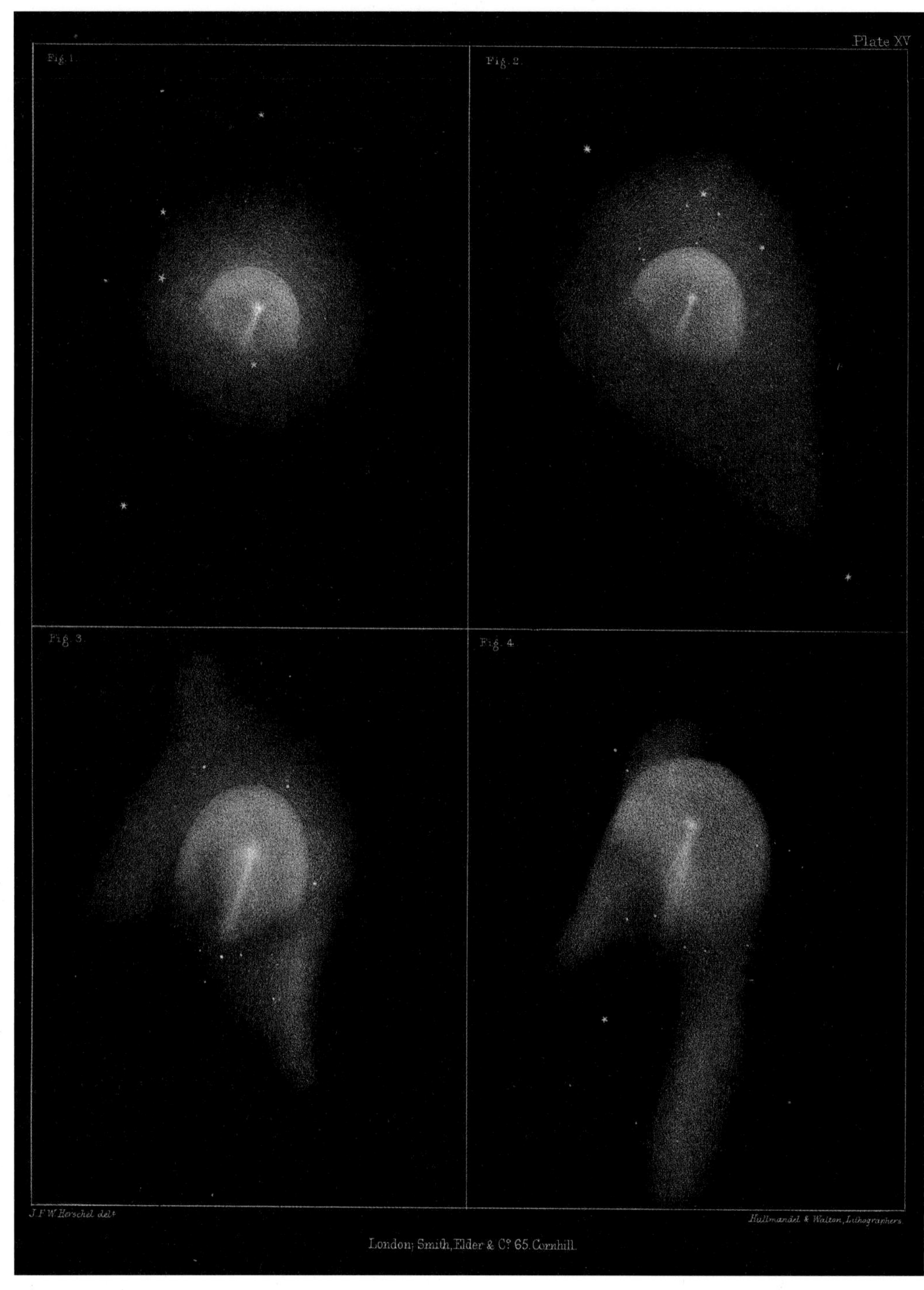

• 1847년

1883년, 영국의 천문학자 존 허셜은 남반구 하늘의 천체 목록을 완성하기 위해 남아프리카 케이프타운을 여행했다. 그는 당시 영국의 식민지였던 이 지역에서 약 5년간 머물렀다. 그는 남아프리카 테이블 산 남서쪽에 있던 천문대에 6미터짜리 망원경을 설치해두었고, 1835년 여기서 혜성이 다시 지구로 찾아오는 것을 관측했다. 허셜은 그해 10월 28일부터 1836년 5월 5일까지 총 7개월 동안 이 혜성을 관측했다. 이 그림에서 볼 수 있듯이 그는 혜성의 핵과 코마의 물리적인 변화들을 발견했다. 그는 혜성의 자성과 전기적 성질을 활용해 혜성의 기다란 형태를 설명하고자 했다. 하지만 이 가설은 논쟁의 대상이 되었다. 이후 그는 핼리 혜성의 모습을 표현한 13점의 판화가 담긴 《희망봉 천문 관측 결과Results of Astronomical Observations at the Cape of Good Hope》를 출간했다. 이 그림들은 그 가운데 네 점이다. 원래 판화 자체는 하얀 종이 위에 검은색 잉크로 그려지지만, 색을 반전시켜 마치 사진처럼 정교하게 보이도록 만들었다(허셜은 화학자이자 사진기술의 선구자이기도 했다. 허셜은 사진기술에서 쓰이는 양화와 음화라는 용어를 만들기도 했다). 허셜의 실제 사진은 99쪽을 참고하라.

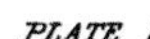

PLATE I.

Drawn by G.P.Bond

Engraved by J W Watts

Comet of Donati Oct. 2nd 1858.

• 1858년

19세기, 앞선 1811년 혜성의 뒤를 이어 세상을 놀라게 한 두 번째 혜성은 1858년에 찾아온 도나티 혜성이다. 이 혜성을 처음 발견한 이탈리아의 천문학자 조반니 바티스타 도나티의 이름을 붙였다. 하버드대학의 천문학자 조지 필립스 본드는 당시 학교에 있던 38센티미터짜리 거대 굴절 망원경을 사용해서 혜성의 사진을 촬영했다. 당시 이러한 시도는 처음이었으나 그 결과는 그리 훌륭하지 않았다. 한편 그는 혜성의 모습을 세밀화로도 함께 그렸다. 그중 하나는 이후 판화가 제임스 W. 와츠에 의해 이 그림으로 재탄생했다. 이 작업으로 본드는 미국인 최초로 왕립천문학회에서 금메달을 수여받았다. 그는 후에 이렇게 이야기했다. “혜성의 핵은 (…) 비정상적으로 밝았고, 태양을 향한 쪽은 더 둥글었다. 점점 핵의 밝기가 더 밝아졌는데 그것은 혜성 표면에서 새로운 물질이 분출되리란 것을 의미하는 전조 현상이었다. (…) 맨 안쪽에 혜성의 핵을 감싸고 있는 부분에서는 어두운 간극이 세 개 보였다. 그 사이에서 밝은 빛줄기가 교차했다.” 본드는 이 그림에 대해서는 이렇게 평가했다. “거대 굴절 망원경의 시야 영역에 등장했던 당시 혜성의 모습을 판화가가 너무도 성공적으로 옮겼다.”

• 1871년

오른쪽: 가끔 혜성과 유성을 혼동하기 쉽지만 둘은 완전히 다른 현상이다. 아주 멀리서 날아오는 혜성은 수개월 동안 긴 궤적을 남기며 태양 주위를 위풍당당하게 지나갔다가 사라진다. 또 어떤 혜성들은 수십 년, 수 세기, 심지어 수천 년 이후에 다시 되돌아오기도 한다. 하지만 유성은 멀리서 날아오는 천체가 아니라 우주 공간에 잘게 부서진 파편들이 빠른 속도로 지구 대기권을 통과하며 만들어지는 현상이다. 화구 한두 개가 떨어질 때도 있지만, 매년 비슷한 시기에 반복해서 한 시간 가량 수십에서 수백 개의 유성이 한꺼번에 유성우로 쏟아지기도 한다. 이러한 현상은 혜성이나 소행성이 우주 공간에 남긴 부스러기를 지구가 매년 같은 시기에 통과하면서 발생한다. 이 그림은 영국의 기상학자이자 열기구 조종사 제임스 글레이셔가 (카미유 플라마리옹을 비롯한 여러 사람들과 함께) 쓴 《하늘 여행Travels in the Air》에 등장한다. 열기구를 타고 바라본 유성우의 장면이 묘사되어 있다.

FALLING STARS AS OBSERVED FROM THE BALLOON

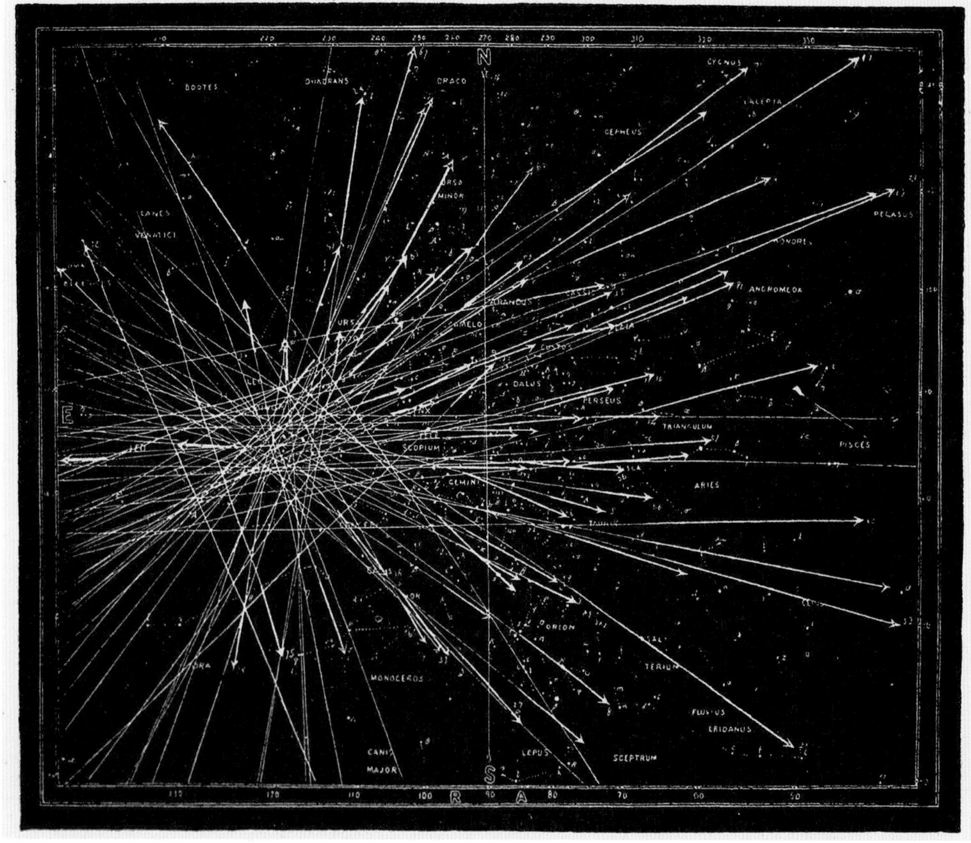

• 1882년

왼쪽: 조지프 길렛과 W.J. 롤프가 함께 쓴 대중 천문학 책《저 높은 하늘The Heavens Above》에 등장하는 그림이다. 이 그림에서처럼 유성우는 하늘의 한 영역을 중심으로 사방으로 쏟아지는 듯 보인다.

• 1881년

오른쪽: 에티엔 트루블로가 그린 천문 현상 가운데 사실과 다르게 잘못 표현한 아주 드문 사례라 할 수 있다. 유성우가 절정에 달하면 상대적으로 짧은 시간 동안 수십 개의 유성이 하늘을 가로지르기는 하지만 이 그림처럼 여러 개가 한꺼번에 쏟아지는 일은 거의 일어나지 않는다. 수십 개의 유성들이 한꺼번에 동시에 떨어지는 것은 예술적 허용으로 봐준다 하더라도, 유성은 결코 이 그림처럼 부드럽게 활강하듯 떨어지거나 U자 모양으로 경로가 꺾이거나 휘어지면서 방향이 틀어지지 않는다. 이 그림에 담긴 유성우는 사자자리 유성우를 의미하는 '11월 유성우'다. 매년 11월 15일에서 19일 사이에 찾아온다. 이들은 주기가 긴 장주기 혜성이 남긴 부스러기로 인해 발생하는 것으로 추정된다. 트루블로가 그린 더 많은 그림은 108~109, 139, 140~41, 174, 206~209, 261, 292~93, 321~23쪽을 참고하라.

THE NOVEMBER METEORS.

Fig. 104.—An Astrologer's Prediction – the End of the World, caused by the Collision of the Earth with the Stony Nucleus of a Comet.

(After a drawing by Heinrich Harder.)

• 1911년

위: 316~17쪽에서 봤듯이 혜성과 유성은 오랫동안 다가올 재앙과 파멸을 암시하는 전조로 받아들여졌다. 그러나 이 그림처럼 할리우드 여름 블록버스터 영화 포스터마냥 혜성이 직접 세상을 파괴하는 듯 묘사한 경우는 극히 드물었다. 초기 독일의 과학 저술가 브루노 뷔르겔의 책《모두를 위한 천문학 Astronomy for All》에 등장하는 한 점성술사의 혜성에 관한 예언과 이야기를 바탕으로 하인리히 하르더가 그린 그림이다.

• 1881년

오른쪽과 뒤: 1881년에 찾아온 대혜성은 이번 장에서 언급한 19세기에 찾아왔던 더 이른 두 번의 인상적인 혜성만큼 전 세계적 파장을 일으키진 않았다. 하지만 에티엔 트루블로가 그린 이 그림에서 볼 수 있듯이 이 혜성도 충분히 눈을 사로잡을 만한 인상적인 혜성이었다. 5월 22일 호주의 뛰어난 아마추어 천문학자 존 테버트가 이 혜성을 처음 발견했다. 이후 6월 22일이 되면서 남반구 천문학자들 모두 이 혜성을 볼 수 있게 되었다. 트루블로는 이날로부터 딱 이틀 뒤, 6월 25~26일에 혜성을 관측하고 그 모습을 바탕으로 이 그림을 완성했다. 이 혜성은 1807년에 찾아온 혜성과 거의 똑같은 궤도를 돌았으나 동일한 혜성은 아닌 것으로 확인되었다. 두 혜성이 비슷한 궤도를 공유한다는 점은 둘 사이의 알려지지 않은 어떤 연결고리가 존재할 가능성을 의미한다. 도나티 혜성과 마찬가지로 1881년에 찾아온 대혜성도 두 갈래로 갈라지는 모습을 보여주었다. 혜성의 핵과 코마에서도 계속 복잡하게 변화하는 모습이 나타났다. 트루블로가 그린 더 많은 그림은 108~109, 139, 140~41, 174, 206~209, 261, 292~93, 319쪽을 참고하라.

PLATE XI.

Copyright 1881 by Charles Scribner's Sons.

E. L. Trouvelot

THE GREAT COMET of 1881.

Observed on the Night of June 25-26. at 1h. 30m. A.M.

10 오로라와 대기 현상

하지만 기쁨은 양귀비가 퍼지는 것과 같다.
네가 그 꽃을 잡으면 꽃잎은 흩어진다.
또는 강 위에 내리는 눈처럼
잠깐의 흰색, 그리고 영원히 녹아버린다.
또는 북쪽의 빛줄기와 같다.
네가 그곳을 가리키기 전에 금방 흔들리고 사라지는 빛.
_로버트 번스, 〈빵모자〉

이 책에 실린 대부분의 그림 속 천문 현상들은 당시의 관측 상황은 거의 보여주지 않는다. 그림의 프레임도 그림을 감상하는 데 미묘하지만 확실히 영향을 끼친다. 하지만 프레임 자체가 그림의 일부인 것은 아니다. 이 책에 묘사된 사실상 거의 모든 천문 현상들과 천체들은 다양한 렌즈를 통해 관측되었다. 이 렌즈에는 천문학자들과 예술가들의 눈, 망원경의 유리와 거울이 포함된다. 또 어떤 천문 현상이었는지에 따라 둥근 돔과 같은 지구 대기권이 관측을 왜곡시키는 난류를 일으키는 일종의 렌즈 역할을 하기도 했다.

다시 말해 하늘에서 벌어지는 모든 현상들은 둥근 지붕이 있는 천문대, 바로 지구 대기권의 경계 바깥에서 벌어졌다. 따라서 지구의 상황은 하늘의 모습을 관측하는 것과 결코 따로 분리될 수 없다. 결국 우주를 보는 것도 지극히 지구적인 경험이다. 시간도 공간도 고정되지 않은 지구 위의 한 장소에서 우주를 바라보기 때문이다. 또한 수 세기, 수천 년의 세월 동안 변화하고 진화해온 지구의 관측자들이 우주를 바라본다. 우리는 여전히 우주라는 공간을 여행하는 지구에 탑승한 지구의 수하물인 셈이다.

지구의 적도 지름은 1만 2755킬로미터, 대기권 두께는 약 95킬로미터이다. 지구의 부피는 약 1조 832억 세제곱킬로미터이다. 지구는 굳이 당신이 시간을 낭비할 필요가 없을 정도로 수많은 0이 뒤에 붙은 숫자만큼의 톤의 질량을 갖고 있다. 지구의 나이는 45.4억 년이다. 이것은 우주 나이의 3분의 1 정도다. 이렇게 육중한 지구는 당연히 우주 지리학적으로도 중요한 역할을 한다. 그리고 지구에서 벌어지는 다양한 현상의 결과는 놀랍다.

지구의 중심에는 단단하고 붉고 뜨거운 핵이 있다. 이 행성의 핵은 뜨겁게 녹은 철로 이루어져 있으며 지구와 함께 회전한다. 이로 인해 지구 내부에서 바깥까지 자기장을 만들어낸다. 태양에서는 끊임없이 전하를 띤 아원자 입자들이 계속 흘러나온다. 이 태양풍과 지구의 자기장은 계속 상호작용한다. 그 결과 오로라의 장관이 만들어진다. 특히 북극과 남극 지역에서 볼 수 있다. 상층 대기권에서 광자가 빛을 방출하면서 불안정하게 흔들리는 녹색, 가끔은 붉은색의 플라즈마가 하늘에 얇게 깔린다.

오로라보다 더 낮은 대기권에서, 특히 추운 북쪽과 남쪽 지역에서는 또 다른 현상을 볼 수 있다. 단순한 육각형 얼음 결정이 태양 빛을 굴절시키면서 만드는 복잡한 파헬리아 또는 해무리, 둥근 천정호, 22도 헤일로가 있다. 로비츠와 패리호, 외접 헤일로, 맞무리해, 접선호를 비롯해 다양한 신비로운 용어로 불리는 대기 현상들이 있다.

땅 위의 어떤 얼음 결정들은 하늘 높이, 오로라를 넘어 대기권 바깥까지 퍼져 있다. 대기권이 지구 바깥까지 쭉 연장된 것처럼 보이도록 만드는 황도광이라는 빛이 퍼져 보이는 현상은 봄이나 가을에 가끔씩 볼 수 있다. 이것은 태양 빛이 태양계 황도면 주변에서 태양계 원반을 가득 채우고 있는 수많은 행성 간 먼지를 비추기 때문에 발생한다. 이 현상은 1683년 프랑스-이탈리아 천문학자 조반니 카시니에 의해 처음으로 규명되었다.

이 모든 현상들은 수 세기에 걸쳐 지구의 수많은 사람들을 매료하고 그들에게 영향을 끼쳤다. 예를 들어 1535년 4월 12일 아침, 중세시대 스톡홀름 하늘 위로 눈부시게 빛나며 복잡하게 얽힌 다양한 호와 헤일로, 천정호가 나타났다. 심지어 또 다른 해무리가 겹쳐져 나타나기도 했다. 이것은 당시에 평소와 달리 대기권에 더 높은 밀도의 육각형 얼음 결정들이 떠다니고 있었기 때문이었을 것이다. 오래전부터 비슷한 위도의 지역에서는 각 현상에 대해 잘 알려져 있어 남은 기록이 많았다. 하지만 당시의 사건처럼 모든 현상이 한꺼번에 나타난 것은 전례 없는 일이었다. 사람들은 두려워하기도 했다.

도시인들이 떠들썩한 가운데, 당대 지역에서 유명한 성직자였던 올라우스 페트리는 하늘에서 벌어진 현상이 개신교 종교개혁에 분노한 신이 내린 벌이라는 루머를 불식시키고 싶었다. 그래서 당시 장면을 그림으로 제작해달라고 의뢰했다. 하지만 페트리는 루터교로 넘어가던 과도기에 국왕이 스웨덴 가톨릭 교회에 내린 과도한 조치로 인해 문제를 겪고 있었다. 페트리는 4월 12일에 하늘에서 벌어진 징조를 어떻게 받아들여야 할지 완벽하게 확신하지 못했다.

그해 여름 페트리는 신도들 앞에서 당시의 해무리 장면을 담은 〈해무리 그림Vädersolstavlan〉을 선보였다(329쪽에 있는 그림은 원본을 베껴 1636년에 제작한 복제품이다. 원본은 파괴되었다). 그는 당시 스톡홀름의 하늘을 덮었던 괴상한 장면이 종교개혁파들의 지나친 개혁 의지에 분노한 신이 내린 벌처럼 보일 수 있다고 지적했다. 페트리는 두 가지 징조가 있다고 설명했는데, 하나는 인류를 올바른 길로 인도하기 위해 신이 보낸 것이고, 또 다른 하나는 인류를 잘못된 타락의 길로 유혹하기 위해 악마가 만들어낸 것이다. 둘 중 어느것이 정답인지에 대한 힌트는 없었다. 페트리도 무엇이 답인지 알 수 없다고 말했다.

페트리가 의뢰한 그림은 마치 암호와 같았다. 이후 그 그림은 스톡홀름의 상징이 되었으며, 1000크로네 지폐의 배경 그림이 되기도 했다.

오늘날에 와서 당시 도시의 풍경 위로 어떤 장면이 나타났을지는 정확히 알 수 없다. 하지만 〈해무리 그림〉에 담긴 모든 현상들은 어렵지 않게 설명할 수 있다. 모두 대기권에 있는 단순한 육각형 모양의 얼음 결정으로 인해 만들어진다. 흔히 눈 결정하면 떠올리는 복잡한 눈 조각보다 훨씬 단순하다. 추운 날씨에서 이 얼음 결정들이 만드는 현상은 본질적으로 물방울 때문에 무지개가 만들어지는 것과 같은 원리다. 다만 둥근 물방울 대신 각진 얼음 결정이 태양 빛을 프리즘처럼 복잡하게 굴절시킨다는 점이 다를 뿐이다.

그림의 오른쪽 위에 있는 태양은 양 옆에 해무리를 갖고 있다. 실제로 해무리는 항상 수평한 방향으로 양 옆에서 등장한다. 그리고 마치 지구에서부터 태양과 같은 거리에 떨어져 있는 것처럼 보인다. 태양을 중심으로 22도 헤일로도 함께 묘사되어 있다. 실제 그렇듯이 22도 헤일로의 중심은 태양에서 약간 벗어나 있다. 대신 태양은 120도 너비의 환일환parhelic circle과 함께 자리하고 있다. 두 환일환이 22도 헤일로와 만나는 교차점이 약 90도 간격으로 또 다른 해무리를 만들어내며 밝게 빛나고 있다. 그림의 가운데 초승달 모양으로 보이는 모습을 천정호라고 한다. 이 현상은 항상 태양이 32도보다 낮게 떠 있을 때만 볼 수 있다. 하지만 이 그림에선 그렇지 않다. 또한 이 그림과 달리 천정호는 절대로 태양 옆 방향에서는 보이지 않는다. 실제로는 태양보다 더 높은 방향에서 보인다. 그래서 이 현상을 '하늘의 미소'라고 부른다. 그림 가운데 가장 큰 원 위에서 밝게 빛나는 작은 흰 점은 안셀리아anthelia라고 부른다. 이것은 기둥 모양의 또 다른 육각형 얼음 결정 형태 때문에 만들어지는 해무리 현상 중 하나다.

이번 장에 실린 다양한 그림들은 이러한 여러 대기 현상들을 묘사한다. 일부는 아주 잘 훈련된 관찰자들이 현상을 쉽게 이해하도록 표현한 것들도 있다(심지어 더 최근에 컴퓨터 시뮬레이션으로 재현한 결과도 있다). 그중 하나는 북극 탐험가 프리티오프 난센이 그린 그림이다. 태양이 아닌 달이 만든 파헬리아를 표현한다. 바로 달무리다. 특히 16세기 중반《아우크스부르크 기적의 서》에 등장하는 그림들은 정말 기적이 일어났다고 생각될 만한 장면들을 묘사하고 있다. 이 그림들은 마치 이성적이고 합리적인 설명을 거부하는 듯 느껴진다.

난센은 북극과 남극의 탐험가를 매료한 또 다른 현상을 주목했다. 바로 오로라다. 이것은 지구와 태양 사이에서 벌어진 싸움으로 인해 발생하는 시각적 현상이다. 오로라는 북극과 남극에서 똑같이 벌어진다. 상층 대기권에서 이온화된 질소와 산소 분자가 다시 잃어버렸던 전자와 재결합할 때 광자를 방출한다. 이때 만들어지는 녹색의 플라즈마가 오로라로 관측된다. 대기 분자들의 이온화 자체는 태양에서 날아온 전하를 띤 입자들이 지구의 자기권과 만날 때 발생한다. 태양계 한가운데서 빛나는 별에서 날아온 자유전자와 양이온은 태양을 마주보는 지구의 낮 부분에서 뻗어나온 자기장에 가로막힌다. 그리고 지구 자기권과 태양풍 입자들이 충돌한다. 그 결과 자기 난류가 발생하고, 자기장 흐름이 끊기고 다시 연결되는 일이 벌어진다. 이를 통해 태양 플라즈마 입자가 지구 자기권 속으로 깊이 들어가 뒤섞인다. 태양을 등진 지구의 밤 부분에서는 소위 지자기 꼬리 magnetotail라고 불리는 자기장의 흐름이 644만 킬로미터까지 우주 공간 바깥으로 뻗어나간다. 그리고 지구의 남쪽과 북쪽으로 밝게 빛나는 플라즈마 입자가 흘러간다(147쪽에서 이 복잡한 상호작용을 슈퍼컴퓨터로 시뮬레이션한 결과를 확인할 수 있다).

오로라 자체는 우리의 직관과 달리, 지자기 꼬리에서 지구 쪽으로 상승하는 플라즈마로부터 발생할 수도 있다. 그리고 지구 주변을 한 바퀴 돌아 다시 태양 빛이 비치는 낮 부분의 태양풍이 불어오는 방향으로 쭉 이어진다. 플라즈마 흐름의 일부가 지구의 자기력선을 따라 행성 표면으로 이어지면서 아래로 흘러간다. 그때 80킬로미터 이상 높은 상층 대기권에서 플라즈마가 대기 분자와 부딪히면서 에너지를 방출한다. 이때 오로라가 만들어진다. 이 현상은 동서 방향으로 길게 펼쳐진 채 밝게 빛나는 커튼 모양으로 등장한다. 오로라 커튼의 형태는 극지방에서 지구에 거의 수직하게 그려지는 지구 자기력선의 방향 때문에 만들어진 결과다. 오로라 커튼 바로 아래에서 이 현상을 보게 되면, 하늘 전역을 가로질러 모든 방향으로 뻗어나가며 밝게 빛나는 녹색의 빛줄기를 보게 된다. 이 현상을 '오로라 코로나'라고 부른다.

특히 태양 활동이 강력한 시기가 되면 오로라는 폭풍처럼 맹렬하고 격렬하게 춤을 춘다. 역사상 가장 환상적이었던 두 번의 오로라는 1859년 거대 지자기 폭풍이 벌어졌을 때 찾아왔다. 태양풍과 함께 거대한 태양 플레어가 폭발하면서 자기장을 띤 태양 코로나의 물질이 한꺼번에 분출된 결과였다. 그해 8월 말과 9월 초, 평소보다 더 남쪽 지역에서까지 오로라를 볼 수 있었다. 9월 2일에는 보스턴 하늘 위에서도 밝은 북극광이 목격되었다. 그 빛이 너무 밝아서 한밤중에도 밖에서 신문을 읽을 수 있을 정도였다고 한다. 만약 오늘날 당시에 버금가는 강력한 오로라가 발생한다면 인공위성의 전자회로가 전부 타버리고 지구상의 전력망이 마비되는 일이 벌어질 수도 있다.

1899년 덴마크의 화가 하랄 몰트케는 특히 오로라를 연구하기 위해 조직된 덴마크 기상청의 원정대에 초청받았다. 이들은 아이슬란드로 원정을 떠났다. 당시 원정대는 최첨단 분광기와 여러 과학 장비를 갖추고 있었다. 하지만 당시의 사진 감광 유제는 북극광의 빛을 담기에는 성능이 부족했다. 그리고 당시까지만 해도 색깔을 사진에 담지 못했다. 당시 아이슬란드의 동쪽 해안에 있는 작은 마을 아쿠레이리에서 원정을 하고 있던 몰트케는 오로라를 사진으로 담는 것이 아주 모험적인 시도가 되리라고 생각했다. 그는 아직껏 미스터리한 현상으로 여겨지는 오로라의 본질이 무엇인지 사진으로 포착할 수 있기를 바랐다.

우연히 1899~1900년 겨울은 오로라 활동이 매우 활발하여 밤하늘에서 오로라를 쉽게 볼 수 있었다. 몰트케는 오로라가 벌어진 시간과 특징을 꼼꼼히 메모했다. 동시에 판지 위에 연필로 오로라의 모습을 실시간으로 스케치했다. 아침이 되면 그는 작은 스튜디오로 이동해 전날 밤에 작업한 스케치를 바탕으로 작업했다. 처음에 그는 파스텔화를 시도했지만 결과가 그저 그랬다. 그는 얼마 지나지 않아 유화 물감이야말로 자신이 목격한 아름다운 빛과 환상적인 모습을 사실에 가깝게 담을 수 있는 재료임을 깨달았다.

몰트케는 기나긴 아이슬란드의 겨울을 나는 동안 점차 자신의 기법을 발전시켜나갔다. 그다음 해 4월 아이슬란드 원정대를 다시 실어 가려고 증기선 보타니아가 해안가로 찾아왔다. 그때까지 그는 19세기 작품이라고 보기 어려울 정도로 훌륭한 작품을 완성했다. 그것은 과학적 탐구와 예술적 작업이 결합된 작품이었다. 지구의 자기장으로 인해 아름답게 일렁이는 하늘 풍경에 지상의 풍경은 뒷전으로 밀려났다. 그의 작품은 땅이 아닌 하늘의 풍경에 더 집중하는 스카이스케이프skyscape라는 새로운 장르를 개척했다. 한 가지 특별한 예시를 보면, 말로 형용할 수 없을 정도로 강력하게 요동치는 물결 같은 오로라의 불꽃을 볼 수 있다. 이러한 모습은 우주의 강력한 힘과 우리의 행성이 연결되어 있음을 다시금 느끼게 한다. 이것은 마치 그림과 프레임이 하나로 융합한 것과 같다. 지구가 우주로, 동시에 우주가 지구로 하나가 되었다. 이것은 또한 계속 쉬지 않고 이어지는 "빛이 있으라"의 순간이었다.

몰트케는 이렇게 기록했다. "오로라는 우리 지구상에서 벌어지는 그 어떤 현상과도 다르다." "오로라는 신비로운 존재다. 그것은 인간의 환상을 벗어난다. 오로라를 표현하자면 '초자연적''신성한''기적' 등의 표현에 기댈 수밖에 없다. 나는 아주 느리게 허공을 맴돌고 춤추는 신의 계시를 기록하는 방법을 천천히 익혔다. 나는 제멋대로 자유분방하게 움직이며 심지어 사납고 거칠게 춤추는 오로라의 모습 속에도 여전히 어떤 법칙이 적용되고 있다는 사실을 깨달았다."

그리고 그것은 보기에 아주 좋았다.

• 1535년

이 〈해무리 그림〉은 스톡홀름의 하늘에서 벌어진 해무리와 환일(parhelion) 현상을 묘사한 최초의 그림으로 알려져 있다. 1535년 4월 12일 아침 스톡홀름 상공은 호, 헤일로, 천정호, 또 다른 태양이 추가로 나타난 것 같은 모습으로 가득 채워졌다. 당시 벌어진 모든 현상은 아마 대기 중에 육각형 모양의 얼음 결정이 높은 밀도로 떠다니고 있었기 때문일 가능성이 높다. 도시인들 사이에서 이 현상이 스웨덴에서 일어난 개신교 종교개혁에 분노한 신이 내린 무시무시한 징조라는 루머가 돌았다. 한 성직자는 그러한 루머를 불식시키기 위해 이 그림 제작을 의뢰했다(이 그림은 사실 원본을 1636년에 베낀 복제품이고, 원본은 파괴되었다).

• 1547~52년

《아우크스부르크 기적의 서》에 등장하는 167점의 그림 가운데 많은 작품들은 유령 태양 또는 환일, 후광, 황도광, 아우라, 오로라, 그리고 하늘에서 벌어진 유령이나 불꽃처럼 가끔은 설명하기 어려운 현상들까지 다양한 대기 현상을 묘사했다.

맨 위: 이 그림 속 수직 형태는 얼핏 보면 황도광처럼 보이지만, 사실 황도광은 적도 주변 지역을 제외하고는 항상 지평선에서 어느 정도 각도로 기울어진 모습으로 등장하기 때문에 그림에 그려진 게 무엇인지는 다소 혼란스럽다. 하지만 이 그림은 봄이나 가을 하늘에서 가끔 흐릿한 빛의 형태로 볼 수 있는 황도광을 묘사하는 것으로 추정된다. 이 현상은 태양계 황도대에 있는 납작한 원반 위를 떠도는 행성 간 먼지에 의해 태양 빛이 반사된 결과다. 그림 아래 문장은 이런 뜻이다. "1515년 5월의 어느 날, 베를린 근처에서 이 현상이 목격되었다. 브란덴부르크의 선제후 후작 요아힘도 이 현상을 목격했다고 진술했다."

위: 해무리의 한 종류인 환일원 현상이다. 한가운데에 태양이 있다. 그림 아래 문장은 이런 뜻이다. "1528년 5월의 16번째 날, 11시와 12시 사이 아우크스부르크의 하늘에 떠 있던 태양 주변에서 이러한 형태를 볼 수 있었다. 그리고 거의 1시간 30분 동안 계속 태양 주변에 머물렀다."

맨 위: 그림에 담긴 아우크스부르크의 기적적인 현상은 아마 보통은 더 북쪽 지역에서 볼 수 있는 오로라 때문에 나타났을 것이다. 그림 아래 문장은 이런 뜻이다. "1542년 밤 12시, 구름 속에서 불이 붙은 거대한 솥처럼 활활 타오르는 불꽃이 보였다. 아우크스부르크의 하늘에서 이 현상을 볼 수 있었다. 믿을 수 있을 만한 많은 사람들이 오랫동안 이 현상을 목격했다고 이야기했다."

위: 이 그림 속에 그려진 것의 정체가 무엇인지 이렇다 할 과학적인 설명은 불가능하다. 가끔 기적은 정말 말 그대로 기적일 뿐일지도 모른다. 그림 아래 문장은 이런 뜻이다. "1531년, 그림에 표현되어 있듯이 스트라스부르크와 다른 여러 지역에서 손에 검을 쥔 피투성이의 흉상 초상화 형태가 목격되었다. 한편 그 옆에 불타는 성의 모습도 보였다. 그 맞은편에는 한 소대의 군인 무리의 모습도 있었다."

해무리가 너무 밝으면 마치 태양 자체가 두세 개로 쪼개진 듯 보이기도 한다. 아리스토텔레스는 기상학 분야에 대해 기술했던 논문에서 "두 개의 가짜 태양이 진짜 태양과 함께 떠올랐다. 그리고 다시 진짜 태양이 질 때까지 두 개의 가짜 태양도 계속 함께 태양을 따라다녔다"고 기록했다. 《아우크스부르크 기적의 서》에 등장하는 이 그림은 아리스토텔레스가 이야기했던 것과 동일한 현상을 묘사하는 것일 가능성이 있다. 마치 여러 개의 별 주변을 맴도는 외계행성에서 바라본 듯한 풍경처럼 느껴진다. 그림 아래 문장은 이런 뜻이다. "1533년, 세 개의 태양이 동시에 모두 똑같이 눈부시게 빛났다. 세 개의 태양 모두 불타는 구름으로 에워싸인 듯한 모습이었다. 그리고 이 그림에 표현되어 있듯이 도시와 집들을 불태울 기세로 뮌스터 도시를 비추었다."

und drey sonnen in gleichem schein als ob sie
umb sich, vnnd stunden vber der stat
heuser brennend, wie hir gemalt

• 1580년

16세기부터 유럽 전역에 인쇄기가 보급되면서 한 장의 큰 종이 안에 지구나 하늘에서 벌어지는 다양한 현상을 환상적인 그림으로 인쇄할 수 있게 되었다. 이 그림은 독일 남동부 지역에서 목격된 현상을 묘사한다. 그림은 다음과 같은 제목으로 출간되었다. 〈1580년 1월 12일 오후 1시부터 해질 무렵까지 뉘른베르크 근처 알트도르프 상공에서 벌어진 태양의 헤일로에 대한 소식〉. 이후 1820년 북서항로를 찾아 떠났던 원정 길에서 북극 탐험가 윌리엄 에드워드 페리는 이와 동일한 현상을 발견했다. 그래서 이 현상을 그의 이름을 붙여 페리호라고 부른다. 하지만 이 그림은 페리의 발견이 있기 2세기도 더 전에 그려졌다. 그림 속에서 태양 위로 하얗고 기다란 U자 모양의 호가 보인다. 이것은 태양 위쪽에서 22도 헤일로와 접선호가 만날 때, 공중에 떠 있는 육각기둥 모양의 얼음 결정으로 인해 만들어진다. 태양 양 옆에 밝게 빛나는 해무리도 볼 수 있다. 태양 위의 곡선은 무지갯빛으로 빛난다. 이것은 해무리 현상을 관측할 때 자주 나타나는 빛깔을 그대로 반영한 것이다. 다만 실제로는 이 그림에 표현된 것과 반대로 빨간색 빛이 태양 가장 가까이에서 형성된다.

Aurore boréale irrégulière (P. 453).

La lumière zodiacale sous le tropique (P. 182).

Couronne boréale.

• 1866년

프랑스의 천문학자이자 식물학자 에마뉘엘 리에의 《천상의 우주》에 수록된 대기 현상을 묘사한 판화 네 점이다.

왼쪽 위: 북극광, 즉 오로라가 커튼 모습으로 일렁이는 장면이다. 지구의 자기권과 태양풍에서 날아온 전하를 띤 입자들 사이에서 벌어진 상호작용의 결과로 만들어진다.

오른쪽 위: 해무리 또는 환일 현상은 공기 중에 떠다니는 얼음 결정으로 인해 나타난다.

왼쪽 아래: 황도광의 빛은 태양계 원반상을 떠도는 행성 간 먼지에 의해 태양빛이 반사되면서 만들어진다.

오른쪽 아래: 태양에서 분출된 전하를 띤 입자들이 지구 자기권에서 빠르게 충돌하면서 오로라 코로나라고 부르는 왕관 모양의 오로라가 만들어진다.

• 1865년

어둠 속에서 밝게 빛나는 빛의 모습을 담은 이 그림은 〈북극광〉이라는 그림이다. 허드슨 리버파의 화가 중 한 명인 프레더릭 에드윈 처치가 북극 탐험가 아이작 헤이스의 스케치와 오로라에 대한 기록 및 묘사를 참고해 그린 그림이다. 1860~61년에 헤이스는 배를 타고 북극 원정을 떠났다. 그들의 배 위로 북극광이 장엄한 둥근 호를 그리며 나타났다. 마치 외계의 풍경처럼 느껴진다. 하늘에서 일렁이는 섬뜩한 빛과 그 아래 멀리 외로운 불빛을 하나 달고 천천히 흘러가는 배가 만들어낸 풍경은 한참 뒤에 등장할 SF의 시대를 미리 예견한 것처럼 느껴진다.

MOONLIGHT PHENOMENA AT THE BEGINNING OF THE POLAR NIGHT, November 1893.
A vertical axis passes through the moon, with a strongly-marked luminous patch where it intersects the horizon. A suggestion of a horizontal axis on each side of the moon: portions of the moon-ring with mock moons visible on either hand.

• 1896년

노르웨이 출신의 북극 탐험가이자 노벨평화상 수상자인 프리티오프 난센은 야심차게 배와 개썰매를 끌고 북극점에 도달하려는 시도를 했다. 그 시도는 실패로 끝났다. 당시 1893~96년의 프람 원정 기간에 그는 직접 이 그림을 그렸다. 이후 이 그림은 난센의 원정 과정을 기록한 1897년의 베스트셀러 《최북단》에 실렸다.

맨 위: 프람 원정대는 원정을 떠난 지 6개월째에 해무리와 유사한 달 주변의 달무리(parluna) 현상을 목격했다.

위: 오로라는 태양에서 분출된 전하를 띤 입자가 지구 상층 대기권 속의 대기 분자에서 전자를 떼어 내며 들뜨게 할 때 만들어지는 플라즈마 형태의 빛이다. 이 그림과 335쪽의 그림에서 본 것처럼, 지구의 자기력선에 의해서 물결치는 커튼 모양의 오로라를 바로 아래에서 내려다보게 되면 아주 예외적으로 사방으로 뻗어나가는 듯한 모습의 오로라를 보게 된다. 이를 오로라 코로나라고 부른다.

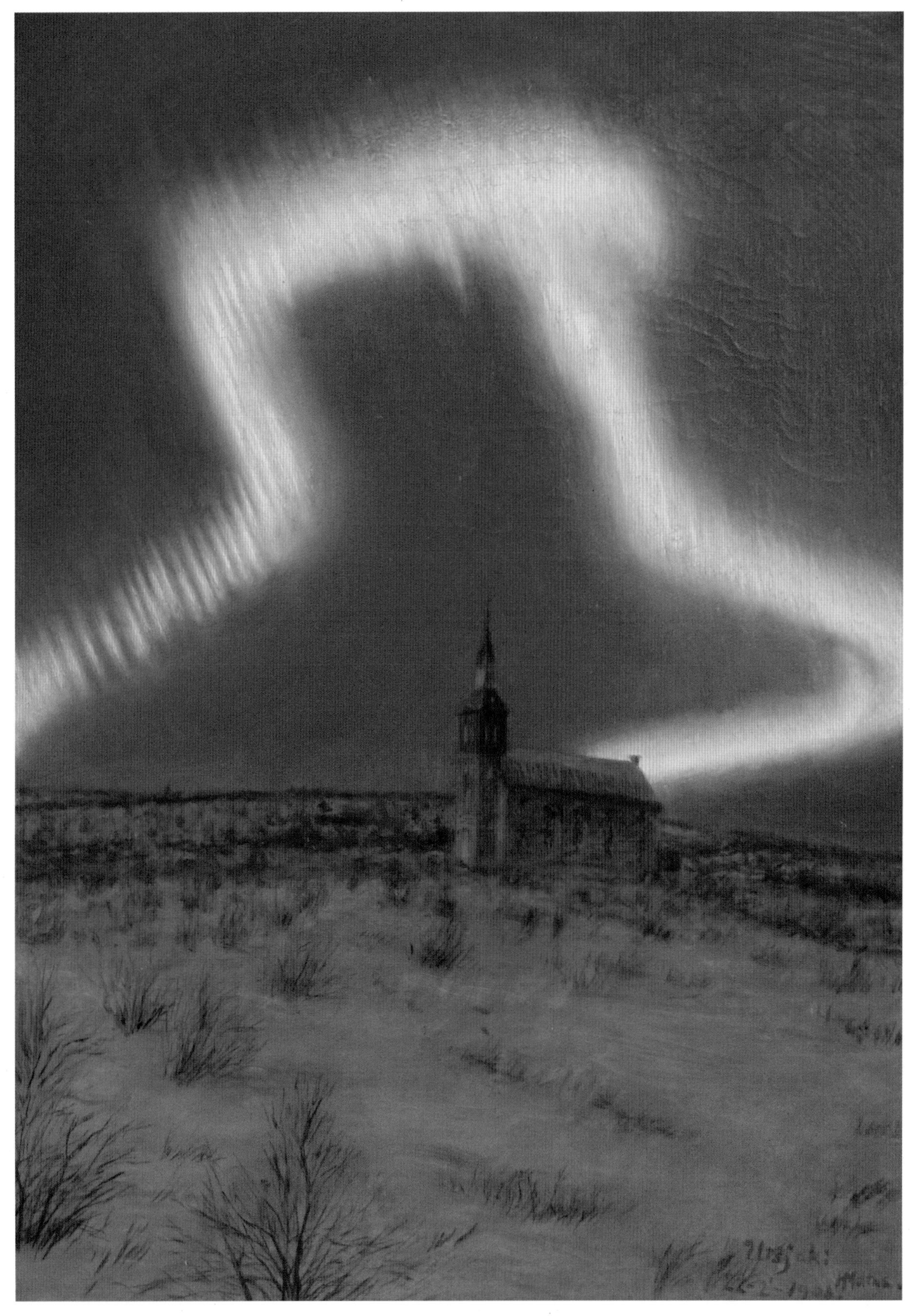

• 1899~1901년

1898년부터 1904년까지 덴마크 출신의 화가이자 작가였던 하랄 몰트케는 총 네 번의 북극 탐험에 참가했다. 그중 두 번의 원정은 덴마크 기상청의 자금 지원을 받아 이루어졌다. 특히 이 탐사는 북극광 연구가 주목적이었다. 몰트케가 그린 오로라 그림은 오로라에 대한 과학적 연구에서 아주 중요한 역할을 했다. 이 그림은 핀란드 북부의 한 교회 위로 오로라가 펼쳐진 모습을 담고 있다. 이것은 몰트케가 두 번의 원정을 보내면서 그린 총 24점의 오로라 그림 중 하나다.

하랄 몰트케의 전자기적인 스카이스케이프는 물결치는 오로라의 불꽃이 추상적인 지구의 풍경과 결합하며 만들어낸 형용할 수 없을 정도로 강력한 우주의 힘을 묘사한다.

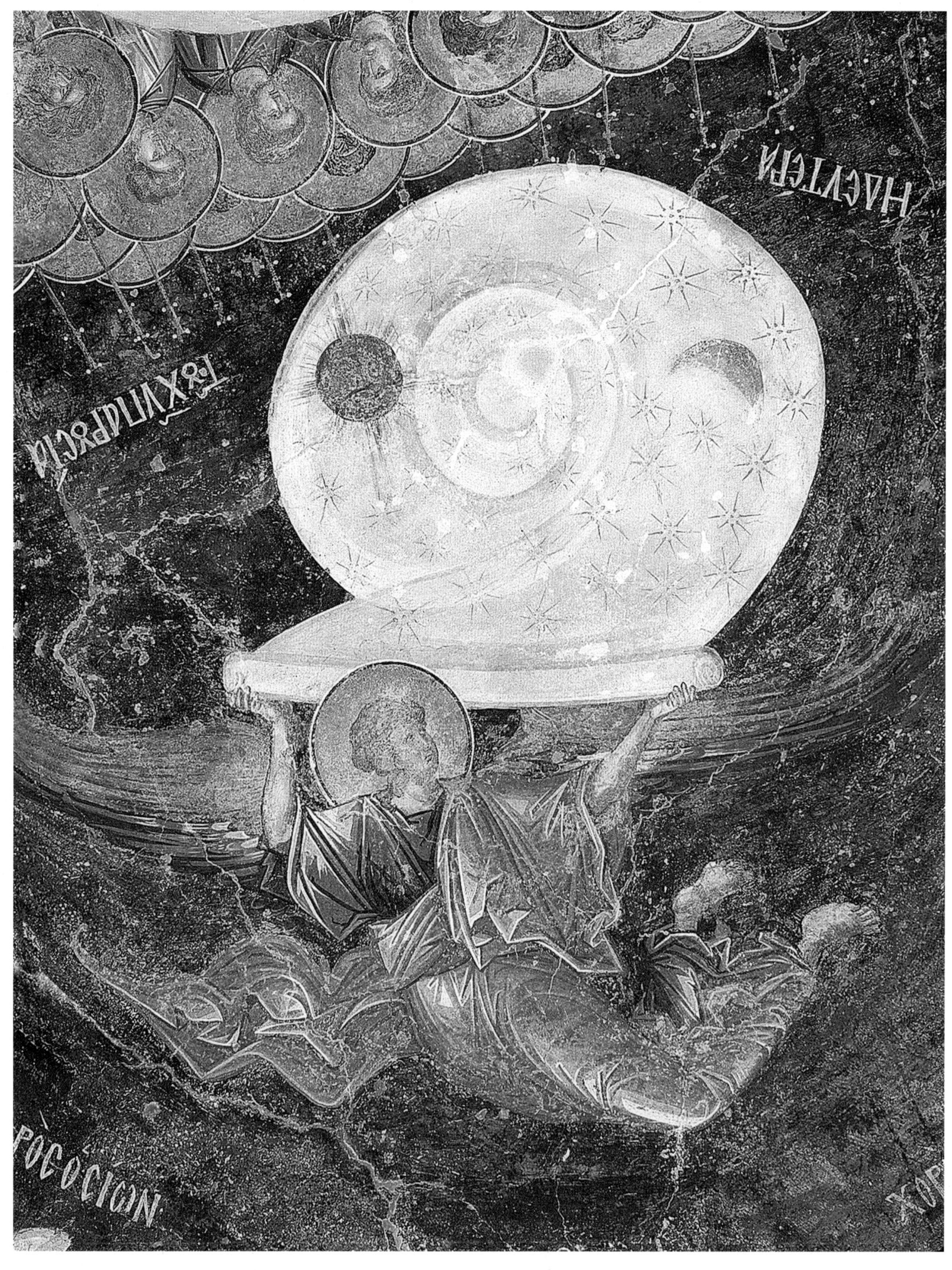

• 1315~21년

공간을 의미하는 단어 '코라(Chora)'는 플라톤의 시대까지 거슬러 올라간다. 이 단어는 또한 관측 가능한 우주를 의미한다. 14세기의 익명의 예술가가 완성한 이 프레스코화는 오늘날까지 살아남은 훌륭한 비잔티움 교회 가운데 하나인 이스탄불의 코라 교회 천장에 그려져 있다. 15세기 오스만제국이 이 지역을 정복한 이후 코라는 모스크 역할을 수행했다. 그동안 이 그림은 500년 가까이 회반죽으로 덮여 있었다. 1948년을 기점으로 교회는 다시 원래의 모습으로 서서히 복원되었다. 1958년 교회는 박물관으로 새 단장을 마친 뒤 다시 문을 열었다. 이 프레스코화의 제목은 〈시간의 끝에서 천국의 두루마리를 걷어 올리는 주님의 천사〉이다.

감사의 말

이번 프로젝트의 본질과 목적에 대해 바로 공감하고 희귀한 자료를 찾을 수 있도록 놀라운 도움을 준 많은 분들께 끝없는 감사의 뜻을 전합니다.

이 책이 실현되는 데 기여해준 많은 분들, 특히 하버드대학의 오언 깅거리치 박사에게 감사를 전합니다. 이 책의 여는 글을 비롯해 책이 완성될 수 있도록 가장 많은 영향을 끼친 사람 중 한 사람입니다. 그는 제가 희귀한 책 내용을 사진으로 찍어갈 수 있도록 허락해주었고, 천문학의 다양한 요소에 관한 질문에 대해 인내심을 갖고 성실하게 조언해주었습니다. 그 덕분에 〈네브라 스카이 디스크〉와 같은 고대 유물을 통해 과거 인류가 우주의 모습에 대해 얼마나 확실하게 파악하고 있었는지부터, 코페르니쿠스혁명 이후 벌어진 중요한 변화들, 인류가 우주의 모습을 어떻게 구조화해왔는지까지 방대한 질문에 대해 답을 얻을 수 있었습니다. 또한 그는 내가 쓴 원고를 모두 살펴봐주었고, 긍정적인 의견과 피드백 그리고 어느 부분에 대해서는 내 해석에 (내게 큰 도움이 되어준) 반론을 제시하기도 했습니다. 없어서는 안 될 중요한 조언들이었습니다. 하지만 이 책에 담긴 해석이나 사실에 대해 오류가 있다면 그건 모두 저의 책임임을 밝힙니다.

깅거리치 박사는 내가 문의한 질문들을 HASTRO의 천문학 역사 토론 그룹에 공유해주기도 했습니다. 여기에서 내 질문에 자세히 답변해준 아담 제어드 압트, 존 W. 브릭스, 스티브 러스킨, 찰스 우드, 마이클 호스킨, 윌리엄 토빈에게도 감사를 전합니다. 특히 스티븐 매클러스키와 렌달 로젠필드의 답변은 중세 시대에 천체의 움직임을 어떻게 이해하고 있었는지, 〈네브라 스카이 디스크〉를 어떻게 분석해야할지에 대해 큰 도움이 되었습니다.

매사추세츠주 서머빌에 있는 동안 나는 미국에서 가장 오래된 천문학 잡지 중 하나인 〈스카이 앤드 텔레스코프〉 지 본사 근처에 머물렀습니다. 체코 천문학자 안토닌 베츠바르의 〈천국의 스칼나테 플레소 아틀라스〉를 찾던 중 〈스카이 앤드 텔레스코프〉의 주간 편집장 앨런 맥로버트에게 연락을 취했습니다. 그는 곧바로 〈스카이 앤드 텔레스코프〉 사무실로 나를 초대해주었고, 베츠바르의 지도를 스캔해 갈 수 있도록 허락해주었습니다. 더불어 〈스카이 앤드 텔레스코프〉를 세계적인 귀중한 유산으로 만들어가고 있는 여러 사람들도 함께 만났습니다. 그중에는 신 워커, 데니스 디 시코, 그레그 딘더먼도 있습니다. 나를 반갑게 맞아준 그들 모두에게 감사드립니다.

맥로버트는 내게 케임브리지의 또 다른 연구기관 중 하나인 미국변광성관측자협회AAVSO에도 연락해보라고 조언해주었습니다. 이 협회는 연락이 닿으리라 기대할 수 없을 정도로 너무 좋은 곳이었습니다. 그곳에서 데이터를 기록하고 보관하는 일을 맡은 마이클 살라디가 박사와 주임 기술보조 엘리자베스 와겐을 만났습니다. 그들은 도서관에 보관되어 있는 풍성한 소장품을 책으로 옮길 수 있도록 환영해주었습니다. 《코스미그래픽》에는 AAVSO에서 구한 이미지가 10개 이상 실렸습니다. 이 프로젝트를 완성하는 데 정말 큰 도움이 되었습니다. 그들 모두에게 감사를 표하며 이 책도 그들의 도서관에 기증할 수 있는 날이 오기를 고대하고 있습니다.

또한 하버드-스미소니언 천체물리학센터의 존 G. 월바흐 도서관 직원들께도 감사의 뜻을 전합니다. 도서관장인 크리스토퍼 애드먼과 사서 마리아 매키천과 메리 해거트 덕분에 아카이브에서 희귀한 소장품을 발굴할 수 있었고, 서가에 카메라를 들고 들어갈 수 있었습니다.

하와이대학교의 천체물리학자인 R. 브렌트 툴리 박사와 프랑스 사클레에 위치한 컴퓨터천문학센터에서 데이터 시각화 전문가로 일하는 다니엘 포마레드에게도 특히나 감사드립니다. 그들은 슈퍼컴퓨터로 시각화한 은하 형성 및 은하군 역학 시뮬레이션 데이터에 접근할 수 있도록 친절하게 권한을 부여해주었습니다. 캘리포니아, 라호이아에 있는 루더먼 고지도 주식회사의 배리 루더먼은 내가 스캔한 여러 지도를 책에 담을 수 있도록 허락해주었습니다. 사우스보헤미아의 올가 소노바 박사 덕분에 체코의 우주 예술가인 루덱 페섹이 남긴 훌륭한 행성 작품들을 접할 수 있었습니다. 나는 이 책에 담긴 이 그림들을 통해 많은 사람들이 그의 작품에 관심을 갖게 되기를 바랍니다. 이후 천문학 역사학자인 톤 린드먼은 이 프로젝트에 담긴 이미지와 여러 아이디어에 큰 도움을 주었습니다. 이들 모두에게 감사의 뜻을 전합니다.

더불어 퍼블릭 도메인 자료를 제공하는 여러 온라인 아카이브들에게도 감사드립니다. 이들은 세계 공동체를 위해 놀라운 자료를 보관하고 무료로 제공하고 있습니다. 데이비드 럼지 역사 지도 컬렉션, 국회도서관, 월터스미술관, 게티, 런던대영도서관, 프랑스국립도서관, 암스테르담국립미술관, 미시간대학교도서관, 폴란드국립도서관, 위키미디어, 위키피디아, 위키페인팅스, 예일베이넥도서관, 보스턴공공도서관, 오클라호마대학교 과학사컬렉션, NASA, USGS, NOAH, 미육군공병대, 캐나다지질학서베이, 케임브리지대학교의 천문학협회도서관에 경의를 표합니다.

《코스미그래픽》의 완성까지 함께 해준 또 다른 많은 동료들이 있습니다. 알파벳 순서대로 나열하겠습니다. 행성 지도 제작자 랠프 애슐리먼(ralphaeschliman.com), 캐머런 베카리오(earth.nullschool.net), 우주론 천문학자 프란체스코 베르톨라 박사, 북극 탐험가 프리티오프 난센의 그림 스캔본을 제공해준 데이비드 보사드, 은하 지도 제작자 윈첼 D. 정 주니어, 스미소니언 국립 항공우주 박물관의 톰 그라우츠, 겐트대학교 도서관의 릭 데클레크, 천문학자 존 듀빈스키 박사, 데이앤드파버 미술관의 제임스 파버, 케플러 과학팀의 대니얼 패브리키, 스페인국립도서관의 엘레나 가르시아-푸엔테, 겐트대학교 도서관, 프린스턴의 천체물리학자 리처드 고트 박사, 행성과학자이자 지도 제작자 헨리크 하르기타이 박사, 특히 그의 웹사이트 planetologia.elte.hu/ipcd는 소련과 그 이전의 바르샤바조약기구 당시에 제작된 희귀한 지구 및 여러 행성들의 지도를 스캔한 자료를 보관하고 있습니다. 헤이든천문대의 신시아 엔젤, 카터 에마트 박사, 샤런 스털버그, 비비안 트라킨스키, 칼턴 홉스 LLC, galaxy-map.org의 켈빈 자딘, 호마 카리마파디 박사, 헌팅턴 도서관의 과학사 분야 디브너 상임 큐레이터 대니얼 루이스 박사, 불렌 로링, 오클라호마대학교 도서관의 과학사 컬렉션 큐레이터 케리 V. 맥루더, 하버드, 호턴도서관의 새뮤얼 존슨 박사의 초기 책과 사본에 대한 도널드 앤드 메리 하이드 컬렉션의 큐레이터 존 오버홀트, 우주예술가 론 밀러, 워싱턴DC에 있는 올드프린트갤러리, 알렉스 파커, 카셀대학교 도서관의 브리기트 페일 박사, radicalcartography.net의 빌 랭킨, 마티아스 렘펠, 색슨 주립 및 드레스덴 대학교 도서관, 하랄 몰트케의 오로라 그림에 관한 작가 피터 스터닝, 아폴로 미션의 착륙지 지도를 제작한 토마스 슈바그마이어, MIT 도서관의 스티븐 A. 스쿠스, 스턴버그천문학협회, atlascoelestis.com의 펠리스 스토파, 아벨 멘데즈 토레스, thespaceoption.com의 아서 우즈, eclipse-maps.com의 마이클 자일러 등입니다.

이 책에는 다양한 책과 온라인 자료도 도움이 되었습니다. 다만 이 책은 학술 논문은 아니기에 별도의 각주는 달지 않았습니다. 이 책을 완성하면서 다음과 같은 자료를 참고했지만 그 외에도 많은 자료들이 쓰였습니다. 왕립 천문학회의 분기별 저널, 닉 카나스의 《스타 맵스》, 로널 배시어와 대니얼 루이스의 《스타 스트럭》, 2장의 첫번째 단락에서 인용한 S.K. 헤닝어의 《더 코스모그래피컬 글래스》, 토마스 쿤의 《코페르니쿠스 혁명》, 리처드 파넥의 《보는 것과 믿는 것》, 데이바 소벨의 《경도》와 《더 완벽한 하늘: 코페르니쿠스는 어떻게 우주를 혁명했는가》, J.L. 헤일브런의 《교회 안의 태양》, 윌리엄 시헌과 존 웨스트폴의 《금성식》, 로버트 그린러의 《무지개, 빛무리, 그리고 영광》, 건축 이론가 달리보 베슬리의 《재현 분열 시대의 건축》에서 많은 영감을 얻었습니다. 또한 215쪽에 있는 손으로 직접 완성한 매리너4호의 화성 이미지에 관한 정보는 댄 굿즈의 웹사이트에서 참고했습니다.

지난 몇 년 동안 헤이든천문대의 카터 에마트, (나에게 베슬리의 작품에 대해 처음으로 알려준) 쿠퍼 유니언의 데이비드 거스텐, RISD의 크리스 로스와 많은 토론을 주고받았습니다. 덕분에 나의 세계관은 매우 생산적인 방향으로 많은 변화를 겪었습니다. 그들이 제시해준 아이디어는 내 작업에 무수한 영향을 끼쳤습니다. 계속 나의 영감의 원천이 되어주어 감사합니다. 또한 원더캐비닛의 장인 렌 웩슬러에게는 지난 10년 넘는 세월 동안 다양한 주제에 대해 함께 대화해준 것에 대해 감사를 드립니다.

이 책은 에이브럼스 출판사 그리고 좋은 친구이자 편집장인 에릭 히멜의 격려와 지원이 없었다면 불가능했을 겁니다. 그는 2013년 봄 이후 이 책에 관한 아이디어를 다시 부활시켜주었습니다. 또한 에이브럼스의 내 담당 편집자인 데이비드 블래티의 전문성도 아주 큰 도움이 되었습니다. 그는 마지막까지 주고받은 원고에서 많은 수정사항을 인내심 있게 처리해주었습니다. 또 항상 그렇듯이 에이전트 새러 라진에게도 많은 빚을 졌습니다. 그녀는 나와 에이브럼스를 연결해주었고, 그 이후로 여러 해 동안 (다섯 권의 책을 만들며) 함께 일해왔습니다.

또한 가족에게도 감사 인사를 전합니다. 부모님 셜리와 레이먼드 벤슨부터 시작해서 나의 형제자매인 캐롤린과 닉 벤슨까지 그들의 모든 지원에 감사드립니다. 매일 나의 스트레스를 풀어준 유익한 토론이 없었다면 이 책은 결코 완성될 수 없었을 겁니다. 끝으로 아내 멜리타와 아들 대니얼에게 감사의 뜻을 전하며 이 책을 바칩니다.

옮긴이의 말

무대 위에 새로운 그림이 등장한다. 하얀 화면에 점 몇 개와 선 몇 개가 그려져 있다. 얼핏 봐선 무엇을 그린 건지 알기 어렵다. 하지만 그 난해한 그림이 공개된 순간 객석의 관객들은 모두 감동의 눈물을 흘린다. 무대는 순식간에 사람들의 환호성과 박수 소리로 가득 찬다. 여기에 모인 사람들의 직업은 무엇일까? 화가? 비평가? 비싼 그림의 가격을 매기려 열린 경매 현장일까? 아니다. 내가 위에서 묘사한 것은 사실 과학자들이 모인 학회의 발표 현장이다.

21세기 과학이 하는 행위는 사실 예술과 다르지 않다. 표본의 현미경 사진, 망원경으로 관측한 천체 사진, 수많은 동그라미와 직선으로 채워진 복잡한 그래프와 도표들. 모두 우주를 표현하는 한 편의 예술 작품이다. 과학자들이 컴퓨터의 엔터를 누르고 모니터에 그래프가 튀어나오는 그 순간, 우주를 묘사하는 새로운 그림이 완성된다. 과학자들이 논문 속 그래프 발표하는 일은 우주가 어떻게 작동하는지에 관한 자신의 놀랍고도 새로운 발견을 무대 위나 전시회에서 뽐내는 일과 다름없다. 그런 점에서 나는 과학자들도 결국 우주를 나름의 수학적 표현 기법으로 묘사하는 또 다른 예술가라 생각한다.

실제로 다른 학자들의 논문을 훑어볼 때 가장 먼저 살펴보는 것이 '그림'이다. 논문 속 그림만 봐도 논문이 이야기하고자 하는 핵심, 주제의식을 알아챌 수 있다. 과학철학자 토마스 쿤은 인류의 과학이 지속적인 혁명을 통해 점진적으로 발전해왔다고 이야기했다. 그리고 한 시대의 과학적 사고를 지배하는 생각의 틀에 '패러다임'이라는 이름을 지어주었다. 만약 인류의 우주관, 그 패러다임이 어떻게 변해왔는지를 한눈에 보고 싶다면 가장 쉬운 방법은 고대부터 현대까지 우주를 묘사한 인류의 다양한 그림을 훑어보는 것이리라. 하지만 세계 각지에, 다양한 시대와 장소에 흩어져 있는 작품을 모두 살펴보는 건 어려운 일이다. 만약 각 시대의 패러다임을 대표하는 작품들만 쏙쏙 골라 한 자리에서 성대한 전시회를 열어준다면 얼마나 좋을까? 바로 이 책이 그러한 나의 바람을 이뤄주었다.

보통 외국 서적의 번역은 출판사에서 먼저 의뢰하는 경우가 대부분이다. 출판사에서 잘 팔릴 만한 책을 발견하고 적당한 번역자를 찾아 의뢰를 해온다. 하지만 이 책의 작업은 반대로 진행되었다. 우연히 이 책을 발견하고, 나는 순식간에 페이지 속에 빠져들었다. 편하게 들고 다닐 만한 사이즈의 책이 전혀 아니었지만 나는 어디를 가든 이 책과 함께 했다. 이렇게 훌륭한 책이 아직 우리말로 번역 출간되지 않았다는 사실이 슬프면서도 한편으로는 안도가 되었다. 그 멋진 작업을 내가 직접 할 기회가 있다는 뜻이었기 때문이다. 나는 서둘러 가장 믿을 수 있는 에디터에게 이 책의 번역 출간에 대해 문의했다. 그리고 작업은 일사천리로 진행되었다.

고대에서 중세를 거쳐 현대에 이르기까지 우주를 상상하고 표현하고자 했던 몽상가, 선구자들의 다양한 노력의 산물이 이 책에 가득 담겨 있다. 다른 모든 별들이 박힌 크리스털 구슬이 지구를 중심에 두고 돌아가는 우주의 모습부터, 헤아릴 수 없이 많은 은하들로 가득한 상태로 점점 더 빠르게 팽창하는 시공간까지. 메조틴트 판화부터 슈퍼컴퓨터로 구현한 시뮬레이션의 스틸 이미지까지. 다양한 우주의 모습이 여러 시대, 갖가지 표현 기법으로 다채롭게 담겨 있다. 그렇다고 이 책을 단순히 그림책이라고 할 수만은 없다. 오래된 그림을 모아놓은 미술사 책이라는 표현도 이 책의 가치를 모두 담지 못한다.

한계가 명확한 자신의 두뇌와 경험 안에서 천지창조의 비밀과 아름다움을 이해하고 표현하고자 싸워온 호모 사피엔스의 지난한 노력이 총망라된, 이것은 한 권의 인류세다.

찾아보기

* 그림이나 사진의 쪽수는 이탤릭으로 표기했다.

이미지 출처

표지 USGS/NASA; map by Paul Spudis and James Prosser. **1장** 25~27쪽: Courtesy of U. of Oklahoma History of Science collections; 28~29쪽: Courtesy the Huntington Library; 30~31쪽: Courtesy Walters Art Museum; 32~35쪽: Biblioteca Nationale Spain; 36쪽: Courtesy Joanna Ebenstein; 37쪽: Courtesy the U. of Oklahoma History of Science collections; 38쪽: Image copyright © The Metropolitan Museum of Art. Image source: Art Resource, NY; 40~41쪽: Courtesy ESA/Planck. **2장** 46쪽: State Library of Lucca; Courtesy the U. Library, Ghent; 48쪽: Isabella Steward Gardiner Museum, Boston; 49쪽: Courtesy Dr. Owen Gingerich; 50쪽: National Library of France; Courtesy the Huntington Library; 52쪽: Wikimedia; 53쪽: Courtesy the Rijksmuseum; 54~55쪽: Courtesy the U. of Michigan Library; 56~59쪽: Courtesy the National Library of Poland; 60쪽: Courtesy the Yale Beinecke Library; 61쪽 왼쪽: Courtesy Barry Lawrence Ruderman Antique Maps, Inc.; 61쪽 오른쪽: Courtesy the U. of Oklahoma History of Science collections; 62~63쪽: Courtesy the Boston Public Library; 64~65쪽: Courtesy the David Rumsey Historical Maps Collection; 66~67쪽: Courtesy the U. of Oklahoma History of Science collections; 68~69쪽: Courtesy the Library of Congress Geography and Map Division Washington, D.C.; 70~71쪽: Courtesy the U.S. Army Corps of Engineers Engineering Geology and Geophysics Branch; 72~73쪽: Courtesy the David Rumsey Historical Maps Collection; 74쪽: Courtesy Bill Rankin, from radicalcartography.net. Map based on data by Peter Bird, USCLA, and earthquake data from NEIC and USGS; 75쪽: Courtesy the Canadian Geological Survey; 76쪽: Courtesy NASA Goddard Space Flight Center Scientific Visualization Studio. Image by Greg Shirah (NASA/GSFC) (Lead) and Horace Mitchell (NASA/GSFC) based on data interpreted by Hong Zhang (UCLA) and Dimitris Menemenlis (NASA/JPL CalTech); 77쪽: Courtesy Cameron Beccario, earth.nullschool.net. **3장** 83쪽: Wikimedia; 84쪽 위: Courtesy the Getty Museum; 84쪽 아래: Courtesy the British Library; 85쪽: Courtesy the British Library; 87쪽: Courtesy the Huntington Library; 88쪽 위: Courtesy Ton Lindenmann; 88쪽 아래: Courtesy the Royal Astronomical Society; 89쪽: Courtesy the Library of Congress; 90~91쪽: MFA Images, Museum of Fine Arts, Boston; 92~93쪽: Courtesy the Wolbach Library, Harvard; 94쪽: 1708 plates courtesy the U. of Michigan Library; 1660-61 edition color data courtesy Ton Lindenmann; 95쪽: Courtesy the National Library of Poland; 96쪽: Bibliotheque de l'Observatoire de Paris; 97쪽: Dipartimento di Fisica e Astronomia, Universita di Bologna; 98쪽: Courtesy the Saxon State and U. Library, Dresden; 99쪽: Courtesy the Getty Museum; 100~101쪽: Courtesy the American Association of Variable Star Observers (AAVSO); 102~105쪽: Courtesy the Wolbach Library, Harvard; 106~107쪽: Courtesy the Library of Congress; 108~109쪽: Courtesy the U. of Michigan Library; 110쪽: Courtesy Carlton Hobbs LLC; 111쪽: Courtesy Anne Verdillon, Nain. de.Jardin blog; 112~13쪽: Courtesy Olga Shonova; 114쪽 위: Courtesy AAVSO; 114~15쪽: Courtesy the Sternberg Astronomical Institute, via Henrik Hargitai, planetologia.elte.hu/ipcd/; 116~17쪽: Apollo maps, Apollo Lunar Surface Journal, Thomas Schwagmeier; 118쪽: Courtesy USGS/NASA/USAF; map by S. R. Titley; 119쪽: Courtesy USGS/NASA/USAF; map by Don Wilhelms and John McCauley; 110쪽: Courtesy USGS/NASA; map by David Scott, John McCauley, and Mareta West. 121쪽: Courtesy USGS/NASA. **4장** 127쪽: Courtesy the U. Library, Ghent; 128쪽: Courtesy the British Library; 129쪽: Rylands Medieval Collection, U. of Manchester; 130쪽: Courtesy the Library of Congress; 131쪽: Courtesy the Huntington Library; 132쪽: Courtesy the British Library; 133쪽: Courtesy Owen Gingerich; 134~35쪽: Courtesy the U. of Michigan Library; 136~37쪽: Courtesy the National Library of Poland; 138쪽: Image copyright © The Metropolitan Museum of Art. Image source: Art Resource, NY; 139쪽: Courtesy the Wolbach Library, Harvard; 140~41쪽: Courtesy the U. of Michigan Library; 142~43쪽: Courtesy AAVSO; 144쪽: Courtesy NCAR-Wyoming supercomputing facility cUCAR, image courtesy Matthias Rempel, NCAR; 147쪽: Courtesy Homa Karimabadi and Burlen Loring. **5장** 157쪽: Courtesy the U. Library, Ghent; 158~59쪽: Courtesy the Bibliotheque nationale de France; 160쪽 위와 아래: Courtesy the British Library; 161쪽: The Ashmolean Museum Yousef Jameel Centre for Islamic and Asian Art; 162쪽: Courtesy Owen Gingerich; 163~64쪽: 1708 plates courtesy the U. of Michigan Library; 1660-61 edition color data courtesy Ton Lindenmann; 165쪽: Courtesy Owen Gingerich; 166~67쪽: Courtesy U. of Oklahoma History of Science collections; 168쪽 위: Courtesy U. of Oklahoma History of Science collections; 168쪽 아래: Courtesy the Rijksmuseum; 169~70쪽: Courtesy the Wolbach Library, Harvard; 171쪽: Courtesy the Old Print Gallery; 172쪽: Courtesy the U. of Cambridge Institute of Astronomy Library; 173쪽: Wikipedia; 174쪽: Courtesy the Wolbach Library, Harvard; 175쪽: Courtesy Dr. Francesco Bertola; 176~77쪽: Courtesy R. Brent Tully; 178쪽: Courtesy John Dubinski; 179쪽: Courtesy Daniel Pomarede, COAST Project (CEA-Saclay/Irfu); 180~81쪽: Courtesy J. Richard Gott and Mario Juric; 182쪽: Simulation performed by Frederic Bournaud using the RAMSES code developed by Romain Teyssier, visualization using the SDvision code developed by Daniel Pomarede, as part of the COAST Project (CEA-Saclay/Irfu); 183쪽: Simulation performed by Lauriane Delaye and Frederic Bournaud using the RAMSES code developed by Romain Teyssier, visualization using the SDvision code developed by Daniel Pomarede, as part of the COAST Project.; 184~85쪽: Courtesy AMNH-Hayden Planetarium, from Dark Universe, directed by Carter Emmart, produced by Vivian Trakinski;

188~89쪽: Courtesy R. Brent Tully, Daniel Pomarede, Helene Courtois (U. Lyon 1) and Yehuda Hoffman (Hebrew U.) **6장** 195쪽: Courtesy the U. Library, Ghent; 196~97쪽: Courtesy the British Library; 198쪽: Courtesy the Huntington Library; 199쪽: Library of Congress; 200~201쪽: 1708 plates courtesy the U. of Michigan Library; 1660-61 edition color data courtesy Ton Lindenmann; 202쪽: Dipartimento di Fisica e Astronomia, Universita di Bologna; 203쪽: Courtesy Ton Lindenmann; 204~205쪽: Courtesy the Library of Congress; 206~209쪽: Courtesy the Public Library of Cincinnati and Hamilton County; 210쪽: Courtesy AAVSO; 211쪽: Courtesy the U. of Cambridge Institute of Astronomy Library; 212쪽 위 두 장, 오른쪽 아래: Courtesy the Wolbach Library, Harvard; 212쪽 왼쪽 아래: Courtesy AAVSO; 213쪽: Bonestell LLC; 214쪽: Courtesy Olga Shonova; 215쪽: Courtesy NASA/JPL/Dan Goods. Image by Richard Grumm; 216~17쪽: Courtesy Olga Shonova; 218~19쪽: USGS/NASA; map by Paul Spudis and James Prosser; 220쪽: USGS/NASA; based on maps provided by the USSR Academy of Sciences; 221쪽: USGS/NASA; map by Alexander Basilevsky; 222쪽: USGS/NASA; map by Kenneth Tanaka and David Scott; 223쪽: USGS/NASA; map by Kenneth Tanaka and Corey Fortezzo; 224쪽: USGS/NASA; map by Baerbel Lucchitta; 225쪽: Courtesy Ralph Aeschliman; 226~27쪽: USGS/NASA; maps by Scott Murchie and James Head; 228~29쪽: Courtesy Daniel Fabrycky, Kepler science team; 230쪽: Courtesy Abel Mendez Torres, U. of Puerto Rico at Arecibo; 231쪽: Courtesy Alex Parker. **7장** 237쪽: Courtesy Owen Gingerich; 238쪽 위: Library of Congress; 238쪽 아래: Courtesy the British Library; 239쪽: Courtesy the British Library; 240쪽: Forschungbibliothek Gotha; 242~43쪽: Courtesy the Bibliotheque nationale de France; 244쪽: Wikipedia France; 245쪽: Courtesy the Bibliotheque nationale de France; 246쪽: Courtesy Sotheby's; 247쪽: Courtesy the Huntington Library; 248쪽: Courtesy Owen Gingerich; 249쪽: Courtesy Barry Lawrence Ruderman Antique Maps, Inc.; 250~51쪽: Library of Congress; 252쪽: Courtesy Ton Lindenmann; 253~55쪽: 1708 plates courtesy the U. of Michigan Library; 1660-61 edition color data courtesy Ton Lindenmann; 256~57쪽: Courtesy the Wolbach Library, Harvard; 258쪽: Courtesy Owen Gingerich; 259쪽: Image copyright © The Metropolitan Museum of Art. Image source: Art Resource, NY; 260쪽: Courtesy AAVSO; 261쪽: Courtesy the Public Library of Cincinnati and Hamilton County; 262쪽: Courtesy AAVSO; 263쪽: Courtesy the U. of Cambridge, Institute of Astronomy Library; 264~65쪽: Courtesy Sky and Telescope Magazine/Sky Publishing, F+W Media, Inc.; 266~67쪽: Courtesy Winchell D. Chung Jr.; 268쪽: NASA, JPL, Spitzer Space Telescope; map by Robert Hunt; 269쪽: Courtesy Winchell D. Chung Jr.; 270~71쪽: Courtesy Kevin Jardene, data Douglas Finkbeiner. **8장** 276쪽: Courtesy the Bibliotheque nationale de France; 277쪽: Courtesy the British Library; 278쪽: Courtesy Owen Gingerich; 279쪽: Rylands Medieval Collection, U. of Manchester; 280~81: Courtesy Day & Faber; 282~83쪽: Bayerische Stattsbibliothek; 284쪽: Courtesy the Huntington Library; 285쪽: Courtesy the Getty Museum; 286쪽: Courtesy the Library of Congress; 287쪽: Courtesy the U. of Cambridge, Institute of Astronomy Library; 288쪽: Library of Congress; 289~91쪽: Courtesy AAVSO; 292~93쪽: Courtesy the Public Library of Cincinnati and Hamilton County; 294~97쪽: Courtesy Michael Zeiler, www.eclipse-map.com. **9장** 303쪽: Wikimedia; 304~305쪽: Courtesy Day & Faber; 306~307쪽: Courtesy Universitatsbibliothek Kassel-Landesbibliothek und Murhardsche Bibliothek der Stadt Kassel; 309~10쪽: Courtesy the Yale Beinecke Library; 311쪽: Courtesy the National Library of Poland; 312~13쪽: Courtesy the Yale Beinecke Library; 314~15쪽: Royal Collections Trust; 316쪽: Courtesy Dennis Di Cicco, Sky and Telescope magazine; 317쪽: Courtesy the U. of Cambridge, Institute of Astronomy Library; 318쪽 위: Courtesy NOAA; 318쪽 아래: Courtesy AAVSO; 319쪽: Courtesy the U. of Michigan Library; 320쪽: Bruno Burgel, Astronomy For All. AAVSO; 321~33쪽: Courtesy the U. of Michigan Library. **10장** 329쪽: Wikimedia Commons; 330~31쪽: Courtesy Day & Faber; 334쪽: Courtesy Owen Gingerich; 335쪽: Courtesy AAVSO; 336~37쪽: Smithsonian American Art Museum, via Wikipedia; 338쪽: Courtesy c David C. Bossard, 19thcenturyscience.org.; 339~41쪽: Courtesy Peter Stauning; 342쪽: Courtesy Karen Howes, the Interior Archive. Case: USGS/NASA.

Text, concept, and design copyright © 2014 Michael Benson
Foreword by Owen Gingerich copyright © 2014 Owen Gingerich
First published in the English language in 2014
By Abrams, an imprint of ABRAMS, New York
ORIGINAL ENGLISH TITLE: **COSMIGRAPHICS**
(All rights reserved in all countries by Harry N. Abrams, Inc.)

Korean translation copyright © 2023 by ROLLERCOASTER PRESS
Korean translation rights arranged with Harry N. Abrams, Inc.
through EYA Co.,Ltd.

이 책의 한국어판 저작권은 EYA Co.,Ltd.를 통한 Harry N. Abrams, Inc.사와의 독점계약으로 롤러코스터가 소유합니다. 저작권법에 의하여 한국 내에서 보호를 받는 저작물이므로 무단전재 및 복제를 금합니다.

코스미그래픽
인류가 창조한 우주의 역사

초판 1쇄 발행 2024년 1월 15일
초판 2쇄 발행 2024년 5월 20일

지은이 **마이클 벤슨** | 옮긴이 **지웅배** | 펴낸이 **임경훈** | 편집 **김정희**
펴낸곳 **롤러코스터** | 출판등록 제2019-000296호
주소 서울시 마포구 월드컵북로 400 서울경제진흥원 5층 17호
전화 070-7768-6066 | 팩스 02-6499-6067 | 이메일 book@rcoaster.com

ISBN **979-11-91311-37-2 03440**

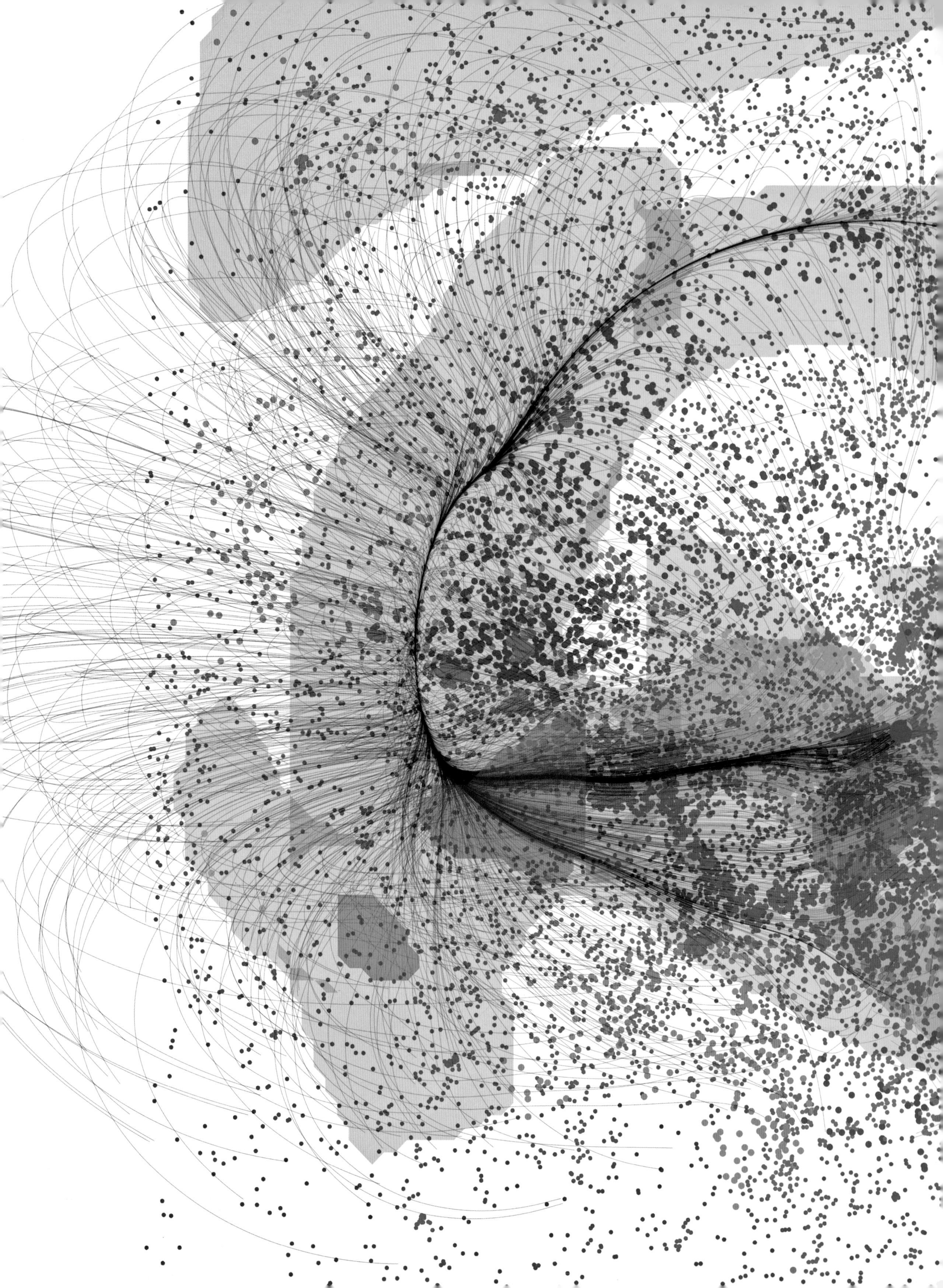